Kosmos Atlas
Aquarienfische

Wally Kahl · Burkard Kahl · Dieter Vogt

Kosmos Atlas
Aquarienfische

Über 750 Süßwasser-Arten

KOSMOS

Danksagung und Impressum

Ein Werkt wie das vorliegende Buch ist natürlich nicht möglich ohne die Hilfe von Fachberatern, die sich der Mühe unterzogen haben, unsere fachlichen Kenntnisse mit ihren eigenen Erfahrungen zu ergänzen. Aber auch viele Kollegen und Freunde haben uns in vielfacher Hinsicht in uneigennütziger Weise unterstützt. Den Genannten, aber auch jenen zahlreichen, die unerwähnt bleiben und die uns bei der Erstellung dieses Buches ein ganzes Stück weit begleitet haben, Ihnen allen sagen wir ein herzliches Dankeschön.

Fachberater
Besonders danken wir Heiko Bleher für seine Hilfe, so zu den Hinweisen zur neuesten Systematik und der heute angewendeten Nomenklatur, für die ergänzenden Angaben zu Fundorten und Verbreitungsgebieten. Vor allem aber auch für seine große Geduld, mit der er sich unseren vielen Fragen stellte und uns jederzeit hilfreich zur Seite stand. Der weitaus größte Teil dieses Buches wurde von ihm bearbeitet und mit vielen wichtigen Hinweisen ergänzt. Viele der abgebildeten Fische stellte er uns zum Fotografieren zur Verfügung und lieferte uns die dazu gehörenden biologischen Informationen. Steffen Hellner übernahm die Killifische (Eierlegende Zahnkarpfen). Viele der weniger bekannten Arten ordnete er den richtigen Fundorten zu und versah die Fische mit den richtigen Namen und steuerte verschiedene Textinformationen bei.
Uwe Dost befaßte sich mit den „Lebendgebärenden Zahnkarpfen" und gab uns wertvolle ergänzende Hinweise aus seinem reichen Erfahrungsschatz.
Gerhard Ott hat das Thema „Schmerlen" überprüft und mit fachlichen Hinweise ergänzt.
Ad Konings gab uns freundlicherweise noch vor seinem Wohnortwechsel in die USA fachliche Ratschläge zu den Buntbarschen.
Wertvolle Informationen, Beiträge, Zeichnungen und Fotografien wurden außerdem noch beigesteuert von:
Uwe Leiendecker, Günter Glück, Roland Klotz, Peter Frech, Michael Schier, Horst Linke, Dr. Wolfgang Staeck, Manfred Meyer, Monika Lehnen, Kurt Landes, Gerd Fischer, Christoph Schweppenhäuser, Jürgen Kleinmann, Alexander Windisch, Arend van den Nieuwenhuizen, Hans-Jürgen Rösler, Manfred Brembach, Sonja Schadwinkel, Oliver Gehring und Jürgen Härtl.
Unser Dank gilt auch den Zoo-Fachgeschäften und Zierfisch-Züchtereien, die uns Fische zum Fotografieren zur Verfügung stellten und uns in ihren Anlagen fotografieren ließen:
Kölle-Zoo, Stuttgart; Aquarium Rio, Egelsbach; Peter Frech, Trunkelsberg; Peter Zavacky, Schwäbisch Gemünd; Cichlid Aquaristik, Kaufbeuren; Greeny Aquaculture, Senai, Johore, Malaysia; Sanyo Aquarium, Singapore; Ong Aquarium, Singapore und Aquarium Wilhelma, Stuttgart.
Herzlichen Dank dem Verlag und ganz besonders der verantwortlichen Lektorin Frau Angela Beck und ihren Mitarbeiterinnen sowie Frau Stetter aus der Herstellung, die ein Erscheinen dieses Buches erst ermöglichten.

Bildnachweis auf Seite 281

Umschlaggestaltung von Friedhelm Steinen Broo, eStudio Calamar, unter Verwendung von Aufnahmen von Burkard Kahl.

Unser gesamtes lieferbares Programm und viele weitere Informationen zu unseren Büchern, Spielen, Experimentierkästen, DVDs, Autoren und Aktivitäten finden Sie unter **www.kosmos.de**

Gedruckt auf chlorfrei gebleichtem Papier

Dritte Auflage

ISBN 978 3 440 12207 5
Gestaltung der Bildtafeln: Burkard Kahl
Redaktion: Angela Beck
Produktion: Eva Schmidt
Printed in Spain / Imprimé en Espagne

Die Umschlagvorderseite zeigt *Melanotaenia bosemani* (Boesemans Regenbogenfisch), die Rückseite von links nach rechts *Symphysodon discus* (Echter Diskus), *Moenkhausia sanctaefilomenae* (Rotaugen-Moenkhausia), *Fundulopanchax filamentosus* (Gardners Prachtkärpfling), *Hypostomus punctatus* (Punktierter Harnischwels) und *Macropodus opercularis* (Paradiesfisch).

Inhalt

Zu diesem Buch 6
Vorwort 6
Einleitung 6

Salmler 8
Barben-, Nacht- und andere Salmler 34
Scheibensalmler 36
Raub-, Grund- und Hechtsalmler 38
Schlanksalmler 42
Beilbauchfische 46
Engmaulsalmler 48
Geradsalmler 52

Karpfenähnliche 54
Bärblinge 56
Barben 66
Barben und andere 76
Kaltwasserfische 80
Fransenlipper und andere 84
Goldfische 86

Schmerlen 94

Harnisch- und Schwielenwelse 102
Schwielen- und Panzerwelse 104
Panzerwelse 106
Harnischwelse 116
Antennenwelse 126
Antennen- und Delphinwelse 128
Dornwelse 130
Stachelwelse 132
Fiederbartwelse 134
Echte Welse, Falsche Dornwelse 138
Welse aus unterschiedlichen Familien 140

Eierlegende Zahnkarpfen 144
Prachtkärpflinge 146
Schleierhechtlinge 150
Bachlinge 152
Prachtkärpflinge und Prachtgrundkärpflinge 154
Fächerfische 156
Hechtlinge 158
Verschiedene Arten 160
Leuchtaugenfische 162
Alte und neue Arten 166

Lebendgebärende 168
Guppys 170
verschiedene Gattungen 172
Hochlandkärpflinge 176
Platys 178
Schwertträger 180
Halbschnäbler 182

Ähren- und Regenbogenfische 184

Buntbarsche 190
Segelflosser, Blattfische 192
Diskus-„Wildformen" 194
Diskus-Zuchtformen 196
Buntbarsche aus Mittelamerika 198
Buntbarsche aus Mittel- und Südamerika 200
Buntbarsche aus Südamerika 204
Buntbarsche aus Südamerika und Afrika 208
Buntbarsche aus Afrika 210
Buntbarsche aus Afrika und Asien 212
Zwergbuntbarsche 214
Kleine Buntbarsche aus Afrika 222
Buntbarsche aus dem Malawi- und Tanganjikasee 224
Buntbarsche aus dem Tanganjikasee 226
Buntbarsche aus dem Malawisee 234

Glasbarsche, Sonnenbarsche 242

Nander- und Blaubarsche 244

Grundeln 246

Labyrinthfische 248
Kleine Fadenfische 250
Große Fadenfische 252
Kampffische 254
Guramis 258
Makropoden 262
Buschfische 264

Schlangenkopffische 266

Stachelaale 268

Kugelfische 270

Nilhechte 272

Messeraale und Messerfische 274

Brackwasserfische 276

Sonderlinge 278

Anhang 280
Literatur 280
Register 282

Zu diesem Buch

Vorwort

Viele Jahre Arbeit stecken in dem Ihnen vorliegenden Werk. Die Autoren haben ein Buch geschaffen, das keinem anderen gleicht. Das sehen Sie schon beim Durchblättern der ersten Seiten. Das Layout ist nicht nur einmalig und in dieser Form noch nie in einem Aquarienfischbuch dargestellt, sondern auch wunderschön, spricht sofort an und ist übersichtlich. Das ist von Burkard Kahl auch nicht anders zu erwarten, seine exzellenten fotografischen Arbeiten werden seit Jahrzehnten im In- und Ausland geschätzt. Außerdem ist er als hervorragender Zeichner und Layouter bekannt.
Ein Aquarium ist ein Stück Natur, das in jeder Wohnung Platz findet, sich wohl auch jeder leisten kann und das lehrreiche Stunden bereitet. Fische gelten bei manchen Völkern und Kulturen seit Jahrtausenden als Sinnbild des Friedens und der Ruhe. Sie sind nicht nur die ältesten, sondern auch die artenreichste Gruppe der Wirbeltiere.
In der heutigen Zeit, in der unser Planet aus allen Nähten zu platzen droht, wird der Lebensraum für die Süßwasserfische weltweit immer kleiner.
Durch meine mehreren jährlichen Expeditionen bekomme ich die dramatischen Veränderungen als drastische Wahrheit immer wieder vor Augen geführt. Natürliche Biotope der Süßwasserwelt werden im wahrsten Sinne des Wortes „ausgelöscht". Es werden immer mehr Häuser, Satellitenstädte, Staudämme, Reisfelder (die eine intensive, wasserbelastende Düngung erfordern), Plantagen, Weideflächen und andere landwirtschaftliche Anbauten angelegt – auf Kosten von naturgewachsenen Lebensräumen. Tiere und Pflanzen, also auch Wälder, scheinen nicht wichtig zu sein. Im Gegenteil: Sie stören nur. Das ist auch in vielen Ländern der Fall, aus denen die Mehrzahl unserer Aquarienfische stammt, die hier in eindrucksvoller Farbenpracht abgebildet sind.
Heute werden Aquarien herzkranken Patienten und gestreßten Menschen empfohlen.
Lieber Leser, lassen Sie sich von diesem herrlichen Buch ebenso faszinieren, wie ich es getan habe, und tragen Sie dazu bei, daß diese einmaligen Geschöpfe auch kommenden Generationen Freude und lehrreiche Stunden bereiten. Informieren Sie sich über Fische und ihre Haltung, ganz gleich ob es den Stand der Wissenschaft, die Verbreitung und Pflege betrifft. Nehmen Sie diese Werte als Grundlage und Leitfaden zur Einrichtung und Pflege Ihres Aquariums, dann wird es Ihnen und Ihren Kindern immer Freude bereiten.

Graffignana, Italien
Im Juni 1997 *Heiko Bleher*

Einleitung

Die Aquaristik ist ein Hobby, das nicht nur unterhaltsam, sondern vor allem auch lehrreich ist. Wer es betreibt, und sei es ursprünglich auch nur zur Unterhaltung, wird schnell merken, daß er sich ungewollt und zunächst unmerklich weiterbildet und sein Verständnis für die belebte Natur erweitert. Dem verantwortungsvollen Aquarianer wird durch sein Hobby deutlich, welche geringfügigen Faktoren oft schon ausreichen, um ein vorher intaktes System durcheinander zu bringen und zu zerstören.
Das interessante und faszinierende Hobby Aquaristik ist keineswegs anspruchslos, denn jede Tierart hat ihre eigenen Ansprüche. Grundkenntnisse gehören einfach dazu, ohne sie geht es nicht.
Das Ökosystem Aquarium kann sich allein nicht im Gleichgewicht halten. Die Fische verbrauchen Nahrung und Sauerstoff, scheiden Exkremente und Kohlendioxyd aus. Hier muß der Mensch eingreifen und die Versorgung mit Nahrung und Sauerstoff ebenso regulieren wie den Abbau von Abfallstoffen.

In dem vorliegenden Buch dreht sich alles um Fische und ihre Haltung. Für andere Wichtigkeiten, wie technische Einrichtungen, Wasseraufbereitung, Krankheiten, Pflanzen und vieles mehr, empfehlen wir das Buch „Das Kosmos-Buch der Aquaristik" von Stephan Dreyer und Rainer Keppler; es bietet eine Fülle von Tips und Informationen. Dazu das Buch von Dieter Untergasser „Krankheiten der Aquarienfische", ebenfalls von Kosmos.
Wenn man in den verschiedenen Aquarienbüchern nachschlägt, wird man bei manchen Fischarten auf unterschiedliche wissenschaftliche Bezeichnungen stoßen. Zwar kristallisiert sich mit der Zeit dann zum Beispiel eine bestimmte, wissenschaftlich auch zu begründende Gattung heraus, aber unter Umständen auch nur bis zur nächsten Bearbeitung der Fischgruppe, dann muß man wieder umlernen, wenn man „up to date" sein will.
Bei manchen Fischen finden Sie hinter dem wissenschaftlichen Gattungsnamen die Abkürzung „sp.". Sie weist darauf hin, daß der genaue Name bisher nicht zu ermitteln war. Manchmal ist der Fisch auch noch nicht wissenschaftlich beschrieben worden.
Außerdem stehen bei manchen Arten zwischen Gattungsnamen und Artnamen die Abkürzungen cf. oder aff. Beide Bezeichnungen werden in neuerer Zeit häufiger angewendet und sind in der älteren Literatur noch kaum zu finden. So ist cf. die Abkürzung für das lateinische

Wort „confer“ und bedeutet „vergleiche“, aff. kommt vom lateinischen „affine“, das so viel wie „in der Nähe von“, „ähnlich“ bedeutet. Mit dem Einfügen dieser Abkürzungen weist man darauf hin, daß man sich nicht sicher ist, ob es sich tatsächlich um die genannte Art handelt oder ob es ein der genannten Art ähnlicher Fisch ist.

Ein leidiges Kapitel sind deutsche Namen. Es gibt keine festen Regeln, welche Namen richtig oder falsch sind. Schon vor Jahrzehnten hat man den Versuch unternommen, vor allem auch in den Standardwerken der damaligen Zeit, verbindliche deutsche Populärnamen festzulegen, aber diese Versuche sind immer wieder gescheitert. Für die meisten tropischen Arten gibt es bisher keine deutschen Namen.

Am Ende der kurzgefaßten Beschreibungstexte informieren wir über Länge, Wasser (Temperatur, pH-Wert, °dGH), Nahrung und Vorkommen.

Länge: Bei den einzelnen Fischen finden Sie die Angabe Länge und dahinter eine Zahl in Zentimetern. Diese Angabe ist ein Richtwert und heißt nicht, daß der Fisch so groß werden muß; oft bleiben die Tiere im Aquarium kleiner, pflanzen sich aber auch dann schon fort, denn erwachsen bedeutet, daß die Tiere geschlechtsreif sind; ausgewachsen, daß sie ihre ungefähre, endgültige Größe erreicht haben. Von Fischen weiß man, daß sie ihr ganzes Leben lang wachsen, zum Ende zu allerdings nur noch sehr, sehr langsam.

Wasser: Hier sind die Wärmegrade angegeben, bei denen sich nach unseren Erfahrungen die Fische wohl fühlen. Aus Felduntersuchungen wissen wir sehr wohl, daß in den Heimatgewässern mancher unserer Aquarienfische die Temperaturen zumindest zeitweise höher oder tiefer liegen können.

pH-Wert: Hier wird angegeben, wie sauer (unter 7) oder alkalisch (über 7) das Aquarienwasser ist. Beim Neutralpunkt 7 ist das Wasser weder sauer noch alkalisch. Viele Fische sind weit anpassungsfähiger an unsere aquaristischen Wasserbedingungen, als man das genau ausdrücken kann, und die meisten, die in leicht sauren Gewässern mit pH-Werten um 6 bis leicht alkalischen um 7,5 vorkommen, lassen sich im neutralen Bereich um 7 gut pflegen. Zur Zucht sollten die bevorzugten Werte allerdings eingehalten werden. Man sollte aber darauf achten, wenn der pH-Wert deutlich von Angaben um den Neutralwert abweicht. Es gibt eben Fische, die viel saureres (also unter 6) oder alkalischeres (also über 7,5) Wasser benötigen.

Durch Testsets und Testgeräte aus dem Zoofachhandel ist das Überwachen der Wasserwerte unproblematisch geworden.

Härte: Hier ist die **d**eutsche **G**esamt-**H**ärte (°dGH) des Wassers angegeben. 0–4 °dGH sehr weich, 4–8 °dGH weich, 8–18 °dGH mittelhart, 18–30 °dGH hart, über 30 sehr hart.

Fische sind auch hier anpassungsfähig, solange Sie bestimmte Grenzwerte nicht über- bzw. unterschreiten. Aber es gibt Spezialisten unter unseren Aquarienfischen, denen man bestimmte Bedingungen bieten muß. Kein Fisch darf aus extrem hartem Wasser in weiches – oder umgekehrt – umgesetzt werden, das ist Tierquälerei. Es ist anzuraten, das Transportwasser zu messen oder sich bei seinem zoologischen Fachhändler nach den von ihm verwendeten Wasserwerten zu erkundigen und diese gegebenenfalls nachzumachen.

Nahrung: Man kann noch viele andere Futtermittel als die hier genannten anbieten. In den allermeisten Fällen kommt man mit den angegebenen Futtersorten aber aus. Wichtig ist ein abwechslungsreiches Nahrungsangebot.

Vorkommen: Ein großer Teil der hier veröffentlichten Angaben stammt von Heiko Bleher, dem wohl zur Zeit besten Kenner der Fundorte unserer meisten Aquarienfische, aber auch von anderen Mitarbeitern, die aus eigenen Erfahrungen berichten. Außerdem sollte man in den meisten Fällen eigentlich sagen: „bisher gefunden dort und dort“, denn viele Fische haben ein größeres Verbreitungsgebiet, als man noch vor Jahren annahm und sicher auch als wir heute wissen.

Wir haben uns bemüht, dem interessierten Leser ein Buch anzubieten, das einen Ausschnitt davon zeigt, was die Natur in ihrer unerschöpflichen Vielfalt in der Welt unter Wasser geschaffen hat. Ein wissenschaftlicher und in allen Einzelheiten exakter Fischatlas sollte es nie werden, sondern eher ein Buch, in dem man nachschlagen und sich schnell informieren kann. Fische sind wie alle Lebewesen bis zu einem gewissen Grad anpassungsfähig und die wiedergegebenen Erfahrungen selbst aus jahrzehntelanger Hälterung können niemals die Antwort auf alle Fragen geben und nicht immer alle Probleme lösen.

Es sind unsere Erfahrungen, wir werden uns aber hüten, allen Ernstes zu behaupten, daß nur unsere hier veröffentlichten Angaben der Weisheit letzter Schluß seien. Es ist sehr wohl möglich, daß man Fische unter zumindest abweichenden Bedingungen pflegen kann.

Wenn es uns gelingen sollte, dieser schönen und sinnvollen Freizeitbeschäftigung neue Freunde zuzuführen, die auf diese Weise die Natur im eigenen Heim beobachten und intensiv erleben möchten, so hätte sich all unsere Mühe gelohnt.

Salmler

Hepsetidae, Ctenoluciidae, Characidae, Serrasalmidae, Gasteropelecidae, Characidiidae, Lebiasinidae, Alestidae, Curimatidae

Die Systematik der Familienaufteilung der Salmler oder Karpfenlachse, lateinisch Characiformes, unterscheidet sich von Autor zu Autor. Wir richten uns hier nach GÉRY und NELSON.
In ihrer großen Vielgestaltigkeit von nadeldünnen, drehrunden bis hin zu hochrückigen, scheibenförmigen Körpern sind die Salmler durch ihr hohes Anpassungsvermögen an die unterschiedlichsten ökologischen Bedingungen eine der erfolgreichsten Fischgruppen. Sie besiedeln Afrika mit Ausnahme des Nordwestens und äußersten Südens sowie den amerikanischen Kontinent vom äußersten Südwesten der USA über Mittelamerika bis nach Argentinien.
Die Vorfahren der Salmler hatten sich bereits vor der Trennung der beiden Kontinente in der Kreidezeit vor etwa 140 Millionen Jahren entwickelt. Heute zählt man 5 Familien, über 30 Gattungen und etwa 220 Arten in Afrika und 14 Familien, mehr als 210 Gattungen und über 1400 Arten in Amerika.
Die Salmler sind reine Süßwasserbewohner. Als die primitivste Salmlerart gilt der auf dem afrikanischen Kontinent räuberisch lebende, bis 45 cm lang werdende *Hepsetus odoe*, einer der zwei Vertreter der Familie Hepsetidae. Er ist nahe verwandt mit den südamerikanischen Hechtsalmlern, den Ctenoluciidae. Die Eiablage erfolgt in einem Schaumnest.
Auch die bis zu 35 cm lang werdenden südamerikanischen Hechtsalmler (Ctenoluciidae) ernähren sich in der Hauptsache von Fischen wie ihre ebenfalls räuberisch lebenden Verwandten in Afrika.
Bei allen Modeerscheinungen, denen auch die Aquaristik unterliegt, sind die Salmler seit Jahrzehnten die meist verkauften Zierfische. Das liegt vor allem auch an der Farbenfreudigkeit vieler Arten, die noch dazu körperlich so klein bleiben, daß man sie im verhältnismäßig geringen Raumangebot eines der Natur nachempfundenen Aquariums ausgezeichnet pflegen und dabei ihre Verhaltensweise und auch ihr Lernvermögen beobachten kann.
Die artenreichste Familie ist die der Echten Salmler (Characidae) mit 150 Gattungen und etwa 825 Arten. Hier finden wir auch die für die Aquaristik interessantesten Arten, wie etwa *Paracheirodon innesi*, den Neonsalmler, oder den Blinden Höhlensalmer, der nur eine Form der sonst sehr gut sehenden Art *Astyanax fasciatus mexicanus* ist, welche außerhalb der Dunkelheit lebt und weit verbreitet ist.
Eine ganz besondere Art der Balz und der danach folgenden Eibefruchtung findet man innerhalb der Unterfamilie Glandulocaudinae. Beim Männchen des Zwergdrachenflossers, *Corynopoma riisei*, entspringt am hinteren Kiemendeckelrand ein langer, dünner Fortsatz mit keulenförmiger Spitze. Bei der Balz spreizt das Männchen den dem Weibchen zugewandten Kiemendeckel, das nun dem keulenförmigen Fortsatz folgt, während das Männchen auf seiner großen Afterflosse eine Spermienkapsel zur Kloake des Weibchens gleiten läßt. So kommt es zu einer inneren Befruchtung. Das Weibchen legt später die Eier allein ab. Solche Täuschungsmanöver gibt es auch bei Verwandten, die z. B. Schuppen abspreizen, an deren Ende sich ebenfalls Attrappen befinden.
Piranhas aus der Familie Serrasalmidae sind allgemein bekannt und dürfen wegen ihrer berüchtigten „Blutrünstigkeit" in fast keinem Abenteuerfilm fehlen. Unter den 80 Arten sind es aber nur etwa 40, die aufgrund ihres scharfen Gebisses furchterregend wirken. Doch wenn man ihre Lebensweise kennt, verlieren auch sie ihren Schrecken. Man kann sie sogar im Aquarium vermehren. Zu ihnen gehören auch die großen Scheiben- und Mühlsteinsalmler (*Metynnis* und *Mylossoma*) und die Pacus (*Colossoma*). Letztere können in der Natur eine Länge bis zu 150 cm erreichen, doch sie ernähren sich als Vegetarier hauptsächlich von Früchten.
Auffällige Vertreter der Characiformes sind die Beilbauchsalmler (Gasteropelecidae), deren Brust und Bauch stark nach unten gewölbt sind und damit große Ansatzflächen für die kräftig ausgebildete Muskulatur bieten. Durch kräftiges Abdrücken mit der Schwanzflosse und zusätzlichem Schlagen mit den übergroßen Brustflossen können sich die Beilbauchsalmler aus dem Wasser heben. Bodensalmler der Familie Characidiidae haben sich dagegen an ein Leben auf dem Gewässergrund oder auf Pflanzen und Wurzelstämmen angepaßt. Ihre Schwimmblase ist verkümmert.
Einen spindelförmigen Körper zeigen die Schlanksalmler (Lebiasinidae). Sie sind meist klein und leben nicht räuberisch. Zu ihnen gehören die in der Aquaristik beliebten Gattungen *Nannostomus*, *Pyrrhulina* und *Copella*. So schwimmt *Nannostomus eques* ständig mit schräg nach oben gerichtetem Körper. Andere, wie der Spritzsalmler *Copella arnoldi*, zeigen ein außergewöhnliches Brutpflegeverhalten. Männchen und Weibchen von *C. arnoldi* springen zur Eiablage eng aneinandergedrückt zusammen aus dem Wasser und legen die Eier an einen Gegenstand über Wasser ab. Danach hält das Männchen die Eier über Wasser feucht, indem es mit Schwanzschlägen Wasser zu den Eiern spritzt, bis die Jungen schlüpfen und ins Wasser fallen.
Von den Salmlerfamilien Afrikas ist die Familie Alestidae die umfangreichste. Aus ihr sind manche Arten als Aquarienfische eingeführt worden, wie zum Beispiel der Kongosalmler *Phenacogrammus interruptus*.

Paracheirodon axelrodi

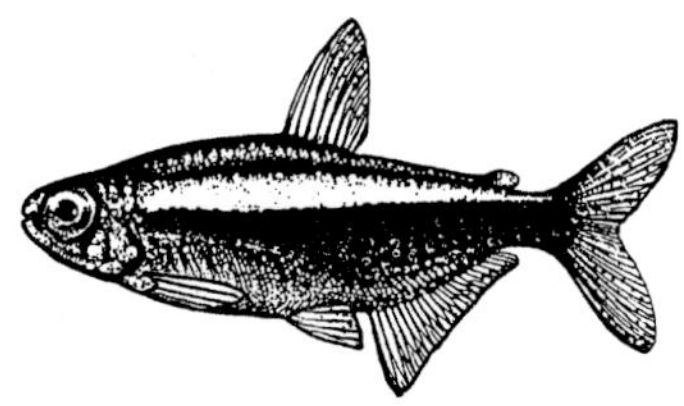

Salmler
Characidae

Mimagoniatus barberi. Friedfertiger, schwimmfreudiger, schöner Aquarienfisch, der sich in Gesellschaftsaquarien mit weichem, leicht saurem, über Torf gefiltertem Wasser wohl fühlt. Findet sich meist im freien Wasser in Gruppen zusammen. Gute Bepflanzung, Wurzelholz. Dunkler Bodengrund und leicht durch Schwimmpflanzen gedämpftes Licht verstärken die Farbenfreudigkeit. Regelmäßiger Wasseraustausch durch abgestandenes, chlorfreies Frischwasser. Werden die Tiere in zu hartem Wasser gepflegt, sind sie zur Zucht meist nicht brauchbar.
Länge: ca. 4,5 cm. *Wasser:* Temperatur 20–27 °C; pH-Wert leicht sauer bis neutral, 5,5 – 7,0; weich, 2–5 °dGH. *Nahrung:* Mikroorganismen, jedes handelsübliche kleine Lebendfutter, z. T. auch Trockenfutter. *Vorkommen:* Paraguay.

Mimagoniatus barberi

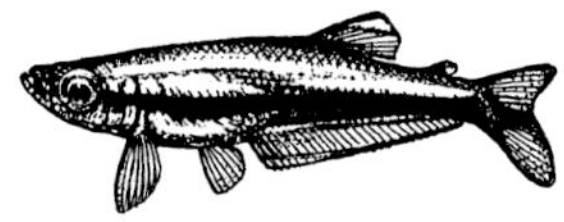

Hyphessobrycon callistus (Blutsalmler). Der in seiner Heimat in pflanzenreichen Gewässern lebende, friedfertige Schwarmfisch steht auch im Aquarium gern im Schutz von Wasserpflanzen, den Kopf leicht zu Boden geneigt. In einem Gesellschaftsbecken ab 60 cm Länge mit einigen beschatteten Stellen und dunklem Bodengrund fühlen sich die Tiere wohl. Inzwischen gibt es auch einige Zuchtformen in unterschiedlichen Rottönen und Fleckenzeichnungen, die unter Handelsnamen geführt werden. Regelmäßiger Austausch von ⅕ des Beckenwassers gegen abgestandenes, chlorfreies Frischwasser ist zu empfehlen.
Länge: ca. 4 cm. *Wasser:* Temperatur 22–28 °C; pH-Wert 6,0–7,2; bis mittelhart, 2–15 °dGH. *Nahrung:* Lebend-, Frost-, und Flockenfutter. *Vorkommen:* Zentralbrasilien, Paraguay.

Hyphessobrycon callistus

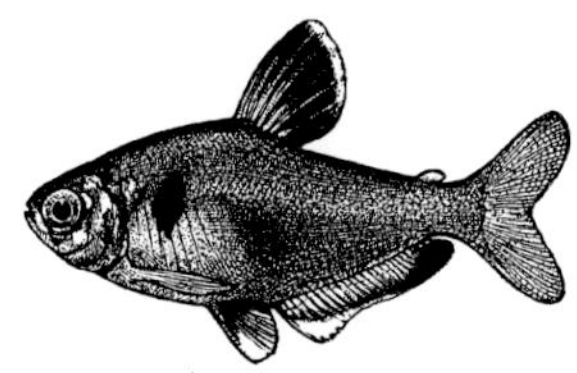

Hyphessobrycon flammeus (Roter von Rio). Friedfertiger, anspruchsloser, besonders in der Laichzeit auch temperamentvoller Schwarmfisch. Problemlos zu ernähren, eignet sich für jeden Aquarianer und jedes Aquarium ab 40 cm Länge mit gutem Pflanzenwuchs. Eine kleine Gruppe von 6–8 Tieren ist meist mit sich beschäftigt, aber Einzeltiere besetzen oft ein Revier und werden zänkisch. Das Männchen zeigt einen schwarzen Saum um die Afterflosse; das Weibchen ist blasser und vollschlanker. Dunkler Bodengrund und schattige Bezirke verstärken die Farben. Wasserwechsel!
Länge: ca. 4 cm. *Wasser:* Temperatur 20–26 °C; pH-Wert 6,0–7,5; weich bis hart, 2–20 °dGH. *Nahrung:* alles Lebend-, Frost- und Flockenfutter. *Vorkommen:* Brasilien; Umgebung von Rio de Janeiro.

Hyphessobrycon flammeus

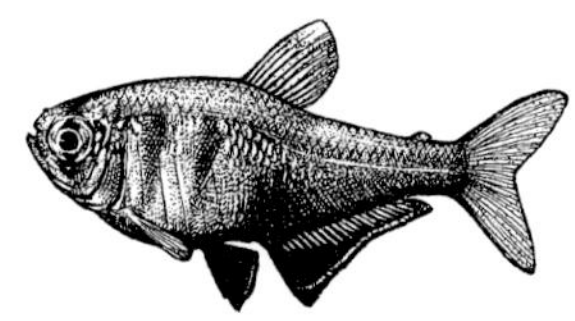

Hyphessobrycon heterorhabdus (Dreibandsalmler, Falscher Ulrey). Friedfertiger, ruhiger, weniger schwimmfreudiger Schwarmfisch, der sich gern an ihm geeignet erscheinenden Stellen im Aquarium aufhält. Seine ganze Schönheit zeigt er erst in weichem, leicht saurem Wasser in Aquarien (auch Gesellschaftsbecken) ab 60 cm Länge mit dunklem Bodengrund und nicht zu greller Beleuchtung. Über Torf gefiltertes oder mit Gerbstoff versetztes Wasser fördert sein Wohlbefinden. Zucht nicht ganz einfach. Das Männchen ist etwas schlanker als das Weibchen. Wasseraustausch gegen Frischwasser!
Länge: ca. 4,5 cm. *Wasser:* Temperatur 22–28 °C; pH-Wert 5,8–7,2; weich bis mittelhart, 2–12 °dGH. *Nahrung:* Lebend-, Frost- und Flokkenfutter. *Vorkommen:* südl. Amazonas.

Hyphessobrycon heterorhabdus

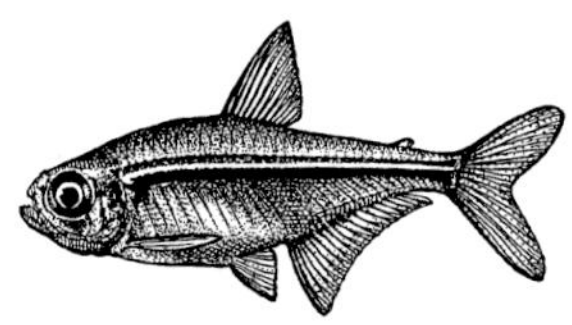

Hyphessobrycon sp. „robertsi“ (Sichelsalmler). Ausnehmend schöner, friedfertiger, ruhiger Schwarmfisch. Männchen mit sichelförmig geschwungener Rückenflosse, die während der herrlichen Balz und beim Imponieren breit gespreizt wird. Pflege im gut bepflanzten Gesellschaftsbecken ab 60 cm Länge. Unter den verschiedenen Arten fällt dieser Fisch immer auf. Meist hält er sich im mittleren und unteren Aquarienbereich auf. Dunkler Bodengrund, Licht stellenweise durch Schwimmpflanzen dämpfen. Regelmäßiger Austausch von etwa ⅕ des Beckenwassers gegen abgestandenes, chlorfreies Frischwasser ist empfehlenswert.
Länge: ca. 5 cm. *Wasser:* Temperatur 22–28 °C; pH-Wert 5,5–7,2; weich bis mittelhart, 2–18 °dGH. *Nahrung:* Lebend-, Frost, Flockenfutter. *Vorkommen:* mittleres Amazonasbecken.

Hyphessobrycon sp. „robertsi“

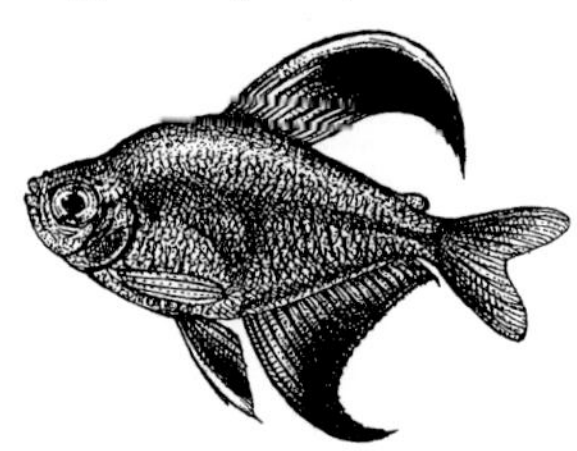

Hyphessobrycon bentosi bentosi (Schmucksalmler). Einer der schönsten Salmler. Das etwas größere Männchen spannt seine spitz ausgezogene Rückenflosse bei den herrlichen Balzspielen segelartig auf. Friedfertiger, ruhiger, weniger schnell schwimmender Fisch für jedes Gesellschaftsbecken ab 80 cm Länge. Ausstattung mit gutem Pflanzenwuchs, dunklem Bodengrund und Schwimmpflanzen, die das Oberlicht dämpfen. Von den roten Farbtönen heben sich die weißen Flossenspitzen gut ab. Laicht zwischen feinfiedrigen Pflanzen. Wichtig ist eine gute Wasserbeschaffenheit.
Länge: ca. 5 cm. *Wasser:* Temperatur 22–28 °C; pH-Wert 6,0–7,5; weich bis mittelhart, 2–15 °dGH. *Nahrung:* Lebend-, Frost-, Flockenfutter. *Vorkommen:* Guyana.

Hyphessobrycon bentosi bentosi

Salmler
Characidae

Hemigrammus ulreyi (Flaggensalmler, Ulreys Salmler). Eingewöhnte Exemplare dieses interessanten, friedfertigen und aparten Schwarmfisches sind recht ausdauernd und nicht anspruchsvoll. Fühlt sich im Gesellschaftsaquarium (ab 80 cm Länge) in einem größeren Schwarm, der sich gewöhnlich in den mittleren Wasserschichten aufhält, zwischen gutem Pflanzenwuchs und durch Schwimmpflanzen leicht gedämpftem Licht am wohlsten. Einzeltiere bleiben vielfach scheu. Erwachsene Weibchen sind etwas größer und schlanker als die Männchen. Regelmäßige Frischwasserzugabe (chlorfrei) wichtig.
Länge: ca. 5,5 cm. *Wasser:* Temperatur 22–27 °C; pH-Wert 6–7,2, weich bis mittelhart, 2–12 °dGH. *Nahrung:* Lebend-, Frost- und Flokkenfutter. *Vorkommen:* Zentralbrasilien.

Hemigrammus ulreyi

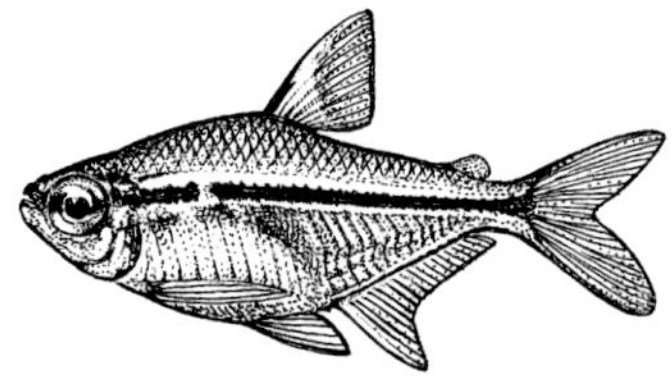

Astyanax sp. Diese Art wird öfter mit dem Flaggensalmler verwechselt, obwohl sich die Zeichnungen beider Tiere deutlich unterscheiden. Ein friedfertiger, hübscher Schwarmfisch, der meist die mittleren Wasserschichten bevorzugt und gern im Verband durch das Aquarium zieht. Becken ab 80 cm Länge mit friedfertigen Bewohnern. Wie viele Astyanax-Arten hält sich dieser Fisch in der Natur mehr im Freiwasser auf und flüchtet erst bei vermeintlicher Gefahr zwischen Pflanzen oder Wurzelholz. Regelmäßiger Austausch von Beckenwasser gegen gut abgestandenes, chlorfreies Frischwasser!
Länge: ca. 5 cm. *Wasser:* Temperatur 22–26 °C; pH-Wert 6–7,2; weich bis mittelhart, 2–12 °dGH. *Nahrung:* Lebend-, Frost- und Flokkenfutter. *Vorkommen:* Südamerika.

Astyanax sp.

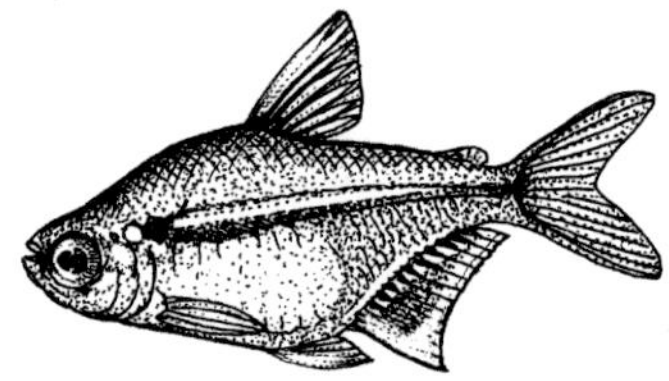

Hemigrammus unilineatus (Schwanzstrichsalmler). Friedfertiger, anspruchsloser, ruhiger Schwarmfisch für Gesellschaftsaquarien ab 60 cm Länge. Bei auffallendem Licht zeigt sich der schöne Silberglanz. Bilden hübschen Kontrast zu rotgefärbten Fischen wie Blutsalmlern und deren nahen Verwandten. Einzeltiere werden oft streitsüchtig oder halten sich in Verstecken auf und werden träge. Becken mit ausreichendem Schwimmraum können hell stehen, sollten aber dunklen Bodengrund haben. Zucht und Haltung sind nicht schwer. Elterntiere sind Laichräuber und müssen nach dem Ablaichen entfernt werden.
Länge: ca. 5 cm. *Wasser:* Temperatur 20–26 °C; pH-Wert 6–7,5; weich bis hart, 2–18 °dGH. *Nahrung:* Lebend- und Flockenfutter. *Vorkommen:* Nordosten von Südamerika.

Hemigrammus unilineatus

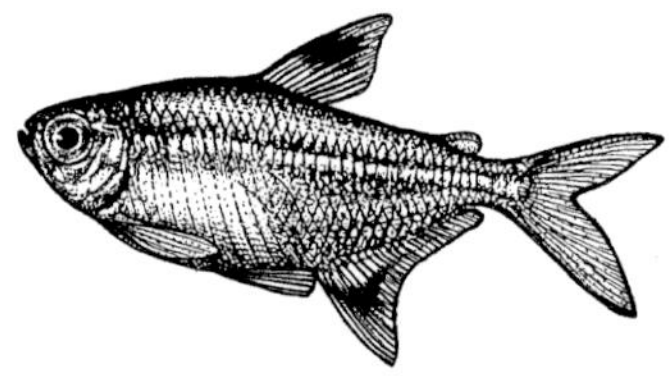

Hemigrammus pulcher (Karfunkelsalmler). Friedliche, in der Pflege anspruchslose, ruhige Art, die sich im Aquarium gern in der mittleren Wasserschicht aufhält. Auf der graublauen Grundfarbe liegt ein metallisch-bronzener Glanz, der am besten in gut bepflanzten Aquarien mit freiem Schwimmraum und durch Schwimmpflanzen (mit Wurzelbärten) gedämpftem Licht hervortritt. Auffällig ist sein goldglänzender Fleck auf der Schwanzwurzel, dessen Aufleuchten bei Bewegungen die anderen Schwarmangehörigen über den eigenen Standort informiert. Zucht und Aufzucht der winzigen Jungfische nicht leicht.
Länge: ca. 4,5 cm. *Wasser:* Temperatur 22–28 °C; pH-Wert 6–7,2; weich bis mittelhart, 2–12 °dGH. *Nahrung:* Lebend-, Frost- und Flokkenfutter. *Vorkommen:* Westamazonien.

Hemigrammus pulcher

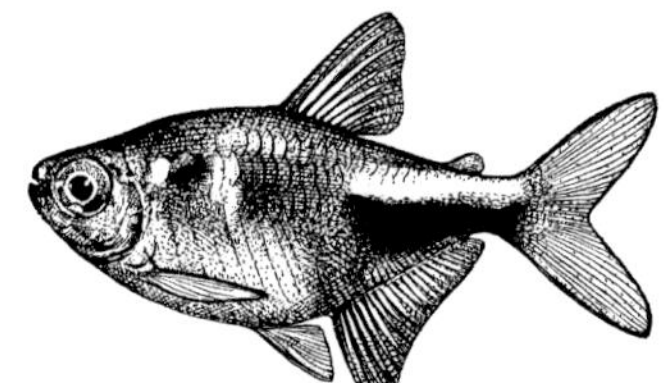

Hemigrammus erythrozonus (Glühlichtsalmler). Ein wunderschöner, kleiner, schlanker, wohlgeformter Salmler, der jedoch nur dann richtig zur Geltung kommt, wenn das ins Aquarium einfallende Licht gedämpft wird (Schwimmpflanzen). Ruhiger, friedfertiger und in der Pflege anspruchsloser Schwarmfisch, auch in Gesellschaftsbecken ab 60 cm Länge zu pflegen. Der mehr bodenorientierte Fisch schätzt gute Bepflanzung und dunklen Bodengrund. Auch in der Nähe von Moorkienwurzelholz hält er sich gern auf. Bleibt manchmal recht scheu und kommt dann nur wenig an Futter; dann die Tiere gezielt füttern!
Länge: ca. 4 cm. *Wasser:* Temperatur 22–28 °C; pH-Wert 5,8–7,2; weich bis mittelhart, 2–12 °dGH. *Nahrung:* Lebend-, Frost- und Flokkenfutter. *Vorkommen:* Guyana.

Hemigrammus erythrozonus

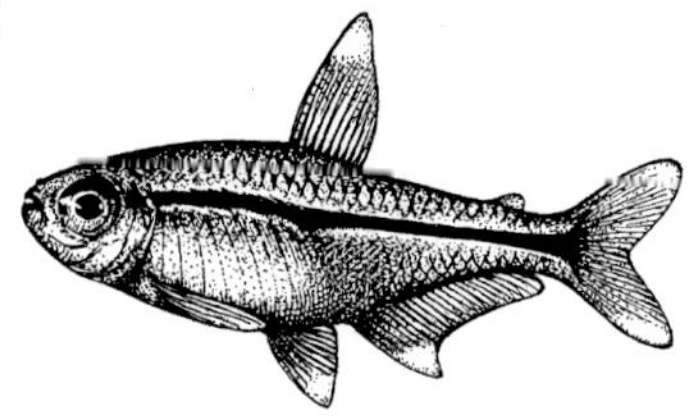

Hemigrammus ocellifer (Schlußlichtsalmler, Laternenträger). Friedlicher, nicht allzu lebhafter, hübscher Schwarmfisch, der seinen Namen von den goldglänzenden Flecken auf der oberen Schwanzwurzel und der oberen Iris erhielt. Männchen und Weibchen gleichgefärbt, aber Männchen kleiner und schlanker. Am schönsten färbt er sich in einem gut bepflanzten Aquarium mit durch Schwimmpflanzen gedämpftem Licht und dunklem Bodengrund. Guter, mehr oberflächenorientierter Gesellschaftsfisch für Becken ab 60 cm Länge mit anderen, ähnlichen friedfertigen Arten. Regelmäßige Frischwasserzugaben!
Länge: ca. 4,5 cm. *Wasser:* Temperatur 22–28 °C; pH-Wert 6–7,5; weich bis mittelhart, 2–18 °dGH. *Nahrung:* Lebend-, Frost- und Flokkenfutter. *Vorkommen:* Amazonien.

Hemigrammus ocellifer

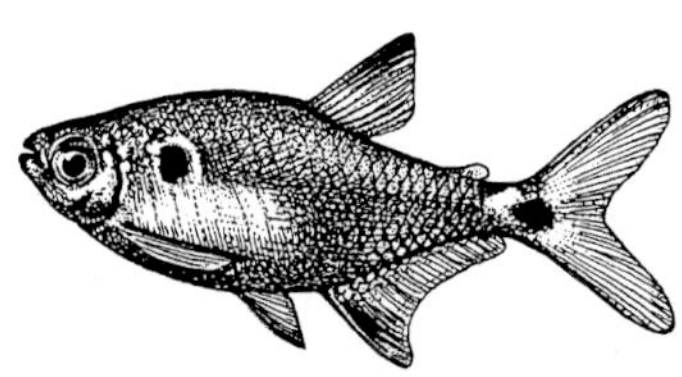

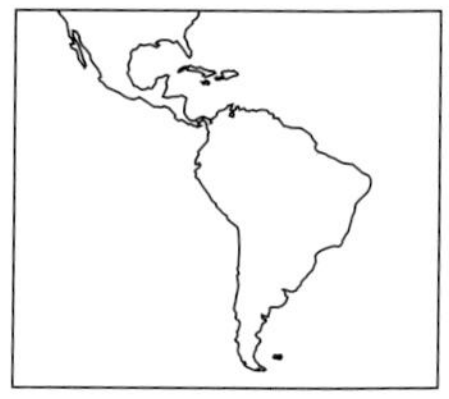

Salmler
Characidae

Megalamphodus sweglesi

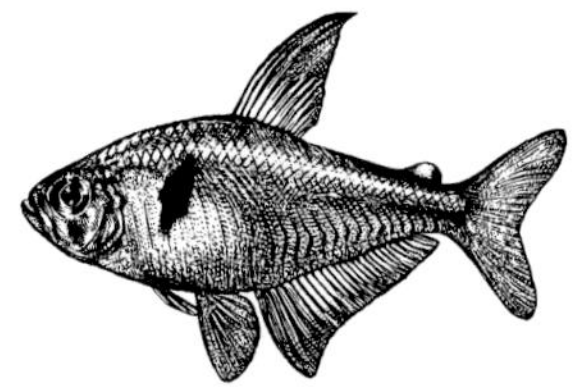

Megalamphodus sweglesi (Roter Phantomsalmler). Friedlicher, graziöser, nicht ganz unempfindlicher Schwarmfisch. Auch im Gesellschaftsbecken (ab 80 cm Länge) stets in einer Gruppe von mindestens 8 Exemplaren halten. Neben gutem Pflanzenbestand und Moorkienholz als Versteckmöglichkeiten sind gedämpftes Licht (Schwimmpflanzen) und dunkler Bodengrund empfehlenswert. Männchen balzen mit weit gespreizten Flossen. Regelmäßig einen Teil des Aquarienwassers gegen chlorfreies, frisches Wasser austauschen. Zucht ist möglich, aber nicht ganz einfach. Freilaicher.
Länge: ca. 4 cm. *Wasser:* Temperatur 22–27 °C; pH-Wert 6,0–7,0; weich, 2–8 °dGH. *Nahrung:* feines Lebend-, Flocken- und gefriergetrocknetes Futter. *Vorkommen:* Kolumbien.

Boehlkea fredcochui

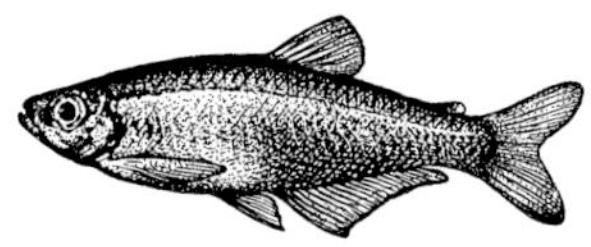

Boehlkea fredcochui (Blauer Perusalmler). Lebhafter Schwarmfisch, der sich für ein Gesellschaftsbecken ab 80 cm Länge eignet. Zeigt sich jedoch nicht selten als ziemlicher Rabauke (Flossenbeißen, verjagen, hetzen). Gute Bepflanzung und gedämpftes Licht (Schwimmpflanzen). Unter heller Beleuchtung kommen die vielen zarten Farbtöne dieses herrlichen Fisches nicht zur Geltung. Zwar ist der Blaue Perusalmler in bezug auf das Wasser nicht anspruchsvoll, doch trägt regelmäßiger Austausch von Beckenwasser gegen chlorfreies, abgestandenes Frischwasser viel zum Wohlbefinden bei. Auch Torffilterung ist zu empfehlen.
Länge: ca. 5 cm. *Wasser:* Temperatur 22–27 °C; pH-Wert 6,0–7,5; weich bis mittelhart, 2–15 °dGH. *Nahrung:* feines Lebend- und Flokkenfutter. *Vorkommen:* Ost-Peru.

Megalamphodus megalopterus

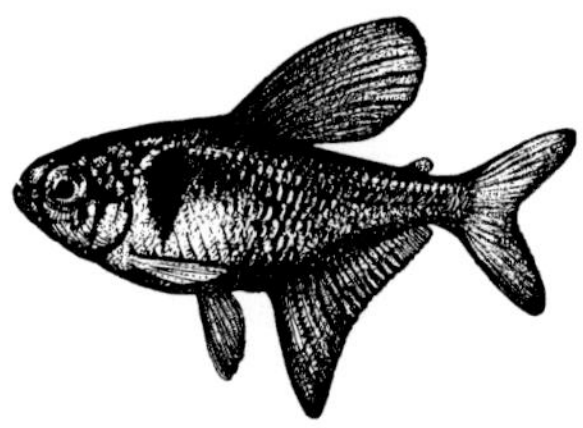

Megalamphodus megalopterus (Schwarzer Phantomsalmler). Friedfertiger, schwimmfreudiger, verspielter, nicht schwer zu pflegender Schwarmfisch. Männchen fallen durch schwarze, große Rücken- und Afterflossen auf. Auch im Gesellschaftsbecken ab 80 cm Länge mit gutem Pflanzenbestand und Versteckmöglichkeiten zu pflegen. Gedämpftes Licht; genug freien Schwimmraum bieten. Männchen balzen und imponieren mit weit gespreizten Flossen. Weibchen zeigen mehr Rottöne. Zucht nicht schwierig, Eltern aber nach dem Ablaichen entfernen. Frischwasserzugaben empfehlenswert.
Länge: ca. 4,5 cm. *Wasser:* Temperatur 22–26 °C; pH-Wert 6,0–7,2; weich bis mittelhart, 3–12 °dGH. *Nahrung:* kleines Lebend- und Flokkenfutter. *Vorkommen:* Zentralbrasilien.

Hyphessobrycon griemi

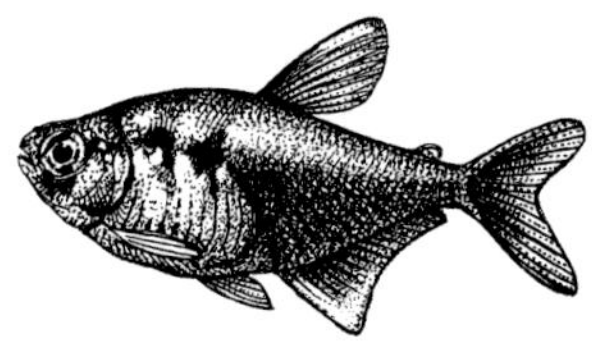

Hyphessobrycon griemi (Ziegelsalmler, Roter Goldfleckensalmler). Sehr friedfertiger, eher ruhiger Schwarmfisch mit zwei Schulterflecken auf goldglänzendem Untergrund. Männchen intensiver gefärbt. Afterflosse mit weißem Saum. Je nach Erregung färbt sich der Hinterkörper stärker ziegelrot. In Aquarien ab 60 cm Länge mit guter Bepflanzung und Moorkienholz als Deckung fühlt sich der Fisch im (kleinen) Schwarm besonders wohl. Dunkler Bodengrund. Frischwasserzugaben sind empfehlenswert. Zucht nicht schwer. Tiere laichen gern an feinfiedrigen Pflanzenbüscheln.
Länge: ca. 4 cm. *Wasser:* Temperatur 20–26 °C; pH-Wert 6,5–7,5; weich bis hart, 4–20 °dGH. *Nahrung:* Lebend-, Frost- und Flockenfutter. *Vorkommen:* Zentralbrasilien.

Nematobrycon palmeri

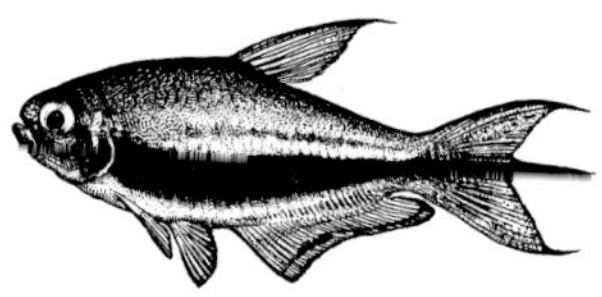

Nematobrycon palmeri (Kaisertetra). Dieser besonders hübsche Salmler verhält sich in der Regel im Schwarm auch anderen Fischen gegenüber ruhig und friedfertig. Hält man sie einzeln oder nur wenige Exemplare in großen Aquarien, können sich starke Männchen zu Tyrannen entwickeln, denn sie besetzen Reviere und verteidigen sie energisch. In Aquarien ab 80 cm Größe mit gutem Pflanzenbestand und Moorkienholzwurzeln zur Deckung zeigen diese Salmler bei etwas gedämpftem Oberlicht (Schwimmpflanzen) ihre schönste Färbung. Regelmäßige Frischwasserzugabe fördert das Wohlbefinden.
Länge: ca. 6 cm. *Wasser:* Temperatur 20–26 °C; pH-Wert 6,0–7,2; weich bis mittelhart, bis 12 °dGH. *Nahrung:* alles Lebend- und Flockenfutter. *Vorkommen:* Westkolumbien.

Nematobrycon lacortei

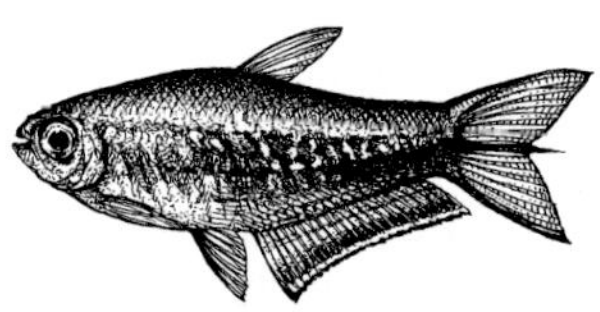

Nematobrycon lacortei (Rotaugen-Kaisersalmler, Regenbogen-Kaisersalmler). Anders als bei seinem Vetter, dem Kaisertetra, ist die Längsbinde eher angedeutet und die Körperfärbung nicht scharf abgegrenzt. Pflege in einem Gesellschaftsaquarium ab 80 cm Länge, gute Bepflanzung. Zeigt bei gedämpft einfallendem Licht eine wunderschön blauschillernde, in Flecken aufgelöste Zeichnung. Auch die rote Iris hebt sich auffällig ab. Friedfertiger Schwarmfisch, Einzeltiere nicht so aggressiv. Regelmäßige Zugabe von chlorfreiem, abgestandenem Frischwasser wichtig.
Länge: ca. 5 cm. *Wasser:* Temperatur 20–27 °C; pH-Wert 6,0–7,0; weich bis mittelhart, 2–12 °dGH. *Nahrung:* bevorzugt Lebend- und Frostfutter. *Vorkommen:* Westkolumbien.

Salmler

Characidae

Paracheirodon innesi (Neonsalmler, Neonfisch). Ein äußerst friedfertiger, anspruchsloser, geselliger und bewegungsfreudiger Schwarmfisch. Am eindrucksvollsten im größeren Schwarm. Braucht ausreichend Schwimmraum. Dunkler Hintergrund und Bodengrund verstärken die Farbintensität. Nicht mit zu großen Fischen vergesellschaften. Stellt keine besonderen Ansprüche, bevorzugt jedoch nicht zu hartes, leicht saures Wasser. Zuchtbecken abdunkeln, Wasser sehr weich, pH-Wert um 5,0–6,5, Temperaturen bei 24 °C. Eier verpilzen leicht. Auch nach Laichabgabe und Entfernung der Elterntiere Zuchtbecken dunkel halten.
Länge: ca. 4 cm. *Wasser*: Temperatur 22–28 °C; pH-Wert 5,0–7,5; weich bis mittelhart (15 °dGH). *Nahrung*: kleines Lebend-, Frost- und Flockenfutter. *Vorkommen*: Ostperu.

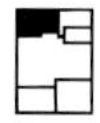

Paracheirodon innesi

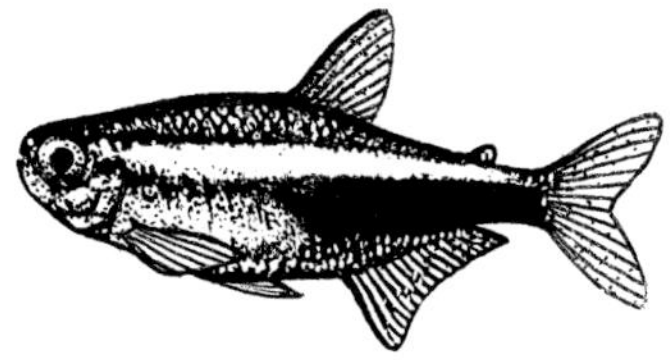

Hemigrammus hyanuary (Grüner Neon). Trotz seines deutschen Namens gehört der Fisch nicht zu den Neonsalmlern. Er ist ein Schwarmfisch, der in jedem Gesellschaftsaquarium ab 60 cm Länge in einer kleinen Gruppe (ab 6–8 Exemplare) ohne Schwierigkeiten zu pflegen ist. Im Vergleich mit anderen Salmlern ist er eher ruhig, zeigt sich aber gern im freien Wasser. Besondere Ansprüche stellt er nicht. Gute Bepflanzung, nicht nur entlang der Seiten- und Rückwand, sowie als Dekoration an zentraler Stelle ein großer *Echinodorus* oder eine Moorkienwurzel genügen. Regelmäßiger Wasserwechsel von ca. 25%.
Länge: ca. 4,5 cm. *Wasser*: Temperatur 22–26°C; pH-Wert um 7,0; bis 15 °dGH. *Nahrung*: jedes kleine Lebendfutter, Flocken-, Tabletten- und Frostfutter. *Vorkommen*: Amazonien.

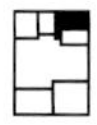

Hemigrammus hyanuary

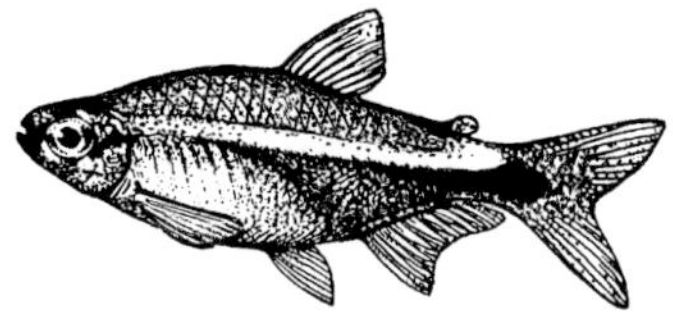

Paracheirodon simulans (Blauer Neon). Kleiner, zarter und weniger populär als die beiden anderen Vertreter dieser Gattung. Wird auch seltener importiert und gezüchtet. Erfordert zumindest während der Eingewöhnungszeit besondere Aufmerksamkeit. Kein Anfängerfisch. Einrichtung mit dichten Pflanzenbeständen bei genug freiem Schwimmraum. Liebt weiches, leicht saures, über Torf gefiltertes Wasser, das insbesondere zur Zucht unerläßlich ist. Zu Neons (Gruppen von mindestens 5–7 Exemplaren, besser mehr) dürfen keine großen Fische beigegeben werden, da sie diesen leicht als Beute zum Opfer fallen.
Länge: ca. 3,5 cm. *Wasser*: Temperatur 23–27 °C; pH-Wert 5,0–6,5; weich, 3–8 °dGH. *Nahrung*: Lebend- und Trockenfutter (besonders Flokken). *Vorkommen*: Brasilien, Rio-Negro-Becken.

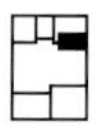

Paracheirodon simulans

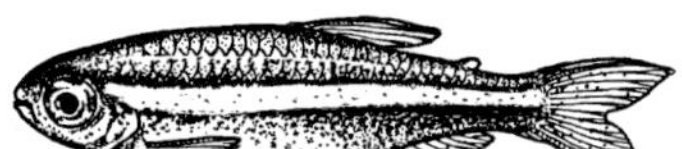

Paracheirodon axelrodi (Roter Neon, Kardinaltetra). Einer der schönsten, beliebtesten und bekanntesten Aquarienfische. Absolut friedfertig. Die Entdeckung dieses auffallenden Salmlers war für die Aquarianer der ganzen Welt eine Sensation. Schon kurze Zeit nach dem Einsetzen der Fische findet sich ein Schwarm zusammen, der sich auch kaum mehr auflöst. Je größer die Anzahl der Tiere, um so eindrucksvoller der Schwarm. Becken mit dichter Bepflanzung und dunklem Bodengrund. Helles Licht durch Schwimmpflanzen abschatten. Für Gesellschaftsbecken mit sauerstoffreichem und nitratfreiem Wasser. *Länge*: ca. 5 cm. *Wasser*: 24–27 °C; pH-Wert 5,0–6,5; weich, 3–8 °dGH. *Nahrung*: Lebend-, Frost-, Flocken-, Tablettenfutter (zerkleinert). *Vorkommen*: Kolumbien, Brasilien (Einzugsgebiet des Rio Negro).

Paracheirodon axelrodi

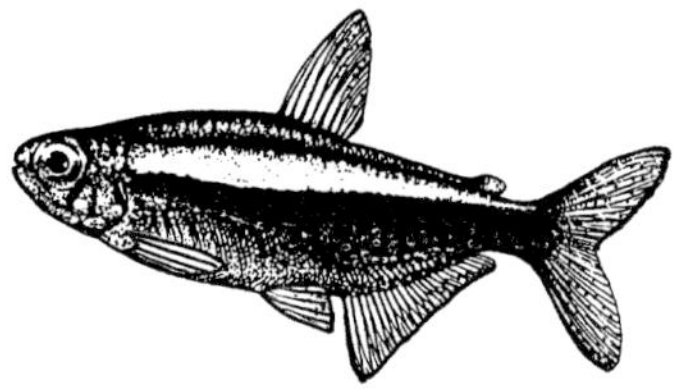

Hyphessobrycon herbertaxelrodi (Schwarzer Neon, Schwarzer Flaggensalmler). Absolut friedfertiger Schwarmfisch. Mit ebensolchen friedfertigen Fischen vergesellschaften. Lebhafter Schwimmer, bevorzugt die mittlere und obere Wasserschicht. Gilt im Vergleich zu *P. innesi* als etwas anspruchsvoller in der Pflege. Das Wasser muß zwar nicht extrem weich sein, bevorzugt aber dennoch leicht saures Wasser mit einem pH-Wert um 6,5 oder im Neutralbereich. Aquarium mit dunklem Bodengrund und Lichtdämpfung. Zuchtpaare gut mit schwarzen Mückenlarven füttern. Zucht meist erfolgreich. Separates Zuchtbecken.
Länge: ca. 4 cm. *Wasser*: Temperatur 23–27 °C; pH-Wert 5,5–7,2; bis 12 °dGH; Torffilterung. *Nahrung*: Lebend-, Frost- und Flockenfutter. *Vorkommen*: Einzugsgebiet des Amazonas.

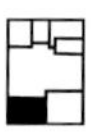

Hyphessobrycon herbertaxelrodi

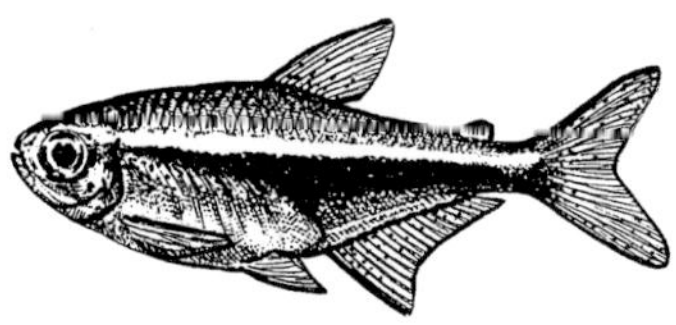

Megalamphodus roseus (Gelber Phantomsalmler). Vor allem durch seinen großen schwarzen Schulterfleck auf rötlich-gelbem Untergrund fällt dieser Phantomsalmler in jedem Aquarium auf. Allerdings sollte man den Schwarmfisch nur in einer größeren Gruppe von mindestens sechs bis acht Exemplaren pflegen. In Gesellschaft anderer kleinerer und friedfertiger Arten fühlt er sich in einem gut bepflanzten Gesellschaftsaquarium ab 60 cm Länge wohl. Ein kaum Probleme bereitender Fisch, der saubere, gut durchlüftetes Wasser braucht. Regelmäßiger Wasserwechsel von 20–30% gegen chlorfreies, gut aufbereitetes Frischwasser.
Länge: ca. 3,5 cm. *Wasser*: 22–26 °C; pH-Wert 6,0–7,5; bis 15 °dGH. *Nahrung*: feines Lebend-, gefrorenes und gefriergetrocknetes Futter, Flokkenfutter. *Vorkommen*: Guyana, Venezuela.

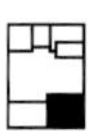

Megalamphodus roseus

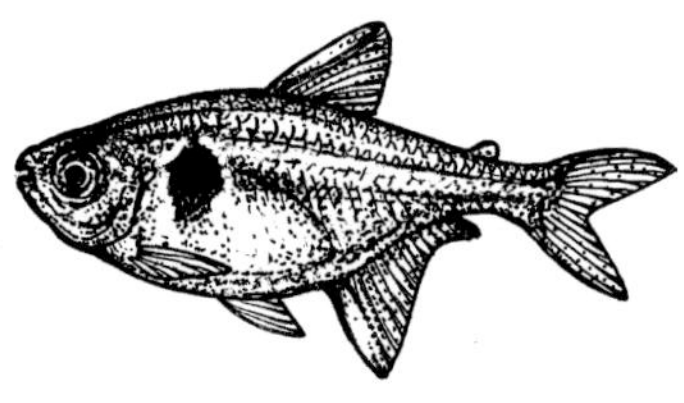

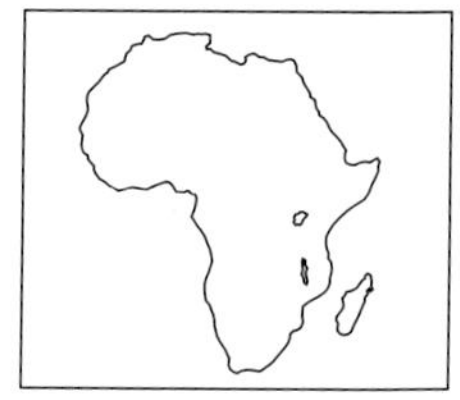

Salmler

Characidae

Aphyocharax anisitsi (Rotflossensalmler). Kleiner, friedfertiger und ausdauernder Aquarienfisch fürs Gesellschaftsbecken. Transportunempfindlich und unproblematisch in der Pflege; verträgt sich gut mit anderen lebhaften Arten. Die bewegungsfreudigen, quirligen Schwarmfische halten sich meist in der mittleren und oberen Wasserzone auf. Aquarium überwiegend am Rand bepflanzen, in der Mitte muß genügend Freiraum für ausgiebiges Umherschwimmen bleiben. Zucht relativ leicht (produktiv, bis ca. 400 Eier). Freilaicher, laichen zwischen Pflanzen an der Oberfläche. Elterntiere herausfangen, Laich wird gefressen.
Länge: ca. 5 cm. *Wasser*: 22–26 °C; pH-Wert 6,2–7,6; bis 16 °dGH. *Nahrung*: Allesfresser; Lebend-, Frost- und Trockenfutter. *Vorkommen*: Nordargentinien, mittleres Südamerika.

Aphyocharax anisitsi

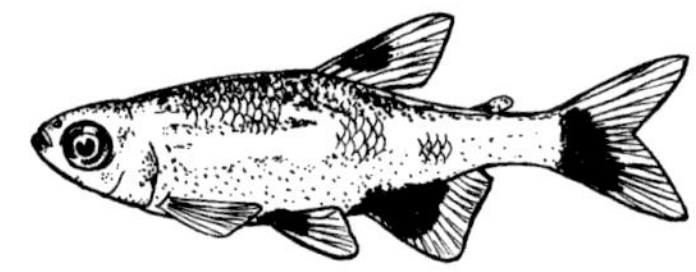

Hyphessobrycon loretoensis (Loretosalmler). Durch seine Ersteinfuhr im Jahre 1938 eigentlich ein bekannter Fisch. Bei guter und sorgfältiger Pflege im Schwarm gehalten, zeigen die Fische ihre ansprechende Färbung. Dunkler Boden und nicht zu helles Licht intensivieren die Farbtöne. Becken mit dichter Bepflanzung am Rand und in den Ecken. Genügend Schwimmraum lassen, denn der Loretosalmler zieht ständig im Schwarm durchs Aquarium. Keine hektischen Mitbewohner, die diesen Fisch nur verschrecken würden.
Länge: ca. 4 cm; *Wasser*: Temperatur 22–28 °C; pH-Wert um 6,5; weich, bis 8 °dGH.
Nahrung: feines Lebendfutter wie Frucht- und Essigfliegen, auch Flockenfutter. Häufig in kleinen Portionen anbieten. *Vorkommen*: Ostperu.

Hyphessobrycon loretoensis

Aphyocharax paraguayensis (Augenflecksalmler). Dieser friedfertige Fisch besitzt leuchtende Farben und fällt in jedem Aquarium besonders auf. Die Art ist nicht ganz so stürmisch wie ihre Verwandten, aber trotzdem schwimmfreudig. Für Gesellschaftsbecken ab 80 cm Länge in einer Gruppe von 6–10 Exemplaren ausgezeichnet geeignet. Hält sich meist im oberen Drittel des Beckens auf. Eine ansprechende Bepflanzung (unterschiedliche Wuchsformen), auch mit feinfiedrigen und rötlichen Arten, bilden zu den Fischen einen hervorragenden Kontrast. Zur Dekoration Moorkienwurzeln. Zucht im Extrabecken mit *Eichhornia crassipes*.
Länge: ca. 4,5 cm. *Wasser*: Temperatur 20–26 °C; pH-Wert 6–7,5; 3 bis 13 °dGH. *Nahrung*: jedes feine Lebendfutter; Flocken-, Tabletten- und Frostfutter. *Vorkommen*: Paraguay.

Aphyocharax paraguayensis

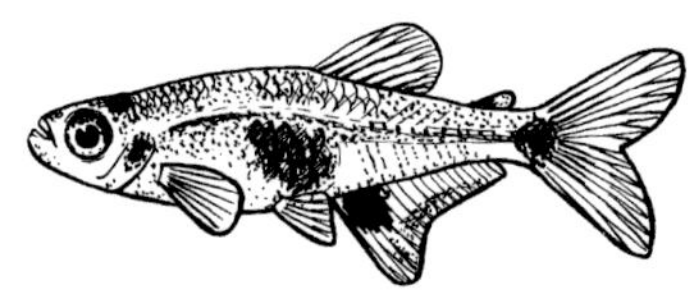

Crenuchus spilurus (Pracht- oder Fleckenschwanzsalmler). Dieser hübsche und auffällige Fisch wird leider nur selten importiert, so daß er in Fachgeschäften nur selten erhältlich ist. Er wurde schon 1912 erstmals eingeführt. Adulte Männchen sind größer, mit hoher Rükken- und lang ausgezogener Afterflosse. Weibchen kleiner und ohne vergrößerte Flossen. Haltung im gut bepflanzten Aquarium von 60 Zentimeter Länge, in dem sich die scheuen Fische verstecken können. Braucht weiches, sauberes, möglichst nitratfreies Wasser und etwas gedämpftes Licht. Substratlaicher; das Männchen bewacht das Gelege.
Länge: ca. 7 cm. *Wasser*: 24–26 °C; pH-Wert 5,5–6,5; weich, 2–8 °dGH. *Nahrung*: Lebendfutter; Futteraufnahme beobachten. *Vorkommen*: Südamerika; Guyana; Amazonasgebiet.

Crenuchus spilurus

Lepidarchus adonis (Adonissalmler). Mit seinen etwa 2 cm Körperlänge ein winziger Schwarmfisch, der recht zart und zerbrechlich wirkt. Männchen mit purpurfarbenen Flecken auf der hinteren Körperhälfte und der Schwanzflosse. Weibchen fast durchsichtig. Sehr friedfertige Art; nur mit anderen ebenso zarten Kleinstfischen ist eine Vergesellschaftung möglich. Dunkler Bodengrund, dazu dichte, feinfiedrige Pflanzenbüsche mit genügend Schwimmraum zwischen den Pflanzen. Torffilterung. Beleuchtungsintensität scheint nur bei Zuchtversuchen (hier muß abgedunkelt werden) eine wichtige Rolle zu spielen.
Länge: ca. 2 cm. *Wasser*: 23–27 °C; pH-Wert um 6,0; sehr weich, bis 4 °dGH. *Nahrung*: feines Lebendfutter (Artemia, kl. Fliegen, Wasserflöhe), Flocken. *Vorkommen*: Westafrika.

Lepidarchus adonis

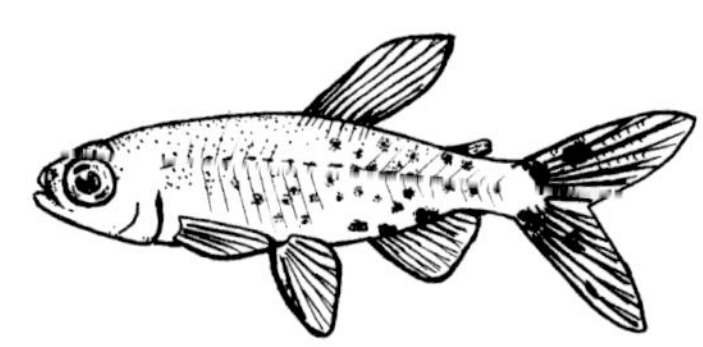

Poecilocharax weitzmani (Grünpunkt-Raubsalmler). Wieder oft eingeführter, friedlicher, kleiner Salmler, den man nicht in Gesellschaftsbecken, sondern allein pflegen sollte. Ein gut bepflanztes Aquarium von 60×30×30 cm Größe mit nicht zu greller Beleuchtung genügt. Als Versteckmöglichkeiten eignen sich Moorkienholz, rundliche Feldsteine und Schwimmpflanzen mit Wurzelbärten. Nur für erfahrene Aquarianer! Die Fische brauchen zur erfolgreichen Pflege sehr weiches, saures und nitratfreies Wasser. Ein Torffilter, der oft gereinigt werden muß, ist unerläßlich. Laichen auf Steinen; das Männchen bewacht das Gelege.
Länge: ca. 4 cm. *Wasser*: 24–28 °C; pH-Wert 5,5–6,5; weich, bis 5 °dGH. *Nahrung*: Lebendfutter, Cyclops, schwarze Mückenlarven. *Vorkommen*: Oberer Rio Negro, Guyana.

Poecilocharax weitzmani

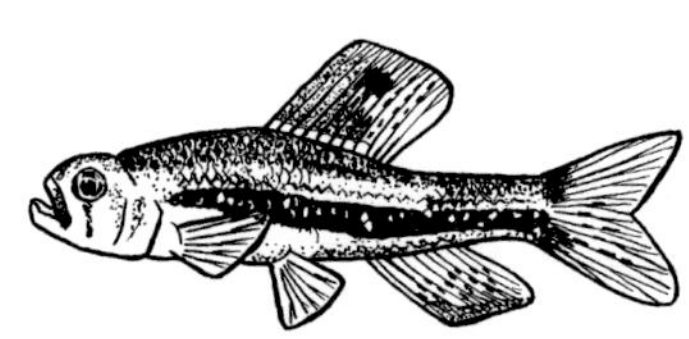

Salmler
Characidae

Moenkhausia sp. (Mato-Grosso-Moenkhausia). Munterer Schwarmfisch für Gesellschaftsbekken ab 70 cm Länge; vorteilhafter sind größere Aquarien, in denen sie mehr Schwimmraum finden. Bei Schwarmhaltung friedlich, Einzeltiere werden gelegentlich etwas ruppig. Weibchen werden in der Laichzeit meist heftig getrieben, sie sollten in einer guten Seiten- und Hintergrundbepflanzung Zuflucht und Versteckmöglichkeiten finden. Besondere Ansprüche werden weder an das Wasser noch an die Ernährung gestellt. Jedoch sollten Zuchttiere überwiegend Lebendfutter bekommen. Freilaicher, Eltern Laichräuber.
Länge: ca. 6 cm. *Wasser*: Temperatur 24–27 °C; pH-Wert 6,0–7,.2; Härte bis 18 °dGH. *Nahrung*: Allesfresser; Lebend-, Gefrier- und Flockenfutter. *Vorkommen*: Zentralbrasilien.

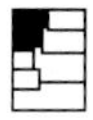

Moenkhausia sp.

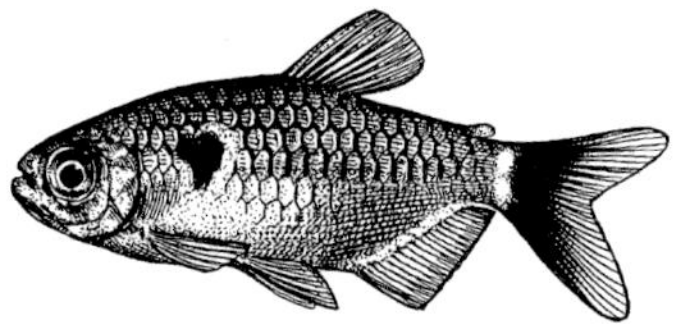

Moenkhausia dichroura (Schwanzfleck-Moenkhausia). Sehr friedlicher, bei aufmerksamer Pflege gut zu haltender Schwarmfisch. Fürs Gesellschaftsbecken ab 70 cm Länge gut geeignet. Eine Art, die nur im Schwarm bei durch Schwimmpflanzen oder aufliegende Blätter abgedämpftem Licht und dunklem Bodengrund richtig zur Geltung kommt. Torffilterung ist günstig, ebenso ein gutes Wasseraufbereitungsmittel beim Wasserwechsel. Auf die Wasserbeschaffenheit muß geachtet werden. Das Wasser sollte weich und leicht sauer sein; hartes Wasser verträgt dieser Fisch weniger gut.
Länge: ca. 6 cm. *Wasser*: 22–26 °C; pH-Wert 5,8–6-8; weich, bis 8 °dGH. *Nahrung*: Allesfresser, auch Gefriergetrocknetes. *Vorkommen*: nördliches bis zentrales Südamerika.

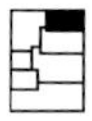

Moenkhausia dichroura

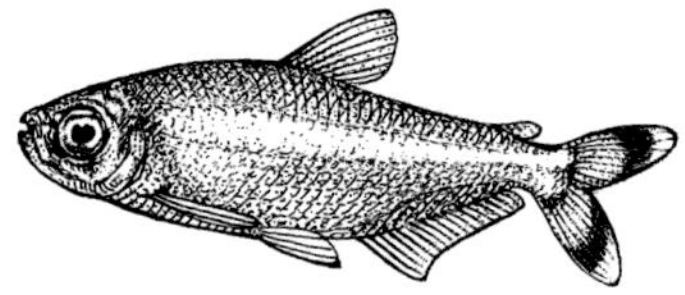

Hasemania nana (Kupfersalmler). Ein munterer, sehr friedfertiger, leicht zu pflegender Schwarmfisch. Neben Pflanzenverstecken verlangt er ausreichend Schwimmraum, zumal man von dieser Art viele Exemplare gemeinsam pflegen sollte. Im nicht zu hellen Gesellschaftsbecken mit gedämpftem Licht und dunklem Bodengrund wirken diese kupferfarbenen Fische mit den hellen Flossenspitzen besonders schön. Es werden vorwiegend die mittleren Wasserschichten im Aquarium aufgesucht. Die schöne Kupferfärbung zeigt sich meist erst nach erfolgter Eingewöhnung. Zucht, Aufzucht und Ernährung nicht schwierig.
Länge: ca. 4,5 cm. *Wasser*: Temperatur 22–28 °C; pH-Wert 6,2–7,2; 4–12 °dGH. *Nahrung*: Allesfresser; Lebend-, Flocken- und gefriergetrocknetes Futter. *Vorkommen*: Brasilien.

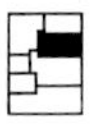

Hasemania nana

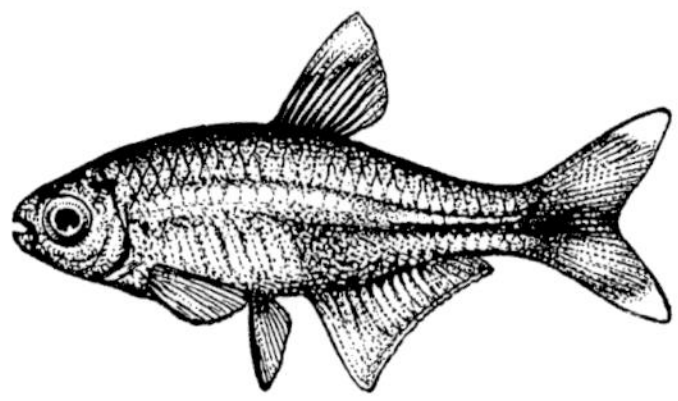

Hyphessobrycon amandae (Feuersalmler). Ein zierlicher, rot gefärbter Fischzwerg. Die rote Farbe glüht – je nach Wohlbefinden und bei sehr weichem Wasser – mehr oder weniger intensiv rot. Die fülligeren Weibchen werden bis ca. 2 cm lang, die Männchen bleiben etwas kleiner. Für die Unterbringung im Artaquarium reicht schon ein Minibecken von ca. 40 cm Länge. Sie bevölkern vorwiegend die mittleren Wasserschichten. Fürs Gesellschaftsbecken mit ruhigen, friedfertigen Arten geeignet. Bodengrund dunkel, teilweise dicht bepflanzen, mit einigen Schwimmpflanzen Licht abschatten.
Länge: 2 cm. *Wasser*: Temperatur 24–28 °C; pH-Wert 6,0–7,0; weich, bis 8 °dGH. *Nahrung*: Wasserflöhe, Cyclops, Daphnien, Artemia, fein zerriebenes Tabletten- und Trockenfutter. *Vorkommen*: Zentralbrasilien.

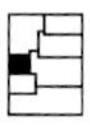

Hyphessobrycon amandae

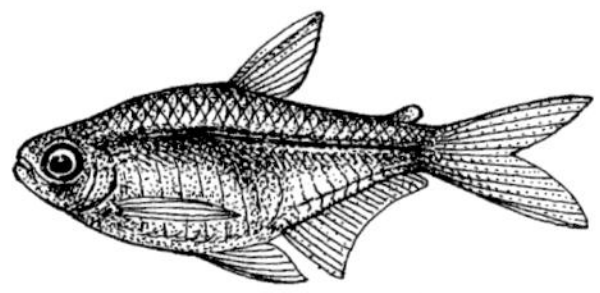

Moenkhausia sanctaefilomenae (Rotaugen-Moenkhausia). Ideal für jedes Gesellschaftsbekken ab 80 cm Länge mit friedlichen Bewohnern. Auffallend die leuchtend rot gefärbte obere Irishälfte, der schwarze Balken in der Schwanzflosse sowie das durch große Körperschuppen entstandene Netzmuster. Ein absolut friedfertiger, durchweg anspruchsloser, im Schwarm zu haltender Salmler, der vor allem die mittleren Wasserschichten bewohnt. Im Gegensatz zum Brillantsalmler kann er auch noch im relativ harten Wasser gepflegt werden. Zur Zucht Wasser weich und leicht sauer, über Torf filtern. Freilaicher, Laichräuber.
Länge: 4,5–6 cm. *Wasser*: Temperatur 22–28 °C; pH-Wert 6,0–7,2; bis 18 °dGH. *Nahrung*: Allesfresser, Zuchttiere überwiegend Lebendfutter. *Vorkommen*: Südamerika.

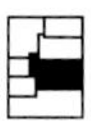

Moenkhausia sanctaefilomenae

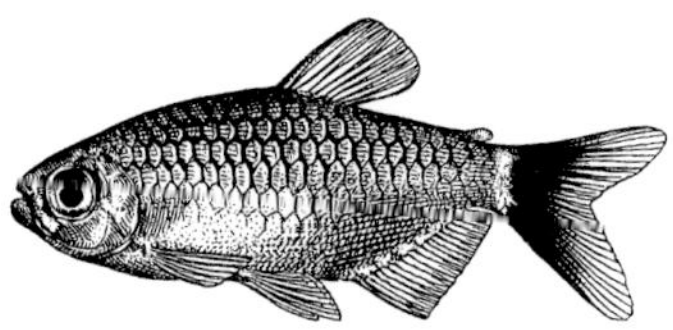

Moenkhausia pittieri (Brillantsalmler). Friedfertiger, nicht ganz leicht zu haltender Schwarmfisch. Deutscher Name bezieht sich auf die Glanzschuppen, die jedoch erst beim adulten Tier voll ausgefärbt sind; Jungfische sind schlicht bläulich gefärbt. Der zarte Brillantglanz kommt bei abgedämpftem Licht (Schwimmpflanzen) und dunklem Bodengrund besonders schön zur Geltung. Für Gesellschaftsbecken mit 80 cm Länge und weichem, leicht saurem Wasser gut geeignet. Im harten Wasser werden sie bald hinfällig. Die Schwimmfreudigkeit kann nur im nicht zu dicht besetzten Aquarium ausgelebt werden.
Länge: bis ca. 6 cm. *Wasser*: über Torf filtern; Temperatur 24–28 °C; pH-Wert 6,5–7,0; 3–12 °dGH. *Nahrung*: Lebend- und Flockenfutter. *Vorkommen*: Kolumbien, Venezuela.

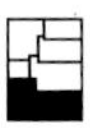

Moenkhausia pittieri

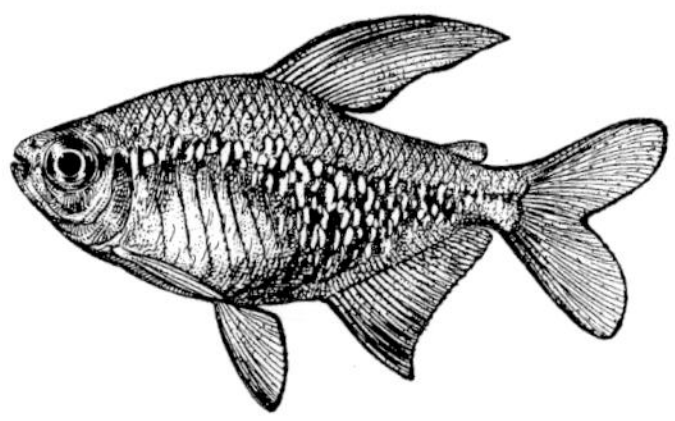

Salmler
Characidae

Asiphonichthys condei (Goldiger Glassalmler). In den letzten Jahren nur sporadisch eingeführt; erfahrungsgemäß kann sich das aber schnell wieder ändern. Nicht zuletzt durch seine Transparenz und sein zartes Aussehen ein bemerkenswerter Salmler. Steht häufig ruhig im Pflanzendickicht. Gilt als Räuber, daher nicht unbedingt fürs Gesellschaftsbecken geeignet. Erfahrung der Autoren: verhält sich jedoch bei regelmäßiger, ausreichender Fütterung mit Lebendfutter kaum räuberisch. Torfgefiltertes, bräunliches, aber klares Wasser. Bodengrund möglichst dunkel.
Länge: ca. 7,5 cm. *Wasser*: Temperatur 22–27 °C; pH-Wert 6,0–7,2; 3–10 °dGH. *Nahrung*: vorwiegend kräftiges Lebendfutter, auch Frostfutter und Gefriergetrocknetes. *Vorkommen*: Brasilien; Rio Negro.

Asiphonichthys condei

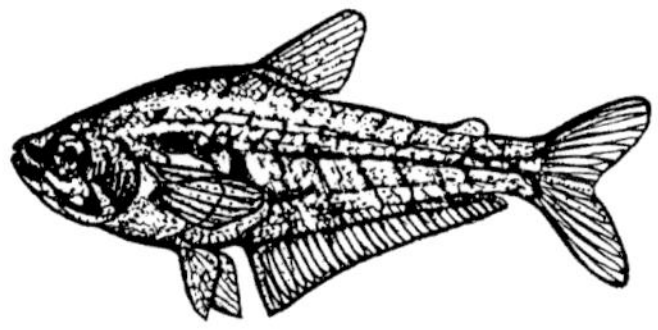

Roeboides sp. (Wachssalmler). Im allgemeinen friedfertig. Auch im Gesellschaftsbecken ab 100 cm Länge gut zu pflegen, jedoch können kleine Fische als Futter betrachtet werden. Er liebt es, sich am Rande des freien Schwimmraumes zwischen aufstrebenden Pflanzen aufzuhalten. Typisch ist seine Körperhaltung in Ruhe, er steht oder schwimmt dann langsam mit nach unten geneigtem Kopf. Untereinander halten sie leichten Abstand; Einzelganger besetzen gerne ein Revier. Männchen sind wesentlich schlanker und auch kleiner als die gedrungeneren Weibchen. Zucht in großen Becken möglich.
Länge: ca. 11 cm. *Wasser*: 22–27 °C, pH-Wert 6,0–7,2; 2–12 °dGH. *Nahrung*: überwiegend Lebendfutter aller Art; Frost- und Flockenfutter. *Vorkommen*: Brasilien; Mato Grosso.

Roeboides sp.

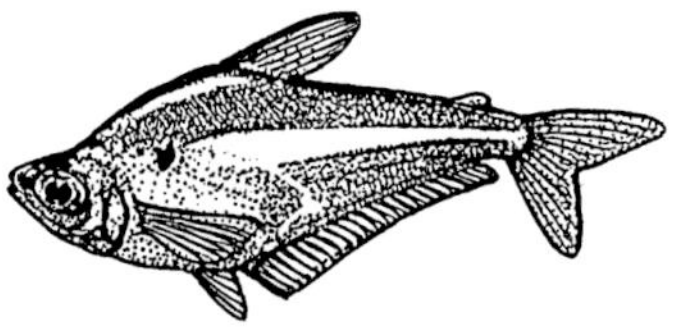

Hemigrammus rodwayi (Goldtetra, Glanztetra, Messingsalmler). Schwimmlustiger, friedfertiger Schwarmfisch für helle Aquarien mit viel Schwimmraum. Becken deshalb nicht zu dicht bepflanzen. Die goldgelb glänzende Färbung entsteht durch eine parasitäre Erkrankung. Die Fische wehren sich und reagieren auf diese Hautparasiten mit Ausscheidungen ihrer Haut. Auf andere Arten wird diese Krankheit nicht übertragen, auch zeigen die befallenen Tiere sonst überhaupt keine Beeinträchtigung. Im Aquarium gezüchtete Nachkommen zeigen oft die Normalfärbung, werden aber kurz darauf wieder golden.
Länge: ca. 5,5 cm. *Wasser*: Temperatur 22–27 °C; pH-Wert 6,0–7,0; bis 14 °dGH. *Nahrung*: feines Lebendfutter; gefriergetrocknetes, Frost- u. Flockenfutter. *Vorkommen*: Guyana.

Hemigrammus rodwayi

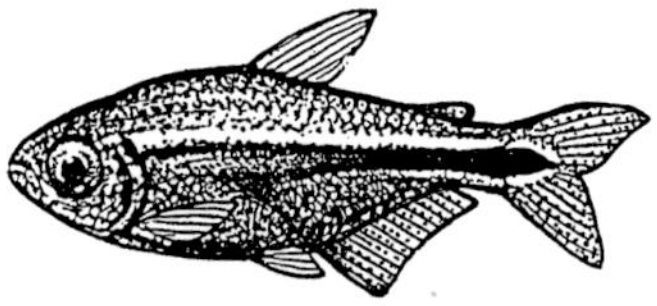

Hyphessobrycon scholzei (Schwarzbandsalmler). Friedfertiger Schwarmfisch, lebhaft und robust. Eine schon seit mehreren Jahrzehnten gezüchtete Art. Für Gesellschaftsbecken geeignet. Dem Anfänger zur Haltung und Zucht gleichermaßen zu empfehlen, stellt keine spezifischen Ansprüche an die Wasserbeschaffenheit. Elterntiere sind Laichräuber, Einrichtung des Zuchtbeckens dementsprechend gestalten. Die Aufzucht der Jungen gelingt ohne Schwierigkeiten. Leider findet dieser muntere, anspruchslose Fisch wohl aufgrund seiner Unauffälligkeit heute meist nur wenig Beachtung. Knabbert an Pflanzen!
Länge: ca. 4,5 cm. *Wasser*: Temperatur 22–27 °C; pH-Wert 6,8–7,5; bis 18 °dGH. *Nahrung*: Lebend-, Frost- und Trockenfutter, auch pflanzliche Kost. *Vorkommen*: Paraguay, Brasilien.

Hyphessobrycon scholzei

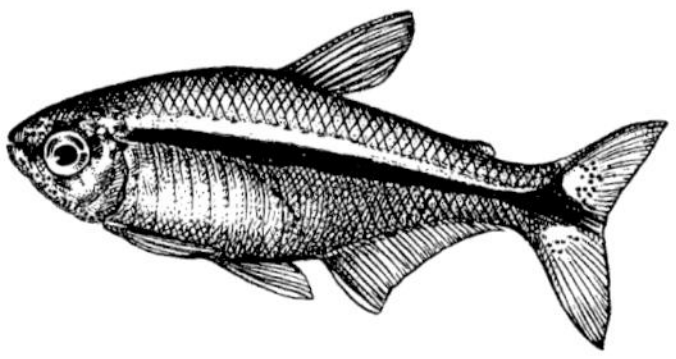

Thayeria obliqua (Pinguinsalmler). Sehr ruhiger, friedfertiger Schwarmfisch, der durch seine schräge Schwimmweise beeindruckt. Darauf achten, daß die Tiere mit ebenfalls ruhigen Arten vergesellschaftet werden. Hält sich meist in der mittleren und oberen Wasserregion auf, braucht dort viel Platz zum Schwimmen und gleichzeitig Versteckplätze zwischen dichten Pflanzengruppen (auch einige Schwimmpflanzen). Geschlechter sind schwer auseinanderzuhalten. Laichreife Weibchen wirken in der Bauchgegend runder und voller. Unbedingt zu mehreren halten. Kein Anfängerfisch.
Länge: ca. 8 cm. *Wasser*: Temperatur 22–28 °C; pH-Wert 6,0–7,0; 5 bis 15 °dGH. *Nahrung*: Lebend- und Trockenfutter, mit Vorliebe Anflugnahrung (kleine Insekten). *Vorkommen*: Südamerika.

Thayeria obliqua

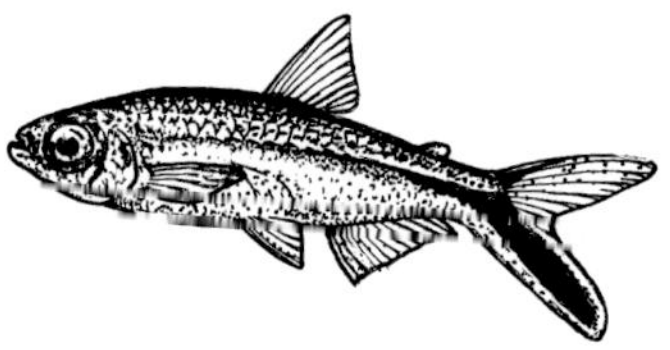

Thayeria boehlkei (Schrägschwimmer). Lebhafter, jedoch nicht unruhiger, friedlicher Schwarmsalmler. Schwimmt mit schräg nach oben gerichtetem Oberkörper, dabei vollführt er wippende Bewegungen. Ein Schwarm dieser Fische, die sich im oberen und mittleren Aquarienbereich aufhalten, zieht immer die Aufmerksamkeit der Betrachter auf sich. Für Gesellschaftsbecken mit nicht zu großen Mitbewohnern und lockerer Bepflanzung gut geeignet. Einzeltiere werden leicht scheu und suchen zwischen den Pflanzen Deckung. Empfindlich gegen Wasserverschmutzung. Zucht im weichen, leicht sauren Wasser. *Länge*: ca. 6 cm. *Wasser*: 23–28 °C; pH-Wert 6,0–7,0; 6–15 °dGH. *Nahrung*: Lebend- (Mückenlarven, Insekten) und Trockenfutter, überwiegend von der Wasseroberfläche. *Vorkommen*: Südamerika.

Thayeria boehlkei

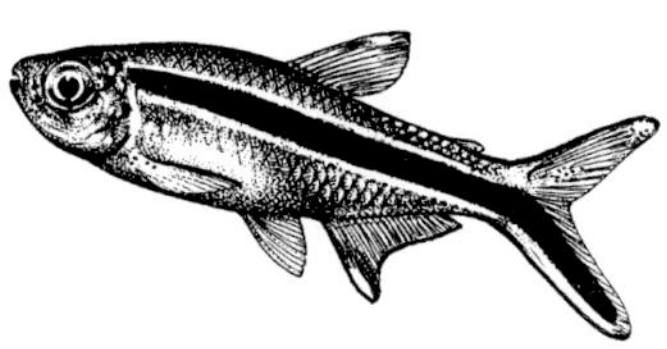

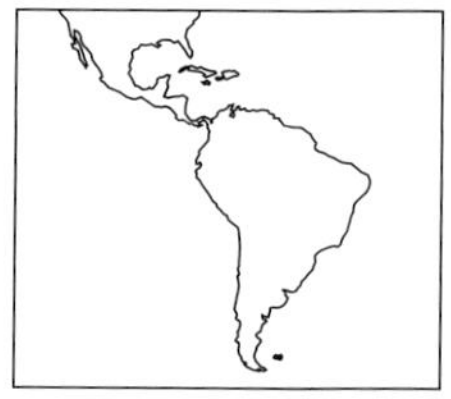

Salmler

Characidae

Petitella georgiae (Rotmaulsalmler). Die Ähnlichkeit mit verwandten Arten *(Hemigrammus rhodostomus* u. *H. bleheri)* führt immer wieder zu Verwechslungen. Sie ist jedoch weniger auffällig gefärbt und wird wesentlich größer als jene. Ein schöner Schwarm dieser zart aussehenden, friedlichen Fische ist eine Bereicherung für das tropische Weichwasseraquarium. Er stellt Ansprüche an die Wasserqualität, wenn diese nicht erfüllt werden, wird er zum heiklen, empfindlichen Pflegling. Nitrit- und Nitratspiegel müssen unbedingt niedrig gehalten werden. Torffilterung. Als Mitbewohner z. B. Beilbauchfische, Zwergbuntbarsche; für die Bodenregion friedliche Welsarten. *Länge*: ca. 10 cm. *Wasser*: 22–28 °C; pH-Wert 6,0–7,0; 5–12 °dGH. *Nahrung*: Allesfresser, bes. kl. Lebendfutter. *Vorkommen*: Peru.

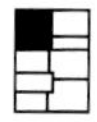

Petitella georgiae

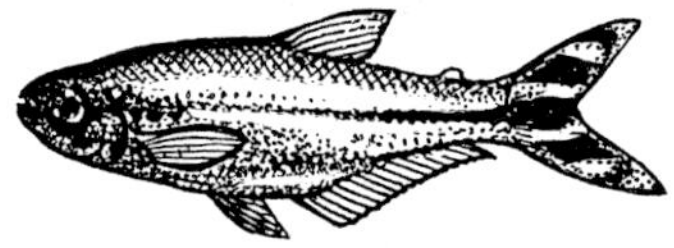

Hemigrammus bleheri (Rotkopfsalmler). Friedfertig, sehr lebhaft und flink. Ein kräftiges Rot bedeckt Kopf, Augen und Kiemen und reicht weiter bis zur vorderen Körpermitte, wo es sich im langgezogenen, silbrig und golden schimmernden Körper verliert. Ein exzellenter Schwarmfisch fürs Gesellschaftsbecken, der die intensiv rote Farbe auch bei weniger idealen Wasserbedingungen behält. Wichtig für die Gesunderhaltung ist dennoch weiches, schwach saures bis neutrales Wasser, das vor allem nitratarm sein soll. Wöchentlich etwa ein Fünftel bis ein Viertel des Aquarienwassers austauschen. Bei richtiger Eingewöhnung leicht zu halten. *Länge*: ca. 6 cm. *Wasser*: Temperatur 24–28 °C; pH-Wert 4,8–6,8; bis 10 °dGH. *Nahrung*: Allesfresser mit einer Vorliebe für kleines Lebendfutter. *Vorkommen*: Brasilien; Rio Negro.

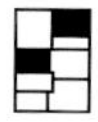

Hemigrammus bleheri

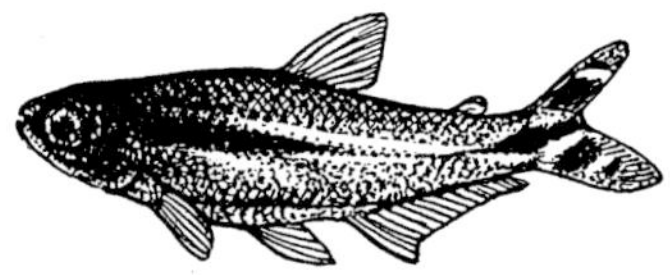

Gnathocharax steindachneri (Schlußlicht-Drachenflosser). Man begegnet diesem Salmler nur gelegentlich, meist als unerkanntem Beifang. Besonders auffällig ist der obere rote Irisrand. Man kann diesen harmlosen Fisch im Gesellschaftsbecken ab 80 cm Länge zusammen mit anderen friedfertigen Arten pflegen. Dieser schwimmfreudige Fisch, der gelegentlich auch bei vermeintlichen Störungen unkontrolliert springt, braucht freien Schwimmraum in der oberen Wasserzone. Mit seinem nach oben gerichteten Maul nimmt er gern Futter von der Wasseroberfläche auf. Gute Durchlüftung und Filterung sind angebracht.
Länge: ca. 6 cm. *Wasser*: 23–25 -°C; pH-Wert 5,8–7,0; 3–8 °dGH. *Nahrung*: Kleinkrebse, Mükkenlarven, Fruchtfliegen; auch Trockenfutter. *Vorkommen*: Panama bis Brasilien.

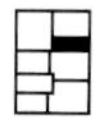

Gnathocharax steindachneri

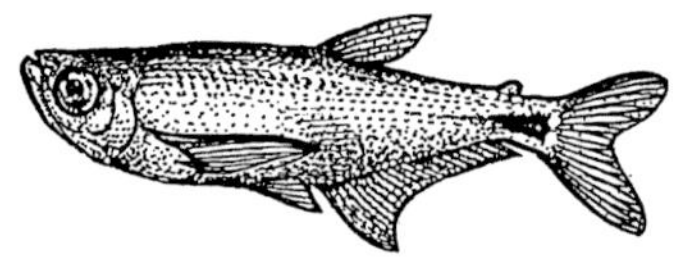

Pseudocorynopoma doriae (Drachenflosser, Kehlkropfsalmler). Friedfertig und lebhaft. Für die Gesellschaft mit ebenfalls schnell und ausdauernd schwimmenden Schwarmfischen gut geeignet. Becken abdecken, ausgezeichneter Springer. Hält sich meistens in der mittleren und oberen Wasserzone auf. Benötigt langgestreckte Becken mit ausreichend Schwimmraum und lockerer Bepflanzung. Da kräftige Farben fehlen, wird dieser Art oft zu wenig Aufmerksamkeit geschenkt. Einfach zu halten. Besonders interessantes Balzverhalten: Das Männchen umschwimmt stundenlang mit dem Kopf nach unten sein Weibchen.
Länge: ca. 7 cm. *Wasser*: Temperatur 20–24 °C; pH-Wert 6,0–7,5; bis 16 °dGH. *Nahrung*: jede Art von Trockenfutter, regelmäßig Lebendfutter. *Vorkommen*: Uruguay; La-Plata-Gebiet.

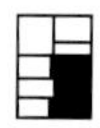

Pseudocorynopoma doriae

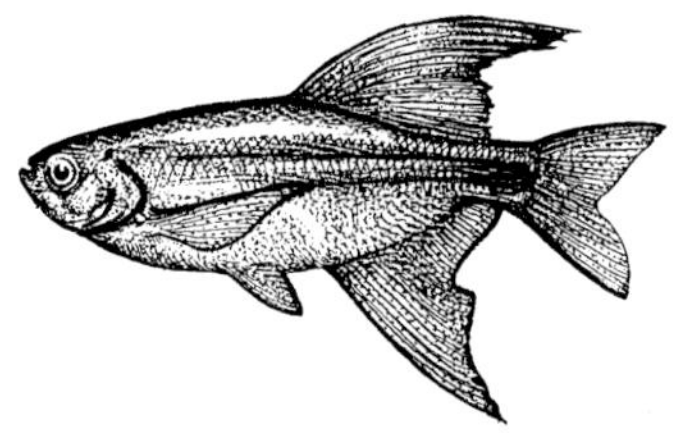

Corynopoma riisei (Zwergdrachenflosser). Friedfertiger, lebhafter Salmler. Männchen größer mit erheblich vergrößerter Beflossung. Kein Fisch für Einsteiger. Während der Eingewöhnungszeit krankheitsanfällig *(Ichthyophthirius)*, später eher stabil. Für Gesellschaftsbecken mit lockerer Bepflanzung, Versteckplätzen und viel Schwimmraum gut geeignet. Eine Besonderheit ist die Art der Fortpflanzung. Das Männchen läßt die Samenkapseln in die Geschlechtsöffnung des Weibchens gleiten, entwicklungsfähige Eier werden bei der Eiabgabe ohne die Anwesenheit des Männchens befruchtet.
Länge: 6,5 cm *Wasser*: Temperatur 22–27 °C; pH-Wert 6,0–7,5; bis 16 °dGH. *Nahrung*: alles Lebend- und Trockenfutter (besonders von der Wasseroberfläche). *Vorkommen*: Venezuela, Karibik (Trinidad).

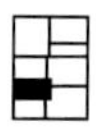

Corynopoma riisei

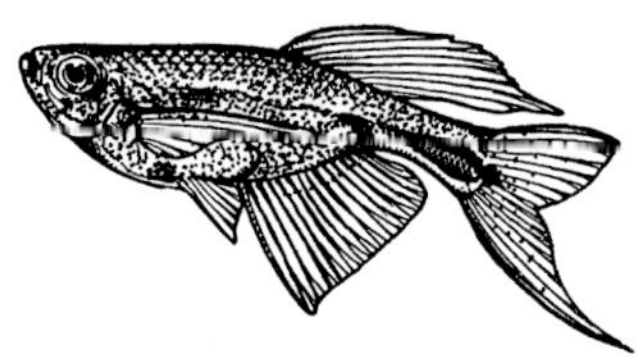

Moenkhausia colletti (Colletti-Salmler). Dieser Salmler zeigt keine auffälligen Farben und bildet so einen Kontrast zur bunten Vielfalt anderer Salmler im Gesellschaftsaquarium. Mit seiner Durchsichtigkeit wirkt er empfindlich, stellt aber bei guter Wasserbeschaffenheit kaum weitere Ansprüche. Am besten eignet sich ein gut bepflanztes Becken ab 60 cm Länge, in dem dieser Schwarmfisch ausschwimmen, sich aber auch zurückziehen kann. Schwimmpflanzen, die einen Teil der Wasseroberfläche abdecken, sorgen für einen dämmrigen Bezirk, den er gern aufsucht. Regelmäßiger Wasseraustausch von 25%. Gute Durchlüftung.
Länge: ca. 4,5 cm. *Wasser*: Temperatur 22–26 °C; pH-Wert 6,0–7,0; bis 12 °dGH. *Nahrung*: Kleinkrebse, kleine Mückenlarven, Flockenfutter. *Vorkommen*: Amazonien, Mato Grosso.

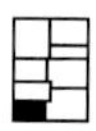

Moenkhausia colletti

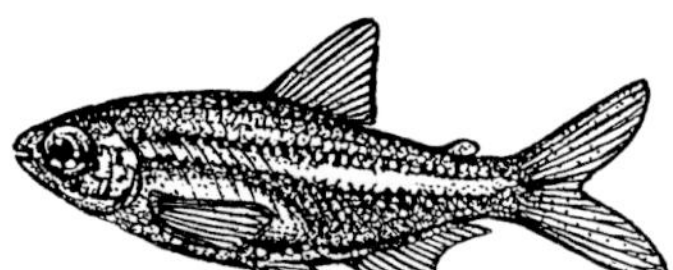

Salmler

Characidae

Chalceus erythrotrurus (Südamerikanischer Großschuppensalmler, Glanzsalmler). Auffallend der langgestreckte Körper mit den großen Schuppen in der oberen Körperhälfte und der roten Schwanzflosse. Dieser Salmler gilt in seinem Sozialverhalten als problematisch gegenüber kleineren Fischen. Die Autoren haben eine andere Erfahrung gemacht: Bei ihnen schwimmt er (inzwischen 16 cm) seit Jahren friedlich mit in der Größe sehr unterschiedlichen Salmlern, selbst Neonsalmler werden nicht behelligt. Ein gut haltbarer, schwimmlustiger Fisch für große Aquarien mit viel Schwimmraum. *Länge*: ca. 35 cm. *Wasser*: 23–28 °C; pH-Wert 6,0–7,5; 4–18 °dGH. *Nahrung*: Allesfresser, viel kräftiges Lebendfutter. *Vorkommen*: Mittleres Amazonasbecken.

Chalceus erythrotrurus

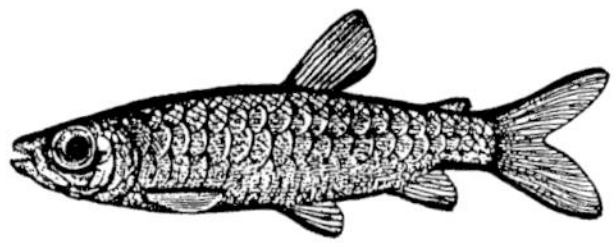

Gymnocorymbus cf. thayeri (Diskussalmler). Der hohe, silberglänzende, fast scheibenförmige Körper zeigt je nach Lichteinfall einen bläulichen oder violetten Schimmer. Ein schwimmfreudiger, lebhafter Schwarmsalmler; benötigt geräumige Becken (ab 120 cm Länge), die möglichst nur an den Rändern dicht bepflanzt sind und viel Platz zum Ausschwimmen lassen. Geeignet fürs Gesellschaftsbecken mit ebenfalls friedlichen, größeren, schnellschwimmenden Schwarmfischen. Vergreift sich gelegentlich an zarten Pflanzentrieben. Zucht im geräumigen Becken möglich. Sehr produktiv, ca. 1000–2000 Eier. *Länge*: ca. 7,5 cm. *Wasser*: 19–24 °C; pH-Wert 5,5–7,3; 4–18 °dGH. *Nahrung*: gieriger Fresser, jedes Lebend- und Trokkenfutter; Pflanzenzukost. *Vorkommen*: Südamerika.

Gymnocorymbus cf. thayeri

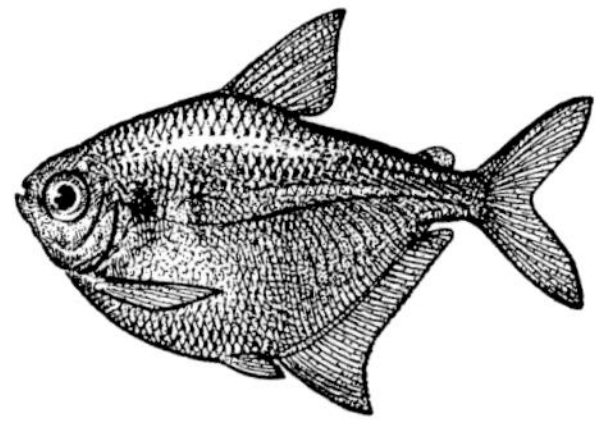

Triportheus angulatus (Armbrustsalmler, Punktierter Kropfsalmler). Springgewandter, im allgemeinen friedlicher Schwarmsalmler; gelegentlich – vor allem kleinen Fischen gegenüber – etwas derber. Becken stets gut abdecken, Fisch springt gern. Bevorzugt die oberen Wasserregionen; Becken mit freier Wasseroberfläche und viel Raum zum Schwimmen ausstatten. Pflanzen überwiegend in den Randbereichen setzen. Dieser Fisch wird leider nur selten im Handel angeboten. Es empfiehlt sich, einen kleinen Trupp dieser in der Zeichnung und im Schwarmverhalten sehr interessanten Fische im Gesellschaftsbecken zu halten. *Länge*: ca. 15 cm. *Wasser*: 22–28 °C; pH-Wert 6,0–7,5; 4–15 °dGH. *Nahrung*: Lebendfutter (besonders Insekten), Frost- und Trockenfutter. *Vorkommen*: Südamerika.

Triportheus angulatus

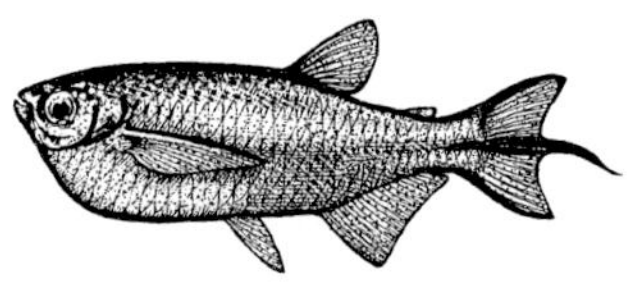

Astyanax fasciatus mexicanus (Blinder Höhlensalmler). Dieser ausgefallene Fisch mit seinen verkümmerten Augen hat dennoch einen hervorragenden Orientierungssinn. Durch sein Leben in unterirdischen, dunklen Höhlengewässern haben sich im Laufe der Zeit die Augen zurückgebildet. Mittels eines Ortungssystems, das ihm kleinste Bewegungen signalisiert, sowie seines Geruchs- und Tastsinnes findet sich dieser Höhlensalmler hervorragend zurecht. Er schwimmt sicher und lebhaft, ist gesellig und friedlich und für Gesellschaftsbekken gut geeignet. Jungfische können anfangs oft noch sehen. Zucht bei kühler Temperatur (18–21 °C); Aufzucht nicht schwierig. *Länge*: ca. 9 cm. *Wasser*: 20–25 °C; pH-Wert 6,8–9,0; 8–30 °dGH. *Nahrung*: Allesfresser. *Vorkommen*: Mexiko; Halbinsel Yucatán.

Astyanax fasciatus mexicanus

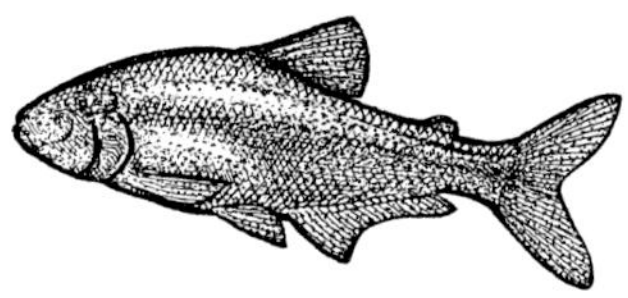

Exodon paradoxus (Zweitupfen-Raubsalmler). Ein vor allem in der Jugend besonders schöner, gewandter Aquarienfisch. Auffallend sein relativ großes, stark mit Zähnen besetztes Maul (soll in Nahrungsnotzeiten damit auch Fische abschuppen oder anbeißen). Untereinander sowie gegenüber anderen Arten manchmal bissig. Bei der Pflege von wenigen Tieren haben die Schwächeren keinen leichten Stand; wird dagegen eine größere Gruppe gehalten, gibt es kaum Aggressionen. Pflege nur in großen Aquarien, die sowohl Versteckplätze aus Pflanzen, Wurzeln und Steinen als auch genügend Raum zum Ausschwimmen haben. *Länge*: ca. 12 cm. *Wasser*: 23–28 °C; pH-Wert 5,8–7,3; 4–15 °dGH. *Nahrung*: Lebendfutter, (Wurmfutter), großes Flockenfutter. *Vorkommen*: Amazonasgebiet, Guyana.

Exodon paradoxus

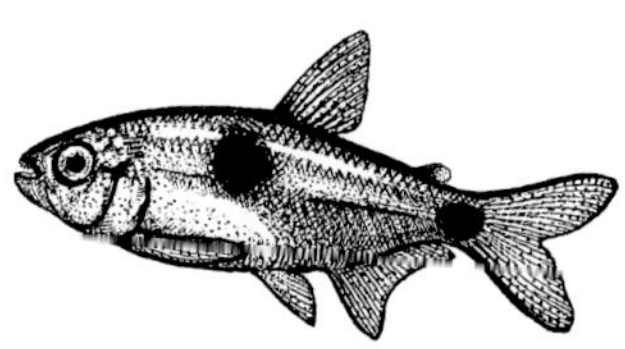

Tetragonopterus argenteus (Gesäumter Schillersalmler). Anspruchsloser, im allgemeinen friedlicher, schnellschwimmender Schwarmfisch. Mitunter recht schreckhaft. Braucht geräumige Becken, die ihm vor allem Bewegungsspielraum, aber auch Versteckmöglichkeiten zwischen dichten Pflanzengruppen und Wurzelwerk bieten. Einfach zu haltender, guter Gesellschafter für lebhafte Arten; allzu ruhige Fische fühlen sich durch diese doch etwas robusten Salmler ständig gestört. Stets abwechslungsreich füttern, auch Flockenfutter, das sowohl tierische als auch pflanzliche Bestandteile enthält. Zucht nicht schwierig. *Länge*: ca. 12 cm. *Wasser*: 22–27 °C; pH-Wert 6,0–7,5; 4–18 °dGH. *Nahrung*: jedes Lebend-, Gefrier-, Frost- und Trockenfutter. *Vorkommen*: Südamerika; Einzugsgebiet des Amazonas.

Tetragonopterus argenteus

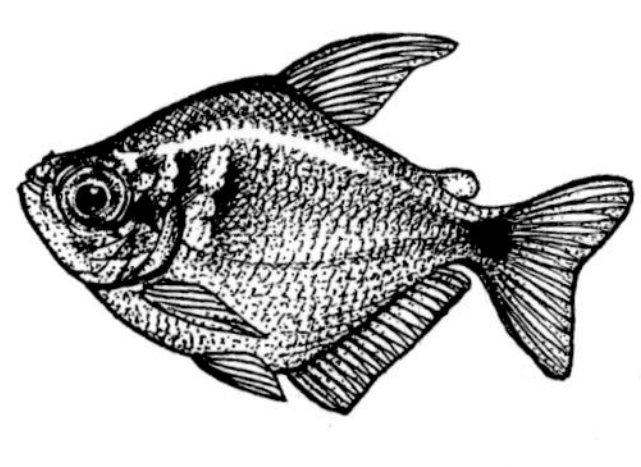

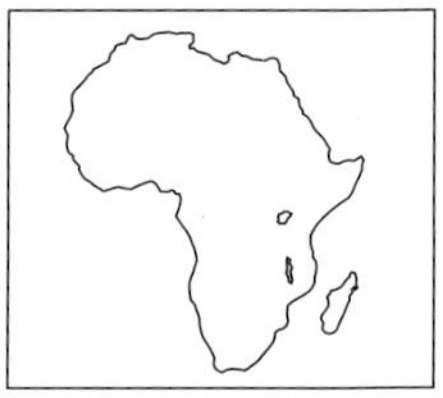

Salmler

Alestidae

Brycinus longipinnis (Langflossensalmler). Lebhafter Schwimmer, benötigt geräumige Bekken ab 100 cm Länge. Die Bepflanzung sollte Platz für einen großzügigen Schwimmraum lassen. Dunkler Bodengrund, Wasser mit kräftiger Filterung und guter Strömung. Regelmäßig Teilwasserwechsel vornehmen. Verträgt starke Beleuchtung, Licht daher nicht mit Schwimmpflanzen dämpfen. Wie die meisten Salmler ein Schwarmfisch, der ohne die Vergesellschaftung mit Artgenossen sein wirkliches Wesen nicht zeigen kann. Gut zu vereinen mit anderen Salmlern, Zwergcichliden und Welsen. *Länge*: ca. 12 cm. *Wasser*: Temperatur 23–27 °C; pH-Wert 6,5–7,5; Härte bis 18 °dGH. *Nahrung*: Lebend-, Frost- und Trockenfutter (auch gefriergetrocknet). *Vorkommen*: Westafrika.

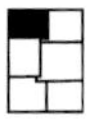

Brycinus longipinnis

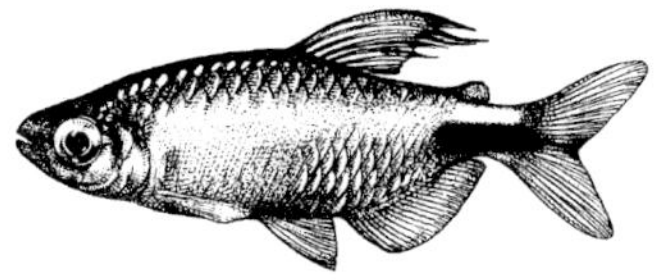

Phenacogrammus breuseghemi (Afrikanischer Mondsalmler). Eine sehr schöne Art für den erfahrenen Aquarianer. Stellt besondere Ansprüche an die Wasserbeschaffenheit, ist empfindlich gegen Nitrit, aber auch der Nitratspiegel muß niedrig gehalten werden, sonst wird der Fisch schnell verkümmern. Regelmäßiger Teilwasserwechsel (mit Wasseraufbereitungsmittel) alle 14 Tage; Wasser evtl. über Torf filtern. Ein friedfertiger Schwarmfisch fürs Artenbecken oder Gesellschaftsaquarium mit zarteren, nicht zu lebhaften Arten. Dichte Bepflanzung bei genügend Schwimmraum, dunkler Bodengrund. Freilaicher (zwischen Pflanzen). *Länge*: ca. 7 cm. *Wasser*: 23–27 °C; pH-Wert 5,0–7,0; 3–10 °dGH. *Nahrung*: Allesfresser; Anflugnahrung (Essigfliegen), auch wenige mm große Grillen. *Vorkommen*: Afrika, Zaïrebecken.

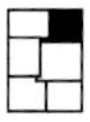

Phenacogrammus breuseghemi

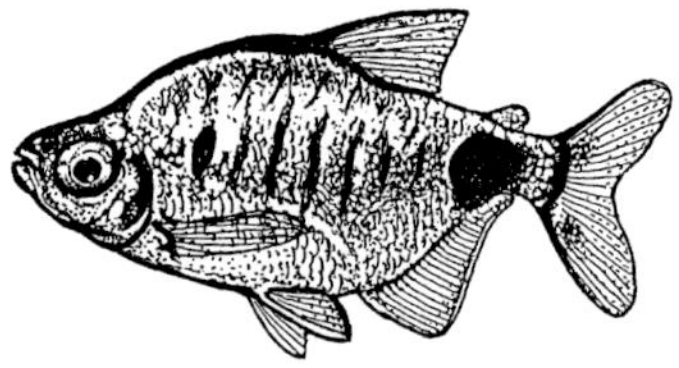

Phenacogrammus altus. Etwas empfindlicher und anspruchsvoller afrikanischer Salmler. Wird leider nur sporadisch in den Zoohandlungen angeboten. Besonders für Liebhaber von afrikanischen Salmlern eine interessante Bereicherung. Liebt mittelgroße Becken mit reichlich Platz zum Ausschwimmen und sparsamer Bepflanzung. Versteckmöglichkeiten durch gute Rand- und Hintergrundbepflanzung bieten. Nicht zu helles Licht, Lichtdämpfung durch Schwimmpflanzen und große Blätter von Wasserpflanzen. Weicher, dunkler Bodengrund. Auch kleine Rindenstückchen und Torfkügelchen tragen zum Wohlbefinden bei. *Länge*: ca. 6 cm. *Wasser*: 24–28 °C; pH-Wert 6,0–7,0; bis mittelhart, 3–10 °dGH. *Nahrung*: Allesfresser, bes. kleine Grillen (Heimchen), Essigfliegen. *Vorkommen*: Zentralafrika.

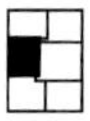

Phenacogrammus altus

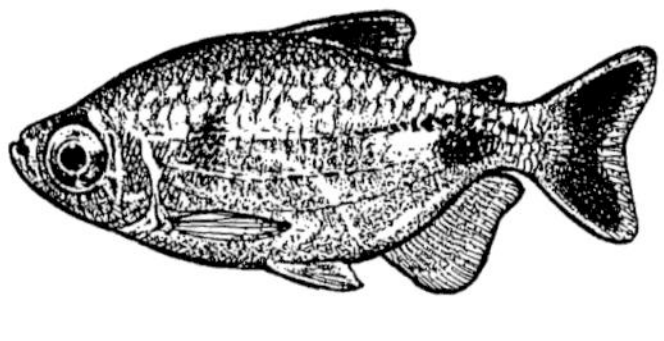

Phenacogrammus interruptus (Blauer Kongosalmler). Friedfertiger Schwarmfisch. Geeignet für alle Gesellschaftsbecken mit torfgefiltertem, weichem, nitratarmem und leicht saurem Wasser. Keine aggressiven Beifische. In großen, nicht zu dicht besetzten Becken mit reichlich Schwimmraum verliert er seine anfängliche Scheu am ehesten. Auch wird sich hier die schleierartige Beflossung der männlichen Tiere am ausgeprägtesten entwickeln. Bei gedämpftem Licht, dunklem Untergrund, guter Rand- und Hintergrundbepflanzung, dazu Wurzelholz, kommt die wunderschöne Färbung am besten zur Geltung. *Länge*: ca. 8 cm. *Wasser*: 24–28 °C; pH-Wert 5,2–7,0; bis mittelhart, 4–18 °dGH. *Nahrung*: Allesfresser; Lebend-, Frost- und Trockenfutter. *Vorkommen*: Afrika, nur Zaïrebecken.

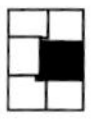

Phenacogrammus interruptus

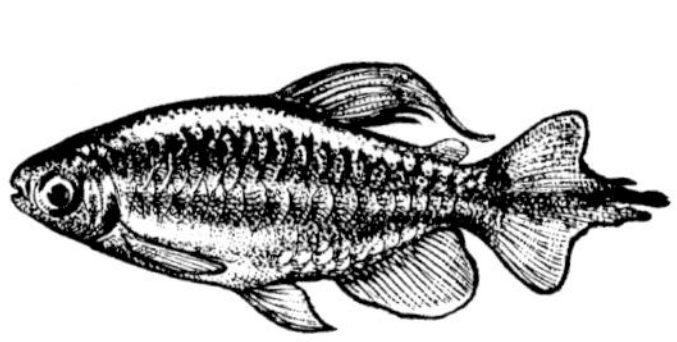

Arnoldichthys spilopterus (Afrikanischer Großschuppensalmler, Arnolds Rotaugensalmler). Wohl einer der schönsten afrikanischen Salmler. Friedlich, lebhaft und ausdauernd. Ein Schwarmfisch fürs Gesellschaftsbecken, z. B. mit anderen westafrikanischen Salmlerarten und Welsen. Benötigt im Hinblick auf die lebhafte Schwimmweise größere, langgestreckte Becken (ab 100 cm Länge), die Gelegenheit zum Ausschwimmen bieten. Kein zu helles Licht, dunkler Bodengrund. Nimmt jede Art von kleinerem Lebend- und Trockenfutter. Zucht in weichem, leicht saurem Wasser (pH-Wert 6,6). Als Bodengrund Torfschicht oder sehr feiner Sand. *Länge*: ca. 8 cm. *Wasser*: 23–28 °C; pH-Wert 6,0–7,5; bis mittelhart, 16 °dGH. *Nahrung*: Allesfresser; bevorzugt Mückenlarven und kleine Insekten. *Vorkommen*: Westafrika.

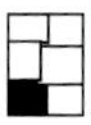

Arnoldichthys spilopterus

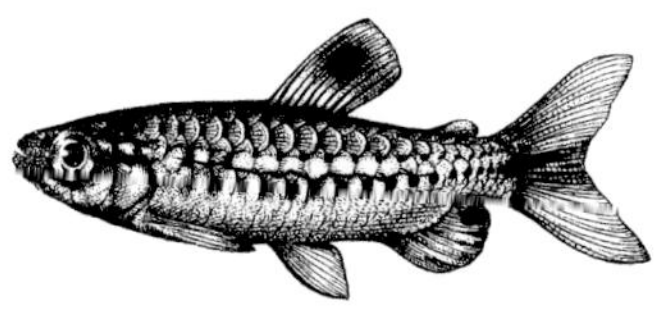

Hemigrammopetersius caudalis (Gelber Kongosalmler). Teils lebhafter, teils scheuer Schwarmfisch. Friedfertig, im Schwarm fürs Gesellschaftsbecken mit ebenso friedlichen Fischen gut geeignet. Kein Fisch für Einsteiger, ist bei der Eingewöhnung ein etwas heikler Pflegling. Später problemlos. Weibchen stets erheblich kleiner und unscheinbarer. After- und Fettflossen der Männchen bei besonders intensiver Balz mit rötlichem Schimmer. Die Schönheit der Fische mit ihrer zarten Beflossung zeigt sich nur in nicht zu kalk- und nitrathaltigem Wasser. Nicht zu kleine Aquarien mit genügend freiem Schwimmraum und lockeren Pflanzenverstecken. *Länge*: ca. 8 cm. *Wasser*: Temperatur 23–27 °C; pH-Wert 5,8–7,0; 4–10 °dGH. *Nahrung*: Lebend-, Frost- und Trockenfutter. *Vorkommen*: Afrika, Zaïrebecken.

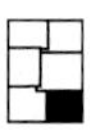

Hemigrammopetersius caudalis

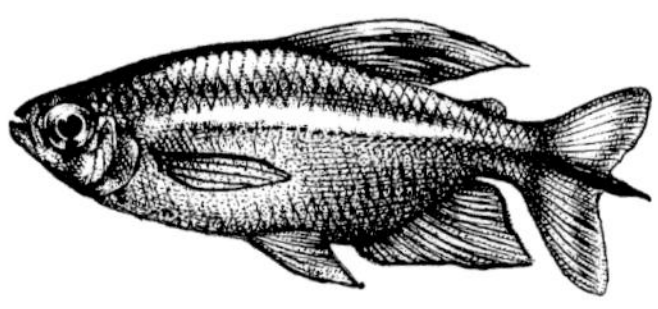

Salmler

Characidae

Curimatopsis sp. Ein interessant gefärbter, friedfertiger, noch nicht überall im Handel angebotener Salmler. In seiner Heimat im Bereich des oberen Rio Negro lebt er in kleinen Schwärmen im Schwarzwasser zwischen Pflanzen und Wurzeln. Im Aquarium besiedelt er bevorzugt die mittleren und unteren Wasserzonen. Beckeneinrichtung entsprechend seinem natürlichen Biotop mit Wurzeln und dichten Pflanzenbeständen, dazwischen Schwimmraum lassen; nicht zu helle Beleuchtung, dunkler Bodengrund. Als Mitbewohner friedfertige Fische. Zuchtversuche unter starker Abdunklung bei weichem, saurem Wasser (Torffilterung). *Länge*: ca. 5,5 cm. *Wasser*: 22–25 °C; pH-Wert 5,0–6,0; weich, 3–8 °dGH. *Nahrung*: kleines Lebendfutter, Frost-, Flocken- u. gefriergetrocenetes Futter. *Vorkommen*: Südamerika.

Curimatopsis sp.

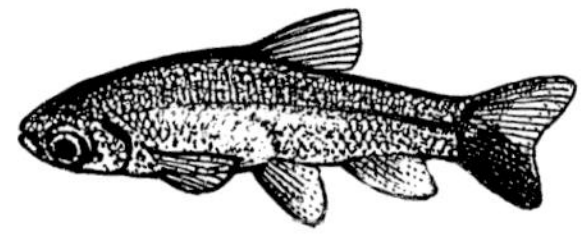

Hyphessobrycon erythrostigma (Perez-Salmler, Fahnen-Kirschflecksalmler). Friedfertiger, schwimmfreudiger schöner Schwarmfisch, der auch in Gesellschaftsaquarien ab 100 cm Länge erst richtig zur Geltung kommt, wenn er in Gruppen zusammenbleibt. Dunkler Bodengrund und leicht durch Schwimmpflanzen einfallendes Licht verstärken die Farbenfreudigkeit. Gute Bepflanzung, Moorkienholzwurzeln einbringen. Erwachsene Männchen haben eine stark verlängerte Rückenflosse, die beim Imponieren und Balzen gespreizt wird und wie ein Segel wirkt. Frischwasserzugabe wichtig. *Länge*: ca. 9 cm. *Wasser*: Temperatur 22–28 °C; pH-Wert 6,0–7,2; weich bis mittelhart, 2–12 °dGH. *Nahrung*: alles Lebend-, Frost- und Flockenfutter. *Vorkommen*: Peru.

Hyphessobrycon erythrostigma

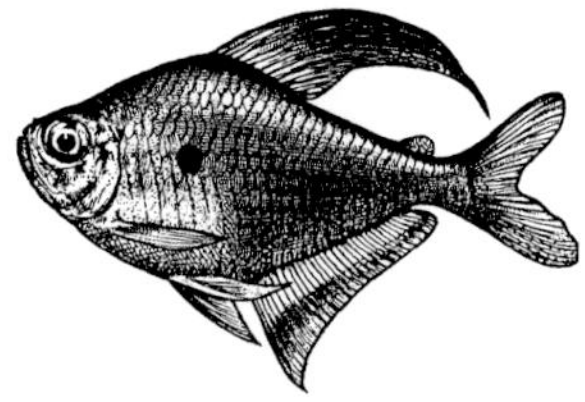

Hyphessobrycon socolofi (Socolofs Kirschsalmler). Liebt nicht zu helle Becken, die mit Schwimmfarnen abgedeckt sein können. Mäßig bewegungsfreudiger, friedlicher Schwarmfisch. In kleinen Trupps gut für Gesellschaftsbecken mit ruhigen Mitbewohnern geeignet. Erfordert während der Eingewöhnungszeit etwas mehr Aufmerksamkeit. Aquarien (ab 70 cm Kantenlänge) mit genügend Platz zum Ausschwimmen. Braucht Rückzugsmöglichkeiten in dichte Bepflanzung aus hochstrebenden Arten, wie z. B. Riesenvallisnerien, Pfeilkräuter; auch Amazonasschwertpflanzen als Raumteiler. Freilaicher. *Länge*: ca. 4,5 cm. *Wasser*: Temperatur 23–27 °C; pH-Wert 5,8–7; weich bis mäßig mittelhart (10 °dGH). *Nahrung*: Allesfresser; abwechslungsreich füttern. *Vorkommen*: Südamerika.

Hyphessobrycon socolofi

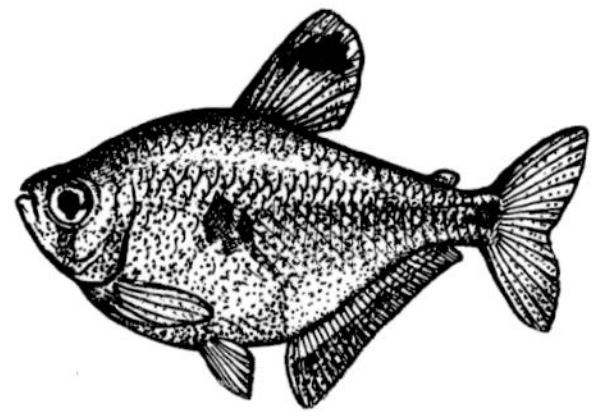

Aphyocharax alburnus (Laubensalmler). Wer einen einfach zu pflegenden, hübschen und ausgesprochen bewegungsfreudigen Fisch in seinem Gesellschaftsaquarium (ab 60 cm Länge) halten möchte, sollte einen kleinen Schwarm dieser Salmler wählen. Zur Pflege genügt Leitungswasser. Gute Bepflanzung des Aquariums an Rück- und Seitenwänden mit kleinbleibenden Arten im Vordergrund läßt genügend Schwimmraum im vorderen oberen Drittel des Aquariums. Die schlankeren Männchen balzen stürmisch. Zucht und Aufzucht nicht immer leicht. Eigenes Zuchtbecken, Schwimmpflanzen darin wichtig. Becken gut abdecken. *Länge*: ca. 6 cm. *Wasser*: 20–26 °C; pH-Wert um 7,0; bis 20 °dGH. *Nahrung*: Allesfresser; Lebend-, Trocken- und Frostfutter. *Vorkommen*: Zentralbrasilien bis Argentinien.

Aphyocharax alburnus

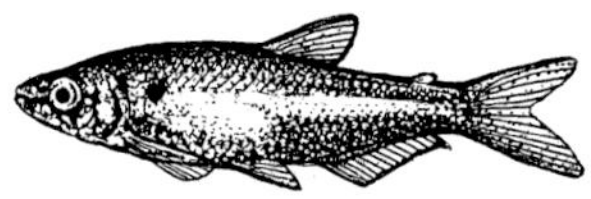

Prionobrama filigera (Rotflossen-Glassalmler). Lebhafter, friedfertiger, widerstandsfähiger schlanker Schwarmfisch. Bewohnt die mittlere und obere Wasserzone. Schon für den Anfänger geeignet. Ernährung ist nicht schwierig; begnügt sich fast ausschließlich mit Trockenfutter als Hauptnahrung. Nicht zu kleine Becken (ab 80 cm Länge) mit Platz zum Ausschwimmen und Schutz durch Pflanzenblätter an der Wasseroberfläche. Nur zu mehreren halten. Für Gesellschaftsbecken gut geeignet. Die Zucht ist nicht schwierig, sie erfordert weiches Wasser, Temperaturen von 25–30 °C; Abdeckung der Wasseroberfläche durch Schwimmpflanzen. *Länge*: ca. 6 cm. *Wasser*: Temperatur 23–29 °C; pH-Wert 6,0–7,5; bis 18 °dGH. *Nahrung*: handelsübliches Flockenfutter, feines Lebendfutter. *Vorkommen*: Südamerika.

Prionobrama filigera

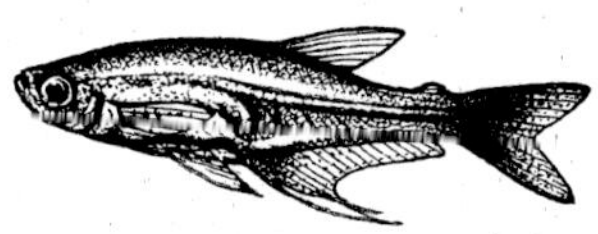

Hemiodopsis gracilis (Federsalmler). Hier muß besonders auf die hohe Streßanfälligkeit während des Transports, der Umsetzung und der Eingewöhnungszeit (ca. 3 Wochen) geachtet werden. Während dieser Zeit ist größte Umsicht nötig. Später entwickelt sich dieser Fisch zu einem normalen, wunderschönen Pflegling. Friedfertig, lebt in Schwärmen oder in lockeren Gruppen. Flinker, schneller Schwimmer, braucht viel Platz. In größeren Gesellschaftsbecken (ab 120 cm Länge) mit ebenso munteren Mitbewohnern gut zu vereinen. Er bewohnt überwiegend die mittlere Region. Sauerstoffbedürftig. *Länge*: ca. 10 cm. *Wasser*: Temperatur 23–27 °C; pH-Wert 6,0–7,0; 4–15 °dGH. *Nahrung*: Essigfliegen, Wasserflöhe, Artemia, gefriergetrocknetes und Frostfutter, Flockenfutter. *Vorkommen*: Südamerika.

Hemiodopsis gracilis

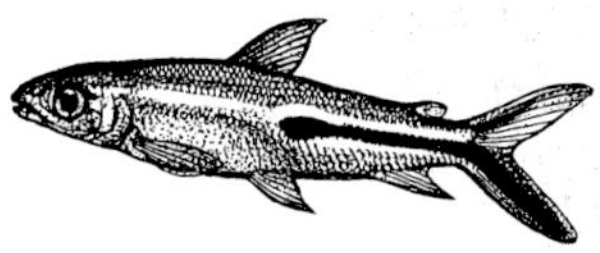

Salmler
Characidae

Inpaichthys kerri (Königssalmler). Nur erwachsene Männchen leuchten blau; als Jungfisch eher unscheinbar. Friedlicher, kleiner, Gesellschaft liebender Fisch. Stets zu mehreren mit friedfertigen Arten vereinen. Becken nicht zu stark beleuchten, evtl. Licht durch Schwimmpflanzen dämpfen. Dunkler Bodengrund und Torffilterung sind von Vorteil. Aquarien mit reichlich Randbepflanzung, dabei für genug freien Schwimmraum sorgen. Zuchtbecken dunkel halten. Wasser sehr weich. Laichen an feinfiedrigen Pflanzen. Eltern nach dem Ablaichen herausnehmen.
Länge: ca. 5 cm. *Wasser*: Temperatur 24–27 °C; pH-Wert 6,5–7,5; weich bis leicht mittelhart, 3–10 °dGH. *Nahrung*: Allesfresser. *Vorkommen*: mittleres Amazonasgebiet.

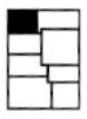

Inpaichthys kerri

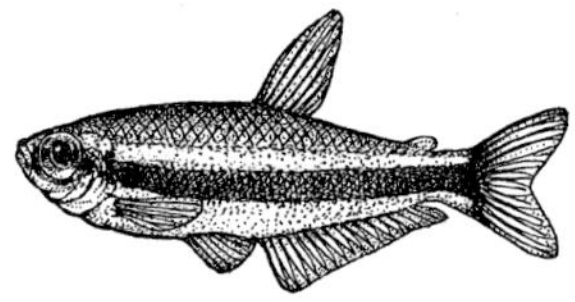

Pristella maxillaris (Sternflecksalmler, Stieglitzsalmler). Als „Anfängerfisch" für Gesellschaftsaquarien ideal. Ein friedlicher, munterer Salmler, der vorwiegend in den mittleren Wasserschichten des Aquariums lebt. Brillante Farben und Schwarmverhalten zeigt er nur, wenn man ihn in einer größeren Gruppe pflegt. Neben freiem Schwimmraum braucht er dichte Pflanzenverstecke und stellenweise durch Schwimmpflanzen gedämpftes Licht. Laicht gern in der Nähe von feinfiedrigen Pflanzen. Produktive Art. Die Aufzucht der sehr kleinen Jungfische kann Schwierigkeiten bereiten.
Länge: ca. 5 cm. *Wasser*: Temperatur 22–28 °C; pH-Wert 6,0–7,5; weich bis hart, 2–20 °dGH. *Nahrung*: alles handelsübliche Lebend-, Gefrier- und Flockenfutter. *Vorkommen*: nordöstliches und mittleres Südamerika.

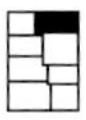

Pristella maxillaris

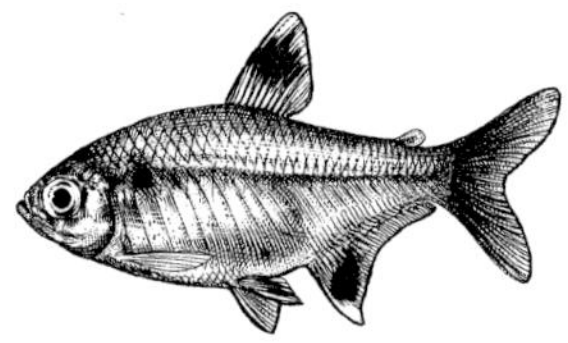

Hyphessobrycon bifasciatus (Gelber von Rio, Messingtetra). Ein friedlicher, flinker, manchmal auch etwas ruppiger Salmler, der sich erst richtig entfaltet, wenn er in einem kleinen Trupp von mindestens 6–8 Tieren gehalten wird. Einfach zu pflegende Fische für Gesellschaftsbecken. Stellenweise dichte Randbepflanzung als Zuflucht und ausreichend Raum zum Ausschwimmen bieten. Schwimmpflanzen zum Beschatten einiger Aquarienzonen einbringen. Zucht nicht schwer. Heranwachsende Jungfische haben blutrote Flossen. Nicht besonders wärmebedürftig.
Länge: ca. 5 cm. *Wasser*: Temperatur 20–26 °C; pH-Wert 6,0–7,8; bis 20 °dGH. *Nahrung*: Allesfresser; auch Flocken- und Frostfutter. *Vorkommen*: Brasilien, Nähe von Rio de Janeiro.

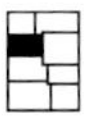

Hyphessobrycon bifasciatus

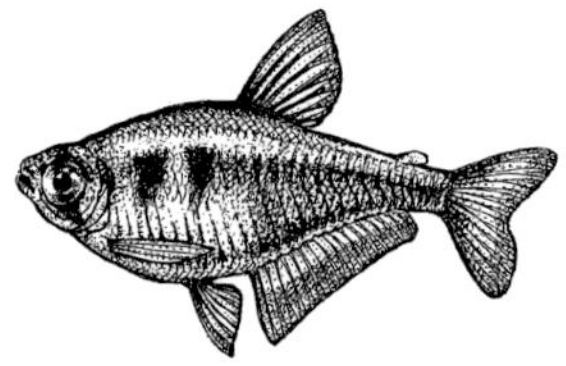

Hemigrammus caudovittatus (Rautenflecksalmler). Ausdauernder, robuster, schnellschwimmender und gewandter Fisch. Rautenförmiger, rot eingefaßter schwarzer Fleck auf der Schwanzwurzel. Für Einsteiger geeigneter Salmler. Haltung in langgestreckten Becken, die viel Raum zum Ausschwimmen bieten, aber auch Versteckmöglichkeiten durch Randbepflanzung. Gute Filterung ist wichtig. Zarte Wasserpflanzen sind vor ihm nicht sicher, deshalb zusätzliche Pflanzenkost. Zucht einfach und sehr produktiv. Sehr stürmische Balz. Freilaicher, meist an oder zwischen Pflanzen.
Länge: ca. 10 cm. *Wasser*: Temperatur 18–25 °C; pH-Wert 6,5–8,0; weich bis hart, bis über 20 °dGH. *Nahrung*: Allesfresser; Pflanzenkost. *Vorkommen*: Argentinien, Paraguay.

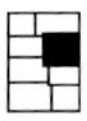

Hemigrammus caudovittatus

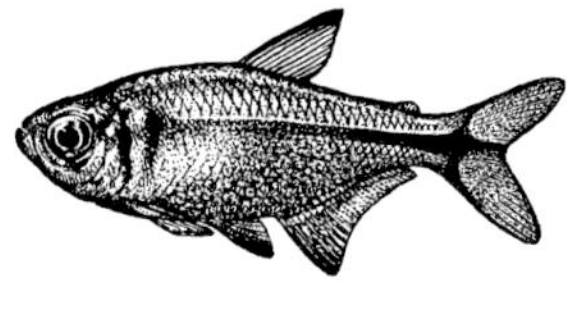

Ctenobrycon spilurus hauxwellianus (Talerfisch, Hochrückensalmler). Hochrückiger, auffällig silberner Salmler. Schwimmfreudig, lebhaft, friedfertig. Benötigt größere Becken ab 150 l mit genügend Schwimmraum und einer guten robusten Randbepflanzung. In Gruppen halten. Gut geeignet für Gesellschaftsbecken mit Welsen, Barben, gleich großen Salmlern. Laicht nach lebhaftem Treiben der Männchen zwischen und an feinfiedrigen Pflanzen in Oberflächennähe. Aufzucht der großen Jungenschar ist einfach, selbst mit feinem Flockenfutter. Frischwasserzugaben erhöhen das Wohlbefinden.
Länge: ca. 9 cm. *Wasser*: Temperatur 20–28 °C; pH-Wert um 7,0; bis 20 °dGH. *Nahrung*: handelsübliches Lebend-, Flocken-, Frostfutter. *Vorkommen*: nördliches Südamerika.

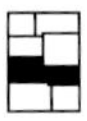

Ctenobrycon spilurus hauxwellianus

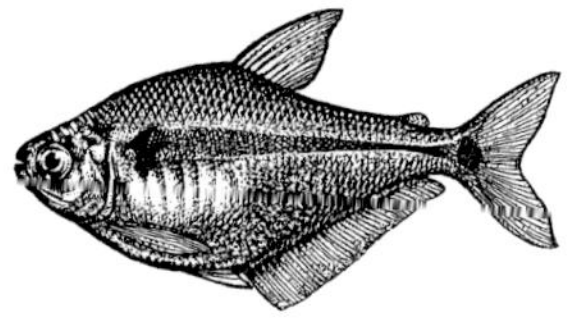

Gymnocorymbus ternetzi (Trauermantelsalmler). Besonders die Jungtiere fallen durch ihre große schwarze Afterflosse und den schwarzen Hinterkörper auf. Mit zunehmender Größe und Alter verblaßt diese Färbung manchmal. Es gibt auch eine Züchtung mit „Schleierflossen"). Ein friedfertiger, ruhiger, meist nicht gerade schwimmfreudiger, aber leicht zu pflegender Fisch. Bildet durch seine Form und Färbung einen schönen Kontrast zu bunteren Mitpfleglingen. Becken ab 60 cm Länge mit guter Randbepflanzung (hochstrebende Arten) einrichten. Zucht und Aufzucht einfach.
Länge: ca. 5,5 cm. *Wasser*: Temperatur 22–26 °C; pH-Wert 6,0–7,5; weich bis mittelhart, 4–18 °dGH. *Nahrung*: bevorzugt Lebendfutter, nimmt aber auch Frost- u. Trockenfutter. *Vorkommen*: Brasilien (Mato Grosso), Bolivien.

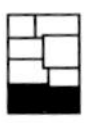

Gymnocorymbus ternetzi (rechts: Schleierflossenform)

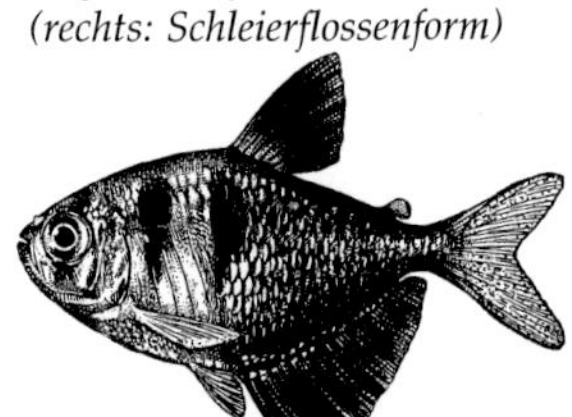

Barben-, Nacht- und andere Salmler

Curimatidae, Prochilodontidae, Characidae

Caenotropus labyrinthicus sieht dem bekannten punktierten Kopfsteher ähnlich, wird aber wesentlich größer und schwimmt in fast waagerechter Körperhaltung. Diese der Familie der Barbensalmler zugeordneten Fische benötigen eine aufmerksame Pflege, gute und reichliche Nahrung und sollten unbedingt im Schwarm gehalten werden. Da diese Salmler doch eine gewisse Größe erreichen, benötigt man geräumige Aquarien, die mit feinem Sand, dichter Randbepflanzung und möglichst viel Wurzelholz ausgestattet sein sollten. Eine leichte Wasserströmung ist von Vorteil. Als Mitbewohner eignen sich nur friedfertige Arten.
Länge: ca. 25 cm. *Wasser*: Temperatur 22–28 °C; pH-Wert 6,0–7,0; 3–8 °dGH. *Nahrung*: Lebendfutter ist wichtig, dazu Frost- und diverse Trokkenfuttersorten. *Vorkommen*: Amazonasbecken.

Caenotropus labyrinthicus

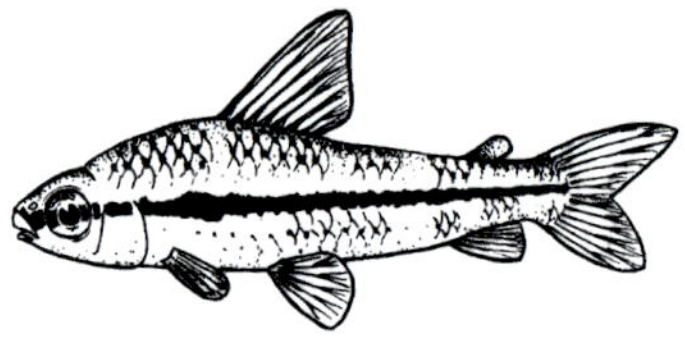

Semaprochilodus sp. Immer wieder als Jungfisch im Handel angeboten. Dadurch wird eine genaue Bestimmung erschwert, denn die Umfärbung tritt erst nach ca. 8–12 Monaten ein. Empfindlich sind diese Barbensalmler nicht, ebenso problemlos lassen sie sich ernähren. Aquarien ab 150 l. Können dem Pfleger buchstäblich über den Kopf wachsen. Beckeneinrichtung wie bei *S. taeniurus* angegeben. Mit Buntbarschen und Welsen gut zu vereinen. In seiner Heimat von der einheimischen Bevölkerung als Speisefisch verwendet.
Länge: ca. 30 cm. *Wasser*: Temperatur 22–28 °C; pH-Wert 5,8–7,8; 3–16 °dGH. *Nahrung*: Allesfresser; Pflanzenteile, Algen, Futtertabletten und andere Trockenfuttersorten. *Vorkommen*: Amazonasbecken.

Semaprochilodus sp.

Curimatopsis sp. Ein Salmler, der wie einige seiner Verwandten durch ein Leuchtorgan auf der Schwanzwurzel im dunklen Urwaldwasser für seine Artgenossen erkennbar wird. Eine selten eingeführte Art, die nur sporadisch im Handel zu finden ist. Gesellschaft von Artgenossen. Weiches, leicht strömendes Wasser bei stellenweise dichter Rand- und Hintergrundbepflanzung. Als Gesellschafter können ebenso friedfertige Salmler- und Welsarten, die vergleichbare Pflegeansprüche haben, dazugegeben werden. Die Gattung *Curimatopsis* zählt zu den Barbensalmlern.
Länge: ca. 6 cm. *Wasser*: Temperatur 22–28 °C; pH-Wert 6,0–7,0; weich bis leicht mittelhart, 3–10 °dGH. *Nahrung*: Allesfresser; Lebend-, Frost- und Trockenfutter. *Vorkommen*: Amazonasbecken.

Curimatopsis sp.

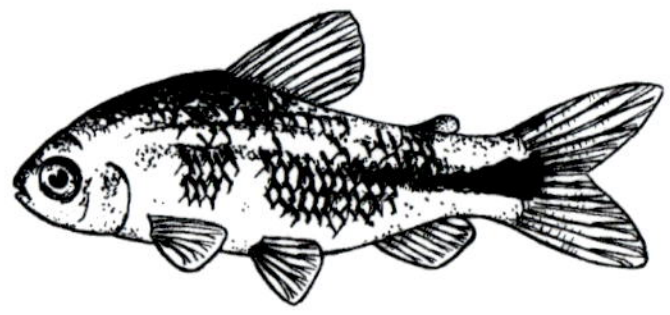

Semaprochilodus taeniurus (Nachtsalmler, Schwanzstreifensalmler). Vermutlich die schönste Nachtsalmlerart. Gilt als Pflanzenfresser, was eigentlich nicht ganz korrekt ist: durch das Abweiden der Algen werden nebenbei auch zarte Pflanzentriebe beschädigt. Die Aquarien der friedfertigen Nachtsalmler sollten geräumig sein (Schwarmhaltung); es empfiehlt sich ein Becken ab 150 l Inhalt. Kräftige, strömungsintensive Filterung. Becken gut abdekken. Bodengrund aus sehr feinkörnigem Sand. Eingebrachte Steine und Wurzeln sollten so beschaffen sein, daß sich die Tiere beim Abweiden nicht verletzen können.
Länge: ca. 30 cm. *Wasser*: Temperatur 22–28 °C; pH-Wert 5,8–7,8; 3–16 °dGH. *Nahrung*: Allesfresser; Pflanzenteile, Algen, Futtertabletten, Flockenfutter. *Vorkommen*: Amazonasbecken.

Semaprochilodus taeniurus

Phenacogaster calverti. Eine bescheiden gefärbte, aber interessante, friedfertige kleine Salmlerart mit recht langgezogener Afterflosse. Leider ist dieser nicht schwierig zu pflegende Salmler aus den Aquarien nahezu verschwunden. Ein kleiner Schwarm kann bereits in einem Aquarium ab 60 l Inhalt mit viel Schwimmraum, Rand- und Hintergrundbepflanzung bei nicht zu grellem Licht gepflegt werden. Als Gesellschaft nur friedfertige Fische mit gleichen Pflegeansprüchen, z. B. kleinere Salmlerarten, Panzerwelse der Gattungen *Corydoras, Brochis, Dianema* und kleine Harnischwelse der Gattung *Otocinclus*.
Länge: ca. 5 cm. *Wasser*: Temperatur 22–28 °C, pH-Wert 6,0–7,0; 3–10 °dGH. *Nahrung*: Allesfresser; Lebend- u. Trockenfutter. *Vorkommen*: Paraguay.

Phenacogaster calverti

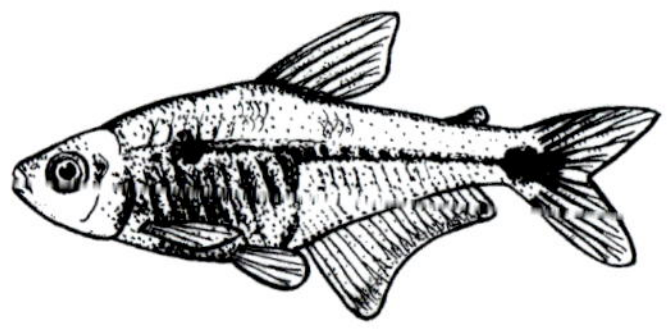

Brycon hilari. Eine Salmlerart, die nur in Großaquarien ab 200 l Inhalt gehalten werden kann. Ein Schwarm dieser schnellen Schwimmer ist eine Augenweide. Als Jungfisch friedfertig; erwachsene Tiere nicht mit kleinen Arten vereinen. Gut funktionierende Wasserumwälzung mit regelmäßigem Wasseraustausch ist wichtig. Günstig ist es, wenn das Becken so tief ist, daß hinter einer guten Bepflanzung noch viel freier Schwimmraum vorhanden ist. Bei vermeintlicher oder wirklicher Störung kann dann der gesamte Schwarm in den Hintergrund flüchten. Aquarium gut abdecken, gut ernährte Tiere sind kräftige Springer. *Länge*: bis ca. 35 cm. *Wasser*: Temperatur 20–28 °C; pH-Wert 6,2–7,2; 3–12 °dGH. *Nahrung*: Allesfresser; kleine Rotwürmer, Mückenlarven, Frost- und alle Trokkenfutterarten. *Vorkommen*: Paraguay.

Brycon hilari

Scheibensalmler

Serrasalmidae

Metynnis (Myleocollops) hypsauchen (Dickkopf-Scheibensalmler). Lebhafter, friedlicher Schwarmfisch, der allerdings Pflanzen frißt. Aquarien können nur mit harten Gewächsen (z. B. Javafarn, Javamoos), die dem Fisch nicht schmecken, bepflanzt werden. Als Zuflucht und Dekoration Wurzeln und Steine. Artbekken mit anderen Scheibensalmlern. Zum Laichen ausreichend große Becken (ab 100 cm Länge) mit weichem, leicht saurem Wasser. Laichen aus dem Schwarm heraus zwischen Schwimmpflanzen. Eier haften nicht fest, sondern sinken zu Boden. Entwicklung bis zum Freischwimmen und zur Futterannahme in ca. 8–9 Tagen. *Länge*: ca. 15 cm. *Wasser*: Torfzusatz, 23–27 °C; pH-Wert 5,0–7,0; bis 16 °dGH. *Nahrung*: reichlich Pflanzenkost jeglicher Art, mehrmals täglich füttern.. *Vorkommen*: Amazonasgebiet, Guyana.

Metynnis (Myleocollops) hypsauchen

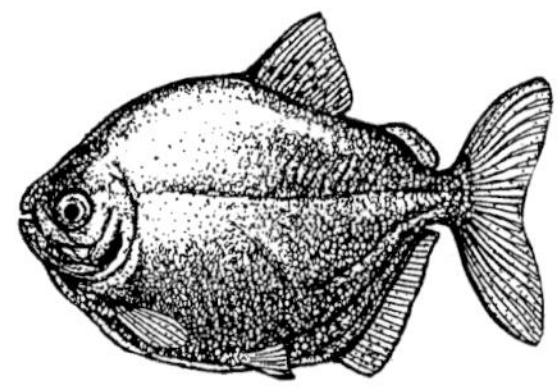

Myleus (Myloplus) rubripinnis-Gruppe. Langlebige Schwarmfische, friedfertig und lebhaft. Bei sachgemäßer Pflege keine schwierig zu haltenden Salmler. Brauchen große Aquarien ab ca. 120 cm Länge mit viel Schwimmraum. Das Licht zumindest teilweise abdämpfen, die Tiere werden bei ständig zu heller Beleuchtung scheu. Pflanzenfresser! Aquarium mit Wurzelholz und eventuell auch Plastikpflanzen dekorieren. Dunkler Bodengrund! Gut zu vergesellschaften mit vielen anderen Arten. Vermehren sich bei guter Ernährung im weichen, leicht sauren Wasser auch aus dem Schwarm heraus (im ausreichend großen Becken). *Länge*: ca. 15 cm. *Wasser*: 23–27 °C; pH-Wert 5,0–7,0; bis 16 °dGH. *Nahrung*: Pflanzenkost verschiedenster Art, auch Pflanzenflockenfutter; Wasserflöhe. *Vorkommen*: Südamerika.

Myleus (Myloplus) rubripinnis

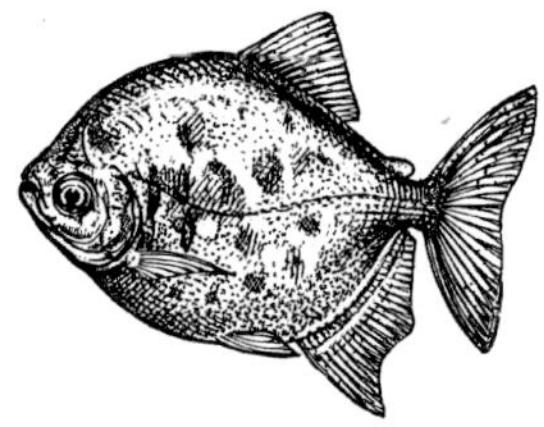

Myleus (Myloplus) rubripinnis rubripinnis (Hakenscheibensalmler). Friedfertiger, silberfarbig glänzender Scheibensalmler. Diese Art ist sehr sauerstoffbedürftig. Wie alle Scheibensalmler brauchen sie aufgrund ihrer Größe, Beweglichkeit und ihrem Gesellschaftsbedürfnis (Schwarmfisch!) geräumige Becken, in denen sie viel Bewegungsraum haben. Die Haltung ist nicht ganz einfach. Auch kommt es besonders bei ungenügender oder falscher Fütterung, wenn die speziellen Nahrungsansprüche zu wenig beachtet werden, nicht selten zu Wachstumsstörungen. Laichen aus dem Schwarm heraus, Freilaicher. *Länge*: ca. 14 cm. *Wasser*: Temperatur 23–27 °C; pH-Wert 5,8–7,0; bis 12 °dGH. *Nahrung*: Pflanzenkost, grobes Flockenfutter, Wasserflöhe. *Vorkommen*: Südamerika.

Myleus (Myloplus) rubripinnis rubripinnis

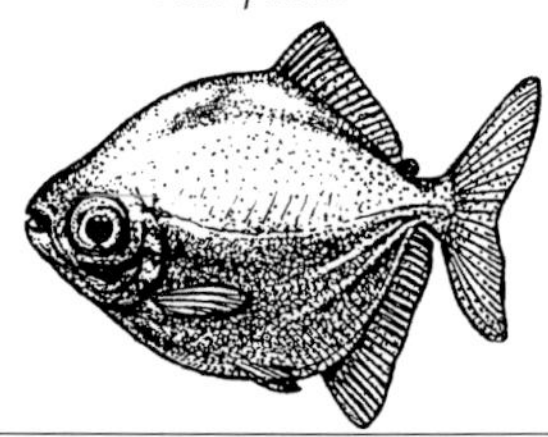

Myleus (Prosomyleus) schomburgkii (Schomburgks Scheibensalmler). Dieser Salmler ist in Guyana und im Amazonasgebiet beheimatet. Dort lebt er in fließendem, meist klarem Wasser mit Pflanzen und Wurzeln. Friedfertiger, flinker Schwarmfisch für das größere, geräumige Aquarium (150 cm Länge). Durch starke Filterung Wasserströmung erzeugen. Feinsandiger, weicher Bodengrund, teilweise mit Steinen belegt. Versteckmöglichkeiten aus hochstehendem Wurzelwerk schaffen; unter derartiger Überdachung suchen die oft scheuen und schreckhaften Tiere gern Deckung. Plastikpflanzen sind bei der Dekoration evtl. eine Notlösung. *Länge*: ca. 25 cm. *Wasser*: 20–26 °C; pH-Wert 5,9–6,8; bis 10 °dGH. *Nahrung*: Pflanzen, Salat, Spinat, Cocktailtomaten, Vogelmiere, weiches Obst. *Vorkommen*: Südamerika.

Myleus (Prosomyleus) schomburgkii

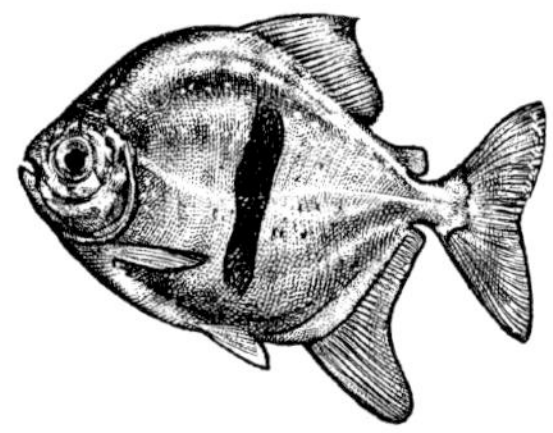

Mylossoma duriventre duriventre (Mühlsteinsalmler). Kann wegen seiner zu erwartenden Größe nur als Jungtier in normal großen Aquarien (hier ab 120 cm) zusammen mit z. B. Buntbarschen gepflegt werden. Vor Anschaffung der Jungtiere muß an die Unterbringung der ausgewachsenen Tiere gedacht werden. Als echter „Vegetarier" verspeist dieser Fisch jede schön eingerichtete Pflanzenlandschaft. Unter seinesgleichen im Schwarm fühlt er sich am wohlsten, deshalb immer im Schwarm pflegen. Die Beckeneinrichtung kann mit runden Steinen und interessantem Wurzelwerk gut gestaltet werden. *Länge*: ca. 23 cm. *Wasser*: Temperatur 23–27 °C; pH-Wert 6,0–7,5; weich bis mittelhart, 6–15 °dGH. *Nahrung*: Pflanzenkost aller Art, weiches Obst. *Vorkommen*: Südamerika.

Mylossoma duriventre duriventre

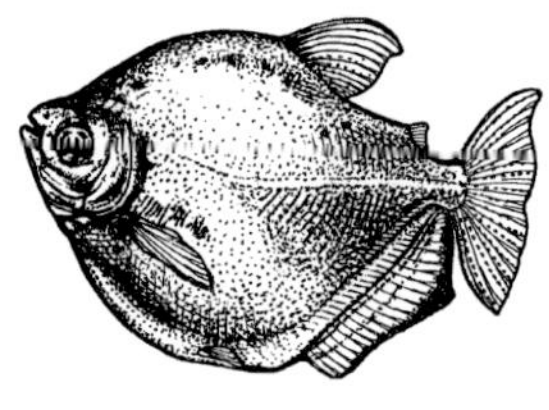

Metynnis (Metynnis) luna (Mond-Scheibensalmler). Sein natürliches Biotop besteht aus meist trübem, lehmigem Wasser mit Wurzeln und Schlamm. Friedfertiger Schwarmfisch, Vergesellschaftung mit anderen, ähnlichen, nicht zu kleinen Arten. Weiches, gut über Torf gefiltertes Wasser. Bevorzugt gedämpftes Licht. Aquarien ab 120 cm Länge. In zu hellen und zu kleinen Aquarien wird dieser Fisch scheu und schreckhaft, entwickelt sich nur zögerlich und erreicht nicht annähernd seine natürliche Größe. Braucht Wurzelwerk zur Deckung. Keine zarten Pflanzen, eher Javamoos, Javafarn und ältere, größere Echinodoruspflanzen. Sandboden! *Länge*: ca. 15 cm. *Wasser*: 22–27 °C; pH-Wert 6,0–7,3; weich, bis 8 °dGH. *Nahrung*: pflanzliches Futter, Obst; auch Lebend- und Frostfutter. *Vorkommen*: Peru, Venezuela.

Metynnis (Metynnis) luna

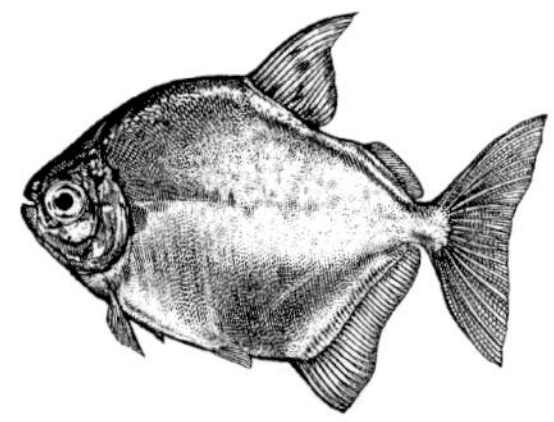

Raub-, Grund und Hechtsalmler

Characidae, Hepsetidae

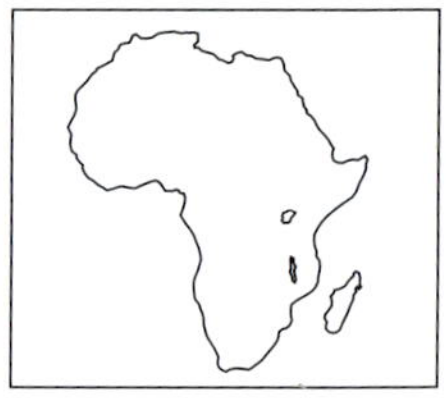

Catoprion sp. (Wimpelpiranha). Charakteristisch ist der bei ausgewachsenen Exemplaren stark hervorstehende, kräftige Unterkiefer; das Maul ist dadurch nach oben gerichtet. Alttiere zeigen lang ausgezogene erste Rückenflossenstrahlen. Sie ernähren sich zum Teil von den Schuppen anderer Fische. Einzelgänger! Höchstens Jungtiere lassen sich noch gemeinsam in einer kleinen Gruppe von 2–4 Fischen in Aquarien ab 100 cm Länge pflegen, später benötigt man größere Becken. Sehr territorial; Möglichkeiten zur Revierabgrenzung durch Wurzelwerk, Steine und Pflanzendickichte anbieten. Eindrucksvoller Aquarienfisch und leichter zu halten als die Piranhas.
Länge: ca. 12 cm. *Wasser*: Temperatur 22–26 °C; pH-Wert 6,0–7,0; 1–12 °dGH. *Nahrung*: Lebendfutter, auch Ersatznahrung (fressen auch sehr kleine Fische). *Vorkommen*: Südamerika; Mato Grosso, südl. Amazonasgebiet.

Catoprion sp.

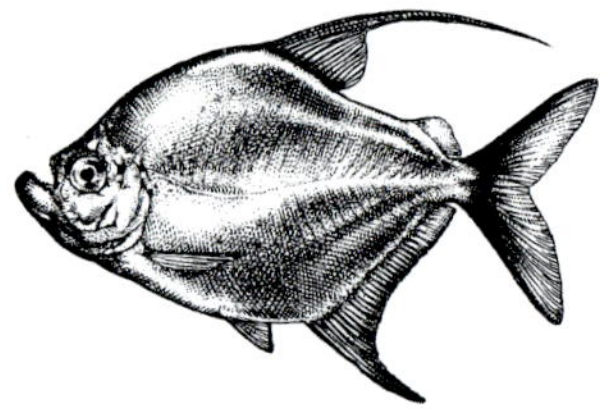

Hydrocynus vittatus gehört ebenfalls zur Gruppe der räuberisch lebenden Salmler. Das Maul ist mit nadelspitzen Zähnen bestückt. Einzelgänger, lauert im Versteck seiner Nahrung auf und stößt dann blitzartig vor. Kann als Jungfisch bis zu einer Größe von 15–20 cm in speziellen Aquarien mit großem Schwimmraumangebot und Verstecken gehalten werden. Neben Wurzelwerk und runden Steinen sollten dichte Pflanzengruppen nicht fehlen. Die Pflege dieser gefährlich aussehenden Fische kann teuer werden, wenn das Futter, lebende Fische, gekauft werden muß. Großzüchter haben es da etwas einfacher. Die Zucht ist im Aquarium bisher nicht gelungen. Als Gesellschaft eignen nur sich größere Fische, die nicht als Beute angesehen werden.
Länge: ca. 40 cm. *Wasser*: Temperatur 22–26 °C; pH-Wert 6,5–7,5; 6–16 °dGH. *Nahrung*. Alles größere Lebendfutter (besonders Fische, große Regenwürmer). *Vorkommen*: Afrika (Nil bis Südafrika).

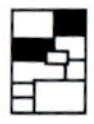

Hydrocynus vittatus

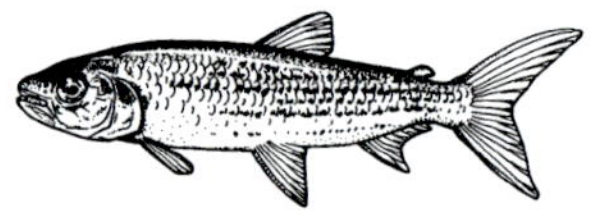

Hepsetus odoe (Afrikanischer Hechtsalmler). Räuberischer, langgestreckter, silbriger Fisch. In seiner Lebensweise und der Körperform unserem Hecht ähnlich. Auffallend tiefgespaltenes, großes Maul mit kräftigen kegelförmigen Zähnen, weit hinten angesetzter Rücken- und Afterflosse. Relativ schwimmfreudiger, robuster Pflegling, der sich aber auf dem Transport oder in zu engen Zimmeraquarien verletzen kann. Solche Verletzungen verpilzen oft, heilen dann nicht mehr aus und führen schließlich auch zum Tode. Fischfresser, nur mit Artgenossen oder mit mindestens gleich großen Fischen vergesellschaften. Empfehlenswert für eine artgerechte Haltung ist ein großes Schauaquarium. In öffentlichen Aquarienanlagen kann man diesen Salmler oft betrachten.
Länge: ca. 45 cm. *Wasser*: Temperatur 23–28 °C; pH-Wert 6,0–7,5; weich bis mittelhart (18 °dGH). *Nahrung*: Fische, anderes Lebendfutter; auch Fisch- u. Fleischstreifen. *Vorkommen*: trop. Afrika.

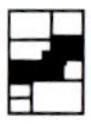

Hepsetus odoe

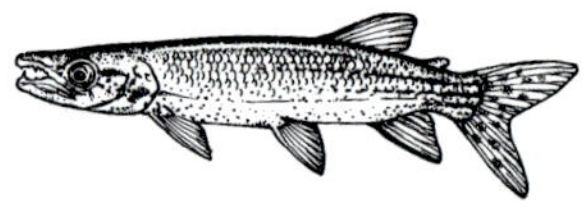

Characidium fasciatum. Arten dieser Gattung kommen vom Stromgebiet des Orinoco bis zum Stromgebiet des Rio La Plata (östliches Südamerika) vor. Die Färbung und Zeichnung innerhalb dieses großen Verbreitungsgebietes ist variabel; es gibt allein über 40 Arten von *Characidium*. Eine friedfertige, gut zu haltende Art, die keinem Mitbewohner etwas zuleide tut. Diese Salmler haben eine verkümmerte Schwimmblase und sind an das Leben auf dem Boden angepaßt. Die Haltungstemperaturen sollten auf die Dauer nicht höher als 25 °C sein. Zucht möglich. Die kleinen Eier werden nach längerem, heftigem Treiben zwischen Pflanzen in Bodennähe abgelegt. Aufzucht nicht ganz einfach.
Länge: ca. 8 cm. *Wasser*: Temperatur 20–25 °C; pH-Wert 6,4–7,5; weich bis mittelhart, 6–16 °dGH. *Nahrung*: Lebendfutter aller Art, Frost- und Trockenfutter. *Vorkommen*: östl. Südamerika.

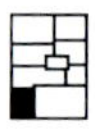

Characidium fasciatum

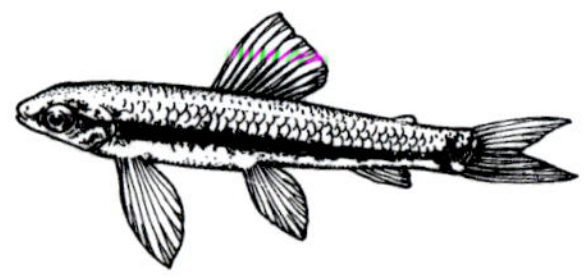

Serrasalmus altus (Roter Piranha). Allein der Name Piranha oder Piraya hat schon manchen Aquarianer dazu verleitet, diese oft als gefährlich eingestuften Schwarmfische zu pflegen. In großen Aquarien ab 120 cm Länge mit starker Filterung ist die Pflege von Jungfischen nicht schwierig. Problematischer wird es, wenn die Tiere heranwachsen und sich dann in Plänkeleien möglicherweise verletzen. Mitinsassen sind gefährdet, wenn die Tiere nicht gut ernährt werden. Becken können bepflanzt werden und sollten immer Versteckmöglichkeiten bieten. Oft bleiben die Fische scheu und beißen als Abwehr nach allem, was sich irgendwie bewegt, oder wenn sie sich beim Hantieren im Aquarium in die Enge getrieben fühlen; gebührende Vorsicht ist angebracht. Zucht in großen Aquarien möglich.
Länge: ca. 27 cm. *Wasser*: Temperatur 20–28 °C; pH-Wert 6,0–7,0; bis 20 °dGH. *Nahrung*: lebende Fische, Fischfleisch, Rinderherz. *Vorkommen*: Südamerika, Amazonasbecken.

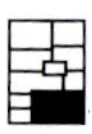

Serrasalmus altus

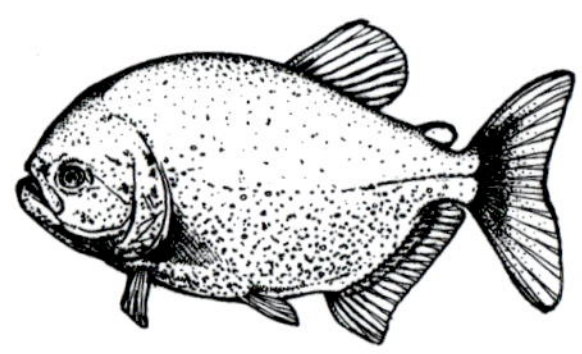

Hecht- und andere Salmler

Ctenolucciidae, Characidae

Boulengerella maculata (Gefleckter Hechtsalmler). Das ausgeprägte Fleckenmuster tragen nur junge Tiere. Man hält sie, wie andere Räuber auch, als Jungtiere oder im Schauaquarium. Die Art braucht viel Platz. Becken ab 150 cm Länge mit guter Bepflanzung. Als scheue, schreckhafte Tiere leben sie meist verborgen im Unterstand von Pflanzen. Mit lebendem Futter – besonders kleinen Fischen – lassen sich die oberflächenorientierten Hechtsalmler schnell aus ihren Verstecken herauslocken. Der Fortsatz an der Maulspitze ist gegen Beschädigungen empfindlich, Tiere können an den Infektionen sterben. Vergesellschaftung mit größeren Arten. *Länge*: ca. 35 cm. *Wasser*: 23–29 °C; pH-Wert 6,0–7,3; 3–12 °dGH. *Nahrung*: kleine Fische, Insektenlarven, kleine Grillen, Großflocken. *Vorkommen*: nördliches Südamerika.

Boulengerella maculata

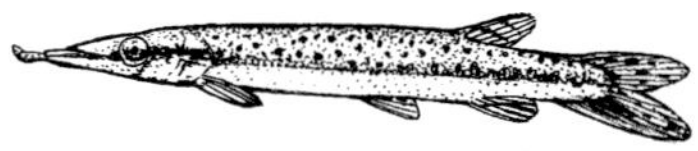

Iguanodectes cf. spilurus (Eidechsensalmler). Auf den ersten Blick etwas unscheinbarer Fisch. Die Färbung des langgestreckten, seitlich abgeflachten Fisches ist, abhängig von Herkunftsregion und Wohlbefinden, veränderlich. Der friedfertige, schwimmgewandte Schwarmfisch braucht langgestreckte Becken (ab 80 cm Länge) mit ausreichend Schwimmraum. Er liebt aber auch Versteckplätze aus dicht stehenden Pflanzen, in die er sich bei Beunruhigung zurückziehen kann. Der Fisch ist recht anpassungsfähig, die Wasserbeschaffenheit bereitet keine Mühe. Er bewohnt überwiegend die mittlere und obere Wasserschicht.
Länge: ca. 5,5 cm. *Wasser*: 23–27 °C; pH-Wert 5,8–7,3; weich bis mittelhart, 6–18 °dGH. *Nahrung*: Lebend-, Frost- und Trockenfutter. *Vorkommen*: Südamerika.

Iguanodectes cf. spilurus

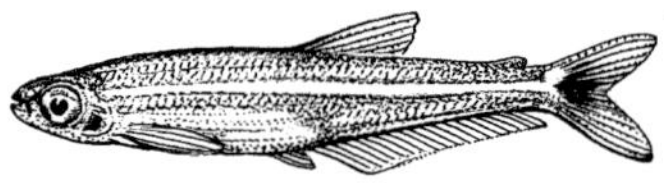

Astyanax sp. (Rautensalmler). Jungtiere haben noch nicht diese relativ hochrückige Körperform, sie sind noch eher langgestreckt. Ein lebhafter, ziemlich groß werdender Schwarmfisch, der als erwachsenes Tier mitunter auch ruppig sein kann. Benötigt größere, langgestreckte Becken, die genug Gelegenheit zum Ausschwimmen bieten. Dieser lebhafte, relativ anspruchslose Fisch kann mit nicht zu kleinen Arten vergesellschaftet werden. Großblättrige, harte Pflanzen sind zu empfehlen; kleine, zarte Pflanzentriebe werden von erwachsenen Tieren nicht selten angeknabbert. Wasserwerte haben keine besondere Bedeutung.
Länge: ca. 7,5 cm. *Wasser*: Temperatur 21–28 °C; pH-Wert 5,5–7,5; mittelhart bis hart, 20 °dGH. *Nahrung*: überwiegend Lebendfutter, Frost- und Trockenfutter. *Vorkommen*: Südamerika.

Astyanax sp.

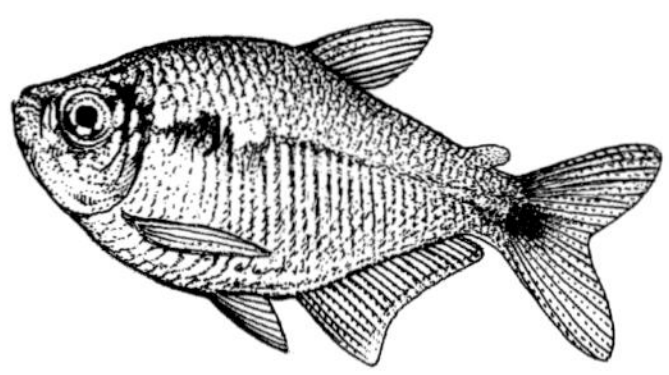

Paragoniates alburnus. Lebhafter, trotz seiner Körperlänge zarter Schwarmfisch. Seine schillernde Farbschönheit zeigt er bei einem bestimmten Lichteinfall. Gut mit friedlichen, gleich großen Salmlern zu vergesellschaften. Dunkler Bodengrund ist wichtig, am besten mit Torf belegt; dichte Randbepflanzung, Wurzelholz; vorne viel freier Schwimmraum. Fühlen sich die Tiere beunruhigt, verstecken sie sich gern zwischen den Pflanzen. Über die Zucht ist noch nichts bekannt, es handelt sich wohl um einen Freilaicher. Die genannten Wasserwerte möglichst beachten.
Länge: bis ca. 10 cm. *Wasser*: Temperatur 25–27 °C; pH-Wert 5,8–7,0; weich bis mittelhart, 2–10 °dGH. *Nahrung*: Lebendfutter, gefriergetrocknetes Naturfutter, Flockenfutter. *Vorkommen*: Südamerika; Venezuela.

Paragoniates alburnus

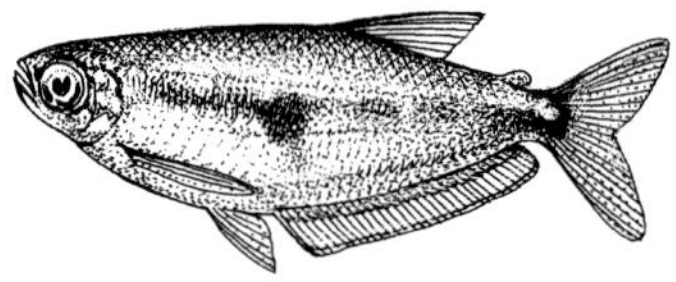

Markiana nigripinnis. Ein robuster, kräftiger, wendiger Schwarmfisch. Er hält sich viel im freien Wasser auf, braucht aber trotzdem Schutzzonen im Becken in Form von stellenweise dichter Rand- und Hintergrundbepflanzung und Wurzeln. Läßt sich gut mit Zwergbuntbarschen, Welsen, robusten Salmlern, aber auch mit Feuermaul-, Flaggen- und Zebrabuntbarschen vergesellschaften. Bei den revierbildenden Arten muß bedacht werden, daß sie während der Brutpflege die „Herren“ im Aquarium sind und die Salmler unterdrücken. Fische mit ruhigem Temperament leiden unter seinem ständigen Umherschwimmen und seiner Freßgier. *Länge*: ca. 15 cm. *Wasser*: 24–26 °C; pH-Wert 6,0–7,0; 3–12 °dGH. *Nahrung*: überwiegend Lebendfutter; gefriergetrocknetes und Frostfutter. *Vorkommen*: Südamerika; Venezuela.

Markiana nigripinnis

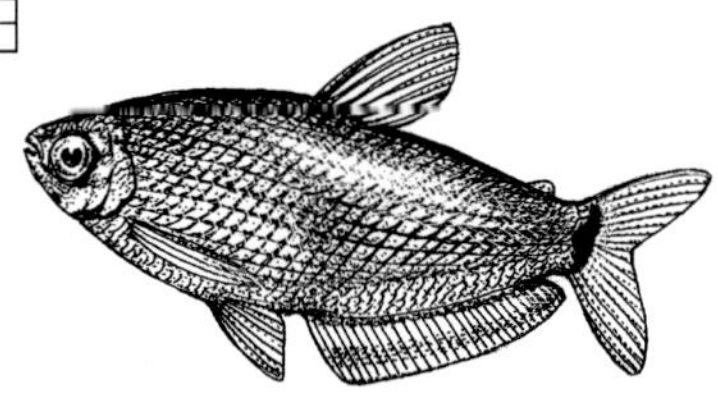

Roadsia altipinna. Dieser hübsche, kräftige Salmler kann, vor allem bei Einzel- oder Paarhaltung, gegenüber kleineren, zarteren oder sehr ruhigen Mitbewohnern durch ständiges Umherschwimmen zum Tyrannen werden; dabei betätigt er sich mitunter auch als „Flossenzupfer“. Erst bei Gruppenhaltung kommt seine Schönheit und sein interessantes Verhalten voll zur Geltung. Geräumige Becken mit viel Platz zum Ausschwimmen sind für diese bewegungsfreudige Art wichtig.
Länge: bis ca. 10 cm. *Wasser*: Temperatur 23–25 °C; pH-Wert 6,0–7,0; weich bis mittelhart, 3–10 °dGH. *Nahrung*: Lebend-, Frost-, Flocken- und Trockenfutter; abwechslungsreich füttern. *Vorkommen*: Südamerika; Ecuador.

Roadsia altipinna

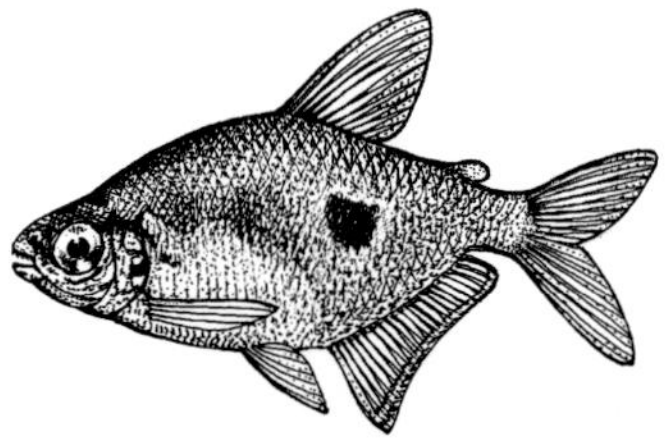

Schlanksalmler
Lebiasinidae

Nannostomus cf. beckfordi. Seine wahre Farbenpracht zeigt dieser Schlanksalmler nur bei günstigen Wasserverhältnissen. Er benötigt schwach saures, möglichst sehr weiches und über Torf gefiltertes Wasser. Ein Schwarm dieses selten importierten Salmlers läßt sich schon in Aquarien ab 80 Liter Inhalt pflegen. Dunkler Bodengrund (Torf, Laub); der Hintergrund und die Seitenwände sollten mit dichten, auch feinfiedrigen Wasserpflanzenarten bestückt sein. Als Gesellschafter eignen sich z. B. ruhige, friedliche Kleinsalmlerarten, Marmor- oder Glasbeilbauchfische sowie kleine Harnisch- und Panzerwelse.
Länge: ca. 5 cm. *Wasser*: Temperatur 22–28 °C; pH-Wert 5,8–7,0; 2–8 °dGH. *Nahrung*: vor allem kleines maulgerechtes Lebendfutter; auch Trokkenfutter. *Vorkommen*: Südamerika; Guayana.

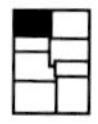

Nannostomus cf. beckfordi

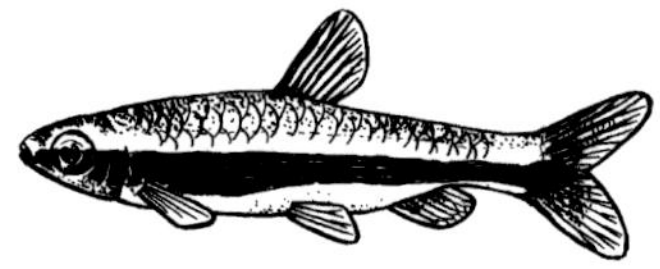

Copella arnoldi (Spritzsalmler). Langgestreckter, fast drehrunder Salmler. Für jeden Aquarianer ist es ein Erlebnis, das Ablaichen und die Betreuung des außerhalb des Wassers befindlichen Geleges durch das Männchen einmal beobachten zu können. Das Paar springt mehrfach gegen die Unterseite der Deckscheibe und laicht dort innerhalb von Sekunden. Die Betreuung des Geleges wird vom Männchen übernommen, das das Gelege durch regelmäßiges Bespritzen mit Wasser feucht hält. Die Jungen fallen ins Wasser. Die Pflege ist in hellen, gut bepflanzten Becken ab etwa 80 cm nicht schwer. Gut Abdecken!
Länge: Männchen 8 cm, Weibchen 6 cm. *Wasser*: 23–27 °C; pH-Wert um 7,0; bis 12 °dGH. *Nahrung*: Kleinkrebse, Mückenlarven, auch Flokkenfutter. *Vorkommen*: Guyana.

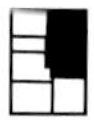

Copella arnoldi

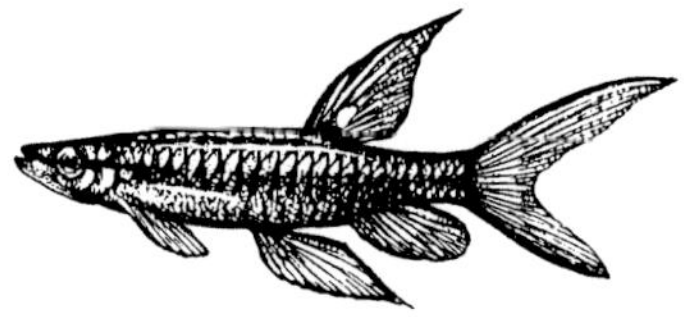

Pyrrhulina aff. filamentosa. Ein aquaristisches Juwel. Die Wasserbedingungen müssen stimmen, wenn dieser Fisch am Leben bleiben und sich wohl fühlen soll. Sehr niedriger Nitrit- und Nitratspiegel. Etwas scheue, zarte Art; daher möglichst keine sehr lebhaften Mitbewohner. Feinfiedrige Pflanzenbestände, bizarres Wurzelholz und abgerundete Steine bilden die Einrichtung. Bodengrund dunkel halten, eventuell zusätzlich mit Laub abdecken. Beleuchtung durch Schwimmpflanzen abdämpfen, dies betont die Farbigkeit der Fische. Langsamfilterung über Torfzusatz wirkt sich günstig aus.
Länge: ca. 6 cm. *Wasser*: Temperatur 22–28 °C; pH-Wert 5,8–7,0; 2–8 °dGH. *Nahrung*: vor allem maulgerechtes, kleines Lebendfutter, auch Frost- u. Trockenfutter. *Vorkommen*: Südamerika; Amazonasbecken.

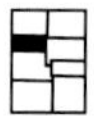

Pyrrhulina aff. filamentosa

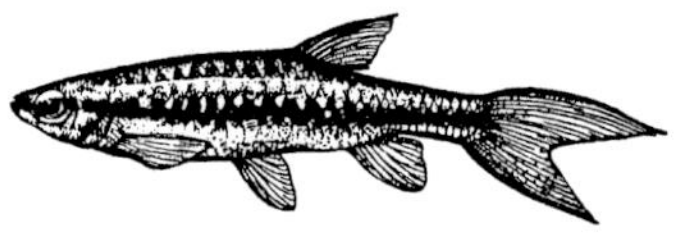

Nannostomus espei (Espes Ziersalmler, Gebänderter Ziersalmler). Fällt in jedem Aquarium durch seine Bindenzeichnung sofort auf. Leider heute nur selten importiert. Friedfertig, sollte stets in einer Gruppe gepflegt werden, dann auch leicht in einem Gesellschaftsbecken mit zu pflegen. Bei Artenbecken genügen 40 cm Länge. Neben üblicher Bepflanzung sollten auch großblättrige Arten vorhanden sein, an deren Blattunterseite die Fische laichen und die Eier anheften. Gut gefütterte Pärchen sind nur geringe Laichräuber. Schwimmpflanzen mit Wurzelbärten dämmen den Lichteinfall etwas.
Länge: ca. 4 cm. *Wasser*: Temperatur 22–26 °C; pH-Wert 6,0–7,0; 2–10 °dGH. *Nahrung*: kleines Lebendfutter (Kleinkrebse, kl. Mückenlarven, Anflugnahrung), Flockenfutter (oft, aber wenig füttern). *Vorkommen*: Südamerika; Guyana.

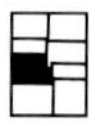

Nannostomus espei

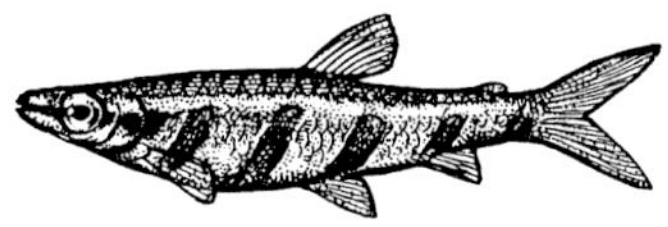

Pyrrhulina cf. compta (Rehsalmler). Friedfertig. Eine wunderbare Bereicherung der letzen Jahre. Haltung nur zusammen mit ruhigen Fischarten, die ähnliche Anforderungen an Wasser und Temperatur stellen. Aquarieneinrichtung mit feinfiedrigen Pflanzen, wobei Blatt- und Schwimmpflanzen aber nicht fehlen sollten. Viel Wurzelwerk, dunkler Boden, möglichst teilweise mit Laub bedeckt. Keine starke Strömung, eventuell Langsamfilterung über Torf. Leider nicht immer im Handel erhältlich. Paßt gut zu vielen Kleinsalmlerarten. Etwa ein Dutzend Exemplare können bereits in einem 80-Liter-Aquarium gehalten werden.
Länge: ca. 6 cm. *Wasser*: Temperatur 22–28 °C; pH-Wert 5,8–7,0; 2–8 °dGH. *Nahrung*: hauptsächlich maulgerechtes, kl. Lebendfutter; auch Trockenfutter. *Vorkommen*: Amazonasbecken.

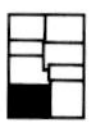

Pyrrhulina cf. compta

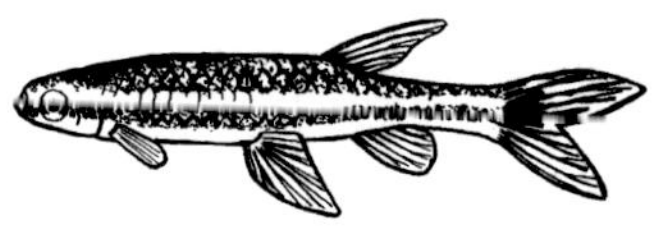

Pyrrhulina vittata (Kopfbinden-Schlanksalmler). Eine kleine, auffällig gezeichnete, friedfertige Art. Pflege in einer kleinen Gruppe im Gesellschaftsbecken oder im Artaquarium nicht schwierig. Stellenweise dichte Bepflanzung, Wasseroberfläche zum Teil mit Schwimmpflanzen abdecken. Auch großblättrige Arten wie Echinodorus und Cryptocorynen einsetzen, die vom Männchen geputzt und als Laichplatz genutzt werden können. Im Vordergrund freier Schwimmraum. Sauberes, nitratarmes Wasser ist wichtig. Regelmäßiger Wasseraustausch von etwa 25% gegen abgestandenes Frischwasser. Fische springen, Becken gut abdecken.
Länge: 5 cm. *Wasser*: 22–26 °C; pH-Wert 6,0–7,0; bis 12 °dGH. *Nahrung*: bevorzugt jegliches (nicht zu großes) Lebendfutter; Gefrier- und Flockenfutter. *Vorkommen*: Amazonasgebiet.

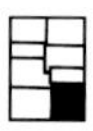

Pyrrhulina vittata

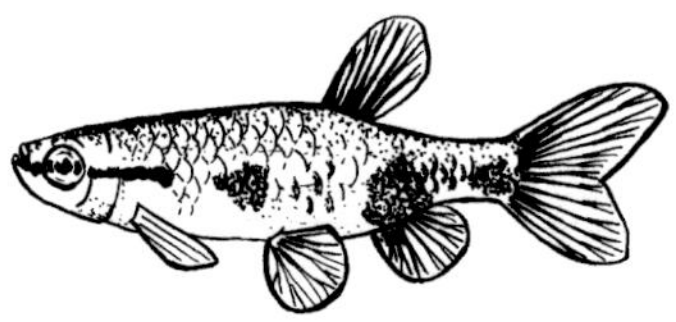

Schlanksalmler

Lebiasinidae

Nannostomus marginatus (Zwergziersalmler). Sehr beliebte, flinke kleine Art. Friedlicher Schwarmfisch, der mittlere und obere Wasserschichten bevorzugt. Hält sich gern zwischen feinfiedrigen Pflanzen und Wurzelbärten von Schwimmpflanzen auf, die er ständig nach Freßbarem absucht. Läßt sich bei fürsorglicher Pflege schon in Kleinaquarien ab 40 cm Länge pflegen, allerdings ohne robuste Gesellschaft. Kein Anfängerfisch! Auch für Gesellschaftsaquarium, wenn ausreichend Zufluchtsmöglichkeiten bestehen. Sehenswerte Balz. Eltern sind schlimme Laichräuber!
Länge: ca. 3,5 cm. *Wasser*: Temperatur 22–28 °C; pH-Wert 6,0–7,2; weich bis mittelhart, 1–12°dGH. *Nahrung*: sehr feines Lebend- und Trockenfutter. *Vorkommen*: nördl. Guayana.

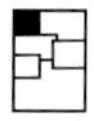

Nannostomus marginatus

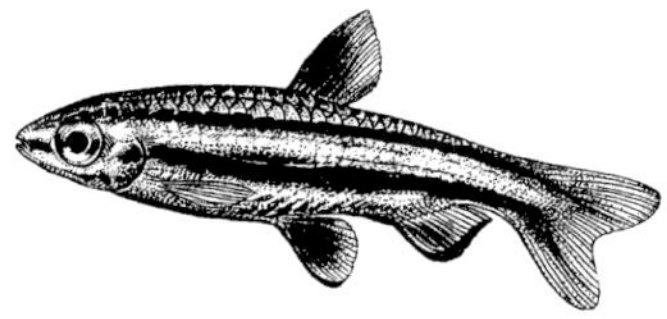

Nannostomus trifasciatus (Dreibinden-Ziersalmler). Friedfertiger, wunderschöner, aber ein etwas empfindlicher Ziersalmler. Ideal für Aquarianer, die sich für ein Artaquarium entschieden haben. In Becken ab 50 cm Länge ist dieser „Bleistiftfisch" auch in Gesellschaft mit kleinen, ruhigen Fischen zu pflegen. Alle Schlanksalmler mögen guten, aber nicht zu dichten Pflanzenwuchs, zwischen dem sie sich sicher fühlen und schnell und gewandt bewegen. Regelmäßig unbelastetes Frischwasser zugeben, am besten über Torf filtern.
Länge: ca. 5,5 cm. *Wasser*: Temperatur 24–28 °C; pH-Wert 5,8–7,0; weich bis mittelhart, 1–12 °dGH. *Nahrung*: feines Lebend- und handelsübliches Frost- und Trockenfutter. *Vorkommen*: Südamerika; Mündungsgebiet des Amazonas.

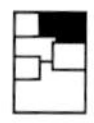

Nannostomus trifasciatus

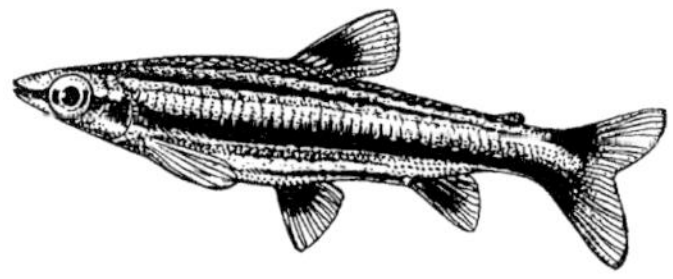

Nannostomus harrisoni (Goldbinden-Ziersalmler). Auf den ersten Blick fällt dieser Schlanksalmler nicht besonders auf. Lediglich die goldgelbe Zone zwischen der dunklen Längsbinde und der rehbraunen Rückenpartie zieht die Blicke an. Ein friedlicher, gut zu vergesellschaftender Schwarmfisch mit gleitender Schwimmweise. Wie bei allen Schlanksalmlern geht der Vortrieb nur von den vibrierenden Brust-, Rücken- und Schwanzflossen aus. Auch er mag dichteren Pflanzenwuchs, in den er sich bei vermeintlicher Gefahr blitzschnell zurückzieht. Als Gesellschaft nur ruhige, friedfertige Arten.
Länge: ca. 6 cm. *Wasser*: Temperatur 22–28 °C; pH-Wert 6,0–7,2; weich bis mittelhart, 2–12 °dGH. *Nahrung*: feines Lebend- und Trockenfutter. *Vorkommen*: Guyana.

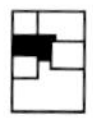

Nannostomus harrisoni

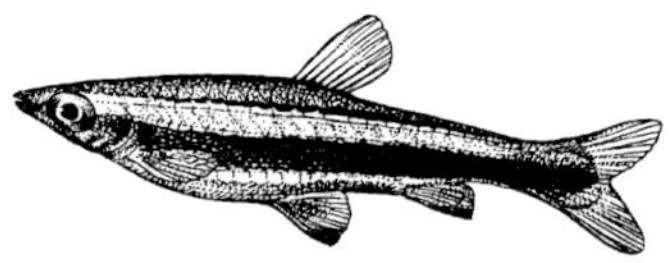

Nannostomus unifasciatus (Einbinden-Ziersalmler). Ein schöner, mit dem Kopf schräg nach oben schwimmender Schwarmfisch. Eine dunkelbraune Längsbinde zieht von der Schnauzenspitze bis zum unteren Schwanzflossenlappen. Afterflosse des Männchens ist mehrfarbig, beim Weibchen dunkel. Am besten pflegt man den außerordentlich friedfertigen Schlanksalmler im Artbecken ab 50 cm Länge oder in Gesellschaft anderer Schlanksalmler. Andere Mitinsassen dürfen nicht robust und temperamentvoll sein. Hält sich gern unter Schwimmpflanzen auf, am besten bringt man solche mit langen Wurzelbärten ein.
Länge: ca. 5,5 cm. *Wasser*: 22–26 °C; pH-Wert 5,8–7,0; weich bis mittelhart, 2–12 °dGH. *Nahrung*: feines Lebend- und Trockenfutter. *Vorkommen*: Einzugsgebiet des Amazonas.

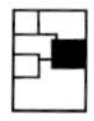

Nannostomus unifasciatus

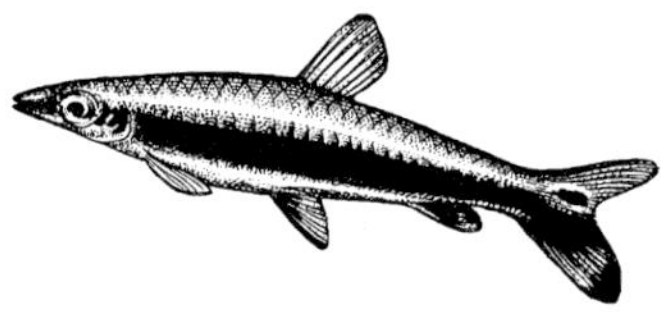

Nannostomus eques (Spitzmaul-Ziersalmler, Schrägsteher). Durch seine mit dem Kopf schräg nach oben gerichtete Schwimmweise auffälliger Schlanksalmler. Den auffallend großen, beweglichen Augen entgeht nichts, was sich um ihn herum, an der Wasseroberfläche und zwischen den Schwimmpflanzen abspielt. Männchen an der Afterflosse zu erkennen, die langgestreckter ist als die des Weibchens und innen einen roten Fleck besitzt. Trotz seiner geringen Größe ein Räuber, der alles schnappt, was in sein verhältnismäßig großes Maul paßt. Nimmt kein zu Boden gesunkenes Futter an. Kein Fisch für Einsteiger.
Länge: ca. 5 cm. *Wasser*: Temperatur 22–28 °C; pH-Wert 6,0–7,2; weich bis mittelhart, 2–12 °dGH. *Nahrung*: feines Lebend-, aber auch Trockenfutter. *Vorkommen*: nördl. Südamerika.

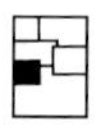

Nannostomus eques

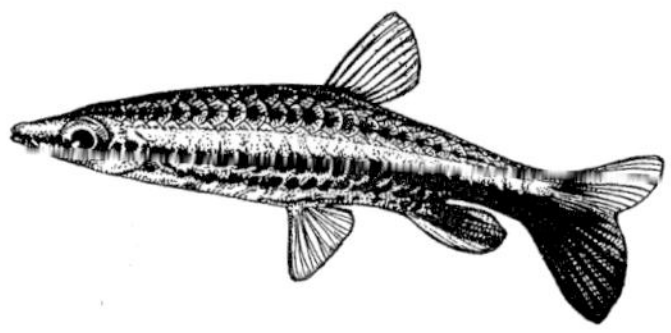

Nannostomus beckfordi (Roter Ziersalmler, Längsband-Ziersalmler). Unter den hier behandelten Ziersalmlern ist er der unempfindlichste und am häufigsten gepflegte. Ausgezeichneter Gesellschaftsfisch, der friedfertig, schwimmlustig und recht anspruchslos ist, aber den Schwarm liebt. Erwachsene Männchen zeigen sich im prächtigen Farbkleid und imponieren bei jeder Gelegenheit mit interessantem Ritual. Becken ab 50 cm Länge können mehrere Paare aufnehmen, neben anderen, harmlosen Mitbewohnern. Guter Pflanzenwuchs und Schwimmpflanzen sind Zufluchtsort. Zucht nicht schwer.
Länge: ca. 5 cm. *Wasser*: Temperatur 22–26 °C; pH-Wert 6,0–7,5; weich bis mittelhart, 2–15 °dGH. *Nahrung*: kleines Lebend- und Trockenfutter. *Vorkommen*: nördl. Südamerika.

Nannostomus beckfordi

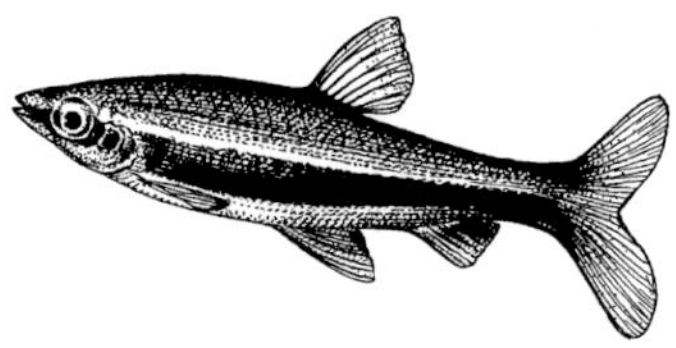

Beilbauchfische

Gasteroplecidae

Carnegiella strigata fasciata (Gestreifter oder Gabel-Beilbauchfisch). Friedfertiger, etwas empfindlicher, kleiner Oberflächenschwarmfisch. Vergesellschaftung, Ernährung und Pflege erfordern Umsicht. Langgestrecktes, gut abgedecktes Aquarium ab 60 cm Länge, nur zu 3/4 mit Wasser gefüllt. Schwimmt schnell und springt gern. Benötigt viel freie Oberfläche neben einigen Schwimmpflanzen als Zufluchtsmöglichkeit. Frißt nur von der Wasseroberfläche oder kurz darunter, auch Kleininsekten. Pflege nur in Gesellschaft anderer friedfertiger Fischarten, die die unteren und mittleren Wasserschichten bevorzugen.
Länge: ca. 4,5 cm. *Wasser*: Temperatur 23–28 °C; pH-Wert 6,0–7,2; weich, 2–8 °dGH. *Nahrung*: vor allem Lebendfutter, auch Flocken von der Wasseroberfläche. *Vorkommen*: Peru.

Carnegiella strigata fasciata

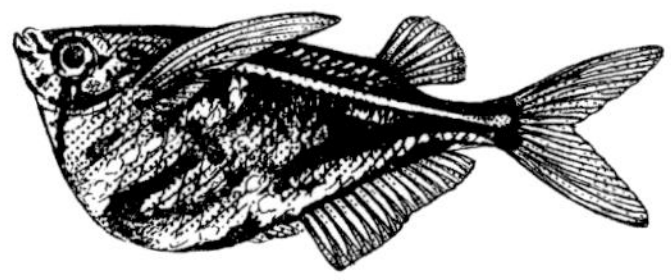

Carnegiella strigata strigata (Marmorierter Beilbauchfisch). An die Pflege dieses etwas empfindlicheren Beilbauchfisches sollte sich nur der geübte Aquarianer wagen. Diese oft nervösen, zarten Fische darf man nicht zusammen mit robusten Arten pflegen. Schwarmfische, die – obwohl schnelle Schwimmer – gern unter dem Wasserspiegel gegen die Filterströmung stehen oder zwischen hochstrebenden Wasserpflanzen ruhig verharren. Für die ausgezeichneten Springer braucht man gut abgedeckte Aquarien ab 80 cm Länge. Schwimmpflanzendecke hindert die Tiere am Springen. Sie brauchen hier aber auch Freiraum.
Länge: ca. 4,5 cm. *Wasser*: Temperatur 22–28 °C; pH-Wert 6,0–7,0; weich bis mittelhart, 2–12 °dGH. *Nahrung*: Lebend- und Flockenfutter vom Wasserspiegel. *Vorkommen*: Guyana.

Carnegiella strigata strigata

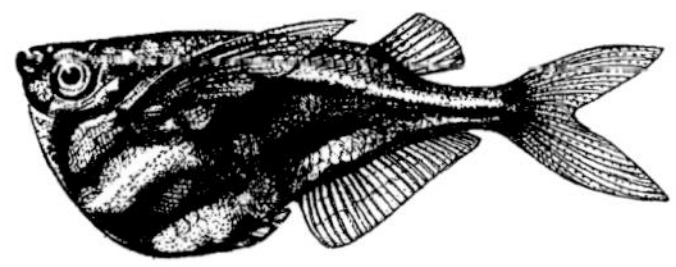

Thoracocharax stellatus (Platin-Beilbauchfisch). Sofort zu erkennen ist diese Art an ihrer extrem steil nach unten gezogenen Brust- und Bauchpartie, die wir ähnlich bei der gesamten Gattung finden. *T. stellatus* zählt zu den größten unter den Beilbauchfischen. Schwarmfisch, der exzellent springen kann und das auch tut (z. B. bei plötzlichem Einschalten des Lichts, Türenschlagen etc.), wenn man das Aquarium nicht gut abdeckt oder auf der Wasseroberfläche Schwimmpflanzen einbringt, die das Tier am Springen hindern. Für Gesellschaftsbecken ab 100 cm Länge geeignet, mit anderen, friedfertigen Arten als Mitbewohner.
Länge: ca. 8,5 cm. *Wasser*: Temperatur 22–28 °C; pH-Wert 6,0–7,0; weich bis mittelhart, 2–12 °dGH. *Nahrung*: Lebendfutter, auch Flocken vom Wasserspiegel. *Vorkommen*: Südamerika.

Thoracocharax stellatus

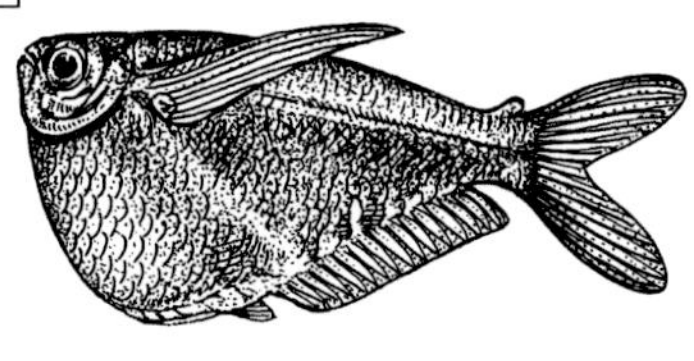

Carnegiella marthae (Schwarzschwingen-Beilbauchfisch). Eine kleine, sehr empfindliche Art mit auffallenden schwarzen Brustflossen und Bauchkiel. Zur erfolgreichen Pflege braucht man Erfahrung; kein Fisch für Einsteiger. Aquarium mit weichem, saurem Wasser und möglichst freier Wasseroberfläche. Diese reinen Oberflächenfische hängen förmlich am Wasserspiegel. Aber das Becken gut abdecken, denn Beilbauchfische springen ausgezeichnet aus dem Stand! Ein paar Schwimmpflanzen sorgen für Zufluchtsmöglichkeiten. Frißt vom Wasserspiegel.
Länge: ca. 3,5 cm. *Wasser*: Temperatur 23–28 °C; pH-Wert 5,8–6,8; weich, 2–8 °dGH. *Nahrung*: Oberflächenfutter, lebend oder feinflockig. *Vorkommen*: Südamerika.

Carnegiella marthae

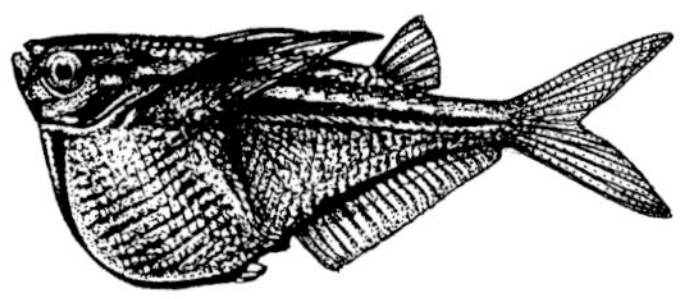

Gasteropelecus maculatus (Gefleckter Beilbauchfisch). Friedfertiger, lebhafter Oberflächenfisch, der viel freien Raum nahe der Wasseroberfläche zum Ausschwimmen und zur Nahrungsaufnahme benötigt. Großblättrige Schwimmpflanzen zum Schutz und als Unterstände. Gut ist auch stellenweise dichte Hintergrund- und Randbepflanzung. Zur Dekoration Moorkienwurzeln. Für Gesellschaftsaquarien mit Salmlern, die mittlere Wasserschichten bevorzugen, geeignet, auch als Pflegling für Paludarien. Kein Beilbauchfisch mag eine bewegte Wasseroberfläche, jedoch sind sie sauerstoffbedürftig.
Länge: ca. 7,5 cm. *Wasser*: Temperatur 22–28 °C; pH-Wert 6,0–7,2; weich bis mittelhart, 2–12 °dGH. *Nahrung*. Lebendfutter, ab und zu Flockenfutter. *Vorkommen*: nördl. Südamerika.

Gasteropelecus maculatus

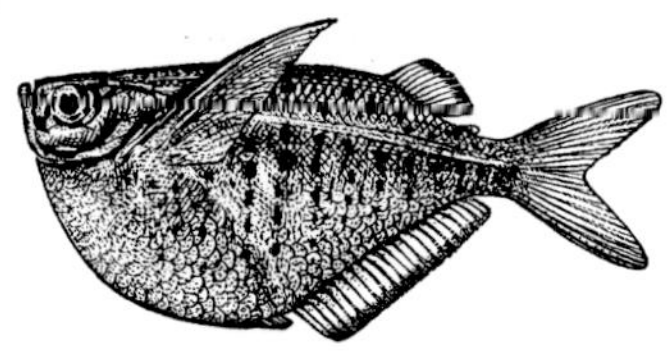

Gasteropelecus sternicla (Silber-Beilbauchfisch). Wie alle Beilbauchfische kann auch diese Art „fliegen". Mit der stark entwickelten Brustflossenmuskulatur bewegen sie ihre großen Brustflossen beim Sprung aus dem Wasser wie Flügel. Manche durchpflügen mit ihrem Bauchkiel die Wasseroberfläche ein kurzes Stück. Aus nicht gut abgedeckten Becken springen sie bei Beunruhigung, zum Beispiel bei notwendigen Arbeiten im Aquarium, gern heraus. Der schwimmfreudige Schwarmfisch eignet sich für Gesellschaftsbecken ab 1 m Länge.
Länge: ca. 7 cm. *Wasser*: Temperatur 22–26 °C; pH-Wert 5,8–7,0; weich, 2–12 °dGH. *Nahrung*: Lebend- und Flockenfutter vom Wasserspiegel. *Vorkommen*: Amazonien.

Gasteropelecus sternicla

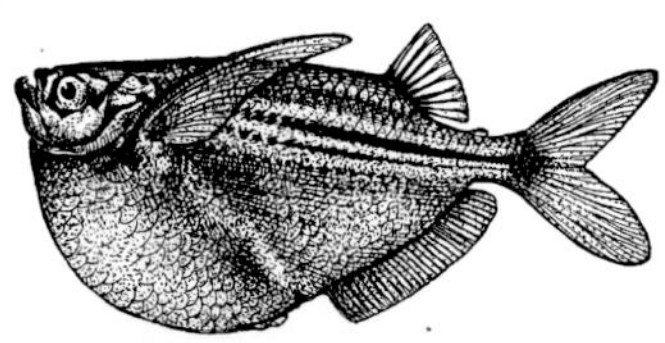

Engmaulsalmler

Anostomidae

Die Heimat dieser salmlerähnlichen Fische erstreckt sich über große Teile Südamerikas und einige Westindische Inseln. Typisches Erkennungszeichen ist der gestreckte, spindelförmige Körper, der seitlich nur wenig abgeflacht ist. Das kleine ober- oder endständige Maul ist von wulstigen Lippen umgeben und mit guter Bezahnung ausgestattet (nicht bei allen Gattungen dieser Familie einheitlich).
Viele Engmaulsalmler sind „Kopfsteher"; (z. B. *Anostomus, Abramites*) ihre geneigte Schwimmweise, durch die sie sich vorzüglich an Wurzeln, Steine, Spalten sowie an nach oben strebenden Pflanzen anschmiegen können, hat ihnen ihren deutschen Namen eingebracht. Auch während des ruhigen Dahinschwimmens behalten sie diese Körperhaltung bei, nur bei Gefahr schießen sie blitzartig waagerecht durchs Wasser. Mit ihrem oberständigem Maul können sie hervorragend die Unterseiten von Pflanzenblättern usw. abweiden. Die nicht kopfstehenden Arten holen dagegen zum größten Teil ihre Nahrung vom Boden. Viele gelten gegenüber Artgenossen als unverträglich; sie bilden in der Natur Reviere. Die Mehrzahl sind Freilaicher.
Die aquaristisch wichtigsten Gattungen sind: *Abramites, Anostomus, Leporinus, Leporellus, Rhytiodus* und *Schizodon*.

Leporinus steyermarki wirkt als Jungfisch sehr ansprechend. Wie viele aus der Familie Anostomidae kaum bekannt. Wurde wahrscheinlich bisher nur in geringer Stückzahl eingeführt. Pflege am besten im Artaquarium. Einige derbe Wasserpflanzen, Wurzeln und abgerundete Steine bilden die Dekoration; Schwimmpflanzen erhöhen das Wohlbefinden. Vergesellschaftung mit friedlichen Buntbarschen, Schwielen- und Harnischwelsen.
Länge: ca. 30 cm. *Wasser*: Temperatur 23–28 °C; pH-Wert 6,3–7,0; 3–12 °dGH. *Nahrung*: Algen, Pflanzen und Futtertabletten. *Vorkommen*: Venezuela, Paraguay.

Anostomus ternetzi (Goldstreifen-Kopfsteher). Haltung in kleinen Gruppen in dicht bepflanzten, mit Steinnischen und Wurzelwerk dekorierten Aquarien. Fast senkrecht stehend weiden sie Algen von Steinen und aus Spalten ab. Sofern sie ein Revier bilden können, bleiben sie ihren Artgenossen gegenüber friedlich. Bei der Haltung von nur zwei Tieren jedoch muß sich das Schwächere manchmal versteckt halten, denn es wird viel verfolgt.
Länge: ca. 12 cm. *Wasser*: Temperatur 22–28 °C; pH-Wert 5,8–6,8; 3–10 °dGH. *Nahrung*: Algen, Lebend-, Flocken- und Tablettenfutter. *Vorkommen*: Amazonasbecken.

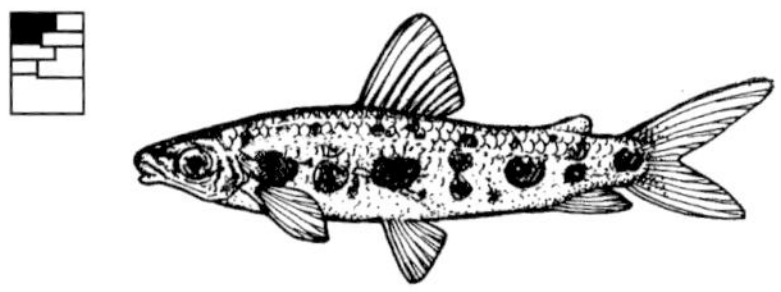

Leporinus steyermarki

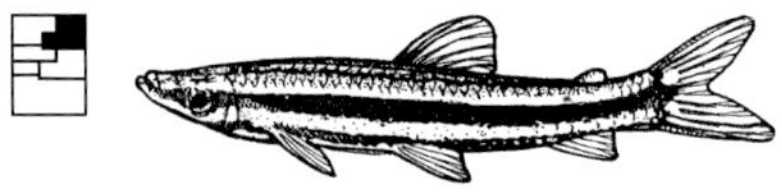

Anostomus ternetzi

Schizodon fasciatus (Gebänderter Schizodon). Wird selten importiert. Mehr ein Fisch für große Schauaquarien. Pflege am besten in geräumigen Aquarien mit runden Steinen und Wurzelwerk. Derbe Wasserpflanzen und eine Schwimmpflanzendecke geben dem Fisch die nötige Geborgenheit. Kann gut zusammen mit mittelgroßen Buntbarschen, Harnischwelsen und mit anderen Engmaulsalmlern gepflegt werden. *Länge*: ca. 30 cm. *Wasser*: Temperatur 23–27 °C; pH-Wert 6,2–7,0; 3–12 °dGH. *Nahrung*: Allesfresser (Früchte, Haferflocken, Salat, Futtertabletten), Lebend- und Frostfutter. *Vorkommen*: Amazonasbecken.

Leporinus pellegrini. Das Bild rechts zeigt ein Jungtier. Im adulten Stadium verändern sich die Farben völlig; aus den Bändern werden Punkte. Möglicherweise durch seltene Importe in der Aquaristik noch nicht sehr bekannt. Um ihren Appetit auf pflanzliche Kost zu stillen, sollten die Aquarien stark beleuchtet werden, was den Algenwuchs fördert. Wurzeln, Steine und eine Schwimmpflanzendecke sorgen für Deckung. *Länge*: ca. 20 cm. *Wasser*: Temperatur 23–28 °C; pH-Wert 5,8–6,8; 4–12 °dGH. *Nahrung*: überwiegend Pflanzenkost, auch Lebend- und Trockenfutter. *Vorkommen*: Brasilien (oberer Amazonas), Guyana.

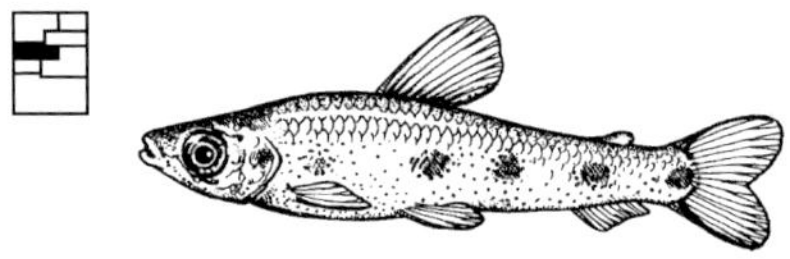

Schizodon fasciatus

Leporinus pellegrini

Laemolyta taeniata (Gestreifter Kopfsteher, Kupferstrichsalmler). Wird selten im Handel angeboten. Lebt in seiner Heimat in verkrauteten, dunklen, weichen Gewässern. Vorzüglicher Gesellschafter für Buntbarsche aus Weichwassergebieten. Braucht geräumige Aquarien mit aufstrebenden Wasserpflanzen, Schwimmpflanzen und viel Wurzelwerk im Beckenhintergrund. Besonders auffällig sind das rote Maul und die roten Augen.
Länge: ca. 26 cm. *Wasser*: 23–28 °C; pH-Wert 6,2–7,0; 3–10 °dGH. *Nahrung*: auf pflanzlicher Basis, auch Lebend- und Frostfutter. *Vorkommen*: Amazonasbecken.

Leporinus arcus. Relativ friedlicher herbivorer Engmaulsalmler. Pflege nur in geräumigen Aquarien mit viel Schwimmraum und guter Deckung durch kräftige, derbe Pflanzen und Wurzelwerk. Abgerundete Steine und ein feinkörniger Bodengrund bilden die restliche Einrichtung. Ein kräftiger Salmler, der nur mit größeren Buntbarschen und Harnischwelsen zusammen gepflegt werden sollte.
Länge: ca. 15 cm. *Wasser*: Temperatur 20–28 °C; pH-Wert 5,8–6,8; 3–10 °dGH. *Nahrung*: überwiegend auf pflanzlicher Basis; Lebend- und Tablettenfutter. *Vorkommen*: Venezuela, Guyana.

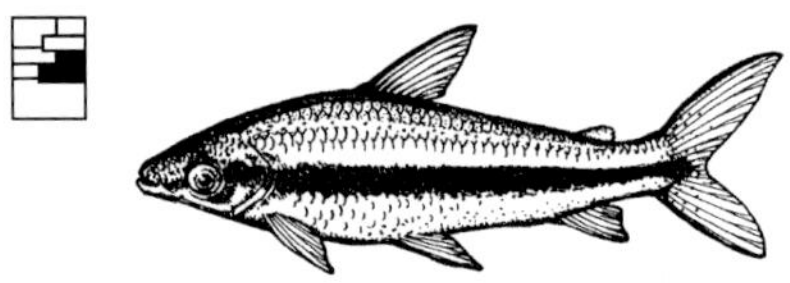

Laemolyta taeniata

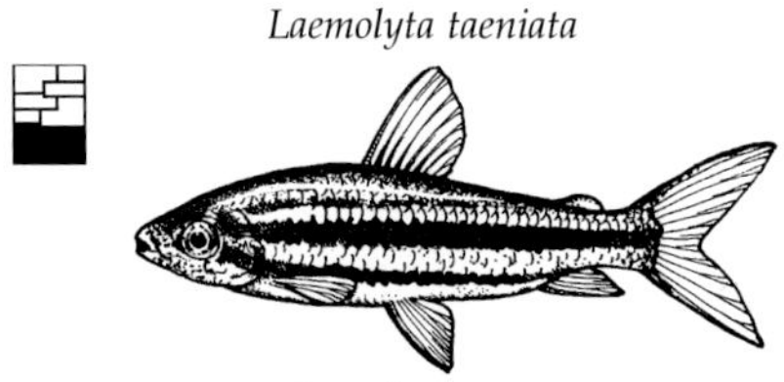

Leporinus arcus

Engmaulsalmler

Anostomidae

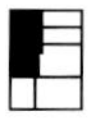

Leporinus fasciatus fasciatus

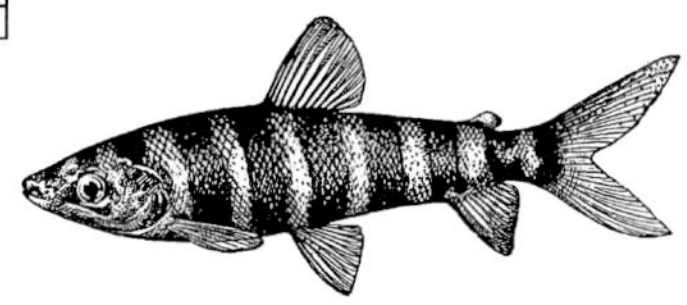

Leporinus fasciatus fasciatus (Gebänderter Leporinus). Keine aggressive Art, jedoch für schön bepflanzte Becken nicht geeignet. Dieser fast ausschließlich vegetarisch lebende Fisch dezimiert bald die pflanzliche Aquarieneinrichtung. Ein für die Zimmeraquaristik beachtlich groß werdender Fisch. Benötigt Becken mit über 100 cm Länge, dekoriert mit Wurzeln, Steinen, evtl. sehr harten Pflanzen. Die Fische lieben Strömung; leistungsfähige Filter sind angebracht. Sandboden. Bevorzugt werden die mittlere und untere Wasserschicht. Aquarium gut abdecken! Tiere sind lebhaft und können springen.
Länge: ca. 30 cm. *Wasser*: 22–26 °C; pH-Wert 5,7–7,5; bis 18 °dGH. *Nahrung*: Kopfsalat, Brunnenkresse, Vogelmiere, Früchte, große Pflanzenflocken. *Vorkommen*: Südamerika.

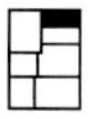

Pseudanos trimaculatus

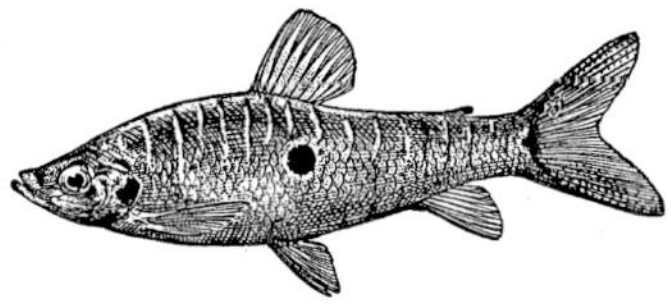

Pseudanos trimaculatus (Dreipunkt-Kopfsteher). Körper ist nach Art der Kopfsteher sowohl bei der Nahrungsaufnahme als auch im Ruhestand schräg nach vorn geneigt. Schwarmfisch, nur bei der Haltung von mehreren Tieren ist das Schwarmverhalten zu beobachten. Im allgemeinen verträglich. Versteckplätze zwischen Wurzeln und hartblättrigen Pflanzen sind erwünscht. Zarte Triebe der Wasserpflanzen sind vor ihnen nicht sicher; bei abwechslungsreicher Fütterung muß ihre Vorliebe für pflanzliche Kost bedacht werden. Abgesunkene Futtertabletten werden gerne abgezupft.
Länge: ca. 13 cm. *Wasser*: Temperatur 23–28 °C; pH-Wert 6,0–7,0; bis 18 °dGH. *Nahrung*: Pflanzenflockenfutter, Futtertabletten, Algen, Salat; Lebendfutter. *Vorkommen*: Amazonasbecken.

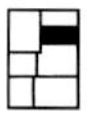

Leporinus striatus

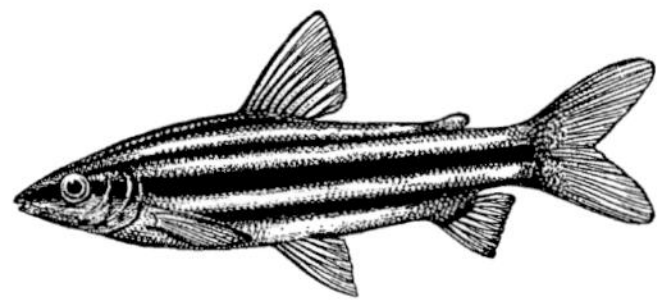

Leporinus striatus (Gestreifter Leporinus). Bei der Haltung von nur zwei bis drei Tieren untereinander oft robust und ruppig. Bei der Haltung von mehr Tieren jedoch im allgemeinen ein friedlicher Schwarmfisch. Wichtig sind viele Versteckmöglichkeiten. Aquarium mit Wurzelwerk und großen Steinen ausstatten. Wenn überhaupt, dann nur sehr harte Pflanzen einbringen. Bei regelmäßiger Zugabe von Salatblättern und anderem Grünfutter besteht die Chance, daß sie die Wasserpflanzen unbehelligt lassen. Für starke Strömung sorgen, öfter Frischwasser zusetzen. Kann springen, Aquarium gut abdecken!
Länge: ca. 15 cm. *Wasser*: Temperatur 22–28 °C; pH-Wert 5,7–7,5; bis 18 °dGH. *Nahrung*: Früchte, Salat, Kresse, Pflanzenflocken, Vogelmiere. *Vorkommen*: Südamerika.

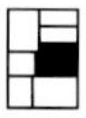

Anostomus anostomus

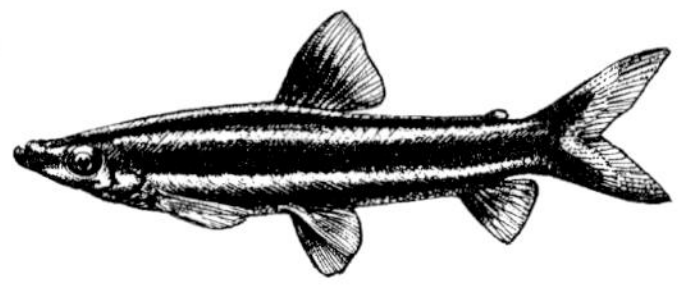

Anostomus anostomus (Prachtkopfsteher). Lebhafter, langgestreckter Schwarmfisch, der vor allem bei der Nahrungssuche fast senkrecht schwimmt. Auffallend das oberständige Maul. Weidet die Algen von Aquarienscheiben, Wurzeln und Blättern ab. Liebt neben freiem Schwimmraum Verstecke zwischen Wurzeln, Steinaufbauten und langblättrigen Pflanzen. Im Schwarm verträglich. Bei der Haltung von nur zwei bis drei Tieren sind Revierkämpfe nicht selten. Haltung auch einzeln in Gesellschaft mit z. B. anderen südamerikanischen Arten, die gleiche Ansprüche an das Wasser stellen.
Länge: ca. 15 cm. *Wasser*: 22–28 °C; pH-Wert 6,0–7,0; weich bis mittelhart (max. 18 °dGH). *Nahrung*: bevorzugt Lebendfutter; Flockenfutter, überbrühter Salat, Tiefkühlspinat, Brunnenkresse. *Vorkommen*: Südamerika; Guayanas.

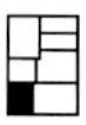

Chilodus punctatus

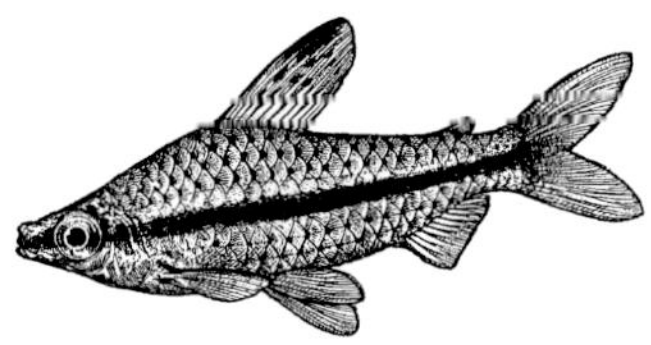

Chilodus punctatus (Punktierter Kopfsteher). Im Aquarium mit stellenweise dichter Bepflanzung und Wurzeln als Zuflucht und Unterstand verlieren sie ihre anfängliche Scheu. Freie Bodenzonen mit Sandgrund; Schwimmpflanzen zur Lichtdämpfung. Torfgefiltertes, leicht saures und nicht zu hartes, häufig gewechseltes Wasser ist wichtig. Für Einsteiger nur geeignet, wenn regelmäßig Lebendfutter angeboten werden kann. Man hat die Art bereits mehrfach in dämmerig stehenden Aquarien ab 80 Liter gezüchtet, wenn die Zuchtpaare wirklich gut ernährt wurden.
Länge: ca. 8 cm. *Wasser*: Temperatur 24–28 °C; pH-Wert 6,0–7,0; mittelhart (bis 12 °dGH). *Nahrung*: Lebendfutter, div. Trockenfutter (erst nach Eingewöhnung), Algen, Kopfsalat. *Vorkommen*: nördliches Südamerika bis Mato Grosso.

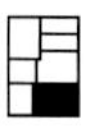

Abramites hypselonotus

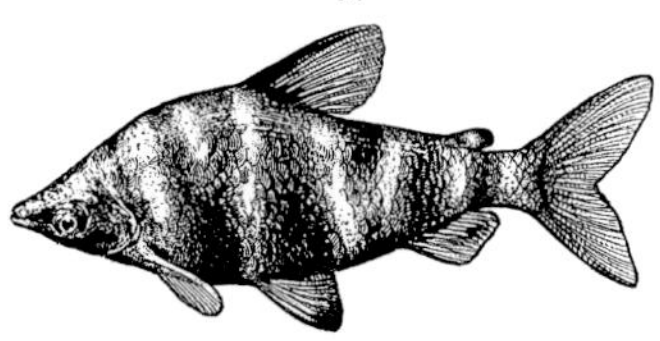

Abramites hypselonotus (Brachsensalmler). Jungtiere sind friedlich, auch für Gesellschaftsbecken geeignet. Ältere Tiere werden gegenüber Artgenossen oft streitbar und aggressiv. Aquarium ab 80 cm Länge mit guter Filterung und Beleuchtung. Einrichtung hauptsächlich mit Wurzeln und Steinen. Wenn überhaupt Pflanzen, dann nur sehr harte, denn sie werden nach Algen abgeweidet. Vor allem, wenn nicht genug Pflanzenkost angeboten wird, werden die zarten Triebe der Pflanzen verzehrt. Nur die Frontscheiben von Algen befreien. Auch feines Lebendfutter geben.
Länge: ca. 13 cm. *Wasser*: Temperatur 23–28 °C; pH-Wert 6,0–7,5; weich bis mittelhart, 5–18 °dGH. *Nahrung*: Algen, Salat, tiefgekühlte Erbsen, Pflanzenfutterflocken. *Vorkommen*: Südamerika; Orinoco und Amazonasbecken.

Geradsalmler

Citharinidae, Distichodidae

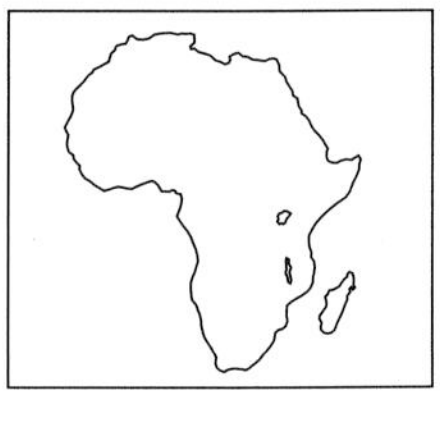

Die afrikanischen Salmler der Familien Citharinidae, Distichodidae und Ichthyboridae mit zusammen etwa 20 Gattungen werden aufgrund der geraden Seitenlinie auch Geradsalmler genannt. Als Aquarienfische eignen sich überwiegend Tiere der Familie Distichodidae, und hier hauptsächlich die kleineren Arten (groß werdende Arten sind eher für Schauaquarien geeignet). Unter den überwiegend friedfertigen *Distichodus*-Arten finden sich Fische mit einer Größe von 6–55 cm und mehr. Manche Arten sind recht lebhafte Schwimmer, andere eher behäbig. Mit wenigen Ausnahmen besitzen sie eine gedrungene und im Alter auch zunehmend hochrückigere Körperform. Zu ihrer Pflege benötigt man ein möglichst großes Aquarium ab 100 cm Länge. Sie sind nicht schwer zu halten, brauchen aber viel Schwimmraum und pflanzliche Kost, die manche Arten sogar bevorzugen (weiche Pflanzen, überbrühter Salat, Spinat, Brunnenkresse, Vogelmiere, Pflanzenfutterflocken, Futtertabletten auf pflanzlicher Basis). Über die Zucht ist nur wenig bekannt.

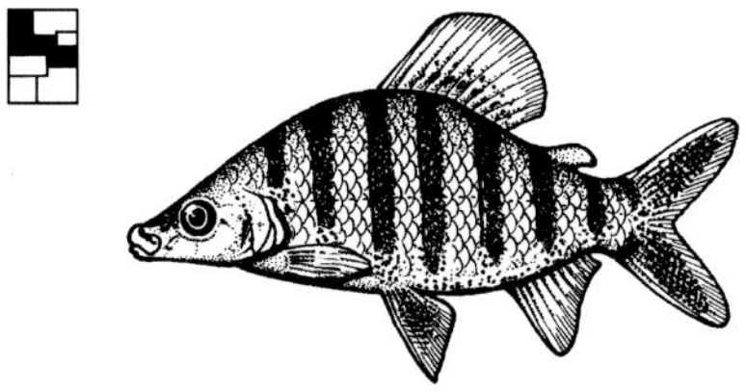

Distichodus lusosso

Citharinus citharus

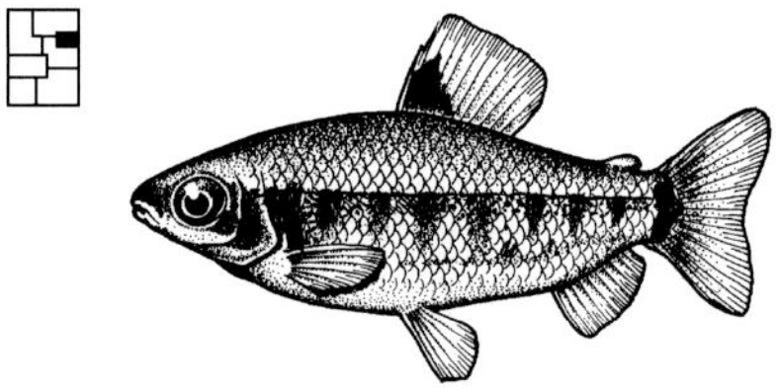

Distichodus decemmaculatus

Distichodus fasciolatus

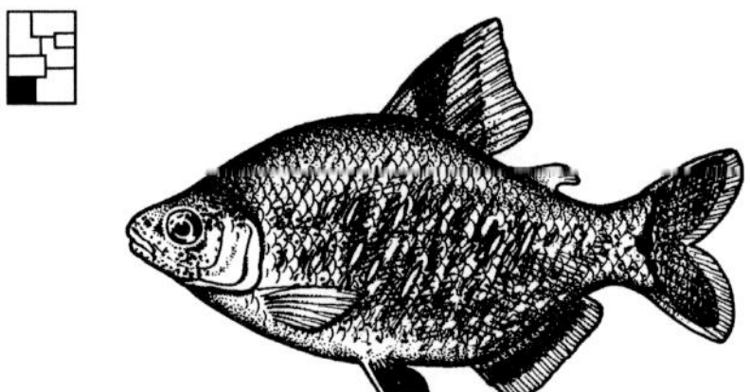

Distichodus affinis

Distichodus sexfasciatus

Distichodus lusosso (Spitzkopf-Geradsalmler). In der Jugend ein sehr schöner Fisch, verblaßt aber mit zunehmendem Alter und sieht schließlich vorwiegend grau- bis grünlichbraun aus. Er eignet sich nicht für das normale Zimmeraquarium, denn er wächst bei guter Fütterung sehr schnell. Weiche Aquarienpflanzen werden besonders gerne angenommen. *D. lusosso* eignet sich als Gesellschaft für große Cichliden in geräumigen Becken.
Länge: ca. 40 cm. *Wasser*: Temperatur 24–28 °C; pH-Wert um 7,0; mittelhart, 10–15 °dGH. *Nahrung*: überwiegend die in der Einleitung angegebene pflanzliche Nahrung. *Vorkommen*: Afrika; Zaïrebecken.

Citharinus citharus (Afrikanischer Hochrückensalmler, Hochrückengeradsalmler). Hin und wieder kommen Jungfische dieses in seiner Heimat als Speisefisch genutzten Salmlers als Beifang in den Handel. Kann in Freiheit bis 50 cm Länge erreichen. Jungfische sehen dunkel gestreift aus, diese Zeichnung verliert sich mit zunehmender Größe und macht einem einfarbigen Silberton Platz. Bei richtiger Ernährung wachsen die Tiere schnell heran (Schauaquarien!). Gute Filterung wichtig.
Länge: bis ca. 50 cm. *Wasser*: 22–28 °C; pH-Wert um 7,0; bis 18 °dGH. *Nahrung*: Allesfresser; Lebend- und pflanzliche Kost. *Vorkommen*: Senegal bis Nilbecken.

Distichodus decemmaculatus (Zehnfleckgeradsalmler, Zwergdistichodus). Friedfertiger, ruhiger Fisch. Als Gesellschaft nicht zu robuste Arten. Aquarien mit Verstecken, z. B. aus Moorkienwurzeln, ausstatten. Pflanzenfresser, daher harte Pflanzen wie Vallisnerien, *Spatiphyllum* (Speerblätter) und *Microsorium* (Javafarn) einsetzen. Frißt gern feinfiedrige und weiche Wasserpflanzen. Auch Algenrasen werden abgeweidet. Nicht schwer zu halten.
Länge: ca. 7,5 cm. *Wasser*: Temperatur 22–26 °C; pH-Wert um 7,0; 10–20 °dGH. *Nahrung*: pflanzliche Kost, auch Futtertabletten und Pflanzenflocken. *Vorkommen*: Afrika; Zentralzaïre.

Distichodus fasciolatus (Graubinden-Distichodus). Nur gelegentlich gelangt dieser Geradsalmler in jungen und kleinen Exemplaren als Beifang mit nach Europa. Diese friedfertige Art braucht vor allem große Aquarien, eingerichtet mit Steinaufbauten und Moorkienholz als Verstecke. Erwachsene Exemplare können gut zusammen mit größeren Cichliden in Schauaquarien gepflegt werden. Leichte Wasserströmung durch Filter.
Länge: bis ca. 60 cm. *Wasser*: Temperatur 22–26 °C; pH-Wert um 7,0; mittelhart bis hart (20 °dGH). *Nahrung*: viel pflanzliche Kost (gute Filterung). *Vorkommen*: Afrika; Zaïrebecken.

Distichodus affinis (Rotflossen–Distichodus). Der am häufigsten eingeführte und gepflegte afrikanische Geradsalmler, dessen Körperstellung mit leicht schräg nach unten geneigtem Kopf typisch für verschiedene *Distichodus*-Arten ist. Man kann den Fisch in Gesellschaftsaquarien pflegen. Braucht weichen Boden und Versteckplätze. Eher bodenorientierter Fisch. Großer Pflanzenfresser, harte Aquarienpflanzen verwenden (siehe *D. decemmaculatus*).
Länge: bis ca. 20 cm. *Wasser*: Temperatur 22–26 °C; pH-Wert um 7,0; mittelhart bis hart, 10–20 °dGH. *Nahrung*: Allesfresser; besonders pflanzliche Nahrung. *Vorkommen*: Afrika; im Flußsystem des Zaïre.

Distichodus sexfasciatus (Zebra-Geradsalmler). Schwarmfisch! Junge Exemplare sind auffällig und hübsch durch ihre kräftige Färbung und Zeichnung und reizen zum Kauf. Aber Vorsicht: Frißt mit Vorliebe Pflanzen, und Einzelgänger können sehr ruppig werden. Hält sich gern im freien Wasser auf, braucht aber Zufluchtsorte. Im Gesellschaftsbecken schließt er sich als Einzelgänger zeitweilig ähnlich gefärbten Fischen an. Gute Filterung und Durchlüftung sind wichtig.
Länge: bis ca. 30 cm. *Wasser*: Temperatur 24–28 °C; pH-Wert um 7,0; 8–30 °dGH. *Nahrung*: viel pflanzliche Kost. *Vorkommen*: Afrika; Zaïre und Tanganjikasee.

Karpfenähnliche

Cyprinidae

Karpfenfische, auch Karpfenähnliche Fische (Cyprinidae) sind in den meisten Gebieten der Erde am häufigsten vertreten. Nur in Südamerika, im mittleren und südlichen Mittelamerika, in Australien und auf Madagaskar fehlen sie. Insgesamt kennt man heute ungefähr 310 Gattungen mit rund 2290 Arten, aber diese Zahlen ändern sich häufig. In der Natur bewohnen die Karpfenfische fast ausschließlich Süßgewässer der unterschiedlichsten Typen: Von der Barbenregion in den Fließgewässern mit sehr sauerstoffreichem Wasser bis zu stehenden Gewässern und sogar Sümpfen, in denen der Sauerstoffgehalt außerordentlich gering ist.
Cyprinidae zählen zu der großen Gruppe der Ostariophysi, deren Vertreter einen sogenannten Weberschen Apparat besitzen, eine knochige Verbindung zwischen innerem Ohr und der zweikammerigen Schwimmblase, die der Lautübertragung dient.
Ihre nächsten Verwandten sind die Schmerlen (Cobitidae), die Flossensauger (Homalopteridae) und die Saugschmerlen (Gyrinocheilidae). Weniger nahe Verwandte sind zum Beispiel die Salmler (Characidae) in all ihren Formen, die Messerfische (z. B. Gymnotidae) und die ebenfalls große Ordnung der Welse mit ihren zahlreichen Familien. Sie alle besitzen den Weberschen Apparat.
Ein anderes charakteristisches Merkmal der Cyprinidae ist das vorstreckbare Maul. Außerdem kennen wir bei den Cyprinidae sogenannte Schreckstoffe, die bei der Verletzung eines Fisches (z. B. durch einen Raubfisch) aus der Haut freigesetzt werden, ins Wasser gelangen und die Artgenossen warnen, so daß sich die Einzeltiere in Sicherheit bringen können, wenn der Schwarm auseinanderschießt.
Zwar finden sich unter den Karpfenfischen recht unterschiedliche Körpergestalten, aber im allgemeinen sehen alle so aus, wie nach landläufiger Meinung ein Fisch auszusehen hat. Die Körpergröße kann zwischen 1,4 cm Gesamtlänge (bei der hübschen, aus Kalimantan stammenden *Boraras brigittae*) und bis 2,5 m (bei dem indischen Tor) variieren.
Zu den in unseren Aquarien am häufigsten gepflegten Vertretern der Cyprinidae zählen die Angehörigen der asiatischen Gattungen *Puntius, Danio, Brachydanio* und *Rasbora* und die der afrikanischen Gattung *Barbus*. Wegen ihrer oft außerordentlich hübschen Färbung und interessanten Zeichnung finden wir gerade unter den kleineren Arten die bevorzugten Aquarienbewohner. Viele von ihnen leben in der Natur in kleineren oder größeren Schwärmen oder Schulen und fühlen sich deshalb auch in unseren Aquarien am wohlsten, wenn man sie artgerecht in zumindest kleineren Gruppen pflegt.

Viele Arten, auch die kleineren, laichen in Gruppen, indem sie sich in der Nähe von Wasserpflanzenbeständen dicht aneinanderdrängen, wobei dann die Weibchen ihre Eier oft in kleinen Wolken abgeben. Gleichzeitig entlassen die Männchen ihre Spermien, so daß es zur Befruchtung kommt.
Es gibt aber auch Arten, wie etwa der Keilfleckbärbling *(Rasbora heteromorpha)*, die nur paarweise ablaichen. Dabei umschlingt das Männchen das Weibchen und dreht es unter einem Pflanzenblatt auf den Rücken, damit es die Eier an der Blattunterseite anheften kann. Nach dem Ablaichen kümmern sich die Cyprinidae nicht mehr um Eier und Brut. Doch es gibt auch Ausnahmen, z. B. das osteuropäische Moderlieschen *(Leucaspius delineatus)*. Hier klebt das Weibchen die Eier an einen Pflanzenstengel. Das Männchen bleibt nach der Befruchtung in der unmittelbaren Nähe und stößt zur Sauerstoffversorgung des Geleges mit seiner Schnauze hin und wieder gegen den Stengel, wedelt aber auch mit seinen Flossen im Vorbeischwimmen sauerstoffreicheres Wasser heran.
Eine im Fischreich einmalige Brutfürsorge hat sich innerhalb der Cyprinidae bei den Bitterlingen (z. B. *Rhodeus*-Arten) entwickelt. Zur Laichzeit bildet sich beim Weibchen eine mehrere Zentimeter lange Legeröhre an der Kloake aus. Diese wird bei der Eiablage in die Atemöffnung einer Malermuschel eingeführt. Durch diesen Reiz bedingt, schließt sich die Atemöffnung der Muschel, und ein am Ende der Legeröhre befindliches Ei wird beim Herausziehen der Röhre abgestreift. Das Männchen gibt seine Spermien danach ebenfalls über die Atemöffnung ab, sobald die Muschel sie wieder öffnet. Die Embryonen entwickeln sich dann im Kiemenraum der Muschel. Nach dem Schlüpfen werden die Jungfische mit dem Atemwasser der Muschel ausgestoßen.
Viele der im zoologischen Fachhandel erhältlichen Arten, wie z. B. *Barbus, Puntius, Rasbora, Brachydanio*, sind heute bereits seit Generationen in Aquarien gezüchtet worden und sind anspruchsloser als Wildfänge. Sie lassen sich leicht pflegen, wenn das Aquarium gut eingerichtet ist und die gepflegten Arten in Gruppen zusammenleben. Die meisten Arten lieben es, viel umherzuschwimmen. Zufluchtsmöglichkeiten müssen immer vorhanden sein, die die Fische bei Störung oder vermeintlicher Gefahr aufsuchen können. Das können eine gute und abwechslungsreiche Bepflanzung sein, aber auch Moorkienholzstücke oder Steinaufbauten als Raumteiler. Sauberes, sauerstoffreiches Wasser ist selbstverständlich.

Rasbora pauciperforata
(Beschreibung S. 60)

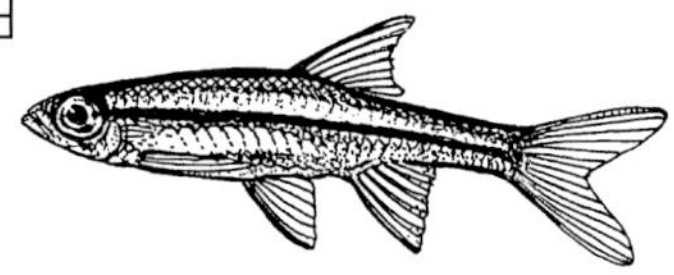

Puntius cf. phutunio
(Beschreibung S. 70)

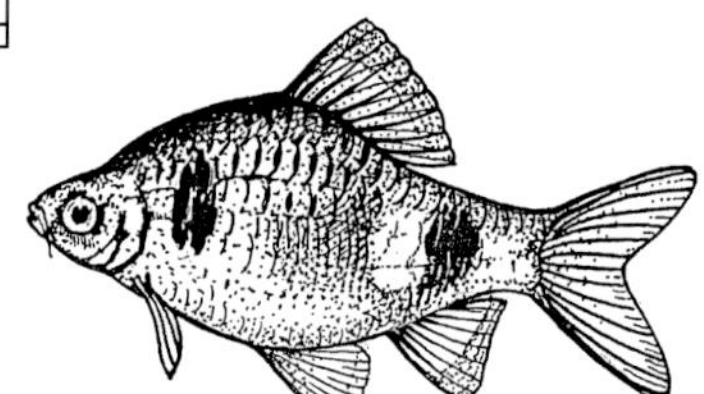

Ausschnitt aus einem tropischen Süßwasseraquarium mit Fischen und Pflanzen aus Südostasien

Puntius pentazona pentazona
(Beschreibung S. 70)

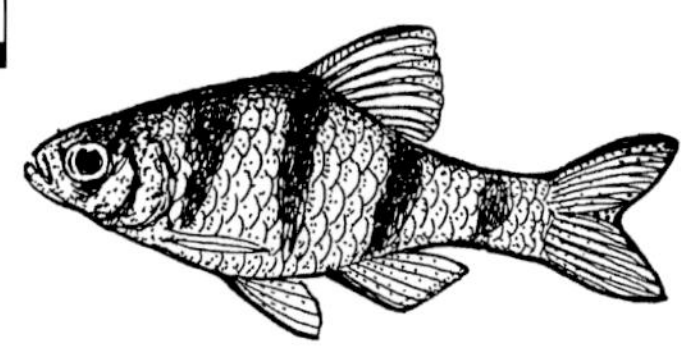

Bärblinge
Cyprinidae

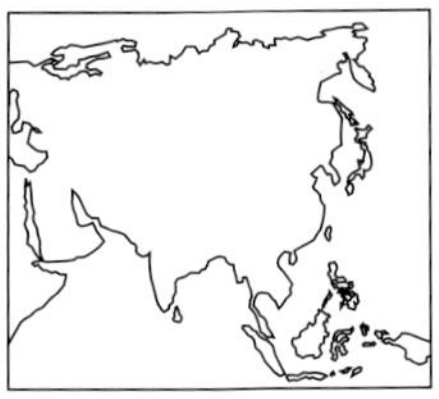

Danio devario (Devario-Bärbling, Blauer Bärbling). Nur im Schwarm, besonders in der Schulterpartie, von leuchtendem Blau (wird bei Einzelhaltung farblos und scheu). Körperbau, besonders beim Weibchen, in der Bauchregion runder, der Fisch wirkt dadurch hochrückiger als die nahe verwandten *Brachydanio*-Arten. Friedlich, langlebig und einfach zu pflegen. Aquarieneinrichtung mit viel Schwimmraum bei Rand- und Hintergrundbepflanzung. Bei allen *Danio*- und *Brachydanio*-Arten darf das Wasser über die gesamte Oberfläche stark strömen, so ist es immer sauerstoffreich. Vergesellschaftung mit Arten gleicher Ansprüche.
Länge: ca. 10 cm. *Wasser*: Temperatur 20–25 °C; pH-Wert um 6,5–7,0; 5–10 °dGH. *Nahrung*: Lebend- und Trockenfutter. *Vorkommen*: Nordwesten Indiens, Orissa, Bengalen, Assam.

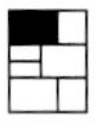

Danio devario

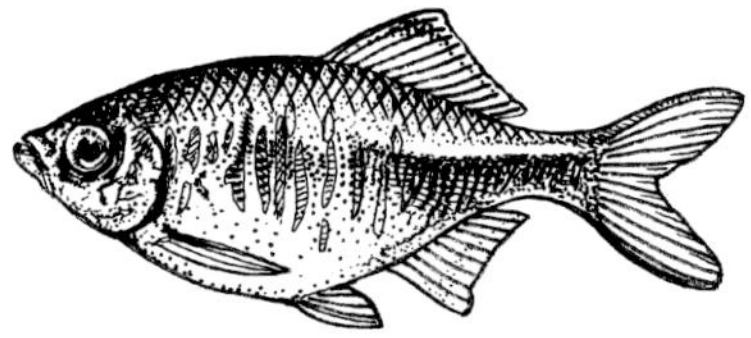

Brachydanio albolineatus (Schillerbärbling). Eine hübsche, schlanke Barbe mit etwas nach oben gerichtetem Maul. Die Farben des Schillerbärblings kommen bei seitlich einfallender Morgensonne am faszinierendsten zur Geltung. Die Körperfarbe reicht, je nach Lichteinfall, von himmelblau bis violett. Männchen schlanker und intensiver gefärbt. Ein Fisch für den Anfänger, der sein erstes Aquarium einrichtet. langgestrecktes Becken, mäßige Rand- und Hintergrundbepflanzung; Bodengrund grober Kies; viel freien Schwimmraum; gut abdecken. Zucht einfach. Zum Ablaichen Pflanzenbündel feinfiedriger Wasserpflanzen einbringen. Elterntiere sind Laichräuber! *Länge:* ca. 5 cm. *Wasser*: 22–28 °C; pH-Wert 6,5–7,0; 5–15 °dGH. *Nahrung*: Allesfresser. *Vorkommen*: Sumatra, Myanmar, Thailand, Malaysia.

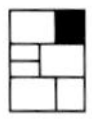

Brachydanio albolineatus

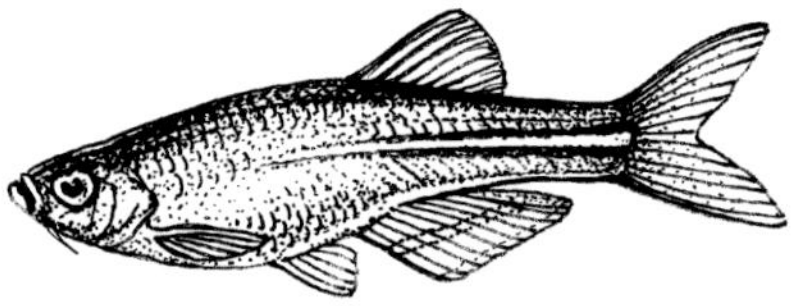

Brachydanio nigrofasciatus (Tüpfelbärbling). Gehört zu den kleinen dieses Formenkreises. Weibchen mit deutlich größerer Leibesfülle als das schlankere Männchen. Weniger lebhaft und schwimmfreudig als die anderen auf dieser Seite vorgestellten nahen Verwandten, aber unter ähnlichen Bedingungen zu pflegen. Größere Wärmebedürftigkeit beachten, nicht unter 24 °C. Alttiere nach im Pflanzendickicht erfolgter Eiabgabe aus dem Zuchtbecken herausfangen, Laichräuber! Zuchttiere sind gattentreu. Schöner, friedlicher Schwarmfisch, leider nur noch selten in den Zoofachhandlungen zu sehen.
Länge: ca. 4,5 cm. *Wasser*: Temperatur 24–28 °C; pH-Wert 6,0–7,0; weich bis mittelhart, 5–15 °dGH. *Nahrung*: Lebendfutter aller Art, Trockenfutter. *Vorkommen*: Myanmar.

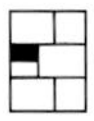

Brachydanio nigrofasciatus

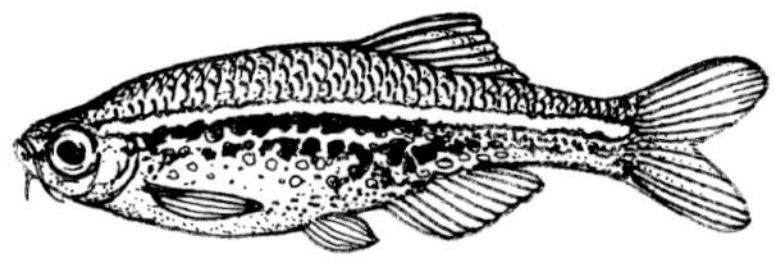

Brachydanio „kerri" (Inselkärpfling). In letzter Zeit ist es zweifelhaft geworden, ob dieser auf Inseln vor Südwestthailand von Dr. Kerr entdeckte und von H.M. Smith 1931 wissenschaftlich beschriebene Fisch eine eigene Art ist. Sein Verbreitungsgebiet ist jedoch größer; er kommt auch auf Inseln und Festland (Nordwestmalaysia) vor. Hier lebt er in hellen, meist sonnigen Gewässern, auch in der Nähe von Wasserfällen. Deshalb im Aquarium regelmäßig etwa 20% des Beckenwassers gegen unbelastetes Frischwasser austauschen. Seine Pflege entspricht der anderer *Brachydanio*-Arten. Männchen zeigen Laichausschlag.
Länge: ca. 4,5 cm. *Wasser*: Temperatur 22–24 °C; pH-Wert 6,5–7,2; 6–15 °dGH. *Nahrung*: Lebend-, Flocken-, Tablettenfutter. *Vorkommen*: Südwestthailand, Nordwestmalaysia.

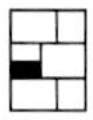

Brachydanio „kerri"

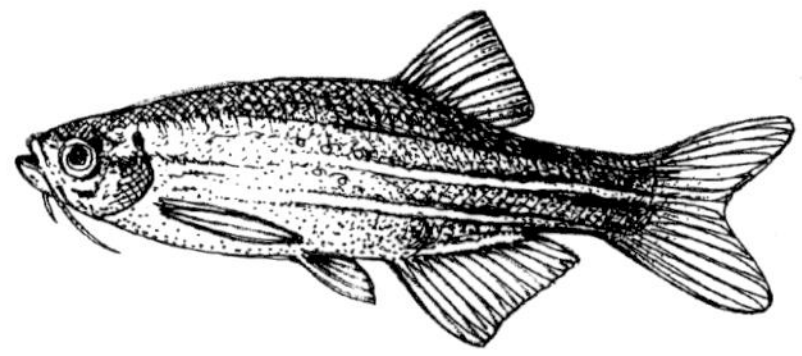

Danio aequipinnatus (Malabarbärbling). Drei bis vier blaue, durch wellenartige goldene Linien getrennte Längsstreifen. Weibchen dicker, matter gefärbt; der mittlere blaue Streifen biegt an der Schwanzflosse nach oben. Ein lebhafter, mitunter etwas schreckhafter Schwarmfisch. Nur zu mehreren halten. Aquarium mit nicht zu weicher Randbepflanzung, sandigem Boden und viel Raum zum Ausschwimmen. Ein langlebiger, friedlicher, relativ leicht zu pflegender Fisch fürs Gesellschaftsbecken, vorausgesetzt die anderen Mitbewohner passen in Größe und Ansprüchen dazu. Zucht einfach.
Länge: bis 10 cm. *Wasser*: Temperatur 22–25 °C; pH-Wert um 6,5–7,0; weich bis mittelhart, 6–15 °dGH. *Nahrung*: Allesfresser; Lebendfutter aller Art, Trockenfutter, Frostfutter. *Vorkommen*: Westküste Vorderindiens, Sri Lanka.

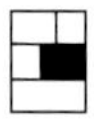

Danio aequipinnatus

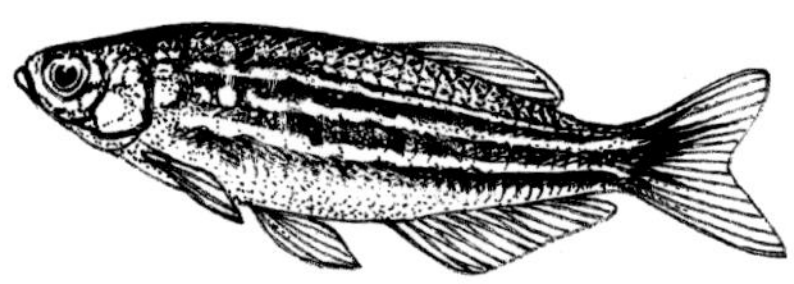

Brachydanio rerio (Zebrabärbling). Ein „alter" Aquarienfisch. Wurde bereits 1905 zum ersten Mal importiert. Körperseiten golden glänzend mit vier blauen Längsbinden, Afterflossen ähnlich gestreift. Laichreife Weibchen wesentlich dicker, Grundfarbe silbrig. Prächtiger, temperamentvoller, robuster, dabei friedlicher Schwarmfisch. Liebt Licht und Sonne. Stellenweise dichte Wasserpflanzengruppen bei genügend Schwimmraum. Zucht einfach, Art recht produktiv. Freilaicher; setzen ihre Eier mit Vorliebe in feinblättrigen Pflanzen ab. Elterntiere Laichräuber. Munterer Anfängerfisch.
Länge: ca. 4,5 cm. *Wasser*: Temperatur 17–25 °C; pH-Wert um 6,5–7,0; 6–15 °dGH. *Nahrung*: Lebendfutter, gefriergetrocknete und tiefgefrorene Nahrung, Flockenfutter. *Vorkommen*: Pakistan, Indien, Nepal, Bangladesh.

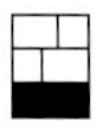

Brachydanio rerio

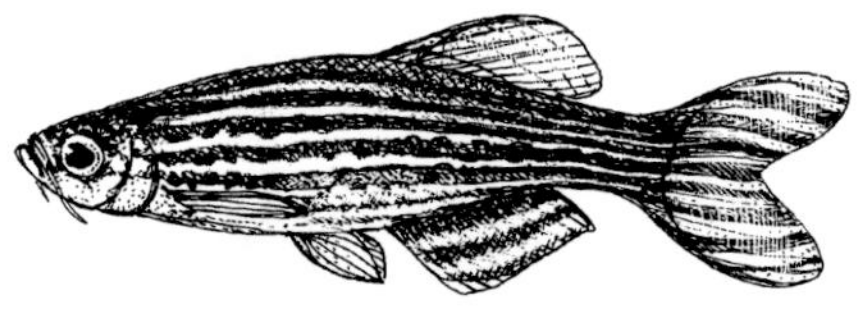

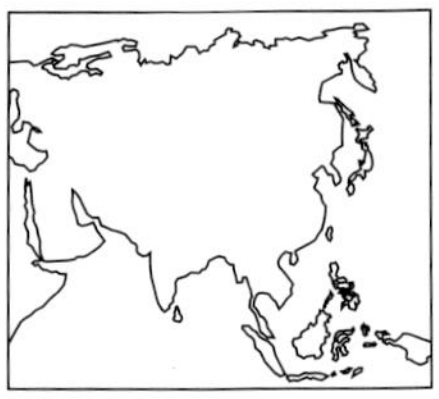

Bärblinge
Cyprinidae

Rasbora rasbora (Gangesbärbling). Kräftiger Schwarmfisch, friedlich gegenüber seinen Mitbewohnern. Eignet sich gut für das Gesellschaftsbecken. Die Färbung ist eher schlicht, dafür bestechen die Fische durch ihre schnelle, elegante Schwimmweise. Weiträumiges, langgestrecktes, nicht zu kleines Becken, denn der Bedarf an Schwimmraum ist erheblich. Deshalb nicht zu dichte Randbepflanzung mit genug Platz zum Ausschwimmen. Abgeschattete Rückzugspartien sollten durch Einbringen von einigen Schwimmpflanzen angeboten werden. Feinsandiger, dunkler Bodengrund. *Länge*: ca. 13 cm. *Wasser*: Temperatur 24–28 °C; pH-Wert 5,8–7,5; weich bis mittelhart, 4–14 °dGH. *Nahrung*: alle Futtersorten; mit Vorliebe Lebendfutter. *Vorkommen*: Indien, Myanmar, Thailand.

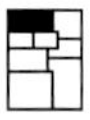

Rasbora rasbora

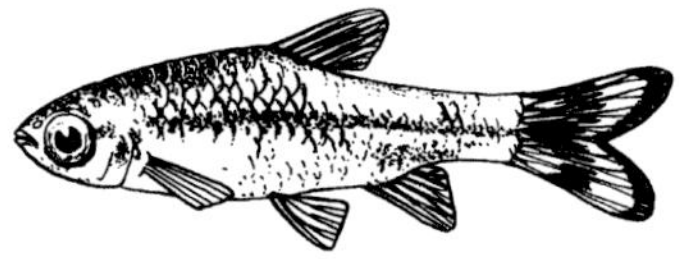

Esomus thermoicos. Friedfertiger, bescheiden gefärbter Bärbling. Auffallend lange Barteln und große ausgezogene Brustflossen verleihen seinem Aussehen einen besonderen Charakter. Lebhafter, wenig anspruchsvoller Schwarmfisch, der jedoch mehr einen lockeren Verband bildet. Bei richtigen Temperatur- und Wasserverhältnissen schwimmfreudig. Gut zu vergesellschaften, doch nicht mit zu starken Fischen wie großen Barben oder Saugwelsen. Braucht langgestreckte Becken mit sandigem Bodengrund; Einrichtung etwas aufgliedern, z. B. mit Pflanzengruppen unterteilen. Zuchterfolge nicht bekannt. *Länge*: ca. 12 cm. *Wasser*: Temperatur 24–30 °C; pH-Wert 6,0–7,0; weich bis mittelhart, 2–12 °dGH. *Nahrung*: diverses Lebend-, Frost- und Trockenfutter. *Vorkommen*: Sri Lanka.

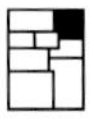

Esomus thermoicos

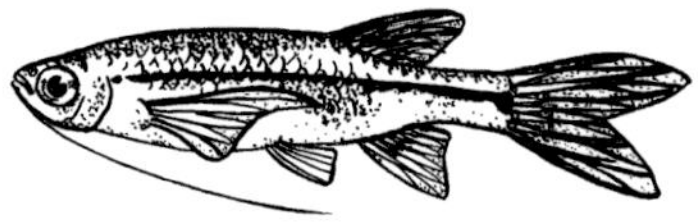

Boraras brigittae (Moskitorasbora). Kleinster bisher bekannter Karpfenfisch. Fällt mit seiner lebhaften roten Färbung auch in Gesellschaftsaquarien auf. Darf allerdings nur mit anderen kleinen und für ihn harmlosen Arten vergesellschaftet werden. Aquarien ab 30 cm Länge. Gute Bepflanzung genügt ihm als Versteck. Laicht auch in Gesellschaft, häufig in Javamoospolstern. Zucht und Aufzucht in weicherem Wasser nicht schwer. Bei richtiger Pflege anspruchsloser Schwarmfisch. Regelmäßiger Austausch von 20% des Beckenwassers gegen chlorfreies Frischwasser steigert das Wohlbefinden. *Länge*: 1,4–1,6 cm. *Wasser*: Temperatur 22–26 °C; pH-Wert 6,0–7,0; weich bis mittelhart, 1–10 °dGH. *Nahrung*: nur kleines Lebendfutter, Flocken. *Vorkommen*: Südkalimantan.

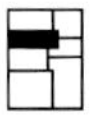

Boraras brigittae

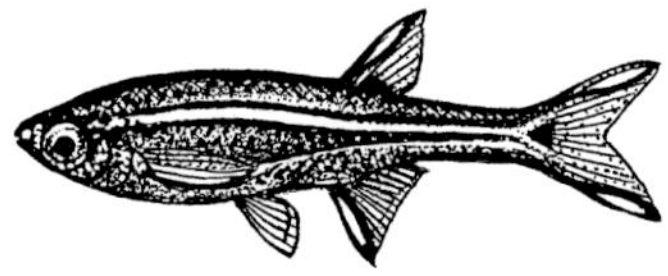

Parluciosoma cephalotaenia (Zweibindenbärbling). Eine der größeren Bärblingsarten, die gut zu *Rasbora rasbora, Rasbora caudimaculata* und allen anderen Bärblingen zwischen 8 und 12 cm Körperlänge paßt. Benötigt ausreichend Schwimmraum bei gleichzeitig abgedunkelten Partien. Mit Torf oder Laub abgedeckter Bodengrund steigert das Wohlbefinden der Tiere erheblich. Der natürlichen Lebensweise entsprechend zu mehreren pflegen. Die Haltung dieser friedfertigen Bärblingsart ist nicht schwierig. Leider werden diese Fische eher selten angeboten und gelten daher bei den Aquarianern als Rarität. *Länge*: ca. 12 cm. *Wasser*: Temperatur 24–28 °C; pH-Wert 5,8–7,0; 3–12 °dGH. *Nahrung*: Allesfresser; mit Vorliebe kleines Lebendfutter. *Vorkommen*: Indonesien; Große Sundainseln.

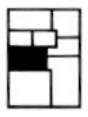

Parluciosoma cephalotaenia

Brachydanio „frankei" (Leoparddanio). Bis heute ist nicht sicher, ob es sich um eine echte Art handelt. Lebhafter, friedfertiger und anspruchsloser Schwarmfisch, der sich ständig im gesamten Aquarium bewegt. Becken ab 60 cm Länge mit guter Randbepflanzung und Schwimmpflanzen. Moorkienholz zur Dekoration. Zucht einfach. Geeignet sind Aquarien mit grobkiesigem Bodengrund und einem Büschel feinfiedriger Wasserpflanzen *(Myriophyllum sp.)*. Zwei bis drei Männchen zu einem Weibchen als Zuchtansatz. Aufzucht der Jungen mit Staubfutter nicht schwer. *Länge*: ca. 5 cm. *Wasser*: Temperatur 22–26 °C; pH-Wert um 7,0; weich bis mittelhart, 2–15 °dGH. *Nahrung*: Allesfresser; Flocken-, Tabletten-, Frostfutter. *Vorkommen*: möglicherweise Indien.

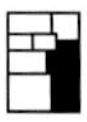

Brachydanio „frankei" (unten: Schleierform)

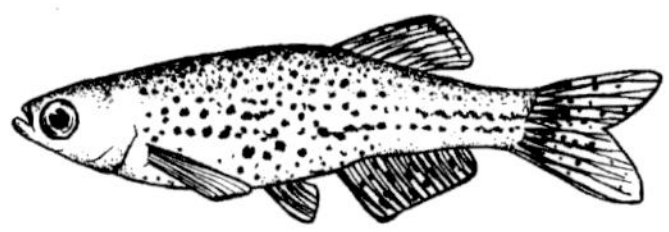

Parluciosoma daniconius. Schwarmfisch. Eine der vielen friedfertigen Bärblingsarten. Hervorragend für die Gesellschaft mit anderen Bärblingen und Barben geeignet, die ebenfalls etwas robust, kräftig und dazu schnelle Schwimmer sind. Auch gut zu vergesellschaften mit kleinen Schmerlenarten oder mit den schaumnestbauenden Labyrinthfischen *Trichogaster leeri* (Mosaikfadenfisch). Ausreichend Schwimmraum und stellenweise dichte Stengelpflanzenbestände sind notwendig. Der Bodengrund kann mit Laub oder einer Torfmullschicht abgedeckt werden. Leider noch nicht häufig im Zoohandel zu finden. *Länge*: ca. 10 cm. *Wasser*: 24–28 °C; pH-Wert 5,8–7,0; weich bis mittelhart, 2–12 °dGH. *Nahrung*: Allesfresser; auch Flockenfutter. *Vorkommen*: Thailand und Mekongbecken.

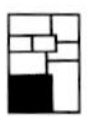

Parluciosoma daniconius

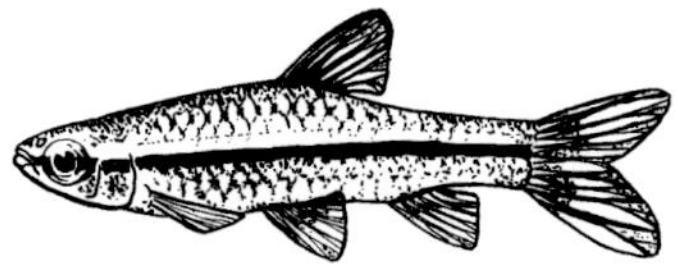

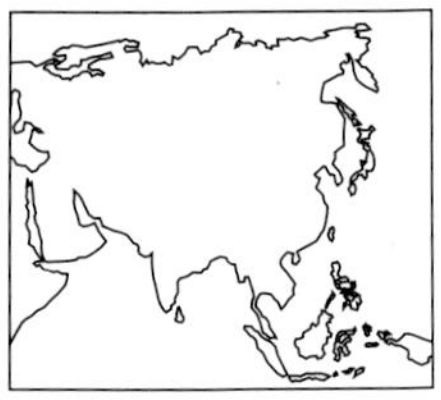

Bärblinge
Cyprinidae

Rasbora dorsiocellata (Augenfleckbärbling). Schwimmfreudiger, ausdauernder, anspruchsloser Bärbling. Friedlicher Schwarmfisch. Gut für Gesellschaftshaltung geeignet. Besonderes Merkmal: Rückenflosse mit tiefschwarzem großen Augenfleck, der oben und unten weiß begrenzt ist. Männchen wesentlich schlanker, Schwanzflosse rötlich; Weibchen kräftiger mit zartgelben Schwanzflossen. Becken mit Versteckmöglichkeiten zwischen Pflanzen, im vorderen Teil besonders viel Platz zum Ausschwimmen. Abgelaicht wird in dichten Polstern feinfiedriger Pflanzen. Die Paare bohren sich beim Ablaichen förmlich hinein. *Länge*: ca. 5 cm. *Wasser*: 23–28 °C; pH-Wert 6,0–7,0; weich bis mittelhart, 4–10 °dGH. *Nahrung*: Allesfresser, abwechslungsreich füttern. *Vorkommen*: Malaysia, Sumatra, Borneo.

Rasbora dorsiocellata

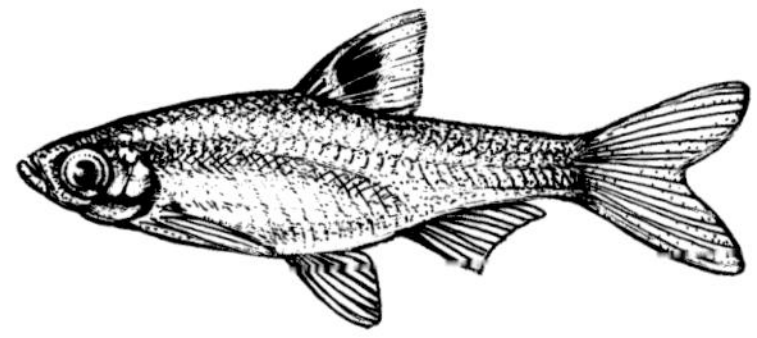

Rasbora pauciperforata (Rotstreifenbärbling). Lebhafter, friedlicher, besonders anfangs etwas scheuer, typischer Schwarmfisch (immer zu mehreren halten). Eine der prächtigsten Schlankbärblings-Arten. Besonders charakteristisch die von der Maulspitze bis in die Schwanzflossenwurzel reichende leuchtend purpurrote Längsbinde. Bauchlinie beim Weibchen stärker gekrümmt, weniger schlank als das Männchen. Gesellschaftsbecken mit zum Teil dichter, feinblättriger Bepflanzung. Dunkler Bodengrund mit schönen Kienholzwurzeln als Dekoration. Lebt vorwiegend in oberen und mittleren Wasserzonen. Zucht schwierig. *Länge*: ca. 5 cm. *Wasser*: 24–28 °C; pH-Wert leicht sauer, 6,0–6,8; Torfzusatz; 4–10 °dGH. *Nahrung*: Allesfresser. *Vorkommen*: Thailand, Malaysia, Kambodscha, Sumatra, Borneo.

Rasbora pauciperforata

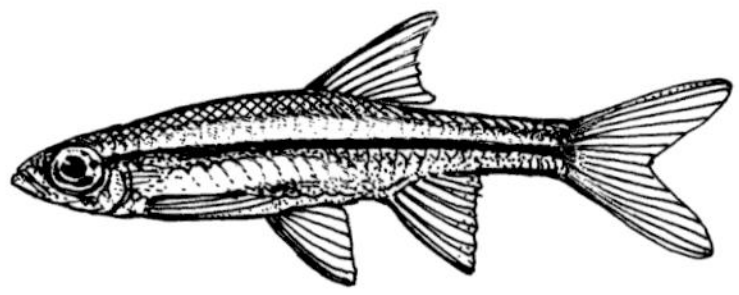

Rasbora kalochroma (Schönflossenbärbling). Friedlich und lebhaft. Insgesamt rostrote Färbung. Zwei verschieden große tiefschwarze Flecken an den Körperseiten. Bauch- und Afterflosse in ihrer unteren Zone schwarz. Weibchen voller. Langgestrecktes Gesellschaftsbekken mit dunklem Bodengrund, dichter Rand- und Hintergrundbepflanzung, viel Platz zum Ausschwimmen. Partielle Lichtdämpfung durch Schwimmpflanzen. Nicht für Anfänger, hier sind Vorkenntnisse notwendig. *Länge*: ca. 10 cm. *Wasser*: 24–28 °C; leicht sauer, pH-Wert 5,0–6,0; 2–5 °dGH. *Nahrung*: abwechslungsreich füttern, hauptsächlich mit Lebendfutter aller Art (Tubifex, Mückenlarven, Enchyträen, Kleinkrebse, Wasserflöhe usw.), gefriergetrocknete und tiefgefrorene Nahrung. *Vorkommen*: Malaysia, Sumatra, Borneo.

Rasbora kalochroma

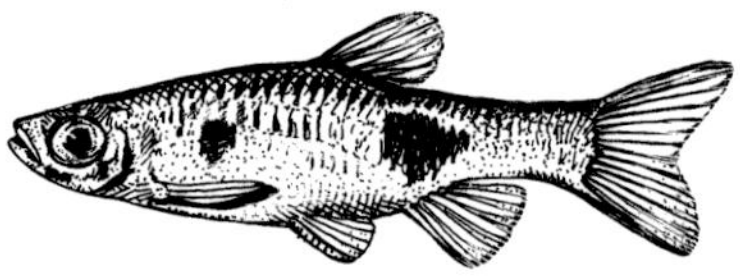

Rasbora einthovenii (Längsbandbärbling). Schwimmfreudig, ausdauernd. Friedlicher Schwarmfisch. Eine schwarze Längsbinde zieht von der Schnauzenspitze bis in die transparente Schwanzflosse. Männchen etwas kleiner, schlanker, Weibchen voller. Bevorzugen die mittleren und oberen Wasserschichten. Lockere Rand- und Hintergrundbepflanzung, viel Schwimmraum (schwimmfreudig!). Versteckmöglichkeiten als Zuflucht. Laicht im dichten Pflanzenwuchs. Für Gesellschaftsbecken geeignet. Bei der Fischvergesellschaftung Größe, Pflegeansprüche und Unterschiede im Temperament berücksichtigen. *Länge*: ca. 8,5 cm. *Wasser*: Temperatur 22–26 °C; pH-Wert 6,0–6,5 (leicht sauer), 4–10 °dGH. *Nahrung*: jegliches Lebendfutter, Flockenfutter. *Vorkommen*: Malaysia, Sumatra, Borneo.

Rasbora einthovenii

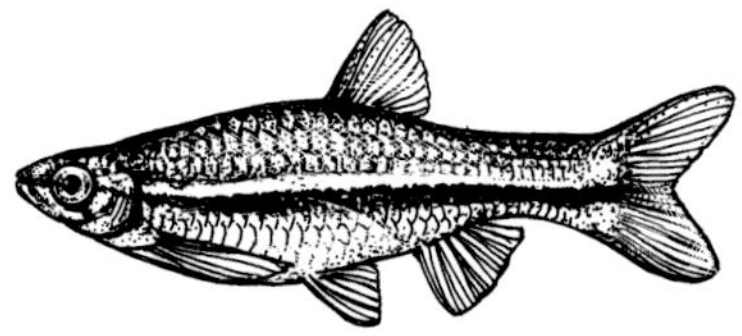

Rasbora elegans (Schmuckbärbling). Lebhaft, ausdauernd. Friedlicher Schwarmfisch. Auf perlmuttfarben schimmernden Körperseiten je ein blauschwarzer Punkt in der Körpermitte und am Ende des Schwanzstieles. Dunkler Streifen längs der Afterflossenbasis. Männchen etwas kleiner und schlanker, brillanter gefärbt. Im Schwarm halten. Langgestreckte Becken, teilweise gut bepflanzt. Genügend freien Raum zum Ausüben der Schwimmkünste lassen. Versteckplätze aus Wasserpflanzen oder Moorhölzern wichtig. Für Gesellschaftsbecken mit gleichartigen oder ähnlich gearteten Tieren gut geeignet. Zucht möglich. *Länge*: 8–15 cm. *Wasser*: 23–26 °C; pH-Wert 6,0–7,0; 4–10 °dGH. *Nahrung*: Allesfresser; Lebend- und Trockenfutter, etwas Pflanzenkost. *Vorkommen*: Malaysia, Borneo, Sumatra.

Rasbora elegans

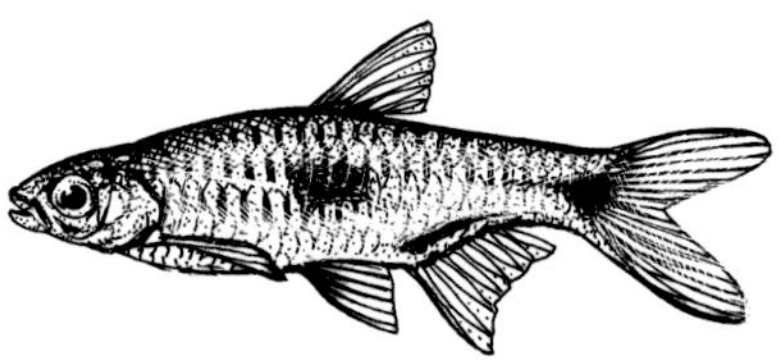

Rasbora trilineata (Glasrasbora, Glasbärbling). Lebhafter, eleganter Schwimmer. Friedlicher Schwarmfisch. Nicht ganz so unruhig wie viele andere Bärblinge. Gestreckter Körper, Seiten silbern glänzend. Je nach Lichteinfall in verschiedenen Farben irisierend. Schwanzflosse tief eingeschnitten, schwarzer Signalfleck im hinteren Drittel der Schwanzflossenlappen. Langgestrecktes Becken, dicht bepflanzte Rand- und Hintergrundzone mit viel Platz zum Ausschwimmen; feinsandiger, dunkler Bodengrund. Lebt vorwiegend in den oberen und mittleren Wasserregionen. Freilaicher. Die Eier werden zwischen Wasserpflanzen verstreut. *Länge*: ca. 7 cm. *Wasser*: Temperatur 22–26 °C; pH-Wert 6,0–7,0; weich bis mittelhart, 4–10 °dGH. *Nahrung*: Allesfresser. *Vorkommen*: Thailand, Malaysia, Borneo, Sumatra.

Rasbora trilineata (links: Jungtiere)

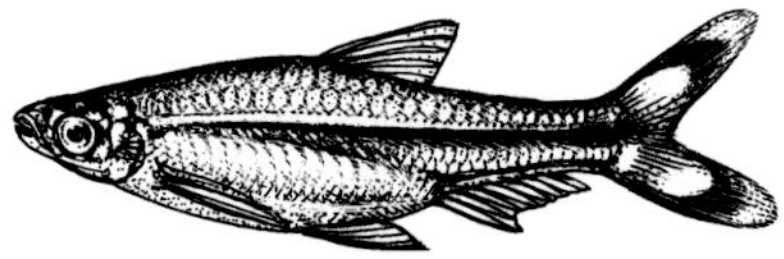

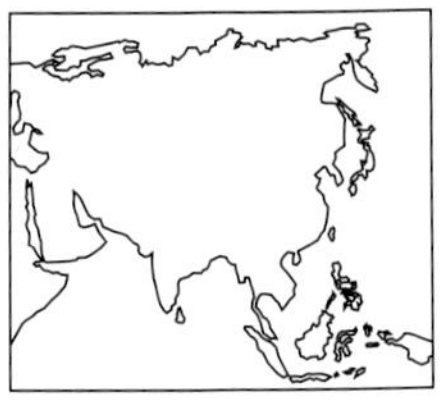

Bärblinge

Cyprinidae

Boraras maculatus (Zwergbärbling). Männchen mit gerader Bauchlinie, Körpergrundfarbe intensiver rostrot. Weibchen in der Bauchlinie etwas stärker ausgebuchtet. Sehr friedlich und schwimmfreudig. Im Schwarm halten, z. B. mit Keilfleck- und Hengels Bärbling. Sie haben ähnliche Ansprüche an die Beckenausstattung – möglichst dunklen Bodengrund (Torfbelag) mit Versteckmöglichkeiten zwischen Wurzeln und Blättern bei genügend Schwimmraum. Lichtdämpfung durch Schwimmpflanzen. Kein Anfängerfisch. Freilaicher; Zucht und Aufzucht nicht ganz einfach.
Länge: 1,2–2,2 cm! *Wasser:* Temperatur 23–28 °C; pH-Wert unter 6,5 (Torffilterung); weich, 2–10 °dGH. *Nahrung:* gefriergetrocknetes u. Frostfutter, kleines Lebendfutter, Flockenfutter. *Vorkommen:* Sumatra, Malaysia.

Boraras maculatus

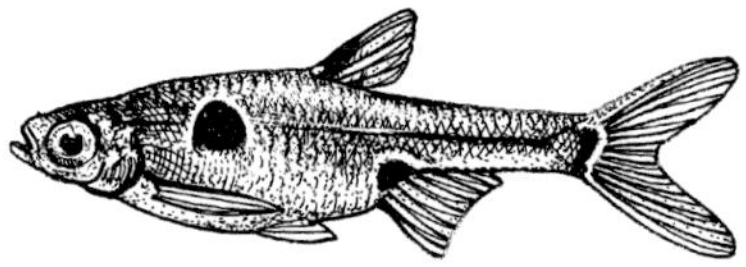

Boraras urophthalmoides (Schwanzfleckbärbling). Auffallend die sich nach hinten zuspitzende blau-schwarze Längsbinde. Neben freien Schwimmraum üppige Randbepflanzung aus feinfiedrigen Arten. Keine zu helle Beleuchtung; durch feine Schwimmpflanzen wie z. B. *Riccia* vor zu starkem Lichteinfall schützen. Dunkler Boden (Sand, Mulm, Torf). Kein Anfängerfisch, bei erfahrenen, fortgeschrittenen Aquarianern besser aufgehoben. Friedlicher, sehr kleiner Schwarmfisch. Laicht im Pflanzendickicht. Eltern arge Laichräuber.
Länge: ca. 3 cm. *Wasser:* Temperatur 23–26 °C; pH-Wert 5,0–6,5; weich, 2–8 °dGH. *Nahrung:* kleines Lebendfutter aller Art, gefriergetrocknetes und Frostfutter, verschiedenes Flockenfutter, pflanzliche Kost (Algen). *Vorkommen:* Sumatra, Malaysia, Thailand, Kambodscha.

Boraras urophthalmoides

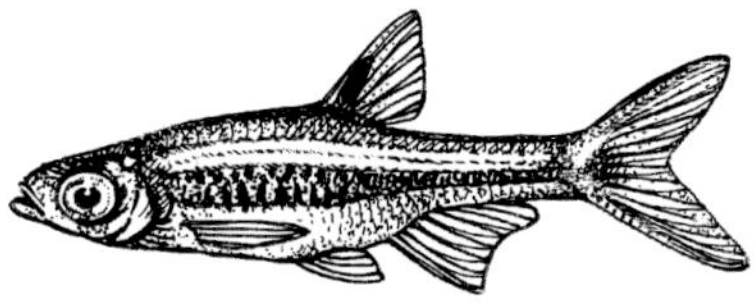

Rasbora heteromorpha (Keilfleckbärbling). Seit seiner Einführung vor rund 80 Jahren gleichermaßen beliebt und begehrt. Lebhafter, friedlicher, kleiner, dämmerungsliebender Schwarmfisch. Aquarieneinrichtung wie Hengels Bärbling. Besonderheit unter den Rasboraarten: Weibchen heftet sein Gelege (wie Hengels Bärbling) in Rückenlage an die Unterseite der Blätter; Männchen schlingt – auf der Seite liegend – den Schwanzstiel um den Rücken des Weibchens. In dieser Körperstellung werden Eier und Samenzellen ausgestoßen. Die Eier sind an der Blattunterseite vor anderen Mitbewohnern einigermaßen geschützt.
Länge: ca. 4 cm. *Wasser:* Temperatur 23–28 °C; pH-Wert um 6,5; weich bis mittelhart, 2–12 °dGH. *Nahrung:* Lebend- und Flockenfutter. *Vorkommen:* Malaysia, Sumatra, Thailand.

Rasbora heteromorpha

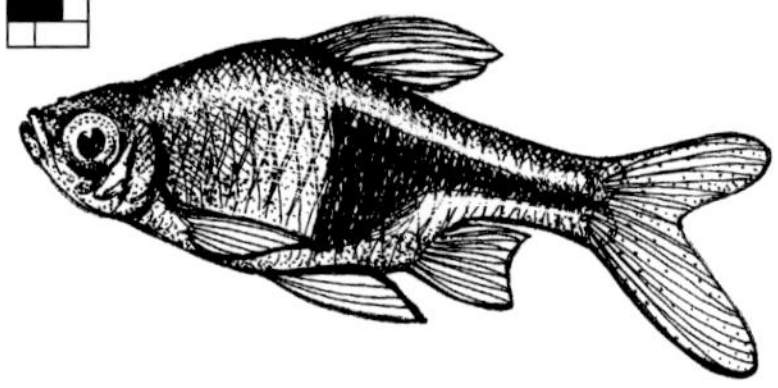

Rasbora vaterifloris pallida (Perlmuttbärbling). Gehört nicht zu den Schlankbärblingen; Körperform eher hochrückig. Ein perlmuttfarbener Schimmer überlagert die Grundfärbung. Männchen-Beflossung leicht rosé. Weibchen dicker, Flossen und Körperfarbe insgesamt blasser. Friedlicher, schwimmfreudiger, lebhafter Schwarmfisch. Bevölkert vorwiegend die mittleren Wasserschichten. Erst im Schwarm zeigt sich die ganze Schönheit des Einzelfisches. Dichte Bepflanzung mit feinfiedrigen Arten, dunkler Bodengrund, einige Wurzeln zur Dekoration. Gelegentlicher Frischwasserzusatz hebt das Wohlbefinden.
Länge: ca. 4 cm. *Wasser:* Temperatur 25–29 °C; wärmebedürftige Art; pH-Wert um 6,5; weich, 4–10 °dGH. *Nahrung:* Lebendfutter, Flockenfutter, pflanzliche Beikost. *Vorkommen:* Sri Lanka.

Rasbora vaterifloris pallida

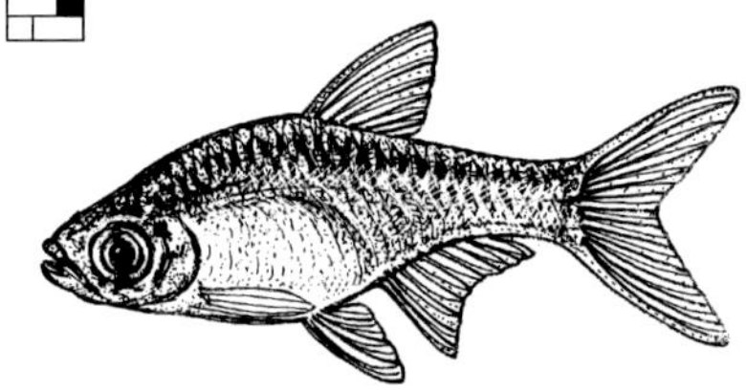

Rasbora hengeli (Hengels Bärbling). Die meisten Rasboraarten sind schlank, nur wenige, wie auch der Hengels Bärbling, haben einen kurzen, hochrückigen Körper. Ähnelt der altbekannten Keilfleckbarbe, jedoch kleiner bleibend, Keil schmäler und nicht ganz so brillant gefärbt. Friedlicher Schwarmfisch fürs Gesellschaftsbecken mit abgeschatteten Plätzen (Lichtdämpfung durch Schwimmpflanzen, wie in ihrem natürlichen Lebensraum). Teilweise dichter Pflanzenwuchs als Zuflucht; breitblättrige Pflanzen (Weibchen heften ihre Eier an deren Unterseite) und sehr weiches, leicht saures Wasser. Torffilterung.
Länge: bis ca. 3 cm. *Wasser:* Temperatur 23–28 °C; pH-Wert leicht sauer, unter 6,5; weich, 2–10 °dGH, *Nahrung:* Lebend- und Flokkenfutter. *Vorkommen:* Sumatra.

Rasbora hengeli

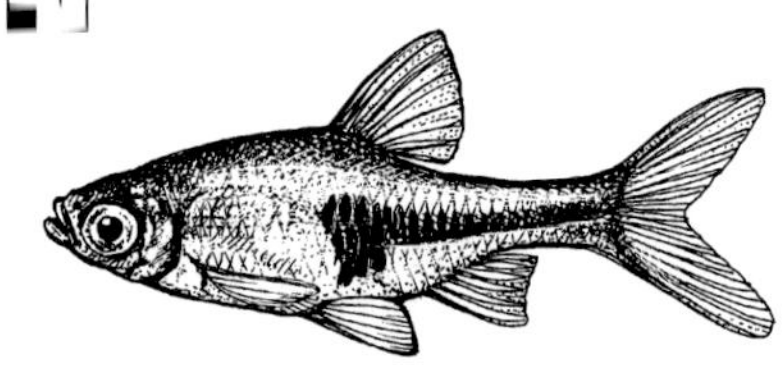

Rasbora caudimaculata (Schwanzbindenrasbora). Friedliche, sehr lebhafte, gut zu haltende Art. Männchen schlanker, insgesamt farbenprächtiger. Weibchen mit mehr Leibesfülle, weniger farbintensiv. Transparente Flossen, jedoch in Schwanzflossenlappenmitte orangefarbene bis rötliche Zone, zum Ende hin tiefschwarz. Schuppen dunkel gerandet. Zu mehreren halten. Attraktiver Schwarmfisch, gut geeignet für größere, schön bepflanzte Gesellschaftsbecken mit viel Schwimmraum in Längsrichtung des Aquariums. Wendige Schwimmer und Springer; Aquarium stets gut abdecken. Regelmäßiger Wasserwechsel (wöchentlich 1/3).
Länge: bis ca. 10 cm. *Wasser:* 22–26 °C; pH-Wert um 6,0–6,5; weich, bis 10 °dGH. *Nahrung:* Lebend-, Frost- u. Flockenfutter, pflanzliche Beikost. *Vorkommen:* Malaysia, Sumatra, Borneo.

Rasbora caudimaculata

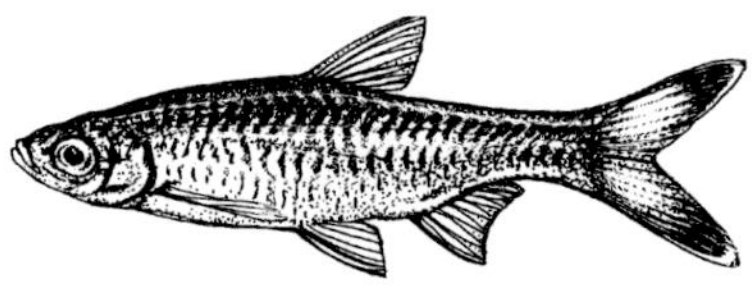

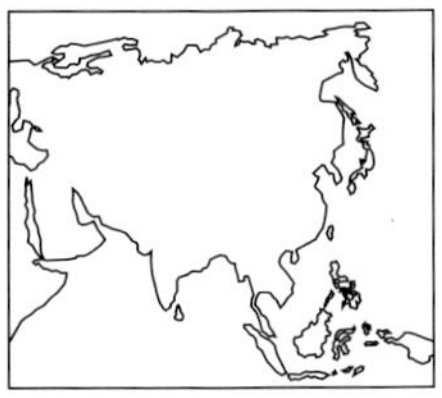

Bärblinge
Cyprinidae

Tanichthys albonubes (Kardinalfisch). Schwimmfreudiger, friedlicher, sehr beliebter chinesischer Bärbling. Wichtig für sein Wohlbefinden ist Schwarmhaltung (mindestens 10 Exemplare), viel Licht und Bewegungsraum. Möglichst langgestrecktes Becken, nur an Seiten und im Hintergrund bepflanzt. Boden dunkel, feinsandig. Darf nicht zu warm gehalten werden (keinesfalls über 24 °C!). Gut fürs Gesellschaftsbecken mit anderen, munteren Fischarten, die nicht allzu wärmebedürftig sind. Für Anfänger sehr gut geeignet. Stellt wenig Ansprüche an Wasser und Ernährung. In warmen Räumen auch im ungeheizten Zimmeraquarium zu pflegen. Zucht und Aufzucht leicht. *Länge:* ca. 4 cm. *Wasser:* 15–22 °C; pH-Wert um 6,0–7,8; 5–25 °dGH. *Nahrung:* Allesfresser. *Vorkommen:* Südchina, Hongkong.

Tanichthys albonubes

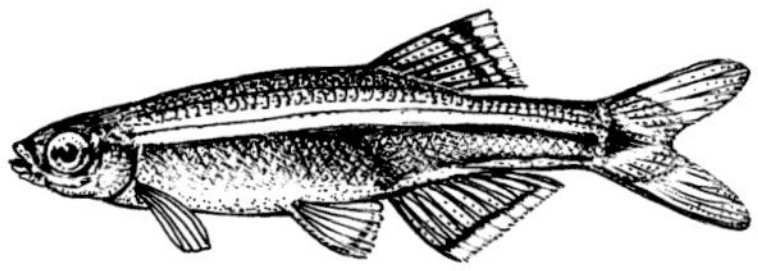

Inlecypris auropurpureus. Interessanter, wunderschöner Schwarmfisch. Verträglich, anspruchslos, gut haltbar. Körper langgestreckt, Körperseiten mit auffallenden orangen und azurblauen Querstreifen. Kommt im artgleichen Schwarm besonders gut zur Geltung. Guter Gesellschafter für viele gleich große Rasbora-Arten oder friedliche südamerikanische Salmler. Bepflanzt werden Seiten und Hintergrund, mehrere Pflanzengruppen einbringen, schöne Wurzeln zur Dekoration. Genug freien Schwimmraum bieten. Bei richtiger Haltung ausdauernd. *Länge:* bis ca. 6 cm. *Wasser:* Temperatur 23–26 °C; pH-Wert um den Neutralpunkt, 6,8–7,2; weich bis mittelhart, 5–10 °dGH. *Nahrung:* immer abwechslungsreich füttern. Nimmt Lebend- und Trockenfutter. *Vorkommen:* Myanmar; Lake Inlé.

Inlecypris auropurpureus

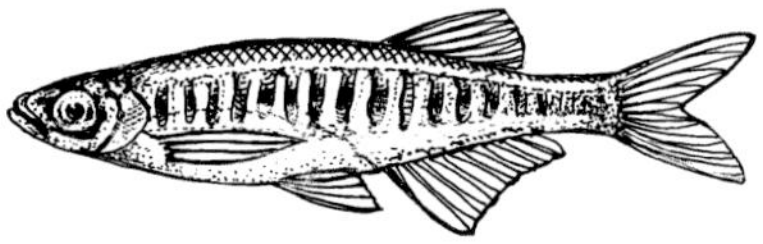

Salmostoma bacaila. Wirkt vor allem silbrig glänzend. Je nach Lichteinfall an den Seiten metallisch grün schimmernd. Interessanter, anspruchsloser Pflegling. Hervorstechende Eigenschaft: ein rastloser, unermüdlicher Schwimmer. Aquarium nur seitlich und im Hintergrund bepflanzen, im Vordergrund höchstens kleinbleibende Pflanzen einsetzen. Braucht unbedingt viel pflanzenfreien Raum zum Ausschwimmen, leidet sonst sichtlich. Nahrung wird von der Oberfläche oder der Wassermitte aufgenommen, selten vom Boden. Sehr lebhaft, ruhige Arten meiden seinen Schwimmbereich. Im Schwarm friedlich. Bei nur 2–3 Exemplaren ab und zu auch zänkisch.
Länge: ca. 12 cm. *Wasser:* 22–26 °C; pH-Wert 6,3–7,0; 5–12 °dGH. *Nahrung:* Allesfresser. *Vorkommen:* Indien, South Calcutta, Hoogly River.

Salmostoma bacaila

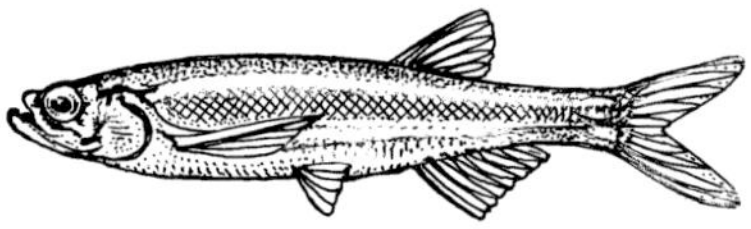

Sawbwa resplendens (Nacktlaube). Absolut friedlicher Schwarmfisch. Besonderheit: Die nackte Haut; der Körper des Fisches ist völlig ohne Schuppen (Populärname). Männchen mit roter Färbung an Kopf und Schwanzflossen (fehlt beim Weibchen). Eine Bereicherung der letzten Jahre. Gute Eigenschaften zur Pflege im Aquarium. Nicht geeignet für Becken mit Weichwasserfischen, ist im weichen Wasser leicht krankheitsanfällig. Aquarium mit weichem, feinsandigen Bodengrund, teilweiser dichter Rand- und Hintergrundbepflanzung; freier Schwimmraum trägt zum Wohlbefinden der Fische bei.
Länge: ca. 5 cm. *Wasser:* Temperatur 21–25 °C; neutrales Wasser, pH-Wert um 7,0; 8–20 °dGH. *Nahrung:* kleines Lebendfutter, Flockenfutter. *Vorkommen:* Myanmar; Lake Inlé.

Sawbwa resplendens

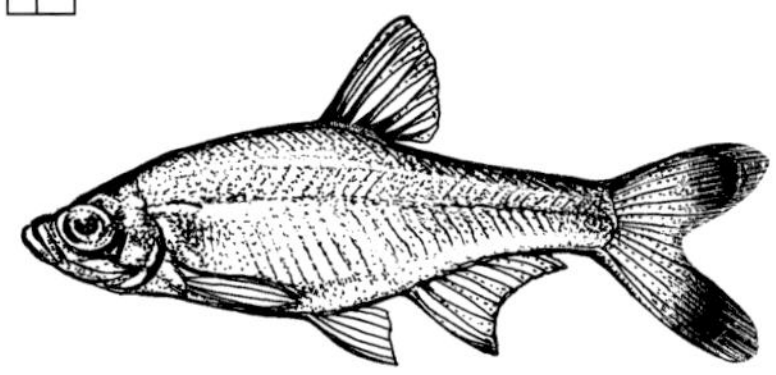

Rasbora borapetensis (Rotschwanzbärbling). Lebhafter, friedlicher Schwarmfisch. Männchen schlanker; Weibchen größer, dicker. Schuppen zart dunkel umrandet, Körper erscheint wie von einem Netz überzogen. Vom Kiemendeckel bis zur Schwanzwurzel schwarzes Längsband, das oben mit einer goldglänzenden Linie eingefaßt ist. Wirkt nur attraktiv im Schwarm. Mit vielen Rasbora-Arten, kleinen Barben oder auch mit anderen dekorativen Arten aus dem tropischen Asien im Gesellschaftsbecken zu vereinen (z. B. Dornaugen, Zwergfadenfische, Knurrende Guramis, Siamesische Rüsselbarbe, Feuerschwanz). Aufzucht nicht allzu schwierig. *Länge:* ca. 5 cm. *Wasser:* 22–26 °C; pH-Wert um 6,2–6,8; weich bis mittelhart, 4–10 °dGH. *Nahrung:* übliches Lebend- und Flockenfutter. *Vorkommen:* Thailand, Westmalaysia.

Rasbora borapetensis

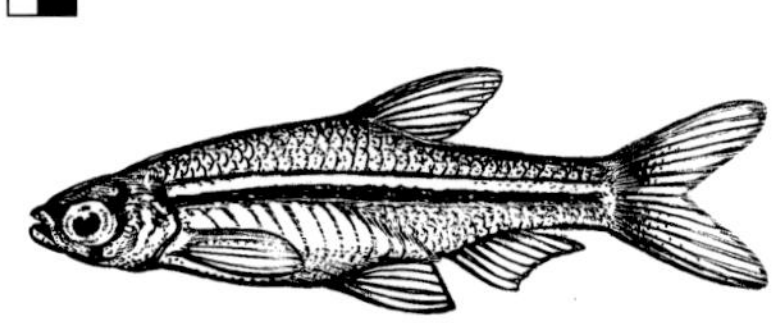

Puntius vittatus. Absolut friedlicher Schwarmfisch. Gesellige Natur. Die Seiten leuchten je nach Lichteinfall mehr oder weniger intensiv. Bevorzugt keine bestimmte Wasserregion. Artgerecht im Schwarm halten. Viel freier Schwimmraum. Gut zu vergesellschaften mit Fischen aus Südostasien (nach geographischen Kriterien), Südamerika und Afrika. Viele *Puntius*-Arten vertragen sich, stellen gleiche Ansprüche an die Wasserbeschaffenheit und haben ähnliches Temperament.
Länge: bis 4,5 cm. *Wasser:* Temperatur 22–24 °C; pH-Wert um den Neutralpunkt, 6,0–6,8; weich, 3–5 °dGH. *Nahrung:* jedes der Größe entsprechende Lebendfutter, weiche Algen und die darin lebenden Kleinlebewesen, Flockenfutter, Trockenfutter. *Vorkommen:* Nord-Bengalen, Indien.

Puntius vittatus

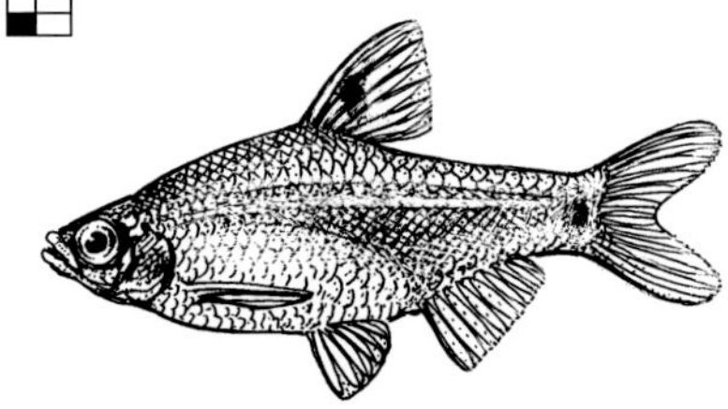

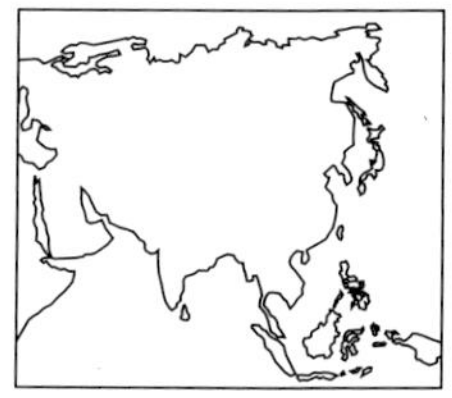

Bärblinge und Barben

Cyprinidae

Parachela oxygastroides (Glasbarbe). Friedlicher, schwimmfreudiger, aparter Schwarmfisch. Körperfärbung von Jungfisch und erwachsenem Tier völlig unterschiedlich: Jungfisch glasig, transparent und schlank; beim adulten Tier je nach Lichteinfall Rücken mehr oder weniger goldglänzend, Seiten bläulich irisierend. Erinnert auf den ersten Blick eher an Salmler-Arten. Regelmäßiger Wasserwechsel notwendig. Stellenweise dichte Rand- und Hintergrundbepflanzung gibt Sicherheit. Im Gesellschaftsbekken mit Fischarten, bei denen Lebensansprüche und Charakter einigermaßen übereinstimmen, gut zu vereinen.
Länge: ca. 18 cm. *Wasser:* 22–26 °C; pH-Wert um 7,0; 4–12 °dGH. *Nahrung:* abwechslungsreich, Lebend- und Trockenfutter. *Vorkommen:* Thailand, Sumatra, Borneo, Java.

Parachela oxygastroides

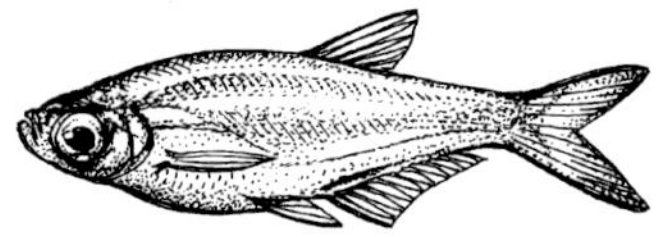

Esomus danricus danricus. Ausgesprochen friedlicher, schlanker Schwarmfisch. Auffallend das dunkle, von einer hellen Binde begleitete Längsband. Ein kleiner Fisch mit sehr großer Verbreitung. Bevorzugt im Aquarium keine bestimmte Wasserregion. Nimmt zerriebene Futtertabletten emsig von der Wasseroberfläche. Liebt sauerstoffreiches, klares Wasser. Eine Bereicherung für Gesellschaftsbecken mit vielen Rasbora-, Barben- und Salmler-Arten (mit ähnlichen Ansprüchen an Wasserbeschaffenheit, Friedfertigkeit). Stellenweise dichte Bepflanzung als Zuflucht.
Länge: ca. 5,5–6,5 cm. *Wasser:* Temperatur 22–26 °C; pH-Wert 6,2–7,0; weich bis mittelhart, 4–15 °dGH. *Nahrung:* Lebendfutter, Flokkenfutter, zerriebene Futtertabletten. *Vorkommen:* Nordindien, Pakistan, Nepal, Bangladesh.

Esomus danricus danricus

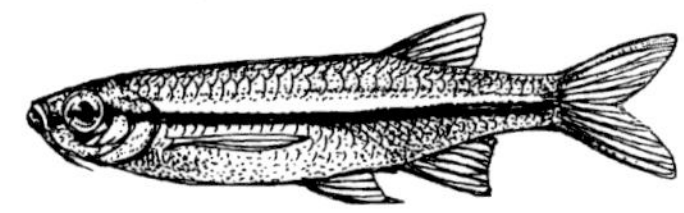

Rasbora sp. Sieht *Rasbora einthovenii* (Längsbandbärbling) verblüffend ähnlich. Dieser ist jedoch insgesamt rötlicher gefärbt. Ein breites, dunkles Längsband zieht von der Schnauzenspitze bis in die Schwanzflosse. Männchen schlanker, etwas kleiner, Weibchen fülliger. Ausgesprochen friedlicher Schwarmfisch. Eine interessante Bereicherung für Gesellschaftsbekken mit Fischen und Pflanzen aus Südostasien. Ähnliche Ansprüche an Wasserbeschaffenheit und Temperament sind Voraussetzung. Zufluchtsmöglichkeiten in dichten Pflanzengruppen; Dekoration aus Wurzeln und Steinen. Genügend Platz zum Ausschwimmen.
Länge: 6–8 cm. *Wasser:* um 24 °C; pH-Wert 6,8–7,5; um 5 °dGH. *Nahrung:* übliches Lebend- und Trockenfutter. *Vorkommen:* Pakistan, Indien, Bangladesh, Myanmar, Thailand.

Rasbora sp.

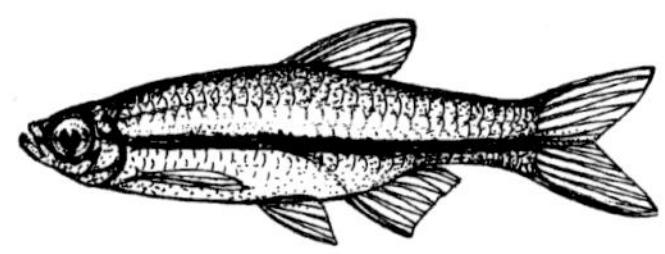

Rasbora reticulata (Netzbärbling). Ein noch relativ „junger" Aquarienfisch. Wurde 1974 zum ersten Mal eingeführt. Schuppen dunkel umrandet, Körper erscheint wie mit einem Netz überzogen. Männchen schlanker, Weibchen größer mit mehr gerundeter Bauchlinie. Benötigt als Schwarmfisch genügend Schwimmraum in nicht zu kleinen Becken. Dichte Pflanzengruppen als Zuflucht. Kann gut mit anderen, ebenfalls friedlichen, lebhaften Fischen vergesellschaftet werden, z. B. mit kleinen Trupps Eilandbarben *(Puntius oligolepis)*. Zucht möglich. Nach lebhaftem Treiben wird zwischen den Pflanzen abgelaicht.
Länge: ca. 6 cm. *Wasser:* Temperatur 22–26 °C; pH-Wert 6,0–6,5; nicht zu hart, bis 10 °dGH. *Nahrung:* Lebendfutter, pflanzliche Nahrung, Flockenfutter. *Vorkommen:* westliches Sumatra.

Rasbora reticulata

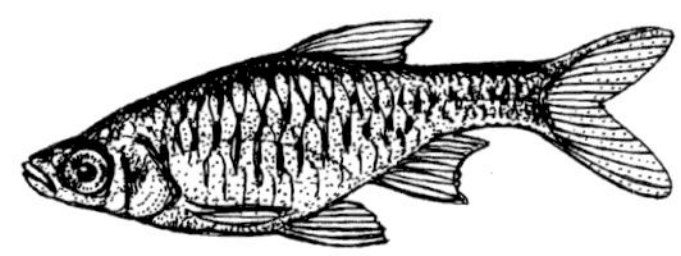

Puntius cf. binotatus. Temperamentvolle, kräftige, relativ friedliche Barbe. Anspruchsloser Schwarmfisch (nicht unter fünf Exemplare), lebhaft und schwimmfreudig. Männchen etwas schlanker, Weibchen besonders zur Laichzeit dicker. Die Schönheit dieser Barbe liegt im herrlich silbrig-gold glänzenden Schuppenkleid. Geräumige Aquarien mit Platz zum Ausschwimmen und Verstecke in Form von Pflanzendickichten. Zur Dekoration Wurzeln und Steine. Läßt sich gut mit etwa gleich großen, kräftigen Barben wie *Puntius everetti* (Clownbarbe), *P. nigrofasciatus* (Purpurkopfbarbe), *P. tetrazona* (Sumatrabarbe) vereinigen.
Länge: ca. 12 cm. *Wasser:* 24–26 °C; pH-Wert um 6,5–7,0; 4–12 °dGH. *Nahrung:* guter Futterverwerter, Allesfresser. *Vorkommen:* Indonesien, Malaysia, Philippinen.

Puntius cf. binotatus

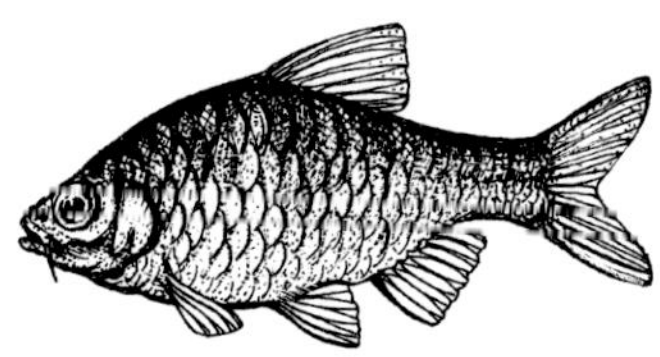

Balantiocheilus melanopterus (Haibarbe). Körper intensiv silberglänzend, exzellenter Kontrast zu den ocker- bis orangefarbenen, tiefschwarz gesäumten Flossen. Wendige, schwimmgewandte Art. Unproblematisch zu pflegen. Im Schwarm und als Jungfisch gut zu vereinen mit robusten Barben, die ebenfalls schwimmfreudig sind und sich behaupten können (z. B. Sumatrabarben, Prachtbarben, Clownbarben, Purpurkopfbarben, auch verschiedene Buntbarsche). Einzeln gehalten oft zänkisch, andere Mitinsassen werden dann belästigt. Mit zunehmendem Wachstum attraktive, prächtige Schaustücke für größere Aquarien. *Länge:* ca. 30 cm. *Wasser:* 22–26 °C; pH-Wert um 6,5–7,2; 4–18 °dGH. *Nahrung:* Allesfresser, auch pflanzliche Kost. *Vorkommen:* Thailand, Sumatra, Borneo, Kambodscha, Laos.

Balantiocheilus melanopterus

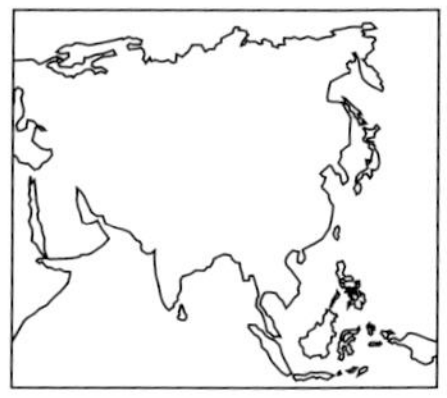

Barben
Cyprinidae

Puntius tetrazona (Sumatrabarbe). Ausgeprägte und sehr ansprechende Farbzeichnung. Friedlich, anspruchslos, lebhaft und verspielt; leicht zu züchten und aufzuziehen. An den vier durchgehenden schwarzen Querbinden gut von ähnlichen Arten zu unterscheiden. Männchen schlanker als Weibchen und mit mehr Rotfärbung an der Schnauzenspitze und den Flossen. Bildet innerhalb des Schwarmes eine Rangordnung aus. Zupft gern an den lang ausgezogenen Flossen anderer Fische (z. B. Skalare, Labyrinther). Gut geeignet für Gesellschaftsbecken zusammen mit anderen lebhaften Arten. Ideal für Einsteiger.
Länge: ca. 6,5 cm. *Wasser:* Temperatur 24–26 °C; pH-Wert 6,5 – 7,0; weich bis mittelhart, 10 °dGH. *Nahrung:* Allesfresser; Flocken-, Frost-, Lebendfutter. *Vorkommen:* Sumatra, Borneo.

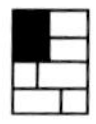

Puntius tetrazona

Puntius eugrammus (Linienbarbe). Ein durch seine breiten Längsstreifen auffällig gezeichneter, friedfertiger, manchmal etwas scheuer, aber sonst lebhafter Schwarmfisch. Eignet sich gut für größere Gesellschaftsbecken ab 100 cm Länge. Kann mit anderen friedfertigen Arten, auch kleineren, vergesellschaftet werden. Mag stellenweise dichten, Deckung bietenden Pflanzenwuchs, am besten im Hintergrund und an den Seiten, der aber genügend Schwimmraum freilassen muß. Bodengrund sandig, nie Splitt oder Grus! Wichtig ist ein guter Filter, der für sauerstoffreiches, klares Wasser sorgt.
Länge: ca. 12 cm. *Wasser:* Temperatur 22–26 °C; pH-Wert 6,0–7,2; 2–15 °dGH. *Nahrung:* Lebend-, Flocken-, Tiefkühlfutter. *Vorkommen:* Malaysia, Sumatra, Borneo.

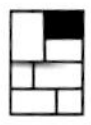

Puntius eugrammus

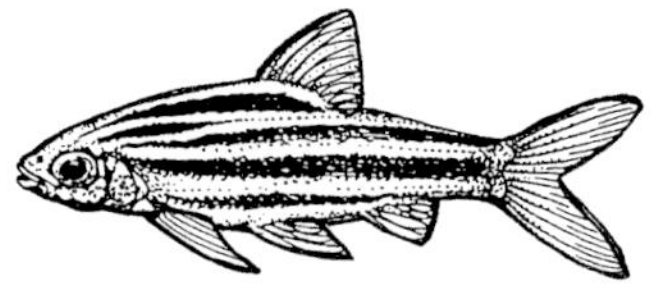

Puntius titteya (Bitterlingsbarbe). Friedfertiger, bei höheren Temperaturen sehr temperamentvoller, hübscher Schwarmfisch. Geschlechtsreife Männchen können ein sattes Purpurrot zeigen, während die Weibchen eine graubraune bis kräftig rehbraune Färbung aufweisen können. Während der Balz und den damit einhergehenden harmlosen Plänkeleien untereinander schwimmen die Männchen eindrucksvoll mit gespreizten Flossen umher. In Gesellschaftsbecken ab 60 cm Länge mit reichlich Pflanzenwuchs und ausreichendem Schwimmraum leicht zu pflegen. Männchen umschlingt beim Laichen das Weibchen.
Länge: ca. 5 cm. *Wasser:* 22–28 °C; pH-Wert 6,0–7,0; weich bis mittelhart, 2–15 °dGH. *Nahrung:* Lebend-, Flocken-, Frost-, gefriergetrocknetes Futter. *Vorkommen:* Sri Lanka.

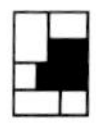

Puntius titteya

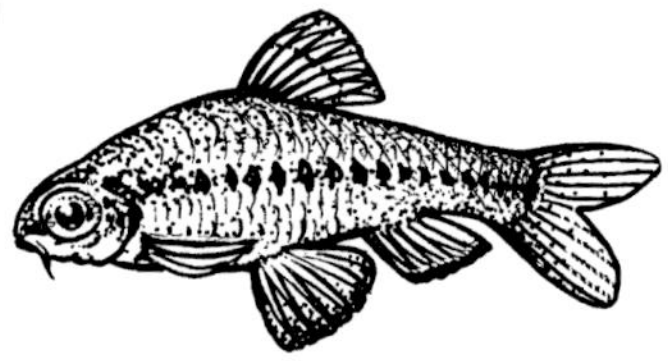

Puntius semifasciolatus (Messingbarbe). Anspruchsloser, friedfertiger und ruhiger, bei höheren Temperaturen auch lebhafter, robuster Schwarmfisch. Männchen schlanker als die Weibchen. In Gesellschaftsaquarien ab 80 cm Länge mit weichem, sandigem oder kleinkiesigem Bodengrund und guter Bepflanzung leicht zu pflegen. Auch die Zucht und Aufzucht ist in einem besonderen Zuchtbecken einfach, selbst mit feinem Kunstfutter. Eine fast rein goldgelbe Zuchtform wird als „Schubertibarbe" gepflegt. Halten sich meist im unteren Drittel des Aquariums auf und gründeln gern. Für gute Wasserqualität sorgen.
Länge: ca. 7 cm. *Wasser:* Temperatur 18–26 °C; pH-Wert 6,5–7,5; 8–18 °dGH. *Nahrung:* Allesfresser; auch gefriergetrocknetes und Flockenfutter. *Vorkommen:* Südostchina.

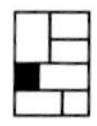

Puntius semifasciolatus

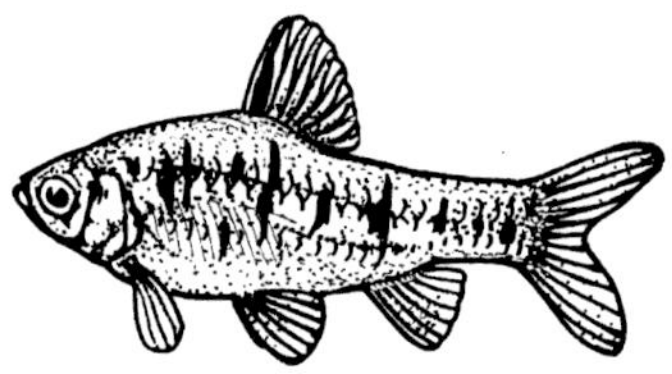

Puntius conchonius (Prachtbarbe). Anspruchsloser, friedfertiger, durch sein Temperament bei höheren Temperaturen manchmal ungestümer Schwarmfisch. Heute oft in der mit schleierartiger Beflossung ausgestalteten Zuchtform gepflegt. Braucht viel Schwimmraum. Männchen schon früh an der schwarzen Rückenflosse, später leicht an der leuchtenden Kupferfärbung zu erkennen. Weibchen graubraun bis goldbraun. Leicht zu pflegen in Gesellschaftsaquarien ab 60 cm Länge. Klassischer Anfängerfisch, auch in der Zucht. Zuchtbecken mit 15 cm Wasserstand, grobem Kies und einem feinblättrigen Pflanzenbüschel.
Länge: ca. 8 cm. *Wasser:* Temperatur 18–26 °C; pH-Wert um 7,0; 8–18 °dGH, *Nahrung:* Allesfresser; auch pflanzliches und Frostfutter. *Vorkommen:* Indien.

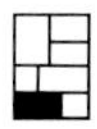

Puntius conchonius

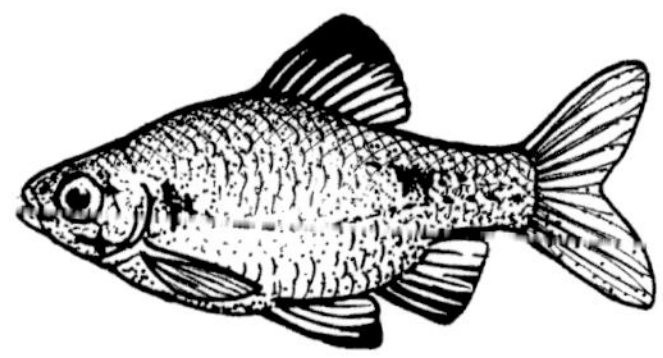

Puntius ticto (Zweipunktbarbe). Friedfertiger, schwimmfreudiger, anspruchsloser Schwarmfisch. Kann in Gesellschaftsbecken ab 60 cm Länge leicht selbst zusammen mit kleinen Arten gepflegt werden. Neben guter Bepflanzung auch für ausreichenden Schwimmraum sorgen. Zucht leicht und ergiebig. Wer das Laichen beobachten will, verdunkele das Zuchtbecken mit den eingesetzten Tieren – 2 Männchen auf 1 Weibchen – bis zum frühen Morgen mit Packpapier und entferne es erst dann. Schon nach kurzer Zeit beginnt das Treiben der Männchen. Die Tiere laichen in dichten, feinfiedrigen Pflanzenbüscheln. Laichräuber!
Länge: ca. 8 cm. *Wasser:* Temperatur 20–24 °C; pH-Wert um 7,0; 6–15 °dGH. *Nahrung:* Allesfresser; auch Frostfutter und manchmal Pflanzen. *Vorkommen:* Indien, Sri Lanka.

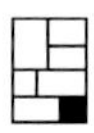

Puntius ticto

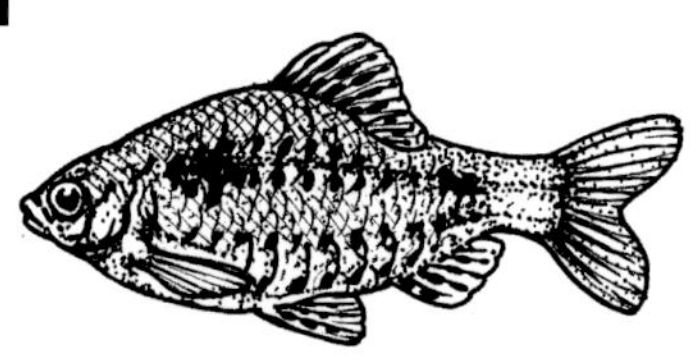

Barben
Cyprinidae

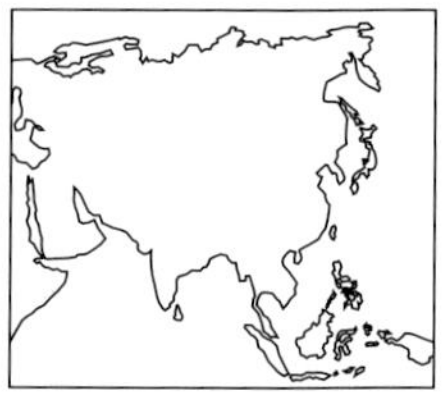

Puntius pentazona pentazona (Fünfgürtelbarbe). Der weniger lebhafte Fisch eignet sich als Gesellschaft für andere ruhige Arten. Haltung in gut bepflanzten Aquarien. Männchen schlanker. Färbung der Weibchen weniger prächtig. Fünf senkrechte dunkle, manchmal metallisch glänzende Binden (Anordnung siehe Foto). Rote Flossenfärbung der Wildtiere verliert sich im klaren Wasser unserer Aquarien, nur an der Basis bleibt ein rötlicher Farbton. Dunkler Bodengrund läßt die Farben kräftiger hervortreten. Torffilterung! Zucht nicht ganz einfach. Häufiger Austausch des Beckenwassers gegen Frischwasser (20 %).
Länge: 4,5 cm. *Wasser:* 22–28 °C; pH-Wert 5,0–7,2; weich, bis 10 °dGH. *Nahrung:* Lebend-, Frost- und getrocknetes Futter. *Vorkommen:* Malaiische Halbinsel, Sumatra, Borneo.

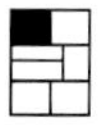

Puntius pentazona pentazona

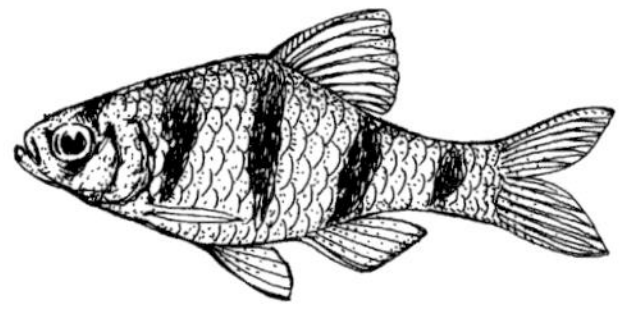

Puntius everetti (Clownbarbe, Everetts Barbe). Lebhafter, kräftiger Schwarmfisch, der sich im Aquarium vor allem in den mittleren und unteren Bereichen aufhält. Relativ friedfertig, auch mit kleineren, aber nur robusteren Arten im Gesellschaftsbecken zu pflegen. Für Anfänger geeignet. Benötigt viel freien Schwimmraum zwischen guter Bepflanzung im Hintergrund und an den Seiten. Schwimmpflanzen! Als Dekorationsmaterial eignen sich Moorkienholzwurzeln. Wärmeliebende Art. Dunkler Bodengrund betont die Farbenpracht. Zucht ist nicht einfach. Männchen sind deutlich schlanker, vor allem in der Laichzeit.
Länge: ca. 10 cm. *Wasser:* Temperatur 24–28 °C; pH-Wert 5,5–7,2; weich, bis 10 °dGH. *Nahrung:* Allesfresser, auch Aufwuchs und weiche Pflanzen. *Vorkommen:* Borneo, Malaysia.

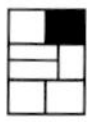

Puntius everetti

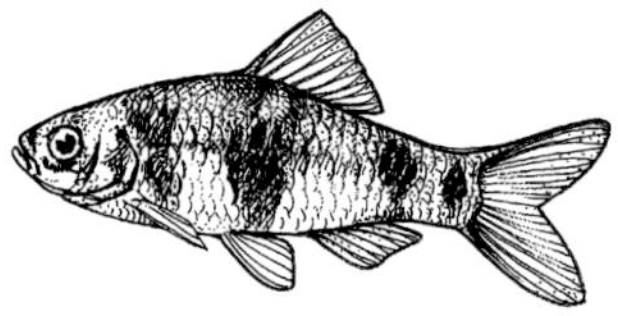

Leptobarbus hoevenii (Siambarbe). Als Jungtier ein hübscher Fisch, der vor allem durch seine oft kräftig hellblaue Körperfarbe und die roten Flossen auffällt. Zunächst hält er sich im Schwarm und frißt auch Früchte. Wird mit zunehmender Größe aber immer mehr zum räuberischen Einzelgänger und verliert langsam seine schöne Färbung. In der Heimat schon als Jungtier Speisefisch. Als Schautier gut geeignet, sollte auf die Dauer nicht mit kleineren Fischen zusammen gehalten werden. Braucht große Aquarien ab 130 cm Länge mit hochstrebenden und härteren Wasserpflanzen. Guter Springer, aber meist ruhiger Schwimmer.
Länge: ca. 55 cm. *Wasser:* Temperatur 22–28 °C; pH-Wert 6,0–7,5; weich bis hart, 4–20 °dGH. *Nahrung:* Lebend-, Frost- u. Trockenfutter. *Vorkommen:* Thailand, Sumatra, Borneo, Malaysia.

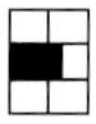

Lebtobarbus hoevenii (oben: Jungtier)

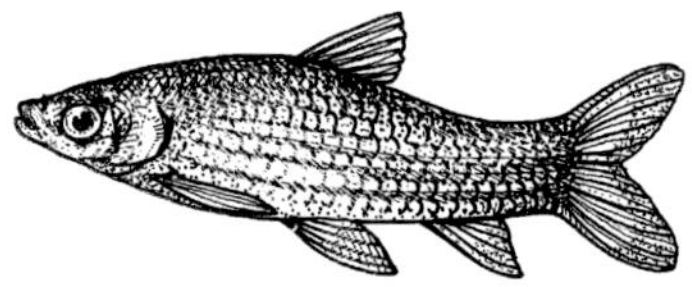

Puntius cf. phutunio (Zwergbarbe). Friedfertiger, munterer Schwarmfisch. Für Gesellschaftsbecken ab 40 cm Länge geeignet, wenn die Mitinsassen ruhig und nicht räuberisch sind. Dichte Rand- und Hintergrundbepflanzung, die genügend Schwimmraum über weichem, dunklem Bodengrund freiläßt. Bei den schlankeren und etwas kleineren Männchen treten die auffallenden Körperflecken deutlich hervor, und die Bauchflossen zeigen eine leicht rötliche Färbung. Weibchen haben blassere Fleckenzeichnung und gelblich getönte Bauchflossen. Zeitweilig recht scheu. Liebt auch schattige Stellen im hinteren Drittel des Beckens.
Länge: ca. 4 cm. *Wasser:* Temperatur 22–26 °C; pH-Wert 6,0–7,2; weich bis mittelhart, 2–16 °dGH. *Nahrung:* Allesfresser; auch Trockenfutter. *Vorkommen:* Pakistan bis Myanmar.

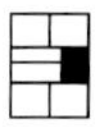

Puntius cf. phutunio

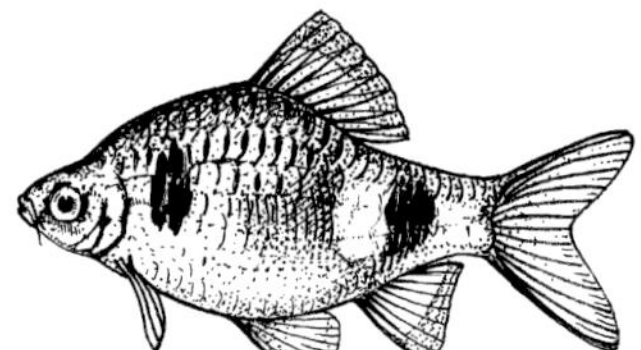

Puntius nigrofasciatus (Purpurkopfbarbe). Körper höher als bei den meisten Arten. Männchen erkennt man an der schwarzen Rückenflosse. Sie sind während der Laichzeit außerordentlich bunt gefärbt; die vordere Körperhälfte erstrahlt dann in dunklem Purpurrot. Weibchen mit brauner Grundfärbung. Gut bepflanzte Gesellschaftsbecken ab 80 cm Länge mit Versteckmöglichkeiten zwischen Kienholzwurzeln oder Steinen und weichem, dunklem Bodengrund empfehlenswert. Lieben gedämpftes Licht, daher Schwimmpflanzendecke. Zucht nicht schwer, aber die Elterntiere sind Laichräuber; nach dem Ablaichen entfernen.
Länge: ca. 6,5 cm. *Wasser:* Temperatur 22–26 °C; pH-Wert 6,0–7,5; 4–16 °dGH, *Nahrung:* Allesfresser, gründelt auch im Mulm. *Vorkommen:* südliches Sri Lanka.

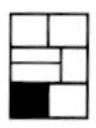

Puntius nigrofasciatus

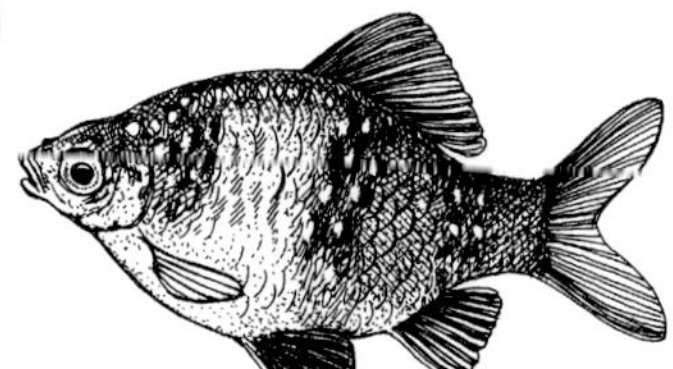

Puntius bimaculatus (Zweifleckbarbe). Kleine, hübsche, friedfertige Barbe. Männchen schlanker mit dunkelroter Längsbinde. Weibchen größer, kräftiger und mit nur angedeuteter Längsbinde. Der oft etwas scheue Schwarmfisch belebt im Gesellschaftsaquarium (ab 80 cm Länge) die mittleren und unteren Zonen. Versteckmöglichkeiten durch dichte Rand- und Hintergrundbepflanzung, Moorkienholzwurzeln und Steine schaffen. Weicher, dunkler Bodengrund. Genügend Raum zum Ausschwimmen lassen. Häufiger Austausch von Beckenwasser (20 %) gegen abgestandenes, chlorfreies Frischwasser steigert das Wohlbefinden.
Länge: ca. 6,5 cm. *Wasser:* Temperatur 22–26 °C; pH-Wert 6,0–7,2; weich bis mittelhart, 2–16 °dGH. *Nahrung:* Lebend-, Frost- und diverses Trockenfutter. *Vorkommen:* Sri Lanka.

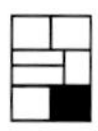

Puntius bimaculatus

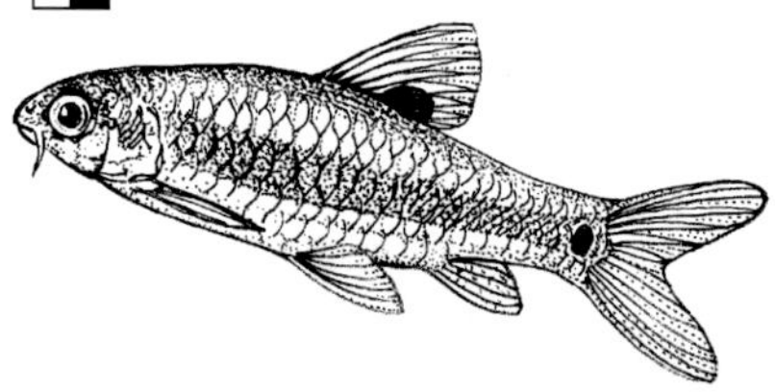

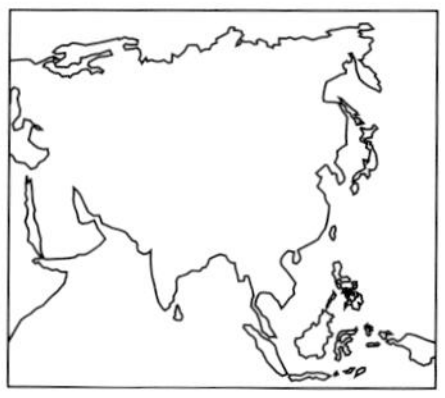
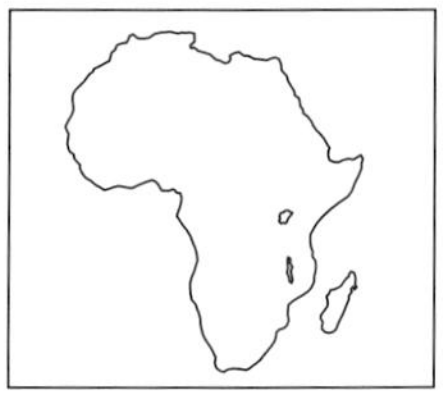

Barben
Cyprinidae

Barilius barna (Indische Schlankbarbe). Schneller, eleganter, oft etwas ungestümer Schwarmfisch, der sich unter seinesgleichen am wohlsten fühlt. Haltung in kleinen Gruppen ist empfehlenswert. Bei Pflege von nur wenigen Tieren kann es untereinander zu Aggressivitäten kommen. Während der Eingewöhnungszeit heikel. Geeignet für Gesellschaftsbecken ab 80 cm Länge mit viel Schwimmraum, guter Rand- und Hintergrundbepflanzung, einigen Schwimmpflanzen und Moorkienholzwurzeln als Zufluchtsstätten für andere, ruhigere Mitinsassen. Regelmäßiger Wasseraustausch von 20%. Gute Durchlüftung. *Länge:* ca. 7,5 cm. *Wasser:* Temperatur 22–28 °C; pH-Wert 6,0–8,0; weich bis mittelhart, 4–15 °dGH. *Nahrung:* jedes Lebend-, Frost- und Flockenfutter. *Vorkommen:* Indien, Nepal, Bangladesh, Myanmar.

Barilius barna

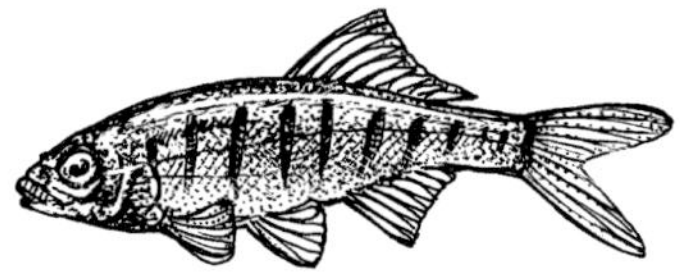

Barbus holotaenia (Afrikanische Längsstreifenbarbe, Vollstreifenbarbe). Friedfertige, kräftige, schnell schwimmende Barbe, deren Kennzeichen der schmale, scharf begrenzte, von der Schnauzenspitze bis in die Schwanzflosse ziehende schwarze Seitenstreifen ist. Gut geeignet für Gesellschaftsbecken ab 80 cm Länge mit größeren Barben und Bärblingen. Bodengrund nicht zu hell und weich. Bepflanzung nicht zu dicht, damit genügend Schwimmraum bleibt. Behutsam Wasser austauschen, und zwar stets durch abgestandenes, mit Wasseraufbereitungsmittel (aus dem Zoofachgeschäft) behandeltes Wasser. Gut durchlüften.
Länge: ca. 10 cm. *Wasser:* Temperatur 24–28 °C; pH-Wert 6,0–7,0; weich bis mittelhart, 3–12 °dGH. *Nahrung:* Allesfresser; auch pflanzliche Kost. *Vorkommen:* Gabun, Kongo, Zaire.

Barbus holotaenia

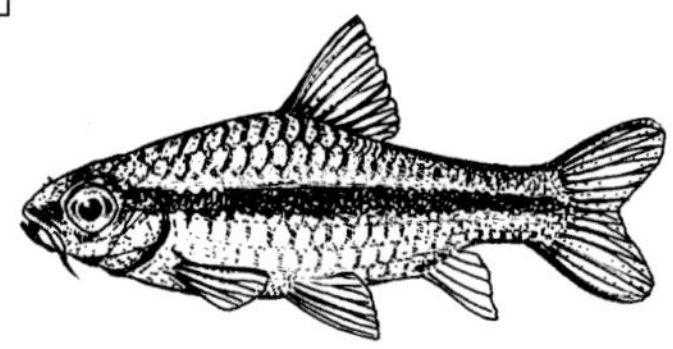

Barbus callipterus (Prachtflossenbarbe, Schönflossenbarbe). Kräftiger, eher bescheiden gefärbter, friedfertiger, lebhafter und anspruchsloser Schwarmfisch. Rückenflosse mit großem schwarzen Fleck. Die übrigen Flossen sind trotz des deutschen und wissenschaftlichen Namens weder besonders schön noch groß. Weibchen größer und während der Laichzeit fülliger. Aquarien ab 80 cm Länge mit nicht zu hellem, feinsandigem (wichtig!) Bodengrund, einigen Schwimmpflanzen und dichter Rand- und Hintergrundbepflanzung. Viel Schwimmraum. Aquarium gut abdecken, Fische springen. Regelmäßiger Wasseraustausch.
Länge: ca. 8 cm. *Wasser:* Temperatur 24–28 °C; pH-Wert 6,0–7,0; weich- bis mittelhart, 3–15 °dGH. *Nahrung:* Allesfresser; auch pflanzliche Beikost. *Vorkommen:* Westafrika.

Barbus callipterus

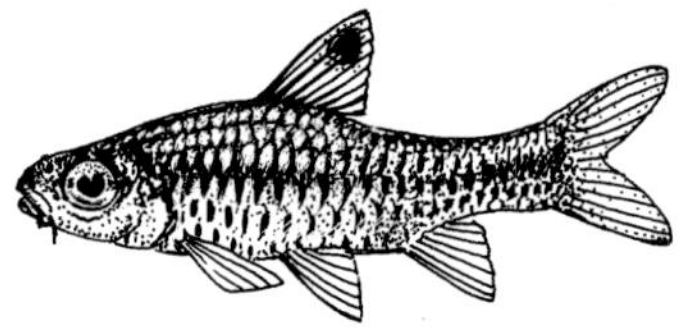

Puntius fasciatus (Glühkohlenbarbe). Bei guter Pflege in der richtigen Umgebung erglüht die Barbe in den schönsten Farben. Weibchen voller und hochrückiger. Geselliger, schwimmfreudiger Schwarmfisch, wird bei Einzelhaltung scheu und schreckhaft. Dunkler Bodengrund, stellenweise belegt mit Torfplattenteilchen, lang gewässerten Rindenstückchen und kleinen Wurzelelementen fördert – wie auch bei der Purpurkopfbarbe – die Farbintensität. Eine dichte Rand- und Hintergrundbepflanzung gibt die notwendige Deckung. Viel Raum zum Ausschwimmen. Nicht zu hartes Wasser. Aquarien ab 80 cm Länge.
Länge: ca. 6 cm. *Wasser:* Temperatur 22–28 °C; pH-Wert 5,8–7,0; weich bis mittelhart, 3–10 °dGH. *Nahrung:* Allesfresser; pflanzliche Zukost. *Vorkommen:* Südindien.

Puntius fasciatus

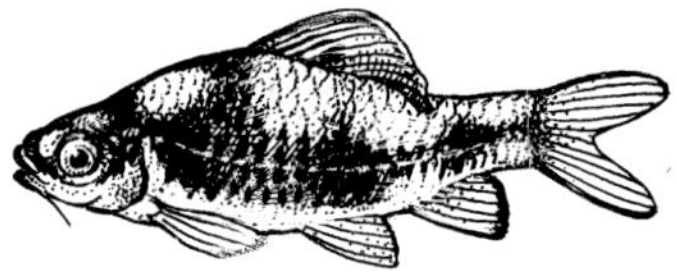

Barilius dogarsinghi (Assam-Schlankbarbe). Ausgesprochen lebhafter, schnell schwimmender, interessant gezeichneter, verträglicher Fisch. Drängt durch seine Unrast besonders zarte Fischarten zwangsläufig aus dem Schwimmraum in die Randzonen. Sonst aber guter Pflegling in Gesellschaftsbecken ab 80 cm Länge mit stattlicher Seiten- und Hintergrundbepflanzung bei ausreichend großem Schwimmraum. Wie alle Schlankbarben bewohnt auch dieser Schwarmfisch die oberen bis mittleren Wasserregionen und holt sich Anflugnahrung vom Wasserspiegel. Regelmäßiger Wasseraustausch und Durchlüftung! Springt!
Länge: ca. 8 cm. *Wasser:* Temperatur 22–28 °C; pH-Wert 6,0–7,2; 4–15 °dGH. *Nahrung:* Lebend-, Frost- und Flockenfutter aller Art. *Vorkommen:* Indien; Manipur, Assam.

Barilius dogarsinghi

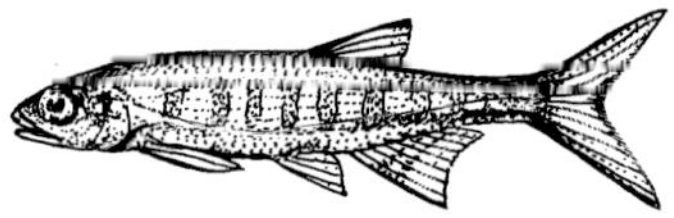

Barbus fasciolatus (Blaustrichbarbe, Tigerbarbe). Friedfertige, schwimmaktive, leicht schreckhafte Barbe mit gestrecktem Körper und wunderschöner Färbung mit dunklen Querstreifen. Haltung in gut gefilterten Gesellschaftsbecken ab 80 cm Länge. Bodengrund feinsandig (wichtig) und dunkel. Seiten- und Hintergrundbepflanzung, die viel freien Schwimmraum läßt. Moorkienholzwurzeln als Deckung und Dekoration. Einige Schwimmpflanzen zur Lichtdämpfung. Bei zu starkem Lichteinfall bleiben die Tiere scheu und schreckhaft, ebenso bei der Haltung von Einzelfischen. Die Art besser im Schwarm ab sechs Exemplaren pflegen. *Länge:* bis ca. 6,5 cm. *Wasser:* Temperatur 20–26 °C; pH-Wert 5,5–6,5; 4–10 °dGH. *Nahrung:* Allesfresser; auch pflanzliche Beikost. *Vorkommen:* Zentralafrika.

Barbus fasciolatus

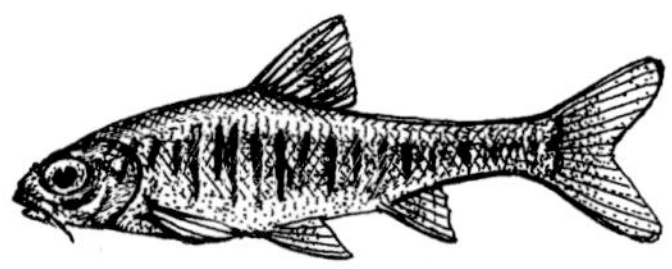

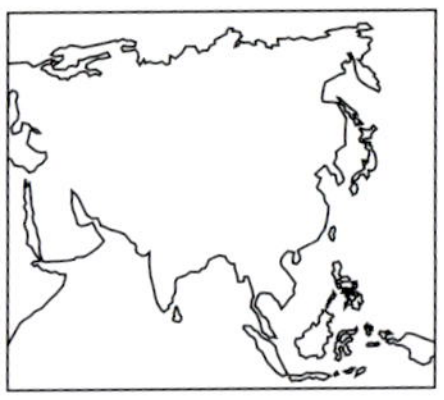

Barben
Cyprinidae

Puntius sarana orphoides (Rotwangenbarbe, Rotflossenbarbe). Anspruchslos. Langgestrecktes Becken mit robusten Pflanzen, vergreift sich mitunter an den Pflanzen. Viel freier Schwimmraum nötig. Obwohl nicht ausschließlich bodengebunden lebend, ist ein weicher Bodengrund (Mulmschicht) wichtig. Regelmäßiger Wasserwechsel (wöchentlich ca. 20%) mit entsprechenden guten Wasseraufbereitungsmitteln und Nachdüngung für die Pflanzen. *Länge:* bis ca. 25 cm. *Wasser:* Temperatur 22–25 °C; pH-Wert 6,0–7,0; weich bis mittelhart, 8–18 °dGH. *Nahrung:* Futterversorgung ist einfach. Lebendfutter wird bevorzugt (Mückenlarven, Wurmfutter, Kleinkrebse); auch Flokkenfutter und pflanzliche Kost, Haferflocken. *Vorkommen:* Myanmar, Indien (Manipur), Thailand, Java, Borneo.

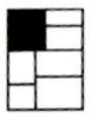

Puntius sarana orphoides

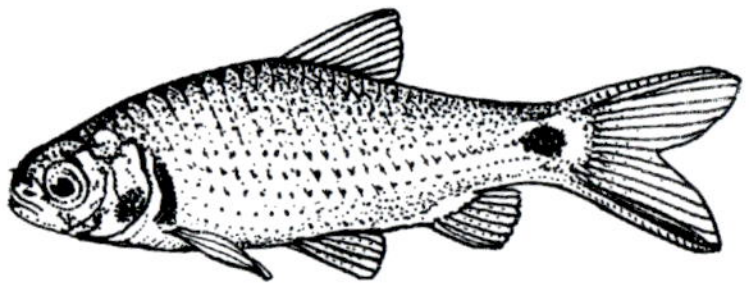

Puntius asoka (Asokabarbe). Kein ausgesprochener Schwarmfisch. Drei bis vier Tiere gleicher Größe halten sich jedoch meist beisammen. Interessantes, eigentümliches Farbmuster. Sechs oder sieben Längsreihen von Flecken, die hauptsächlich oberhalb der Seitenlinie zu Längsstreifen verschmolzen sind. Viel Schwimmraum und Verstecke durch teilweise dichte Bepflanzung, Steine und Wurzeln sind hilfreich bei den mitunter auftretenden Streitigkeiten der Männchen untereinander (die aber ohne großen Schaden ausgehen). Anderen Arten gegenüber friedlich. Weicher Bodengrund, lebt meist in der unteren Wasserregion. *Länge:* ca. 17 cm. *Wasser:* Temperatur 23–26 °C; pH-Wert 6,0–7,0; weich bis mittelhart, 2–10 °dGH. *Nahrung:* Lebendfutter aller Art, Trockenfutter. *Vorkommen:* Sri Lanka.

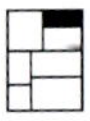

Puntius asoka

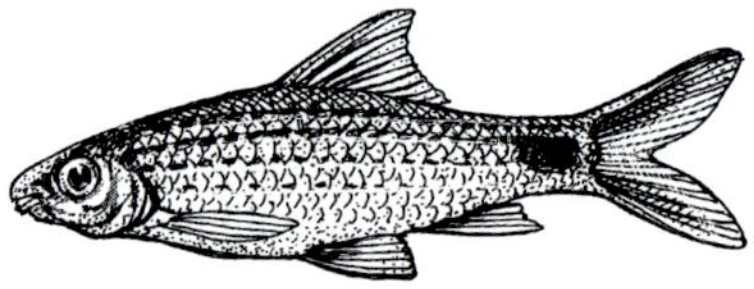

Puntius lateristriga (Schwarzbandbarbe, Seitenstrichbarbe). Eine Barbe mit auffälliger Zeichnung: Im vorderen Körperteil eine oder zwei Querbinden, hinter der zweiten Querbinde beginnt eine Längsbinde, die bis in die Schwanzflossenwurzel reicht. Eine lebhafte Barbe, ausgesprochen friedlich, verträglich, anspruchslos und langlebig. Raschwüchsig, für nicht zu kleine Aquarien. Für Rand- und Hintergrundbepflanzung kräftige Arten wählen, locker einsetzen. Liebt viel freien Schwimmraum mit Zufluchtsmöglichkeiten. Schwarmfisch: Haltung zu mehreren notwendig. *Länge:* bis 18 cm. *Wasser:* Temperatur 24–28 °C; pH-Wert 6,0–7,0; 4–15 °dGH. *Nahrung:* problemloser Allesfresser, Lebendfutter, gefriergetrocknete Nahrung, pflanzliche Kost, Trocken- und Flockenfutter. *Vorkommen:* Südostasien.

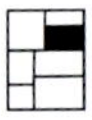

Puntius lateristriga

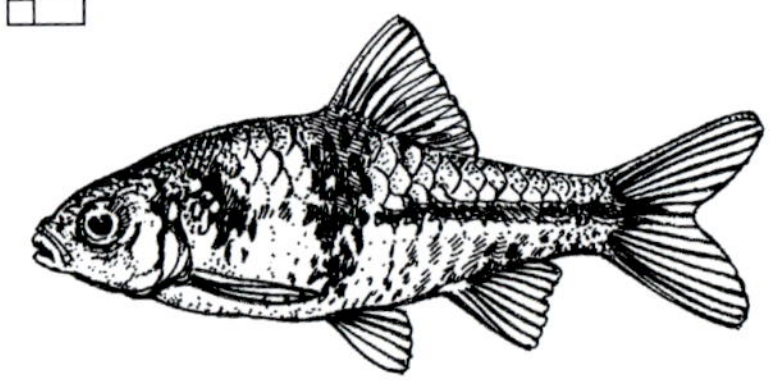

Puntius arulius (Prachtglanzbarbe, Dreibandbarbe). Sehr schöner, lebhafter, ausdauernder, auch für Anfänger geeigneter Schwarmfisch. Körperseite besonders über der Seitenlinie grün irisierend. Rückenflossenstrahlen nur beim Männchen stark verlängert. Männchen zeigt während der Laichzeit weiße Punkte um das Maul (Laichausschlag). Das Jugendkleid dieser Barbe ist nicht so prächtig (vgl. Abb.). Diese kräftige Barbe kann zarten Arten oder solchen mit ausgezogenen, langen Flossen durch Knabbern oder aufdringliches Hinterherschwimmen lästig werden. Robuste Pflanzen, Versteckmöglichkeiten. *Länge:* ca. 12 cm. *Wasser:* Temperatur 20–26 °C; pH-Wert um 6,0–7,0; weich bis mittelhart, 6–15 °dGH. *Nahrung:* Problemloser Allesfresser. *Vorkommen:* Südliches und südöstliches Indien.

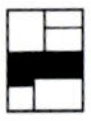

Puntius arulius (links: Jugendform)

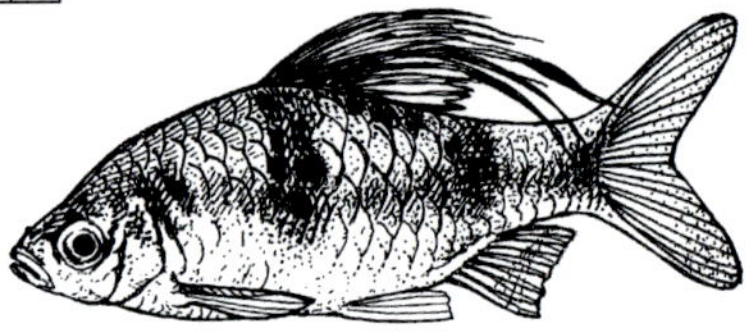

Puntius oligolepis (Eilandbarbe). Lebt in kleinen Bächen, Flüssen und Seen. Männchen von Weibchen durch ziegelrot gefärbte Flossen mit schwarz gerandetem Saum leicht zu unterscheiden (Weibchen: Flossen mehr gelblich). Anspruchsloser, lebhafter, kleiner Schwarmfisch. Entwickeln sich am besten in kleinen Trupps bei feinsandigem, mulmigem, dunklem Bodengrund mit lockerer Bepflanzung einschließlich Schwimmpflanzendecke. Abgelaicht wird an den Pflanzen der oberen Wasserschichten. Zuchttiere nach dem Ablaichen entfernen (Laichräuber). Jungfische schlüpfen nach ca. 1½ bis 2 Tagen. *Länge:* ca. 5 cm. *Wasser:* Temperatur 20–25 °C; pH-Wert um 6,0–7,0; weich bis mittelhart, 8–15 °dGH, *Nahrung:* Allesfresser, auch Algen. *Vorkommen:* Westsumatra; Padang.

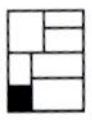

Puntius oligolepis

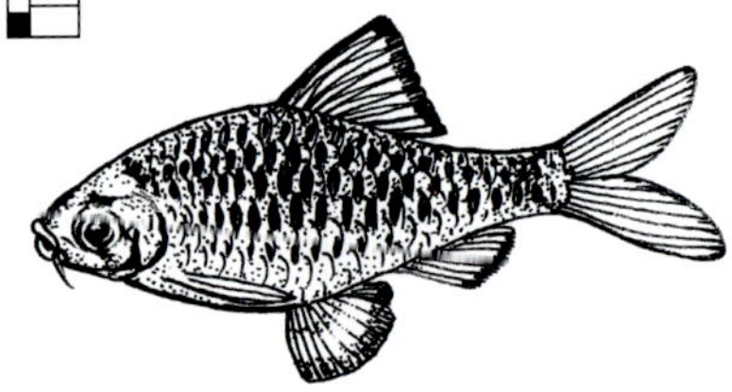

Barbodes schwanefeldi (Schwanefelds Barbe, Brassenbarbe). Schnellwüchsiger, lebhafter, ausdauernder, ausgesprochen schwimmfreudiger Schwarmfisch. Jagt und frißt mit zunehmender Größe kleine Fische, sonst relativ friedlich. Äußere Geschlechtsunterschiede nicht ersichtlich. Wegen seiner zu erreichenden Größe nur als Jungfisch im normalen Aquarium bei robusten Pflanzen, viel Schwimmraum und weichem Boden (gründelt gern) gut haltbar. Ausgewachsen mit seinem bläulichen bis grünlichen Glanz auf silbriger Körpergrundfarbe und den rotschwarzen Flossen in großen Schauaquarien ausgesprochener Blickfang. *Länge:* ca. 35 cm. *Wasser:* Temperatur 22–25 °C; pH-Wert 6,0–7,0; weich bis mittelhart, 4–18 °dGH. *Nahrung:* problemloser Allesfresser, pflanzliche Zukost. *Vorkommen:* Südostasien.

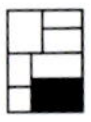

Barbodes schwanefeldi

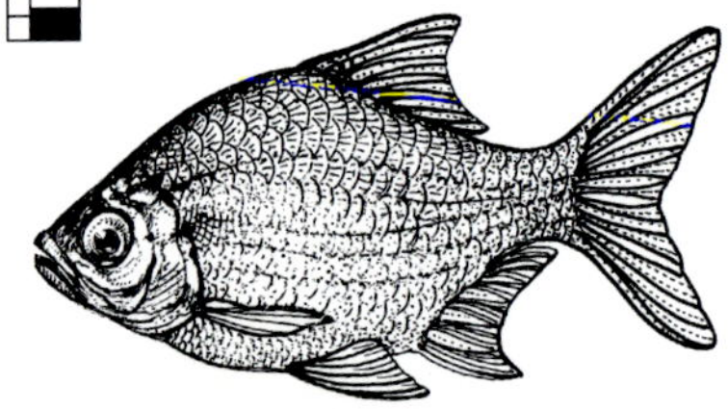

Barben und andere
Cyprinidae

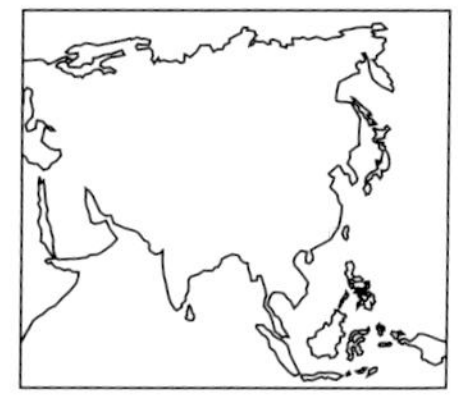

Rhodeus sericeus amarus (Bitterling). Er gehört zu den biologisch interessantesten Fischen. Männchen in der Laichzeit mit prachtvollem Hochzeitskleid und Laichausschlag auf der Schnauze. Das Weibchen entwickelt für einige Tage eine 3–5 cm lange Legeröhre, womit die Eier in die Atemöffnung einer Teichmuschel (Fam. Unionidae) eingeführt werden. In der Muschel können sich die Nachkommen geschützt entwickeln. Der muntere, friedfertige Karpfenfisch braucht viel Schwimmraum bei stellenweise dichter Bepflanzung (Wasserpest, Laichkraut und andere Kaltwasserpflanzen). Haltung im Artaquarium, auch im Gartenteich. *Länge:* ca. 9 cm. *Wasser:* 18–22 °C (nicht wärmer!), Überwinterung bei 10 °C; pH-Wert 7,0–7,4; 8–20 °dGH. *Nahrung:* Allesfresser; überwiegend Lebendfutter. *Vorkommen:* Europa.

Rhodeus sericeus amarus

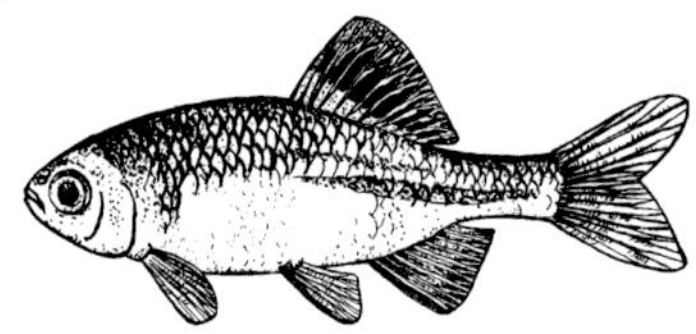

Chela caeruleostigmata (Blauer Kielbauchbärbling). In der Familie Cyprinidae vermutet man solche beilbauchfischähnlichen Tiere nicht. Bewohnt die mittleren und oberen Wasserschichten und fühlt sich in einer Gruppe am wohlsten. Einige Partien Schwimmpflanzen einbringen. Den Hintergrund gut bepflanzen. Im mittleren Bereich Pflanzen, Wurzeln und runde Steine so dekorieren, daß eine Freiwasserzone von mindestens 15–20 cm darüber verbleibt. Die Fische haben somit Platz zum Ausschwimmen. Der vordere Bereich sollte ebenfalls frei bleiben. Guter Gesellschafter für kleine Fische. *Länge:* ca. 6 cm. *Wasser:* Temperatur 23–27 °C; pH-Wert 6,4–7,5; 4–12 °dGH. *Nahrung:* Insekten, Kleinkrebse (Mückenlarven, *Artemia* u. a.) und Flockenfutter. *Vorkommen:* Thailand; Menam Chao-Fluß.

Chela caeruleostigmata

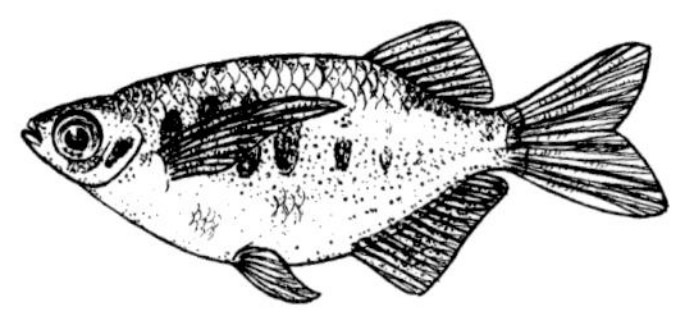

Oreichthys cosuatis. Bleibt klein und zeichnet sich besonders durch eine große Rückenflosse aus. Balzende Männchen spreizen diese zu einem prächtigen „Segel". Diese zierliche kleine Barbe aus der Familie Cyprinidae ist ein Schwarmfisch. Kann sehr gut zusammen mit anderen kleinen Barben und Bärblingen gepflegt werden. Einige kleine Labyrinthfische der Gattungen *Colisa, Trichopsis* und *Betta* beleben zusätzlich die Aquarienatmosphäre. Neben viel Schwimmraum dürfen gut bepflanzte Hintergrundpartien nicht fehlen. Den Bodengrund teilweise dunkel halten, stellenweise feiner Sand. *Länge:* ca. 4 cm. *Wasser:* Temperatur 22–28 °C; pH-Wert 6,0–7,0; 3–10 °dGH. *Nahrung:* Lebendfutter (*Cyclops, Artemia* und Grindal) sowie Futtertabletten und Flocken. *Vorkommen:* Indien, Assam.

Oreichthys cosuatis

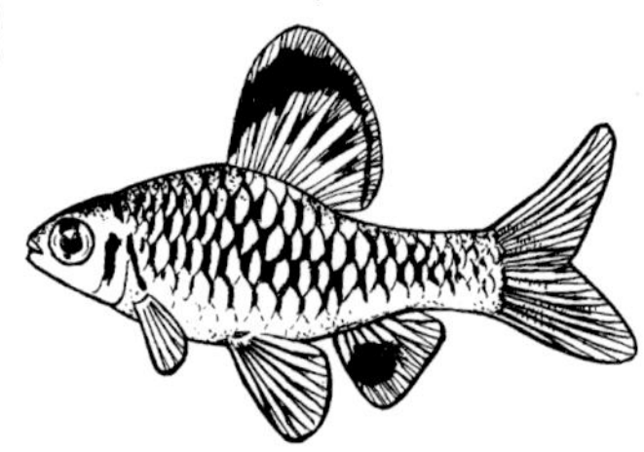

Puntius aff. eugrammus. Taucht immer wieder im Handel auf. Ein sehr guter Gesellschafter für viele kleine und mittelgroße Barben und Bärblinge. Bewohnt die mittleren und unteren Wasserschichten und sucht dort auch gerne nach Nahrung. Ein mit einer feinkörnigen Sandschicht bedeckter Bodengrund fördert das Wohlbefinden. Der Beckenhintergrund muß mit verschiedenen, teils dichten, teils weniger eng gesetzten Wasserpflanzen versehen sein. Runde Steine und einige bizarre Wurzeln ergänzen sinnvoll die Einrichtung. Glaswelse, kleine Labyrinthfische und klein bleibende Schmerlen können dazugesetzt werden. *Länge:* ca. 5–8 cm. *Wasser:* 23–27 °C; pH-Wert 6,2–7,0; 4–12 °dGH. *Nahrung:* Lebendfutter, Tabletten mit Pflanzenanteil und Flockensorten. *Vorkommen:* Sumatra, Borneo.

Puntius aff. eugrammus

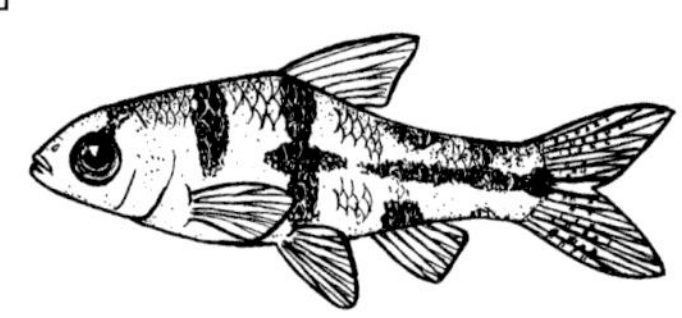

Puntius cf. sophore. Bleibt klein und kann eine schöne Bereicherung für jedes Aquarium mit Fischen aus Südostasien sein. Leider selten importiert. Die Aquarien sollten ausreichend Schwimmraum und stellenweise eine dichte Hintergrundbepflanzung aufweisen. Als Gesellschaft eignen sich viele Barben- und Bärblingarten, die möglichst nicht wesentlich größer sein sollten. Verschiedene Labyrinthfische (*Colisa, Trichopsis* und *Betta*) sowie klein bleibende Schmerlen (z. B. Dornaugen) und Grundeln sind ebenfalls gute Gesellschafter. Die Zucht kann gelingen. Freilaicher!
Länge: ca. 6 cm. *Wasser:* Temperatur 18–28 °C; pH-Wert um 6,0–7,2; 3–12 °dGH, *Nahrung:* maulgerechtes Lebendfutter, Trockenfutter und Futtertabletten, auch pflanzliche Kost. *Vorkommen:* Myanmar, Indien.

Puntius cf. sophore

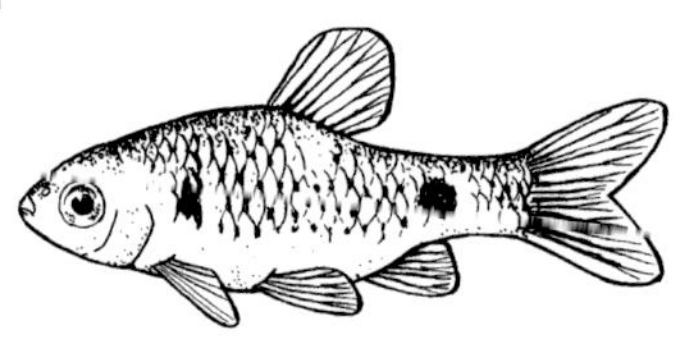

Notropis lutrensis (Amerikanische Rotflossenorfe). Besonders schöner, kleiner Kaltwasserfisch aus Nordamerika. Dieser Karpfenfisch liebt es, zu mehreren gepflegt zu werden. Zur Laichzeit wird das Männchen bunter und zeichnet sich durch einen Laichausschlag aus. Vollführen herrliche Balzspiele. Pflege am besten im Kaltwasser-Artenbecken mit dichter Hintergrundbepflanzung, abgerundeten Steinen und feinem Sand. Als Gesellschaft nur Arten dazugegeben, die friedlich sind (wie z. B. Scheibenbarsche, Steinbeißer und Bartgrundeln) und die gleichen Ansprüche stellen. *Länge:* ca. 8 cm. *Wasser:* Temperatur 14 °C im Winter, 22 °C im Sommer; pH-Wert 7,0–8,0; 10–20 °dGH. *Nahrung:* vielseitiges Lebendfutterangebot, eventuell Trockenfutter. *Vorkommen:* USA (Wyoming bis Mexiko).

Notropis lutrensis

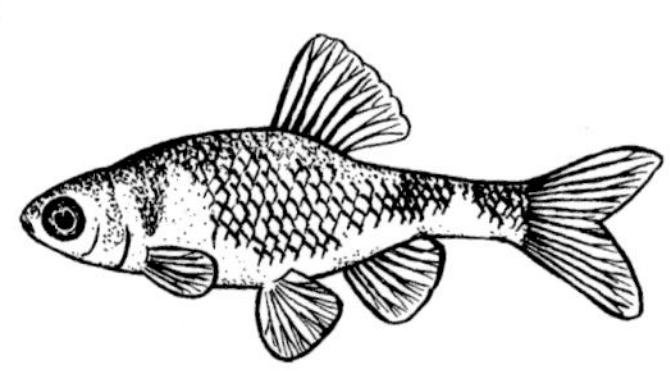

Barben und andere

Cyprinidae

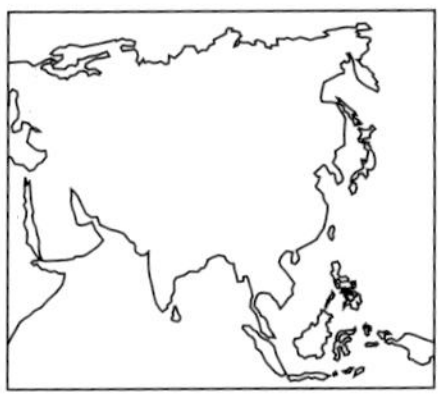

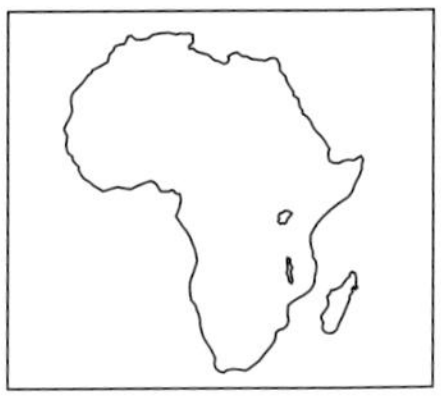

Myxocyprinus asiaticus. Friedlicher Karpfenfisch, kann recht groß werden. Eine den Aquarianern noch nicht lange bekannte Art. Mit seinen interessanten drei Färbungen (kontrastreich weißbraun, schwarz oder rotbraun), der breiten und hohen Rückenflosse und nicht zuletzt der sanften Wesensart verschafft sich der Fisch viel Sympathien. Das unterständige Maul entspricht der Ernährungsweise, es wird ganz geschickt zum Abweiden von Aufwuchs eingesetzt. Nur in der Natur oder in sehr großen Schauaquarien erreicht dieser Fisch die unten genannte Größe, sonst paßt er sich der Beckengröße an und wird kaum größer als 15–25 cm. *Länge:* ca. 60 cm. *Wasser:* 15–26 °C; pH-Wert 6,0–7,5; weich bis mittelhart, 4–15 °dGH. *Nahrung:* Allesfresser; Algen, Futtertabletten, pflanzliche Beikost. *Vorkommen:* China.

Myxocyprinus asiaticus

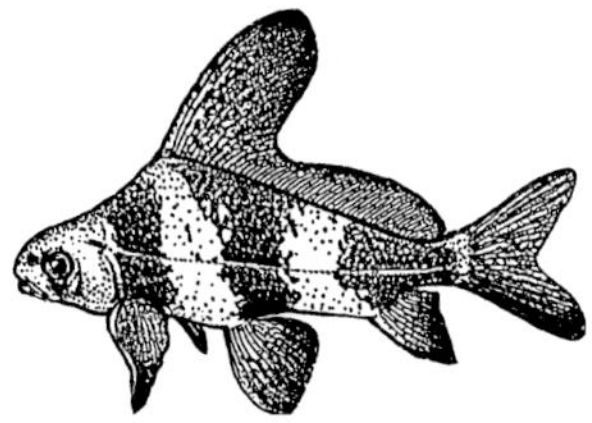

Osteochilus microcephalus. Robuste, kräftige, gut zu pflegende Barbe. Zeigt bei Wohlbefinden ihr wunderschön farbig schimmerndes Schuppenkleid. Jungfische mit angedeuteter Längslinie von den Augen bis zum Schwanzwurzelfleck. Haltung im lockeren Schwarm. Paßt zu anderen, kräftigen Karpfenfischen, die wenig kleiner, gleich groß oder etwas größer sind. Aquarieneinrichtung mit sandigem, dunklen Bodengrund, dichter Rand- und Hintergrundbepflanzung und viel Platz zum Ausschwimmen. Heimatgewässer: klares bis braunes leicht fließendes Wasser, sandiger Boden, z.T. mit Pflanzen, Wurzelholz und Ästen. *Länge:* ca. 15 cm. *Wasser:* Temperatur 24–28 °C; pH-Wert 6,0–7,5; 3–10 °dGH. *Nahrung:* Allesfresser. *Vorkommen:* Borneo, Sumatra, Kampuchea, südl. Vietnam, Thailand.

Osteochilus microcephalus

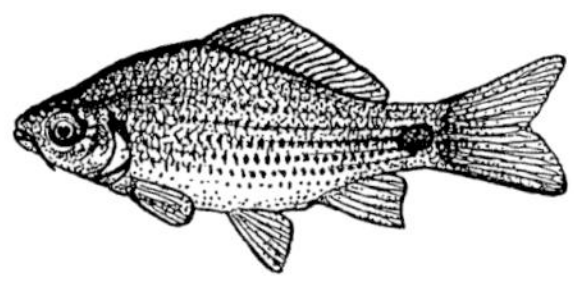

Probarbus jullieni. Dekorative, hochinteressante Barbe für mittlere und größere Aquarien. Kräftig, dabei friedfertig. Auffallend die rotgefärbte Iris und die braunen bis tiefbraunen, sich in Richtung Schwanzstiel verjüngenden 6 Längsbinden. Das endständige Maul kann vorgestreckt werden (siehe Foto). Kräftige Barbe, mit vielen friedfertigen Arten zu vergesellschaften. Langes Aquarium mit weichem Bodengrund; kräftige Pflanzen. Braucht genug Bewegungsfreiheit über der Bodenregion, gründelt gern. Möglichst keine feinfiedrigen Pflanzen einsetzen, da diese durch aufgewühlten Mulm leicht verschmutzt werden. *Länge:* bis ca. 90 cm, bleibt im Aquarium relativ klein. *Wasser:* Temperatur 22–28 °C; pH-Wert 6,0–8,0; 3–16 °dGH. *Nahrung:* Allesfresser. *Vorkommen:* China; Mekongbecken.

Probarbus jullieni

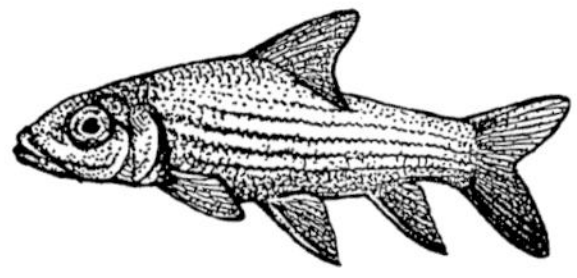

Barbus cf. pobeguini (ehem. *Puntius pleurops*). Eine kleinbleibende Barbe aus Afrika, wo man den größten Artenreichtum an *Barbus*-Arten findet. Ruhiger als viele andere Barben. Paßt gut zu vielen klein bleibenden Fischen wie *Rasbora*- und *Brachydanio*-Arten, die ebenfalls nicht zu lebhaft oder hektisch sind. Die Pflege ist relativ einfach und bereitet, sofern die Wasserwerte beachtet werden, keine Schwierigkeiten. Braucht neben ausreichend Versteckmöglichkeiten auch viel freien Schwimmraum. Haltung sowohl in helleren als auch in dunkleren Bekken möglich. Stellenweise weicher Bodengrund zum Gründeln. *Länge:* ca. 5,5 cm. *Wasser:* 24–28 °C; pH-Wert 6,2–7,5; weich bis mittelhart, 4–12 °dGH. *Nahrung:* Allesfresser; von Lebend- bis zu div. Trokkenfuttersorten. *Vorkommen:* Westafrika.

Barbus cf. pobeguini

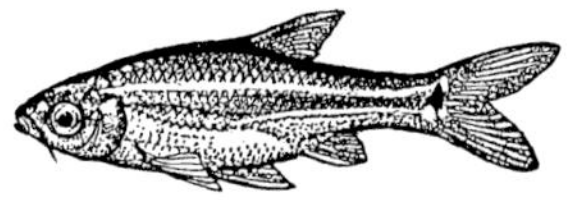

Puntius gelius (Fleckenbarbe). Sehr kleiner, friedfertiger, gesellig lebender Schwarmfisch; deshalb ist eine Haltung in Gruppen wichtig. Gut mit friedlichen Barben oder Salmlern, die wenig wärmebedürftig sind, zu vergesellschaften. Bodengrund dunkel und weich, ev. mit Mulm (Torf)! Dichte Rand- und Hintergrundbepflanzung als Zuflucht bei ausreichend freiem Schwimmraum bieten. Zum Ablaichen Zuchtbecken mit niedrigem Wasserstand, Temperatur leicht anheben, pH-Wert um 6,5 weiches Wasser. Die Eier (ca. 100) werden meist an der Unterseite von Wasserpflanzen abgelegt. Elterntiere herausfangen (Laichräuber!). *Länge:* ca. 3,5 cm. *Wasser:* Temperatur 18–23 °C; pH-Wert 6,5–7,5; 3–12 °dGH, *Nahrung:* jedes kleine Lebend- u. Frostfutter; Algen, feines Flockenfutter. *Vorkommen:* Indien.

Puntius gelius

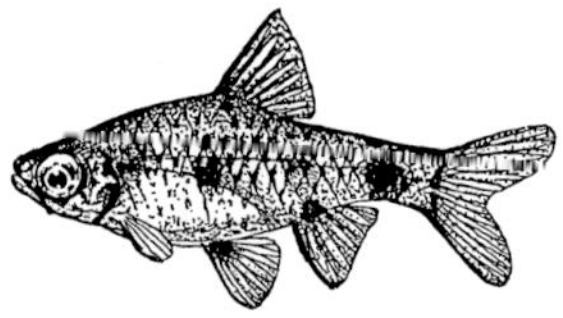

Luciosoma trinema (Hechtbärbling). Bewegungsfreudig; nicht aggressiv, kann jedoch durch sein lebhaftes Verhalten kleine Arten mitunter doch bedrängen und ist für diese ein arger Futterkonkurrent. Ein lockerer Schwarm paßt gut zu anderen, kräftigen Karpfenfischen. Benötigt langgestreckte Becken mit viel freiem Schwimmraum und dichtem Pflanzenwuchs an den Rändern und im Hintergrund. Becken gut abdecken, der Fisch springt! Bevorzugt Lebendfutter, nimmt aber schon nach kurzer Zeit auch Ersatzfutter an und wird zum problemlosen Allesfresser. *Länge:* ca. 30 cm. *Wasser:* Temperatur 23–27 °C; pH-Wert 6,5–7,0; weich bis mittelhart, 4–10 °dGH. *Nahrung:* jedes Lebendfutter, Frost- und Flockenfutter, gefriergetrocknete Nahrung. *Vorkommen:* Sumatra, Java, Borneo.

Luciosoma trinema

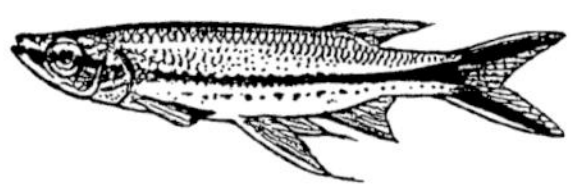

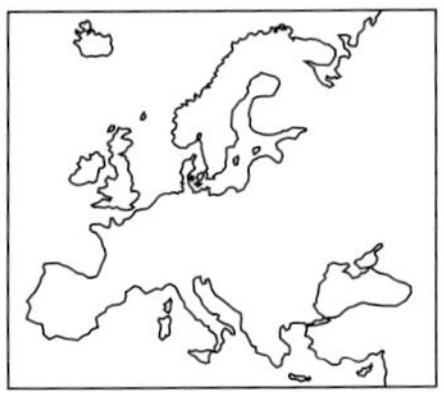
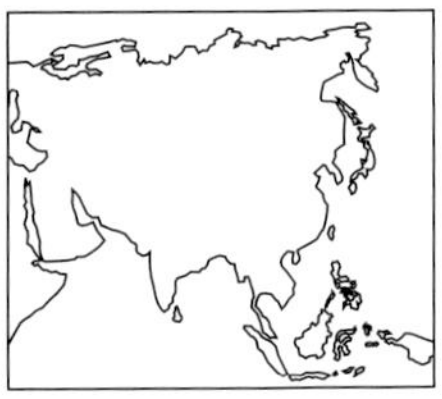

Kaltwasserfische
Cyprinidae

Scardinius erythrophthalmus (Rotfeder). Kaltwasserfisch. Friedlicher, einheimischer Schwarmfisch. Liebt Geselligkeit, mehrere Exemplare gemeinsam pflegen. Körper mit großen silbrigen Schuppen. Seiten können je nach Lichteinfall im Messingglanz erstrahlen. Flossen rot. Vergreift sich gerne an zarten Pflanzen. Durch regelmäßiges Füttern von überbrühtem Salat, aufgetautem Tiefkühlspinat und eingeweichten Haferflocken läßt er sich recht gut von den Pflanzen fernhalten. Schreckhaft, daher Vorsicht beim Arbeiten im Aquarium. *Länge:* 15–30 cm. *Wasser:* Temperatur 10–20 °C; pH-Wert 6,0–7,5; weich bis mittelhart, 5–18 °dGH. *Nahrung:* Allesfresser; bevorzugt pflanzliche Nahrung. Flockenfutter auf pflanzlicher Basis. *Vorkommen:* weite Teile von Europa, im Osten bis Aralsee.

Scardinius erythrophthalmus

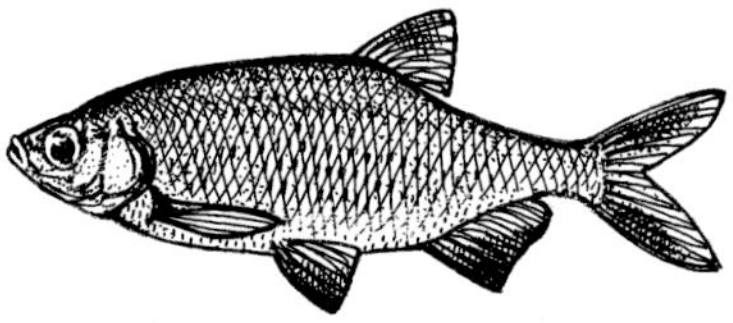

Carassius carassius (Karausche, Moorkarpfen). Kaltwasserfisch. Einheimische Art. Friedlich, anspruchslos, ausdauernd. Dem Karpfen nahe verwandt, trägt jedoch keine Barteln. Wird oft fälschlicherweise als die Stammform des Goldfisches bezeichnet. Wegen seiner Genügsamkeit und Widerstandsfähigkeit gut für Anfänger geeignet. Aquarium ab 120 cm lang, Steine, Wurzeln, feiner Sand. Dickichtartige Randbepflanzung mit Arten, die kühlere Temperaturen aushalten, z. B. Argentinische Wasserpest, Zwergpfeilkraut, Sumpfschrauben. 14-tägiger Teilwasserwechsel. Geringer Sauerstoffbedarf. *Länge:* im Aquarium etwa 15–20 cm. *Wasser:* 13–22 °C; pH-Wert 6,0–7,5; 5–24 °dGH. *Nahrung:* Allesfresser, auch Pflanzenkost; wird überwiegend vom Boden aufgenommen. *Vorkommen:* weite Teile Europas, nördliches Asien.

Carassius carassius

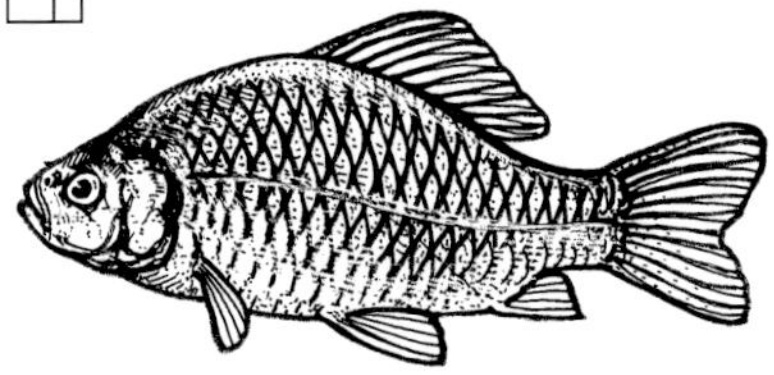

Rutilus rutilus (Plötze, Rotauge). Kaltwasserfisch. Friedlicher, lebhafter, anspruchsloser einheimischer Schwarmfisch mit rötlichen Augen. Einer der häufigsten Fische unserer Gewässer. Laicht in der Natur zwischen April und Mai an vorjährigen Pflanzen und Pflanzenresten. Männchen zeigt feinkörnigen Laichausschlag am Kopf. Ein guter Aquarienfisch. Ein kleiner Trupp von vier bis fünf Exemplaren erleichtert das Eingewöhnen. Feinsandiger Bodengrund, Randbepflanzung mit einheimischen kräftigen Wasserpflanzen. Größere Steine und enggesetzte, schilfartige Stäbe gliedern den Raum und geben die nötige Deckung. *Länge:* etwa 25 cm. *Wasser:* 10–20 °C; pH-Wert 6,0–7,5; 5–24 °dGH. *Nahrung:* Allesfresser, abwechslungsreich füttern. *Vorkommen:* West-, Mittel-, Osteuropa.

Rutilus rutilus

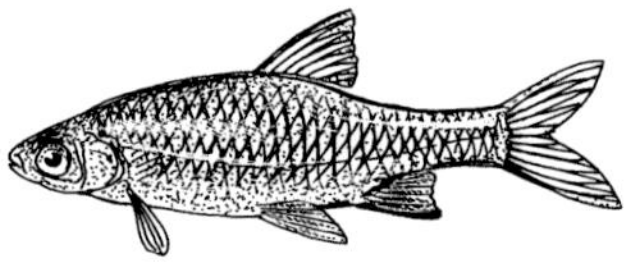

Barbus barbus (Flußbarbe, Gewöhnliche Barbe). Gesellig lebender einheimischer Kaltwasserfisch. In kleinen Trupps ab fünf Exemplaren. Als Jungfisch sehr interessanter Pflegling im normalen Kaltwasser-Zimmeraquarium. Leider müssen diese Tiere bald ausgetauscht werden, da sie ziemlich groß werden können. Lebt tagsüber größtenteils versteckt. Nahrungsaufnahme erfolgt in der Dämmerung. Kurz vor Ausschalten der Beleuchtung füttern. Sandiger oder kiesiger Bodengrund; einige Steine und Wurzeln zur Deckung. Einheimische Kaltwasserpflanzen. Sauerstoffreiches Wasser. Regelmäßigen Teilwasserwechsel. *Länge:* ca. 50 (90) cm. *Wasser:* 10–20 °C; pH-Wert 6,0–7,5; 8–18 °dGH. *Nahrung:* Allesfresser; ab und zu pflanzliche Kost. *Vorkommen:* in weiten Teilen Europas.

Barbus barbus

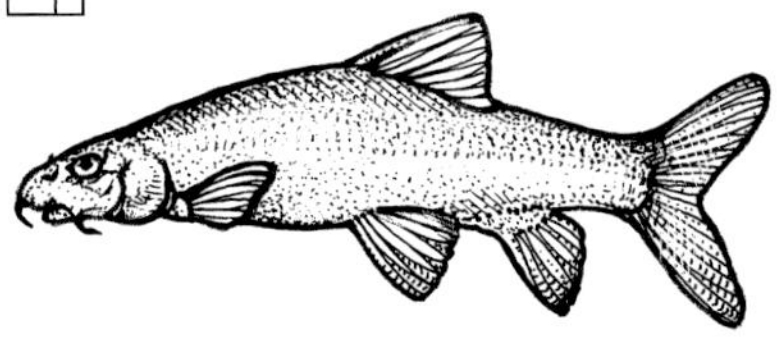

Tinca tinca (Schleie und Zuchtform Goldschleie). Anpassungsfähiger, zählebiger, wunderschöner Kaltwasserfisch. Körper goldolivgrün schimmernd. Kleine, tief eingebettete Schuppen. Dunkle, stark abgerundete Flossen. Die Goldschleie ist eine intensiv goldfarbene Zuchtform mit dunklen Augen. Friedlicher Fisch fürs Kaltwasseraquarium. Bodengrund aus feinem Sand oder Kies, der Fisch wühlt gern. Wasser ständig gut filtern. Tagsüber ruhig; während der Dämmerung und nachts wird der Boden nach Freßbarem durchsucht. Robuste Pflanzen in Schalen setzen und mit größeren Steinen gegen Herauswühlen absichern. *Länge:* ca. 40 cm. *Wasser:* Temperatur 10–20 °C; pH-Wert 6,0–7,5; weich bis hart, 5–20 °dGH, *Nahrung:* Allesfresser, Lebend- und Trockenfutter. *Vorkommen:* Europa bis Sibirien.

Tinca tinca (oben: Goldschleie)

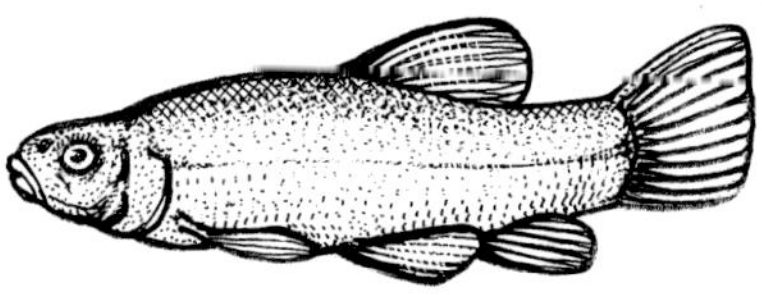

Ctenopharyngodon idella (Graskarpfen). Kaltwasserfisch. Jungfische sind friedliche, sehr interessante Beobachtungs- und Studienobjekte im Aquarium. Einrichtung mit bemoosten Steinen und Quellmoos-Büscheln. Dieses Moos wird, im Gegensatz zu anderen Wasserpflanzen, vom pflanzenfressenden Graskarpfen als Nahrung nicht sehr geschätzt. Becken gut belüften. Etwa vier bis acht kleine Exemplare einsetzen. (Aquariumgröße ab 140 cm Länge). Zu groß werdende Tiere in Gartenteiche abgeben. In Fischzuchtteichen verhindern sie eine Überentwicklung von Wasserpflanzen; fressen auch junge Schößlinge des Schilfes. *Länge:* ca. 60 (90) cm. *Wasser:* 10–20 °C; pH-Wert 6,0–7,5; 8–20 °dGH. *Nahrung:* fast ausschließlich Pflanzen; Futtertabletten. *Vorkommen:* Ostasien; fast weltweit eingeführt.

Ctenopharyngodon idella (Jungtiere)

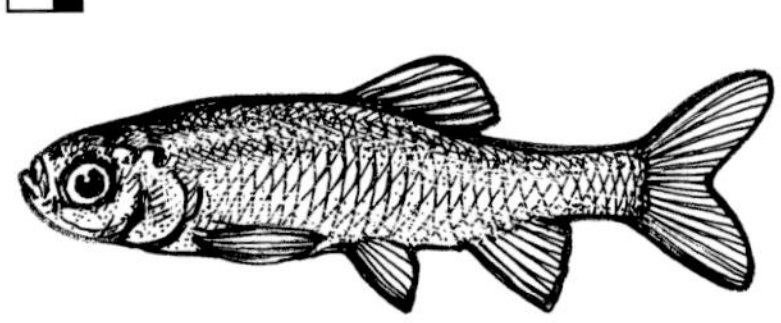

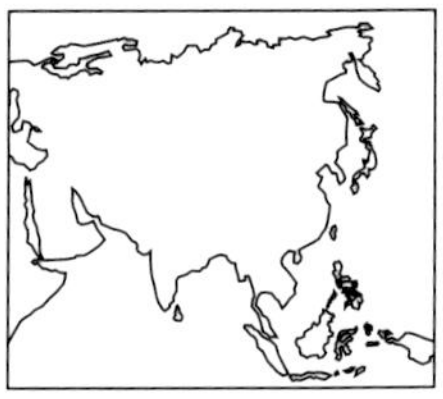

Kaltwasserfische

Cyprinidae

Leuciscus idus (Goldorfe). Einer unserer schönsten heimischen Kaltwasser-Aquarienfische. Beliebte, widerstandsfähige Zuchtform, sehr beweglich und munter. Auch für Gartenteiche gut geeignet, verträgt kühlere Temperaturen. Im größeren Schwarm halten. Viel freier Schwimmraum erforderlich. Geschlechtsorgane entwickeln sich erst ab einer Fischgröße, die im Aquarium nicht zu erreichen ist. Bei Umsetzung in den Gartenteich wächst die Orfe weiter und entwickelt sich normal. Kaltwasserfische müssen vor einer zu starken Erwärmung geschützt werden.
Länge: im Aquarium etwa 12–15 cm. *Wasser:* 4–20 °C; pH-Wert 6,0–8,0; weich bis hart, 6–20 °dGH. *Nahrung:* Allesfresser, bevorzugt Lebendfutter, nimmt jedoch auch die üblichen Trockenfutterarten an. *Vorkommen:* Europa.

Leuciscus idus

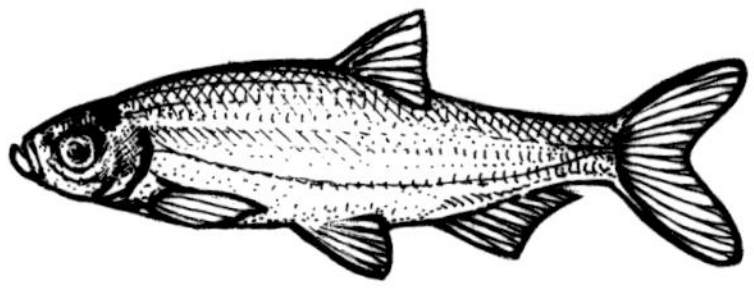

Phoxinus phoxinus (Elritze, Prille). Oberflächenorientierter, lebhafter, friedlicher Kaltwasserfisch. Ausdauernder Schwarmfisch. Für Anfänger geeignet. Männchen zeigen zur Laichzeit goldgelbe Seiten, rote Lippenränder, roten Bauch. Laichausschlag: Bei beiden Geschlechtern können sich kleine weiße Knötchen auf der Stirn bilden. Elritzen werden in der Verhaltensforschung als Versuchstiere gehalten, sind sehr lernfähig und reagieren bald auf Pfleger und Futtergaben (auf bestimmte, sich wiederholende Laute). Ein Schwarm Elritzen eignet sich gut fürs Kaltwasser-Gesellschaftsbekken. Fisch gründelt nicht. Zucht möglich.
Länge: ca. 14 cm. *Wasser:* sauerstoffreich, 6–20 °C; pH-Wert 6,5–7,5; 8–20 °dGH. *Nahrung:* Insektenlarven, Wurmfutter, Kleinkrebse, Trockenfutter. *Vorkommen:* Eurasien.

Phoxinus phoxinus

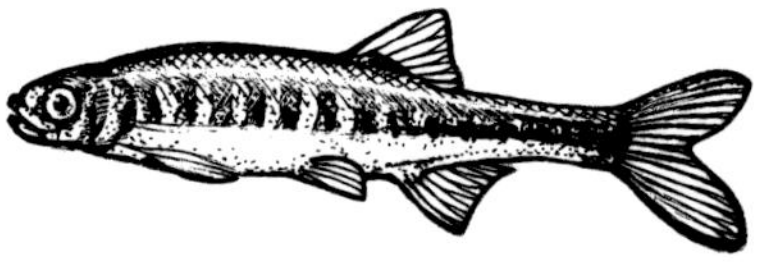

Alburnoides bipunctatus (Schneider). Einheimischer Kaltwasserfisch. Ist an seiner weit nach unten gebogenen dunklen Doppelreihe schwarzer Punkte (Schneidernaht), die die Seitenlinie oben und unten umfaßt, leicht zu erkennen. Ein Schwarmfisch, sowohl oberflächenorientiert als auch die unteren Wasserschichten bevölkernd. Wichtig: Sauerstoffbedürfnis beachten, gute Belüftung und Filterung. Wasser muß klar und sauber sein, daher regelmäßigen Wasserwechsel einplanen. Benötigt viel Schwimmraum; Ausstattung mit runden Flußsteinen, Wurzeln, harten Pflanzen (Kaltwasser). Bodengrund Kies.
Länge: ca. 14 cm. *Wasser:* 4–20 °C; pH-Wert 6,5–7,5; 8–20 °dGH. *Nahrung:* anfangs Lebendfutter, später auch Flocken- und Trockenfutter. *Vorkommen:* Europa bis Nahost.

Alburnoides bipunctatus

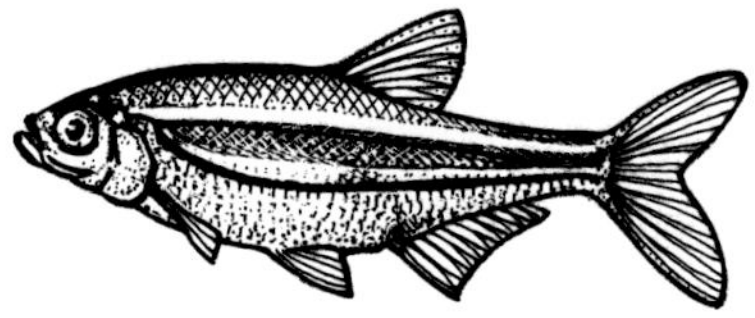

Leucaspius delineatus (Moderlieschen). Ein kleiner, ganz reizender Fisch für das Kaltwasseraquarium. Schwarmfisch. Friedlich, munter und anspruchslos. Rücken je nach Lichteinfall und Körperwendung von blaugrün bis gelblichgrün. Seiten silberglänzend. Männchen betreibt Brutpflege. Möglichst langgestrecktes Becken mit viel Raum zum Ausschwimmen. Teilweise dichte Pflanzengruppierungen mit Wasserpflanzen, die auch für die kühleren Temperaturen geeignet sind, z. B. Rauhes Hornkraut, Tausendblatt, Argentinische Wasserpest, Gemeines Hornkraut, Flutendes Teichlebermoos, Gewöhnliche Wasserschraube, Riesenvallisnerie, Amerikanische Bachbunge.
Länge: etwa 9 cm. *Wasser:* 4–20 °C; pH-Wert um 7,0; 7–20 °dGH. *Nahrung:* Lebend- und Trokkenfutter. *Vorkommen:* Mittel- und Osteuropa.

Leucaspius delineatus

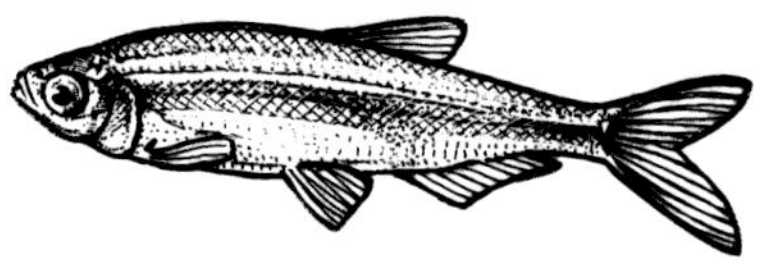

Gobio gobio (Gründling). Ein vielfach vergessener, jedoch sehr interessanter Kaltwasserfisch. Lebhafter, auch anderen Arten gegenüber friedlicher Schwarmfisch. Seine Eigenart kommt demnach auch erst im Schwarm richtig zum Ausdruck. Wie der deutsche Name anzeigt, ist er ein Grundfisch und „gründelt“ gerne; der Boden wird ständig nach Freßbarem durchsucht. Bodengrund im Aquarium aus Sand und Kies. Versteckmöglichkeiten durch einzeln gesetzte Pflanzendickichte (kräftige Arten verwenden), Steindekorationen oder Wurzeln. Sauerstoffbedürftig, Aquarienwasser gut durchlüften und filtern.
Länge: bis ca. 15 cm. *Wasser:* Temperatur 4–20 °C; pH-Wert 6,5–7,5; mittelhart bis hart, 8–20 °dGH. *Nahrung:* Allesfresser; auch pflanzliche Beikost. *Vorkommen:* Europa bis Asien.

Gobio gobio

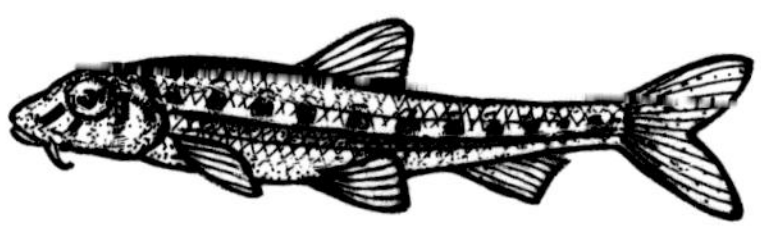

Rhodeus ocellatus ocellatus (Hongkong-Bitterling). Friedlicher, munterer Kaltwasserfisch. Leicht zu pflegen. Männchen zur Laichzeit recht farbenprächtig, mit Laichausschlag, Weibchen weniger schillerndes Hochzeitskleid, mit einer während der Laichzeit deutlich sichtbaren 4 cm langen Legeröhre. Um die eigenartige Brutfürsorge beobachten zu können, ist das Einbringen von Teich- oder Malermuscheln notwendig. Weibchen legt mit seiner langen Legeröhre nach und nach ca. 40 Eier in die Atemöffnung lebender Muscheln, in die auch die Spermien des Männchens gelangen. Im Schutz der Kiemenräume entwickeln sich die Jungfische. *Länge:* ca. 9 cm. *Wasser:* Temperatur 18–21 °C; pH-Wert um 7,0; mittelhart, 8–18 °dGH. *Nahrung:* Lebend- u. Flockenfutter. *Vorkommen:* China, Taiwan, Korea.

Rhodeus ocellatus ocellatus

Fransenlipper und andere

Cyprinidae

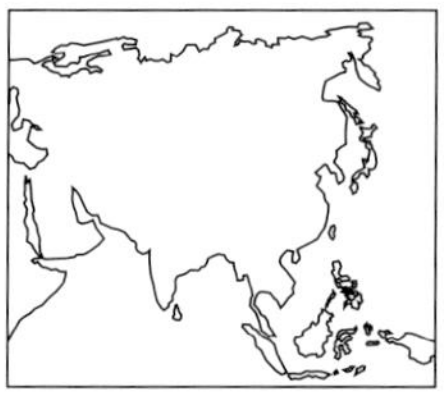

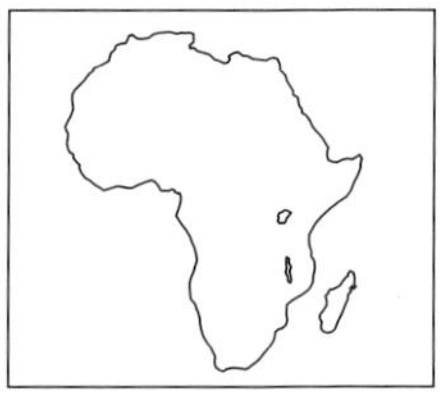

Crossocheilus siamensis

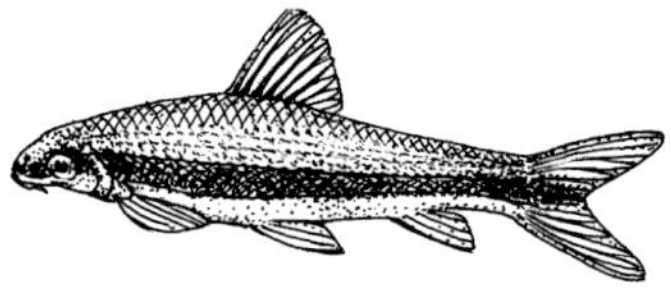

Crossocheilus siamensis (Siamesische Rüsselbarbe, Algenfresser). Die Art gilt als hervorragender Algenvertilger. Raspelt Algen von Blättern, Wurzeln, Steinen und Aquarienscheiben. Während die Schönflossen-Rüsselbarbe (unten) zwar Algen verzehrt, fädige Algen aber verschmäht, bekämpft der Algenfresser auch diese. Gegenüber Artgenossen mitunter unverträglich; zu anderen Beckeninsassen – auch zu kleineren Fischen – von Zeit zu Zeit ruppig, meist jedoch friedlich. Fürs Gesellschaftsbecken vorzüglich geeignet. Weicher Boden, großblättrige Pflanzen, veralgte Steine und Wurzeln. *Länge:* ca. 12 cm. *Wasser:* 23–27 °C; pH-Wert 6,4–7,0; 5–18 °dGH. *Nahrung:* Lebend- und Flockenfutter, Futtertabletten, Salat, Algen. *Vorkommen:* Südostasien.

Epalzeorhynchus kallopterus

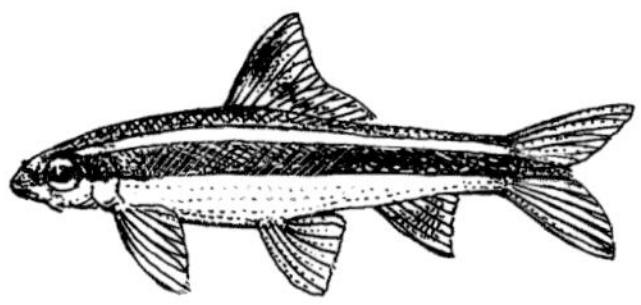

Epalzeorhynchus kallopterus (Schönflossen-Rüsselbarbe). Großflossige Barbe. Körper langgestreckt, seitlich etwas abgeflacht; Kopf spitz. Bemerkenswerte Ruhestellung: stützt sich mit den Brustflossen auf Wurzeln (siehe Abb.), Steinen oder großen Blättern ab. Ruhiger Bewohner der Bodenregion. Revierbildend. Innerhalb der Art oft Revier- und Rangordnungskämpfe; das eigene Territorium wird gegen Artgenossen abgegrenzt. Gegenüber anderen Mitbewohnern friedlich. Einzeltiere können im Gesellschaftsbecken gehalten werden. Durch gut gestaltete Einrichtung Versteckmöglichkeiten zwischen Steinen, Wurzeln und Pflanzengrupppen schaffen. Wöchentlicher Teilwasserwechsel. *Länge:* ca. 12 cm. *Wasser:* 23–27 °C; pH-Wert 6,4–7,0; 5–18 °dGH. *Nahrung:* Allesfresser; auch Pflanzliches. *Vorkommen:* Südostasien.

Labeo forskalii

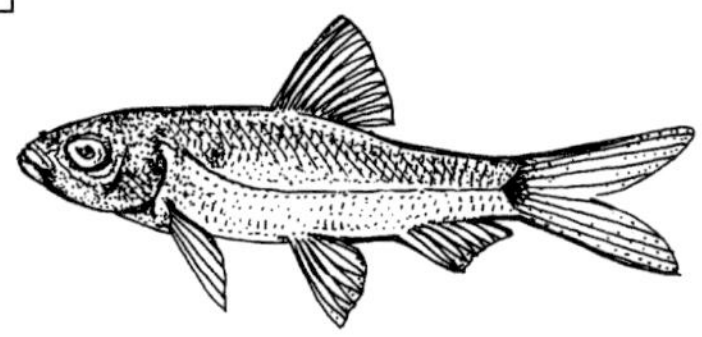

Labeo forskalii (Nil-Fransenlipper). Kleine Jungtiere ziemlich unauffällig silbrig gefärbt (vgl. Abb.). Erwachsener Fisch oberseits mehr dunkeloliv, mit hellem Bauch. Lebhafter Fisch. Revierbildend, jedoch nicht ganz so aggressiv und streitsüchtig wie *Labeo bicolor.* Einrichtung wie bei allen *Labeo*-Arten: mehrere Verstecke und Zufluchtsmöglichkeiten aus Wurzeln, Steinen und Pflanzen. Dekoration so gestalten, daß die Fische im Gesellschaftsbecken Reviere bilden können, ohne sich dauernd zu sehen. Weicher Bodengrund. Regelmäßig Wasser wechseln. *Länge:* bis ca. 35 cm. *Wasser:* Temperatur 18–25 °C; pH 6–18 °dGH. *Nahrung:* Lebend- und Trockenfutter, Frost- und gefriergetrocknete Nahrung, Pflanzen (Algen, Spinat, gut gewaschener Salat). *Vorkommen:* Afrika, Nilzuflußgebiet.

Labeo bicolor

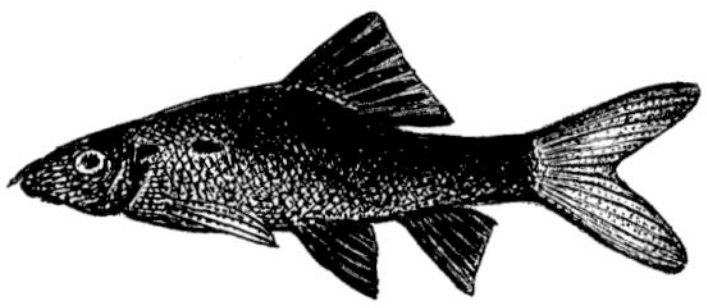

Labeo bicolor (Feuerschwanz-Fransenlipper). Beliebter, prächtiger Aquarienfisch. Samtschwarz mit scharf abgegrenzter roter Schwanzflosse. Drückt seine Stimmung (und Wohlbefinden) durch Farbveränderung aus. Revierbildender Einzelgänger. Die Aggressionen richten sich gegen die eigene Art. Ständige Revier- und Rangordnungskämpfe können im Aquarium ohne Ausweichmöglichkeiten tödlich enden. Entweder Einzelfisch für das Gesellschaftsaquarium oder Schwarmhaltung (ab ca. 5 Exemplaren wird der Trieb zur Revierbildung unterdrückt). Braucht Versteckmöglichkeiten: Steine, Äste, Wurzeln. Nitritfreies Wasser, regelmäßiger Teilwasserwechsel. *Länge:* 12 cm. *Wasser:* 23–27 °C; pH-Wert um 7,0; 6–18 °dGH. *Nahrung:* Lebend-, Frostfutter, Futtertabletten, Algen. *Vorkommen:* Thailand.

Labeo erythrurus

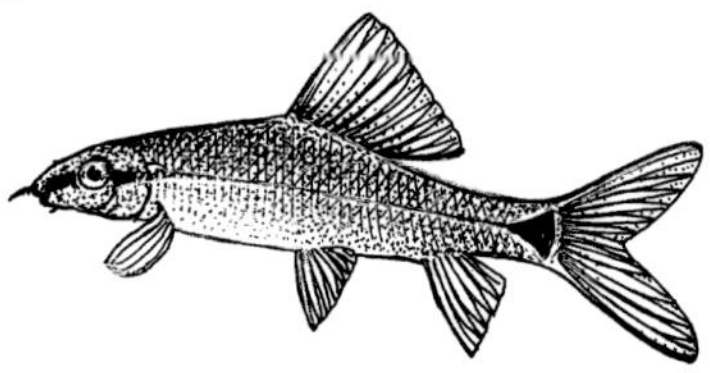

Labeo erythrurus (Grüner Fransenlipper). Körper dunkel-grüngrau. Alle Flossen in rotoranger Tönung. Mit zunehmendem Alter untereinander unverträglich, Revier- und Rangordnungskämpfe. Das stärkste Tier beansprucht stets seine Vormachtstellung. Unterlegene Tiere haben oft große Mühe, überhaupt ans Futter zu kommen. Haltung mehrerer Fransenlipper nur in großen, geräumigen Aquarien, in denen jedes Tier sein eigenes Revier behaupten kann, ohne ständigen Blickkontakt mit den Artgenossen. Gut gegliederte Dekoration mit höhlenbildendem Wurzelwerk und Pflanzendickichten. Regelmäßiger Teilwasserwechsel. Vertilgt Algen. *Länge:* 8 (12) cm. *Wasser:* 23–27 °C; pH-Wert um 7,0; 6–18 °dGH. *Nahrung:* Allesfresser; auch Algen, Spinat, überbrühter Salat. *Vorkommen:* Thailand.

Morulius chrysophekadion

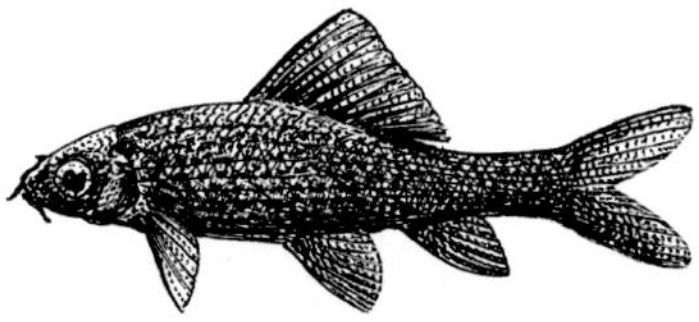

Morulius chrysophekadion (Schwarzer Fransenlipper). Der sehr groß werdende Fisch ist in seinen Heimatländern eine begehrte Delikatesse und für seine krächzenden Lautäußerungen bekannt. Körper und Flossen einheitlich schwarz gefärbt. Nur in der Jugend im Liebhaberaquarium zu pflegen. Können untereinander recht aggressiv und unverträglich sein, gegenüber artfremden Fischen jedoch meist friedlich. Einzelhaltung oder sehr geräumiges Gesellschaftsbecken. Weicher Bodengrund. Dichte Rand- und Hintergrundbepflanzung. Verstecke aus Wurzeln und Steinaufbauten. Gute Filterung und regelmäßiger Wasserwechsel. *Länge:* bis 60 cm. *Wasser:* 23–27 °C; pH-Wert um 7,0; 6–18 °dGH. *Nahrung:* Lebend-, Frost-, Tabletten- u. Flockenfutter; Algen, Salat, Spinat. *Vorkommen:* Südostasien.

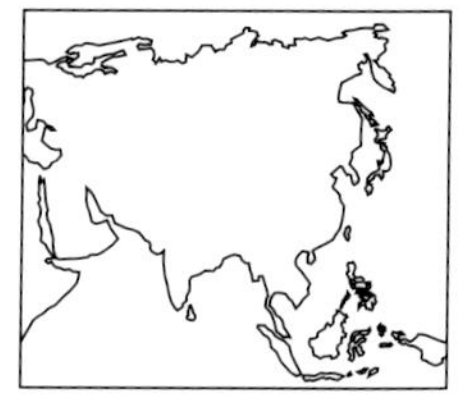

Goldfische

Cyprinidae

Carassius auratus (Einfacher Goldfisch). Schon vor über tausend Jahren züchtete man in China Goldfische. Sie genossen allerhöchstes Ansehen. Der älteste Bericht hierüber stammt aus den Jahren der Sung-Dynastie um 960–1126. Alle Goldfische sind Abkömmlinge der Silberkarausche. Heute wird er in der ganzen Welt teils im Aquarium, teils im Freiland gehegt und gepflegt. Mühelos zu halten, recht verträglich. Große, helle Aquarien, feinsandiger Bodengrund, kräfige – keine feinfiedrigen – Pflanzen (Kaltwasser!); dazu genug Schwimmraum. Sauberes, sauerstoffreiches Wasser. Elterntiere sind Laichräuber. *Länge:* im Aquarium ca. 15 cm, in Freiland größer. *Wasser:* im Sommer 18–25 °C, im Winter 10–18 °C; pH-Wert 5,0–8,0; 6–18 °dGH. *Nahrung:* Allesfresser. *Vorkommen:* Zuchtform.

Carassius auratus

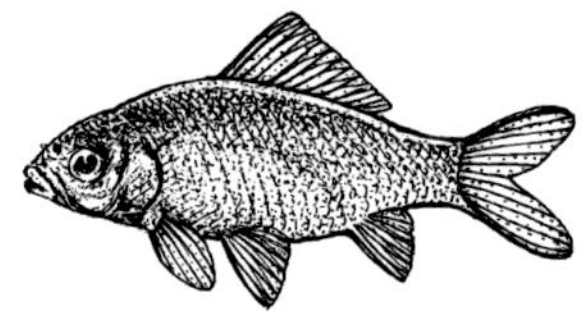

Shubunkin (Kaliko-Goldfisch). Sein Kennzeichen ist ein langgestreckter, seitlich zusammengedrückter Körper, ähnlich dem des gewöhnlichen Goldfisches. Rückenflosse vergrößert; Schwanzflosse einfach, tief eingeschnitten, verlängert und abgerundet. Eine außerordentliche Farbmischung und Farbvielfalt in der Musterung. Über Körper und Flossen ziehen sich dunkle Flecken. Ein besonders hübscher, anspruchsloser Goldfisch fürs Kaltwasseraquarium mit genügend Raum zum Ausschwimmen. Der Kaliko-Goldfisch ist zusammen mit dem Kometen-Goldfisch und dem gewöhnlichen Goldfisch als Gartenteichfisch geeignet. *Länge:* ca. 16 cm. *Wasser:* Temperatur im Sommer 18–25 °C, im Winter 10–18 °C; pH-Wert 5,0–8,0; weich bis mittelhart, 6–18 °dGH. *Nahrung:* Allesfresser. *Vorkommen:* Zuchtform.

Shubunkin

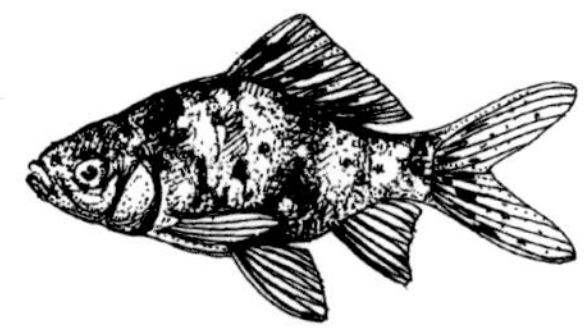

Azuma Nishiki (Gefleckter Oranda, Holländischer Kaliko-Oranda). Kalikos sind die buntesten, farbigsten Hochzuchtformen des Goldfisches. Auf dem Kopf die für diese Hochzuchtform typischen „Pilze“ (Wülste). Körper sowie Flossen bunt gefleckt. Das Wort „Kaliko“ bezieht sich wahrscheinlich auf einen mehrfarbigen, indischen Baumwollstoff. Geräumige Aquarien (bei zu wenig Bewegungsfreiheit werden alle Hochzuchtformen träge, es entstehen Bewegungs- und Stoffwechselprobleme). Robuste Pflanzen, Wasser gut filtern, Bodengrund feiner Sand (zum Gründeln), keine scharfkantigen Steine etc. *Länge:* ca. 18–25 cm. *Wasser:* im Sommer 18–25, im Winter 14–18 °C. pH-Wert um 7,0; 6–18 °dGH. *Nahrung:* Lebendfutter, Goldfischfutter, pflanzliche Beikost. *Vorkommen:* Zuchtform.

Azuma Nishiki

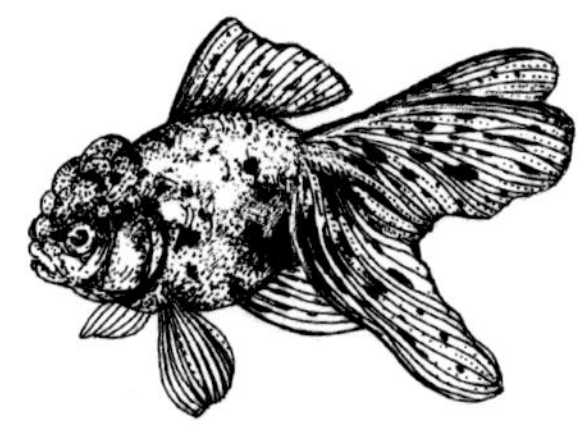

Ryukin (Hochzucht-Schleierschwanz). Der Körper soll – im Gegensatz zum massiven Flossengebilde – klein und zart erscheinen. Die Länge der Flossen bestimmt wesentlich den Wert des Fisches. Die Rückenflosse sollte aufrecht stehen. Die großflächig wallende, schleierhaft fließende Schwanzflosse hängt im bewegungslosen Zustand lose herab; dünne, biegsame Flossenstrahlen ermöglichen diese schleierartige Beschaffenheit. Niedrige Temperaturen werden nicht vertragen; Haltung im Außenbekken deshalb nicht unbedingt empfehlenswert. Heizung im Aquarium angebracht. Gesellschafter für ruhige Goldfischarten.
Länge: ca. 20 cm. *Wasser:* im Sommer 20–25 °C, im Winter 15–18 °C; pH-Wert um 7,0; 6–18 °dGH. *Nahrung:* Allesfresser; pflanzliche Zukost. *Vorkommen:* Zuchtform.

Ryukin

Chotengan (Himmelsgucker). Zählt zu den anspruchsvolleren Arten. Wird von buddhistischen Mönchen vielfach in den Ziergärten der Tempel gehalten. Kopf und Schnauze kurz, Schwanzflosse kurz und geteilt, Rückenflosse fehlt. Die stark hervortretenden, von Haut- und Bindegewebe umgebenen Augen mit den nach oben gerichteten Pupillen sind namensgebend. Zucht mit dieser Augenform nicht immer erfolgreich, ist schwierig und galt über lange Zeit als chinesisches Geheimnis. Zuchtrezepte und Zuchtauslese waren Gold wert, blieben lange Zeit gut gehütet und wurden vom Vater auf den Sohn weitergegeben. *Länge:* ca. 15 cm. *Wasser:* im Sommer 20–25 °C, im Winter 15–18 °C; pH-Wert um 7,0; 6–18 °dGH. *Nahrung:* Lebendfutter, Frost- und Trockenfutter, pflanzliche Beikost. *Vorkommen:* Zuchtform.

Chotengan

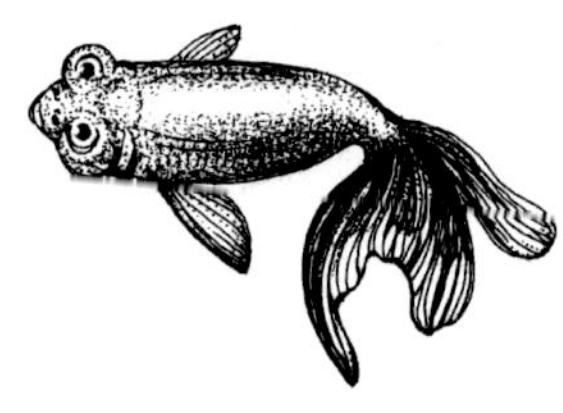

Sarasa Comet (Kometenschweif). Robust und preisgünstig wie der gewöhnliche Goldfisch. Die gestreckte Körperform ähnelt ihm meist auch, ist nur gelegentlich hochrückiger. Jedoch sind alle Flossen verlängert, besonders die einfache, ungeteilte Schwanzflosse, wobei beide ausgezogenen Spitzen gleich lang sein sollen. Sehr hübsch ist die rot und weiß gefleckte Färbung, Sarasa Comet (beim Kometenschweif-Goldfisch kommen auch andere Färbungen vor). Kann in größeren Aquarien oder auch im Gartenteich gehalten werden. Ist temperamentvoll und verträgt sich gut mit anderen Fischarten.
Länge: ca. 18 cm. *Wasser:* Temperatur im Sommer 18–25 °C, im Winter 10–18 °C; pH-Wert 5,0–8,0; weich bis mittelhart, 6–18 °dGH. *Nahrung:* Allesfresser. *Vorkommen:* Zuchtform.

Sarasa Comet

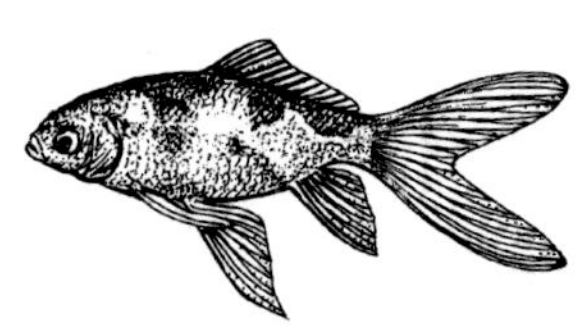

Goldfische

Cyprinidae

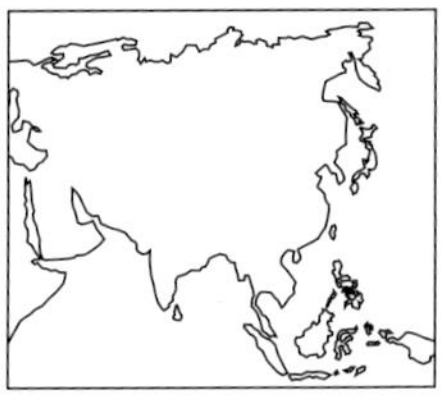

Suihogon (Blasenauge). Der Fisch gleicht in Körperform und Beflossung dem Himmelsgukker. Die Augenbildung ist jedoch anatomisch anders. Charakteristisch sind die mit Flüssigkeit gefüllten Blasen unter jedem Auge; die Augen sind aufwärts gerichtet. Die zarten Blasen müssen vor allen scharfkantigen Gegenständen geschützt werden; deshalb auch keinen rauhen, scharfkantigen Lavalit als Bodengrund einbringen (dies gilt auch für andere Goldfische, da sie oft gründeln und wühlen). Geeignet sind gereinigter, gut durchgespülter Kies und feiner Sand, dazu runde Flußsteine. Die Abbildungen zeigen die rote Form und eine weniger bekannte rotweiße Züchtung. *Länge:* ca. 18 cm. *Wasser:* im Sommer 20–25 °C, im Winter 15–18 °C; pH-Wert um 7,0; 6–18 °dGH. *Nahrung:* wie Teleskopauge. *Vorkommen:* Zuchtform.

Suihogon

Demekin (Roter Teleskop-Schleierschwanz). Das auffällige Merkmal aller Teleskop-Schleierschwänze sind die stark vergrößerten, verlängerten Augäpfel. Sie sind seitlich ausgerichtet und sehr empfindlich. Weder Form noch Größe der Augen sind immer symmetrisch; mitunter ist nur ein Auge teleskopartig, das andere normal. Augenentwicklung siehe Schwarzer Teleskop-Schleierschwanz. Besonders Jungfische nicht mit anderen Arten vereinen. Ihre hervortretenden Augen werden hier schon in der Entwicklungsphase beschädigt, z. T. sogar abgebissen. Empfindliche Goldfischzuchtform. *Länge:* ca. 20 cm. *Wasser:* Temperatur im Sommer 20–25 °C, im Winter 15–18 °C; pH-Wert um 7,0; weich bis mittelhart, 6–18 °dGH. *Nahrung:* Lebend-, Frost-, Trockenfutter. *Vorkommen:* Zuchtform.

Demekin (Rot)

Gaotoulongjing (Chinesisches Drachenauge). Körper eiförmig. Augen seitlich stark hervortretend, ungewöhnlich vergrößert; Augendurchmesser 10 bis 12 mm. Färbung meist einheitlich rot, seltener gefleckt (kalikofarben). Drachenaugen gehören zu den empfindlichen Formen, nur gemeinsam mit anderen langsamen Zuchtformen pflegen (siehe Kaliko-Teleskopschleierschwanz). *Länge:* ca. 18 cm. *Wasser:* Temperatur im Sommer 20–25 °C, im Winter 15–18 °C; pH-Wert um 7,0; weich bis mittelhart, 6–18 °dGH. *Nahrung:* Lebend-, Frost- und gefriergetrocknetes Futter, Pellets als Schwimm- oder Sinkfutter. Nur so viel füttern, wie in kurzer Zeit gefressen werden kann. *Vorkommen:* Zuchtform.

Gaotoulongjing

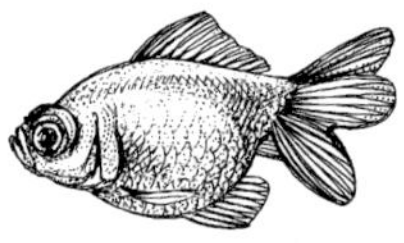

Nankin (Eierfisch). Typisch für diese kleine Zuchtform ist sein eiförmiger Körper mit dem gewölbten, leicht abgerundeten Rücken. Rükkenflosse fehlt ganz. Schwanzflosse doppelt, sehr kurz. Messingfarben, mit rötlichen Flossen und leicht rötlicher Kopfpartie; auch buntscheckig. In Japan wird eine Form mit weißem Körper gezüchtet: der „Weiße Eierfisch" oder Nankin. Diese Form hat leicht rosa Flossen und intensiver rot gefärbte Kiemendeckel und Flossenansätze. Diese Färbung gilt als besonders wertvoll und ist in Japan besonders begehrenswert. Empfindliche Goldfischzuchtform. *Länge:* ca. 12 cm. *Wasser:* Temperatur im Sommer 20–25 °C, im Winter 15–18 °C; pH-Wert um 7,0; weich bis mittelhart, 6–18 °dGH. *Nahrung:* Lebend-, Trocken- u. Frostfutter. *Vorkommen:* Zuchtform.

Nankin

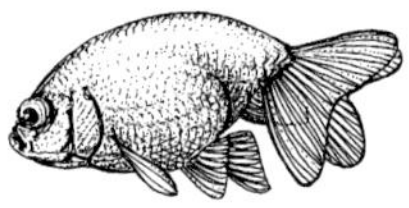

Calico Demekin (Kaliko-Teleskop-Schleierschwanz). Ein Teleskopschleierschwanz mit Kalikofärbung. Körper kurz und eiförmig; Rükkenflosse ragt fahnenartig hoch; Afterflosse doppelt; Schwanzflosse zweigeteilt. Färbung weiß mit bläulichem Schimmer, verschieden große rote Flecken mit einer darübergelegten schwarzen Sprenkelzeichnung. Vergesellschaftung der diversen Teleskop-Schleierschwänze mit Fischen von ähnlichem Temperament: Blasenauge, Drachenauge, Himmelsgucker, Hochzuchtschleierschwänze. Scharfkantige Gegenstände könnten die empfindlichen Augen verletzen. Bodengrund: feinkörniger Kies (2–4 mm). *Länge:* ca. 20 cm. *Wasser:* Temperatur im Sommer 20–25 °C, im Winter 15–18 °C; pH-Wert um 7,0; 6–18 °dGH. *Nahrung:* Lebend-, Frost-, Trockenfutter. *Vorkommen:* Zuchtform.

Calico Demekin

Demekin (Schwarzer Teleskop-Schleierschwanz). Der „Schwarze" gilt als die vollendetste Zucht unter den Teleskopschwänzen. Bei besonders gelungenen Zuchten soll die Farbe ein gleichmäßiges Schwarzbraun zeigen; auch die Gleichheit der Augen in Form und Größe ist ein Bewertungsmerkmal. Die großen, teleskopartig hervortretenden Augen sind empfindlich, keine scharfkantigen Gegenstände ins Aquarium. Vorsicht auch beim Herausfangen. Die Teleskopaugen entwickeln sich erst relativ spät (ab etwa dem dritten bis sechsten Monat) und sind erst nach zwei Jahren vollständig ausgebildet. Vor Unterkühlung schützen! *Länge:* ca. 20 cm. *Wasser:* Temperatur im Sommer 20–25 C, im Winter 15–18 °C; pH-Wert um 7,0; 6–18 °dGH. *Nahrung:* Lebend-, Frost-, Trokkenfutter. *Vorkommen:* Zuchtform.

Demekin (Schwarz)

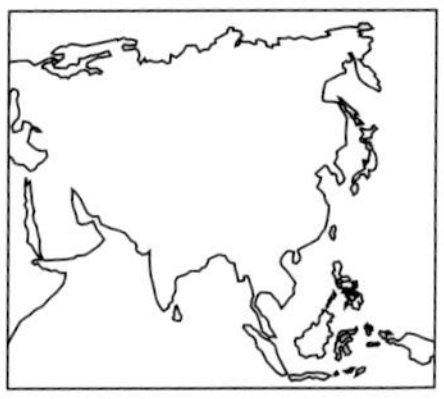

Goldfische

Cyprinidae

Ryukin (Schleierschwanz). Wichtige, beliebte Zuchtform. Körperform ei- oder kugelförmig gedrungen. Flossen charakteristische Schleierform. Besonders die zweigeteilte Schwanzflosse schleierartig verlängert. Je länger der Schwanz im Verhältnis zum Körper, desto wertvoller ist der Fisch für Kenner. Rückenflosse ragt fahnenartig in die Höhe. Erreicht die volle Schönheit nach drei bis vier Jahren. Der wertvolle „Ryukin“ soll leuchtend rot mit weißen bis leicht cremefarbenen Flächen gefärbt sein und eine im hohen Bogen verlaufende Rückenlinie sowie einen schwellend heraustretenden Schwanzstiel aufweisen.
Länge: ca. 20 cm. *Wasser:* Temperatur im Sommer 20–25 °C, im Winter 14–18 °C; pH-Wert um 7,0; 6–18 °dGH. *Nahrung:* Lebend- und Trockenfutter. *Vorkommen:* Zuchtform.

Ryukin (unten Jungtiere)

Ranchu (Löwenkopf). Wird in Japan als König der Goldfische bezeichnet. Vollendete Exemplare sind selten, gehören zu den teuersten Goldfischen und gelten als züchterische Perfektion (sie wurden bereits mit der vielfachen Menge ihres Gewichtes in Gold bezahlt). Der kurze, breite Kopf ist völlig von warzenartigen, grellroten Wucherungen („Löwenmähne“) überdeckt. Es handelt sich hierbei um eine übermäßige Vermehrung der Epithelzellen. Die Wucherungen bilden sich ungefähr ab dem zweiten Lebensjahr und wachsen ständig weiter. Keine Flossen auf dem dicken Rücken. Wie alle Goldfischformen im Winter kühler halten.
Länge: 15–20 cm. *Wasser:* im Sommer 20–26 C, im Winter 14–18 °C; pH-Wert um 7,0; 6–18 °dGH. *Nahrung:* Lebendfutter aller Art, Spezial-Goldfischfutter. *Vorkommen:* Zuchtform.

Ranchu

Calico (Kaliko-Schleierfisch). Je länger Brust- und Bauchflossen und je höher die Rückenflosse, um so mehr steigt der Wert des Fisches. Läßt sich gut mit anderen Schleierschwänzen vergesellschaften. Guter Farbkontrast zu einfarbigen Fischen. Auch Goldfische entfalten erst vor saftigem Grün ihre volle Farbschönheit. Keine zarten Pflanzen einbringen, sie leiden unter den ständig auf Nahrungssuche umherschwimmenden Fischen. Pflanzen sollten etwas kühlere Temperaturen vertragen. Zu empfehlen sind: Sumpfschrauben, Rauhes Hornkraut, Riesenvallisnerien, Argentinische Wasserpest.
Länge: ca. 20 cm. *Wasser:* Temperatur im Sommer 20–25 °C, im Winter 14–18 °C; pH-Wert um 7,0; weich bis mittelhart, 6–18 °dGH. *Nahrung:* Spezial-Goldfischfutter, Lebendfutter aller Art. *Vorkommen:* Zuchtform.

Calico

Chinshurin (Perlschupper). Entwickelte sich am Ende der Ts'ing-Dynastie (1848–1925) durch planmäßige Kreuzung. Körperform eiförmig, gedrungen wie Schleierschwanz. Schuppen stark vorgewölbt, ähneln Muschelschalen oder halbierten Perlen. Bei Verlust einzelner Perlschuppen, z. B. durch Verletzung, wachsen nur einfache Schuppen nach. Körperfärbung vorwiegend orange, rot, weiß; auch rot und weiß gescheckt. Mitunter mit gelblichen oder dunklen, verwaschenen Flecken. Afterflosse doppelt, Schwanzflosse vierzipfelig. Eine empfindliche Goldfischform, die nur im Aquarium gepflegt werden sollte. *Länge:* ca. 15 cm. *Wasser:* im Sommer 20–25 °C, im Winter 14–18 °C; pH-Wert 7,0; 6–18 °dGH. *Nahrung:* Lebend-, Spezial-Goldfisch- und Flockenfutter. *Vorkommen:* Zuchtform.

Chinshurin

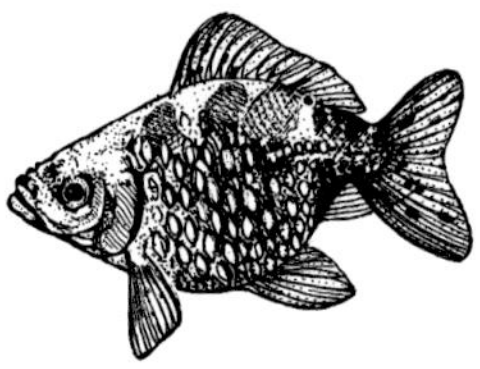

Chakin (Schokoladen-Oranda). Eine chinesische Zuchtform mit aparter Schokoladen-Färbung. Die Körperform mit der Beflossung ähnelt dem Ryukin, die Zellwucherungen auf dem Kopf dem Ranchu. Die kleinen Augen sind stark umwuchert. Pflege unproblematisch, die Ansprüche an Wasserbeschaffenheit und Nahrung sind gering; aber sowohl im Zimmeraquarium als auch im Gartenteich (hier nur in den wirklich warmen Sommermonaten) ist für die Gesunderhaltung der Tiere ein gewisses Maß an Pflege wichtig.
Länge: ca. 25 cm. *Wasser:* Temperatur im Sommer 20–25 °C, im Winter 14–18 °C; pH-Wert um den Neutralpunkt, 7,0; weich bis mittelhart, 6–18 °dGH. *Nahrung:* Lebendfutter aller Art, Spezial-Goldfischfutter, Flockenfutter, pflanzliche Beikost. *Vorkommen:* Zuchtform.

Chakin

Oranda Shishigashira (Sarasa Oranda). Sarasa ist die Bezeichnung für die Farbkombination aus Rot-Orange und Weiß. Wohl eine der schönsten Formen. Mit Hautwucherungen auf dem Kopf. Sehr beliebter und begehrter Goldfisch fürs Aquarium. Ideal für den Anfänger. Wichtig ist sauberes Wasser mit genug gelöstem Sauerstoff. Fische zeigen durch Luftschnappen Sauerstoffmangel an. Regelmäßig Wasser austauschen, wöchentlich ca. 25 % des Aquarieninhalts; dies verhindert zudem auch noch einen zu hohen Gehalt an Abfallstoffen (Kot, Hautabscheidungen, Futterreste).
Länge: ca. 25 cm. *Wasser:* Temperatur im Sommer 20–25 °C, im Winter 14–18 °C; pH-Wert um 7,0; weich bis mittelhart, 6–18 °dGH. *Nahrung:* Lebendfutter, Spezial-Goldfischfutter, pflanzliche Beikost. *Vorkommen:* Zuchtform.

Oranda Shishigashira

Goldfische

Cyprinidae

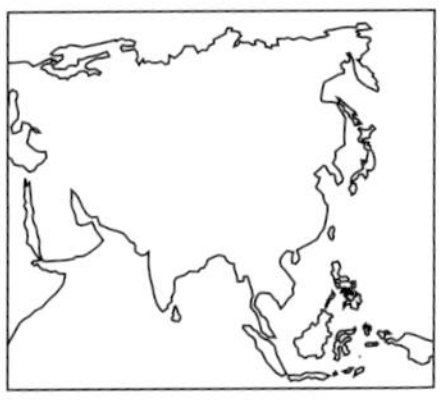

Oranda Shishigashira (Blauer Oranda). Sieht dem Eisenoranda (Seibungyo) ähnlich. Hat im Gegensatz dazu einen hellen Körper mit mehr oder weniger ausgeprägten Blauanteilen, die sich auf die Rückenpartie konzentrieren. In der Zucht farblich gut gelungene Tiere erzielen hohe Auszeichnungen und werden teuer gehandelt. Wie alle Hochzuchtformen nicht ganz unempfindlich. Ideale Partner (wie alle Orandas) für die anderen friedlichen Goldfisch-Hochzuchtformen. *Länge:* ca. 25 cm. *Wasser:* Temperatur im Sommer 18–25 °C, im Winter 15–18 °C; pH-Wert um 7,0. Weich bis mittelhart, 6–18 °dGH. *Nahrung:* Lebendfutter, Trokkenfutter, Frostfutter, pflanzliche Beikost (Salat aus biologischem Anbau; Spinat, frisch oder gefroren), hin und wieder Haferflocken auf die Wasseroberfläche. *Vorkommen:* Zuchtform.

Oranda Shishigashira (Blauer Oranda)

Seibungyo (Eisenfarbiger Oranda). Diese Form soll ursprünglich in China entstanden sein. Erfreut sich heute weltweiter Beliebtheit. Exzellent das eisengrau glänzende Schuppenkleid mit den dunkleren Flossen und der mit Wucherungen besetzte runde Kopf. Äußerst friedliche Geschöpfe. Nur in den wirklich warmen Sommermonaten Aufenthalt im Freien, das Wasser muß sich schon erwärmt haben. Ende des Sommers, wenn die Temperaturen sinken, vorsichtig ins Aquarium umsetzen. Formen mit langen Flossen und stark gedrungenem Körper sind langsame Schwimmer, müssen daher im Gartenteich vor „angelnden" Katzen geschützt werden (Teichrandgestaltung!). *Länge:* ca. 20 cm. *Wasser:* wie die anderen Orandas. *Nahrung:* Lebend-, Frost- und Trockenfutter; pflanzliche Beikost. *Vorkommen:* Zuchtform.

Seibungyo

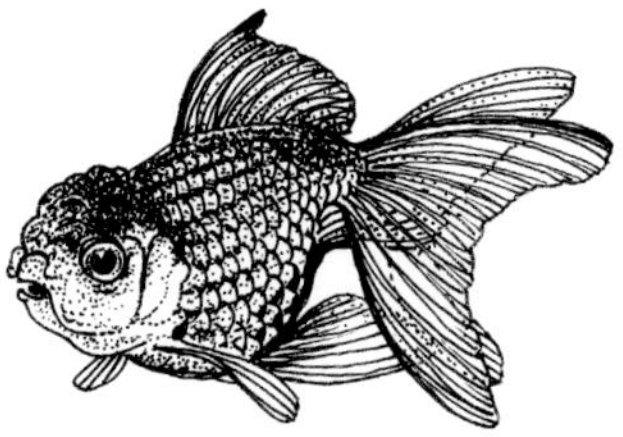

Oranda Shishigashira (Holländischer Löwenkopf). Hier die Rote Form (rot-weiß gefärbte Tiere werden als Sarasa-Oranda bezeichnet). Die Holländer gehörten um die Mitte des vorigen Jahrhunderts zu den ersten Handelspartnern der Japaner, daher bezeichneten die Japaner ihre neue Zuchtform als „Holländischen Löwenkopf". Für alle Goldfischarten gilt: mäßig, aber regelmäßig füttern, wenigstens zweimal am Tag (besser häufiger kleine Portionen, als einmal zuviel). Wichtig ist: abwechslungsreich füttern. Trockenfutter wird meist gefressen, bevor es am Boden liegt. Reste werden vom Boden aufgenommen. Goldfische gründeln gerne (weicher Bodengrund!). Langsamer Schwimmer.

Länge: ca. 25 cm. *Wasser und Nahrung:* wie die anderen Orandas. *Vorkommen:* Zuchtform.

Oranda Shishigashira (Rote Form)

Tancho Oranda (Rotkäppchen- oder Rotkappen-Oranda). Zählt zu den interessantesten Zuchtformen. Im Gegensatz zum einfachen Rotkäppchen-Schleierschwanz – dieser hat einen kleinen, spitzen Kopf mit einem roten Punkt – wirken die Rotkäppchen-Orandas mit ihrem imposanten Löwenkopf und ihren pausbäckigen Gesichtern ungemein bullig. Leider besitzen nur wenige der gezüchteten Orandas o.g. Merkmale. Für ausgesprochene Prachtexemplare (wie Abb. rechts) werden hohe Preise gezahlt. Haltung auch mit anderen Goldfisch-Hochzuchtformen. Keine scharfkantigen Steine. Pflanzen, die kühlere Temperaturen vertragen. *Länge:* ca. 23 cm. *Wasser:* Ideal-Temperatur 16–25 °C, Hitze vermeiden; pH-Wert um 7,0; weich bis mittelhart, 6–18 °dGH. *Nahrung:* wie Blauer Oranda. *Vorkommen:* Zuchtform.

Tancho Oranda

Hanafusa (Nasenbukett). Körperform und Körperfarbe dem Ranchu und dem Roten Holländischen Löwenkopf ähnlich. Ohne Rückenflosse. Seine abnorm groß ausgeprägten Nasenfalten gleichen mehr oder weniger lockeren, aufgeplusterten Kugelgebilden. Ist nicht jederzeit im Handel zu finden, obwohl der Goldfisch und seine Zuchtformen fast regelmäßig im Zoofachhandel angeboten werden, einfache Formen allerdings mehr während der Teichsaison, Hochzuchtformen dagegen das ganze Jahr über. Vergesellschaftung mit anderen Hochzuchtformen möglich.

Länge: ca. 16 cm. *Wasser:* Sommer 20–25 °C, Winter 15–18 °C; pH-Wert um 7,0; 6–18 °dGH. *Nahrung:* Lebendfutter, gefrostete Mückenlarven (evtl. nach dem Auftauen Vitamine zugeben), Trockenfutter. *Vorkommen:* Zuchtform.

Hanafusa

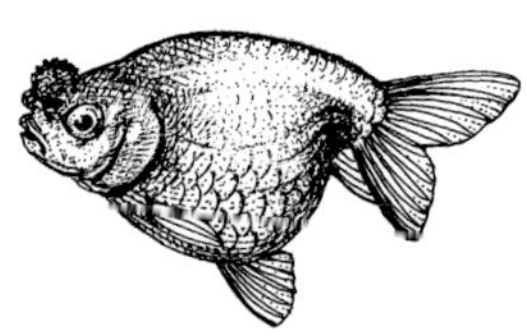

Edo Nishiki (Herbstkaliko). Eine bildschöne Goldfisch-Zuchtform. Ähnelt in der Körperform dem Ranchu, dem Eierfisch und dem Nasenbukett. Die aparte „Kalikofarbe" kommt auch bei anderen Zuchtformen vor. Die Haltung in kugelförmigen Goldfischgläsern ist strikt abzulehnen; duch die oben enger werdende Öffnung entsteht ein zu geringer Gasaustausch und die Fische leiden unter ständiger Atemnot. Geräumiges Aquarium, ab ca. 100 cm. Goldfische sind zwar langsame Schwimmer, werden jedoch im Gegensatz zu den meist kleinen und zarten tropischen Fischen relativ groß.

Länge: ca. 18 cm. *Wasser:* Temperatur 16–25 °C; pH-Wert um 7,0; 6–18 °dGH. *Nahrung:* Fertigfutter, Lebendfutter, Haferflocken, Salatblätter. *Vorkommen:* Zuchtform.

Edo Nishiki

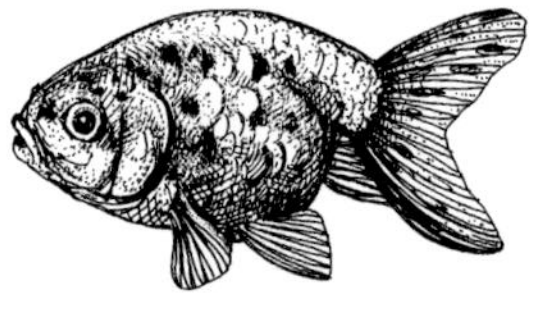

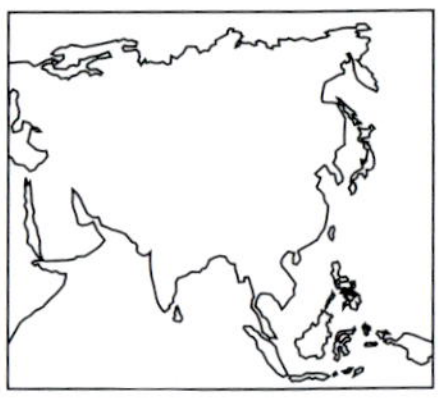

Schmerlen

Cobitidae, Balitoridae, Gyrinocheilidae

Alle Vertreter der Cobitidae oder Schmerlen sind Süßwasserbewohner Europas und Asiens. Die meisten besitzen drei oder mehr Bartelpaare. In ihrer Mehrzahl bewohnen sie kleinere, oft rasch fließende Gewässer bis in die Bergregionen, aber auch große Flüsse und Seen. Manche Vertreter sind zusätzlich Darmatmer, wie zum Beispiel Schlammpeitzger *(Misgurnus)*, die durch das Maul atmosphärische Luft schlucken und im Darm veratmet wieder ausstoßen. Einige Gattungen schützen sich durch einen scharfen Unteraugendorn, den sie bei Gefahr abklappen und fest verriegeln können.

Die Angehörigen der Balitoridae oder Flossensauger bewohnen schnellfließende oder sogar reißende Gewässer, in denen sie sich mit Hilfe ihrer aus Brust- und Bauchflosse sowie dem Bauch gebildeten Saugfläche an festen Gegenständen festhalten und rutschend fortbewegen. Sie sind Aufwuchsfresser.
Die Familie der Gyrinocheilidae oder Saugschmerlen besteht nur aus wenigen Arten mit einer zusätzlichen Atemöffnung über der Kiemenspalte, durch die die Fische Frischwasser einatmen, während sie gleichzeitig mit ihrem Raspelmaul Aufwuchs von Unterlagen abraspeln. Sie leben in lockeren Gruppen.

Botia striata (Zebraprachtschmerle, Streifenprachtschmerle). Klein, friedfertig, eine der schönsten Arten der Gattung *Botia*. Wühlt gern im weichen Bodengrund. Am Boden kleine Höhlen als Zufluchts- und Versteckmöglichkeiten schaffen. Stets zu mehreren halten. Vorsicht beim Herausfangen, Schmerlen der Gattung *Botia* besitzen einen Unteraugendorn, mit dem sie sich verletzen und auch im Netz hängen bleiben können. Holt geschickt Schnecken aus ihren Gehäusen. *Länge:* ca. 10 cm. *Wasser:* Temperatur 23–26 °C; pH-Wert 6,0–7,2; 4–12 °dGH. *Nahrung:* Lebend-, Trockenfutter. *Vorkommen:* östliches bis südöstliches Indien.

Botia macracanthus (Clown-Prachtschmerle). Dekorativ gefärbt. In kleinen Trupps friedfertig und verträglich. Einzeltiere verkümmern. Weichen, sandigen Bodengrund verwenden. Am Boden zahlreiche Schlupfwinkel schaffen; Höhlen aus Steinen, Moorkienwurzeln, halbierten Kokosnußschalen. Schneckenvertilger. Stößt knackende Geräusche aus. Lebhaft, tag- und dämmerungsaktiv. Gesellschaftsbecken, nicht unter 120 cm Länge.
Länge: ca. 25 cm. *Wasser:* Temperatur 24–28 °C; pH-Wert 6,0–7,2; 4–12 °dGH. *Nahrung:* Allesfresser; Lebend-, Flockenfutter, Tabletten. *Vorkommen:* Sumatra, Borneo.

Botia striata

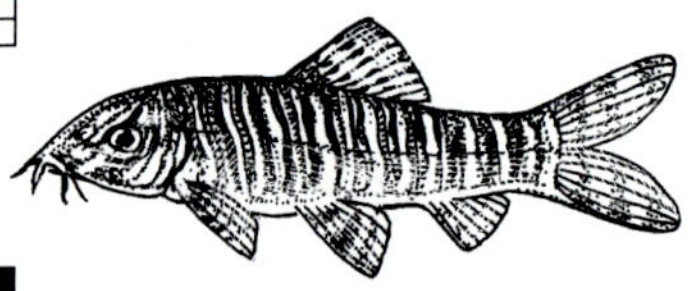

Botia macracanthus

Botia morletti (Aalstrich-Prachtschmerle). In Gruppen lebend. Gibt knackende und schnalzende Laute von sich. Verstecke aus Steinen, Wurzeln, Röhren und halben Kokosnußschalen. Widerstandsfähige Pflanzenarten in Schalen einbringen. Regelmäßiger wöchentlicher Wasseraustausch (20 %). Auch in Gesellschaftsbekken mit nicht zu kleinen Fischen zu pflegen. Aalstrich-Prachtschmerlen schwimmen auch im freien Wasser.
Länge: ca. 9 cm. *Wasser:* Temperatur 24–28 °C; pH-Wert 6,0–7,2; 4–10 °dGH. *Nahrung:* Allesfresser, auch Frostfutter und Futtertabletten. *Vorkommen:* Thailand.

Botia sidthimunki (Schachbrett- oder Zwerg-Prachtschmerle). Friedfertiger, kleiner Vertreter der Prachtschmerlen. In einer Gruppe ab 10 Tieren für fast jedes Gesellschaftsbecken eine Bereicherung. Weicher, lockerer Bodengrund. Versteck- und Zufluchtsmöglichkeiten. Tagaktiv. Veränderte Umweltverhältnisse in ihrer Heimat ließen diesen Fisch für einige Zeit aus dem Zoofachhandel verschwinden.
Länge: 7 cm. *Wasser:* Temperatur 24–28 °C; pH-Wert 6,0–7,2; 4–12 °dGH. *Nahrung:* Kleines Lebend-, aber auch Frost-, Flocken-, Tablettenfutter. *Vorkommen:* Westthailand.

Botia morletti

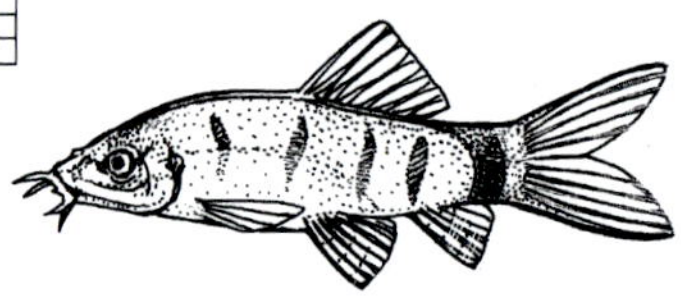

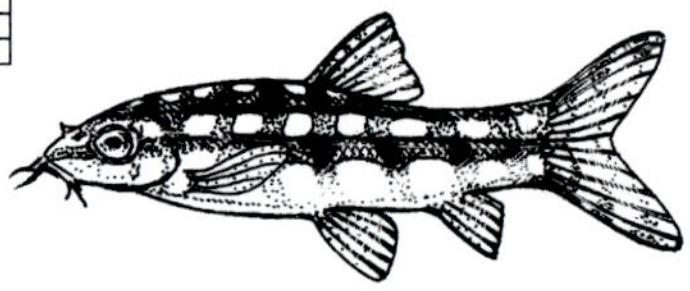

Botia sidthimunki

Botia sp. aff. helodes (Tigerprachtschmerle). Vor allem dämmerungsaktiv, hält sich tagsüber oft versteckt. Sehr aggressiv, auch innerartlich; stark territorial. Stößt knackende Laute aus. Pflege im Art- oder geräumigen Gesellschaftsbecken mit größeren Arten und weichem Bodengrund. Einrichtung mit Steinhöhlen und anderen Verstecken, z. B. aus Moorkienholzwurzeln. Wasseraustausch (20 %).
Länge: ca. 20 cm. *Wasser:* Temperatur 22–26 °C; pH-Wert 6,0–7,2; 4–12 °dGH. *Nahrung:* Allesfresser, von Lebend- bis Trockenfutter. *Vorkommen:* Kampuchea, Laos, Vietnam, Thailand.

Botia sp. aff. lohachata (Netz-Prachtschmerle). Friedfertiger, scheuer Schwarmfisch. Versteckt sich tagsüber in Spalten und Höhlen. Färbung sehr variabel. Die Art ist auch für Gesellschaftsbecken geeignet. Aquarium gut bepflanzen, dazwischen Moorkienwurzeln und Steinplatten als Zufluchts- und Versteckmöglichkeiten. Weicher Boden. Regelmäßig Wasseraustausch (wöchentlich ca. 20 %).
Länge: ca. 10 cm. *Wasser:* Temperatur 22–26 °C; pH-Wert 6,0–7,2; 4–12 °dGH. *Nahrung:* Allesfresser: Lebend-, Frost-, Trockenfutter. *Vorkommen:* Indien, Bangladesh.

Botia sp. aff. helodes

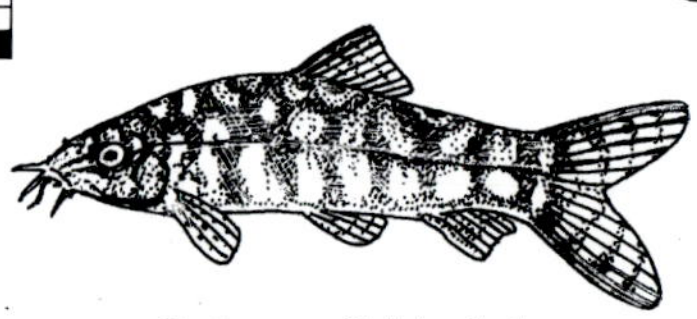

Botia sp. aff. lohachata

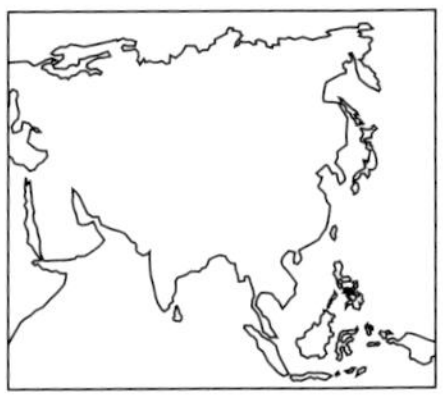

Schmerlen
Cobitidae

Botia sp. aff. lecontei (Le-Conte-Schmerle, Rotflossenprachtschmerle). Dämmerungs- und nachtaktiv, deshalb tagsüber scheu, bleibt während des Tages größtenteils im Verborgenen. Beckeneinrichtung wie bei *Botia modesta* angegeben. Nitratarmes Wasser. Gedämpftes Licht (stellenweise Schwimmpflanzendecke) und viele Versteckmöglichkeiten beschleunigen die Eingewöhnung und sorgen für Wohlbefinden. Niedrigwachsende und bodendeckende Pflanzen geben beim Gründeln Deckung und Sicherheit. Mit robusten Fischen vergesellschaften. *Länge:* ca. 12 cm. *Wasser:* 24–29 °C; pH-Wert um 6,0–7,5; weich, 5–8 °dGH. *Nahrung:* Allesfresser, Lebendfutter jeglicher Art: Kleinkrebse, Enchyträen, Mückenlarven, Tubifex. Frost- und gefriergetrocknete Nahrung. Flocken und Tabletten. *Vorkommen:* Mekongbecken.

Botia sp. aff. lecontei

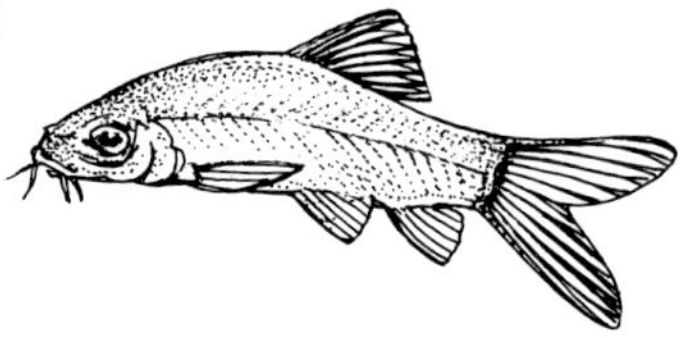

Pangio kuhlii sumatranus (Gemeines Dornauge) o. *P. shelfordi* (Borneo Dornauge). Unter dem Auge der typische Dorn (Populärname!). Alle Dornaugen sind uneingeschränkt zu empfehlende Aquarienfische. Überaus friedlich, nachtaktiv und sehr lebhaft. Tagsüber meist versteckt. Dornaugen tragen kleine, winzige Schuppen. Schlangengleich verschwinden sie durch jedes noch so kleine Loch. Aquarium stets gut abdecken. Aquarium mit weichem, dunklem Bodengrund, Versteckmöglichkeiten. Lichtdämpfung durch Schwimmpflanzen. Abends füttern. Nahrung wird vorwiegend vom Boden aufgenommen. *Länge:* ca. 10 cm. *Wasser:* Temperatur 22–28 °C; pH-Wert 6,0–7,5; weich bis mittelhart, 4–10 °dGH. *Nahrung:* Lebend-, Flocken-, Tablettenfutter. *Vorkommen:* Südostasien.

Pangio kuhlii sumatranus

Botia dario (Grüne Bänderschmerle). Friedlicher Schwarmfisch. Dämmerungsaktiv. In Bodennähe zahlreiche Versteckmöglichkeiten durch Spalten und Höhlen aus Steinen und Wurzeln sind vor allem während der Eingewöhnungszeit hilfreich. Weicher Bodengrund, in dem der Fisch gründeln kann; bewohnt die untere Aquarienregion. Bepflanzung nicht zu dicht, braucht genügend Bewegungsfreiheit über der Bodenregion. Mehrere Exemplare zusammen pflegen. Gut im Gesellschaftsbecken mit den verschiedensten Arten zu pflegen. Empfindlich gegen Chemikalien. *Länge:* ca. 7 cm. *Wasser:* Temperatur 23–26 °C; pH-Wert 6,0–7,0; weich bis mäßig mittelhart, 5–10 °dGH. *Nahrung:* Allesfresser; kleines Lebendfutter und Flockenfutter, Futtertabletten. *Vorkommen:* Indien, Assam.

Botia dario

Pangio myersi (Siam-Dornauge). Schlangenförmiger Körper. Nachtaktiver, friedlicher Bodenfisch. Lichtscheue Art. Keine direkte Beleuchtung. Wasseroberfläche mindestens teilweise mit Schwimmpflanzen abdecken. Verstecken sich tagsüber fast immer unter Steinen, Wurzeln, bodendeckenden Pflanzen oder graben sich in den Bodengrund ein. Deshalb weichen, dunklen Bodengrund, kein scharfkantiges Material verwenden, sondern feinen Sand oder feinen rundkörnigen Kies, evtl. dünne Mulm- oder Torfschicht. Die kleinen Augen sind zum Schutz vor Verletzungen beim „Einwühlen" mit durchsichtiger Schutzhaut überzogen. Keine aggressiven Beifische. *Länge:* ca. 8 (12) cm. *Wasser:* 24–28 °C; pH-Wert 6,0–7,5; 4–10 °dGH. *Nahrung:* Lebendfutter, Flockenfutter, Futtertabletten. *Vorkommen:* Thailand.

Pangio myersi

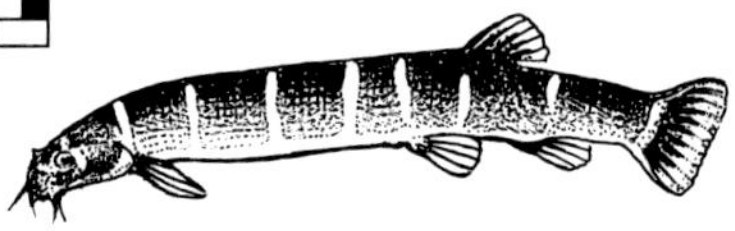

Botia modesta (Grüne Schmerle, Blaue Prachtschmerle). Färbung stimmungsabhängig, von grünlich bis bläulich auf überwiegend gräulichem Untergrund. Kann mit dem Kiefer knakkende Geräusche erzeugen. Ziemlich scheuer, leicht zu beunruhigender, lebhafter Schwarmfisch. Mitunter aggressiv. Dämmerungs- und nachtaktiv. Einrichtung typisches Schmerlenaquarium: Weicher, sandiger, nicht zu heller Bodengrund: Schlupfwinkel durch übereinandergelegte Steinplatten, Wurzeln aus Moorkienholz, umgestülpte Blumentopfteile, Kokosnußschalen. Mäßige Bepflanzung. Haltung in Artbecken oder im Gesellschaftsbecken mit größeren Fischen. *Länge:* ca. 18 cm. *Wasser:* 22–28 °C; pH-Wert 6,0–7,0; 5–8 °dGH. *Nahrung:* Allesfresser, siehe *B. lecontei*. *Vorkommen:* Thailand, Laos.

Botia modesta

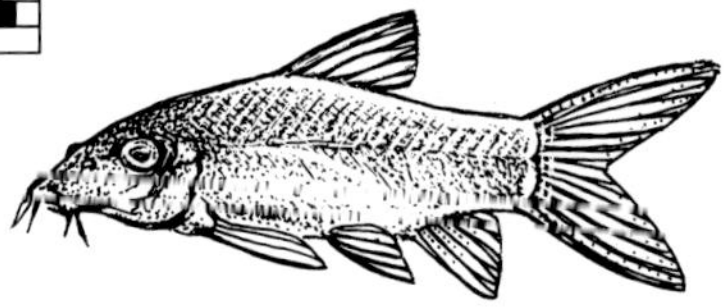

Botia berdmorei (Berdmore's Schmerle). Die Art ist dämmerungs- und nachtaktiv, lebt tagsüber verborgen in ihrem Versteck. Es müssen genügend Zufluchtsmöglichkeiten geschaffen werden: Aufeinandergeschichtete Steinplatten mit gut fixierten Zwischenräumen, die sich durch die Aktivitäten der Fische nicht verändern lassen; Moorkienhölzer; gut gewässerte und auf den Boden gesunkene Rindenstücke bilden natürliche Flachhöhlen. Weicher sandiger Bodengrund, Fisch gründelt gern. Bildet Reviere, diese werden gegenüber Artgenossen immer energisch verteidigt. Kräftige, gut wurzelnde Pflanzen. *Länge:* ca. 18 cm. *Wasser:* 23–26 °C; pH-Wert 6,0–7,5; 4–12 °dGH. *Nahrung:* Allesfresser; vom kräftigen Lebendfutter bis zur Futtertablette. *Vorkommen:* Myanmar, Yunnan (China), Vietnam.

Botia berdmorei

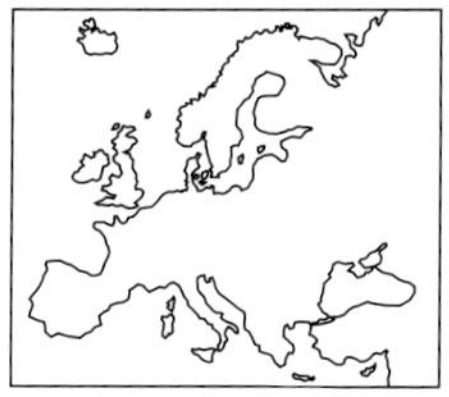

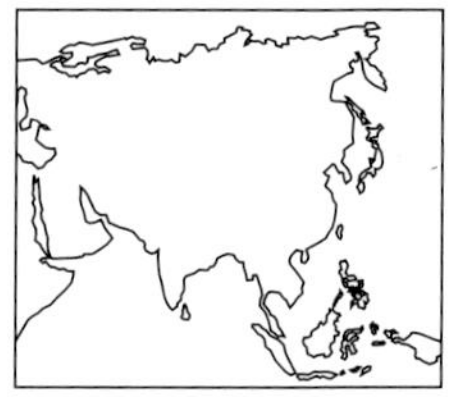

Schmerlen

Cobitidae, Balitoridae, Gyrinocheilidae

Acanthocobitis urophthalmus (Augenfleck-Ceylonschmerle). Ein hübscher, gut zu pflegender, tagaktiver Aquarienfisch. Auch für Einsteiger geeignet. Revierbildend, braucht ein entsprechend eingerichtetes Aquarium. Versteck- und Zufluchtsmöglichkeiten in Form von Moorkienwurzeln, Kokosnußschalen, Pflanzendickichten. Reviere werden von der schnellschwimmenden Schmerle intensiv verteidigt. Raufereien enden jedoch harmlos, Verletzungen gibt es dabei nicht. Fisch gründelt etwas, gräbt sich aber nicht ein, so daß z. B. eine durch Torfklumpen und Rindenteilchen geschaffene Bodenpartie erhalten bleibt. Gut mit gleich großen Barben zu vergesellschaften. *Länge:* ca. 10 cm. *Wasser:* 22–28 °C; pH-Wert 6,0–7,0; 3–12 °dGH. *Nahrung:* Allesfresser, auch pflanzliche Beikost. *Vorkommen:* Sri Lanka.

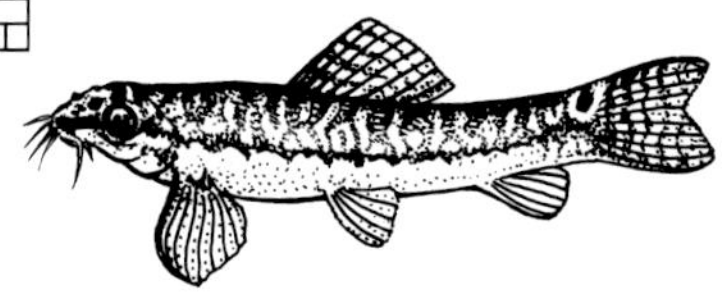

Acanthocobitis urophthalmus

Nemacheilus sp. aff. corica. Schön gezeichnete, friedfertige, kleine Schmerlenart. Läßt sich sehr gut mit südostasiatischen Kleinfischen der Gattungen *Rasbora, Danio, Betta, Esomus, Colisa* usw. vergesellschaften. Kleine Schmerlenarten werden leider selten angeboten, obwohl sie interessante Beobachtungs- und Studienobjekte sind. Becken mit feinem Sand oder Kies als Bodengrund, Fisch gründelt leicht. Verstecke und Zufluchtsmöglichkeiten schaffen. Gute Durchlüftung verwenden. Rand- und Hintergrundbepflanzung. *Länge:* ca. 6 cm. *Wasser:* Temperatur 22–28 °C; pH-Wert 6,0–7,2; weich bis mittelhart, 3–12 °dGH. *Nahrung:* Lebend- und Frostfutter, Futtertabletten. *Vorkommen:* Indien, Assam.

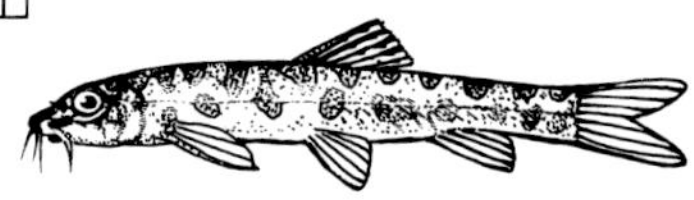

Nemacheilus sp. aff. corica

Nemacheilus sp. aff. beavani. Eine besonders kleine Schmerlenart. Vorzügliche Ergänzung für kleinere Aquarien (ab 50 l). Leichte Strömungen werden offensichtlich gerne aufgesucht. Schutzkörbe vor Ansaugfiltern auf Durchschlupfsicherheit prüfen. Dieser Schmerlenzwerg zwängt sich durch jedes kleine Loch und durch jede Ritze. Verstecke aus Wurzeln, Steinen und partiell dichten Pflanzengruppen. Etwas scheu, zieht sich bei Bewegungen vor dem Aquarium blitzartig zurück, kommt jedoch nach kurzer Zeit wieder aus dem Schlupfwinkel hervor. *Länge:* ca. 4–5 cm. *Wasser:* Temperatur 22–28 °C; pH-Wert 6,0–7,2; 3–12 °dGH. *Nahrung:* Kleines Lebendfutter (Mückenlarven zerkleinern). Frost- und gefriergetrocknete Nahrung, Futtertabletten. *Vorkommen:* Indien, Assam.

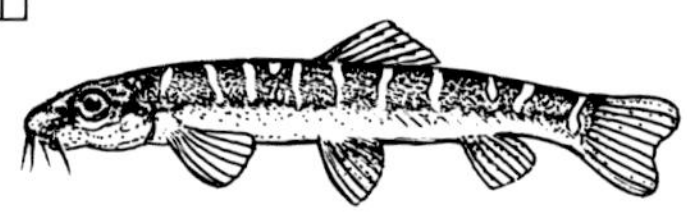

Nemacheilus sp. aff. beavani

Nemacheilus sp. aff. scaturingina. Hält sich bevorzugt in der Bodenregion auf. Weicher Boden; gräbt sich gerne in den Bodengrund ein. Rötlicher, gesiebter Flußsand feinster Körnung ist gut geeignet. Bei Belegen des Bodens mit einer Torfschicht entstehen beim Verschwinden der Schmerle im Boden immer wieder Wassertrübungen, deshalb keine feinfiedrigen Pflanzen einsetzen. Verzweigtes Wurzelwerk, dichte Hintergrundbepflanzung, flach aufgelegte Steine, die untergraben werden können, bieten Zufluchtsmöglichkeiten. Gut im Gesellschaftsbecken mit Fischen der mittleren und oberen Wasserregion, die ähnliche Ansprüche haben. *Länge:* ca. 6–8 cm. *Wasser:* Temperatur 22–28 °C; pH-Wert 6,0–7,2; 3–12 °dGH. *Nahrung:* Lebend- und Flockenfutter. Tabletten, zerkleinertes Gefrierfutter. *Vorkommen:* China.

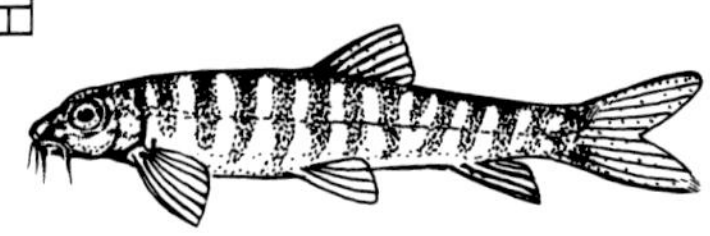

Nemacheilus sp. aff. scaturingina

Barbatula barbatula (Bartgrundel, Bachschmerle). Kaltwasserfisch. Durch Umweltverschmutzung vielerorts recht selten geworden. Grundfisch strömender, klarer Gewässer oder der Uferzonen klarer Seen. Sechs Bartfäden. Laichzeit April bis Mai. Männchen mit Laichausschlag (Knötchen) auf der Innenseite der Brustflosse. Die ca. 1 mm großen, stark klebenden Eier werden auf Steine und Kies verstreut. Langgestreckte Aquarien mit feinem Sand und Kies, hohl aufliegenden Steinen, unter denen sie sich tagsüber verstecken können. Sauberes, kühles Wasser. Gute Durchlüftung. Lassen sich gut mit anderen Kaltwasserfischen halten. *Länge:* ca. 10–16 cm. *Wasser:* 12–20 °C; pH-Wert 6,6–8,0; 10–20 °dGH. *Nahrung:* Lebendfutter, kaum Trockenfutter. *Vorkommen:* West-, Mittel-, Osteuropa; Japan, Korea.

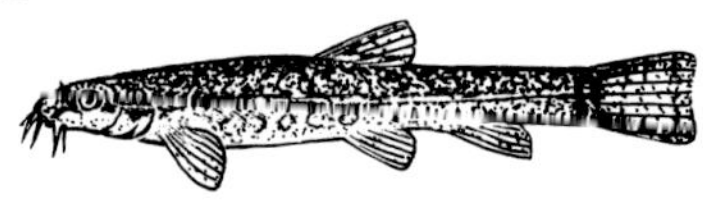

Barbatula barbatula

Gyrinocheilus sp. (Siamesische Saugschmerle). Maul ist zu einer Saugscheibe umgebildet. Die fleischigen Lippen sind von kleinen, haarähnlichen Zotten bedeckt und bilden die Saugscheibe. Der Fisch kann sich damit an Steinen selbst im schnellfließenden Wasser festheften. Eine zusätzliche Spalte oberhalb der Kiemenöffnungen dient zum Einsaugen des Atemwassers. So kann sich die Saugschmerle mit dem Maul festsaugen und gleichzeitig atmen. Im Aquarium gilt sie als Algenfresser, aber keine langfädigen Algen! Nur als Jungfisch in Gesellschaftsbecken, später im Artbecken pflegen; belästigt andere Fische. *Länge:* bis ca. 25 cm. *Wasser:* 22–28 °C; pH-Wert 6,0–7,5; weich bis mittelhart, 3–18 °dGH. *Nahrung:* Überwiegend pflanzliche Kost (Algen), Futtertabletten, Flokkenfutter. *Vorkommen:* Hinterindien.

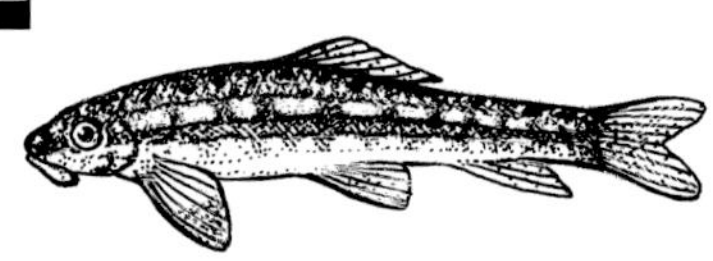

Gyrinocheilus sp.

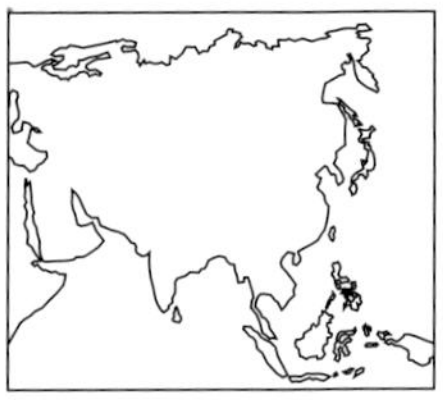

Schmerlen

Cobitidae, Balitoridae

Cobitis taenia

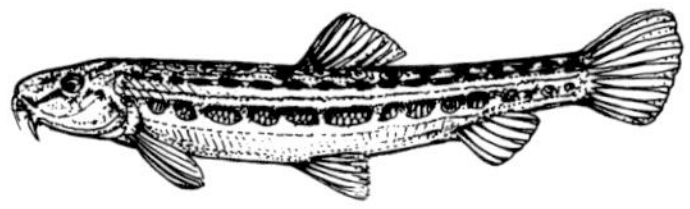

Cobitis taenia (Steinbeißer, Dorngrundel). Kaltwasserfisch. Lebt in klaren, langsam fließenden Gewässern und in der Uferzone stehender Gewässer. Der Bodengrund wird regelrecht nach Futter durchgepflügt, wobei der durchgekaute Sand ruckartig wieder durch die Kiemen ausgestoßen wird. Bodengrund deshalb unbedingt aus feinstem, nicht scharfkantigem Sand, keinen groben Kies verwenden. Ein nachtaktiver Bodenfisch, gräbt sich tagsüber gerne in den weichen Sand ein. Einige hohle, aufgelegte, größere flache Steine als Unterschlupf. Zählebiger, meist friedlicher Kaltwasserfisch mit zweispitzigem Unteraugenstachel.
Länge: 12 cm. *Wasser:* Temperatur 16–19 °C; mittelhart, 8–18 °dGH. *Nahrung:* Lebendfutter, im Boden lebende Kleintiere, seltener Trockenfutter. *Vorkommen:* Europa.

Schistura sp. aff. notostigma

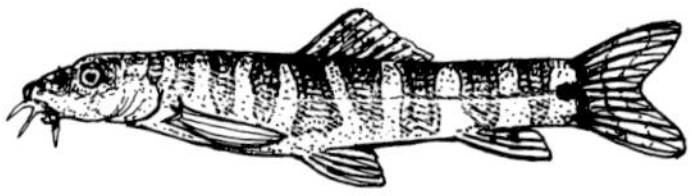

Schistura sp. aff. notostigma (Orangefleck-Bachschmerle). Gestreckte Körperform, kleiner Kopf, Barteln. Ziemlich ruppig und unverträglich. Revierbildend; ist nicht selten in heftige Revierstreitigkeiten verwickelt. Große Artbekken mit ausreichend Verstecken und Sichtschutz sind deshalb wichtig. Kommentkämpfe enden nicht immer ohne Flossenverletzungen. Weicher Bodengrund, lockere Bepflanzung, Zufluchtmöglichkeiten. Einrichtung gut gliedern, damit sich die Fische nicht ständig sehen. Sauberes, klares Wasser. Nicht zu warm halten. Wöchentlicher Teilwasserwechsel (etwa 20 %).
Länge: ca. 8 cm. *Wasser:* Temperatur 20–24 °C; pH-Wert 6,6–7,6; weich bis mittelhart, 4–18 °dGH. *Nahrung:* Allesfresser; Lebendfutter wird bevorzugt. *Vorkommen:* Sri Lanka.

Acantopsis sp. aff. octoactinotus

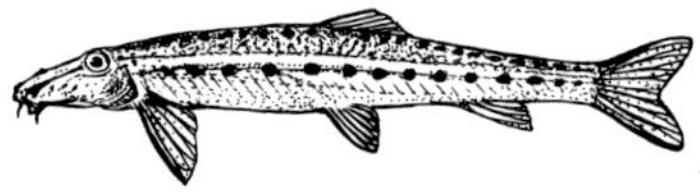

Acantopsis sp. aff. octoactinotus (Rüsselschmerle). Friedlicher, scheuer, dämmerungsaktiver Einzelgänger. Tagsüber meist versteckte Lebensweise. Gräbt sich bei vermeintlicher Gefahr blitzschnell in den Sand ein; vom Kopf sind oft nur die Augen zu sehen. Bodengrund aus weichem feinen Sand (keinen Kies oder groben, scharfen Sand verwenden). Pflanzen in Schalen setzen und mit größeren Steinen gegen Herauswühlen sichern. Verstecke aus Steinen, Wurzeln, halbierten Kokosnußschalen werden als Unterschlupf angenommen. Zu helles Licht mit einigen Schwimmpflanzen abdämpfen. Gesellschaftsbecken.
Länge: ca. 20 cm. *Wasser:* 23–28 °C; pH-Wert 6,0–7,5; weich bis mittelhart, 5–12 °dGH. *Nahrung:* Allesfresser, bevorzugt Lebendfutter. *Vorkommen:* Nördl. Borneo (Shaba).

Liniparhomaloptera disparis

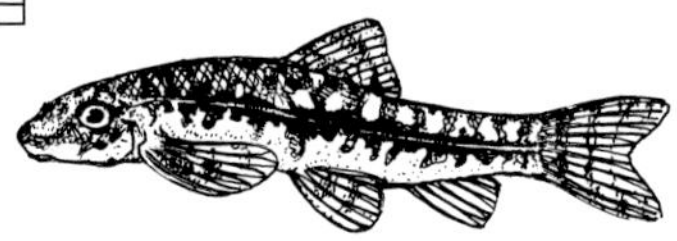

Liniparhomaloptera disparis. Kopf und Vorderkörper abgeflacht, Maul unterständig und klein. Grundfisch, lebt auf Steinen und Sinkholz in fließendem Wasser. Heftet sich mit den waagrecht angeordneten und stark vergrößerten, fächerartig gespreizten Brust- und Bauchflossen (Bild links unten) fest an den Untergrund, kann gleichzeitig die Oberfläche der Steine abweiden (Aufwuchsnahrung). Wegen stark verkleinerter Schwimmblase kein ausdauernder Schwimmer. Aquarium mit leichter Strömung. Nicht zu warm halten. Sauerstoffreiches Wasser. Harmlose Kommentkämpfe. Gegenüber anderen Arten völlig friedlich.
Länge: ca. 5 cm. *Wasser:* Temperatur 18–24 °C; pH-Wert 6,5–7,5; 6–12 °dGH. *Nahrung:* Überwiegend Aufwuchsnahrung (Algen); Würmer. *Vorkommen:* Südchina, Hongkong.

Homaloptera orthogoniata

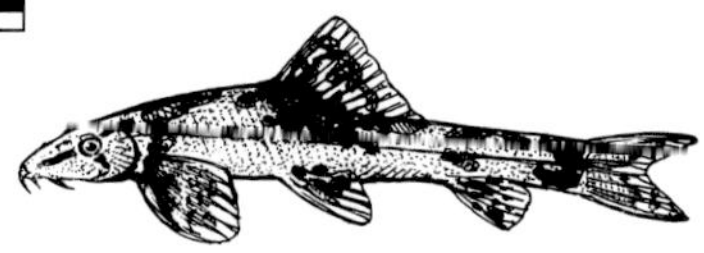

Homaloptera orthogoniata (Sattelfleckschmerle, Prachtflossensauger). Schlanker, langgestreckter Körper mit hell- und dunkelbrauner Färbung. Kein schneller Schwimmer. Harmlose, innerartliche Imponierkämpfe, andere Fische werden nicht behelligt. Neu eingesetzte Tiere anfangs scheu, die Nahrungsaufnahme erfolgt während der Eingewöhnungszeit meist zögerlich. Lebt überwiegend substratgebunden. Der Bodenfisch frißt besonders gern Wurmfutter, das er mit Hilfe der Barteln am Boden ortet und aufstöbert. Weichen Sandboden, viele Verstecke, robuste Pflanzen. Große flache Steine und Wurzeln als Ruheplätze.
Länge: ca. 18 cm. *Wasser:* Temperatur 20–24 °C; pH-Wert 5,5–6,8; 3–14 °dGH. *Nahrung:* Aufwuchs (Algen), Wurmfutter, lebend- und tiefgefroren. *Vorkommen:* Thailand.

Misgurnus anguillicaudatus

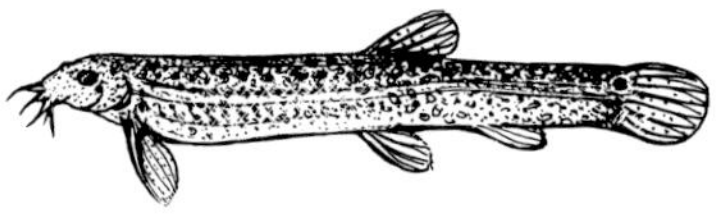

Misgurnus anguillicaudatus (Ostasiatischer Schlammpeitzger). Bodenfisch mit dämmerungs- und nachtaktiver Lebensweise. Körper rundlich, langgestreckt, mit kleinem Kopf. Haut besonders kleinschuppig. Lebt tagsüber größtenteils im mulmigen Bodengrund verborgen. Friedlicher, zäher Aquarienfisch. Wühlt und buddelt gern. Holt von der Wasseroberfläche zusätzlich Luft. Wichtig: Weicher Boden aus feinem Sand, mit etwas Mulm abdecken. Robuste Pflanzen, feinblättrige Arten gedeihen nicht, weil durch das Wühlen ständig die aufgewirbelten Schmutzpartikel auf ihnen liegen. Pflanzen in Schalen vor Auswühlen schützen.
Länge: bis ca. 25 cm. *Wasser:* 10–24 °C; pH-Wert 6,4–7,8; 3–18 °dGH. *Nahrung:* Überwiegend Lebendfutter, Flocken- und Tablettenfutter. *Vorkommen:* China, Japan, Nord-Vietnam.

Harnisch- und Schwielenwelse

Loricariidae, Callichthyidae

Harnischwelse (Familie Loricariidae) sind von Mittelamerika über das gesamte tropische und subtropische Südamerika verbreitet, die Panzer- und Schwielenwelse (Familie Callichthyidae) fehlen in Mittelamerika. Die Körper fast aller Arten werden von Knochenplatten geschützt. Durch ihre Anpassung an die Bedingungen unterschiedlichster Lebensräume haben diese Welsfamilien eine große Artenvielfalt entwickelt. Fast alle Arten verfügen über die Fähigkeit, atmosphärische Luft zu atmen, indem sie an der Wasseroberfläche Luft schlukken und durch den gut durchbluteten Darm pressen.
Schwielenwelse (Gattungen z. B. *Callichthys, Dianema, Hoplosternum, Lepthoplosternum, Megalechis*) leben überwiegend als Einzelgänger in stehenden und langsam fließenden Gewässern; nur Jungfische findet man in Gruppen. Den Schwielenwels *Callichthys callichthys* fängt man sogar zwischen feuchtem Laub. Schwielenwelse werden je nach Art 7–35 cm groß, sind anspruchslos, langlebig und friedfertig. Die meisten Arten bauen Schaumnester an der Wasseroberfläche, oft unter einem Pflanzenblatt. Bei der Paarung klemmt das Männchen mit seinen Brustflossen die Barteln des Weibchens fest, das die Eier in eine von den Bauchflossen gebildete Tasche gleiten läßt. Dann schwimmt es einfach durch die ins freie Wasser abgegebenen Spermien und bringt die so befruchteten Eier ins Schaumnest. Panzerwelse (Gattungen z. B. *Aspidoras, Brochis, Corydoras*, insgesamt über 150 Arten) laichen ähnlich, kleben den Laich aber an Substrate, im Aquarium häufig an die Scheiben. Es sind überwiegend kleinere Arten von 2–8 cm Länge; nur *Brochis britskii* und *Corydoras barbatus* erreichen 10 cm und mehr. Fast alle Arten leben in Schwärmen; nur wenige leben einzeln oder in kleinen Gruppen.

Harnischwelse bieten mit etwa 90 Gattungen (z. B. *Ancistrus, Farlowella, Otocinclus, Rineloricaria, Sturisoma*) und fast 700 Arten einen unüberschaubaren Formenreichtum. Manche Arten sind an reißende Strömungen angepaßt, die meisten leben aber in weniger stark strömenden Flüssen und Bächen oder in großen Seen. Viele sind gute Algenvertilger (z. B. *Otocinclus, Sturisoma*), manche, manchmal nur einzelne Exemplare, raspeln Pflanzen regelrecht ab (z. B. *Ancistrus, Hypostomus, Peckoltia*), wenn man sie nicht zusätzlich mit Vegetabilien füttert. Auch weiches Holz wird von den meisten Arten gern als Ballastfutter genommen. Neben robusten Arten gibt es bei den Harnischwelsen auch anspruchsvolle (z. B. *Sturisoma*) oder hochempfindliche (z. B. *Farlowella*) Vertreter, die aber bei artgerechter Pflege ebenfalls gut gedeihen. Zucht und Aufzucht sind – bis auf wenige Ausnahmen – schwierig. Die Gelege werden in Höhlen oder auf Holz oder Steinen deponiert und gepflegt, bis die Jungen ausschlüpfen. Viele Harnisch-, Panzer- und Schwielenwelse sind nicht nur durch ihr Aussehen, sondern auch durch ihr interessantes Verhalten ideale Aquarienfische.
Sowohl die Schwielenwelse (Callichthyidae) als auch die Harnischwelse (Loricariidae) haben, wie auch fast alle anderen Vertreter der Welse, um ihre Mäuler Barteln in unterschiedlicher Anzahl und Gestalt. Sie besitzen einen Turgormechanismus, das heißt, die Barteln sind mit Flüssigkeit gefüllt. Die Fische dürfen ihre empfindlichen Barteln an scharfkantigem Material (Bodengrund und Steine) nicht abreiben oder gar verletzen. Sie würden sonst ihren wichtigsten Geschmacksinnesträger verlieren.

Corydoras sterbai (Sterbas Panzerwels, Orangestachel-Panzerwels). Eine hochrückigere, hübsch gezeichnete, friedfertige und schwarmliebende Art, die vielfach in Importsendungen gar nicht erkannt und unter falschen Namen gehandelt wird. Typisch sind die orangefarbenen ersten Brustflossenstacheln zusammen mit der dunklen Kopfgrundfärbung, in der die unregelmäßig geformten hellen Flecken eingebettet sind. Für seine Pflege eignen sich Art- und Gesellschaftsbecken ab 80 cm Länge mit weichem Bodengrund. Keinen scharfkantigen Grus oder Splitt verwenden. Halten sich gern in leichter Strömung auf, z. B. durch Filterauslauf. *Länge:* 8 cm. *Wasser:* Temperatur 22–26 °C; pH-Wert 6,5–7,2; weich bis mittelhart, 3–12 °dGH. *Nahrung:* Lebend-, Flocken, Tablettenfutter. *Vorkommen:* Brasilien; Rio Guaporé.

Glyptoperichthys gibbiceps (Segelschilderwels). So farbenprächtig dieser Harnischwels mit den über Körper und Flossen regelmäßig verteilten braunen Flecken auch ist, wird er doch sehr groß und sollte nur in Becken ab mindestens 180 cm gepflegt werden. Friedfertig, sogar gegen kleinste Arten. Zur artgerechten Haltung gehören Versteckmöglichkeiten, die man auch in Form von Röhren einbringen kann. Als Dekoration kräftige Moorholzwurzeln, die sie mit der Zeit abraspeln. Die Art ist dämmerungs- und nachtaktiv, deshalb abends füttern. In der Natur graben sie Höhlen in Steilufer, in denen sie auch ablaichen. *Länge:* ca. 40 cm. *Wasser:* 22–26 °C; pH-Wert 6,5–7,5; 2–15 °dGH. *Nahrung:* Allesfresser; Pflanzliches: Algen, Salat, rohe Möhren, auch Holz. *Vorkommen:* Orinoco, Amazonasbecken.

Corydoras sterbai

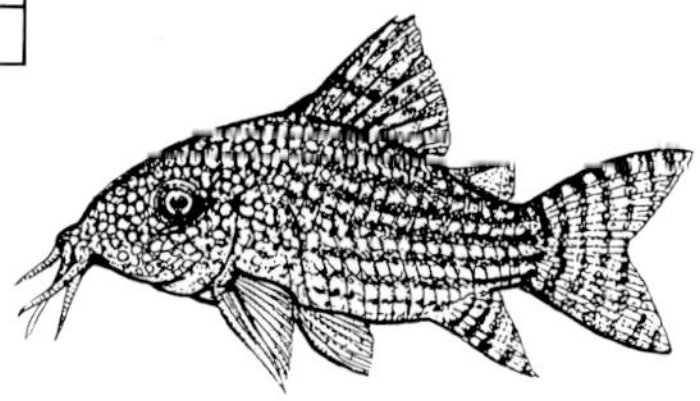

Glyptoperichthys gibbiceps

Schwielen- und Panzerwelse

Callichthyidae

Hoplosternum pectorale (Magdalenen-Schwielenwels, Pfeffer-und-Salz-Schwielenwels). Hübscher, ruhiger, friedfertiger bodenorientierter Fisch mit unregelmäßiger Färbung, der meist unter dem Namen *H. magdalenae* gehandelt wurde. Auch für Gesellschaftsbecken ab 80 cm Größe mit nicht zu kleinen Beifischen geeignet. Baut ein Schaumnest am Wasserspiegel und gern unter schwimmender Korkrinde oder unter großen Schwimmblättern, die zugleich das Lampenlicht dämpfen. Zur Vermehrung ein größeres Zuchtbecken mit flachem Wasserstand (15 cm) wählen. Darmatmung.
Länge: 12 cm. *Wasser:* Temperatur 20–26 °C; pH-Wert 6,5–7,5; weich bis mittelhart, 4–12 °dGH. *Nahrung:* Bodennahrung, auch Flocken, Futtertabletten. *Vorkommen:* Kolumbien, Venezuela.

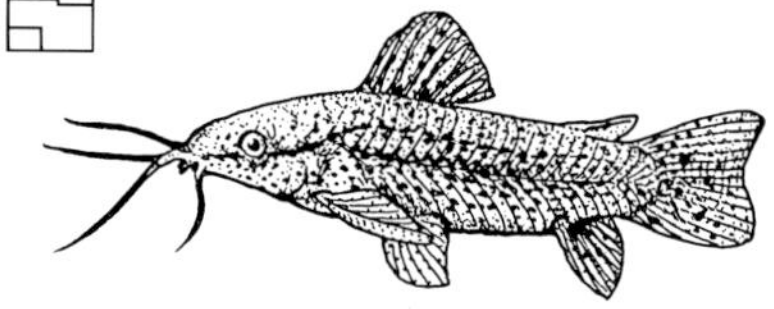

Hoplosternum pectorale

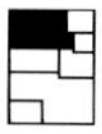

Corydoras pygmaeus (Zwergpanzerwels). Lebhafter, einfach, aber hübsch gezeichneter kleiner Panzerwels, der sehr oft im freien Wasser schwimmt und sich eher wie ein Salmler verhält. In kleinen Gruppen pflegen. Schwarze Längsbinde von Schnauze bis Schwanzflosse. Aquarien ab 40 cm Länge ausreichend. Auch für Gesellschaftsbecken geeignet, wenn die Mitbewohner friedfertig und nicht zu unruhig sind. Wasseroberfläche muß bei diesem Darmatmer zum Luftholen stellenweise frei bleiben. Zucht einfach, aber dafür Extrabecken einrichten. Männchen schlanker. Immer ausreichend Schwimmraum bieten.
Länge: bis ca. 2,5 cm. *Wasser:* 22–28 °C; pH-Wert 6,5–7,2; Härte, 2–10 °dGH. *Nahrung:* Vor allem Lebendfutter, Flockenfutter. *Vorkommen:* Nördl. Südamerika bis Amazonasbecken.

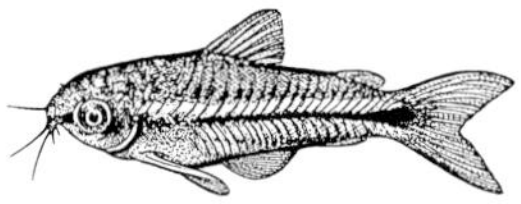

Corydoras pygmaeus

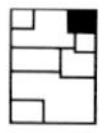

Corydoras hastatus (Sichelfleck-Zwergpanzerwels). Kleiner, friedfertiger, schwarmliebender und im freien Wasser schwimmender Panzerwels. Eignet sich bereits für kleine, gut bepflanzte Aquarien ab 40 cm Länge mit ausreichendem Schwimmraum in den mittleren Wasserschichten. Als Mitbewohner keine aggressiven Arten oder Räuber. Kurze schwarze Längsbinde in Körpermitte. Männchen schlanker und kleiner. Tiere liegen gern auf Blättern oder anderen erhöhten Punkten. Bei der Paarung verfolgen mehrere Männchen ein Weibchen. Eier kleben an vorher geputzten Pflanzen. Jungfische schlüpfen nach 84 Stunden.
Länge: ca. 3 cm. *Wasser:* Temperatur 18–28 °C; pH-Wert 6,0–7,0; weich bis mittelhart, 2–8 °dGH. *Nahrung:* Lebend- und Flockenfutter. *Vorkommen:* Zentralbrasilien bis Paraguay.

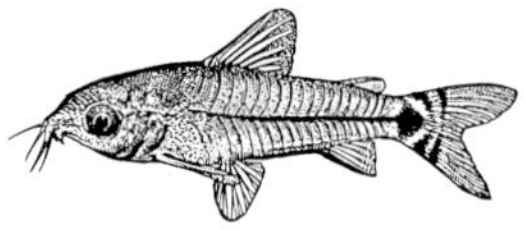

Corydoras hastatus

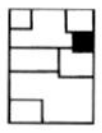

Corydoras melanistius (Fleckenpanzerwels). Gehört zu den Arten mit heller Grundfarbe. Friedfertig, gesellig, gut geeignet für Gesellschaftsbecken auch mit größeren Arten, die nicht aggressiv sind. Darmatmer, muß Luft vom Wasserspiegel holen und im Darm veratmen. Schattenspendende Schwimmpflanzen nur spärlich, sonst Aquarium gut bepflanzen, aber „Wühlplätze" mit feinem Sand vorsehen. Mehrere Unterarten, die sich in der Punktzeichnung unterscheiden. Versteckplätze aus Wurzeln und Höhlen aus Kokosnußschalen und Röhren. Manchmal nach Einsetzen scheu. Männchen von oben betrachtet schlanker.
Länge: ca. 6 cm. *Wasser:* Temperatur 22–26 °C; pH-Wert 6,5–7,6; weich bis mittelhart, 4–15 °dGH. *Nahrung:* Zu Boden sinkendes Futter, auch totes. *Vorkommen:* Guyanaländer.

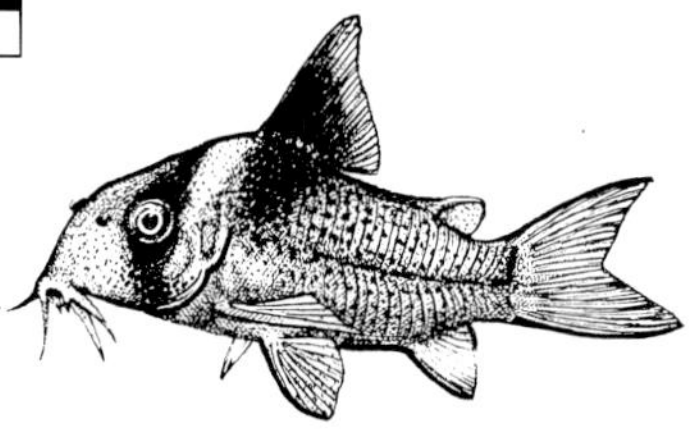

Corydoras melanistius

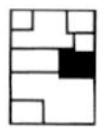

Dianema longibarbis (Schwielen-Torpedowels). Vom üblichen Bauplan abweichender friedfertiger, hübscher, auffälliger Panzerwels. Langgestreckt mit langen, nach vorn gerichteten Barteln. Bräunlich-fleischfarbener Körper mit leicht getönten Flossen. Schwarmfisch, der leicht zu pflegen ist und sich in Gesellschaft anderer friedfertiger Fische wohlfühlt. Becken ab 80 cm Länge mit guter Rand- und Hintergrundbepflanzung, jedoch auch mit viel Schwimmraum bis in die oberen Wasserschichten. Halten sich gern in leichter Strömung auf. Erwachsene Männchen haben eine fast gerade Bauchpartie. Darmatmer. Schaumnestbauer!
Länge: ca. 9 cm. *Wasser:* 22–26 °C; pH-Wert 6,0–7,5; weich bis mittelhart, 2–15 °dGH. *Nahrung:* Lebendfutter, auch freischwimmendes, Flockenfutter. *Vorkommen:* Ostperu.

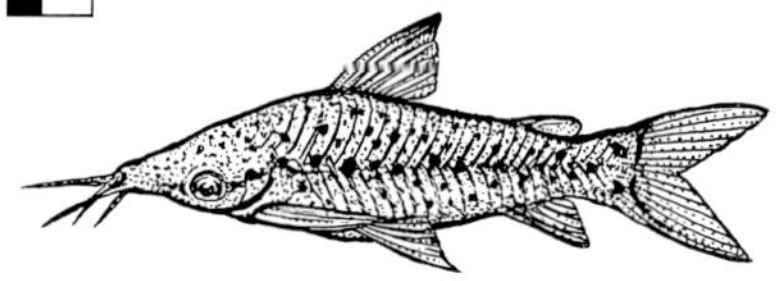

Dianema longibarbis

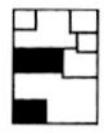

Dianema urostriata (Schwanzstreifen-Torpedowels). Sehr schöner schlanker, anspruchsloser und im Aquarium durch seine schwarzweißlängsgestreifte Schwanzflosse auffälliger Panzerwels, der bei Wohlbefinden meist im freien Wasser schwimmt, mit dem Kopf gegen die Strömung gerichtet. Schwarmfisch. Eignet sich gut als Gesellschaft anderer Friedfische. Becken ab 80 cm Länge, gut bepflanzen und durch Schwimmpflanzen gedämpft beleuchten. Viel freier Schwimmraum im mittleren Drittel. Zusätzliche Darmatmung. Männchen hat dickeren Brustflossenstachel, baut Schaumnest und bewacht Eier und Revier.
Länge: ca. 12 cm. *Wasser:* Temperatur 22–28 °C; pH-Wert 6,5–7,5; weich bis hart, 4–15 °dGH. *Nahrung:* Lebend- und Flockenfutter. *Vorkommen:* Brasilien, Rio-Negro-Becken.

Dianema urostriata (oben)

Dianema longibarbis (unten)

Panzerwelse

Callichthyidae

Corydoras nattereri (Blauer Panzerwels). Je nach einfallendem Licht leuchten die Seiten des Fisches bläulich oder auch grünlich. Recht hell gefärbte Art, die etwas farbkräftiger wird, wenn man dunklen, feinsandigen Bodengrund wählt, aber keinen Splitt oder Lawalitgrus, die alle mit Flüssigkeit prall gefüllten Barteln, die Geschmacksorgane, abwetzen. Dichte Rand- und Hintergrundbepflanzung notwendig, dazwischen Wühlplätze aussparen, und ausreichend Versteck- und Zufluchtsmöglichkeiten mit Steinhöhlen oder Moorkienholz schaffen. Schwarmfisch. Männchen haben höhere und spitzere Rückenflosse. Darmatmer.
Länge: ca. 5 cm. *Wasser:* 18–26 °C; pH-Wert 6,0–7,2; weich bis mittelhart, 4–12 °dGH. *Nahrung:* Lebend-, Flocken-, Tablettenfutter am Boden. *Vorkommen:* Ostbrasilien.

Corydoras nattereri

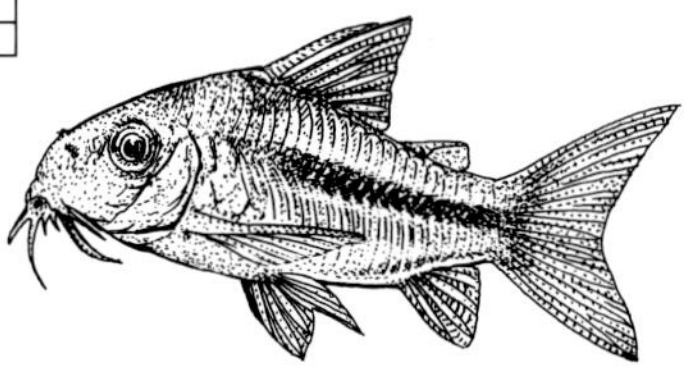

Corydoras aeneus (Metall-Panzerwels). Leicht zu pflegender, etwas kräftiger gebauter Bodenfisch, der sich bereits in mittelgroßen Gesellschaftsbecken ab 60 cm Länge wohlfühlt. Nicht zu warm halten. Futteraufnahme fast immer vom Boden, deshalb feinkörniger Sand, kein scharfer Splitt. Darmatmer, der Zugang zur Wasseroberfläche braucht. Schwarmfisch. Möglichst mehr Männchen als Weibchen pflegen. Männchen von oben betrachtet schlanker. Höhlenartige Versteckmöglichkeiten werden tagsüber gern aufgesucht. Zucht leicht. Eier werden meist in der Dämmerung abgegeben und im freien Wasser befruchtet.
Länge: ca. 6 cm. *Wasser:* Temperatur 18–24 °C; pH-Wert 6,0–7,8; weich bis hart, 4–25 °dGH. *Nahrung:* Bodenfutter, Futtertabletten. *Vorkommen:* Trinidad bis La Plata.

Corydoras aeneus (Pärchen)

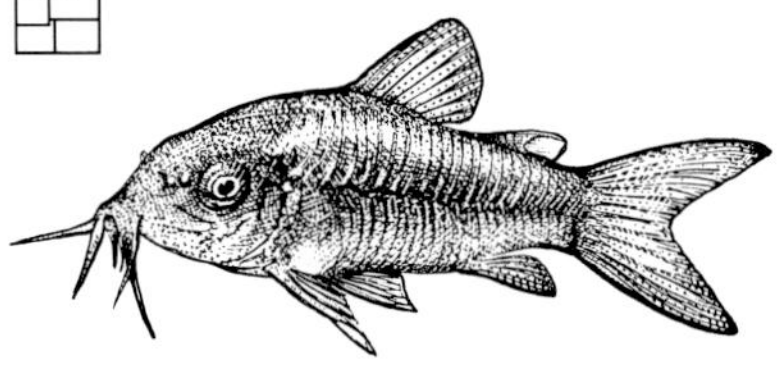

Corydoras barbatus (Schabrackenpanzerwels). Größter bekannter Panzerwels. Auch in Gesellschaft kleiner Fischarten verträglich und harmlos. Für größere Gesellschaftsaquarien ab ca. 100 cm Länge gut geeignet. Da der Fisch gern im freien Waser schwimmt und nicht nur auf dem Boden liegt, braucht man neben einer guten Bepflanzung und Wurzeldekoration auch ausreichend freien Schwimmraum. Darmatmer, die oft blitzschnell zur Wasseroberfläche schießen und Luft schnappen. Männchen viel farbenprächtiger, mit lang ausgezogener Rückenflosse und mit Papillen an den Seiten des Vorderkopfes.
Länge: 8–12 cm. *Wasser:* Temperatur 18–26 °C; pH-Wert 6,8–7,5; weich bis hart, 4–20 °dGH. *Nahrung:* Lebend-, Flocken- und Tablettenfutter. *Vorkommen:* Ostbrasilien.

Corydoras barbatus (Pärchen)

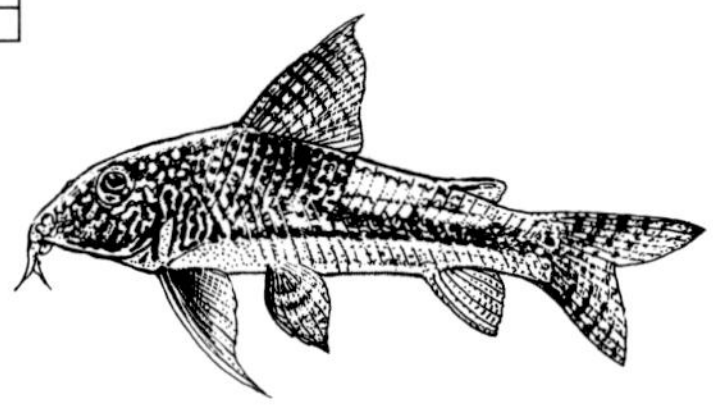

Corydoras trilineatus (Dreibinden-Panzerwels). Recht variabel gezeichnete Art, zu der möglicherweise auch sogenannte „alte Bekannte" gehören, wie z. B. *C. julii.* Friedfertige, gesellige Art, die wie alle Panzerwelse weichen, rundkörnigen Sand als Bodengrund zum Wühlen braucht. In Gesellschaftsaquarien ab 60 cm Länge gut zu pflegen, am besten mehr Männchen als Weibchen, dann ergeben sich eher Zuchtgruppen von 2–3 Männchen auf 1 Weibchen. Halten sich gern in Bezirken mit gedämpftem Licht auf. Darmatmer, die atmosphärische Luft verschlucken. Bereits gezüchtet; Männchen schlanker.
Länge: ca. 5 cm. *Wasser:* Temperatur 22–28 °C; pH-Wert 6,0–7,2; weich bis mittelhart, 1–12 °dGH. *Nahrung:* Bodenfutter aller Art, auch Tabletten. *Vorkommen:* Ostperu.

Corydoras trilineatus

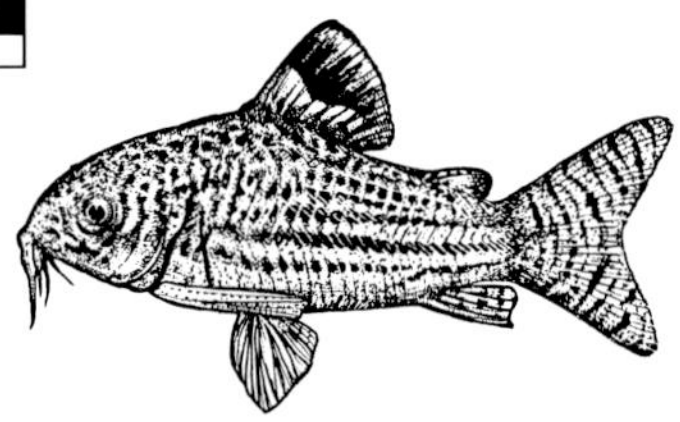

Corydoras caudimaculatus (Lunik-Panzerwels). Ein hübscher, friedfertiger, am besten im Schwarm zu pflegender Panzerwels, der vor allem durch seinen großen dunklen Fleck auf der Schwanzwurzel auffällt. Sonst ist der helle Körper mit feinen Pünktchen übersät. Als Darmatmer muß er an der Wasseroberfläche Luft schnappen, die er verschluckt und im Darm veratmet. Zwar wurde die Art bereits gezüchtet, aber sie ist leider selten zu haben. Der robust wirkende Fisch liebt gute Bepflanzung und weichen, feinkörnigen Bodengrund. Schon für kleinere Aquarien ab 60 cm Länge als Mitpflegling gut geeignet.
Länge: ca. 4 cm. *Wasser:* 22–28 °C; pH-Wert 6,0–7,5; weich bis mittelhart, 4–12 °dGH. *Nahrung:* Zu Boden sinkendes Futter, Tabletten. *Vorkommen:* Brasilien; Rio Guaporé.

Corydoras caudimaculatus

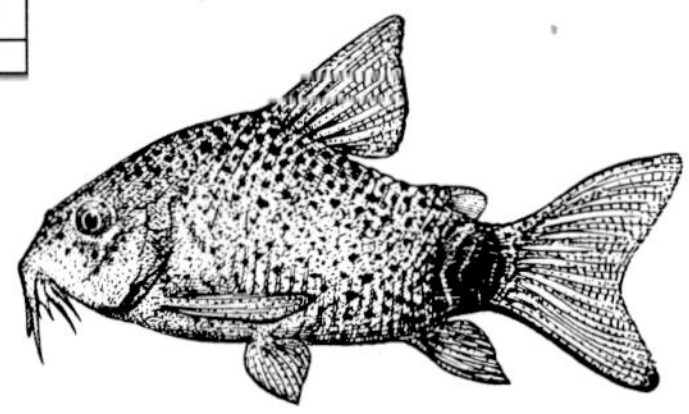

Corydoras haraldschultzi (Prachtcorydoras). Diese Art wurde lange Zeit mit *C. sterbai* verwechselt. Beide Arten sind aber problemlos zu unterscheiden: *C. haraldschultzi* hat eine schwarze Zeichnung auf dem silbergrauen Kopf, *C. sterbai* silberfarbene Punkte auf schwarzer Stirn. Die Brust und Bauchflossen von *C. haraldschultzi* sind orange gefärbt, die von *C. sterbai* zitronengelb. Ein gemächlicher Vertreter seiner Gattung, schwimmt ruhig und ruht gerne auf die Bauchflossen gestützt. Leider ist diese Art auch nach Jahren im Aquarium noch sehr schreckhaft und scheu.
Länge: ca. 7 cm. *Wasser:* Temperatur 22–28 °C; pH-Wert 6,0–7,0; Härte, 4–12 °dGH. *Nahrung:* Alle Futtersorten, besonders Lebendfutter wie Wasserinsekten und Garnelen. *Vorkommen:* Zentralbrasilien; Rio Tocantins.

Corydoras haraldschultzi

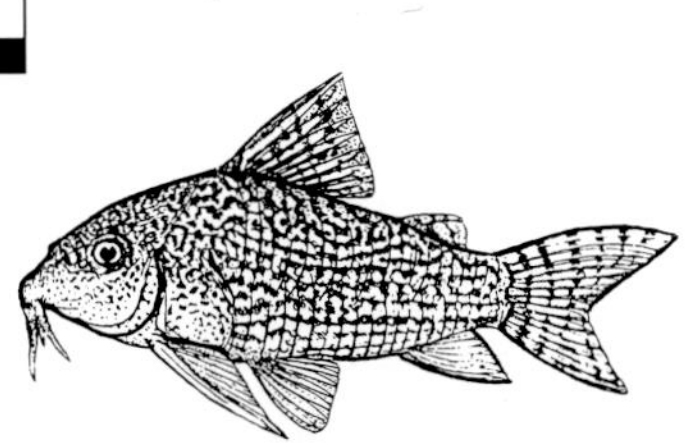

Panzerwelse
Callichthyidae

Corydoras melini (Kopfbinden-Panzerwels). Friedfertiger Bodenfisch. Auffällig durch seine von der Rückenflosse bis in die untere Schwanzflosse auf rötlichweißer Grundfärbung schräg verlaufende, breite schwarze Binde. Im Schwarm pflegen, nach Möglichkeit mehr Männchen als Weibchen. Männchen von oben betrachtet etwas schlanker. Darmatmer; muß zum Luftholen zur Wasseroberfläche, deshalb diese nicht von Pflanzen zuwuchern lassen. Aquarium ab 50 cm Länge mit guter Rand- und Hintergrundbepflanzung, aber auch mit freiem „Wühlraum" aus feinem, nicht scharfkantigem Sand zwischen den Pflanzen. *Länge:* ca. 5 cm. *Wasser:* Temperatur 22–26 °C; pH-Wert 6,5–7,5; weich bis mittelhart, 4–15 °dGH. *Nahrung:* Zu Boden sinkendes Futter, auch tote Kleinkrebse, Tabletten. *Vorkommen:* Kolumbien.

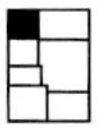

Corydoras melini

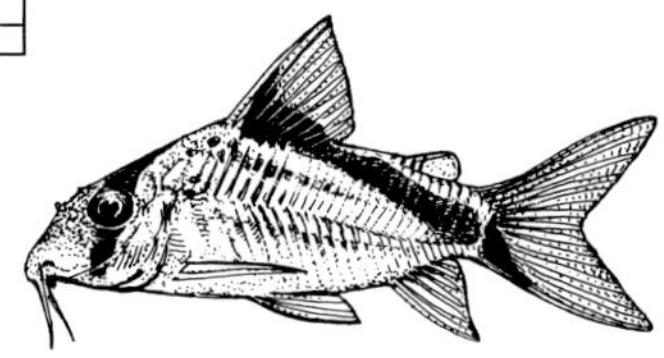

Brochis splendens (Smaragd-Panzerwels). Robust aussehender, kräftiger und hochrückiger Panzerwels, der gern im weichen, sandigen Boden oder auch in Mulm oder Torfauflage stöbert und nach Freßbarem sucht, das er mit seinen Barteln aufspürt. Gut geeignet auch für Gesellschaftsbecken ab 80 cm Länge. Friedlich und schwarmliebend. Auffällig ist seine glänzende grünliche Färbung. Männchen kleiner und etwas schlanker. Vor allem in der Dämmerung aktiv. Darmatmer, der zur Wasseroberfläche schwimmt und dort Luft zum Atmen schluckt. Stößt dazu auch durch leichte Schwimmpflanzendecke.
Länge: ca. 8 cm. *Wasser:* Temperatur 22–26 °C; pH-Wert um 7; weich bis mittelhart, 2–18 °dGH. *Nahrung:* Zu Boden sinkendes Lebend- und Trockenfutter. *Vorkommen:* Ostperu.

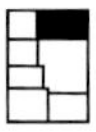

Brochis splendens

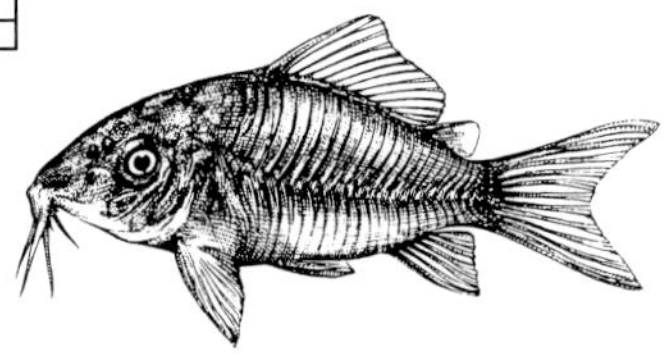

Corydoras concolor (Einfarbiger Panzerwels). Schwarmliebender, friedfertiger und bei höheren Temperaturen unruhiger Panzerwels, der für sein Wohlbefinden weichen, möglichst sandigen Bodengrund braucht. Auch in Gesellschaftsaquarien ab 50 cm Länge gut zu pflegen. Keine dichte Schwimmpflanzendecke, da er – wie alle Panzerwelse – als Darmatmer atmosphärische Luft verschlucken muß. Bisher werden die taubenblauen oder bräunlichen Tiere nur selten im Fachhandel angeboten bzw. manchmal auch nicht erkannt. Bei der etwas hochrückigen Art sind die Männchen von oben betrachtet etwas schlanker.
Länge: ca. 6,5 cm. *Wasser:* Temperatur 20–26 °C; pH-Wert 6,5–7,5; 4–15 °dGH. *Nahrung:* Zu Boden sinkendes Futter, auch tote Kleinkrebse, Flockenfutter. *Vorkommen:* Venezuela.

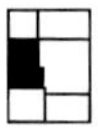

Corydoras concolor

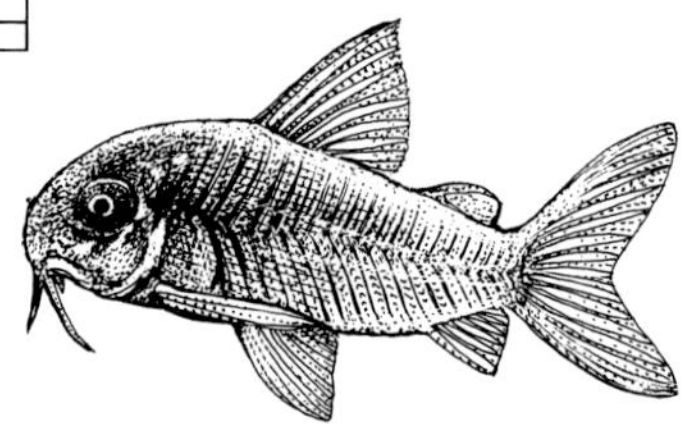

Brochis britskii (Hoher Panzerwels). Trotz seiner Größe friedfertiger, stark bodenorientierter Panzerwels, der sich gut für Gesellschaftsbekken ab 100 cm Länge mit größeren Fischen eignet. Braucht viele „Wühlplätze" mit weichem Sand, auf dem auch eine dünne Schicht Mulm oder Torf liegen darf, die aber stets aufgewirbelt wird. Seine Barteln sind Geschmacksorgane! Als Darmatmer von der Luftaufnahme an der Wasseroberfläche abhängig. Schwarmfisch. Männchen kleiner und von oben betrachtet schlanker. Tagsüber gern versteckt unter Moorkienholz oder in Höhlen. Dämmerungsaktiv. *Länge:* bis ca. 18 cm. *Wasser:* Temperatur 20–26 °C; pH-Wert 6,0–7,5; weich bis mittelhart, 2–18 °dGH. *Nahrung:* Am Boden liegendes Futter aller Art. *Vorkommen:* Brasilien; Mato Grosso.

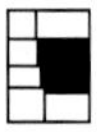

Brochis britskii

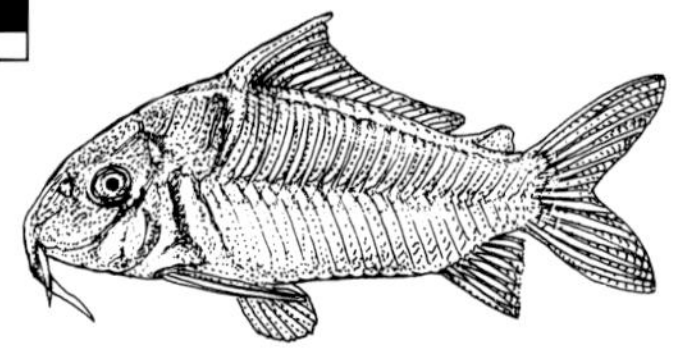

Corydoras reticulatus (Netz-Panzerwels). Einer der auffälligsten und farblich hübschesten, aber auch variabelsten mittelgroßen Panzerwelse. Friedfertig, gern in Gruppen zusammenlebend, bei höheren Wassertemperaturen auch lebhafter. Mit seinen beweglichen Barteln durchkämmt er den Bodengrund, deshalb weicher und feiner Sand wichtig, keinen Splitt verwenden. Aquarium gut bepflanzen, aber auch „Wühlstellen" freilassen. Mulm wird aufgewirbelt. Darmatmer, holt von der Wasseroberfläche Luft. Wenig Schwimmpflanzen, aber schattenspendende Verstecke mit Wurzeln und großblättrigen Pflanzen schaffen. Auch tagaktiv.
Länge: ca. 8 cm. *Wasser:* Temperatur 22–28 °C; pH-Wert 6,0–7,2; weich bis mittelhart, 2–12 °dGH. *Nahrung:* Zu Boden sinkendes Futter aller Art. *Vorkommen:* Oberer Amazonas.

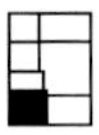

Corydoras reticulatus

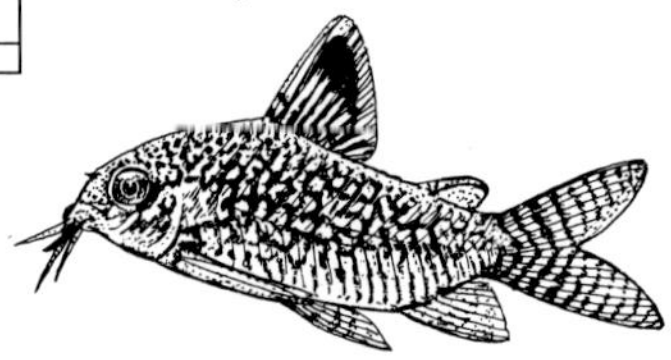

Corydoras undulatus (Gewellter Panzerwels). Ein friedfertiger, geselliger Bodenbewohner, der gern mit seinen Barteln im weichen Bodengrund nach Nahrung sucht. Deshalb feinen, nicht scharfkörnigen Kies verwenden. Schwimmt auch im freien Wasser und ruht auf erhabenen Plätzen. Darmatmer, der atmosphärische Luft schnappt und schluckt. Körperfärbung sehr dunkel mit schmutzigweißen, aus Punkten bestehenden Längsbinden. Wird selten eingeführt und oft falsch bestimmt oder verwechselt. Aquarium mit guter Bepflanzung. Verstecke aus halbierten Kokosnußschalen oder Blumentöpfen.
Länge: ca. 6 cm. *Wasser:* Temperatur 20–25 °C; pH-Wert 6,0–7,5; weich bis mittelhart, 4–15 °dGH. *Nahrung:* Bodenfutter aller Art, Tabletten. *Vorkommen:* Südbrasilien bis La Plata.

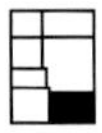

Corydoras undulatus

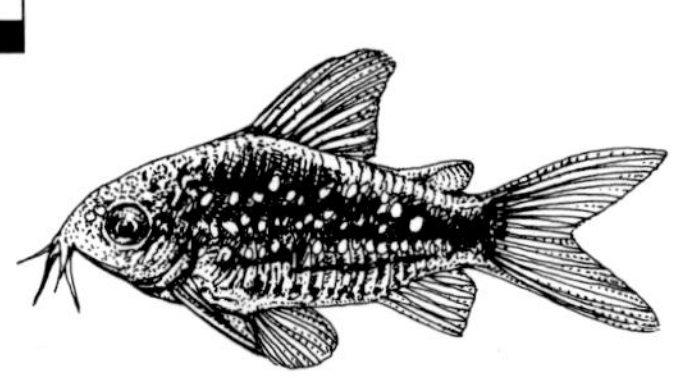

Panzerwelse

Callichthyidae

Corydoras davidsandsi (Sands' Panzerwels). Diese schöne Art hat sich seit ihrer Einfuhr vor wenigen Jahren einen festen Platz in der Aquaristik erobert. Von der ähnlichen Art *C. melini*, mit der sie oft verwechselt wird, leicht durch die fehlende Fleckenzeichnung der Körperflanken zu unterscheiden, von *C. metae* anhand der bis in die Schwanzflosse laufenden Längsbinde. Lebt im Freiland in Schwärmen, das sollte bei der Haltung berücksichtigt werden. Darum mindestens sechs Fische zusammen pflegen.
Länge: ca. 5,5 cm. *Wasser:* Temperatur 24–28 °C; pH-Wert 6–7; weich bis mittelhart, 4–12 °dGH. *Nahrung:* Von Tubifex bis zu Futtertabletten. Salinenkrebse steigern die Farbintensität. *Vorkommen:* Brasilien; Rio-Negro-Einzug.

Corydoras davidsandsi

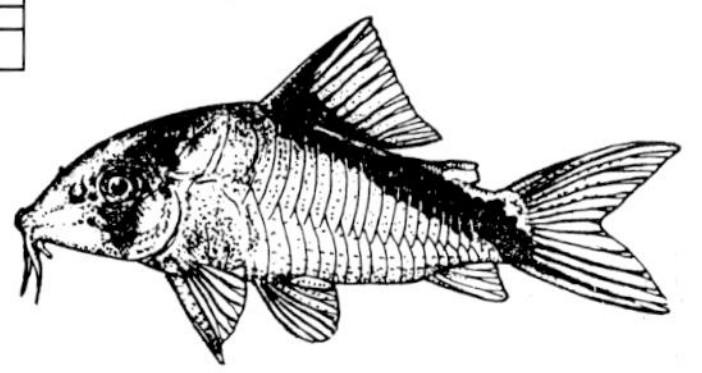

Corydoras arcuatus (Stromlinien-Panzerwels). Durch das unverwechselbare Körperlängsband ist dieser Panzewels sofort zu erkennen. Es dient der Tarnung, gibt dem Fisch die Silhouette eines Steines. *C. arcuatus* ist ein ruhiger Panzerwels, der ohne Hast schwimmt und gerne öfter auf dem Boden verweilt. Kein Partner für sehr lebhafte oder unruhige Fische. Dafür durchaus robust und anspruchslos, reagiert jedoch sehr empfindlich auf scharfkantigen oder zu groben Bodengrund; verletzt sich leicht die Barteln und sollte daher auf feinem Sand gehalten werden.
Länge: ca. 5,5 cm. *Wasser:* Temperatur 23–28 °C; pH-Wert um 6–7; weich bis mittelhart, 4–14 °dGH. *Nahrung:* jedes Lebendfutter; Wurmfutter sollte etwa ein Drittel der Nahrung ausmachen. *Vorkommen:* Peru; Marañon-Einzug.

Corydoras arcuatus

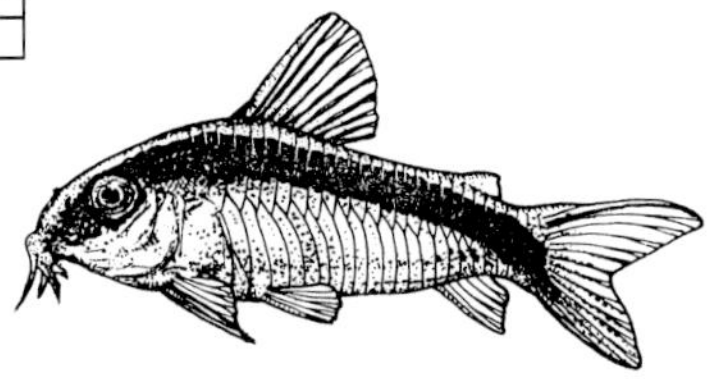

Corydoras sp. Wie alle *Corydoras*-Arten tagaktiv, mit relativ großen, sehr beweglichen Augen; die Körperseitenplatten sind am Rückenfirst miteinander verwachsen; der Bauch horizontal abgeflacht; das Maul leicht unterständig. Zusätzliche Darmatmung (Wasseroberfläche teilweise von Pflanzen freihalten). Zur Pflege im Gesellschaftsbecken in Gemeinschaft mit friedfertigen Arten bestens geeignet. Im Schwarm halten, Einzeltiere kümmern und werden scheu. Obwohl sie auch freischwimmendes Futter erbeuten können, immer darauf achten, daß die am Boden nach Futter gründelnden Welse zu ihrem Recht kommen.
Länge: ca. 4,5 cm. *Wasser:* Temperatur 23–28 °C; pH-Wert 6–7,2; Härte, 4–12 °dGH. *Nahrung:* siehe andere *Corydoras*-Arten. *Vorkommen:* Amazonasbecken.

Corydoras sp.

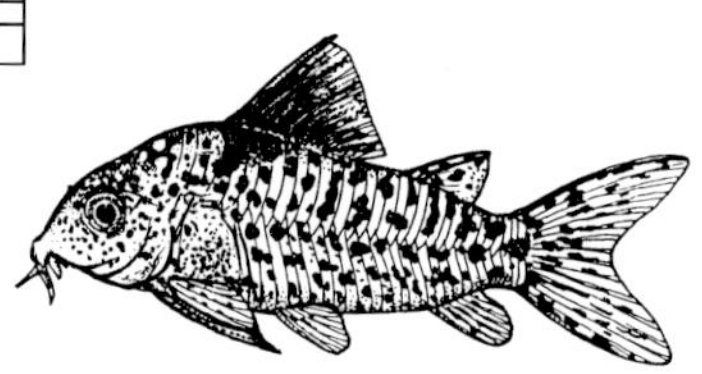

Corydoras leucomelas. Eine der vielen gepunkteten *Corydoras*-Arten, wird darum immer wieder mit ähnlichen Arten verwechselt: Charakteristisch ist der rechteckige, schwarze Fleck, der hinter dem verdickten ersten Rükkenflossenstrahl bis in die Mitte der Rückenflosse verläuft. Ein relativ anspruchsloser Panzerwels, der durch seine lebhafte Art eine Bereicherung für Aquarien mit friedlichen Fischen wie Salmlern und Zwergcichliden ist. Im Schwarm pflegen. Über die Zucht ist nichts bekannt.
Länge: ca. 5 cm. *Wasser:* 22–27 °C; pH-Wert 6–7,2; weich bis mittelhart, 4–12 °dGH. *Nahrung:* Alle Futtersorten. Hoher Nahrungsbedarf. Als „Restevertilger" verkümmert diese Art, darum gezielt und abwechslungsreich zufüttern. *Vorkommen:* Peru, Kolumbien.

Corydoras leucomelas

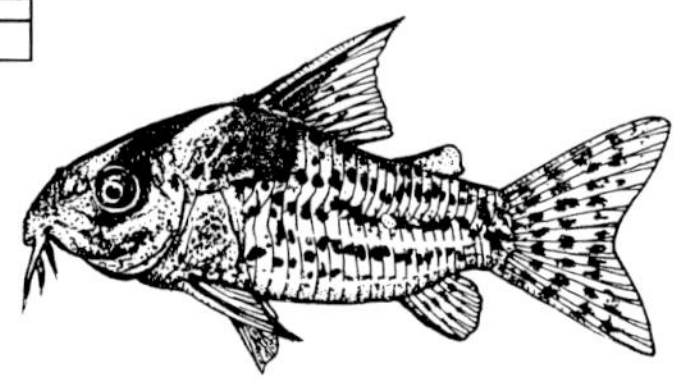

Corydoras panda (Panda-Panzerwels). Auffällige, hübsch gezeichnete Art; am besten in Gruppen pflegen. Liebt hellere Becken mit weichem Sandboden. Aquarien ab 50 cm Länge, in denen Rück- und Seitenwände gut bepflanzt sein können. Holen als Darmatmer Luft von der Wasseroberfläche, deshalb diese an einigen Stellen von wuchernden Schwimmpflanzen freihalten. Wie die anderen *Corydoras*-Arten auch keine Restevertilger. Sie müssen richtig und gezielt ernährt werden. Weibchen klebt die befruchteten Eier an Gegenstände und Javafarn.
Länge: ca. 5,5 cm. *Wasser:* Temperatur 22–26 °C; pH-Wert 6–7,2; weich bis mittelhart, 4–15 °dGH. *Nahrung:* Bodenfutter; vor allem Würmer, gefrorene *Cyclops*, Tabletten. *Vorkommen:* Ostperu.

Corydoras panda

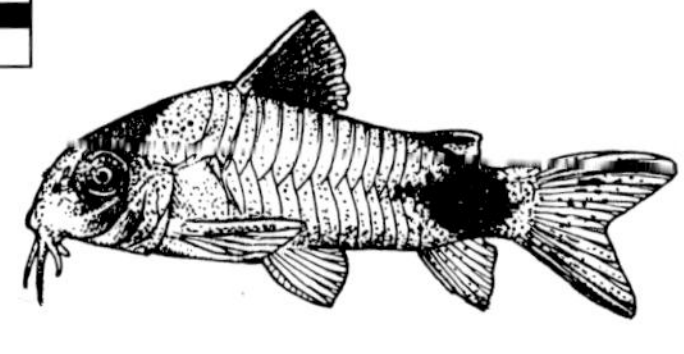

Corydoras robineae (Flaggenschwanz-Panzerwels). Friedfertiger, lebhafter Bodenbewohner, der als Schwarmfisch auch immer in einer Gruppe von ca. 6 Tieren – mehr Männchen als Weibchen – gepflegt werden sollte. Auch für Gesellschaftaquarien (ohne große Cichliden) ab 60 cm Länge geeignet. Guter Pflanzenwuchs wichtig, aber auch „Wühlplätze", die man an vorher bestimmten Stellen mit weichem, rundgeschliffenem Sand einrichten kann. Auch Versteckplätze in Form von Unterständen aus Kienholz oder Steinen anbieten. Darmatmer, holt Luft von der Wasseroberfläche.
Länge: 4–8 cm. *Wasser:* Temperatur 22–26 °C; pH-Wert 6–7,2; Härte, 3–12 °dGH. *Nahrung:* Kleines Lebendfutter, gefrorene *Cyclops*, Tabletten und Flocken. *Vorkommen:* Rio-Negro-Bekken.

Corydoras robineae

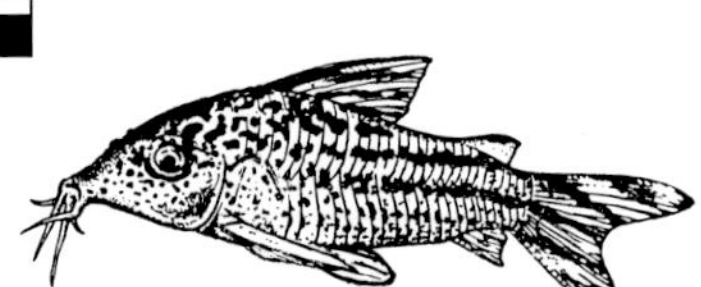

Panzerwelse

Callichthyidae

Corydoras cf. treitlii. Dieser eher unauffällige Panzerwels wird nur sehr selten importiert und angeboten. Auch die Schreckhaftigkeit und Scheue machen diese Art wohl hauptsächlich für spezialisierte Welsliebhaber attraktiv. Von einigen ähnlichen langschnäuzigen Arten, wie *Corydoras acutus, Corydoras blochi, Corydoras semiaquilis*, nur durch sehr genaue Beobachtung zu unterscheiden. Versteckt sich gerne unter niedrigen Wasserpflanzen und gräbt Gruben unter den auf dem Boden liegenden Blättern. *Länge:* ca. 6,5 cm. *Wasser:* Temperatur 21–27 °C; pH-Wert 6–7,5; weich bis mittelhart, 5–15 °dGH. *Nahrung:* Gezielt füttern, sonst keine besonderen Anforderungen. Wie die meisten anderen Panzerwelse einfach zu ernähren. *Vorkommen:* Brasilien, Rio-Parnaiba-Gebiet.

Corydoras cf. treitlii

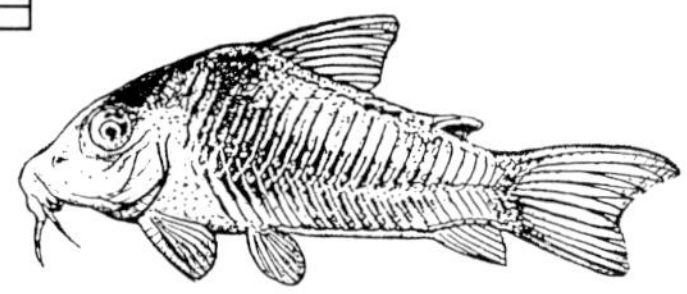

Corydoras imitator (Imitator-Panzerwels). Ein Paradebeispiel für den Einfallsreichtum der Natur! Dieser in der Natur relativ seltene Panzerwels imitiert das Färbungsmuster einer anderen Art und nutzt vermutlich deren Schutzverhalten (Schwarmbildung) aus, um in der Menge nicht so gut für Freßfeinde erkennbar zu sein.
Länge: ca. 6,5 cm. *Wasser:* Temperatur 22–28 °C; pH-Wert 5–7; weich bis mittelhart, 4–12 °dGH. *Nahrung:* Lebend-, Frost- und Flockenfutter, Futtertabletten, ab und zu *Tubifex* oder Rote Mückenlarven, regelmäßig ballaststoffreiche Nahrung, wie Wasserflöhe, weiße und schwarze Mückenlarven, *Cyclops* und Salinenkrebse. *Vorkommen:* Brasilien, Rio Negro und Rio Uaupés, schließt sich hier Gruppen und Schwärmen von *Corydoras adolfoi* an.

Corydoras imitator

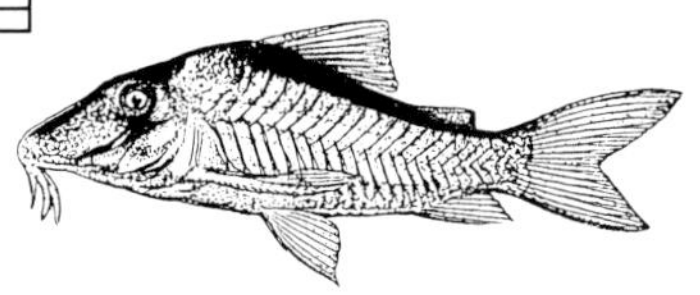

Corydoras virginiae. Eine erst in den letzten Jahren eingeführte Panzerwelsart. Friedfertig, im Art- oder Gesellschaftsbecken ab 80 cm Länge gut zu halten. Als Bodenbewohner sind sie jedoch auffallend schwimmfreudig, so halten sie sich mehr als die meisten Panzerwelse in der mittleren Region des Aquariums auf. Am bestein im Schwarm zu halten. Keine scharfkantigen Steinchen; verletzte Barteln wachsen nur schlecht nach. Wichtig: Der Bodengrund sollte bei fast allen *Corydoras*-Arten aus feinem Sand bestehen! Wurzelholz als Unterschlupfe. Bei Bepflanzung freie Sandstellen nicht vergessen.
Länge: 6 cm. *Wasser:* 22–27 °C; pH-Wert 6–7,2; 4–12 °dGH. *Nahrung:* Tabletten- und Flockenfutter, aber ohne Wurmfutter (regelmäßig!) verkümmern sie. *Vorkommen:* Peru.

Corydoras virginiae

Corydoras cf. sodalis (Falscher Netzpanzerwels). Kann leicht mit dem sehr ähnlichen *Corydoras reticulatus* verwechselt werden. Sicherstes Merkmal zur Unterscheidung ist der schwarze Fleck in der Rückenflosse von *Corydoras reticulatus*, der bei *Corydoras sodalis* fehlt. Die Haltung im Aquarium ist problemlos. In Trupps zu 5 oder mehr Fischen gepflegt, macht *C. sodalis* durch sein lebhaftes Verhalten und intensives Gründeln viel Freude. Die Lebenserwartung liegt bei guter Pflege deutlich über 5 Jahren. Leider hat es offensichtlich mit der Nachzucht noch nicht geklappt.
Länge: ca. 4,5 cm. *Wasser:* Temperatur 22–28 °C; pH-Wert 6–7,5; weich bis mittelhart, 5–15 °dGH. *Nahrung:* Alle üblichen Futtersorten. *Vorkommen:* Brasilien/Peru, Rio Solimoes (Oberlauf des Amazonas).

Corydoras cf. sodalis

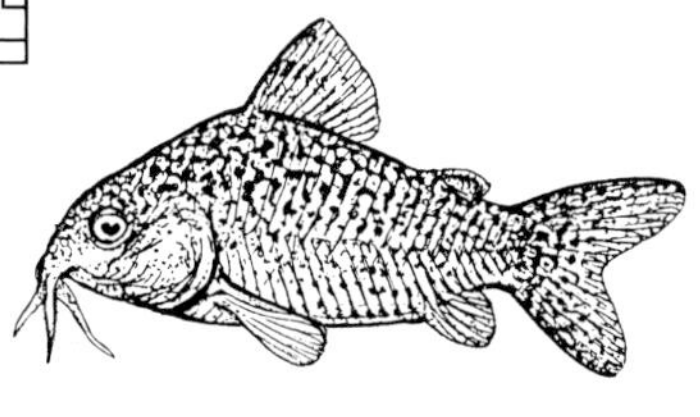

Corydoras sp. Ein markanter, kleiner, friedfertiger Panzerwels. Variabel in der Intensität der länglich schwarzen Flecken. Besonders auffallend ist die hohe, nahezu senkrecht hochgestellte Rückenflosse (bei beiden Geschlechtern) mit dem dunkel gefärbten, lang ausgezogenen ersten Rückenflossenstrahl. Diesen scheuen, schreckhaften Tieren müssen viele Versteckmöglichkeiten geboten werden, in die sie sich blitzschnell zurückziehen können. Dichte Bepflanzung mit freien Sandstellen zum Gründeln abwechseln. Schließen sich bei Haltung von Gruppen mit 6 Tieren auch gut anderen Panzerwelsen an.
Länge: ca. 3 cm. *Wasser:* 22–27 °C; pH-Wert 6,2–7,2; 3–10 °dGH. *Nahrung:* Vor allem Wurmfutter (*Tubifex*), auch Tabletten- und Flokkenfutter. *Vorkommen:* Bolivien (Abuna-Fluß).

Corydoras sp.

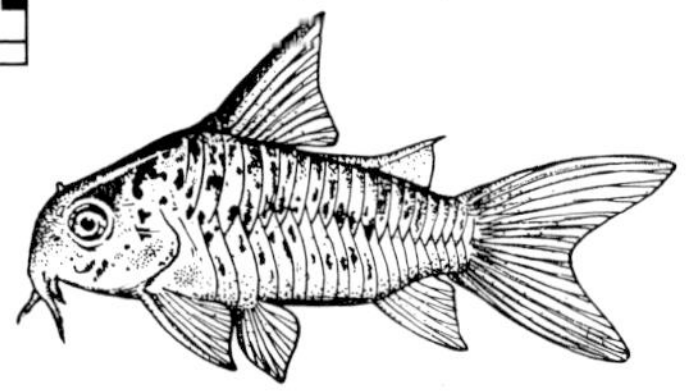

Corydoras maculifer. Eine Panzerwelsart, die sympatrisch (zusammen) mit dem rundköpfigen *Corydoras araguaiensis* auftritt, ebenfalls eine faszinierende Mimikry. Eine leider im Handel weniger häufig angebotene Art. Ein reizender Fisch, der besonders für die Liebhaber dezenter Erscheinungen interessant sein dürfte. Die Flossen können zwar nicht mit kräftigen Farben aufwarten, der Körper ist jedoch mit gleichmäßigen Längslinien hübsch gezeichnet und im Bereich von Kopf und Rücken gepunktet.
Länge: 5 cm. *Wasser:* Temperatur 23–28 °C; pH-Wert 6–7; weich bis mittelhart, 4–12 °dGH. *Nahrung:* Allesfresser, aber nicht zu fettreich ernähren, oft und viel ballaststoffreiche Kost, wie Wasserflöhe und *Cyclops*, bieten. *Vorkommen:* Westl. Zentralbrasilien, Rio Araguaia.

Corydoras maculifer

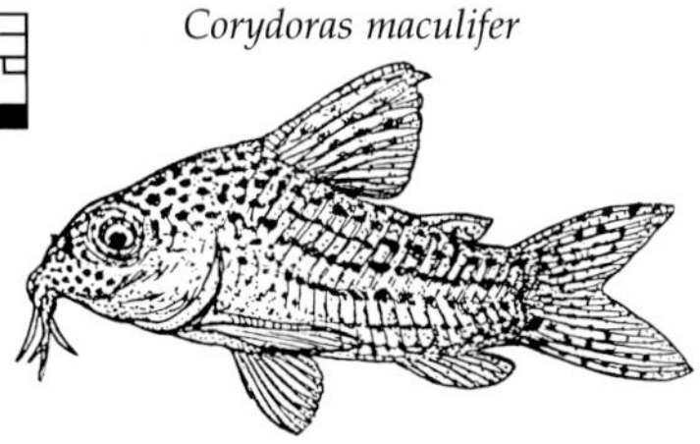

Panzerwelse
Callichthyidae

Corydoras paleatus (Marmorierter Panzerwels). Harmloser, friedfertiger und nicht zu lebhafter Panzerwels, der zu den ersten Zierfischen gehört, die in Aquarien gehalten wurden. Die etwas kleineren Männchen erkennt man vor allem an der höheren und spitzer zulaufenden Rückenflosse. Wie alle Panzerwelse Darmatmer, der Luft an Wasseroberfläche holt. Keine geschlossene Schwimmpflanzendecke! Weichen Bodengrund, keinen scharfkantigen Kies verwenden, der die empfindlichen Barteln abreibt. Zucht einfach. Weibchen klebt Eier an Pflanzen und Scheiben.
Länge: 7 cm. *Wasser:* Temperatur 18–24 °C; pH-Wert 6,5–7,8; weich bis hart, 5–20 °dGH. *Nahrung:* Absinkendes Lebend-, Frost- und Flockenfutter. *Vorkommen:* Südamerika, La-Plata-Gebiet.

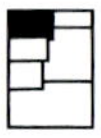

Corydoras paleatus

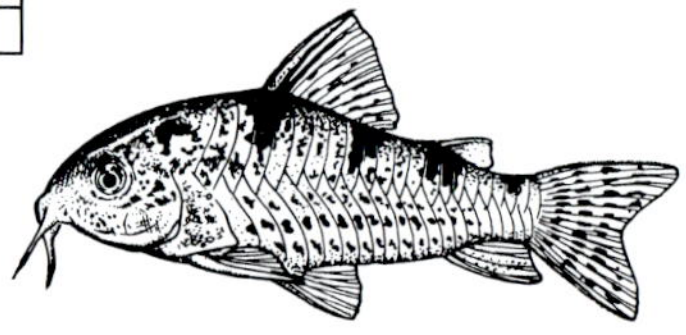

Corydoras habrosus. Diese kleinwüchsige und ansprechend gezeichnete Panzerwelsart ist leider nicht ganz anspruchslos in der Pflege. Besonders beim Umsetzen/Einsetzen ist Vorsicht geboten. Die Wasserwerte (Temperatur und pH-Wert) müssen langsam angeglichen werden, um Verluste zu vermeiden. Da *Corydoras habrosus* fast immer stark unterernährt angeboten wird, sollte in den ersten Tagen kräftiges Futter auf dem Speiseplan stehen (*Tubifex*, Grindal usw.). Bewährt hat sich das Einsetzen und Anfüttern in einem Laichkasten (mit Bodengrund!). Nicht mit großen oder aggressiven Fischen vergesellschaften.
Länge: bis ca. 3 cm. *Wasser:* 22–28 °C; pH-Wert 6–7; weich bis mittelhart, 4–12 °dGH. *Nahrung:* Der Größe angemessenes Futter aller Art. *Vorkommen:* Venezuela, Rio Salinas.

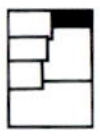

Corydoras habrosus

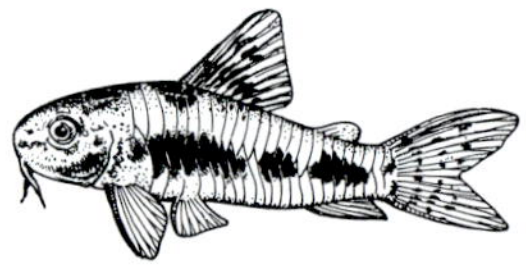

Corydoras rabauti (Rostpanzerwels). Vielfach als *Corydoras myersi* gehandelt. Durch seine Körperfärbung, die intensiv rotbraun sein kann, vor allem auch schon als Jungfisch einer der schönsten Panzerwelse. Friedfertiger, etwas gedrungen wirkender und bei höheren Temperaturen lebhafter Schwarmfisch, der sich in gut bepflanzten Aquarien ab 60 cm Länge mit weichsandigen „Wühlplätzen" wohl fühlt. Darmatmer, der Zugang zu freien Stellen an der Wasseroberfläche braucht. Männchen von oben betrachtet schlanker. Bereits gezüchtet. Weibchen fängt Eier in Bauchflossentasche auf und klebt sie dann auf Unterlagen an.
Länge: bis ca. 5 cm. *Wasser:* Temperatur 24–28 °C; pH-Wert 6–7,2; weich bis mittelhart, 2–12 °dGH. *Nahrung:* Bodenfutter, Flocken, Tabletten. *Vorkommen:* Peru; Rio-Ucayali-System.

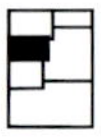

Corydoras rabauti

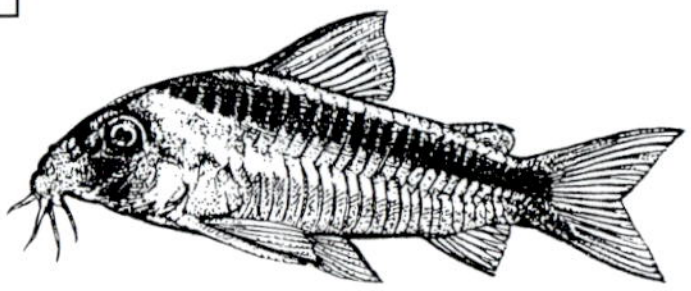

Corydoras blochi blochi. Sein bisher bekanntes Verbreitungsgebiet ist so riesig, daß es kein Wunder ist, wenn viele verschiedene Färbungs- und Zeichnungsmuster dieser Art zu Überraschungen führen. Bisher ist auch eine Unterart, *C. blochi vittatus*, beschrieben worden. Möglicherweise werden andere folgen. Die Pflege dieser besonders schönen, friedfertigen, langschnäuzigen Art ist nicht besonders schwierig, doch verlangt dieser Schwarmfisch nitratarmes, sauberes Wasser, Versteckmöglichkeiten, in die er sich gerne zurückzieht, und weichen Bodengrund zum Wühlen. Gesellschaftsbecken ab 80 cm Länge.
Länge: 6 cm. *Wasser:* 22–28 °C; pH-Wert 6–7,5; 2–12 °dGH. *Nahrung:* Flocken- und Tablettenfutter, Insektenlarven, Würmer. *Vorkommen:* Nördl.- und mittl. Südamerika, Guyana-Länder.

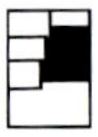

Corydoras blochi blochi

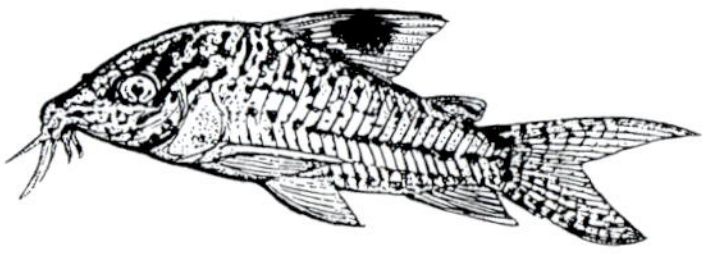

Corydoras metae. Gehört zu den beliebtesten Panzerwels-Arten. Auf dem Rücken verläuft vom Beginn der Rückenflosse bis in die Schwanzwurzel ein schwarzer Streifen. Eine schwarze Augenbinde zieht oben vom Kopf über das Auge nach unten. Pflegt man eine in den Geschlechtern gut gemischte Gruppe, dann laichen die friedfertigen Tiere manchmal sogar spontan im Gesellschaftsbecken (mindestens 60 cm). Ablaichtemperaturen um 25 °C, Jungfische schlüpfen nach 1 bis 5 Tagen. Nach 2 bis 3 Tagen Erstfutteraufnahme (*Artemia*-Nauplien). Die Aufzucht bereitet keine Probleme. Beckeneinrichtung wie bei *C. rabauti*.
Länge: ca. 5 cm. *Wasser:* Temperatur 22–28 °C; pH-Wert 6–7,5; 2–12 °dGH. *Nahrung:* Allesfresser, von Flocken- und Tabletten- bis zum üblichen Wurmfutter. *Vorkommen:* Kolumbien.

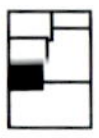

Corydoras metae

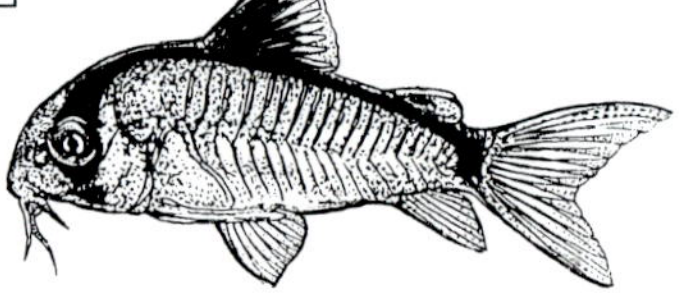

Corydoras cf. bolivianus. Ein Bewohner kleinerer Fließgewässer. Wenn man die hübsche rundschnäuzige Art in unterschiedlichen Altersstufen sieht, findet man recht verschiedene Zeichnungsmuster, ehe die Erwachsenenfärbung endgültig angelegt ist, und auch diese kann noch je nach Stimmung von deutlich netzmusterartiger zu einheitlich meist grüner Färbung wechseln. Grundausstattung seines Aquariums muß feindsandiger Boden sein (Barteln!), mit Gründelplatz. Dieser hochrückige, besonders in der oberen Körperhälfte leuchtend metallisch grün gefärbte Panzerwels ist ein guter Gesellschaftsfisch für Becken ab 80–100 cm Länge. *Länge:* ca. 8 cm. *Wasser:* 22–26 °C; pH-Wert um 7; 4–12 °dGH. *Nahrung:* Bodenfutter, wie Flocken, Tabletten, Würmer. *Vorkommen:* Bolivien; Rio Beni; Brasilien; Rio Guaporé.

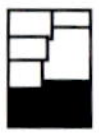

Corydoras cf. bolivianus

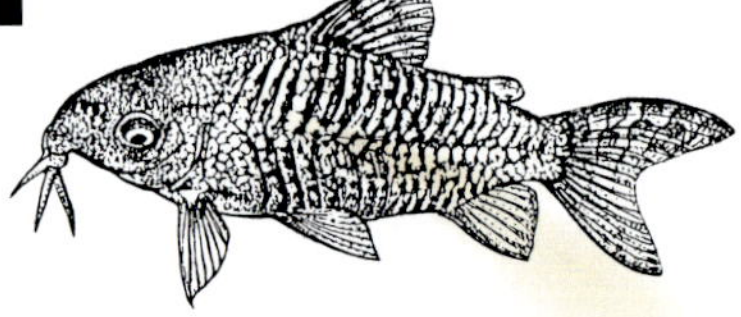

Harnischwelse

Loricariidae

Parancistrus sp. Diese Art ist im Moment noch nicht genau bestimmt. Es handelt sich dabei um einen blaugrün gefärbten Bodenfisch mit cremegelb eingesäumten Flossen, über den noch nicht viel bekannt ist. Die cremefarbigen Bänder werden mit zunehmendem Alter dünner. Dieser Wels wird meistens als Einzeltier angeboten und ist nicht billig. Aquarium ab 100 cm Länge, Boden mit feinem Sand, dekoriert mit Steinplatten und Holzverstecken, dazu derbe Blattpflanzen, z. B. *Anubias*-Arten. Das Wasser muß gut gefiltert und regelmäßig teilerneuert (ca. 25 %) werden.
Länge: bis ca. 12 cm. *Wasser:* Temperatur 22–26 °C; pH-Wert 6,2–7,0; weich bis hart, 3–12 °dGH. *Nahrung:* Vielseitiges Futter anbieten, auch pflanzliche Beikost und Futtertabletten. *Vorkommen:* Brasilien; Xingu-Becken.

Parancistrus sp.

Leporacanthicus galaxias. Friedlicher, vorwiegend dämmerungsaktiver Harnischwels. Wird meist als Jungfisch angeboten. Ein Bodenfisch, der sich gern zwischen Steinen und Wurzeln aufhält. Mit seinem unterständigen Saugmaul heftet er sich am Substrat fest und kann gleichzeitig noch seine Nahrung abraspeln. Im Aquarium ist er ein guter Algen- und Restevertilger. Zu Boden gesunkenes Trockenfutter wird als willkommene Nahrungsergänzung angenommen. Bodengrund teilweise mit feinsandigen freien Plätzen, dazu Wurzeln und Steine, an denen sich Algen bilden und die als Versteckplätze dienen. Gut filtern und durchlüften.
Länge: ca. 25 cm. *Wasser:* 23–28 °C; pH-Wert 6,2–7; 2–10 °dGH. *Nahrung:* Algen, Kopfsalat, Gurkenscheiben, Tabletten- und Lebendfutter. *Vorkommen:* Brasilien; Rio Tocantis.

Leporacanthicus galaxias

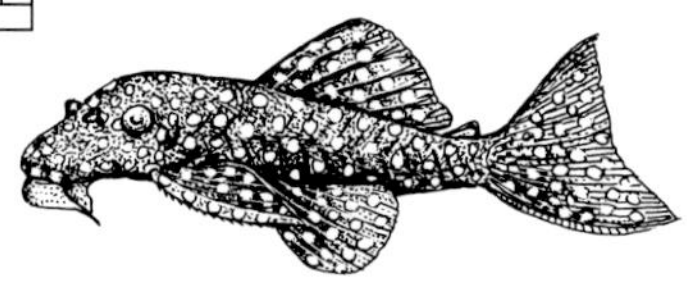

Pseudacanthicus spinosus (Stachel-Schilderwels). Schilderwels mit einem Raspelsaugmaul. Knochenschilde auf den Körperseiten sind mit nach hinten gerichteten Zähnchen besetzt. Jungfische wachsen relativ langsam und können in großen Gesellschaftsaquarien ab 130 cm Länge gepflegt werden. Allerdings müssen ausreichend Versteckmöglichkeiten vorhanden sein, z. B. aus geräumigen Bambus- oder Tonröhren, Moorkienholzwurzeln oder Steinen. Wie bei allen Schilderwelsen kann sich der Irislappen je nach Helligkeit vergrößern oder zusammenziehen und damit den Lichteinfall ins Auge dämpfen.
Länge: ca. 30 cm. *Wasser:* Temperatur 22–28 °C; pH-Wert 6,5–7,2; 4–12 °dGH. *Nahrung:* Pflanzliche Kost, Flocken- und Tablettenfutter. *Vorkommen:* Amazonasgebiet.

Pseudacanthicus spinosus

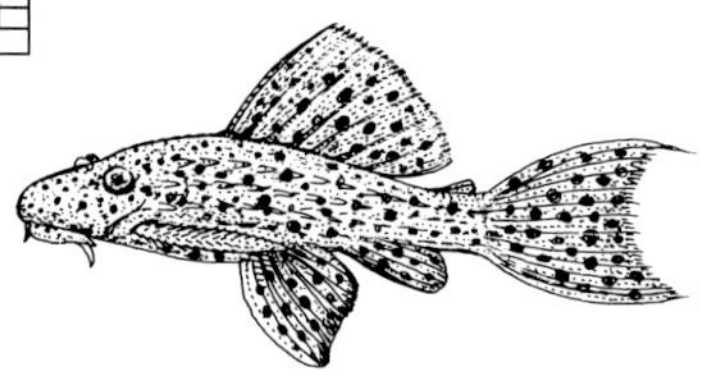

Parancistrus aurantiacus. Ein breiter, plump wirkender Fisch mit oft auffallend kontrastreicher Färbung (Normalfarbe schwarz-grau). Mit seiner Körperform und dem Saugmaul ist er an das Leben im Fließwasser gut angepaßt. Kopf und Körper sind flach und breit und nur im Bereich des Schwanzstiels seitlich zusammengedrückt. Aquarien sollten geräumig sein, mit feinem Sand, derben Blattpflanzen, Wurzelstöcken und Steinhöhlen. Klares, gut gefiltertes, sauerstoffreiches Wasser. Im Schutze der Steinhöhlen und Wurzelstöcke leben die Tiere bedingt dämmerungsaktiv. Können aber trotzdem zu jeder Tageszeit gefüttert werden. *Länge:* ca. 15 cm. *Wasser:* 22–26 °C; pH-Wert 6,2–7,2; 3–12 °dGH. *Nahrung:* Abwechslungsreich; auch pflanzliche Beikost und Futtertabletten. *Vorkommen:* Amazonasbecken.

Parancistrus aurantiacus

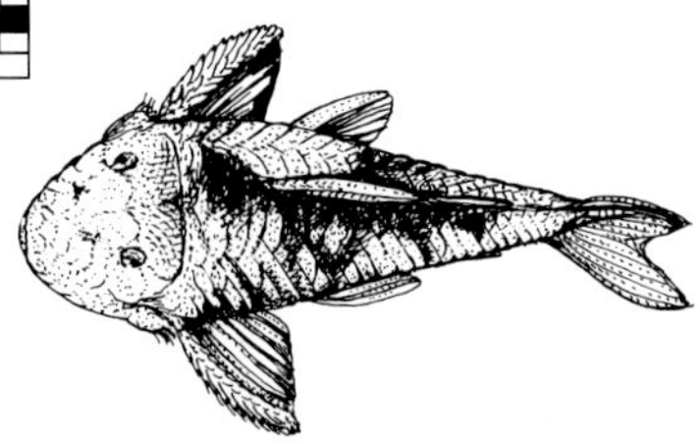

Pseudacanthicus sp. (Weißpünktchen-Schilderwels, Ichthyo-Schilderwels). Hell bis dunkelgraublaue Grundfärbung, übersät mit weißen Pünktchen (Populärname!). Friedlicher, sich häufig versteckt haltender Fisch auch für das Gesellschaftsbecken ab 60 cm Länge mit Zufluchtsmöglichkeiten und Tagesverstecken aus Moorkienholzwurzeln oder Höhlen. Besonders aktiv bei dämmerigem Licht. Raspelt auch an Holz! Hält sich gern in dem leicht strömendem Wasser des Filterauslaufs auf.
Länge: ca. 8 cm. *Wasser:* Temperatur 24–28 °C; pH-Wert 6,5–7,2; weich bis mittelhart, 4–12 °dGH. *Nahrung:* Vor allem pflanzliche Nahrung, Flocken- und Frostfutter, aber auch Lebendfutter, wie z. B. Mückenlarven und Tubifex. *Vorkommen:* Amazonasgebiet.

Pseudacanthicus sp.

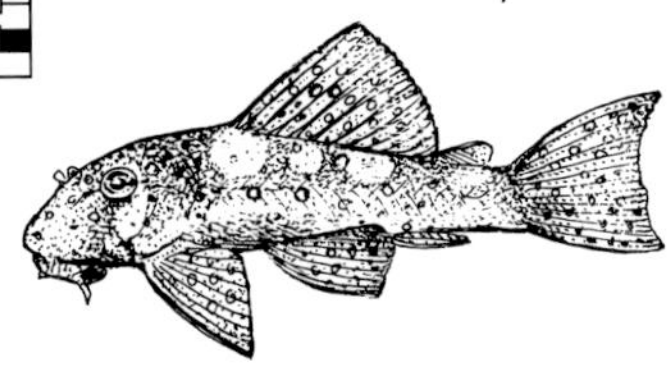

Acanthicus adonis (Elfenwels). Schlanker, friedfertiger und durch seine zweizipfelig lang ausgezogene Schwanzflosse auffälliger Harnischwels, um den sich bereits Sagen rankten, was die für ihn gebotenen Preise angeht. Auch in bepflanzten Gesellschaftsbecken ab 100 cm Länge zusammen mit anderen friedlichen Fischen zu pflegen. Verstecke wichtig, für die sich Moorkienholzwurzeln anbieten, an denen sie raspeln und ihren Zellulosebedarf ergänzen können. Leichte Strömung durch Kreiselpumpenfilter und sauberes, nitratarmes und chlorfreies Wasser ist angebracht.
Länge: bis ca. 50 cm. *Wasser:* Temperatur 22–28 °C; pH-Wert 6–7,2; weich bis mittelhart, 4–12 °dGH. *Nahrung:* Neben Pflanzenkost auch Tabletten, Flockenfutter. *Vorkommen:* Amazonasbecken.

Acanthicus adonis

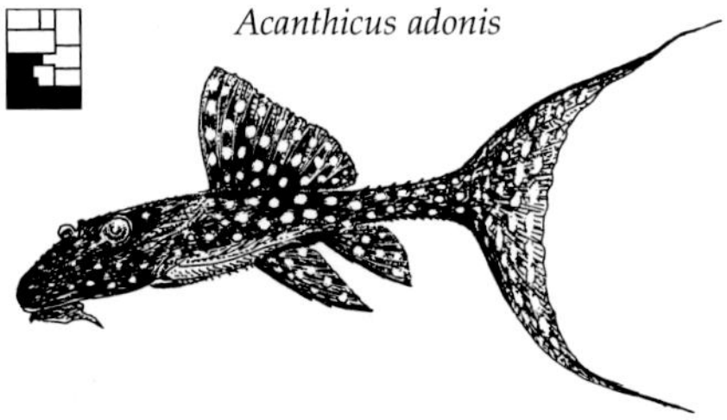

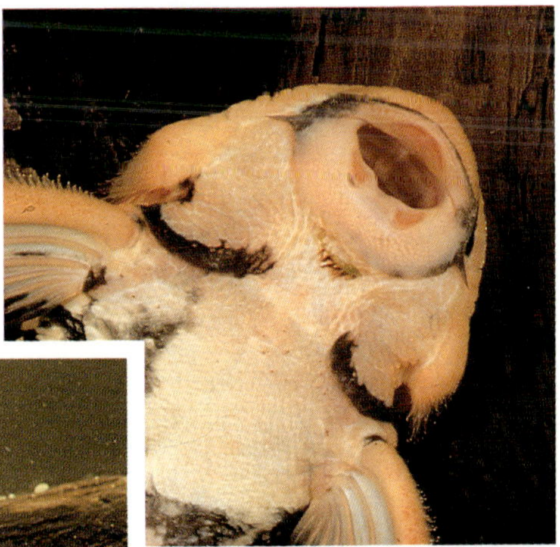

Harnischwelse
Loricariidae

Hypancistrus zebra (Zebra-Harnischwels). Auffallend ist die sich bis in die Flossen fortsetzende Zeichnung (Zebrawels!). Das an der Kopfunterseite liegende Saugmaul dient wie bei allen Harnischwelsen zum Abraspeln von Algenrasen (Hauptnahrung) und gleichzeitig zum Festsaugen am Untergrund. Die Haltung ist relativ einfach. Beckeneinrichtung wie bei den anderen *Peckoltia*-Arten, einige Verstecke sind auch hier wichtig. Wasser klar und leicht bewegt. Vergesellschaftung mit friedfertigen Salmlern, Barben und Buntbarschen gut möglich. *Länge:* ca. 8 cm. *Wasser:* Temperatur 24–28 °C; pH-Wert 6,0–7,0; weich bis mittelhart, 2–10 °dGH. *Nahrung:* Algen, am Boden liegendes pflanzliches Trockenfutter, Futtertabletten, Lebendfutter und Gefriermückenlarven. *Vorkommen:* Brasilien; Rio Xingu.

Hypancistrus zebra

Panaque nigrolineatus (Schwarzstreifen-Harnischwels). Ein faszinierend schöner und auffälliger Fisch, der gelegentlich als Jungtier angeboten wird. Auf graublauem bis leicht grünlichem Grund ziehen sich Längsbinden. Nur für Aquarien ab mindestens 160 cm Kantenlänge geeignet. Liebt Wasserströmung, z. B. vom Filterauslauf. Vergreift sich an zarten Pflanzen; kein Fisch für dicht bewachsene Aquarien. Als Ausstattung bieten sich an: Moorkienholzwurzeln und Steinaufbauten neben sehr hartblättrigen Wasserpflanzen (*Anubias, Spathiphyllum* u. ä.). Als Mitinsassen nur robuste Fische.
Länge: bis ca. 50 cm. *Wasser:* Temperatur 22–26 °C; pH-Wert 6–7,5; weich bis hart, 2–18 °dGH. *Nahrung:* Alles, vor allem Vegetabilien (Algen). *Vorkommen:* Brasilien, Peru.

Panaque nigrolineatus

Hypostomus sp. Unter den Neuerscheinungen der letzten Jahre ist dieser Wels von ganz besonderer Schönheit. Wie bei vielen Saugwels-Arten handelt es sich bei dem rechts im Bild vorgestellten Fisch um einen in seinem Jugendkleid besonders apart gefärbten Wels. Das Aquarium muß geräumig sein, mit feinem Sand und abgerundeten Steinen, die zu Nischen und Höhlen angeordnet sind. Möglichst kräftige Blattpflanzen, wobei man in großen, gut gefilterten Becken auch auf feinfiedrige Arten nicht verzichten muß. Moorkienholz zum „Abraspeln" wichtig. Vergesellschaftung mit Panzerwelsen, größeren Salmlern, Barben und Buntbarschen. *Länge:* ca. 30 cm. *Wasser:* 22–26 °C; pH-Wert 6,2–7,2; 3–12 °dGH. *Nahrung:* Abwechslungsreich; gerne pflanzliche Kost und Tabletten. *Vorkommen:* Brasilien; Rio Xingu.

Hypostomus sp.

Peckoltia sp. Kleiner, friedlicher Saugwels mit gedrungenem Körperbau. Genügsam und einfach zu pflegen. Benötigt gut gefiltertes Wasser, Moorkienholzwurzeln, an denen er mit seinem Raspelmaul hängt, um seinen Zellulosebedarf zu decken, und die gleichzeitig als Unterstände dienen. Hartblättrige Pflanzen verwenden. Weiche Arten werden bei ungenügendem Aufwuchs als willkommenes Ersatzfutter aufgenommen. Wenigstens in dem Teil des Beckens, wo gefüttert wird, feinsandigen Bodengrund einbringen. Braucht, wie alle Saugwelse, auch unbedingt pflanzliche Kost. Gesellschafter für friedliche Arten. *Länge:* ca. 10–12 cm. *Wasser:* 23–28 °C; pH-Wert 6,2–6,8; weich bis leicht mittelhart, 3–10 °dGH. *Nahrung:* Algen, Tabletten-, Frost-, Flocken- u. Lebendfutter. *Vorkommen:* Amazonas.

Peckoltia sp.

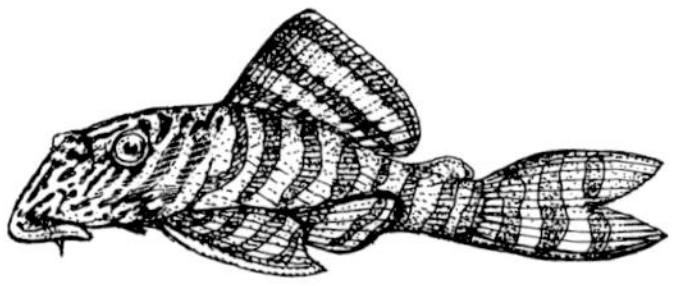

Cochliodon sp. Großköpfige Schilderwelsart mit großen rötlichen Flossen und variabler Färbung. Körper zeigt an Kopf, Rücken und Seiten rötliche bis bräunliche Fleckenfärbung. In großen Aquarien problemlos zu pflegen (auch für Einsteiger geeignet). Der Fisch ist relativ kräftig und kann – besonders in zu kleinen Becken – die Einrichtung ziemlich durcheinanderbringen. Dämmerungsaktiv, lebt tagsüber meist versteckt. Beim Herausnehmen mit der Hand – ebenso wie bei anderen *Hypostomus*-Arten – nicht hinter die Brustflossen greifen: an den kleinen Häkchen der äußeren Brustflossenstrahlen kann man sich verletzen.
Länge: ca. 25 cm. *Wasser:* 23–28 °C; pH-Wert 6,2–7,0; weich bis mittelhart, 2–10 °dGH. *Nahrung:* Pflanzliche Kost, Tabletten-, Lebend- und Gefrierfutter. *Vorkommen:* Paraguay.

Cochliodon sp.

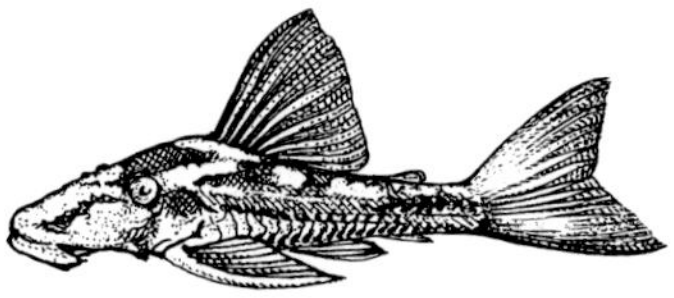

Panaque suttoni (Blauaugen-Harnischwels). Friedfertiger Saugwels mit auffallend blauen Augen auf schwarzbrauner Färbung. Auch im Gesellschaftsbecken ab 150 cm Länge gut zu pflegen, wenn geeignete Verstecke vorhanden sind, z. B. aus Tonröhren, Steinhöhlen und Moorkienholzwurzeln. Liebt gedämpftes Licht (Schwimmpflanzen). Für das Wohlbefinden ist eine leichte Wasserströmung durch Filter- oder Kreiselpumpenauslauf angebracht. Regelmäßig etwa 25 % des Beckenwassers gegen abgestandenes, chlor- und nitratfreies Wasser austauschen.
Länge: 30–40 cm. *Wasser:* Temperatur 22–26 °C; pH-Wert 6,5–7,5; weich bis mittelhart, 4–12 °dGH. *Nahrung:* Aufwuchs, Flocken-, Tabletten-, Tiefkühlfutter, auch Lebendfutter. *Vorkommen:* Kolumbien.

Panaque suttoni

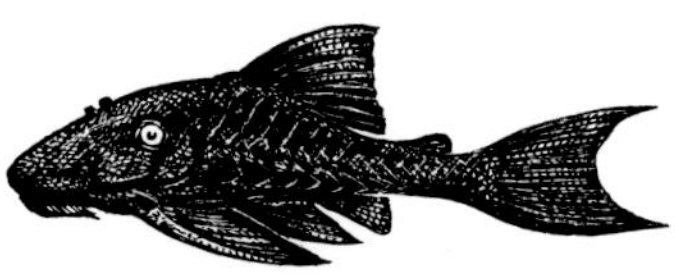

Harnischwelse
Loricariidae

Pseudacanthicus cf. leopardus (Gefleckter Kaktuswels). Wie viele andere große Harnischwelse, wird auch diese Art häufig als Jungfisch von 5–15 cm Größe angeboten. Die Überraschung ist oftmals groß, wenn der Wels wächst und wächst und für das Aquarium bald zu groß wird. Mindestens 500–600 l sollte der Behälter für diese imponierenden Fische dann schon enthalten. Kaktuswelse können bei guter Pflege mit Sicherheit weit über 20 Jahre alt werden.
Länge: ca. 40 cm. *Wasser:* Temperatur 22–26 °C; pH-Wert 6–7,5; weich bis mittelhart, 2–15 °dGH. *Nahrung:* Allesfresser; Lebendfutter, Muschelfleisch, Futtertabletten, pflanzliche Kost in Form von Salat, Gurke, Kohlrabi usw.; unbedingt Holz zum Raspeln (Ballaststoffe) anbieten. *Vorkommen:* Amazonasbecken.

Pseudacanthicus cf. leopardus

Peckoltia pulcher (Gebänderter Zwergschilderwels). Seiner attraktiven Färbung und Anpassungsfähigkeit wegen ein sehr beliebter Aquarienfisch. Wie manch andere *Peckoltia*-Arten neigt auch diese Art dazu, zarte Wasserpflanzen als willkommene Abwechslung zu betrachten, wenn pflanzliche Zusatznahrung fehlt. Dann werden die Pflanzen so gründlich „geputzt", daß nur noch das Blattgerüst stehen bleibt. Begeisterte Algenvernichter sind *Peckoltia*-Arten meist nicht, dafür aber lebhaft und ausdauernd.
Länge: ca. 7 cm. *Wasser:* Temperatur 21–25 °C; pH-Wert 6–7,5; weich bis hart, 2–20 °dGH. *Nahrung:* Jedes Futter, egal ob tierisch oder pflanzlich. Unbedingt notwendig ist Holz zum Abraspeln. *Vorkommen:* Hochlandflüsse im Grenzgebiet Kolumbien/Brasilien.

Peckoltia pulcher

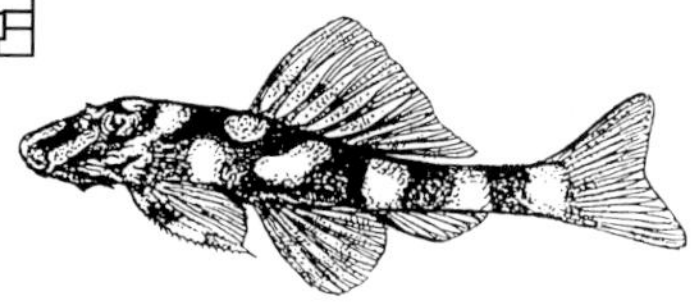

Ancistrus aff. dolichopterus (Blauer Antennenwels). Mittelgroße Harnischwelsart. Wegen ihrer relativ ruhigen, friedfertigen Lebensweise auch im Gesellschaftsbecken mit nicht zu kleinen Fischen (z. B. mittelgroße Buntbarsche) und robusten Pflanzen gut zu pflegen, wenn dunkle Plätze, Höhlen und Steinspalten als Versteckmöglichkeiten vorhanden sind. Gut eignen sich auch am Boden verankerte Röhren, in die sie gerade hineinpassen und die auch als Laichstellen dienen. Männchen mit großem, fleischigem Bart, bewacht Gelege und geschlüpfte Brut; leicht aufzuziehen. Dämmerungsaktiv! Weiden mit ihrem Saugmaul Aufwuchs.
Länge: ca. 13 cm. *Wasser:* Temperatur 22–26 °C; pH-Wert um 7; Härte, 4–18 °dGH, sauerstoffreich! *Nahrung:* Allesfresser; wichtig Vegetabilien. *Vorkommen:* Amazonasbecken.

Ancistrus aff. dolichopterus

Cochliodon cochlidon. Eine Harnischwelsart mit gedrungenem Körperbau. Selten importiert. Pflege am besten im geräumigen Aquarium mit viel Wurzelholz, runden Steinen die Höhlen bilden, aber nicht einstürzen können. Empfindliche Pflanzen werden oft genug beschädigt, deshalb kräftigere Blattpflanzen *(Anubias)* einbringen. Guter Gesellschafter für mittelgroße Buntbarsche und größere Panzerwelse. Wirkt im allgemeinen dunkel und ist somit vorzüglich dem Wurzelwerk angepaßt. Eine Besonderheit ist das Auge der Harnischwelse mit dem als Lichtschutz (!) herabzulassenden Irislappen.
Länge: ca. 18 cm. *Wasser:* 20–26 °C; pH-Wert 6–7,5; 4–15 °dGH; klar und sauerstoffreich. *Nahrung:* Allesfresser, aber 50 % pflanzl. Nahrung, Algen. *Vorkommen:* Südamerika.

Cochliodon cochlidon

Peckoltia vittata (Zierbinden-Zwergschilderwels). Hübscher, auffälliger, friedfertiger gedrungener Saugwels, der auch in Gesellschaftsbecken ab 60 cm Länge zu pflegen ist, wenn genügend Versteckmöglichkeiten vorhanden sind. Raspelt Aufwuchs ab, geht aber auch an weiche Pflanzen. Ist wärmebedürftig und braucht regelmäßigen Teilwasserwechsel (ca. 20 %) gegen entchlortes Frischwasser. Benötigt Moorkienholz, das er als zellulosehaltige Zusatznahrung und als Versteckmöglichkeit nutzt. Männchen sind etwas kleiner als Weibchen. Nachzuchten nicht bekannt.
Länge: ca. 14 cm. *Wasser:* Temperatur 24–28 °C; pH-Wert 6–7,2; weich bis mittelhart, 2–12 °dGH. *Nahrung:* Lebend-, Frost und Trokkenfutter, Aufwuchs, braucht zusätzlich Holz. *Vorkommen:* Amazonien.

Peckoltia vittata

Ancistrus sp. Eine dem *Ancistrus dolichopterus* ähnliche Art. Die Kopfaufwüchse sind hier glatt und hornartig, nicht verzweigt. Lebensweise im Aquarium ähnlich wie bei *A. dolichopterus*. Selten eingeführt! Wichtig sind immer ausreichend Versteckmöglichkeiten. Hält sich tagsüber in Steinhöhlen, Wurzelstöcken oder sonstigen Unterständen auf. Guter Algenvertilger. Robuster Fisch, der z. B. mit den größeren Panzerwelsarten, mittelgroßen Buntbarschen und anderen Fischarten in Gesellschaftsbecken gepflegt werden kann. Zarte Pflanzen leiden etwas unter ihm, was aber in großen Aquarien keine Bedeutung mehr hat.
Länge: ca. 12 cm. *Wasser:* 22–26 °C; pH-Wert 6–7,5; 3–14 °dGH. *Nahrung:* Besonders Algen, pflanzliche Kost, Tabletten, Flockenfutterreste. *Vorkommen:* Amazonaseinzugsgebiet.

Ancistrus sp.

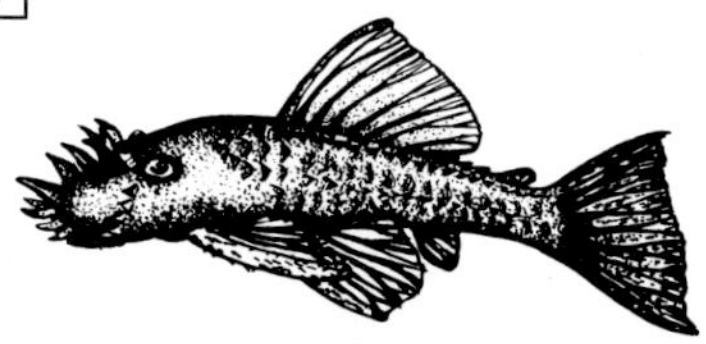

Harnischwelse

Loricariidae

Sturisoma aureum (Goldbartwels). Diese Art ist überwiegend nachtaktiv, empfindlich gegen Wasserverunreinigungen und sehr wählerisch in der Ernährung (weniger bei Nachzuchten), sonst wäre sie viel öfter in den Aquarien zu sehen. Wer bereit ist, sich mit diesem attraktiven, friedlichen Wels Mühe zu geben, wird lange Jahre seine Freude an ihm haben. Dann ist auch die Zucht möglich. Die Geschlechter sind ausgewachsen gut zu unterscheiden: Männchen tragen einen Backenbart.
Länge: ca. 30 cm. *Wasser:* 22–28 °C; pH-Wert 6–7,5; weich bis mittelhart, 5–15 °dGH. *Nahrung:* Spezialisierter Algenfresser! Als Ersatzfutter sind Algentabletten, zerdrückte tiefgefrorene Erbsen und gebrühte Blätter von Spinat, Brennessel, Salaten und Gurkenscheiben geeignet. *Vorkommen:* Kolumbien, Panama.

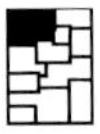

Sturisoma aureum

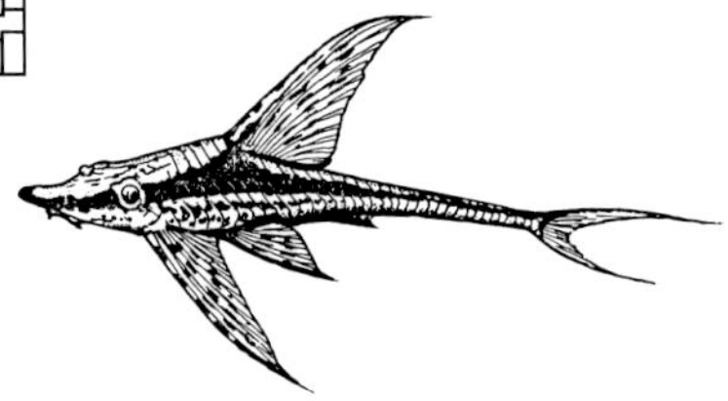

Chaetostoma wucheri (Wuchers Anden-Harnischwels). Wie alle Arten dieser Gattung, sollte man diese hochspezialisierten Algenfresser wirklich nur anschaffen, wenn man ihnen auch entsprechende Bedingungen bieten kann: fließendes Wasser durch kräftige Filterung, möglichst algenbewachsene Steine, relativ niedrige Temperaturen, Steinhöhlen zum Verstekken. Friedliche Art, einige Exemplare sind territorial. Höhlenverstecke aus Steinen und Wurzeln.
Länge: ca. 10 cm. *Wasser:* 18–23 °C; pH-Wert 6,5–7,5; weich bis hart, 5–18 °dGH. Auf niedrige Nitrit- und Nitratwerte achten. *Nahrung:* Ausgesprochene Algenfresser; Ersatzfutter wird angenommen, z. B. zerdrückte Erbsen, Blätter von Salat und Spinat, Gurken. *Vorkommen:* Kolumbien, Ecuador und Peru.

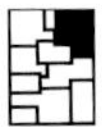

Chaetostoma wucheri

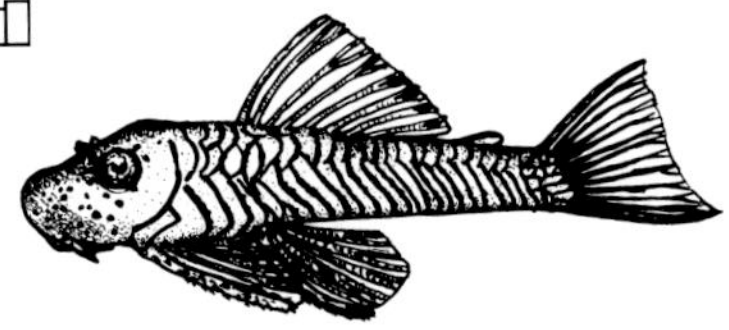

Rineloricaria cf. microlepidogaster (Gebänderter Harnischwels). Im Gegensatz zu vielen anderen Harnischwelsen, z. B. *Ancistrus*-Arten, sind Vertreter der Gattung *Rineloricaria* keine typischen Algenfresser, sondern gründeln im Boden nach Freßbarem. Wer diese Welse nicht gezielt füttert, wird niemals ihre wirkliche Schönheit erleben. Ein sehr feiner Sand ist der ideale Bodengrund, die altbekannte „Mulmecke" sollte nicht fehlen. Gute Wasserpflege ist wichtig. Nur mit ruhigen, friedfertigen Arten vergesellschaften. Versteckmöglichkeiten!
Länge: ca. 18 cm. *Wasser:* 22–28 °C; pH-Wert 6–7,5; 5–15 °dGH. *Nahrung:* Vorwiegend Lebendfutter wie *Tubifex*, Daphnien, *Cyclops*, Frostfutter, zusätzliche Pflanzennahrung in Form von Futtertabletten oder gebrühtem Salat. *Vorkommen:* Amazonaseinzugsgebiet.

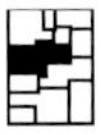

Rineloricaria cf. microlepidogaster

Loricaria simillima (Ecuador-Harnischwels). Ein wenig schwimmaktiver Wels, der selten importiert wird. Die Art ist schreckhaft und sollte in größeren Aquarien ab 120 cm Länge mit Zufluchtsmöglichkeiten gepflegt werden. Meistens liegen die Fische auf dem vorzugsweise feinsandigen Boden, den sie auch nach Freßbarem durchstöbern. Kein typischer Algenfresser wie viele andere Harnischwelse, auch kann hier auf Holz zum Abraspeln verzichtet werden. Keine unruhigen Mitbewohner.
Länge: ca. 30 cm. *Wasser:* 22–28 °C; pH-Wert 6–7; weich bis mittelhart, 4–12 °dGH; *Nahrung:* Hauptsächlich Lebend- und Frostfutter sowie Futtertabletten. Regelmäßig etwas pflanzliche Kost (überbrühte Salat- und Kohlblätter, Gurkenscheiben usw.). *Vorkommen:* Peru und Ecuador, möglicherweise bis nach Paraguay.

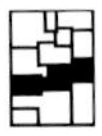

Loricaria simillima

Hypostomus punctatus (Punktierter Schilderwels). Dieser Wels wird als Jungtier öfter für das kleinere Aquarium angeboten, sollte aber nur in großen Aquarien gepflegt werden, obwohl er – trotz seiner erreichbaren Größe – wenig Platz beansprucht. In der Regel hält sich der Fisch in einem gut bepflanzten und versteckreichen Aquarium tagsüber im Hintergrund auf und wird erst in der Dämmerung aktiv. Dabei „putzt" er Aufwuchs von Dekoration, Scheiben und auch von großblättrigen Pflanzen. Scheue Exemplare bewegen sich erschreckt und ungestüm. *H. punctatus* liebt Röhrenverstecke; laicht dort auch.
Länge: ca. 35 cm. *Wasser:* Temperatur 20–28 °C; pH-Wert um 7; Härte bis 20 °dGH. *Nahrung:* Allesfresser, Großflocken, Tuben-, Frostfutter; wichtig: Pflanzliches! *Vorkommen:* Südbrasilien.

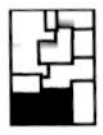

Hypostomus punctatus

Rineloricaria sp. „rot" (Roter Hexenwels). Eine äußerst attraktive Neuerscheinung, die leider durch die Fülle neuer und neu importierter Harnischwelse nicht die zu erwartende Beachtung fand. Überwiegend sind sehr junge Welse von 4–5 cm Länge im Handel, die mit Sorgfalt aufgezogen werden müssen. Wer meint, die kleinen Welse würden schon genug Nahrung finden, muß mit Verlusten rechnen. Außerdem wachsen sie ohne gezielte Fütterung noch langsamer. Am besten in separatem Aquarium auf „gesellschaftsfähige" Größe bringen.
Länge: ca. 12 cm. *Wasser:* Temperatur 22–26 °C; pH-Wert 6–7; weich bis mittelhart, 3–12 °dGH. *Nahrung:* Jedes Lebend-, Frost- und Tablettenfutter, dazu regelmäßig pflanzliche Kost und Algen als Zusatzfutter. *Vorkommen:* Nicht genau bekannt, vermutlich oberer Amazonas.

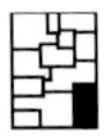

Rineloricaria sp. „rot"

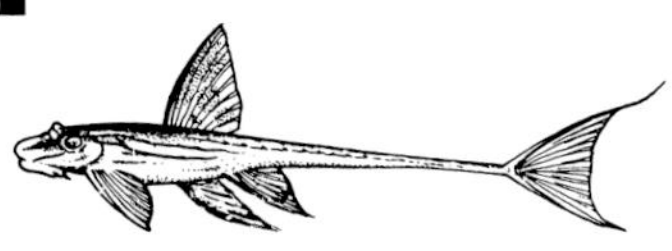

Harnischwelse
Loricariidae

Hypoptopoma sp.

Hypoptopoma sp. Unter den kleinen Saugwelsen eine große Art. Typisch sind die weit unten stehenden Augen. Betrachtet man den Fisch von der Bauchseite aus, so sind seine Augen links und rechts noch deutlich zu sehen. Lebt überwiegend in Deckung. Viele Versteckmöglichkeiten in Pflanzenbeständen, Wurzelwerk und Steinaufbauten müssen geschaffen werden. Auch Algenwuchs sollte vorhanden sein. Bevorzugt Aquarienbereiche mit leichter Strömung. Bei der Pflege von mehreren Tieren verliert sich etwas sein scheues Wesen. Durch seine Friedfertigkeit ein idealer Beifisch zu vielen Salmler- und Panzerwelsarten. *Länge:* ca. 6–10 cm. *Wasser:* 20–28 °C; pH-Wert 5,8–7; bis 10 °dGH. *Nahrung:* Aufwuchsfresser, Tabletten- und abgesunkenes Flockenfutter. *Vorkommen:* Südl. Brasilien, nördl. Argentinien.

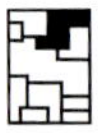

Parotocinclus maculicauda

Parotocinclus maculicauda (Schwanzflecken-Otocinclus, Rotflossen-Otocinclus). Wer ein dicht bepflanztes Aquarium besitzt, wird diesen kleinen Harnischwels gut pflegen können. Wichtig für seine Pflege sind auch großblättrige Pflanzen, die mit sogenanntem Aufwuchs bedeckt sind, von dem sich der Fisch hauptsächlich ernährt. Deshalb muß man für helle Aquarien sorgen, in denen sich Algen entwickeln können. Für unerfahrene Aquarianer ist dieser Nahrungsspezialist nicht empfehlenswert. Klares, möglichst nitratfreies und sauerstoffreiches Wasser ist mit Hilfe eines Kreiselpumpenfilters zu erreichen.
Länge: ca. 4,5 cm. *Wasser:* Temperatur 22–24 °C; pH-Wert 6,5–7,2; Härte bis 15 °dGH. *Nahrung:* Vor allem Aufwuchs, gerne auch angeklebte Futtertabletten. *Vorkommen:* Südost-Brasilien.

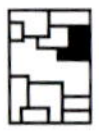

Otocinclus cf. affinis

Otocinclus cf. affinis (Ohrgitter-Zwergharnischwels). Wie alle Vertreter dieser Gattung friedfertiger, etwas heimlicher Mitinsasse in Gesellschaftsbecken ab 60 cm Länge, mit nicht zu feinkörnigem Bodengrund, abgerundeten größeren Steinen, gutem Pflanzenwuchs mit möglichst großblättrigen Arten und Moorkienholzwurzel, die den Fischen als zusätzlicher Ballaststofflieferant dient. An der Oberfläche nicht zu viele Schwimmpflanzen, die den Tieren sonst das Aufnehmen atmosphärischer Luft erschweren. Grelle Beleuchtung vermeiden. Geschlechter schwer zu unterscheiden. Haltung nicht schwierig. *Länge:* ca. 3,5 cm. *Wasser:* 22–26 °C; pH-Wert ca. 7; 3–10 °dGH. *Nahrung:* Aufwuchs, gebrühter Salat, kleine Daphnien, *Cyclops*, Enchyträen, Futtertabletten. *Vorkommen:* Amazonasmündungsgebiet.

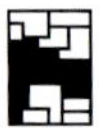

Farlowella acus

Farlowella acus (Schnabelwels, Gemeiner Nadelwels). So auffallend die Körperform dieser interessanten, friedlichen und scheuen Tiere ist, so wenig bekommt man sie im artgerecht eingerichteten Aquarium zu Gesicht. Artbecken mit feinstem Bodengrund, großblättrigen Pflanzen, röhrenartigen Verstecken und vor allem auch Moorholzwurzeln (!). In 100-l-Becken ein Pärchen pflegen, in größeren sind auch mehrere Tiere möglich. Dunkle Stellen schaffen. Für Einsteiger ungeeignet. Geschlechtsreife Männchen zeigen einen Backenbart. Die Futteraufnahme stets kontrollieren!
Länge: bis ca. 25 cm. *Wasser:* Temperatur 22–26 °C; pH-Wert 6–7,2; Härte, 4–10 °dGH. *Nahrung:* Hauptsächlich vegetarisch (Algen!), auch Holz; Lebend-, Frostfutter. *Vorkommen:* Südamerika.

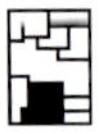

Farlowella sp.

Farlowella sp. (Nadelwels). Für Spezialisten sind Nadelwelse begehrte Pfleglinge, zumal sie fremden Fischarten gegenüber völlig harmlos sind. Pflege im Spezialbecken, wie auch im Gesellschaftsaquarium. Sie stellen an die Einrichtung einige Ansprüche: Der Bodengrund darf nicht grob sein, dunkle Stellen im Aquarium, Zellulose als Zusatznahrung wichtig, die man ihnen in Form einer Moorkienholzwurzel anbieten kann, die sie abraspeln. Als Vegetarier ziehen sie Aufwuchs vor, nehmen aber auch anderes Futter. Sie lieben klares, sauerstoffreiches, nitratfreies Wasser mit sorgfältigen Frischwasserzugaben.
Länge: ca. 20 cm. *Wasser:* 22–26 °C; pH-Wert 6,5–7,5; bis 12 °dGH. *Nahrung:* Aufwuchsfresser, Wurzelholz, Möhren, Tabletten, gehackte *Tubifex* u. Frostfutter. *Vorkommen:* Amazonien.

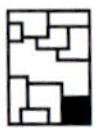

Otocinclus flexilis

Otocinclus flexilis (Gefleckter Ohrgitter-Harnischwels). Hübscher kleiner Harnischwels, der sich auch in einem Gesellschaftsbecken mit kleineren friedfertigen Arten wohlfühlt, wenn es guten Pflanzenwuchs und nicht zu feinen Bodengrund besitzt, daneben Steine mit glatter Oberfläche, auf der Algen siedeln können, und Moorholzwurzeln. Die Fische gelten als gute Algenverputzer, meiden aber meist Bartalgen. Sind die Tiere eingewöhnt, verlieren sie die anfängliche Scheu, halten sich aber häufig im Halbdunkel auf. Atmen bei Bedarf atmosphärische Luft. Geschlechtsreife Männchen sind etwas schlanker als die gleichgroßen Weibchen. *Länge:* ca. 5 cm. *Wasser:* 20–26 °C; pH-Wert 6,3–7,2; Härte, 3–10 °dGH. *Nahrung:* Algen, gebrühte Salat- und Spinatblätter, Lebend-, Flocken-, Tablettenfutter. *Vorkommen:* Brasilien.

Antennenwelse

Pimelodidae

Die Antennenwelse (Familie Pimelodidae) mit ihren etwa 60 Gattungen und 300 Arten bewohnen die Süßgewässer Mittel- und Südamerikas von Südmexiko bis Mittelargentinien. Typisch sind die langen beweglichen, meist nach vorn gerichteten drei Bartelpaare, die nackte Haut und die meist schlanke Gestalt. Unter den Pimelodidae findet man Arten von 6 cm Länge bis 250 cm. Eine Art, *Microglanis iheringi*, wurde wiederholt im Aquarium gezüchtet.

Phractocephalus hemiliopterus (Rotschwanz-Antennenwels). Dieser unverwechselbare Fisch gehört zu den ganz wenigen auffälligen und farbigen Großwelsen. Charakteristisch seine Zeichnung und seine orangerote bis blutrote Schwanzflosse, die sich verfärbt! Für Aquarien ab 150 cm Länge nur kurzzeitig als kleine Jungfische geeignet. Wächst bei guter Fütterung ziemlich schnell und ist sehr gefräßig. Am besten ist Einzelhaltung. Liebt gedämpftes Licht und während des Tages Versteckmöglichkeiten wie Moorkienholz und große Steine.
Länge: Bis 120 cm. *Wasser:* Temperatur 22–28 °C; pH-Wert 6–7; weich bis mittelhart, 2–10 °dGH. *Nahrung:* Raubfisch, Lebend- (Fische, Würmer), auch Tiefkühlnahrung und Rinderherz. *Vorkommen:* Amazonasbecken.

Pimelodus pictus (Engel-Antennenwels). Friedfertiger, sehr auffällig gefärbter Fisch, den man gut in Gesellschaftsbecken ab 80 cm Länge pflegen kann. Die Fische sind tagaktiv und schwimmen fast ohne Unterbrechung umher. Ruheplätze für die Nacht und Unterschlupfmöglichkeiten zwischen üppigem Pflanzenwuchs im Hintergrund, unter Moorkienwurzeln und hinter Steinen schaffen. Auch kleinen Fischen gegenüber harmlos. Mit den langen Barteln, die fast genauso lang sind wie der Körper, suchen sie nach Futter. Den Lichteinfall mit Schwimmpflanzen dämpfen.
Länge: ca. 12 cm. *Wasser:* Temperatur 24–28 °C; pH-Wert 6,0–7,0; weich bis mittelhart, 2–15 °dGH. *Nahrung:* Lebend-, Frost-, Flocken-, Tablettenfutter. *Vorkommen:* Kolumbien.

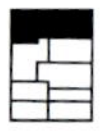

Phractocephalus hemiliopterus

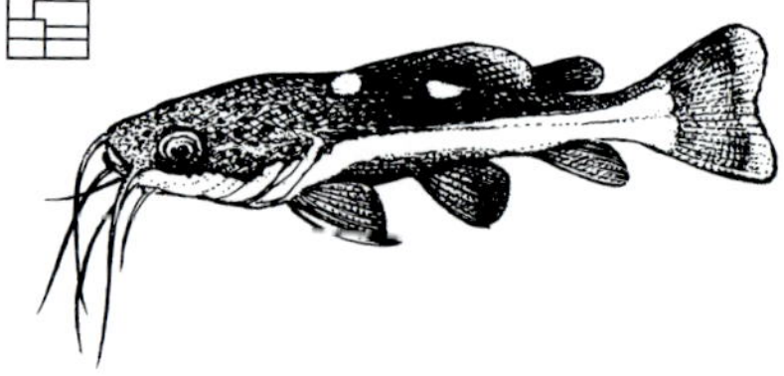

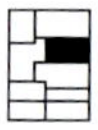

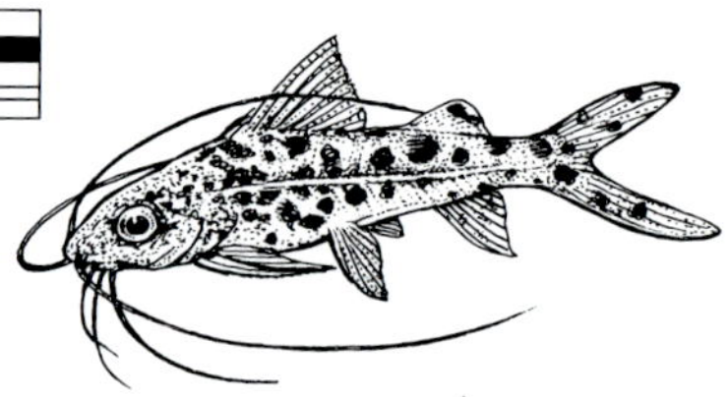

Pimelodus pictus

Pimelodus ornatus (Blauer Schmuck-Antennenwels). Trotz seiner Größe zumindest als Jungfisch friedfertiger, je nach Lichteinfall schön blau gefärbter, tagaktiver Wels, der direktes starkes Licht meidet. Hält sich an Stellen auf, die zwar hell sind, aber wegen Schwimmpflanzen nicht direkt beleuchtet werden. Der Wels wird oft bei Erschrecken durch Davonschießen zum Unruheherd. Nicht mit kleinen Arten vergesellschaften. Braucht große Aquarien ab 140 cm Länge mit dichtem Pflanzenwuchs, der Zuflucht bietet. Regelmäßiger Austausch von 25 % des Beckenwassers.
Länge: ca. 25 cm. *Wasser:* Temperatur 22–28 °C; pH-Wert 6,0–7,2; weich bis mittelhart, 2–15 °dGH. *Nahrung:* Allesfresser, auch Frost-, Tabletten- und Flockenfutter. *Vorkommen:* Guyana bis Paraguay.

Brachyrhamdia imitator (Imitator-Antennenwels, Mimikrywels). Mit seiner dunklen Augenbinde und der kurzen Rückenflossenbinde auf hellem Grund ähnelt er in der Zeichnung Panzerwelsen, in deren Schwärmen er sich aufhält. Als Antennenwels an den langen Barteln zu erkennen. Unsicher ist der Grund für das Nachahmen der Panzerwelse. Möglicherweise der Wehrhaftigkeit wegen (Mimikry). Auch in Gesellschaftsbecken Pflege zusammen mit Panzerwelsen der *Corydoras-aeneus*-Gruppe empfehlenswert. Dennoch für Zufluchtsmöglichkeiten sorgen.
Länge: ca. 7 cm. *Wasser:* Temperatur 22–28 °C; pH-Wert um 7; weich bis mittelhart, 4–15 °dGH. *Nahrung:* Allesfresser; Lebend-, Flocken-, Tablettenfutter. *Vorkommen:* Venezuela, Rio-Negro-Becken.

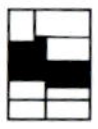

Pimelodus ornatus

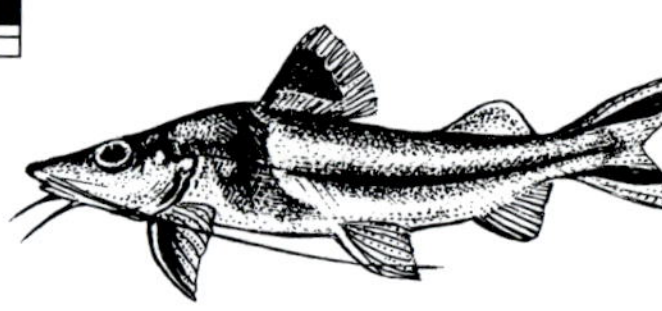

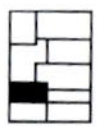

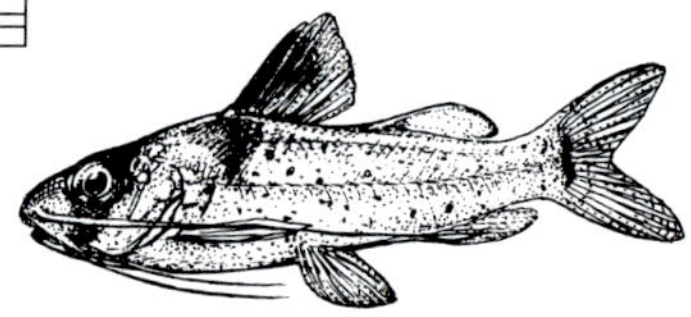

Brachyrhamdia imitator

Brachyrhamdia marthae. Friedfertiger, schlanker, wenig auffällig gefärbter, bodenorientierter und etwas scheuer Wels, der sich auch für Gesellschaftsbecken ab 80 cm Länge in Gemeinschaft mit Panzerwelsen eignet, wenn man ihm Verstecke und Zufluchtsmöglichkeiten zwischen gutem Pflanzenwuchs, Moorkienholz und Gestein bietet. Mag feinen Sandboden, aber auch leichte Mulmauflage, die er mit seinen langen Barteln (Geschmacksorgane) nach Freßbarem durchforscht. Licht durch Schwimmpflanzen dämpfen. Regelmäßig etwa 20 % des Beckenwassers austauschen.
Länge: ca. 8 cm. *Wasser:* 22–28 °C; pH-Wert um 7; weich bis mittelhart, 2–12 °dGH. *Nahrung:* Alles Lebend-, Flocken-, Tablettenfutter. *Vorkommen:* Kolumbien, Venezuela.

Microglanis iheringi (Marmor-Antennenwels, Kleiner Harlekinwels, Hummelwels). Friedfertiger, anspruchsloser Wels, der sich auch gut zusammen mit anderen harmlosen Fischarten in Gesellschaftsbecken ab 80 cm Länge pflegen läßt. Reichliche Bepflanzung hinten und an den Seiten, aus Steinen zusammengestellte Höhlungen und Verstecke in Moorkienholzwurzeln sind für den erst in der Dämmerung aktiv werdenden Fisch tagsüber wichtig. Verstecke so anlegen, daß man in sie Einblick nehmen kann, ohne daß sie beleuchtet werden. Regelmäßiger Teilwasserwechsel.
Länge: ca. 6 cm. *Wasser:* Temperatur 24–28 °C; pH-Wert 6,5–7,5; weich bis mittelhart, 4–15 °dGH. *Nahrung:* Allesfresser, auch Frost-, Flockenfutter. *Vorkommen:* Nördl. Südamerika.

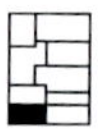

Brachyrhamdia marthae

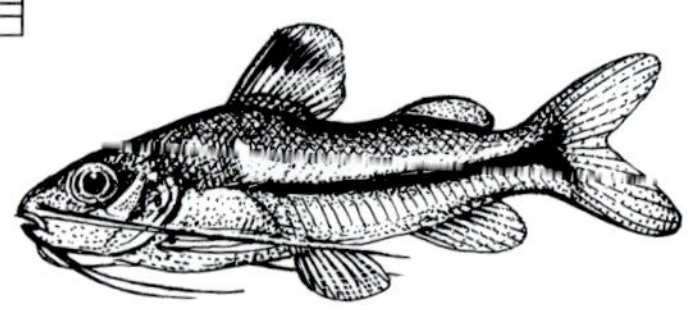

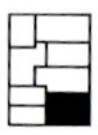

Microglanis iheringi

Antennen- und Delphinwelse

Pimelodidae, Ageneiosidae

Pimelodus maculatus (Flecken-Antennenwels). Dieser attraktive langbärtige Schwimmer ist teilweise auch tagaktiv. Schreckhafte Art, die sich leicht das Maul und die feinen Barteln verletzen kann. Neben Tagesverstecken viel Platz zum Ausschwimmen anbieten. Im Bodengrund größere Feinsandflächen mit abgerundeten Steinen. Bei der Haltung von nur zwei Tieren wird das schwächere nicht selten stark bedrängt, sonst relativ friedlich. Kleine Fischarten werden hingegen als Nahrung betrachtet. Für größere Buntbarsche, Panzerwelse und Harnischwelse ein akzeptabler Mitbewohner. Über die Zucht ist bisher nichts bekannt.
Länge: bis ca. 18 cm. *Wasser:* 22–28 °C; pH-Wert 6–7,5; weich bis mittelhart, 3–12 °dGH. *Nahrung:* Reichlich Lebend-, Frost- und gefriergetrocknetes Futter. *Vorkommen:* Südamerika.

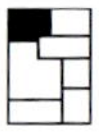

Pimelodus maculatus

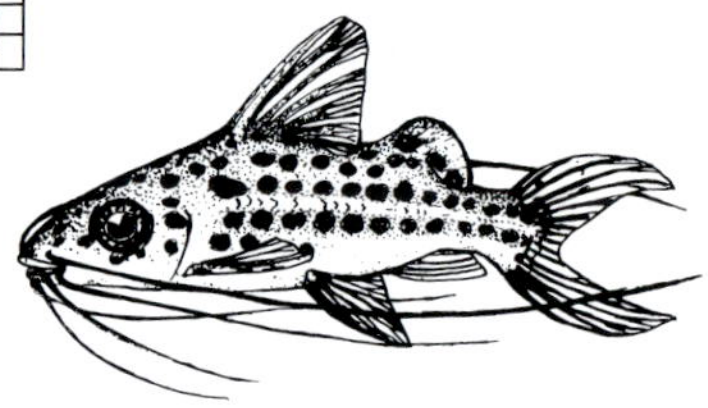

Pimelodella angelicus. Dieser ausgesprochen hübsche Antennenwels zählt zu den schnellen Schwimmern. Zarte Pflanzen können besonders in zu kleinen Becken durch das ständige „Umherwuseln" stark beschädigt werden. Passende Lebensräume sind entsprechend geräumige Aquarien mit viel Schwimmraum. Das Schaffen von Unterständen und Höhlen durch nicht scharfkantige Steinaufbauten und Wurzelholz sowie nitratfreies Wasser trägt zum Wohlbefinden bei. Regelmäßig Teilwasserwechsel vornehmen. Nur zusammen mit größeren Fischen unterbringen, ganz kleine Mitbewohner haben wenig Überlebenschancen.
Länge: bis ca. 12 cm. *Wasser:* Temperatur 24–28 °C; pH-Wert 6–7,5; weich bis mittelhart, 3–15 °dGH. *Nahrung:* Allesfresser, mit Vorliebe Lebendfutter. *Vorkommen:* Peru.

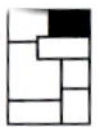

Pimelodella angelicus

Pseudopimelodus bufonius (Zungarowels). Nicht für das gut beleuchtete Gesellschaftsbecken mit zarten Pflanzen und kleinen Fischen geeignet. Er ist lichtscheu, wühlt und geht stets nachts auf Nahrungssuche. Ein Wels für geräumige Aquarien mit entsprechenden Unterständen, in die er sich tagsüber fast ständig zurückzieht. Eine Unterbringung mit größeren Fischen, die nicht mehr als Beute angesehen werden, ist möglich. Harte ausdauernde Pflanzen; vor dem Herauswühlen schützen (in Töpfen einsetzen oder Arten, die an Wurzeln und Steinen festhaften). Schwimmpflanzen schaffen Halbschatten.
Länge: ca. 40 cm. *Wasser:* Temperatur 24–28 °C; pH-Wert 5,8–7; 4–16 °dGH. *Nahrung:* Gefräßig; bevorzugt Lebendfutter aller Art, Frostfutter. *Vorkommen:* Südamerika.

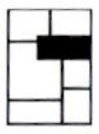

Pseudopimelodus bufonius

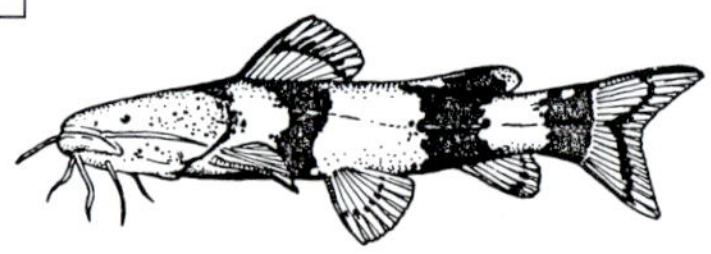

Sorubim lima (Spatelwels). Ein außerordentlich interessanter Pflegling. Der Vorderkopf ist wie ein Entenschnabel abgeplattet, eine spatelförmige Schnauze überragt das unterständige Maul. Lichtscheu, dämmerungs- und nachtaktiv. Sehr gefräßig. Tagsüber liegt er meist ruhig schräg am Kienholz und beobachtet seine Umgebung. Der Ruheplatz wird nur zur Fütterung für kurze Zeit verlassen. Einzeln oder mit gleichgroßen Fischen pflegen, vorzugsweise im großen Welsaquarium mit robusten Arten. Kleine Fische fallen seinem Jagdtrieb zum Opfer. Mit Filterauslaufrohr eine leichte Wasserströmung schaffen.
Länge: ca. 60 cm. *Wasser:* 22–28 °C; pH-Wert 6,5–7,2; bis mittelhart, 15 °dGH. *Nahrung:* Wurmfutter, Insektenlarven, geschabtes Fleisch. *Vorkommen:* Südamerika.

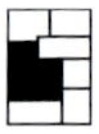

Sorubim lima

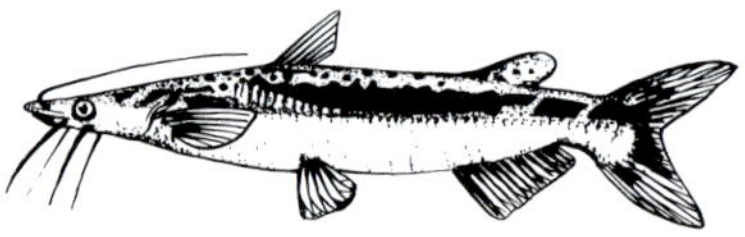

Pseudopimelodus raninus raninus (Frosch-Fettwels). Von Natur aus mit rein nächtlicher Lebensweise. Tagesverstecke in hohlem Holz oder Wohnhöhlen zwischen runden Steinen sind erforderlich. Manchmal sieht man ihn tagelang nicht. Gesellig, kann zu mehreren gehalten werden. Untereinander stören sich die Tiere nicht, wenn genug Rückzugsmöglichkeiten vorhanden sind. Nur mit gleichgroßen Tieren vergesellschaften, kleinere Fische haben wenig Überlebenschancen. Keine allzu großen, stürmischen Gesellschafter zu dem ruhigen Wels. Abends füttern, läßt sich tagsüber nur kurz aus seinem Versteck locken.
Länge: ca. 12 cm. *Wasser:* Temperatur 24–28 °C; pH-Wert 6–7; 2–16 °dGH. *Nahrung:* Überwiegend Insekten, Fische, Frostfutter, kleine Würmer, Schnecken. *Vorkommen:* Franz. Guyana.

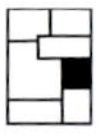

Pseudopimelodus raninus raninus

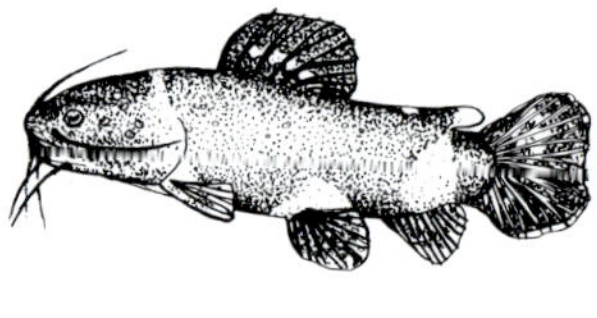

Ageneiosus magois (Delphinwels). Gehört zur bartellosen Familie Ageneiosidae, die aus nur einer Gattung *Ageneiosus* (etwa 15 Arten) besteht. Viele Vertreter erreichen Körpergrößen zwischen 15–25 cm, einige Arten bis zu 100 cm. Auffallend ist die delphinartige Schnauze mit der tiefen Maulspalte. Für die Aquaristik sind die kleinen Arten geeignet. Die Haltung von *A. magois* ist im Artenbecken oder gemeinsam mit großen Fischen nicht schwer. Geräumige Aquarien mit abgedunkelten Zonen als Verstecke. Wichtig ist klares, bewegtes, gut gefiltertes Wasser. Ernährung nicht ganz einfach.
Länge: ca. 25 cm. *Wasser:* Temperatur 22–28 °C; pH-Wert 6–7; weich bis mittelhart, 2–12 °dGH. *Nahrung:* Hauptsächlich Fische, nach Eingewöhnung mageres Fleisch, Herz. *Vorkommen:* Venezuela.

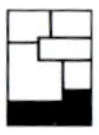

Ageneiosus magois

Dornwelse
Doradidae

Reine Süßwasserbewohner sind die Vertreter der Familie Doradidae (Dornwelse) mit etwa 39 Gattungen und fast 100 Arten. Ihr Verbreitungsgebiet umfaßt das tropische und subtropische Südamerika östlich der Anden. Hier bewohnen sie, neben Flüssen und Bächen mit nicht zu starker Strömung, auch Urwaldseen. Die meisten Dornwelse halten sich zwischen Wurzelwerk und totem Holz auf, manche in Steinhöhlen, aber auch auf weichem Sandboden, in den sie sich tagsüber oder bei Störungen und Gefahr bis zu den Augen einwühlen oder einrütteln können. Viele Dornwelse leben mit Hilfe ihrer Darmatmung auch in sauerstoffarmen Gewässern. Ihr Körper besitzt meist eine Panzerung, häufig sogar eine vollständige. Entlang der Körpermitte bis zum Ansatz der Schwanzflosse verläuft bei den meisten Arten eine Reihe aus Knochenplatten, die nach hinten gerichtete kräftige Dornen besitzen. Dornwelse sind dem Bodenleben angepaßt und haben einen abgeflachten, ungepanzerten Bauch. An Rücken- und Brustflossen ist der erste Flossenstrahl zu einem kräftigen, gezähnelten Stachel ausgebildet, der schmerzhafte, schlecht heilende Wunden verursachen kann. Vorsicht beim Anfassen, besonders im Netz, denn von vielen Arten weiß man, daß sie ein giftiges Sekret absondern. Vor allem die kleineren Arten eignen sich für fast alle Aquarientypen. Man sollte sie jedoch nicht mit aggressiven und revierbesetzenden Arten zusammen pflegen. Die vorwiegend dämmerungs- und nachtaktiven Welse suchen mit ihren Barteln den Boden nach Futter ab. Keinen Splitt als Bodengrund nehmen, weil dieser die Barteln – ein Paar am Oberkiefer, zwei Paare am Unterkiefer – abschleift. Zur Dekoration sollte man immer Wurzelholz verwenden.

Agamyxis pectinifrons (Kammdornwels). Ein kleiner, robuster, friedfertiger Dornwels. Junge Tiere sind von schwarzbrauner Grundfarbe mit weißen Flecken über Kopf, Körper und Flossen. Im Aquarium bei richtiger Pflege ausdauernd. Durch Einrichtung mit vielen Verstecken und schattigen Plätzen läßt sich der ansonsten lichtscheue Fisch auch tagsüber gut beobachten. Bodengrund zum Teil aus feinem Sand und unbepflanzt zum Gründeln. Nicht mit dem Netz herausfangen; die Tiere verhaken sich mit den dornartigen Fortsätzen ihrer Knochenplatten. Mit einer Fangglocke aus Glas geht es am leichtesten.
Länge: ca. 8 cm. *Wasser:* 22–28 °C; pH-Wert 5,8–7; weich bis mittelhart, 3–10 °dGH. *Nahrung:* Allesfresser; Lebend- und Trockenfutter (Tabletten). *Vorkommen:* Südamerika.

Agamyxis pectinifrons

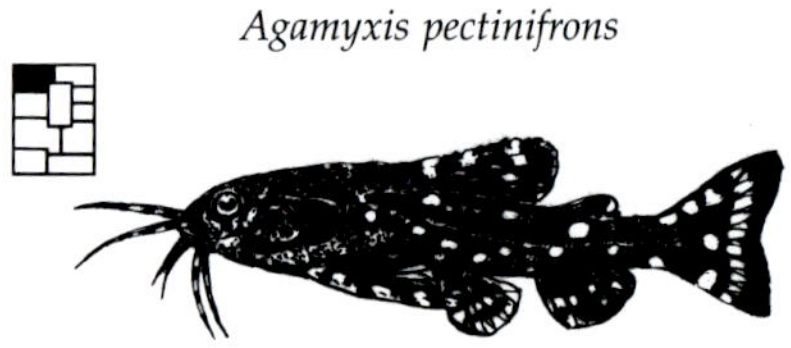

Orinocodoras eigenmanni. Ein attraktiver, interessanter Dornwels-Pflegling, der beim vorsichtigen Anfassen deutlich knurrende Töne von sich gibt. Sie werden durch die Bewegung des Schultergürtels erzeugt. Dieser genügsame, widerstandsfähige Wels braucht wegen seiner nachtaktiven Lebensweise für sein Wohlbefinden Tagesverstecke in Form von Zweigen, Ästen, Wurzelstücken, Röhren, halbrunden Rindenteilchen oder ähnlichem. Abends füttern, denn erst nach Eintritt der Dunkelheit kommen nachtaktive Tiere aus ihren Tagesversteckplätzen und suchen den Bodengrund nach Freßbarem ab. *Länge:* 14 cm. *Wasser:* Temperatur 23–28 °C; pH-Wert 5,8–7,5; weich bis hart, 18 °dGH, Torffilterung. *Nahrung:* Allesfresser, Lebend-, Frost- und Trockenfutter. *Vorkommen:* Venezuela; Orinocobecken.

Orinocodoras eigenmanni

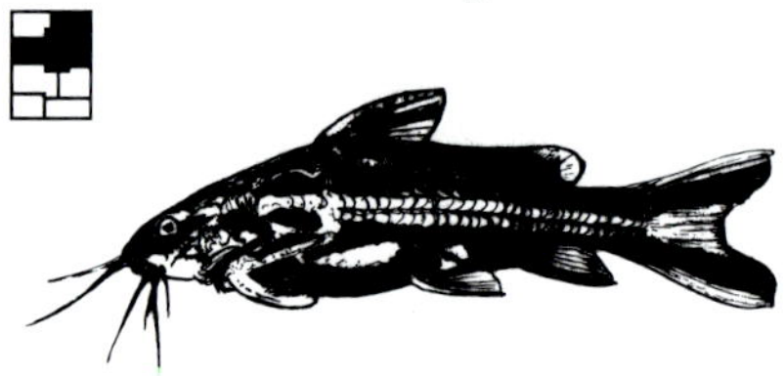

Liosomadoras oncinus (Jaguarwels, Onca). Meist dämmerungs- und nachtaktiv. Friedlicher Gesellschafter, nur zu kleine Arten (unter 4 cm) werden bei der nächtlichen Nahrungsuche nicht selten als Futter betrachtet. Feinsandigen, rundgeschliffenen Sandboden verwenden, genügend Versteckplätze. Für alle Dornwelse geeignete Pflanzen sind die weniger lichtbedürftigen und anpassungsfähigen Arten, wie z. B. die harten Speerblätter *(Anubias)*, das Javamoos *(Vesicularia dubyana)* und der Javafarn *(Microsorium pteropus)*. Auswühlsicher verankern oder in Töpfen einsetzen. Schwimmpflanzen zur Lichtdämpfung, wie Flutendes Lebermoos *(Riccia fluitans)*, Hornkraut *(Ceratophyllum)*.
Länge: ca. 10 cm. *Wasser:* 23–28 °C; pH-Wert 4,2–6,5; 2–12 °dGH. *Nahrung:* Alles Lebendfutter. *Vorkommen:* Brasilien; Rio-Negro-Becken.

Liosomadoras oncinus

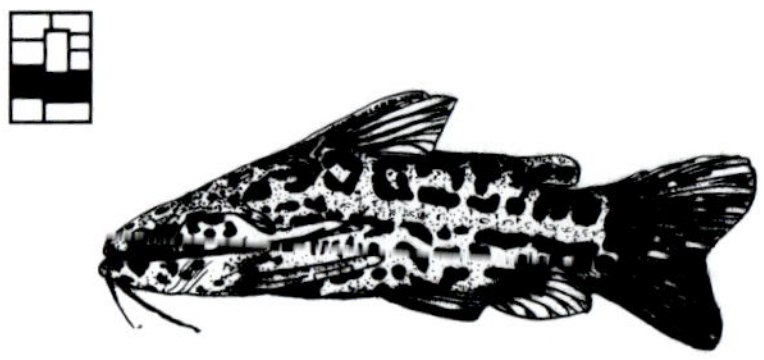

Amblydoras hancocki (Knurrender Dornwels, Kopfstrich-Dornwels). Bei Beunruhigung werden deutlich hörbare knurrende und zirpende Töne erzeugt, deshalb auch der deutsche Name „Knurrender Dornwels". Eine friedliche Art. Für Gesellschaftsbecken mit ruhigen und ebenfalls nicht aggressiven Fischen gut geeignet, anderenfalls ist nicht viel von ihnen zu sehen. Die Art ist nicht so lichtscheu wie andere Dornwelse. Sind abgeschattete Stellen vorhanden, ist die Unterbringung auch in helleren Aquarien möglich. Zu mehreren halten. Hält sich gern in Pflanzenverstecken auf.
Länge: bis ca. 12 cm. *Wasser:* Temperatur 23–28 °C; pH-Wert 5,8–7,5; weich bis hart, 18 °dGH. *Nahrung:* Allesfresser, Futtertabletten. *Vorkommen:* Südamerika.

Amblydoras hancocki

Stachelwelse

Bagridae

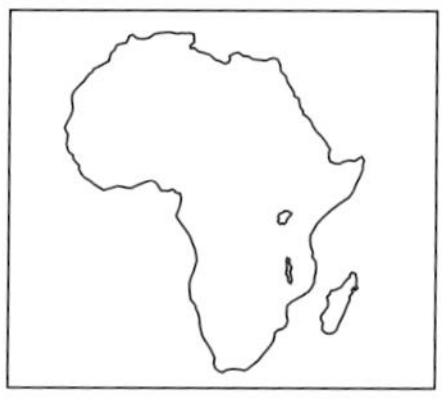

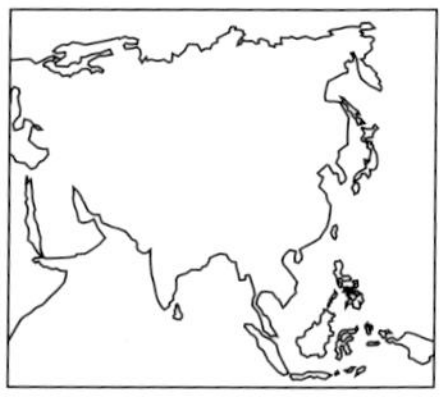

Die Stachelwelse (Familie Bagridae, etwa 33 Gattungen und rund 260 Arten) sind über weite Teile Afrikas, Kleinasiens sowie von Rußland bis Nordchina, Korea und Japan verbreitet. Sie leben in stehenden und mäßig fließenden Gewässern. Stachelwelse erkennt man an ihrem kräftigen Stachelstrahl in der Rückenflosse sowie an ihrer ungepanzerten Haut. Viele Arten besitzen vier Bartelpaare, von denen mindestens ein Paar stark verlängert ist. Einige der teils friedfertigen, teils räuberischen Fische erreichen ansehnliche Größen von bis zu 250 cm. Für die Aquaristik sind die vielen kleinbleibenden Arten geeignet. Die etwas größeren Arten, wie z. B. aus den Gattungen *Rita, Leiocassis, Mystus, Pelteobagrus* oder *Chrysichthys*, sollte man stets in geräumigen Aquarien ab 140 cm Länge mit reichlich Pflanzenwuchs, vielen Versteckmöglichkeiten, sandigem Bodengrund sowie gedämpfter Beleuchtung pflegen. Zwar sind die Stachelwelse überwiegend nachtaktiv, doch schwimmen manche Arten auch am Tage munter umher. Ansonsten ist die Haltung nicht schwierig. An die Wasserwerte stellen sie keine besonderen Anforderungen. Sie gewöhnen sich meist rasch an totes Ersatzfutter, ziehen jedoch kräftiges Lebendfutter deutlich vor. Da die großen Arten aus den Gattungen *Clarotes, Aorichthys, Bagrus* und *Mystus* auch kleinere Fische als Futter betrachten, sollte man sie nur mit gleichgroßen Fischen vergesellschaften.
Die Zucht von Stachelwelsen ist im Aquarium – mehr zufällig – bereits gelungen. Tropische und subtropische Arten laichen vor allem kurz vor oder bei Beginn der Regenzeiten.

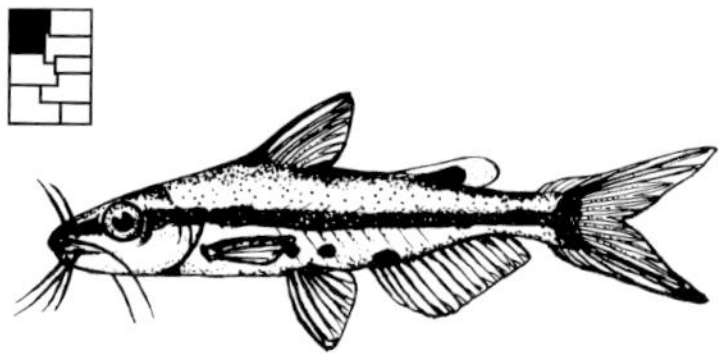

Pelteobagrus ornatus (unten Weibchen mit durchschimmernden Eiern)

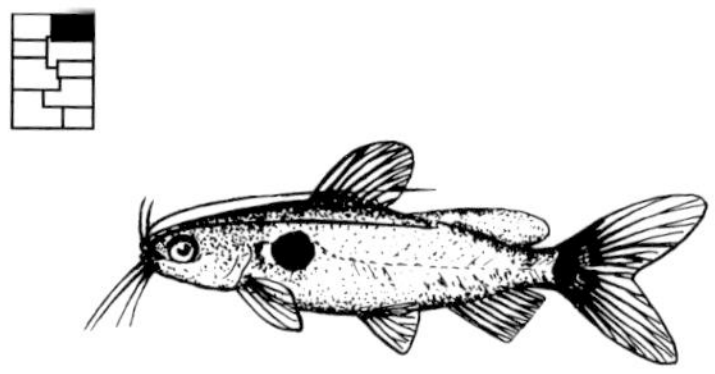

Mystus micracanthus

Pelteobagrus ornatus (Zwergstachelflossen-Wels). Eine kleine, ausgesprochen friedliche Art. Hält sich gern freischwimmend in kleinen Trupps in der mittleren Aquarienregion auf. Auch gute Gesellschafter für kleine Barben und *Rasbora*-Arten. Etwas empfindlich gegen kräftige, wühlende Gesellschaftsfische. Maulgerechtes, kleines Futter reichen.
Länge: 4–6,5 cm. *Wasser:* Temperatur 23–28 °C; pH-Wert 6,5–7; weich bis mittelhart, 3–14 °dGH. *Nahrung:* Lebend-, Frost- und div. Trockenfutter. *Vorkommen:* Malaysia, Borneo.

Mystus micracanthus (Schulterfleck-Stachelwels). Gut zu pflegender, geselliger, jedoch selten eingeführter Fisch. Artbecken, aber auch für größere Gesellschaftsbecken geeignet. Ältere Männchen bilden Kleinreviere. Zucht bisher nicht bekannt.
Länge: ca. 15 cm. *Wasser:* Temperatur 22–28 °C; pH-Wert 6–7,8; weich bis hart, 2–18 °dGH. *Nahrung:* Allesfresser, bevorzugt jedoch immer Lebendfutter aller Art, außerdem guter Restevertilger. *Vorkommen:* Sumatra, Borneo, Java, Sri Lanka, Thailand.

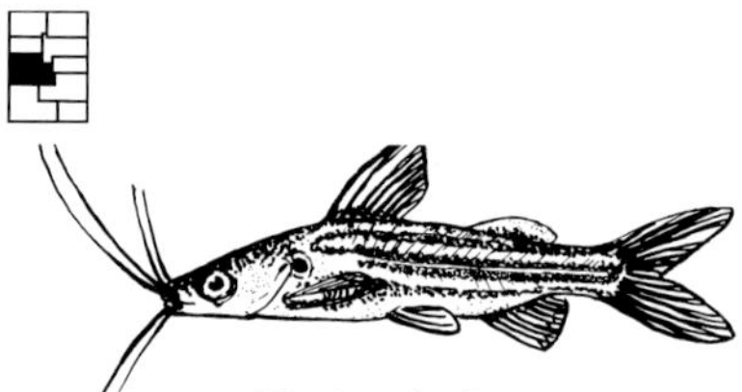

Mystus cf. vittatus

Mystus cf. vittatus (Indischer Streifenwels, Kobaltwels). Ausdauernder, friedlicher, auch tagaktiver Wels, der in Gemeinschaft anderer, größerer Fische wie auch mit anderen Welsen gepflegt werden kann. Nachzucht bereits gelungen.
Länge: bis 20 cm. *Wasser:* Temperatur 22–28 °C; pH-Wert 6–7,5; weich bis hart, 2–18 °dGH. *Nahrung:* Kräftiges Lebendfutter wie Regenwürmer, Fliegenmaden, auch grobflockiges Trockenfutter. *Vorkommen:* Pakistan, Nepal, Indien, Bangladesh, Sri Lanka

Pelteobagrus fulvidraco (Amur-Stachelwels). Selten eingeführte Art, die kühles Wasser verträgt und sauerstoffreiches Wasser benötigt. Pflege am besten im Artenbecken, da die Fische Reviere bilden, die sie sehr heftig gegen Artgenossen und ebenso gegen andere Fische verteidigen. Zucht bislang unbekannt.
Länge: ca. 20 cm. *Wasser:* Temperatur 16–26 °C; pH-Wert 6,3–7,5; weich bis hart, 6–30 °dGH. *Nahrung:* Jedes Lebendfutter; kleine Fische. *Vorkommen:* Rußland; China, im Amurgebiet.

Pelteobagrus fulvidraco

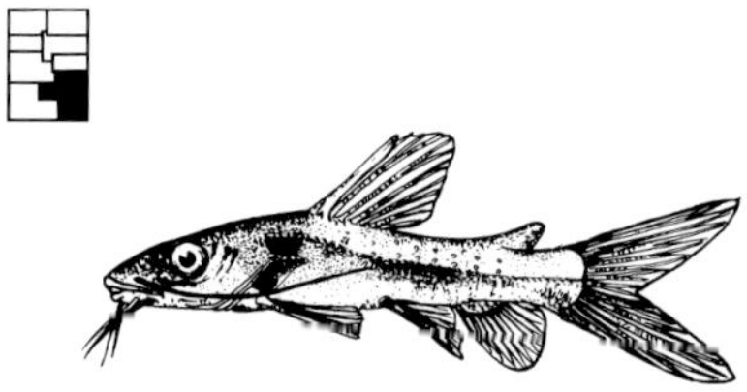

Clarotes laticeps

Clarotes laticeps. Interessante Welsart für Spezialisten. Vorwiegend dämmerungs- und nachtaktiv. Nach Eingewöhnung – besonders zu den Fütterungszeiten – auch tagsüber zu sehen. Klares Wasser, feiner Sandboden mit einigen Versteckplätzen. Abgerundete Steine und Wurzelholz. Leben räuberisch, keine kleineren Beifische. Aquarium mindestens 1,5 m Länge!
Länge: bis ca. 80 cm. *Wasser:* Temperatur 22–28 °C; pH-Wert 5,8–7,2; weich bis mittelhart, 4–12 °dGH. *Nahrung:* Jedes Lebendfutter (bes. Wurmfutter), Frostfutter. *Vorkommen:* W.-Afrika; Nigerdelta.

Mystus tengara. Schwimmfreudiger, tagaktiver geselliger Wels. Körperseiten-Grundfärbung variabel von mehr silbergrau bis dunkelbraun. Guter Gesellschafter auch für andere gleichgroße Arten. Größeres Aquarium mit Höhlenschlupfwinkeln aus Wurzelwerk, Steinen und Pflanzenpartien. Schmeckt mit den langen Bartfäden den Boden nach Futter ab.
Länge: ca. 10–14 cm. *Wasser:* Temperatur 20–28 °C; pH-Wert 6–8; weich bis mittelhart, 4–12 °dGH. *Nahrung:* Alle Futtersorten, Allesfresser. *Vorkommen:* Pakistan, Indien, Nepal, Bangladesh.

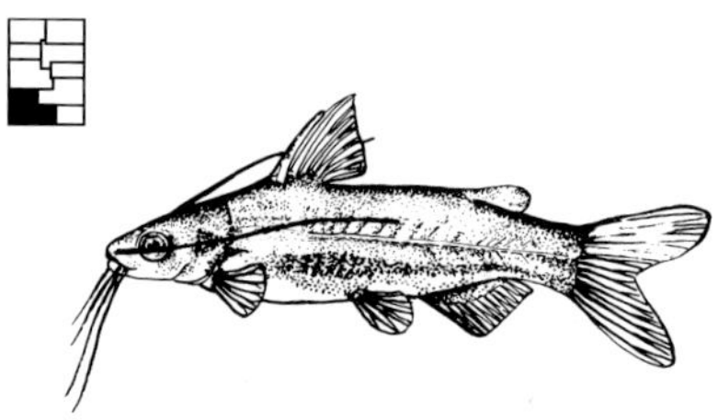

Mystus tengara

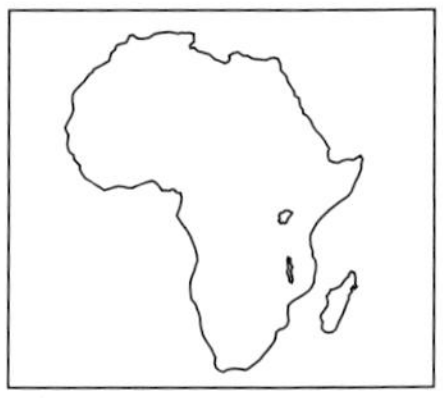

Fiederbartwelse
Mochokidae

Unter den Welsen nehmen diese nachtaktiven, teilweise scheuen Fische in der Beliebtheitsskala der Aquarianer eine besondere Stellung ein. Es sind sehr begehrte Tiere für den Welsliebhaber. Ihr Vorkommen erstreckt sich auf den tropischen und subtropischen Teil Afrikas. Vom Nil bis zum Kap kommen sie in langsam fließenden, aber auch in stehenden Gewässern vor. Sie benötigen bis auf die aus dem Tanganjika-, Victoria- und Malawiisee stammenden Arten weiches, leicht torfiges Wasser. Bei den Arten aus den genannten Seen darf der pH-Wert des Wassers nicht unter 7 absinken, mit einer dGH nicht unter 8 °. Wie der Name es schon andeutet, tragen diese Welse in der Regel gefiederte Barteln (bei der Gattung *Synodontis* sind diese bei manchen Tieren körperlang), die Fettflosse kann groß und deutlich sichtbar sein. Viele haben große Augen und sind lichtempfindlich. Für die dämmerungs- und nachtaktiven Fiederbartwelsarten völlig ungeeignet sind Aquarien, die bis in die kleinsten Ecken grell ausgeleuchtet sind. Dunkel gehaltene Becken oder zumindest dunkle Bereiche mit Verstecken, in die sie sich tagsüber zurückziehen können, sind notwendig. Interessant ist auch die Tatsache, daß die Fiederbartwelse mit Hilfe des unter „Weberscher Apparat" bekannten Organs knurrende, knackende oder brummende Geräusche entwickeln. Die Schwimmblase stellt den Resonanzboden dar. Über die Zucht ist immer noch nicht viel bekannt. Bei den Arten aus dem Tanganjikasee weiß man, daß sie maulbrütenden Buntbarschen ihre Eier unterschieben und sie von diesen – von den Barschen unbemerkt – mit erbrüten lassen. Viele der in der Aquaristik bekannte Arten gehören der Gattung *Synodontis* an, sie gehören zu den robustesten Fischen überhaupt.

Synodontis schoutedeni. Zählt zu den Fiederbartwelsen, die leicht saures und weiches Wasser bevorzugen. Der Aquarianer sollte für viele Verstecke durch runde Steinplatten, die Höhlen bilden, oder überhängendes Wurzelwerk sorgen. Dichte Pflanzengruppen, z. B. *Anubias* oder Javafarn, bieten auch gute Deckung. Mit möglichst nicht zu kleinen Fischen vergesellschaften. *Länge:* ca. 18 cm. *Wasser:* 22–26 °C; pH-Wert 6,5–7,5; 3–12 °dGH. *Nahrung:* Abwechslungsreiches Lebendfutter und Futtertabletten. *Vorkommen:* Im Zairefluß und seinen Zuflüssen.

Synodontis brichardi. Benötigt im Aquarium unbedingt eine Strömung. In seiner afrikanischen Heimat werden Stromschnellen, Wasserfälle und strömungsintensive Gewässer von ihm besiedelt. Diesem Leben angepaßt ist der Bauch stark abgeflacht, ein Saugmaul hat sich entwickelt. Wichtig: Aquarium mit Steinen und Wurzelholz (kein Kies oder Sand).
Länge: 13–15 cm. *Wasser:* Temperatur 22–28 °C; pH-Wert 6,4–7,0; Härte, 3–12 °dGH. *Nahrung:* Allesfresser, überwiegend Lebendfutter. *Vorkommen:* Im unteren Zaïrefluß, Malebo-Pool.

Synodontis eupterus (Schmuck-, Federflossen-Fiederbartwels). Eine großflächige, mit ausgezogenen Flossenstrahlen versehene Rückenflosse ziert diese Art. Ein leicht einprägsames Merkmal. Nicht zu kleine Aquarien mit vielen Versteckmöglichkeiten sind für eine erfolgreiche Pflege wichtig. Bei größeren Exemplaren keine kleinen Beifische. *Länge:* bis ca. 18 cm. *Wasser:* 24–26 °C; pH-Wert 6,5–7,5; 4–12 °dGH. *Nahrung:* Allesfresser, abwechslungsreiches Lebendfutter, Futtertabletten. *Vorkommen:* Weißer Nil, Taschad-Becken, Niger und Volta.

Synodontis velifer. Ist für den *Synodontis*-Liebhaber schon eine Rarität. Wie bei Fiederbartwelsen so üblich, sieht der Aquarianer diesen Fisch tagsüber kaum. Das Futter sollte also kurz bevor das Licht ausgeschaltet wird ins Aquarium gegeben werden. Dann können sich diese „Fische der Nacht" auch vollfressen. Immer für ausreichende Verstecke sorgen. Etwaige Beifische müssen friedlich sein.
Länge: ca. 16 cm. *Wasser:* 24–26 °C; pH-Wert 6,6–7,2; 3–12 °dGH. *Nahrung:* Lebendfutter, Regenwürmer und *Tubifex*. *Vorkommen:* Westghana.

Synodontis ocellifer. Hat ein sehr großes Verbreitungsgebiet. Gelegentlich wird diese dekorative Art importiert. Eine erfolgreiche Pflege erfolgt in möglichst geräumigen Aquarien, die den Bedürfnissen der Fiederbartwelse entsprechen. Bizarre Wurzelformationen, abgerundete Steine, kräftige Wasserpflanzen, auch solche mit größeren Blättern.
Länge: ca. 30 cm. *Wasser:* Temperatur 23–28 °C; pH-Wert 6,2–7; Härte, 3–12 °dGH. *Nahrung:* Vielseitiges Lebendfutterangebot und Futtertabletten. *Vorkommen:* Nigeria, Nigereinzugsgebiet.

Synodontis camelopardalis. Gehört zu den Arten mit gefleckten Zeichnungsmustern. Eine selten gepflegte Fiederbartwelsart. Der Aquarianer bekommt diesen tag- und nachtaktiven, etwas scheuen Fisch bei guter Fütterung doch immer zu Gesicht. Die Freude an diesem Fisch wird erheblich gesteigert, wenn ausreichend Versteckmöglichkeiten (Wurzelhöhlen) und dichte Pflanzenbestände vorhanden sind. Als Beifische Salmler und Buntbarsche.
Länge: ca. 15 cm. *Wasser:* 24–26 °C; pH-Wert 6,5–7,5; 3–12 °dGH. *Nahrung:* Allesfresser, Lebendfutter! *Vorkommen:* Zaïrefluß.

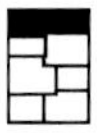
Synodontis schoutedeni
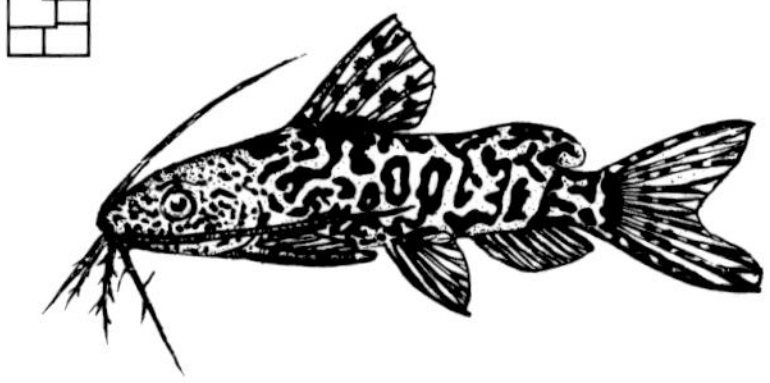

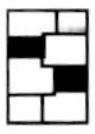
Synodontis brichardi

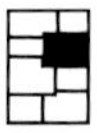
Synodontis eupterus

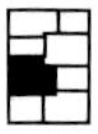
Synodontis velifer

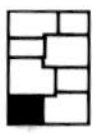
Synodontis ocellifer
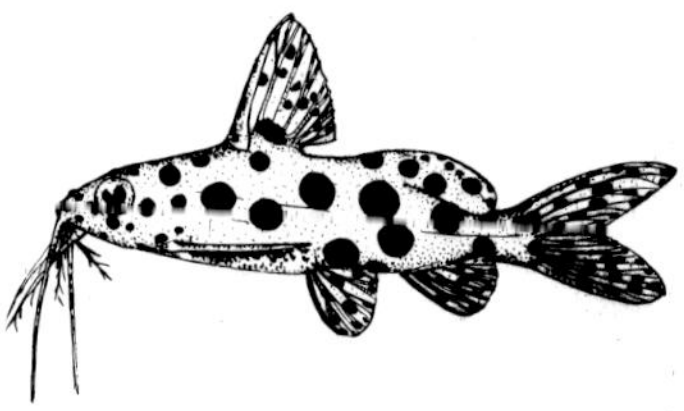

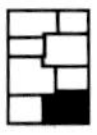
Synodontis camelopardalis
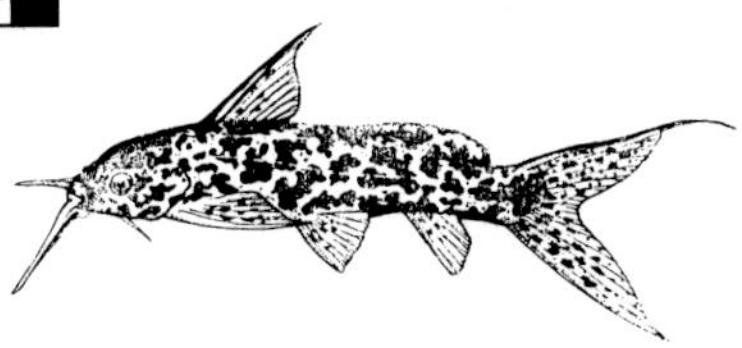

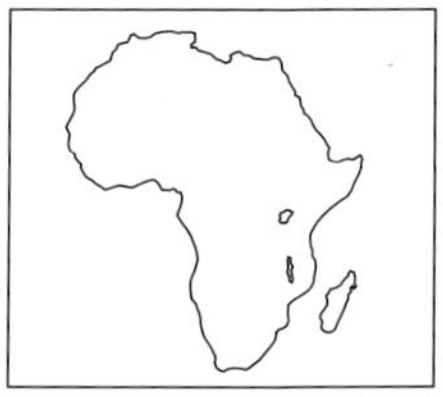

Fiederbartwelse
Mochokidae

Synodontis angelicus (Perlhuhnwels). Eine ungemein attraktive Fischerscheinung. Mit großen weißen Punkten auf blauschwarzem Grund. Auch kleingepunktete Tiere. Farblich sehr variabel. Aquarien mit Höhlenverstecken und dicht gruppierten großblättrigen Pflanzenpartien, die abgeschattete Zonen bilden. Pflege mit Buntbarschen, Buschfischen und Salmlern aus Afrika möglich. Es kann aber vorkommen, daß bestimmte Vertreter von *S. angelicus* ständig mit viel Ausdauer im Aquarium verfolgt werden. Tag- und z.T. nachtaktiv. Die Zucht im Aquarium gelingt wahrscheinlich nicht.
Länge: ca. 25 cm. *Wasser:* Temperatur 24–28 °C; pH-Wert 6,6–7; Härte, 3–12 °dGH. *Nahrung:* Vielseitiges Nahrungsangebot aus Lebend- und Frostfutter; auch Flocken und Tabletten. *Vorkommen:* Zaïrebecken.

Synodontis angelicus

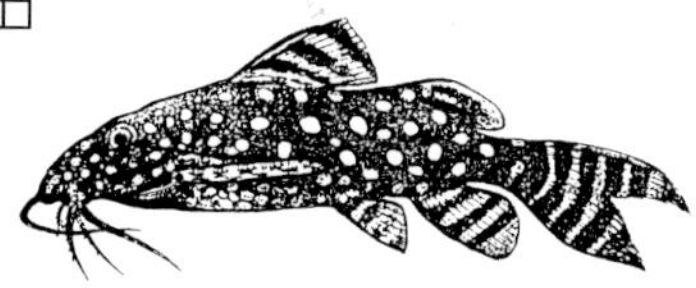

Synodontis flavitaeniatus (Gelbbinden-Fiederbartwels). Mit gelbbeigem, horizontal verlaufendem Linienmuster auf braunschwarzem Grund. Im Handel zwar gelegentlich angeboten, dann aber nur in geringer Stückzahl. Die Jungfische sind besonders farbkräftig. Gut geeignet für die Vergesellschaftung mit anderen Fischen, wenn diese nicht aggressiv sind. Häufig auch tagsüber sichtbar, benötigen diese Fische doch Unterstände, kleine nach vorne und hinten offene Höhlen sowie Wurzeln und dichte Pflanzenbestände, auch mit großblättrigen Arten (*Anubias*-Arten).
Länge: ca. 10–25 cm. *Wasser:* Temperatur 24–28 °C; pH-Wert 6,6–7; Härte, 5–12 °dGH. *Nahrung:* Lebendfutter und Futtertabletten. Trockenfutter wird auch angenommen. *Vorkommen:* Verschiedene Gewässer im Zaïrebecken.

Synodontis flavitaeniatus

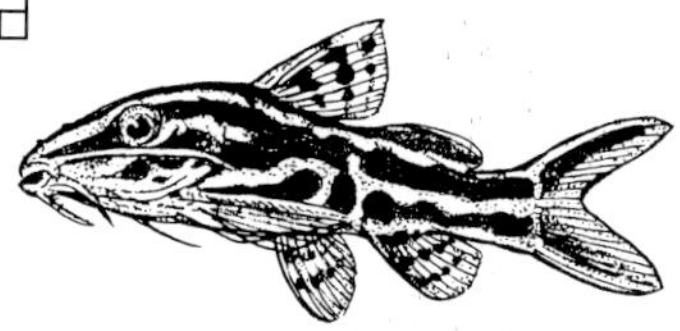

Synodontis pleurops (Gabelschwanz-Fiederbartwels). Obwohl diese friedliche und etwas scheue Art in Liebhaberaquarien klein wirkt, gehört sie doch bereits zu den größeren Fiederbartwelsen. Großäugig mit auffallenden Augenwülsten. Benötigt Platz und Versteckmöglichkeiten. Offene Höhlungen aus Wurzeln und Steinen. In Gesellschaftsaquarien ist die Pflege möglich, die Mitbewohner müssen aber friedlich sein. Der Pfleger bekommt seine *S. pleurops* sonst kaum zu sehen. Es empfiehlt sich, nach Ausschalten des Lichts einige Futtertabletten für diese „Nachtschwärmer" ins Becken zu geben.
Länge: ca. 20 cm. *Wasser:* Temperatur 23–28 °C; pH-Wert 6,6–7; Härte, 4–12 °dGH. *Nahrung:* Abwechslungsreiches Lebendfutterangebot. Auch Tabletten. *Vorkommen:* Zaïrezuflüsse.

Synodontis pleurops

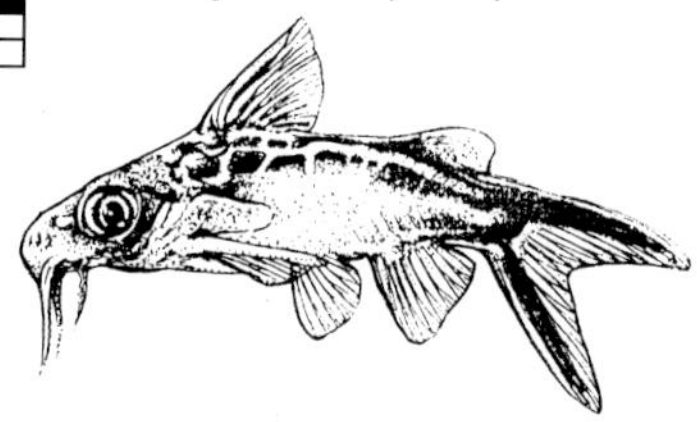

Synodontis nigriventris (Rückenschwimmender Kongowels). Der häufigste und auch bekannteste Fiederbartwels. Ausgesprochen friedlich und von geringer Größe. Paßt in fast jedes Gesellschaftsaquarium. Die Zucht ist bereits gelungen. Die Tiere kann man durch gutes Lebendfutter in Laichstimmung bringen. Schwimmt fast ausschließlich mit dem Bauch nach oben und benötigt deshalb auch eine Schwimmpflanzendecke oder schwimmende Korkteile. Unterstände in Form von Wurzelholz oder Steinen sowie dichte Bepflanzung im Beckenhintergrund fördern sein Wohlbefinden.
Länge: ca. 6,5 cm. *Wasser:* Temperatur 22–27 °C; pH-Wert 6,6–7; Härte, 8–18 °dGH. *Nahrung:* Lebend- und Frostfutter (kleine Insektenlarven und Würmer), auch Flocken und Tabletten. *Vorkommen:* Zaïre, verschiedene Gewässer.

Synodontis nigriventris

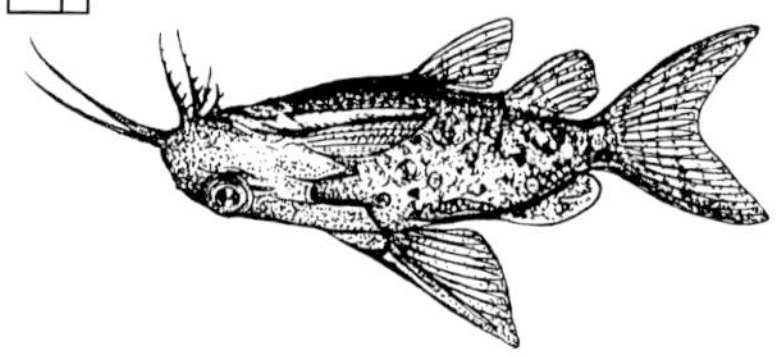

Synodontis multipunctatus (Vielpunkt-Fiederbartwels). Höchst interessant ist ihre Fortpflanzung. Unserem einheimischen Kuckuck gleich, lassen sie ihre Nachkommen von anderen Fischen erbrüten! Die Welse schwimmen blitzartig unter das gerade ablaichende Buntbarschpärchen (Tanganjikasee) und mischen ihre Eier unter die der Buntbarsche. So werden die kleineren Welseier nach und nach mit ins Maul des Cichlidenweibchens aufgenommen, ohne daß dieses etwas davon bemerkt. Einmal aus dem Maul entlassen, kehren die kleinen Welse aber nicht mehr dahin zurück. Aquarien mit Unterständen aus Steinen und Pflanzen. Wasser klar, gut gefiltert, alkalisch. Keine Huminsäure.
Länge: bis ca. 25 cm. *Wasser:* 24–26 °C; pH-Wert 7,4–8,9; 10–20 °dGH. *Nahrung:* Lebend-, Frost-, Tablettenfutter. *Vorkommen:* Tanganjikasee.

Synodontis multipunctatus

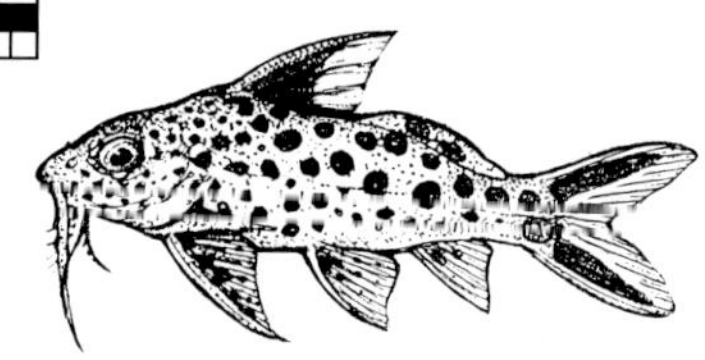

Synodontis decorus (Schmuck-Fiederbartwels). Macht auch tagsüber im Händlerbecken einen temperamentvollen Eindruck. Zählt zu den schönsten Arten und benötigt viel Schwimmraum sowie eine Hintergrundgestaltung mit Steinen und Wurzeln, die ihm Versteckmöglichkeiten bieten. Die Fische sind dämmerungsaktiv, man sieht sie aber bei der Fütterung auch am Tage. Gute Gesellschafter für Buntbarsche, Salmler und andere, vor allem friedliche Mitbewohner. Mit wimpelartig verlängertem Rükkenflossenstrahl. Das gibt den Tieren ein faszinierendes Aussehen. Über eine Nachzucht im Aquarium ist bisher nichts bekannt.
Länge: ca. 30 cm. *Wasser:* Temperatur 23–28 °C; pH-Wert 6,6–7; Härte, 3–12 °dGH. *Nahrung:* Vielfältiges Lebendfutter, auch Tabletten. *Vorkommen:* Zaïrebecken.

Synodontis decorus

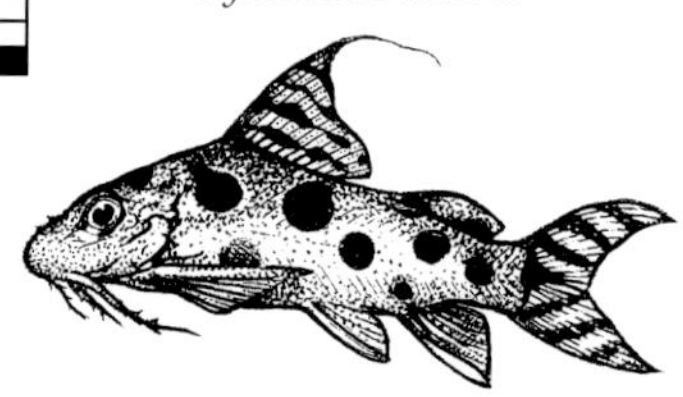

Echte Welse, Falsche Dornwelse

Siluridae, Auchenipteridae

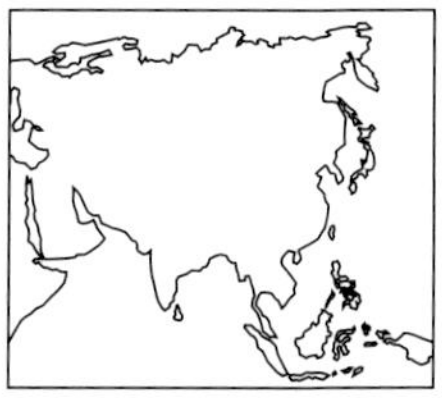

Echte Welse (Familie Siluridae) mit 13 Gattungen von sehr unterschiedlicher Größe, Aussehen und Verbreitungsgebiet. Aus Europa z. B. die Gattung *Silurus* mit der bekannten Art *Silurus glanis*, dem Waller; ein schnellwüchsiger Riese, kein Aquarienfisch, aber ein geschätzter Speisefisch. Dagegen ist der aus Südostasien stammende *Kryptopterus bicirrhis*, der Indische Glaswels, mit seinen nur 10 cm Länge und dem glasig durchsichtigen Körper wiederum ein sehr beliebter Aquarienfisch.

Falsche Dornwelse (Familie Auchenipteridae). Zu ihnen zählen 20 Gattungen mit etwa 70 Arten. Besonders auffallende familientypische Merkmale dieser 5–20 cm langen Welse sind der nackte Körper mit der kleinen Fettflosse, drei Paar Barteln (außer bei *Tetranematichthys quadrifilis* und *Geoglanis stroudi*) und der unterschiedlich stark gepanzerte Schädel. Die weitaus meisten Vertreter sind nachtaktiv und ziehen sich tagsüber in Verstecke zurück, oft zwischen Wurzeln oder in Höhlen.

Kryptopterus bicirrhis (Indischer Glaswels). Wirbelsäule, Gräten und Eingeweide sind durch den transparenten Körper leicht zu erkennen. Tagaktiver, friedfertiger Schwarmfisch. Fühlt sich nur wohl in Gesellschaft mehrerer Artgenossen; kümmert bei Einzelhaltung. Kein schneller Schwimmer. Gut mit ruhigen, etwas kleineren Arten zu vergesellschaften. Wichtig: regelmäßiger Teilwasserwechsel, leichte Strömung, kräftiger Filter, klares Wasser, dunkler Sandboden. Pflanzendickichte als Unterstände. Viel freier Schwimmraum. *Länge:* 10 cm. *Wasser:* 22–28 °C; pH-Wert 6,8–7,8; 8–18 °dGH. *Nahrung:* Lebend- und Trockenfutter. *Vorkommen:* Indochina, Sundainseln.

Auchenipterichthys thoracatus (Mitternachtswels, Zamorawels). Widerstandsfähig und gut zu halten. Nachtaktiv! Zu mehreren gepflegt, sieht man die Welse bei stark gedämpftem Licht mitunter auch tagsüber durchs Aquarium ziehen. Tagesverstecke sind notwendig. Unter Steinen und Wurzeln, in Spalten und Löchern klemmen sie sich mit Hilfe der starr abgespreizten Brustflossenstacheln fest. Bei Eintritt der Dunkelheit beginnen die Welse den Boden nach Freßbarem abzusuchen. Gezielt füttern! *Länge:* 10–12 cm. *Wasser:* 20–25 °C; pH-Wert 6–7; 4–12 °dGH. *Nahrung: Cyclops*, Mückenlarven, *Tubifex*, Daphnien, Tabletten und Flocken. *Vorkommen:* Amazonaseinzugsgebiet.

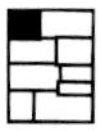

Kryptopterus bicirrhis

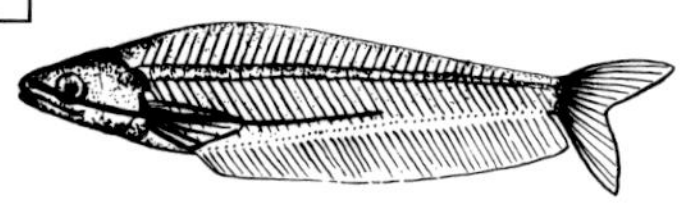

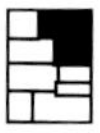

Auchenipterichthys thoracatus

Tatia sp. Meist versteckt lebende, interessante kleine Welsart. Viele Versteckmöglichkeiten bieten, z. B. hohle Rindenholzteile, Wurzelstöcke, Höhlenverstecke aus Steinaufbauten. Dazu kräftige Wasserpflanzengruppen. Strömungsintensive Filterung. Ständig für frisches Wasser sorgen. Vor allem nachts gehen die Fische auf Nahrungssuche, deshalb kurz vor dem Lichtabschalten nochmals füttern, damit alle tagsüber versteckt lebenden Fische auch ausreichend ernährt werden. Friedlich, doch oft nicht zu kleinsten Beifischen. *Länge:* 8–12 cm. *Wasser:* Temperatur 22–28 °C; pH-Wert 6,5–7; 4–10 °dGH. *Nahrung:* Lebend-, Frost- und Tablettenfutter. *Vorkommen:* Amazonasbecken.

Ompok bimaculatus. Hat eine bräunliche Körperfärbung mit je einem charakteristischen rundlichen dunklen Fleck hinter dem Kopf und eine lange, sich nach hinten etwas verbreiternde Afterflosse. Sie sind in ihrer Heimat beliebte Speisefische und können im Freiland bis 1 m Länge erreichen. Tagaktiv! Gesellschafter für größere Arten, in Aquarien ab 100 cm Länge. Schwächere Tiere werden oft an Körper, Flossen und Barteln durch Bisse verletzt, kleine gefressen. *Länge:* Im Aquarium meist kaum 20 cm. *Wasser:* Temperatur 23–30 °C; pH-Wert 6,5–7,8; Härte, 5–20 °dGH. *Nahrung:* Überwiegend Lebendfutter (!), Großflocken. *Vorkommen:* Südostasien.

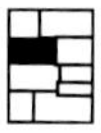

Tatia sp.

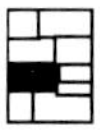

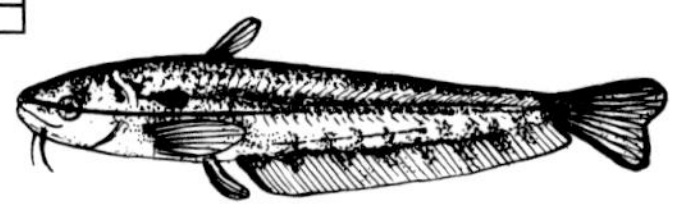

Ompok bimaculatus

Entomocorus benjamini. Hochinteressante kleine, friedfertige Welsart mit einer dämmerungs- und nachtaktiven Lebensweise. Die Fische liegen manchmal seitlich am Boden, in Spalten eingeklemmt oder hängen im Pflanzendickicht, was ihnen den Namen „Schlafwelse" eingebracht hat. Bei Störungen schwimmen sie scheinbar rastlos umher, um dann wieder in die Schlafstellungen zu fallen. Die Männchen haben in einer Körperausbuchtung unter dem hervorstehenden Auge Maxillarbarteln, die vermutlich bei der Paarung eine Rolle spielen. *Länge:* ca. 6–7 cm. *Wasser:* 22–28 °C; pH-Wert 6–7,5; 3–12 °dGH. *Nahrung:* Insektenlarven, kl. Regenwürmer. *Vorkommen:* Bolivien.

Ompok sp. Das Biotop in seiner Heimat (Myanmar-Burma) sieht so aus: Fließendes schlammiges Weißwasser mit Wurzelwerk durchsetzt. Auffallend und gattungstypisch der langgestreckte, seitlich stark zusammengedrückte Körper mit dem langen Schwanzstiel und der sehr langen Afterflosse; Kopf und Augen klein; Ober- und Unterkiefer mit je einem Paar Barteln. Tagaktiv, wühlt nicht. Verstecke nicht nötig, wohl aber einige Pflanzendickichte. Kräftiger Filter, Strömung. *Länge:* 15 cm. *Wasser:* Temperatur 23–28 °C; pH-Wert 6,3–7,5; 4–15 °dGH. *Nahrung:* Lebend-, Frost- und Tablettenfutter. *Vorkommen:* Myanmar.

Entomocoruc benjamini

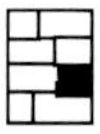

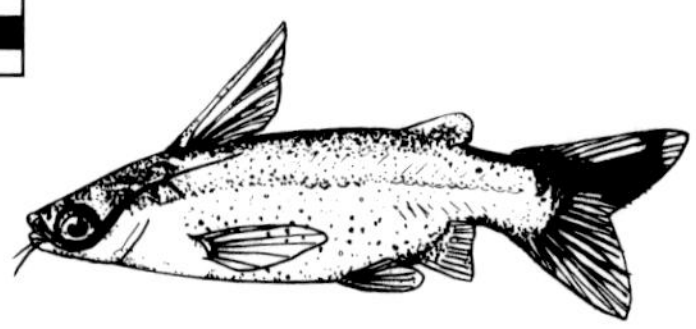

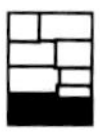

Ompok sp.

Welse aus unterschiedlichen Familien

Ictaluridae, Malapteruridae, Aspredinidae, Schilbeidae

Auf den Seiten 140–143 finden Sie Vertreter verschiedener Welsfamilien mit gemeinsamen Merkmalen, nämlich nackter Haut und Barteln, wenn auch von unterschiedlicher Länge, Anzahl und Beweglichkeit. Außerdem leben alle im Süßwasser. Da sie die unterschiedlichsten Lebensräume bewohnen, haben sie sich diesen in ihren Körperformen angepaßt.
Die Ictaluridae kommen aus Nordamerika und besitzen zwei Nasen-, zwei Oberkiefer- und vier Kinnbarteln.
Zu den Malapteruridae, den Zitterwelsen, gehören nur drei Arten im tropischen Afrika bis zum Nil. Sie besitzen elektrische Organe.
Abweichende Körperformen haben die Aspredinidae aus dem tropischen Südamerika. Es gibt zwei Unterfamilien, die Bunocephalinae aus dem Süßwasser und die Aspredininae, die auch im Brackwasser vorkommen.
Vertreter der von West- bis Südostasien vorkommenden Schilbeidae besitzen zwei oder vier Paar Barteln.
Eine lange Afterflosse und eine kleine Rückenflosse haben die von Indien bis Thailand verbreiteten Heteropneustidae. Sie atmen atmosphärische Luft. Zwei Luftkammern ziehen von den Kiemenhöhlen nach hinten.
Auch Clariidae besitzen ein zusätzliches Organ, mit dem sie atmosphärische Luft atmen. Sie kommen in Afrika und Asien bis zu den Philippinen vor. In den USA eingeschleppt.
Chacidae sehen abenteuerlich aus und sind von Indien und Sri Lanka bis Sumatra verbreitet. Ihre Schwanzflosse beginnt weit vorn auf dem Rücken.
In den Gebirgsströmen West- und Südostasiens leben kleine Arten der Sisoridae.
Eng verwandt mit den Schilbeidae sind die Pangasiidae. Sie leben in Südostasien.

Ictalurus sp.

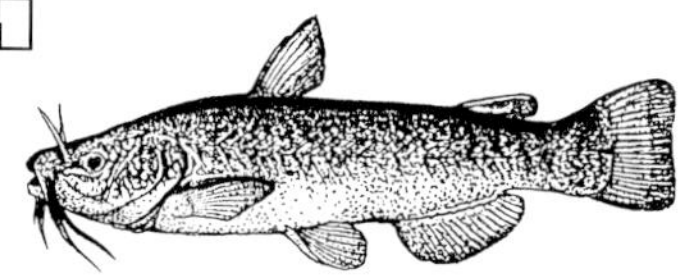

Malapterurus electricus

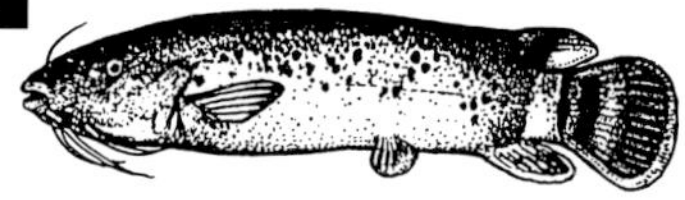

Ictalurus sp. (Katzenwels). Ausgezeichneter Pflegling für große Kaltwasseraquarien und Gartenteiche. Der Beuteerwerb mit Hilfe der Barteln läßt sich gut beobachten. Kiesiger Bodengrund, mit Steinen und Holz gestaltete Höhlen sind wichtig. Nicht mit kleineren Fischen gemeinsam pflegen. Man kann ihn auf Laute dressieren.
Länge: bis ca. 45 cm. *Wasser:* nicht über 24 °C; pH-Wert um 7; Härte unwichtig. *Nahrung:* Allesfresser, auch Trockenfuttersorten jeglicher Art. *Vorkommen:* Nordamerika.

Malapterurus electricus (Zitterwels). Ein Wels für große Schauaquarien. Aus Muskeln umgewandelte elektrische Organe bauen um den Fisch ein elektrisches Feld auf, durch dessen Veränderung er Beute oder Gegenstände erkennt. Beute wird durch Stromschlag bis 450 Volt betäubt und getötet. Vorsicht beim Arbeiten im Aquarium. Den Fisch nicht erschrekken. *Länge:* bis 85 cm. *Wasser:* 22–26 °C; pH-Wert 6–7,5; bis 18 °dGH. *Nahrung:* Allesfresser, vor allem lebende Fische. *Vorkommen:* Tropisches Afrika bis Nil.

Aspredo cotylephorus

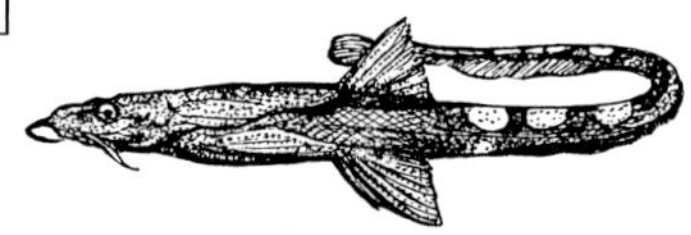

Dysichthys coracoideus

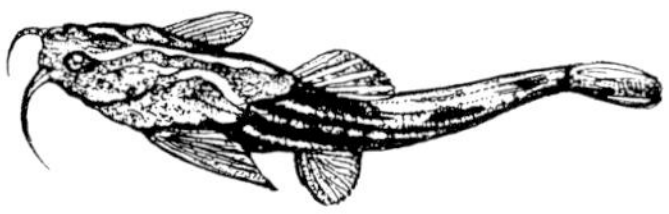

Aspredo cotylephorus (Banjo-Peitschenwels). Nach vorsichtiger Eingewöhnung gut zu pflegen. Benötigt feinsandigen Bodengrund (versucht sich bei Störungen blitzschnell einzugraben) und ausreichend Verstecke zwischen Pflanzen. Dämmerungsaktive Lebensweise; Fütterungszeit darauf einstellen. Pflege mit nicht zu kleinen friedlichen Fischen. Erzeugt bei Gefahr knarrende Geräusche. *Länge:* ca. 30 cm. *Wasser:* 22–26 °C, pH-Wert 6,4–7,1; 6–20 °dGH. *Nahrung:* Überwiegend Lebendfutter, auch Futtertabletten. *Vorkommen:* Südamerika.

Dysichthys coracoideus (Zweifarbiger Bratpfannenwels). Dem Leben in Bodennähe und im Bodengrund angepaßter Wels, dessen Körper stark abgeflacht ist. Tagsüber kaum zu sehen, weil er sich versteckt und in weichen Bodengrund einwühlt. Kann deutlich hörbar knarren. Die kräftigen und bestachelten Brustflossen können schmerzhaft und blutend verletzen. *Länge:* ca. 10 cm. *Wasser:* 20–27 °C; pH-Wert 6–7,2; 4–18 °dGH. *Nahrung:* Jegliches Lebendfutter, Futtertabletten. *Vorkommen:* Südamerika; Amazonas- bis La-Plata-Gebiet.

Eutropiellus vandeweyeri

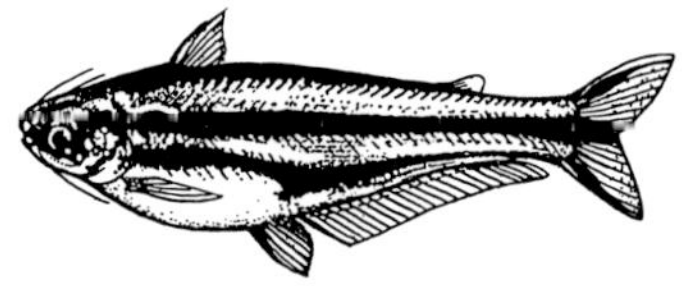

Schilbe mystus

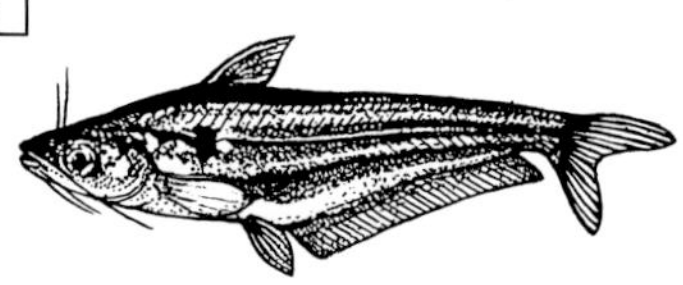

Eutropiellus vandeweyeri (Schwalbenschwanz-Glaswels). Artbecken oder größere Gesellschaftsaquarien mit friedfertigen Mitbewohnern. Kleiner Schwarmwels, in Gruppen von mindestens sechs Tieren halten. Wichtig: Klares, sauberes Wasser mit leichter Strömung. Schwimmt frei im Wasser, braucht viel Raum zum Ausschwimmen. *Länge:* ca. 7 cm. *Wasser:* 23–27 °C; pH-Wert 5,8–6,8; 3–8 °dGH. *Nahrung:* Besonders schwimmendes Lebend- und Trockenfutter (wird aber auch vom Boden aufgenommen). *Vorkommen:* Nigerdelta.

Schilbe mystus (Silberwels). Tagaktive, gefräßige und einfach zu pflegende Welsart. Schwimmt bevorzugt im freien Wasser. Aquarium mit leichter Strömung, viel freiem Schwimmraum, dazu Pflanzengruppen an Seiten- und Rückwand als Zuflucht. Problemlos bei Gruppenhaltung im Artaquarium oder als Gruppe im großen Gesellschaftsbecken mit gleichgroßen Arten. *Länge:* ca. 30 cm. *Wasser:* 22–28 °C; pH-Wert 6,3–7,3; 4–18 °dGH. *Nahrung:* Lebend-, Frost-, Tablettenfutter. *Vorkommen:* Tropisches Afrika, bis zum Nil.

Welse aus unterschiedlichen Familien

Heteropneustidae, Clariidae, Chacidae, Sisoridae, Pangasiidae

Heteropneustes fossilis (Kiemensackwels). In seiner Heimat durch das Veratmen von atmosphärischer Luft an sauerstoffarme Gewässer angepaßt. Zählebige, räuberische Natur. Seine Zusatzatmung befähigt den nachtaktiven Räuber, kurze Zeit auch im Feuchten zu leben und sogar zu jagen. Zur Pflege in Großaquarien eignen sich nur die immer wieder sporadisch angebotenen Jungfische. Haltung am besten im Artbecken, denn tagaktive Mitbewohner werden durch die nächtlichen Aktivitäten dieser Welse oft bedrängt. Becken mit einsturzsicheren Geröllformationen, feinem Sand, derben Wasserpflanzen und Schwimmpflanzenpolster. *Länge:* ca. 70 cm. *Wasser:* 15–28 °C; pH-Wert 6,6–7,6; Härte, 3–16 °dGH. *Nahrung:* Allesfresser, *Tubifex*, Regenwürmer und Futtertabletten. *Vorkommen:* Irak bis Malaiische Halbinsel.

Heteropneustes fossilis

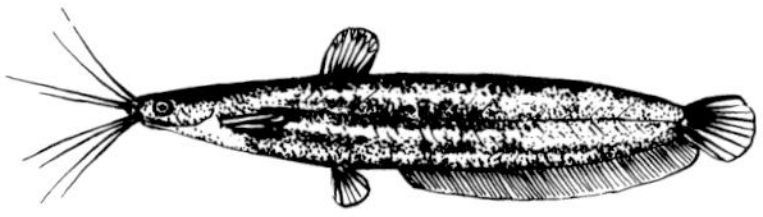

Clarias angeolensis (Kiemensackwels). Mit zusätzlichem Atmungsorgan ausgerüstet, kann diese Art auch trockene Zeiten in Schlammröhren und feuchten Mulden überstehen. Zum Wohlbefinden wird jedoch klares, sauerstoffreiches Wasser bevorzugt. Gute Filterung. Das Aquarium für Kiemensackwelse wird mit feinem Sand, Höhlenverstecken und kräftigen Pflanzenbeständen ausgestattet. Nächtliche, räuberische Lebensweise. Sehr gefräßig! Bei zu häufigen Futtergaben besteht die Gefahr, daß sich die Tiere überfressen. Pflege nur in geräumigem, artgerechtem Aquarium ohne Mitinsassen sinnvoll. Wühlt! *Länge:* ca. 70 cm. *Wasser:* 20–28 °C; pH-Wert 6,0–7,8; Härte, 4–18 °dGH. *Nahrung:* Allesfresser, große Regenwürmer, magere Fleischstücke und Futtertabletten. *Vorkommen:* Tropisches Afrika.

Clarias angeolensis

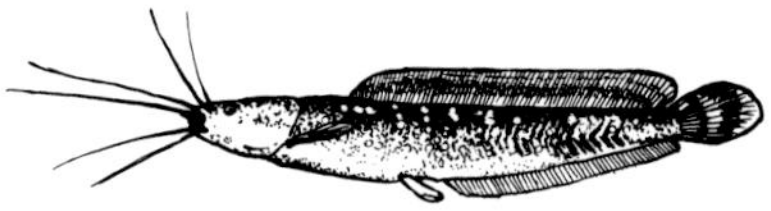

Chaca bankanensis (Großmaulwels). In Form und Verhalten ein unverwechselbarer Wels mit räuberischer Lebensweise („Beutelauerer"). Für Gesellschaftsbecken mit kleineren Bewohnern nicht geeignet. Haltung mit Artgenossen, gleich großen Barben, friedlichen Welsen und vielen Buntbarscharten ist möglich, wenn die Mitbewohner nicht aggressiv sind und den Großmaulwelsen die Wohnung streitig machen wollen. Geräumiges Aquarium mit Versteckplätzen unter Wurzeln, abgerundeten, erhöht liegenden Steinen. Obwohl sehr gefräßig, muß dieser bewegungsfaule Fisch gezielt gefüttert werden. Er hungert sonst in seiner Behausung! *Länge:* ca. 20 cm. *Wasser:* 22–26 °C; pH-Wert 6,6–7,2; Härte, 4–14 °dGH. *Nahrung:* kleine Fische, Regenwürmer, jedes Frostfutter und Futtertabletten. *Vorkommen:* Indien, Myanmar.

Chaca bankanensis

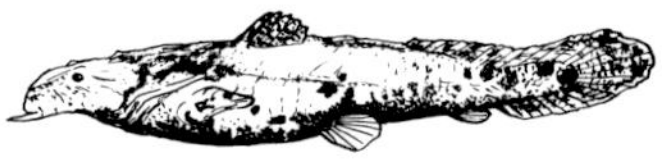

Hara hara. Ein sehr friedfertiger, kleiner Wels der in jedes Gesellschaftsbecken paßt. Der Autor hat diesen Fisch bei Temperaturen von 20–25 °C erfolgreich gepflegt. Überwiegend nachtaktiv. Sucht tagsüber Versteckmöglichkeiten unter breitblättrigen Pflanzen, Wurzeln etc. Nach Eingewöhnung manchmal auch tagsüber bei durch Schwimmpflanzen gedämpftem Licht außerhalb des Versteckes zu beobachten. Wichtig sind Belüftung und Filterung. Gut mit Salmlern, Labyrinthfischen oder auch kleineren Buntbarschen zu halten. Beckengröße ab mindestens 60 cm Länge. *Länge:* ca. 7 cm. *Wasser:* Temperatur 18–28 °C; pH-Wert 6,2–7,5; Härte, 6–16 °dGH. *Nahrung:* Jegliches nicht zu großes Lebendfutter. Tablettenfutter. *Vorkommen:* Assam, Indien.

Hara hara

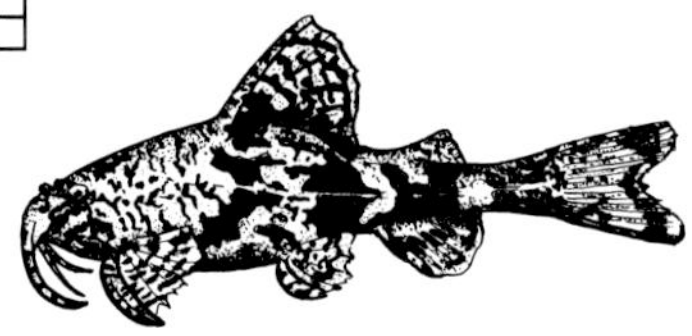

Pangasius hypophthalmus (Haiwels). Fehlt auf kaum einer Händlerliste, wird oft noch als *P. sutchii* angeboten. Im jugendlichen Wachstumsstadium etwas empfindlich und schockanfällig. Nach Panikausbrüchen liegen die Tiere manchmal wie tot auf dem Aquarienboden, erholen sich aber meist wieder, und schwimmen erneut hektisch umher. Mehrere Tiere in einem größeren Aquarium ab 140 cm Länge sind ein faszinierender Anblick. Das Futter muß vor das Maul schwimmen, dann wird es gierig angenommen, auf dem Boden suchen sie nicht danach. Wird nicht mit der nötigen Umsicht gefüttert, kann es passieren, daß die Welse hungern. *Länge:* ca. 30 cm. *Wasser:* 22–26 °C; pH-Wert 6,6–7,2; Härte, 3–12 °dGH. *Nahrung:* Allesfresser; gerne *Tubifex*, Mückenlarven, auch viel Flockenfutter. *Vorkommen:* Thailand, Mekong.

Pangasius hypophthalmus

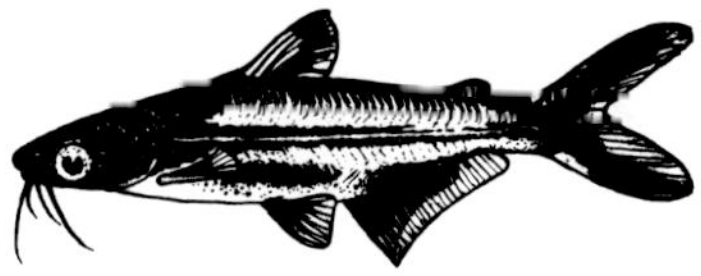

Pangasius sp. Ein ausgeprägtes Schwimmbedürfnis und ein hektisches Verhalten sind typische Kennzeichen dieser Art. Aquarienhaltung nur im Jugendstadium und in möglichst großen, langgestreckten Becken. Die Nahrung – in ausreichender Menge – wird nur angenommen, wenn diese vor das Maul der Fische schwimmt. Am Bodengrund, ebenso zwischen Steinen, wird nicht danach gesucht. Nur sorgfältige Fütterung verhindert, daß die Fische hungern. Es empfiehlt sich, Bodenfische für die Futterreste einzusetzen. Feiner Sand, Schwimmpflanzen und viel Schwimmraum erhöhen das Wohlbefinden. *Länge:* bis ca. 60 cm. *Wasser:* Temperatur 22–26 °C; pH-Wert 6,6–7,2; Härte, 3–12 °dGH. *Nahrung:* Allesfresser; *Tubifex*, Mückenlarven und viel Flockenfutter. *Vorkommen:* Thailand.

Pangasius sp.

Eierlegende Zahnkarpfen

Cyprinodontidae, Aplocheilidae, Rivulidae, Poeciliidae

Die Eierlegenden Zahnkarpfen, auch „Killifische“ oder kurz „Killis“ genannt, sind mit über 500 Arten eine ebenso umfangreiche wie äußerlich uneinheitliche Gruppe. Sie bewohnen subtropische und tropische Regionen aller Erdteile mit Ausnahme von Australien. Wir finden sie sowohl in stehenden als auch in fließenden Gewässern.
Ihren einstigen Makel, „schwierige Pfleglinge“ zu sein, haben die Killifische weitgehend verloren. Auch der Anfänger kann sich ihre Haltung zutrauen. Der größten Beliebtheit erfreuen sich die Arten der Familien Aplocheilidae und Rivulidae, die zugleich auch die farbenprächtigsten Vertreter stellen. Aber auch die Familie der Leuchtaugenfische (Poeciliidae) enthält mit den Gattungen *Aplocheilichthys, Procatopus* und *Lamprichthys* äußerst attraktive Arten.
Die aquaristisch verbreitetsten Killis sind zumeist Bewohner von Regenwaldregionen. Sie schätzen daher weiches, leicht saures Wasser, dunklen Bodengrund und gedämpfte Beleuchtung. Eine dichte Bepflanzung, die die Fische gern als Unterstand benutzen, ist ebenfalls empfehlenswert. Sie bietet einzelnen Tieren Schutz vor den manchmal recht aggressiven Artgenossen.
Trotz dieser innerartlichen Unverträglichkeit sind Killis durchaus „gesellschaftsfähig“. Sie lassen sich sehr wohl zusammen mit anderen geeigneten Fischen in größeren Gesellschaftsbecken pflegen. Nur manche Arten brauchen ein kleines Spezialaquarium mit wenigen Litern Wasser (das regelmäßig gewechselt werden muß). Die speziellen Bedürfnisse der einzelnen Arten und ihre eher auf Distanz bedachte Lebensweise sollte stets berücksichtigt werden.
Nur wenige, wie die Leuchtaugenfische, leben in Schwärmen. Ganz wichtig jedoch: Nahe verwandte Killifischarten sollte man niemals gemeinsam pflegen, da es leicht zu Verwechslungen der untereinander oft sehr ähnlichen Weibchen und zu unerwünschten Bastardierungen bei der Zucht kommen kann.
Die Zucht der Killifische ist denn auch ein besonderes und überaus reizvolles Kapitel: In der Praxis unterscheidet man hier zwischen Haft- und Bodenlaichern. Haftlaicher entstammen meist Gewässern, die während des ganzen Jahres Wasser führen. Bodenlaicher dagegen leben in Biotopen, die periodisch austrocknen. Diese sogenannten Saisonfische haben deshalb als Anpassung an ihre extremen Lebensbedingungen eine nahezu einmalige Art der Brutfürsorge entwickelt: Sie geben ihren Laich in den weichen Bodengrund, wo er sich im Laufe der Trockenzeit entwickelt, während die Alttiere nach dem Austrocknen der Gewässer sterben. Die Jungfische schlüpfen, wenn der Regen die Gewässer wieder füllt.
Zur Zucht empfiehlt es sich für beide Gruppen, die Geschlechter vor einem Zuchtansatz einige Zeit zu trennen und kräftig zu füttern (ausschließlich und reichlich Lebendfutter; Trockenfutter ist nicht geeignet, den Laichansatz zu fördern). Werden sie dann ins Zuchtbecken überführt, beginnen die Killis meist sofort mit stürmischen Laichakten, bei denen die Männchen zwar stark treiben, letztendlich aber immer die Weibchen das eigentliche Kommando zum Laichen geben.
Haftlaicher sollten paarweise zur Zucht angesetzt werden, weil bei überzähligen Weibchen die Gefahr der Laichräuberei besteht. Haftlaicher schätzen als Laichsubstrat in der Regel feinfiedrige Pflanzen, gelegentlich auch Holz- oder Steinspalten. Als Pflanzenersatz verwenden Züchter gerne Büschel aus synthetischer Wolle. Die recht hartschaligen Eier können hier mit den Fingern abgesammelt und in spezielle, flache Brutschalen überführt werden. Die Zeitigungsdauer des Laiches liegt bei durchschnittlich 14 Tagen.
Bodenlaicher laichen auf dem Bodengrund (gewässerter Hochmoortorf) oder dringen als Bodentaucher tief in ihn hinein. Bei den meisten empfiehlt sich die Zucht im Daueransatz in entsprechend geräumigen Aquarien. Nach dem Ablaichen oder alle 2–4 Wochen wird der Torf entnommen, leicht ausgedrückt, angetrocknet und danach in verschlossenen Plastikbeuteln aufbewahrt. Je nach Art, Feuchtigkeitsgehalt des Torfes und der Lagertemperatur dauert die Laichentwicklung durchschnittlich zwischen sechs Wochen und sechs Monaten. Danach kann mit weichem Wasser aufgegossen werden. Die Jungen schlüpfen meist innerhalb weniger Stunden.
Die Aufzucht dieser Fische ist nicht schwer, da sich der Nachwuchs bis auf wenige Ausnahmen von Anfang an mit frisch geschlüpften Artemianauplien oder kleinsten Arten von Würmern ernähren läßt.

Aphyosemion bitaeniatum. Einer der schönsten, farbenprächtigsten und begehrtesten Killifische. Lebhaft und überwiegend friedlich. Männchen imponieren und rivalisieren untereinander mit gespreizten Flossen. Haltung im Artaquarium oder zusammen mit anderen *Aphyosemion*-Arten. Aquarium stellenweise dicht bepflanzen, dunkler Bodengrund (Torf- oder Laubschicht). Haftlaicher. Zucht leicht möglich. Zeitigungsdauer der Eier ca. 12–14 Tage.
Länge: 5,5 cm. *Wasser:* Temperatur 22–26 °C; pH-Wert 6,0–7,2; weich bis mittelhart, 2–15 °dGH. *Nahrung:* Vorwiegend Lebendfutter wie Wasserflöhe, Cyclops, Enchyträen, Mückenlarven. *Vorkommen:* Nigeria, Kamerun.

Aphyosemion bitaeniatum (oben: „Umudike“, unten: „Ijebu Ode“)

Prachtkärpflinge
Aplocheilidae

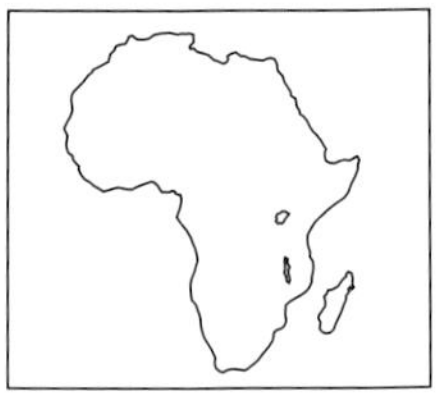

Aphyosemion mimbon. Etwas scheue, nicht ganz einfach zu haltende Art. Männchen bunt gefärbt, Weibchen bräunlich. Weibchen sind generell größer als die Männchen und werden den kleineren Männchen gegenüber oft aggressiv (bei Neuzusammenstellung der Fischgesellschaft beachten), sonst friedlich. Haltung im Artbecken. Eignet sich kaum für ein Gesellschaftsbecken (würde durch andere Fische verdrängt werden). In einem Gesellschaftsbecken ist kaum etwas von seiner Farbenschönheit und vom fesselnden Verhalten zu entdecken. Einrichtung des Aquariums mit reichlich Pflanzen und Versteckmöglichkeiten. Zucht schwierig. *Länge:* 5–6 cm. *Wasser:* 18–23 °C; pH-Wert 6,0–7,0; 4–12 °dGH. *Nahrung:* Lebendfutter; Salinenkrebschen, Wasserflöhe, Mückenlarven. *Vorkommen:* Westafrika; Gabun.

Aphyosemion mimbon „Medouneu"

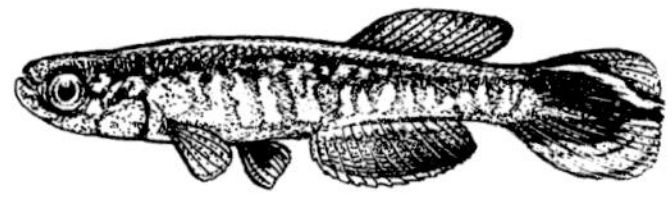

Aphyosemion bitaeniatum
Beschreibung S. 144

Aphyosemion gardneri gardneri (Gardners Prachtkärpfling). Schöner, auch für Anfänger geeigneter Killifisch. Körperform vorne mehr rundlich, nach hinten seitlich abgeflacht. Grundfarbe ist ein kräftiges Blau. Pflege vorzugsweise im Artaquarium. Bei der Haltung im Gesellschaftsbecken nicht mit kleinen, zarten Arten vereinen, da diese bei Reibereien den kürzeren ziehen würden. Männchen dieser Art untereinander und gegenüber kleineren Fischen anderer Arten recht unverträglich, brauchen eine gute Bepflanzung und viele Versteckplätze aus Wurzeln und Steinen. Der Bodengrund sollte weich und möglichst dunkel sein. Zucht leicht; Haft- oder Bodenlaicher. *Länge:* 7 cm. *Wasser:* 22–26 °C; pH-Wert 6,0–7,5; 4–15 °dGH. *Nahrung:* überwiegend Lebendfutter. *Vorkommen:* Nigeria, Kamerun.

Aphyosemion gardneri gardneri

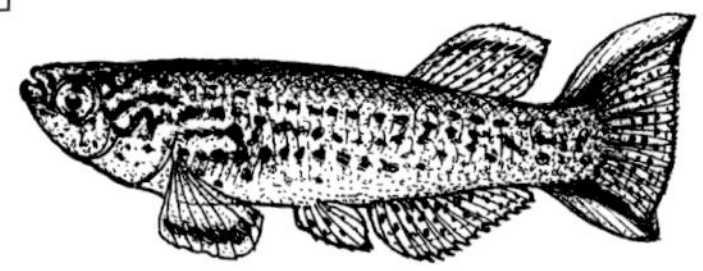

Aphyosemion cameronense (Kamerun-Prachtkärpfling). Die Männchen dieser aus dem westafrikanischen Regenwald stammenden Killifische gehören zu den besonders prächtig gefärbten. Relativ friedlich und eher scheu. Eine etwas empfindliche Art, nicht ganz einfach zu pflegen, ebenso in der Zucht oft problematisch. Haltung vorzugsweise im Artbecken. Gegenüber Wasserverunreinigung empfindlich, ein regelmäßiger Teilwasserwechsel ist zu empfehlen. Jungfische reagieren selbst auf nur leicht verschmutztes Wasser. Nicht zu warm halten. Aquarium gut bepflanzen (auch Schwimmpflanzen), dunkler, weicher Bodengrund; Wurzelholz. *Länge:* 5 cm. *Wasser:* 18–24 °C; pH-Wert 6,0–7,0; 4–10 °dGH. *Nahrung:* Lebend- und Frostfutter, bes. Mückenlarven und Fliegen, keine Tubifex. *Vorkommen:* Kamerun, Gabun.

Aphyosemion cameronense „Ngoyang"

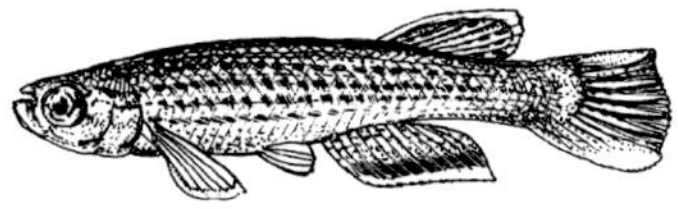

Aphyosemion scheeli (Scheels Prachtkärpfling). Gehört zu den einfacher zu haltenden Killifischen, deshalb auch für den Anfänger gut geeignet. Ältere Männchen können etwas unverträglich werden. Aquarien für kleine Killifische brauchen nicht zu groß zu sein (60 cm). Zur Zucht reicht schon ein Behälter von 10 Liter Inhalt. Haltungsbecken – auch Gesellschaftsaquarium möglich – mit reichlicher Bepflanzung, gedämpftes Licht; weicher, dunkler Bodengrund. Wie bei allen Killifischen regelmäßig Wasser wechseln, ca. 1/5 des Wassers pro Woche. So werden zu starke Schwankungen der Wasserbeschaffenheit vermieden. *Länge:* 5 cm. *Wasser:* 20–25 °C; pH-Wert 6,0–7,3; 4–12 °dGH. *Nahrung:* überwiegend Lebendfutter, seltener Gefrier- und Trockenfutter. *Vorkommen:* Südostnigeria.

Aphyosemion scheeli

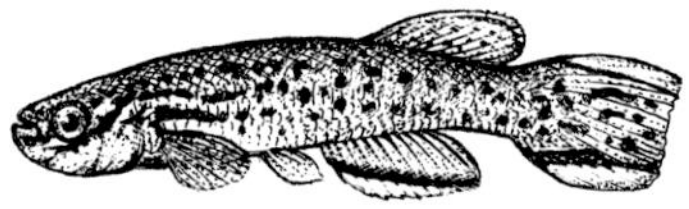

Aphyosemion ogoense pyrophore (Rotpunkt-Prachtkärpfling). Eine prächtig gefärbte, ausgesprochen bunte Killifischart, die je nach Fundort sowohl als blauer wie auch als gelber Typ vorkommt. Im vorderen Körperteil mit roten Längsstreifen; die im hinteren Körperteil senkrecht verlaufenden Streifen treten meist nur als dichte Punktzeichnung hervor. Die Grundfarbe der Weibchen ist bräunlich, mit wenigen roten Punkten. Pflege im Artaquarium; im Gesellschaftsaquarium mit Arten, die auch friedlich sind, sich nicht zu lebhaft verhalten und keine zu warmen Temperaturen beanspruchen. Haftlaicher. Zucht möglich, nicht ganz unproblematisch. *Länge:* 5 cm. *Wasser:* 18–23 °C; pH-Wert 6,0–7,0; 4–12 °dGH. *Nahrung:* überwiegend Lebendfutter; Frostfutter, gefriergetrocknete Nahrung. *Vorkommen:* Gabun, Kongo.

Aphyosemion ogoense pyrophore „RPC 18"

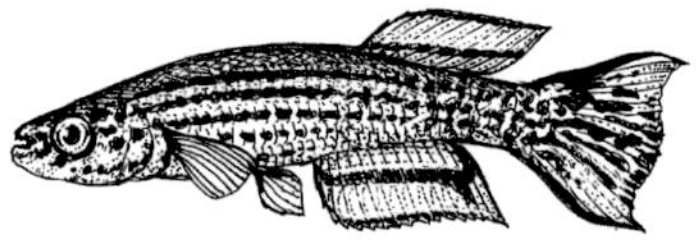

Aphyosemion loennbergii (Loennbergs Prachtkärpfling). Von den anderen Arten der Untergattung *Chromaphyosemion* (z. B. *A. bitaeniatum*) leicht an der blau gemusterten Schwanzflosse zu unterscheiden, ist auch etwas anspruchsvoller in der Pflege als diese. Bei paarweiser Haltung im Artbecken bilden die Männchen schöne große Flossen mit langen Auszügen aus. Obwohl eigentlich friedlich, so beschädigen sich bei der gemeinsamen Unterbringung von mehreren Männchen diese oft gegenseitig die Beflossung. Zucht weniger produktiv.
Länge: Männchen 5,5 cm, Weibchen 4,5 cm. *Wasser:* Temperatur 20–24 °C; pH-Wert 6,5–7,5; weich bis mittelhart, bis 12 °dGH. *Nahrung:* jedes Lebend- und Frostfutter, selten Trockenfutter. *Vorkommen:* Westkamerun.

Aphyosemion loennbergii

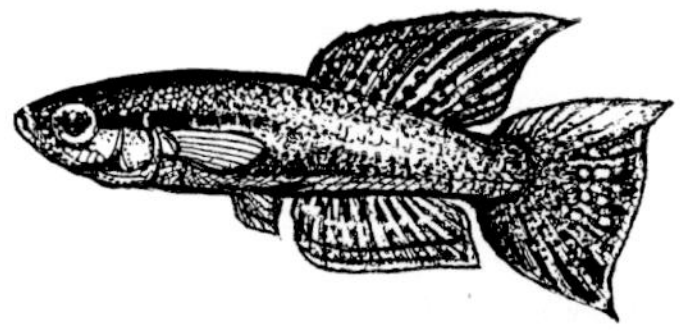

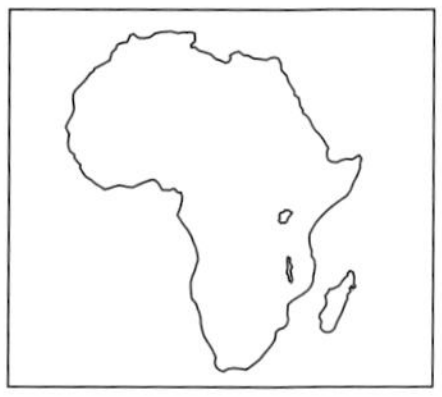

Prachtkärpflinge
Aplocheilidae

Aphyosemion congicum (Schwarzflossiger Prachtkärpfling). Rückenflosse des Männchens ganz oder teilweise, Schwanzflosse am oberen und unteren Rand schwarz gefärbt. Insgesamt bunter als das unscheinbar bräunlich gefärbte Weibchen. Friedliche, ruhige und scheue kleine Killifischart. Gut mit gleichartigen, aber auch mit anderen ruhigen, kleinen Fischen zu vergesellschaften, die ebenfalls weiches bis mäßig mittelhartes, leicht saures und nicht zu warmes Wasser beanspruchen. Verlangt viel Fürsorge hinsichtlich Wasserbeschaffenheit (empfindlich gegen Wasserverunreinigung) und Ernährung. Durch dichte Bepflanzung Versteckmöglichkeiten bieten. Zucht nicht schwierig. *Länge:* ca. 4,5 cm. *Wasser:* 21–23 °C; pH-Wert 6,0–7,0; 4–10 °dGH. *Nahrung:* Lebendfutter aller Art, gelegentlich Wurmfutter. *Vorkommen:* Kongo.

Aphyosemion congicum

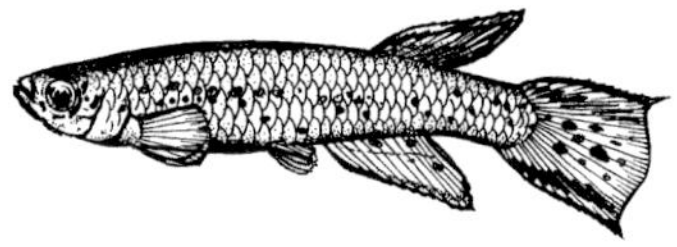

Aphyosemion bivittatum (Gebänderter Prachtkärpfling). Männchen mit spitz ausgezogener After- und Rückenflosse. Schwanzflosse oben und unten zipfelförmig verlängert. Flossen der Weibchen gerundet. Schwimmfreudig. Innerhalb dieser überwiegend friedlichen Art bekämpfen sich die Männchen mehr oder weniger aggressiv; andere Fische werden dagegen kaum beachtet. Haftlaicher. Stellenweise dichte Bepflanzung, Versteckplätze für nicht laichreife Weibchen, die mitunter vom Männchen rabiat getrieben, manchmal sogar verletzt werden. Zucht und Aufzucht nicht schwierig, auch nicht für den Anfänger. Zuchtansatz: 1 Männchen mit 2–3 Weibchen. *Länge:* 5 cm. *Wasser:* 21–25 °C; pH-Wert 6,0–7,5; 2–10 °dGH. *Nahrung:* abwechslungsreich, kräftiges Lebendfutter. *Vorkommen:* Westafrika.

Aphyosemion bivittatum

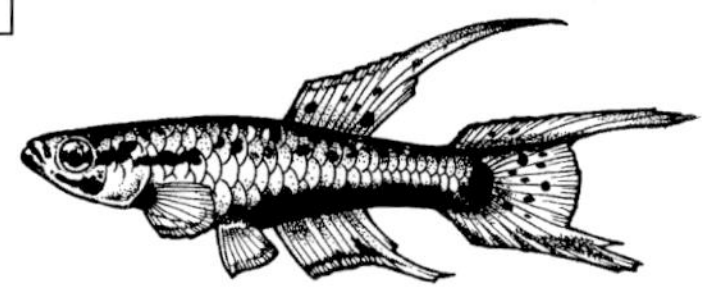

Aphyosemion sjoestedti (Blauer Prachtkärpfling). Männchen ist außergewöhnlich farbenprächtig. Bei gemeinsamer Haltung von mehreren Männchen sind diese untereinander meist aggressiv und streitsüchtig. Ideale Besetzung: ein Männchen und zwei oder drei Weibchen. Männchen sehen sich untereinander immer als Rivalen an, sie schwimmen meist mit gespreitzten Flossen durchs Aquarium, um zu imponieren. Bei mehreren Weibchen verteilt sich das stürmische Umwerben. Bedrängte Weibchen brauchen unbedingt Versteckmöglichkeiten zwischen Pflanzen, Wurzelholz oder Steinen. Eier werden bevorzugt am Boden abgelegt, deshalb Boden teilweise mit Torf belegen. *Länge:* 12 cm. *Wasser:* 20–26 °C; pH-Wert 5,0–7,5; 4–10 °dGH. *Nahrung:* Lebendfutter; Frostfutter. *Vorkommen:* Nigerdelta; Westkamerun.

Aphyosemion sjoestedti

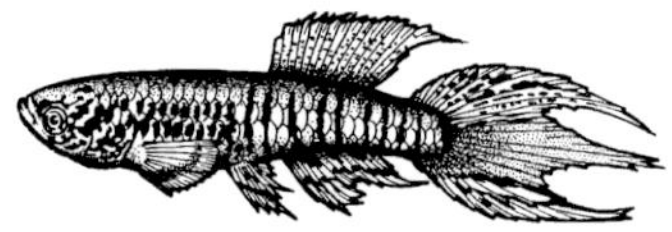

Aphyosemion walkeri (Walkers Prachtkärpfling). Lebhafter, schöner, streitbarer, wenig scheuer Killifisch. Eine Art mit vielen verschiedenen Varianten. Ähnelt in seiner Zucht einem Saisonfisch, bewohnt aber auch Gewässer, die nicht regelmäßig austrocknen. Der Laich entwickelt sich demnach im Wasser oder bei Trokkenperioden im feuchten Bodengrund. Dieser Prachtkärpfling büßt bei zu warmer Haltung einiges von seiner prächtigen Färbung ein. Nicht mit zu kleinen Arten vergesellschaften, da diese nicht selten gefressen werden. Pflege im Arten- und Gesellschaftsaquarium mit gutem Pflanzenwuchs und viel freiem Schwimmraum. Torffilterung. *Länge:* 6,5 cm. *Wasser:* 20–23 °C; pH-Wert 6,0–7,0; 4–12 dGH. *Nahrung:* bevorzugt Lebendfutter, selten Trockenfutter. *Vorkommen:* Westliches Ghana; Elfenbeinküste.

Aphyosemion walkeri

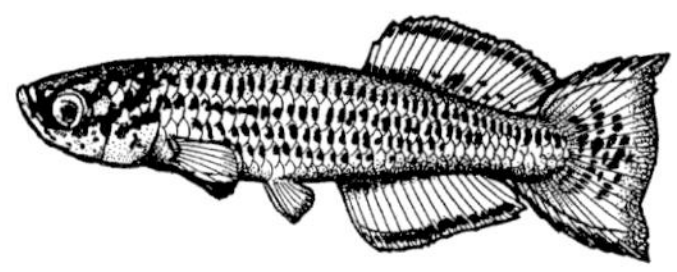

Aphyosemion filamentosum (Fadenprachtkärpfling). Männchen wesentlich prächtiger und intensiver gefärbt als das kleinere Weibchen. Einige Strahlen der Schwanzflosse sind stark verlängert. Bodenlaicher. Typischer Saisonfisch. Der Laich überdauert im Boden eine Trockenzeit. Das Aquarium reichlich bepflanzen, auch Schwimmpflanzen zur Lichtdämpfung einbringen, dazu Wurzeln und Steine als Versteckplätze. Schwimmfreudig und meist friedfertig. Zucht im Artaquarium oder im Zuchtaquarium möglich. Boden mit Torfschicht als Ablaichsubstrat bedecken. Torf ca. 2 Wochen nach dem Ablaichen entnehmen. *Länge:* bis ca. 5 cm. *Wasser:* 20–25 °C; pH-Wert 6,0–7,5; 4–15 °dGH. *Nahrung:* außer Lebendfutter auch Frost- und Trockenfutter. *Vorkommen:* Nigeria; Togo, Benin.

Aphyosemion filamentosum

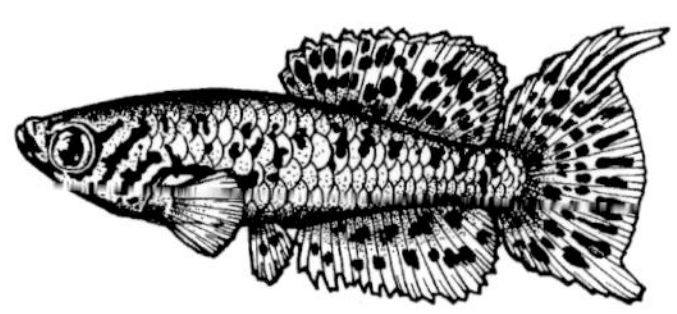

Aphyosemion australe (Kap Lopez, Bunter Prachtkärpfling). Männchen farbenprächtiger als Weibchen, dazu fahnenartig verlängerte Rücken-, After- und Schwanzflosse mit weißen Spitzen. Ruhiger, friedfertiger Fisch, bedingt für das Gesellschaftsbecken mit ruhigen Fischen geeignet, besser Artaquarium. Dichte Rand- und Hintergrundbepflanzung, Wurzelwerk und Javamoosbüschel als Verstecke. Stellenweise Lichtabschirmung durch Schwimmpflanzen. Gute Zuchtergebnisse mit über Torf gefiltertem Wasser. Haftlaicher, vorwiegend an feinfiedrigen Wasserpflanzen. Eier sind sehr widerstandsfähig. Lebensalter im weichen, leicht sauren Wasser bis über drei Jahre. *Länge:* bis ca. 6 cm. *Wasser:* 22–25 °C; pH-Wert 6,5–7,0; 4–10 °dGH. *Nahrung:* Lebend-, Frost- und Flokkenfutter. *Vorkommen:* Kongo bis Gabun.

Aphyosemion australe (oben: Gold)

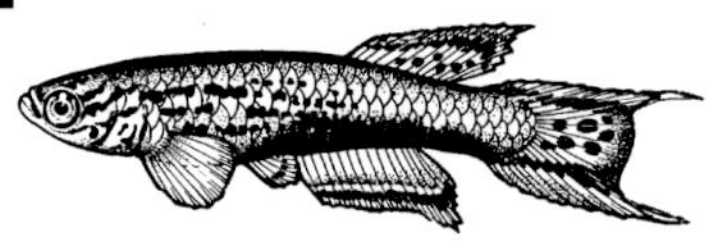

Schleierhechtlinge

Rivulidae

Pterolebias longipinnis (Schleierhechtling, Rote Varietät). Männchen mit eindrucksvoller, fächerartig vergrößerter Schwanzflosse, die bis zu einem Drittel der Gesamtlänge einnehmen kann. Saisonfisch mit großem Verbreitungsgebiet, lebt in Gewässern, die jahreszeitlich bedingt austrocknen. Einjährige Art, deren Leben vom Schlupf über Fortpflanzung bis zum Tod schnell abläuft. In Artbecken ab 40 cm Länge pflegen; in Gesellschaftsbecken nur mit friedlichen Arten. Dichte Randbepflanzung; dunkler, weicher Bodengrund aus Torf (dient auch als Laichsubstrat). Substrat mit Eiern aus dem Aquarium entnehmen und trocken lagern (2–4 Monate). *Länge:* ca. 12 cm. *Wasser:* 20–26 °C; pH-Wert 6,5–7,5; 4–16 °dGH. *Nahrung:* Lebend- und Frostfutter. *Vorkommen:* Argentinien, Paraguay, Brasilien.

Pterolebias longipinnis „Rote Varietät" (Pärchen)

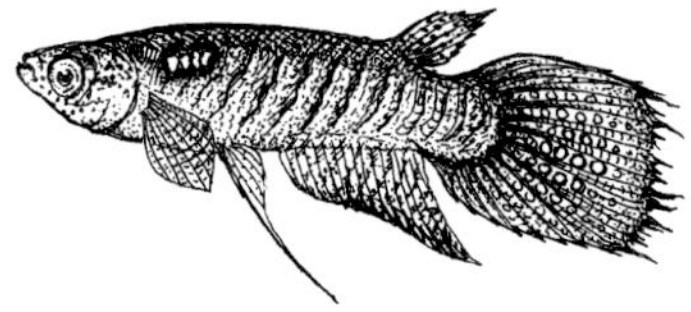

Pterolebias zonatus (Gestreifter Schleierhechtling). Eine schöne Art mit Querbandzeichnung. Männchen ca. 5 cm größer, mit verlängerten und leicht zugespitzten Flossen. Saisonfisch. Die Phasen Schlupf, Wachstum und Fortpflanzung werden – bedingt durch die heimatlichen Lebensräume – in wenigen Monaten durchlebt. Dieser Bodenlaicher lebt in überfluteten Graslandschaften, den sogenannten „Llanos". Haltung vorzugsweise im intensiv beleuchteten Artbecken ab mindestens 60 l Inhalt. Dichte Hintergrundbepflanzung, um den Weibchen Versteckmöglichkeiten zu bieten.
Länge: bis ca. 14 cm. *Wasser:* 22–28 °C (24 °); pH-Wert 6,4–7,0; weich bis mittelhart, 4–10 °dGH. *Nahrung:* Lebendfutter, von *Cyclops* bis zur kleinen Grille; Frostfutter. *Vorkommen:* Venezuela, Kolumbien.

Pterolebias zonatus

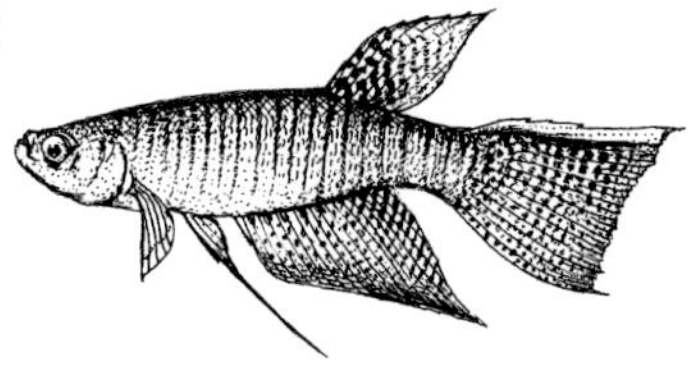

Pterolebias hoignei (Schatten-Schleierhechtling). Schöner, aparter, interessanter Saisonfisch. Männchen farbiger, mit breiter, langer Schwanzflosse und großer Afterflosse. Im Artbecken mit gutem Pflanzenwuchs und Schwimmpflanzen zum Lichtdämpfen gut zu pflegen. In schattiger Umgebung zeigt dieser Killifisch die ganze Fülle seiner Farbenpracht. Als Bodengrund feinen, dunklen Sand mit Torfauflage, diese oberflächenorientierten Fische tauchen zum Laichen ins Substrat. Die Nachzucht bereitet Schwierigkeiten: Häufig Männchenüberschuß, bedingt durch Mangel an Raum und Futter (junge Weibchen werden gefressen). *Länge:* ca. 15 cm. *Wasser:* 20–28 °C; pH-Wert 6,0–7,0; weich bis mittelhart, 4–16 °dGH. *Nahrung:* Lebendfutter jeglicher Art sowie Frostfutter. *Vorkommen:* Venezuela.

Pterolebias hoignei

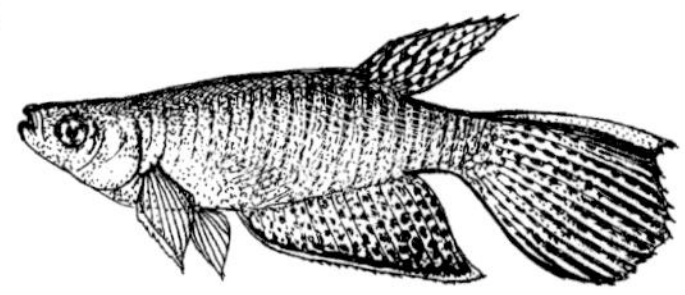

Pterolebias peruensis (Peru-Schleierhechtling). Wie alle *Pterolebias* ein echter, in das Substrat tauchender Bodenlaicher. Saisonfisch. Die Eientwicklung (5–6 Monate) ist dem Jahreszyklus zeitweilig austrocknender Gewässer hervorragend angepaßt. Ein großer Teil der Gesamtlänge wird durch die Schwanzflosse eingenommen. Für die Entwicklung schöner, langflossiger Männchen ist eine Haltung im Artbecken (ein Männchen mit zwei bis drei Weibchen) vorzuziehen. Im geräumigen, schön bepflanzten Schauaquarium ohne aggressive Mitbewohner herrliche Blickfänge. Hält sich auch häufiger in Wasseroberflächennähe auf. *Länge:* Männchen 13 cm, Weibchen 8 cm. *Wasser:* 22–25 °C; pH-Wert 6,0–7,0; 4–15 °dGH. *Nahrung:* jedes Lebend- und Frostfutter. *Vorkommen:* Oberer Amazonas in Peru.

Pterolebias peruensis (unten: „Varina-Cocha")

Pterolebias longipinnis „Pantanal" (Langflossiger Schleierhechtling). Saisonfisch. Pflege und Zucht am besten im Artbecken. Im Gesellschaftsbecken ab 80 cm Länge nur mit friedlichen Arten zusammen. Braucht gedämpftes Licht durch Schwimmpflanzen. Bodengrund weich und dunkel mit dicker Torfauflage zum Ablaichen. Zum Laichen tauchen die Pärchen mit dem Kopf voran in Substrat. Nach dem Laichen Substrat mit Eiern herausnehmen, ausdrücken und halbtrocken lagern; nur so entwickeln sich die Embryonen. Nach ca. 8 Wochen mit abgestandenem Wasser 5 cm hoch aufgießen! Dann schlüpfen die Jungen. *Länge:* ca. 12 cm. *Wasser:* Temperatur 20–26 °C; pH-Wert 6,5–7,5; 4–16 °dGH. *Nahrung:* Lebend-, Frostfutter. *Vorkommen:* Pantanal (Brasilien, Bolivien, Paraguay).

Pterolebias longipinnis „Pantanal" (Pärchen)

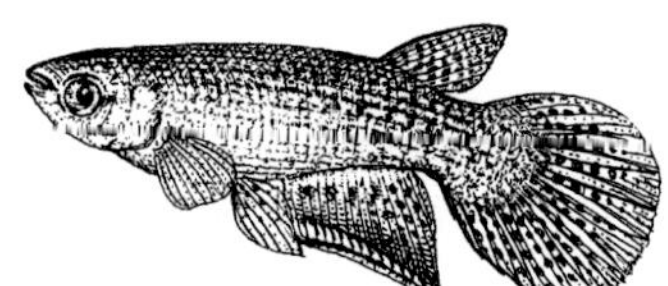

Moema piriana. Saisonfisch; lebt bei sachgemäßer Pflege im Aquarium meist länger (bis ca. 1,5 Jahre) als in der freien Natur (dort nur wenige Monate). Im Artbecken zeigt dieser Fisch eindrucksvoll seine prächtige Färbung. Im Gesellschaftsbecken nur mit ruhigen, nicht zu kleinen anderen Fischen, diese werden leicht als Futter angesehen. Feiner Sand und runde Steine; keine scharfkantigen Materialien, Verletzungsgefahr! Lockere Pflanzenbestände, Schwimmpflanzen. Regelmäßiger Teilwasserwechsel. Für die Zucht torfiger Bodengrund von mindestens 15 cm Höhe, in den die Fische ablaichen. Lagerdauer der Eier im Substrat (feucht) ca. 4,5 Monate. *Länge:* bis ca. 16 cm. *Wasser:* 20–26 °C, (24 °); pH-Wert 6,4–7,5; 4–16 °dGH. *Nahrung:* überwiegend Lebendfutter; Frostfutter. *Vorkommen:* Brasilien; Primavera, Para.

Moema piriana (Pärchen)

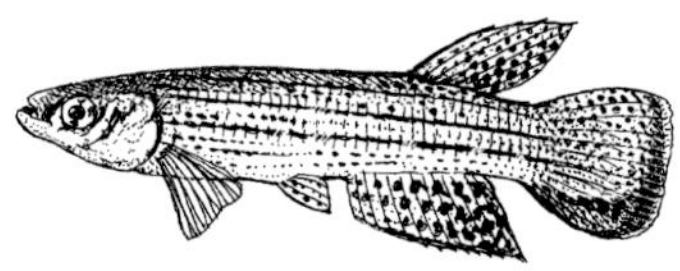

Bachlinge

Rivulidae

Rivulus igneus (Roter Riesenbachling). In seiner Heimat bevölkert er kleine, flache Gewässer. Er ist in der Lage, Lebensräume, die nicht mehr geeignet sind, zu verlassen und über Land andere Gewässer zu erreichen. Ein außerordentlich guter Springer, zeigt dieses Verhalten auch im Aquarium, deshalb muß es stets gut abgedeckt werden. Gehört zu den anspruchslosen, ausgezeichnet zu pflegenden Rivulus-Arten mit guten Anfängerqualitäten. Haltung im Gesellschaftsaquarium ab 80 l Inhalt. Bodengrund Sand oder Kies. Dichte Bepflanzung und Wurzelholz zur Deckung. Mäßige bis starke Beleuchtung. Männchen untereinander streitsüchtig. Zucht leicht. *Länge:* ca. 14 cm. *Wasser:* 22–26 °C; pH-Wert 6,0–7,5; 4–10 °dGH. *Nahrung:* lebendes Futter wird bevorzugt; Frost und Trockenfutter. *Vorkommen:* Guyana.

Rivulus igneus

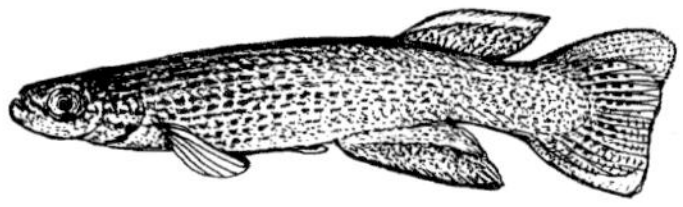

Rivulus caudomarginatus (Schwanzsaumbachling). Dieser interessante, hübsch gefärbte, auffallend ruhige, etwas scheue Bachling lebt in seiner Heimat im Brackwasser von Lagunen. Deshalb muß man bei der Haltung in einem etwa 50 Liter fassenden Artaquarium 3 Teelöffel Seesalz auf 10 Liter Wasser zufügen. Wechselnde Temperaturen im Tag- und Nachtrhythmus fördern das Wohlbefinden der Fische. Wichtig ist ständiges Angebot von Lebendfutter, am besten Wasserflöhe und *Cyclops*, zwischendurch auch Wurmfutter. Die Art hält sich gern zwischen brackwasserverträglichen Pflanzenbeständen auf. Gute Springer! *Länge:* ca. 6 cm. *Wasser:* 20–30 °C; pH-Wert 7,0–8,5; 10–30 °dGH. *Nahrung:* Lebend-, Frost-, wenig Flockenfutter. *Vorkommen:* Umgebung von Rio de Janeiro und Cubatao.

Rivulus caudomarginatus „Grota Funda" (Wildfang-Paar)

Rivulus amphoreus. Körper und Afterflosse des Männchens mit zahlreichen rotbraunen Punkten übersät; Rücken- und Schwanzflosse hell umsäumt. Das Weibchen trägt auch an Rücken- und Schwanzflosse rote Punkte. Ein kräftiger, meist friedfertiger Killifisch. Haltung im Art- sowie im Gesellschaftsaquarium mit Fischen, die ähnliche Pflegeansprüche haben, möglich. Bei der Pflege von mehreren, untereinander oft streitlustigen Männchen durch Pflanzendickichte, Wurzeln und Steine Ausweichmöglichkeiten schaffen. Häufiger und regelmäßiger Teilwasserwechsel hilft, das Leben dieses Fisches zu verlängern. Zucht möglich. *Länge:* 8 cm. *Wasser:* 22–26 °C; pH-Wert 6,0–7,5; 4–20 °dGH. *Nahrung:* bevorzugt kräftiges Lebendfutter, dazu Frost- und Trockenfutter. *Vorkommen:* Südamerika; Guyana.

Rivulus amphoreus

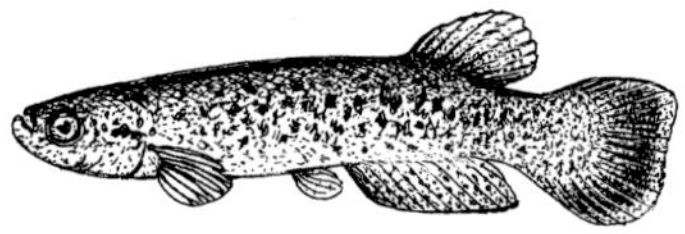

Rivulus xiphidius (Blaustreifenbachling). Wunderschön gefärbter, friedlicher,. scheuer Killifisch. In der Hälterung nicht anspruchslos, deshalb für den Anfänger nicht zu empfehlen. Pflege vorzugsweise im Artaquarium. Im Gesellschaftsbecken nur mit kleinen, ruhigen, friedlichen Fischen. Das Aquarium muß Stellen mit dichter Bepflanzung aufweisen, die als Zufluchts- und Versteckplätze dienen. Insgesamt dunkel einrichten, da so auch die Farben des Fisches besser zur Geltung kommen. Zucht im kleinen, kontrollierbaren Zuchtbecken möglich. Als Ablaichhilfen sind z. B. Javamoos, Torffasern oder Büschel aus zusammengebundenen Wollfäden (Synthetikwolle) zu verwenden. *Länge:* 4 cm. *Wasser:* 22–25 °C; pH-Wert 6,0–7,0; 4–12 °dGH. *Nahrung:* kleines Lebendfutter, Frostfutter. *Vorkommen:* Guyana, Brasilien.

Rivulus xiphidius

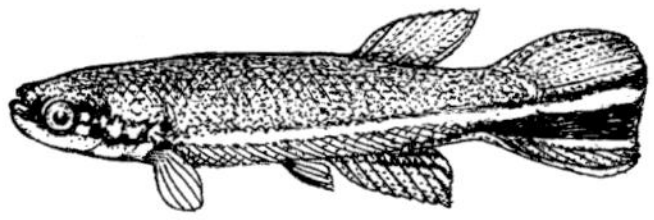

Rivulus luelingi. Männchen insgesamt farbiger und kräftiger gebaut. Weibchen eher unscheinbar bräunlich gefärbt mit deutlich sichtbarem dunklen Augenfleck auf der oberen Schwanzwurzel. Friedliche, meist recht scheue Art. Lebt im Gesellschaftsbecken überwiegend versteckt, ein Artbecken ist schon deshalb angebracht. Außerdem muß bedacht werden, daß *R. luelingi* viel Sauerstoff braucht und bei niedrigen Temperaturen gehalten werden muß. Sauberes Wasser, gute Filterung und mäßige Strömung, dazu ruhige Bereiche. Stellenweise dichte Bepflanzung, Verstecke für die Weibchen schaffen. Zucht bereitet Probleme. *Länge:* 5 cm. *Wasser:* 18–21 °C; pH-Wert 6,0–7,0; weich bis mittelhart, 4–12 °dGH. *Nahrung:* bevorzugt jedes maulgerechte Lebendfutter; Frostfutter. *Vorkommen:* Südbrasilien.

Rivulus luelingi „Joinville"

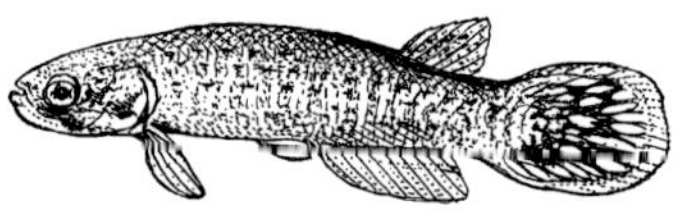

Rivulus agilae (Agila-Bachling). Je nach Fundort weicht die Färbung voneinander ab. Männchen allgemein bunter. Haltung am besten im Artaquarium mit einem Männchen und ein bis zwei Weibchen. Im ausreichend großen Aquarium – auch Gesellschaftsbecken – mit vielen Versteckmöglichkeiten können auch mehrere Paare gepflegt werden. Dichte Bepflanzung und Wurzeln bieten Zuflucht, auch für bedrängte Weibchen. Im allgemeinen friedlich, mit gleich großen und nicht zu lebhaften Fischen zu vergesellschaften. Springt gern, Aquarium mit dicht schließender Deckscheibe. Auch für Anfänger geeignet. Zucht möglich. *Länge:* 5 cm. *Wasser:* 22–25 °C; pH-Wert 6,0–7,0; 4–15 °dGH. *Nahrung:* alles kleine Lebendfutter, Frostfutter. *Vorkommen:* Südamerika; Guyana-Länder.

Rivulus agilae „Montagne de Perez"

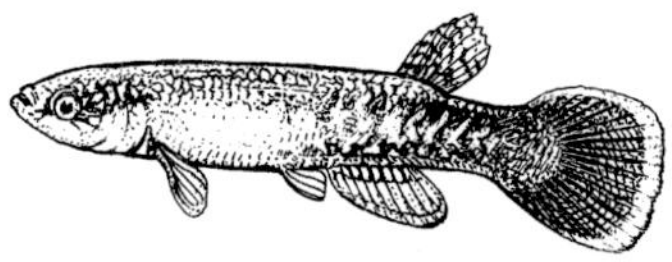

Prachtkärpflinge und Prachtgrundkärpflinge

Aplocheilidae

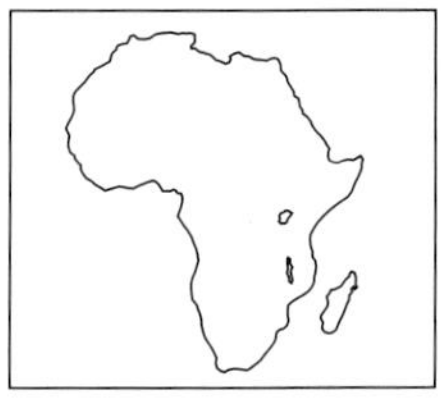

Fundulopanchax huwaldi. Eine der größten Arten dieser Gattung. Robust. Am besten ein Männchen mit mehreren Weibchen vergesellschaften. Männchen rivalisieren untereinander sehr stark. Versteckmöglichkeiten, auch für die bedrängten Weibchen, sind wichtig. Dunkler Bodengrund. Lockere Pflanzenbestände, insbesondere Schwimmpflanzen oder Schwimmblattpflanzen, dazu eine mäßige Beleuchtung, fördern das Wohlbefinden sichtlich. Wie die anderen annuellen Zahnkarpfen (die in der Natur nur wenige Monate leben), kann *F. huwaldi* im Aquarium bei nicht zu warmer Haltung und entsprechender Pflege älter werden.
Länge: bis 12 cm. *Wasser:* 22–24 °C; pH-Wert 6,0–7,3; weich bis mittelhart, 4–12 °dGH. *Nahrung:* bevorzugt Lebendfutter; wenig Trockenfutter. *Vorkommen:* Westafrika; Sierra Leone.

Fundulopanchax huwaldi

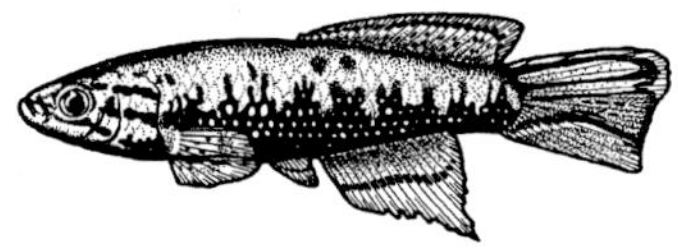

Fundulopanchax occidentalis (Goldfasan-Prachtkärpfling). Körperseite mit unregelmäßigem goldgelbem Längsband. Saisonfisch. Männchen untereinander aggressiv und streitsüchtig, auch anderen Fischarten gegenüber. Versteckmöglichkeiten schaffen, vor allem die Weibchen müssen Zufluchtsmöglichkeiten vorfinden. Typischer Bodenlaicher. Bodengrund mit Flußkies oder Sand bedecken, zusätzlich einen Bereich mit Torfschicht versehen. Die in den Boden (Torfmullschicht) abgelegten Eier brauchen eine Ruhepause von 5–6 Monaten. Die Zucht gilt als eher schwierig und wenig produktiv. *Länge:* bis ca. 9 cm. *Wasser:* 20–24 °C; pH-Wert 6,0–7,3; 4–12 °dGH. *Nahrung:* bevorzugt Mückenlarven, Enchyträen, Bachflohkrebse, Fliegen. *Vorkommen:* Westafrika; Sierra Leone.

Fundulopanchax occidentalis (Pärchen)

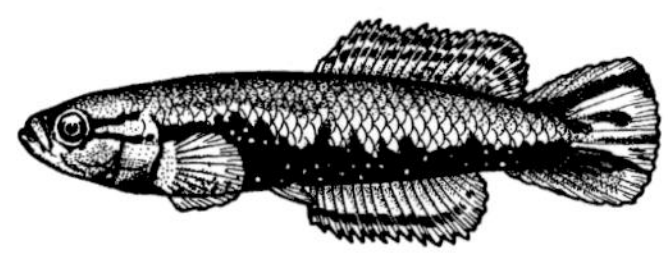

Nothobranchius melanospilus (Roter Prachtgrundkärpfling). Genau wie seine Gattungsverwandten ein Saisonfisch, für den die gleichen Pflegehinweise gelten. Torf nach zwei bis drei Monaten erstmals mit weichem Wasser aufgießen. Geschlüpfte Jungfische vorsichtig herausschöpfen, Torf erneut ausdrücken und wieder in Plastikbeuteln unterbringen. Aufguß nach einer oder zwei Wochen wiederholen. Aufzucht einfach. Man erkennt die *N. melanospilus*-Weibchen an den vielen kleinen schwarzen Flecken auf dem graubraunen Körper, die bei den Weibchen fast aller anderen *Nothobranchius*-Arten fehlen.
Länge: ca. 7 cm. *Wasser:* Temperatur 20–22 °C; pH-Wert 6,0–7,0; weich bis mittelhart, bis 10 °dGH. *Nahrung:* Lebendfutter, Insektenlarven; Flocken. *Vorkommen:* Kenia, Tansania.

Nothobranchius melanospilus (oben: Pärchen; unten: zwei Männchen)

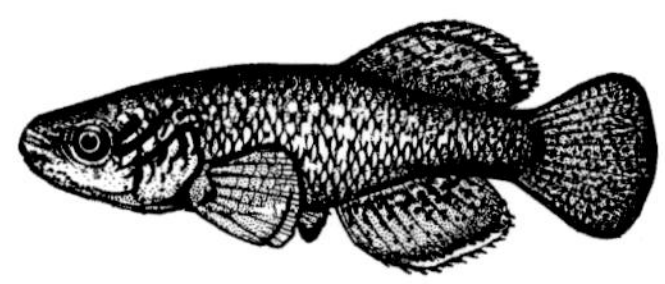

Fundulopanchax toddi. Lebt in seiner Heimat in flachen, stehenden Gewässern. Männchen farbenprächtiger als Weibchen. In zu kleinen Becken aggressiv und bissig; bei genügend Ausweichmöglichkeiten relativ verträglich. Art- oder Gesellschaftsbecken mit dunklem, weichem Bodengrund (Torfmullschicht, Bodenlaicher). Gute Rand- und Hintergrundbepflanzung, dazu Wurzelholz als Versteckmöglichkeit. Einige Schwimmpflanzen zur Dämpfung des Lichtes, insgesamt keine zu helle Beleuchtung. Typischer Saisonfisch. Bei zu warmer Haltung kurzlebig.
Länge: bis ca. 9 cm. *Wasser:* 22–24 °C; pH-Wert 6,0–7,0; 4–12 °dGH: *Nahrung:* besonders Mükkenlarven, Wasserflöhe, Bachflohkrebse, Fliegen; Rinderherz, Muschelfleisch. *Vorkommen:* Westafrika; Sierra Leone.

Fundulopanchax toddi

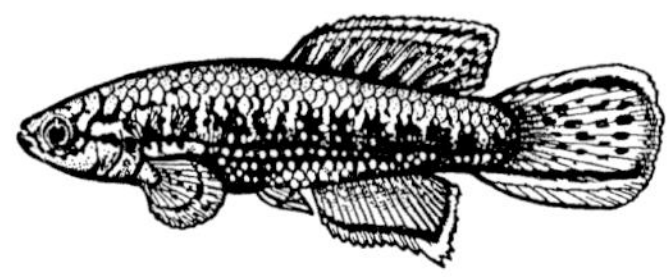

Nothobranchius rachovii (Rachows Prachtgrundkärpfling). Alle Vertreter dieser Gattung sind Saisonfische, leben in der Natur also nur kurze Zeit, in der Regel etwa ein halbes Jahr. Werden aber im Aquarium alter. Den von Ihnen besiedelten Biotopen haben sie sich hervorragend angepaßt. Während der Zeitspanne, in der Wasserlöcher vorhanden sind, schlüpfen sie aus den Eiern, wachsen heran, werden geschlechtsreif und laichen ab. Beim Austrocknen der Gewässer sterben sie dann. Einer der schönsten Aquarienfische, auch seine Zucht ist nicht schwer. Männchen sind sehr bunt, Weibchen unscheinbar gefärbt.
Länge: ca. 5 cm. *Wasser:* Temperatur 20–24 °C; pH-Wert 6,0–7,2; bis 12 °dGH. *Nahrung:* vor allem Lebendfutter, Insektenlarven; Flocken. *Vorkommen:* Südostafrika; Moçambique.

Nothobranchius rachovii (Pärchen)

Nothobranchius guentheri (Günthers Prachtgrundkärpfling). Er gehört zu den aggressiveren seiner Gattung. Haltung mit mehreren Weibchen im Artbecken. Laicht im Torfboden oder weichem Sand. Zur Einrichtung bieten sich Moorkienholzwurzeln an. Von Zeit zu Zeit entfernt man den Torf mit den Eiern, drückt ihn leicht aus und bringt ihn in Plastikbeuteln unter, damit das Laichsubstrat leicht feucht bleibt. Die Eier können monatelang gelagert werden. Erstmals nach zwei bis drei Monaten mit möglichst weichem Wasser in einer flachen Schale aufgießen.
Länge: 5 cm. *Wasser:* Temperatur 22–26 °C; pH-Wert 6,5–7,0; weich bis mittelhart, 1–10 °dGH. *Nahrung:* Lebendfutter, Insektenlarven; Flocken. *Vorkommen:* Südostafrika; Kenia, Tansania, Moçambique.

Nothobranchius guentheri

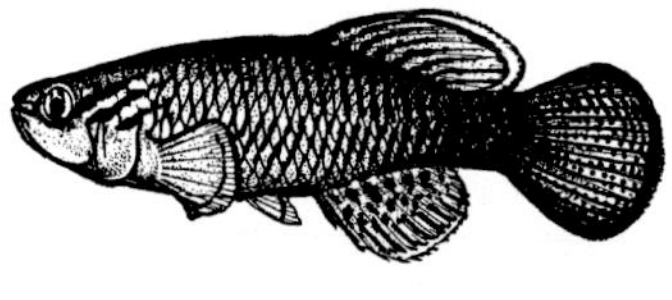

Fächerfische

Rivulidae

Cynolebias nigripinnis (Schwarzer Fächerfisch). Ein auch für Anfänger geeigneter Fisch, der sehr viel bietet: Schnellwüchsigkeit, bezauberndes Aussehen, Lebhaftigkeit und interessante kleine Kämpfe. Besonders für Artenbekken geeignet. Die untereinander rauflustigen Männchen treiben stark, deshalb sollten einem Männchen stets zwei bis drei Weibchen zugesellt werden. Als Saisonfisch zwar relativ kurzlebig (je nach Temperatur 8 bis 15 Monate), jedoch ist die Art überaus fortpflanzungsfreudig. Zucht nicht schwierig. Paare dringen während des Laichaktes tief in den Bodengrund (Torf) ein. Eier benötigen eine Ruhepause, sind bis zu drei Jahren lebensfähig.
Länge: ca. 5 cm. *Wasser:* 10–25 °C; pH-Wert 5,0–7,0; weich bis hart, bis 20 °dGH. *Nahrung:* kleines Lebendfutter. *Vorkommen:* Argentinien.

Cynolebias nigripinnis

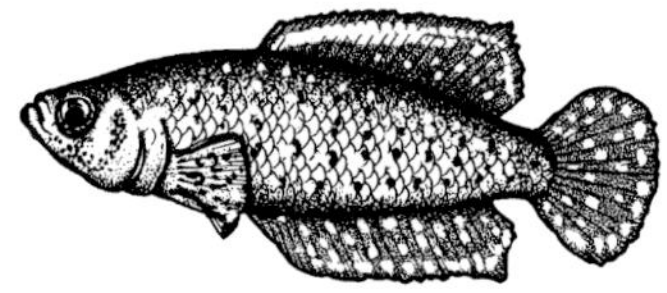

Cynolebias cyaneus. Ein kleiner, etwas scheuer Saisonfisch. Nicht im Gesellschaftsbecken, sondern im Artbecken pflegen. Bei mehreren Männchen Versteckplätze durch Torffasern, Wurzeln und Pflanzen schaffen. Schwächere Männchen werden unterdrückt, für sie und laichunwillige Weibchen müssen Zufluchtsmöglichkeiten vorhanden sein. Torfschicht als Bodengrund; Bodenlaicher. Zuchttieren ausschließlich und reichlich (mehrmals täglich) Lebendfutter anbieten. Trockenfutter ist zur Förderung des Laichansatzes ungeeignet.
Länge: Männchen 5 cm, Weibchen 4 cm. *Wasser:* Temperatur 18–26 °C; pH-Wert 5,5–7,0; weich, bis 10 °dGH. *Nahrung:* hauptsächlich Lebendfutter, auch tiefgefrorenes und gefriergetrocknetes. *Vorkommen:* Südbrasilien.

Cynolebias cyaneus

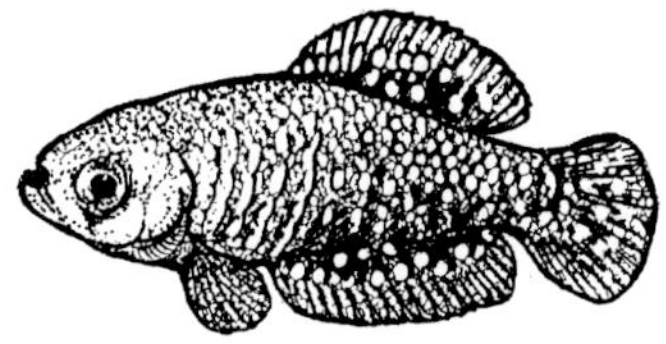

Simpsonichthys boitonei (Brasilianischer Leierflosser). Lebhaft, einzelgängerisch, relativ friedlich; nur Männchen untereinander sind unverträglich. Ein Kuriosum unter den *Simpsonichthys*-Arten: Es fehlen die Bauchflossen. Männchen mit besonders aparter Färbung. Pflege am besten im Artenbecken. Zur Paarung werben die Männchen mit schmetterlingsartigem Tanz. Die Tiere laichen entweder als Bodentaucher oder liegend auf der Oberfläche des Bodengrundes. Zucht ist einfach. Eier brauchen keine strenge Trockenzeit, es empfiehlt sich jedoch eine Ruhezeit von etwa 4 Wochen. Etwas anspruchsvoller als seine Verwandten.
Länge: 4,5 cm. *Wasser:* 20–24 °C; pH-Wert 6,0–7,5; weich, bis etwa 4 °dGH. *Nahrung:* abwechslungsreiches Lebendfutter. *Vorkommen:* Brasilien; Umgebung der Stadt Brasilia.

Simpsonichthys boitonei

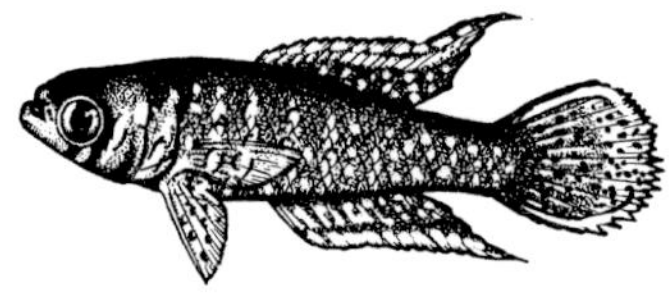

Cynolebias elongatus (Gestreckter Fächerfisch). Sehr große Art, kompakt und kräftig. Unwahrscheinlich gefräßig. Fischfresser, im allgemeinen jedoch friedlich gegenüber gleich großen Fischen. Nur in geräumigen Artaquarien pflegen. Die größeren Männchen treiben stark, daher für die Weibchen Versteckplätze schaffen. Verträgt auch niedrige Temperaturen, da die Heimatgewässer in strengen Wintern gelegentlich zufrieren. Saisonfisch. Ausgesprochener Bodenlaicher, braucht zum Ablaichen eine sehr hohe Torfschicht. Zucht nicht schwierig. Eier brauchen Ruhepause. Jungen schnellwüchsig.
Länge: 14 cm. *Wasser:* 10–25 °C; pH-Wert 5,0–7,0; 4–12 °dGH. *Nahrung:* Großes Lebendfutter. *Vorkommen:* Südamerika; Pampasgebiete im unteren Einzug des Rio de la Plata.

Cynolebias elongatus

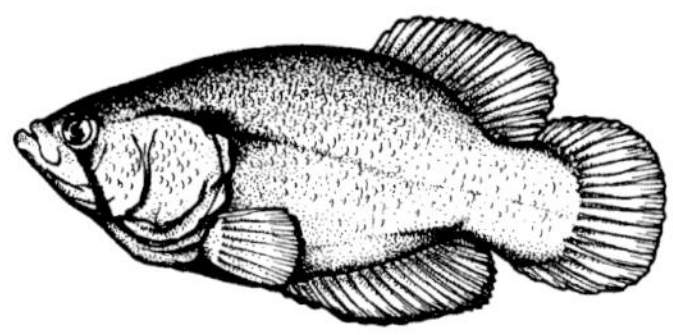

Cynolebias adloffi (Gebänderter Fächerfisch). Recht hoch gebauter Fächerfisch. Männchen zeigen auf blaugrüner Grundfarbe 9–12 schwarze Querstreifen. Während des Laichens schillern die Männchen blauschwarz. Haltung am besten in geräumigen, bepflanzten Artbekken. Relativ verträglicher Fisch, von dem sich mehrere Männchen gemeinsam pflegen lassen. Weibchenüberschuß empfehlenswert. Saisonfisch, der meist in das Laichsubstrat (Torf) eindringt. Zucht nicht schwierig. Wird das Laichsubstrat bei höheren Temperaturen aufbewahrt, ist ein Aufguß schon nach 6–8 Wochen möglich.
Länge: ca. 5 cm. *Wasser:* Temperatur 10–24 °C; pH-Wert 5,5–7,0; weich bis mittelhart, 5–12 °dGH. *Nahrung:* alle Sorten Lebendfutter. *Vorkommen:* Südöstliches Brasilien und Uruguay.

Cynolebias adloffi

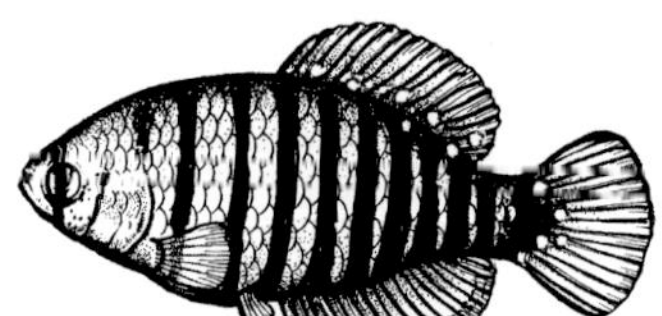

Cynolebias bellottii (Blauer Fächerfisch). Sehr gefräßige Art. Männchen auf bräunlichem Grund blau gefärbt. Kopf mit tiefschwarzer Binde. Sollte nach Möglichkeit nur in geräumigen, bepflanzten Artenbecken (ab 40 l) gepflegt werden. Mehrere Männchen in einem Becken sind immer ein Risiko. Da sie auch gegenüber nicht laichbereiten Weibchen sehr rabiat werden können, immer 2 bis 3 Weibchen zu einem Männchen gesellen. Typischer Saisonfisch, der als Bodentaucher zum Laichakt weichen Bodengrund (Torf) benötigt. Zucht einfach. Laich benötigt Trockenzeit (2–3 Monate).
Länge: ca. 7 cm. *Wasser:* Temperatur 10–24 °C; pH-Wert 5,5–7,0; weich, bis 8 °dGH. *Nahrung:* Lebendfutter aller Art, Frost- und gefriergetrocknete Nahrung. *Vorkommen:* Südamerika; La-Plata-Gebiet.

Cynolebias bellottii

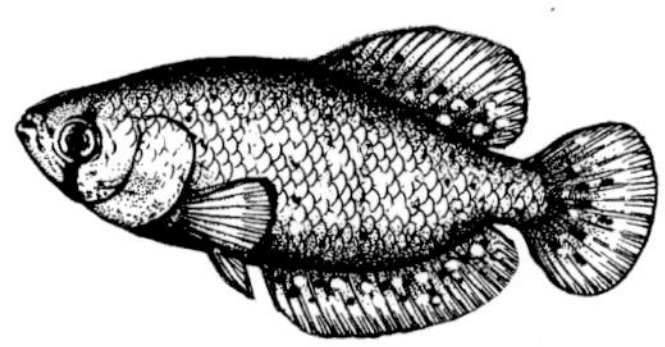

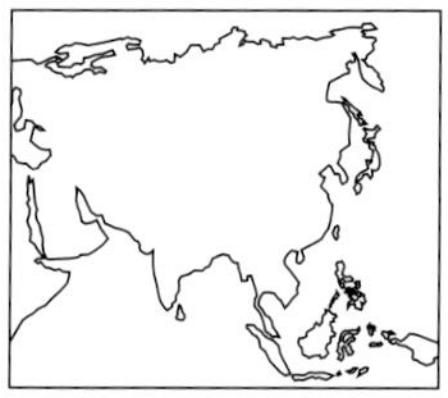
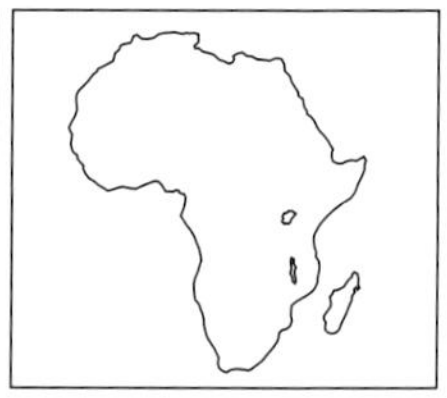

Hechtlinge

Aplocheilidae

Epiplatys dageti (Querbandhechtling). Schöne, lebhafte, friedliche Art. Becken ab 60 cm Länge. Bewohnt die mittleren und oberen Wasserbereiche. Bodengrund aus dunklem Sand, viele Versteckmöglichkeiten durch stellenweise dichte Bepflanzung, Wurzeln und Steine schaffen. Viel Platz zum Ausschwimmen bieten. Weibchen kleiner, weniger ausgeprägte Beflossung. Gut mit Schwarmfischen, Zwergcichliden, auch Panzerwelsen zu vergesellschaften. Zucht und Aufzucht nicht schwierig. Zuchtbekken mit dem üblichen Laichsubstrat für Haftlaicher. Eltern Laichräuber.
Länge: ca. 5 cm. *Wasser:* Temperatur 22–26 °C; pH-Wert 6,0–7,0; weich bis mittelhart, 4–12 °dGH. *Nahrung:* überwiegend Lebendfutter; Frost- und Trockenfutter. *Vorkommen:* Westafrika; Liberia.

Epiplatys dageti

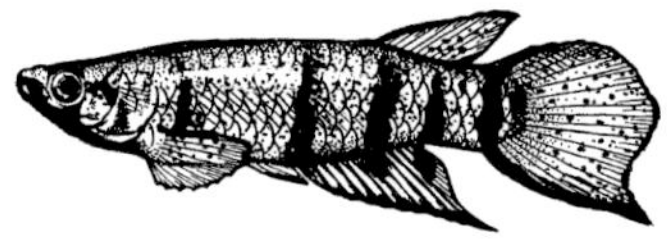

Aplocheilus lineatus (Streifenhechtling). Ein Killifisch mit hechtartiger Gestalt. Räuberischer Oberflächenfisch; steht bevorzugt, auf Beute lauernd, unter Schwimmpflanzen. Körpergrundfärbung variabel, mit grüngolden glänzenden Punkten übersät. Robuster, lichtscheuer Fisch. Für Gesellschaftsbecken ohne Kleinfische. Aquarium mit dunklem, sandigem Bodengrund und Wurzeln zur Deckung ausstatten. Teilweise dichte Bepflanzung, gerne Schwimmpflanzendecke. Zucht: niedriger Wasserstand, leicht angesäuertes und nicht zu hartes Wasser, feinfiedrige Pflanzen, auch synthetische Fasern. *Länge:* bis 10 cm. *Wasser:* Temperatur 24–30 °C; pH-Wert 6,0–7,0; weich bis hart, 8–20 °dGH. *Nahrung:* alles übliche Lebendfutter; Frost-, Flocken- und Trockenfutter; Kleininsekten. *Vorkommen:* Vorderindien.

Aplocheilus lineatus

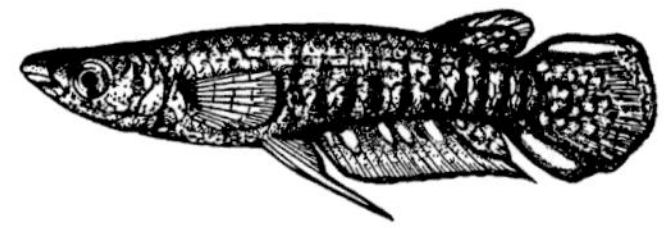

Pachypanchax playfairii (Tüpfelhechtling). Lebhafte Art. Auch gegenüber artfremden Fischen oft aggressiv und bissig, besonders, wenn bei ungenügendem Raumangebot kein ausreichend großes Revier abgegrenzt werden kann. Becken ca. 80 cm Länge. Viele Versteck- und Zufluchtsmöglichkeiten durch stellenweise dichte Bepflanzung, dazu viele Wurzeln und Steine. Nur mit größeren, robusten Arten vergesellschaften; frißt kleine Fische. Becken gut abdecken (springt!). Bevorzugt mittlere bis obere Wasserschichten. Männchen größer und farbiger. Haftlaicher. Hungrige Eltern sind starke Laichräuber.
Länge: 9 cm. *Wasser:* Temperatur 22–26 °C; pH-Wert 6,5–7,3; weich bis hart, 6–18 °dGH. *Nahrung:* überwiegend Lebendfutter, auch Frost- und Flockenfutter. *Vorkommen:* Ostafrika.

Pachypanchax playfairii

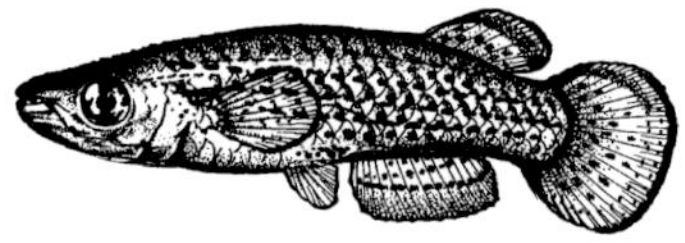

Pseudepiplatys annulatus (Ringelhechtling). Kleiner, sanfter, friedfertiger Killifisch. Die Balz ist für den Beobachter eine Augenweide. Zur Zucht genügt schon ein Behälter von etwa 5 l Inhalt. Wasser sehr weich und schwach sauer. Als Laichsubstrat z. B. Java-Moos, auch Perlon-Gespinst. Haftlaicher. Aufzucht mit *Artemia, Drosophila*; auch im Haltungsbecken, da Eltern keine Laichräuber sind. Bodenschicht im Aquarium mit Torfauflage. Stellenweise dichte Bepflanzung (auch Schwimmpflanzen). Vergesellschaftung mit kleinen, friedfertigen Arten. Besser jedoch Pflege im Artbecken ab 40 cm Länge in Kleingruppen oder paarweise.
Länge: ca. 4 cm. *Wasser:* Temperatur 23–26 °C; pH-Wert leicht sauer, um 6,5; weich, 4–8 °dGH. *Nahrung:* kleines Lebendfutter aller Art, Frostfutter. *Vorkommen:* Westafrika.

Pseudepiplatys annulatus

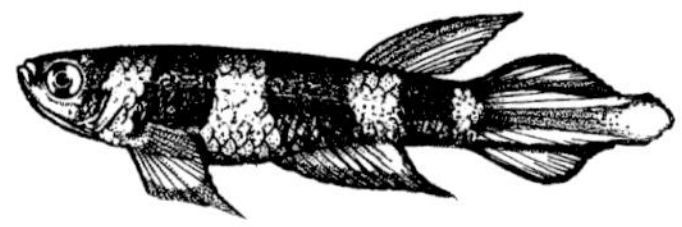

Epiplatys barmoiensis (Barmoi-Hechtling). Farblich eher dezenter, etwas schreckhafter Hechtling. Liebt größere, gut bepflanzte Aquarien mit einigen freien Stellen. Steht als ausgesprochener Oberflächenfisch meist einzeln, seltener in Gruppen, unter der Wasseroberfläche. Mit ruhigen Arten vergesellschaften; gegenüber gleich großen Arten meist friedlich. Äußerst sprunggewaltige Art, die sich bei Gefahr durch meterweite Sprünge in Sicherheit bringt. Gut schließende Abdeckscheibe ist nötig! Zucht einfach; die Eier werden in Oberflächennähe an feinfiedrige Pflanzen oder an synthetischen Laichsubstraten abgesetzt. *Länge:* ca. 7 cm. *Wasser:* 23–25 °C; pH-Wert 6,0–7,5; 4–12 °dGH. *Nahrung:* Lebendfutter, bevorzugt Anflugnahrung *(Drosophila)*; auch Trockenfutter. *Vorkommen:* Afrika; Sierra Leone, Liberia.

Epiplatys barmoiensis

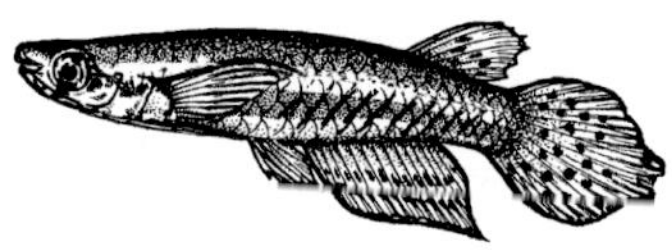

Aplocheilus panchax (Gemeiner Hechtling, Panchax). Hübscher, auch für den Anfänger geeigneter asiatischer Killifisch in Hechtlingsgestalt. Durch unterschiedlich gefärbte Flossensäume lassen sich mehrere lokale Farbvarianten unterscheiden. Lebhafter, friedlicher Oberflächenfisch. Hält sich gern zwischen Schwimmpflanzen auf und lauert hier auf Anfluginsekten, die im Sprung erhascht werden. Becken lückenlos abdecken. Männchen neigen zu Rivalitäten. Haltung in geräumigen Gesellschaftsbecken mit annähernd gleich großen Fischen möglich. Zucht im Artbecken. Laicht an Wurzeln von Schwimmpflanzen. *Länge:* 7 cm. *Wasser:* 22–26 °C; pH-Wert 6,0–7,5; weich bis mittelhart, 4–12 °dGH. *Nahrung:* alles Lebend- und Trockenfutter. *Vorkommen:* Vorder- und Hinterindien, Indonesien.

Aplocheilus panchax

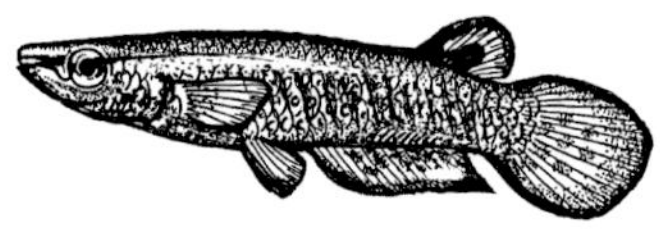

Verschiedene Arten

Cyprinodontidae, Aplocheilidae, Rivulidae, Poeciliidae

Epiplatys sexfasciatus infrafasciatus (Sechsbandhechtling). Hübscher, kräftiger, anspruchsloser Hechtling. Haltung sowohl in kleineren Artenbecken als auch in mäßig besetzten Gesellschaftsbecken. Bevölkern die oberen Wasserschichten, wo sie unter Schwimmpflanzen auf Anflugnahrung lauern. Männchen können untereinander zänkisch sein, sonst friedlich. Springfreudig, Becken gut abdecken! Zucht einfach. Laichen an feinfiedrigen Pflanzen und Gespinsten aus Perlon oder Wolle. Zucht bei guter Ernährung sehr produktiv. Färbung entsprechend dem großen Verbreitungsgebiet variabel.
Länge: 10 cm. *Wasser:* Temperatur 20–24 °C; pH-Wert 6,0–7,5; weich bis mittelhart, 4–15 °dGH. *Nahrung:* Allesfresser; Lebend- und Trockenfutter. *Vorkommen:* Afrika; Kamerun.

Epiplatys sexfasciatus infrafasciatus

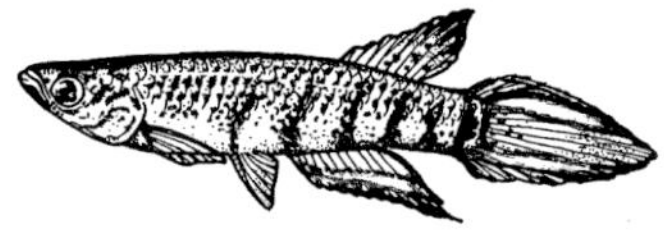

Lamprichthys tanganicanus. Größter Killifisch Afrikas. Kleine, leuchtend azurblaue Flecken auf den Schuppen geben den Männchen ein prächtiges Aussehen. Weibchen einfarbig silbrig. Über das wahrscheinlich komplizierte Sozialverhalten ist noch wenig bekannt. Die recht scheuen, schreckhaften Fische leben an Felsküsten, wo sie lockere Verbände bilden. Hochflossige Männchen besetzen Reviere mit Felsspaltenreichen Aufbauten im Zentrum. An diesem wird (manchmal in Gruppen) abgelaicht. Die selten importierte Art verlangt geräumige Becken. Bepflanzung nicht nötig.
Länge: 15 cm. *Wasser:* Temperatur 23–25 °C; pH-Wert 7,5–8,5; mittelhart bis hart, ab 12 °dGH. *Nahrung:* Lebendfutter aller Art, hochwertiges Flockenfutter. *Vorkommen:* Afrika; endemisch im Tanganjikasee.

Lamprichthys tanganicanus

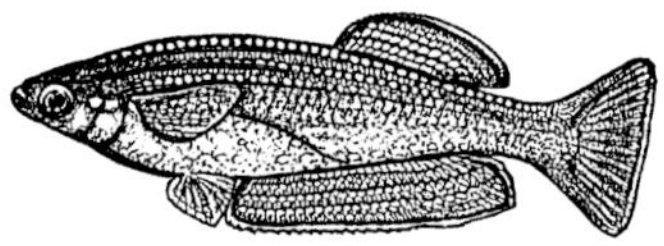

Jordanella floridae (Floridakärpfling). Kurzer, gedrungener und sehr anpassungsfähiger Killifisch, der auch Anfängerfehler verzeiht. Eignet sich auch für kleinere Aquarien. Das Becken sollte sonnig stehen und dichte Rand- und Hintergrundbepflanzung aus feinfiedrigen Pflanzen aufweisen. Über dunklem Bodengrund zeigen die untereinander streitbaren Männchen ihre wahre Farbenpracht. Sie bilden zur Laichzeit Reviere. Zucht nicht immer einfach. Unter optimalen Bedingungen ist die Art jedoch sogar sehr produktiv. Leichter Salzzusatz (1 Teelöffel auf 10 l) wird empfohlen. Idealer Fisch für den Gartenteich (Mai-Oktober).
Länge: 6 cm. *Wasser:* 18–24 °C; pH-Wert 6,0–7,5; 4–20 °dGH. *Nahrung:* Trocken- und Lebendfutter, weiche, pflanzliche Beikost (Algen). *Vorkommen:* Nordamerika, südl. USA.

Jordanella floridae

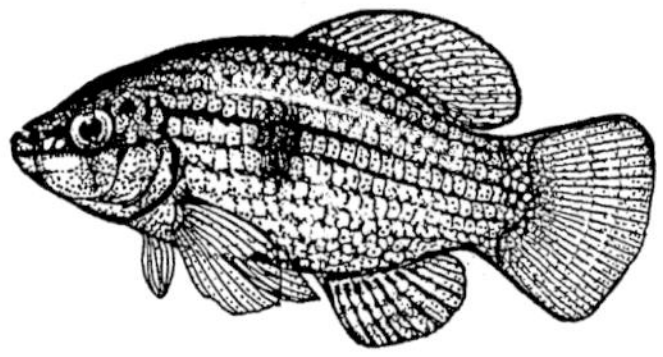

Rachovia pyropunctata (Rotpunkt-Rachovia). Eingeführt wurde dieser südamerikanische Eierlegende Zahnkarpfen ursprünglich als Farbform von *Rachovia hummelincki*. Doch er unterscheidet sich durch seine abweichende Färbung von dieser Art. Am besten pflegt man Rotpunkt-Rachovias in einem Artbecken ab 40 Zentimeter Kantenlänge. Moorkienholz zur Dekoration. Wichtig ist ein weicher Torfbodengrund, denn zur Laichabgabe tauchen beide Geschlechter in den Boden und laichen dort. Saisonfisch und Dauerlaicher. Eier müssen etwa vier bis sechs Monate halbtrocken liegen. Untereinander friedfertig.
Länge: Männchen 6 cm, Weibchen 5 cm. *Wasser:* Temperatur 22–26 °C; pH-Wert 6,0–7,2; bis 12 °dGH. *Nahrung:* Lebendfutter aller Art, kaum Flocken. *Vorkommen:* Venezuela.

Rachovia pyropunctata

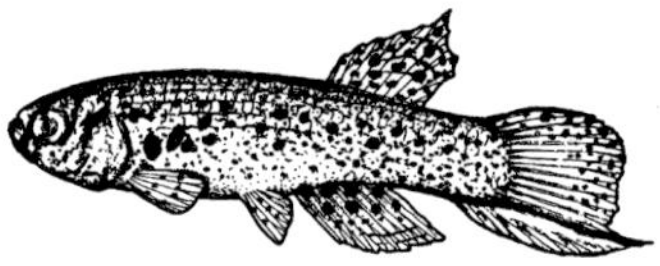

Aphyosemion (Diapteron) georgiae (Georgias Prachtkärpfling). Ein echter Juwel unter den Killifischen, farbenprächtig und klein. Der äußerst begehrte, etwas scheue Fisch ist nicht problemlos. Artbecken (ab 10 l) empfehlenswert. Männchen sind untereinander aggressiv, stets nur ein Männchen mit ein bis zwei Weibchen. Keine Beleuchtung, diffuses Tageslicht ist ausreichend. Torf als Bodengrund, Javafarn eignet sich zur Bepflanzung. Unter diesen Bedingungen entfalten die Fische ihre volle Schönheit. Zucht möglich, nicht immer produktiv. Typische Haftlaicher. *Länge:* 4,5 cm. *Wasser:* Temperatur 18–22 °C; pH-Wert 5,5–7,0; weich bis mittelhart, 4–12 °dGH. *Nahrung:* kleines Lebendfutter (Daphnien, Artemia, Mückenlarven, Fliegen). Keine Tubifex! *Vorkommen:* Westafrika, Gabun.

Aphyosemion (Diapteron) georgiae

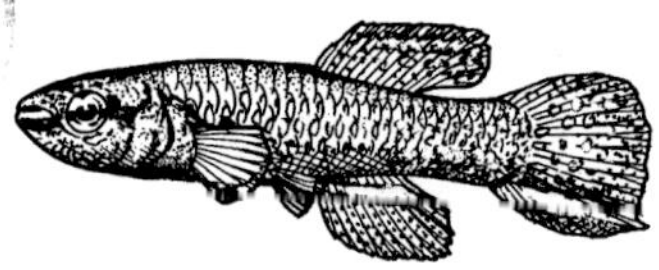

Terranatos dolichopterus (Säbelkärpfling, Flügelflosser). Ausgesprochen formschöner Killifisch. Die Männchen bestechen durch ihre lang ausgezogenen, wimpelförmigen Rücken-, After- und Schwanzflossen. Unbedingt in nicht zu kleinen Artbecken (ab 15 l) pflegen. Dunkler, weicher Bodengrund (ausgekochter Torf), dichte Bepflanzung mit freiem Schwimmraum sowie gedämpftes Licht sind für das Wohlbefinden unerläßlich. Gute Springer, Beckenabdeckung! Zucht ist möglich, Erfolge sind eher bescheiden. Selten im Handel. Zuchtansatz: ein Männchen mit zwei Weibchen. Bodentaucher, Ruheperiode für Laich vier bis sechs Monate.
Länge: 5 cm. *Wasser:* Temperatur 23–27 °C; pH-Wert 6,0–6,5; weich, 2–3 °dGH. *Nahrung:* Lebendfutter aller Art. *Vorkommen:* Venezuela; Orinoco.

Terranatos dolichopterus

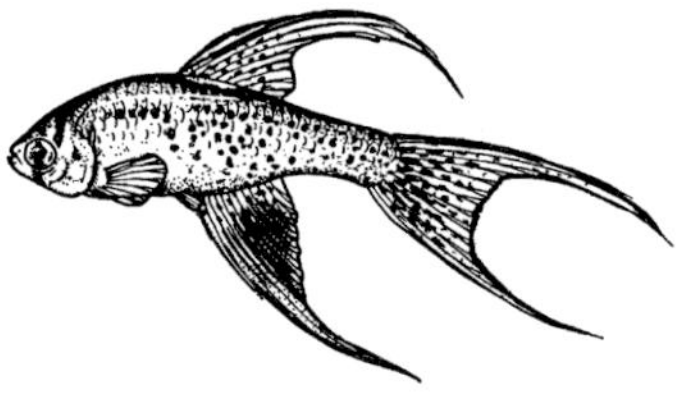

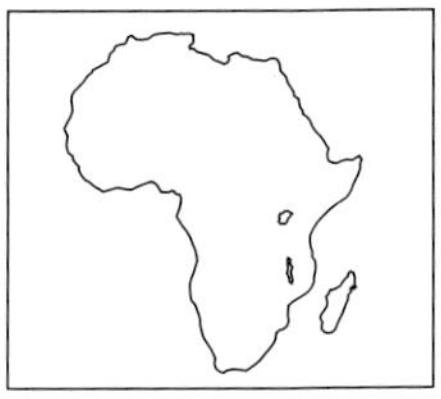

Leuchtaugenfische

Poeciliidae

Aplocheilichthys vitschumbaensis (Vitschumba-Leuchtaugenfisch). Eine schwierig zu haltende Art, die viel Aufmerksamkeit bei der Pflege erfordert und nur dem schon erfahrenen Aquarianer empfohlen werden kann. Während die Zucht noch relativ leicht ist (vergl. *A. pumilus*), werden die Fische mit zunehmenden Alter gegenüber umfangreichem Wasserwechsel sehr empfindlich. Daher bei größeren als halbwüchsigen Tieren nur kleine Teilwasserwechsel vornehmen. Um Verluste zu vermeiden, in größeren Aquarien pflegen. Absolut friedfertiger Schwarmfisch, für eine Vergesellschaftung mit anderen Arten jedoch weniger geeignet. *Länge:* ca. 4 cm. *Wasser:* Temperatur 22–26 °C; pH-Wert 6,5–7,5; 12–20 °dGH. *Nahrung:* kleines Lebendfutter, sonst siehe *A. normani. Vorkommen:* Ostafrika.

Aplocheilichthys vitschumbaensis

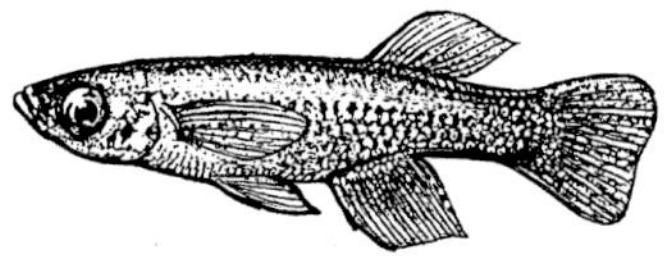

Aplocheilichthys normani (Normans Leuchtaugenfisch). Eine in ihrer Heimat weit verbreitete Art. Sie lebt in fließenden und stehenden Gewässern der westafrikanischen Savannen, vom Senegal bis nach Ostkamerun. Ein anspruchsloser Fisch, der sich im Artbecken problemlos vermehrt und auch in friedlicher Gesellschaft, z. B. mit kleinen Prachtkärpflingen, Barben, Welsen usw., gut zu pflegen ist. Diese Art findet, vermutlich aufgrund ihrer weniger auffälligen Färbung, erst langsam Freunde unter den Aquarianern. *Länge:* 3,5–4 cm. *Wasser:* Temperatur 24–28 °C; pH-Wert 6,0–7,0; 5–15 °dGH. *Nahrung:* kleines Lebendfutter, auch gefroren oder gefriergetrocknet; Taufliegen *(Drosophila), Cyclops*, Mükkenlarven, Salinenkrebs-Nauplien, Flockenfutter. *Vorkommen:* Westafrika.

Aplocheilichthys normani

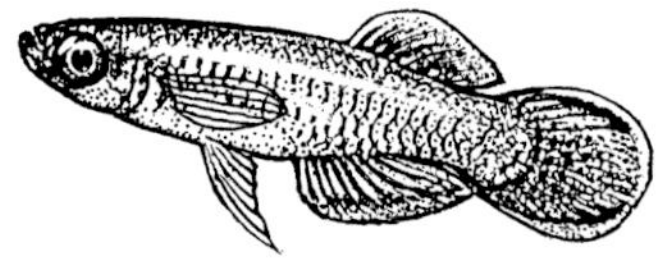

Aplocheilichthys sp. aff. johnstoni (Johnstons Leuchtaugenfisch). Diese Art, deren endgültige Identifizierung noch aussteht, ist prachtvoll gefärbt, problemlos in der Haltung und leicht zu züchten. Männchen entweder mit rein gelben Flossen oder mit tiefschwarzem Saum an Rükken-, After- und Schwanzflosse. Stellt kaum Ansprüche an die Wasserbeschaffenheit. In zu weichem Wasser sind diese Fische jedoch krankheitsanfällig und wenig robust. Ideal für Aquarianer, die hartes Leitungswasser haben. Leicht zu züchten. Friedfertiger Schwarmfisch. *Länge:* 4,5–5 cm. *Wasser:* Temperatur 22–26 °C; pH-Wert 6,8–7,5; mittelhart bis hart, bis 20 °dGH. *Nahrung:* jedes Lebend-, Frost- und Flockenfutter; keine Tubifex oder Rinderherz. *Vorkommen:* Savannengewässer in Tansania.

Aplocheilichthys sp. aff. johnstoni

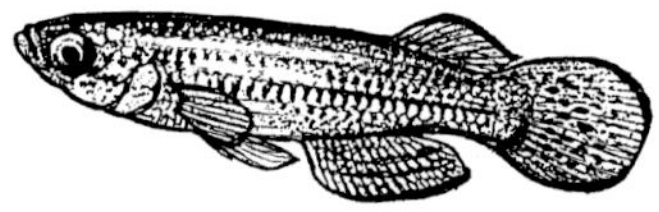

Aplocheilichthys hannerzi (Hannerz' Leuchtaugenfisch). Durch seine geringe Körpergröße und sein friedfertiges Verhalten ganz ausgezeichnet geeignet für die Haltung in kleinen Aquarien von unter 50 cm Länge. Auch für die Vergesellschaftung mit anderen kleinwüchsigen Fischen, beispielsweise kleinen Salmlern oder Barben, geeignet. Ein Schwarm dieser lebhaften Fische bietet ein prachtvolles Spiel von Farben und Flossen. Für Wasserbewegung und regelmäßige Frischwassergaben sorgen. Zucht nicht einfach, Jungfische einige Tage mit Infusorien und Rädertierchen füttern. *Länge:* 3,5–4 cm. *Wasser:* Temperatur 24–26 °C; pH-Wert 6,0–7,0; weich, unter 10 °dGH. *Nahrung:* feines Lebend-, Frost- und gefriergetrocknetes Futter, gelegentlich Flockenfutter. *Vorkommen:* Südnigeria.

Aplocheilichthys hannerzi

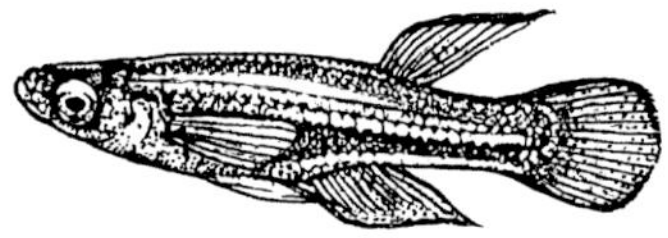

Aplocheilichthys pumilus. Bei Killifischfreunden wegen seiner leichten Züchtbarkeit sehr beliebt. Ausreichende Ernährung und regelmäßige Teilwasserwechsel vorausgesetzt, wachsen die Fische rasch und beginnen bald mit Paarungsspielen und dem Ablaichen in Büscheln aus zusammengebundenen Wollfäden, Kork oder Filterpatronen. Die Laichkörner können abgesammelt oder mitsamt dem Ablaichsubstrat in ein Aufzuchtbecken überführt werden. Nach dem Schlüpfen (12–14 Tage) können die Jungfische sofort mit Artemia-Nauplien gefüttert werden. *Länge:* 5 cm. *Wasser:* 23–28 °C; pH-Wert 6,5–7,5; 10–15 °dGH. *Nahrung:* neben Lebendfutter aller Art (keine Tubifex) auch Frost-, gefriergetrocknetes und Trockenfutter. *Vorkommen:* Einzugsgebiet des Malawi- und Tanganjikasees.

Aplocheilichthys pumilus

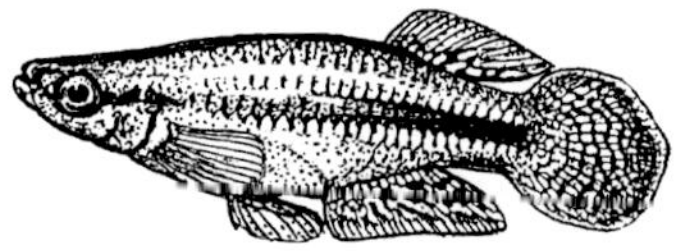

Aplocheilichthys spilauchen (Nackenfleckkärpfling). Eher ein Fisch für das Brack- oder Seewasser-Aquarium. Nur in größeren Becken ab 100 cm Länge wirklich artgerecht zu pflegen und zu züchten. Eine gute Bereicherung für ein Aquarium mit Niederen Tieren. Arger Laichräuber, darum immer nur paarweise ansetzen. Aufzucht der Jungfische problemlos, wenn oft Wasser gewechselt und gut gefüttert wird. Robuster Fisch, gut zu vergesellschaften, z. B. mit Celebes-Sonnenstrahlenfischen im Süßwasser. *Länge:* 6–7 cm. *Wasser:* Temperatur 23–27 °C; pH-Wert 7,0–8,0; mittelhart bis hart, über 12 °dGH, mit Meersalzzusatz bis zu reinem Meerwasser. *Nahrung:* Lebendfutter, Frost- und Flockenfutter, gefriergetrocknete Nahrung. *Vorkommen:* Gewässer der Mangrovenregionen Westafrikas.

Aplocheilichthys spilauchen

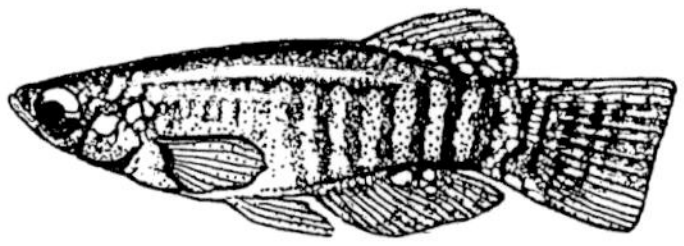

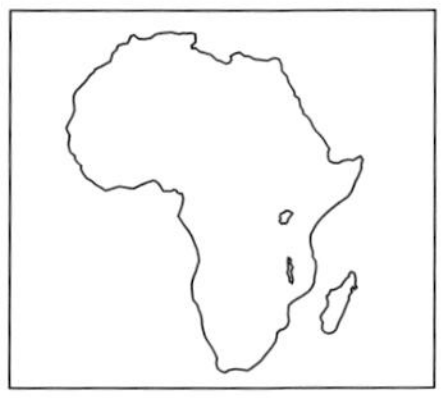

Leuchtaugenfische

Poeciliidae

Aplocheilichthys sp. Noch nicht wissenschaftlich beschriebene Art, die im Moment als Tansania 91/136 und U 89/114 bezeichnet wird. Lebt gern in größeren Gruppen, liebt Deckung. Absolut friedlich und sehr lebhaft. Keine Vergesellschaftung mit größeren Arten. Schon in kleinen Aquarien von 40–50 cm Länge zu halten. Im Artbecken wachsen ohne besondere Vorkehrungen genügend Jungfische auf. Gezielte Zucht mit Zuchtgruppen ebenfalls erfolgreich. Zum Ablaichen Büschel aus Wollfäden oder Filterpatronen.
Länge: ca. 4 cm. *Wasser:* 23–26 °C; pH-Wert 6,5–7,5; 10–20 °dGH. *Nahrung:* kleines Lebendfutter wie *Cyclops*, *Artemia*-Nauplien, schwarze und weiße Mückenlarven; wenig Frost- und Flockenfutter. *Vorkommen:* Uganda, Tansania; in kleineren Fließgewässern.

Aplocheilichthys sp.

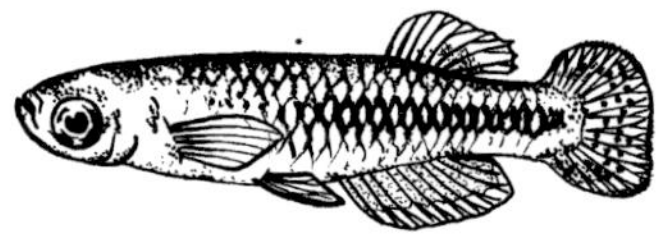

Aplocheilichthys lamberti (Lamberts Leuchtaugenfisch). Noch selten und nur bei Spezialisten zu finden. Diese Art ist sehr gut im Aquarium zu halten und sorgt für reichlich Nachwuchs. Sehr schwimmaktiv und ständig auf der Suche nach Nahrung. Wie bei den meisten Leuchtaugenfischen sollte nicht zu reichlich, dafür lieber mehrmals am Tag gefüttert werden. Besonders während der Wachstumsphase kommt es sonst zu irreversiblen Mangelerscheinungen oder gar zu Verlusten. Wasser häufig wechseln. Robuste Art.
Länge: ca. 4 cm. *Wasser:* Temperatur 23–27 °C; pH-Wert 6,8–7,5; mittelhart, 10–15 °dGH. *Nahrung:* kleines Lebendfutter aller Art, gerne *Artemia*; Frostfutter, Flockenfutter in Maßen. *Vorkommen:* Afrika; kleinere Fließgewässer in Tansania.

Aplocheilichthys lamberti

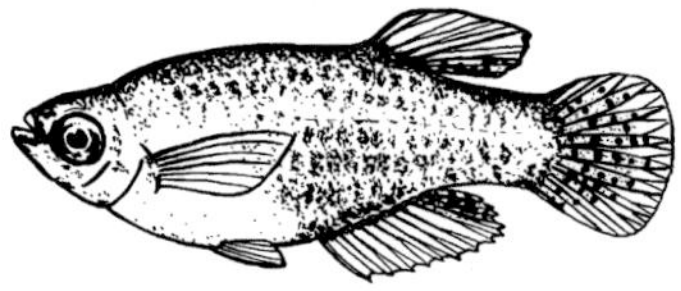

Plataplochilus miltotaenia (Rotband-Leuchtaugenfisch). Wunderschöne Art mit leuchtend rotem Körperband. Sehr begehrt, aber leider nur selten zu erwerben. Diese Fische werden häufig in zu weichem Wasser gehalten, was allerdings ihrem natürlichen Lebensraum entspricht. Im Aquarium sind solcherart gehaltene Tiere jedoch anfällig für Krankheiten (Parasiten, Pilzinfektionen). Ein leichter Kochsalzzusatz hingegen kann das Wohlbefinden fördern. Sonst relativ unempfindlich.
Länge: ca. 5 cm. *Wasser:* Temperatur 20–24 °C; pH-Wert 6,0–7,0; weich bis mittelhart, 5–12 °dGH. *Nahrung:* hochwertiges Lebendfutter mit geringem Gehalt an Fetten und Schadstoffen (keine Tubifex oder Rote Mückenlarven!). *Vorkommen:* Tiefland von Gabun; in Fließgewässern des unteren Ogowe-Beckens.

Plataplochilus miltotaenia

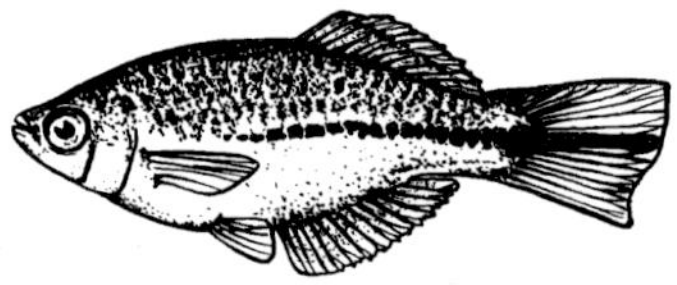

Procatopus similis (Gelber Leuchtaugenfisch). Im Vergleich zu den anderen Vertretern dieser Gattung relativ stämmiger Körperbau. Erst ausgewachsen zeigen die Männchen ihre volle Schönheit. Entfalten erst im Schwarm von etwa 20 Fischen (Aquarium ab 100 cm Länge) ihr gattungstypisches, interessantes Verhaltensrepertoire: Flossenspreizen und Absenken des Mundbodens beim Imponieren, Tänze mit zum Zerreißen gespannten Flossen bei der Balz. Laichen an der Unterseite schwimmender Korkstücke. Männchen erstrahlen in kräftigem Gelb.
Länge: 5–5,5 cm. *Wasser:* Temperatur 22–26 °C; pH-Wert 6,0–7,2; mittelhart, 10–15 °dGH. *Nahrung:* jedes Lebendfutter, von frischgeschlüpften Artemien über Wasserflöhe bis zu großen Taufliegen. *Vorkommen:* in Bächen Westkameruns.

Procatopus similis

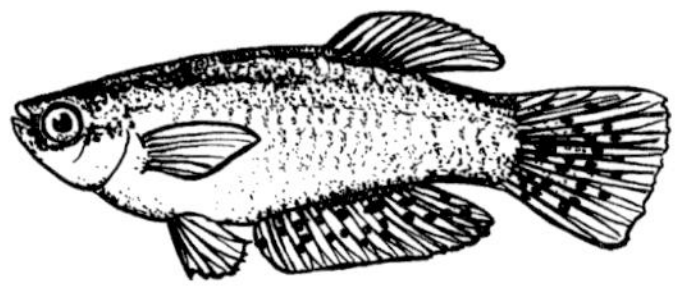

Procatopus nototaenia (Kribi-Leuchtaugenfisch). Selten importiert und gehalten, sehr schwer zu züchten. Ein Fisch nur für den Spezialisten! Reizvoll in Farbe und Beflossung. Von anderen *Procatopus*-Arten leicht am sehr spitzen Kopfprofil zu unterscheiden. Stellt hohe Ansprüche an die Reinheit des Wassers (empfindlich u. a. gegen Nitrit, Nitrat, Ammonium). Eine kostbare und generell empfindliche Art, die auf jeden Fall für sich allein gehalten werden muß.
Länge: ca. 5 cm. *Wasser:* Temperatur 22–26 °C; pH-Wert 6,0–7,2; weich bis mittelhart, 5–15 °dGH. *Nahrung:* hochwertiges Lebendfutter, keine Tubifex, viel Anflugnahrung (Fliegen, Mücken, kleinste Grillen, Blattläuse), wenig Frost- und Flockenfutter. *Vorkommen:* Westkamerun; Bäche in der Umgebung von Kribi.

Procatopus nototaenia

Procatopus aberrans (Blauer Leuchtaugenfisch). Der am häufigsten gepflegte Leuchtaugenfisch; unter Killifischfreunden weit verbreitet. Männchen leuchtend metallisch-blau gefärbt. In geräumigen Aquarien gut zu vergesellschaften mit z. B. westafrikanischen Zwergbuntbarschen (*Pelvicachromis* u. ä.). Schwarm von mindestens 10 Fischen pflegen. Haltung problemlos, solange das Wasser sauber ist (regelmäßiger Wasserwechsel!). Zucht leicht und produktiv. Dauerlaicher. Substrat (Filterpatronen sind ideal) mit anheftendem Laich aus dem Hälterungsbecken/Artbecken in ein Aufzuchtbecken überführen.
Länge: 5–5,5 cm. *Wasser:* Temperatur 22–26 °C; pH-Wert 6,0–7,2; mittelhart, 10–15 °dGH. *Nahrung:* wie *P. similis*. *Vorkommen:* Afrika; von Südnigeria bis Westkamerun.

Procatopus aberrans

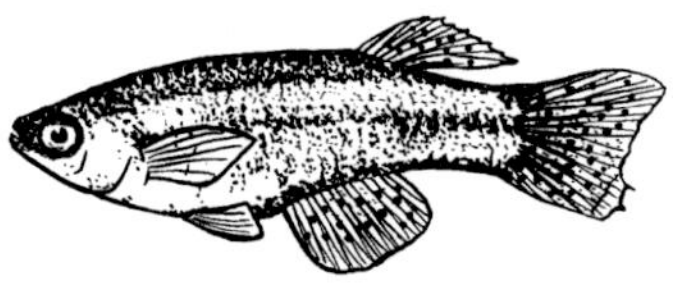

Alte und neue Arten

Cyprinodontidae, Rivulidae, Aplocheilidae

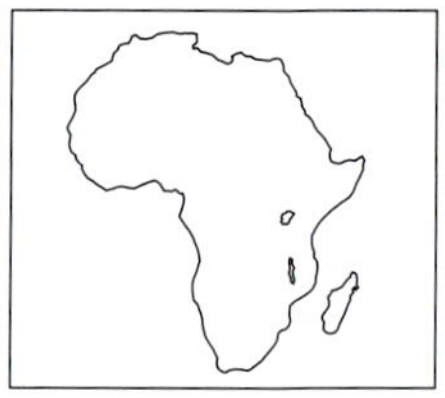

Simpsonichthys fulminantis (Juwelfächerfisch). Friedlich und vermehrungsfreudig. Bereits in Aquarien ab 20 l zu hältern und zu züchten. Pflege im Art- oder Gesellschaftsbekken mit friedfertigen Salmlern oder Panzerwelsen. Bei hohen Temperaturen anfällig für Geschwüre und *Oodinium*. Die sehr kleinen Jungfische mit *Artemia* und Infusorien anfüttern. *Länge:* 4,5–5 cm. *Wasser:* 14–24 °C; pH-Wert 4,5–6,5; bis 10 °dGH. *Nahrung:* Lebend- und Frostfutter (bes. Mückenlarven, Tubifex). *Vorkommen:* Zentralbrasilien (Guanambi).

Simpsonichthys fulminantis

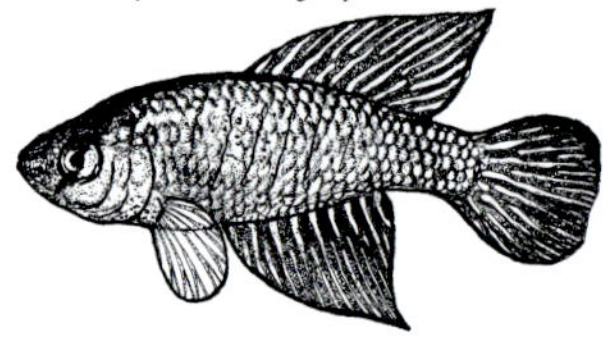

Aphyosemion (Diapteron) fulgens. Ein phantastisch gefärbter kleiner Prachtkärpfling. Schon in kleinsten Aquarien zu halten und zu züchten. Lebt in der Natur in Mikro-Biotopen (Waldtümpel). Männchen sind territorial und untereinander aggressiv; Weibchen gegenüber jedoch friedlich. Zucht daher im Daueransatz. *Länge:* Männchen 5 cm, Weibchen 4,5 cm. *Wasser:* Temperatur 18–23 °C; pH-Wert 5,5–6,5; weich bis 7 °dGH. *Nahrung:* bevorzugt Insektennahrung; fettarmes Lebendfutter, auch (wenig) Frostfutter. *Vorkommen:* Nord-Gabun.

Aphyosemion (Diapteron) fulgens

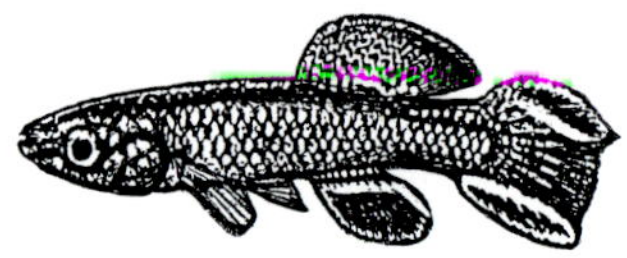

Aphanius apodus (Algerienkärpfling). Eine in der Natur möglicherweise bereits ausgestorbene Art, die aber bei engagierten Aquarianern in gesichertem Bestand überlebt hat und hoffentlich erhalten bleibt. Anspruchslos und ausdauernd, allerdings sehr aggressiv untereinander. Braucht große Aquarien mit Sandboden, lockerer Bepflanzung und viel Licht. *Länge:* 4,5–5 cm. *Wasser:* Temperatur 20–28 °C; pH-Wert 7,0–7,8; 8–20 °dGH. *Nahrung:* Allesfresser, nicht wählerisch. *Vorkommen:* Algerien, letzte Aufsammlung bei Ain M'lila.

Aphanius apodus

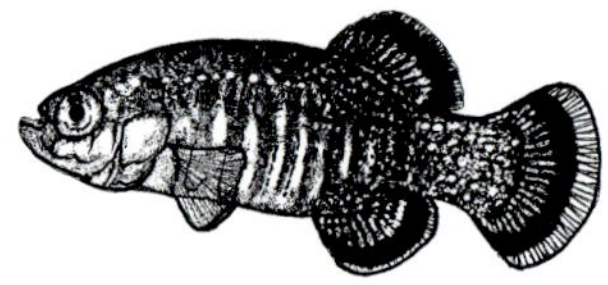

Aphyosemion raddai (Raddas Prachtkärpfling). Wenig aggressiv, solange ausreichend Raum und Versteckplätze vorhanden sind (Aquarium nicht zu klein mit stellenweise guter Bepflanzung und Holz; Sand als Bodengrund). Zucht im Kurz- oder Daueransatz als Paar oder Trio. Jungfische schlüpfen nach ca. 14 Tagen (im Aquarium oder nach Torfaufguß). *Länge:* 5–5,5 cm. *Wasser:* 20–24 °C; pH-Wert 5,5–6,8; bis 10 °dGH. *Nahrung:* Lebend- und Frostfutter, besonders *Cyclops*, Fliegen und Mückenlarven. *Vorkommen:* Kamerun.

Aphyosemion raddai

Aphyosemion amoenum (Lieblicher Prachtkärpfling). Stellt bestimmte Ansprüche an Wasserwerte und Ernährung. Bei regelmäßigen Frischwassergaben und artgerechter Fütterung jedoch nicht schwierig zu halten und nachzuzüchten. Scheu, Einzelgänger. Artaquarium oder mit sehr friedlichen Fischen pflegen. *Länge:* 5 cm. *Wasser:* 22–25 °C; pH-Wert 6,0–7,0; 2–10 °dGH. *Nahrung:* vorzugsweise Anflug (Fliegen, Ameisen, Blattläuse usw.), Tümpelfutter; gelegentlich Frostfutter (keine Roten Mükkenlarven). *Vorkommen:* Ostkamerun.

Aphyosemion amoenum

Simpsonichthys hellneri (Hellners Fächerfisch). Friedliche Art. Dennoch empfiehlt sich paarweise Haltung, damit die größeren Männchen die schönen, lang ausgezogenen Flossen bekommen. Lebt wie viele Fächerfische aus Zentralbrasilien in der Natur in Tümpeln mit Lehmboden, verträgt daher keinen sauren pH-Wert (führt zu Geschwüren!). *Länge:* 5–5,5 cm. *Wasser:* Temperatur 20–26 °C; pH-Wert 6,5–7,5; bis 15 °dGH. *Nahrung:* jedes Lebend- und Frostfutter (nicht wählerisch). *Vorkommen:* Zentralbrasilien.

Simpsonichthys hellneri

Cynolebias leptocephalus (Kleinköpfiger Fächerfisch). Räuberische Art, extrem aggressiv. Aquarium nicht unter 60 l. Unbedingt mit Verstecken für das ständig heftig bedrängte kleinere Weibchen. Großer Torfbehälter zum Ablaichen; Torf anschließend relativ feucht lagern (6–8 Wochen). Aufzucht nur getrennt möglich (Kannibalismus). Eine Art für Spezialisten. *Länge:* 10–14 cm. *Wasser:* 14–24 °C; pH-Wert 4,5–6,5; bis 10 °dGH. *Nahrung:* viel kräftiges Lebendfutter (Fischfresser), Frostfutter. *Vorkommen:* Zentralbrasilien (Guanambi).

Cynolebias leptocephalus

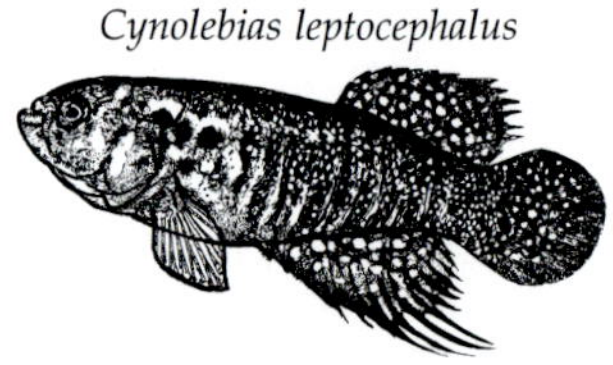

Cyprinodon alvarezi (Alvarez' Wüstenfisch). Eine Wüstenfischart, die in reinem Süßwasser lebt. Aggressiv und territorial. Laichräuber; Zucht im Kurzansatz. Ein ideales Laichsubstrat ist Kunstrasen, der zu einer Röhre geformt wird (Borsten außen), denn so können die Elterntiere die Laichkörner nicht mehr erreichen. *Länge:* Männchen 5,5 cm, Weibchen 5 cm. *Wasser:* 18–26 °C; pH-Wert 6,5–7,5; bis 20 °dGH. *Nahrung:* nicht wählerisch, jedes Lebend- und Frostfutter. Hoher Nahrungsbedarf. *Vorkommen:* Mexiko; Chihuahua-Hochland.

Cyprinodon alvarezi

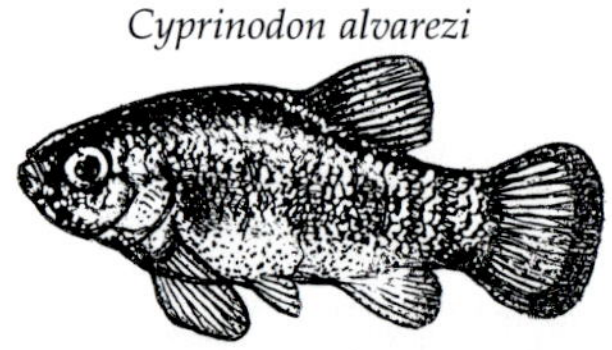

Lebendgebärende

Poeciliidae

Zu den „Lebendgebärenden" zählt eine Reihe der ältesten und nach wie vor am häufigsten gepflegten Aquarienfische. Einer der Hauptgründe für ihre Verbreitung liegt in ihren überaus interessanten Fortpflanzungsweisen.
Die bedeutendsten Vertreter der Lebendgebärenden Zahnkarpfen (Familie Poeciliidae) stellen dabei die Guppys, Platys und Schwertträger, die in vielen Farben- und Formspielarten gezüchtet werden. Dieser Familie gehören noch rund 200 weitere beschriebene Arten an. Ursprünglich vom südlichen Nordamerika über Mittelamerika bis ins nördliche Argentinien verbreitet, sind verschiedene Arten gezielt oder unbeabsichtigt auch in anderen Regionen der Erde ausgesetzt worden, so daß wir sie heute in Westafrika ebenso finden wie in Südeuropa, Indien oder Südostasien. Die meisten Arten leben in Süßgewässern; manche Arten gehen jedoch auch ins Brackwasser, gelegentlich sogar ins Seewasser. Die aquaristisch bekanntesten Gattungen sind *Alfaro, Belonesox, Brachyrhaphis, Carlhubbsia, Cnesterodon, Flexipenis, Gambusia, Girardinus, Heterandria, Heterophallus, Limia, Neoheterandria, Phallichthys, Phalloceros, Phalloptychus, Poecilia, Poeciliopsis, Priapella, Priapichthys, Quintana, Xenodexia und Xiphophorus.*
Andere lebendgebärende Kärpflinge sind die mexikanischen Hochlandkärpflinge (Familie Goodeidae mit mindestens 33 gültigen Arten der Gattungen *Allodontichthys, Alloophorus, Allotoca, Ameca, Ataeniobius, Chapalichthys, Characodon, Girardinichthys, Goodea, Hubbsia, Ilyodon, Skiffia, Xenoophorus, Xenotaenia, Xenotoca, Zoogeneticus*). Keine aquaristische Bedeutung dagegen haben die hochinteressanten mittel- und südamerikanischen Vieraugen (Familie Anablepidae, Gattung *Anableps*) und die südamerikanischen Linienkärpflinge (Familie Jenynsiidae). Die ebenfalls lebendgebärenden südostasiatischen Halbschnäbler der Familie Hemirhamphidae (Gattungen: *Hemirhamphodon, Dermogenys, Nomorhamphus*) sind nicht näher mit den neuweltlichen Lebendgebärenden-Familien verwandt, sondern sind entwicklungsgeschichtlich älter und stammen von ins Süßwasser eingewanderten Halbschnäblern ab.
Ausdauernd und anpassungsfähig verzeihen viele der beliebtesten Zuchtformen oftmals selbst gröbere „Anfängerfehler". Wildformen und vor allem Hochzuchtstämme sind dagegen anspruchsvoller und benötigen eine aufmerksame Pflege. Alle schätzen gut bepflanzte, helle Aquarien mit möglichst viel Schwimmraum, und sie lassen sich wegen ihrer Friedfertigkeit mit anderen Friedfischen vergesellschaften. Darin ist der Hechtkärpfling *Belonesox* eine Ausnahme, denn er ist ein ausgemachter Raubfisch, der nur Lebendfutter frißt. Als Jungtier nimmt er außer Jungfischen noch „normales" Lebendfutter, später fast nur noch Fische, wobei die nahezu doppelt so großen Weibchen auch vor ihren kleineren Männchen keineswegs haltmachen.
Andere Arten, z. B. die Blauaugen der Gattung *Priapella*, sind Spezialisten, die in der Natur vor allem Anflugnahrung fressen, im Aquarium aber auch anderes Lebendfutter nehmen. Die meisten anderen Arten lassen sich mit nahezu allen üblichen Futtersorten ernähren, doch benötigen manche unbedingt pflanzliche Beikost, die sie z. B. im Aufwuchs finden.
Die Besonderheit, lebende, fast vollentwickelte und recht große Junge zu gebären, erleichtert die Nachzucht ungemein. Befruchtet werden die Weibchen mit hochspezialisierten männlichen Begattungsorganen, dem aus der Afterflosse umgebildeten Gonopodium und dem Andropodium. Bei den Poeciliidae gibt es Vorratsbefruchtung, die für mehrere Würfe ausreicht.
Bei den Poeciliidae entwickeln sich die Jungen im Mutterleib noch in festen Eihüllen. Erst kurz vor der Geburt werden die Eihüllen im Eileiter gesprengt. Deshalb kann man manchmal sehen, wie die leere Eischale und die Jungen kurz hintereinander folgen.
Bei den Goodeidae (hier gibt es keine Vorratsbefruchtung) fehlen die Eihüllen, und die Embryonen werden über eine Art Nabelschnur (Trophotaenien) ernährt.
Unsere beliebtesten Lebendgebärenden vermehren sich unter guten Pflegebedingungen praktisch von allein. Bei gezielter Zucht isoliert man trächtige Weibchen rechtzeitig in kleineren Zuchtbecken mit reichlich schwimmenden Pflanzen (z. B. *Riccia, Myriophyllum*-Stengel), in denen die Neugeborenen vor den oft kannibalischen Müttern Zuflucht finden. Je nach Art, Größe und Alter der Mutter schwankt die Zahl der Jungen in einem Wurf zwischen einem Jungtier und über 300 Nachkommen. Sie lassen sich mit z. B. frischgeschlüpften *Artemia*-Nauplien oder feinem Trockenfutter leicht ernähren und sind bei häufigem Wasserwechsel meist recht schnellwüchsig.
Die sogenannte Geschlechtsumwandlung beim Schwertträger *Xiphophorus helleri* begründet sich wohl nur im Auftreten von sogenannten Spätmännchen, die beim flüchtigen Betrachten wie Weibchen aussehen, weil sich sowohl das Gonopodium als auch das Schwert bei ihnen erst nach Monaten ausbildet.
Eine Besonderheit stellt die gynogenetische Fortpflanzung bei einigen Vertretern der Gattung *Poeciliopsis* und bei *Poecilia formosa*, dem Amazonen-Molly, dar. Bei ihnen gibt es fast nur Weibchen, die sich von Männchen von nahe verwandten Arten befruchten lassen. Allerdings lösen die Spermien bei ihnen nur die Embryonalentwicklung aus, ohne ihr Erbgut mit einzubringen. Die Folge ist, daß die Jungtiere alle Weibchen sind, weil ihnen das männliche Y-Chromosom fehlt.

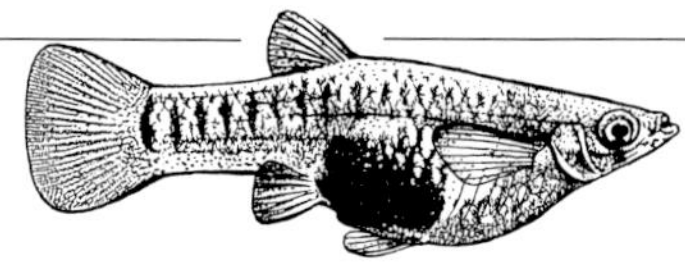

Der Trächtigkeitsfleck im hinteren Teil des Leibes (hier bei einem Poecilia-melanogaster-Weibchen) zeigt an, daß es bald Junge gibt.

Interessant ist das Imponierverhalten bei den Helleri-Männchen, insbesondere bei Wildformen, wenn sie ihr Revier abgrenzen. Die Variationsbreite reicht vom Umkreisen, seitlichen Androhen, Rammstößen bis hin zum Zubeißen.

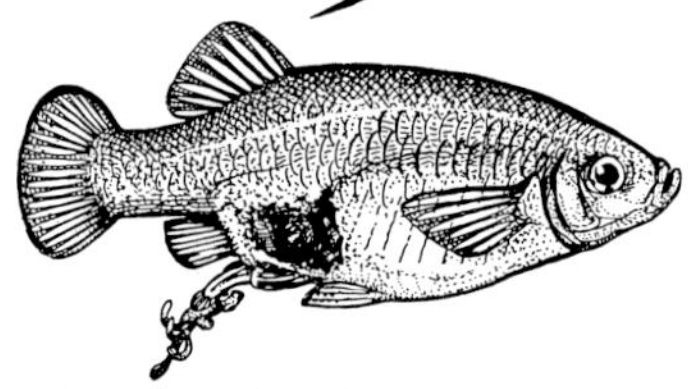

Die Hochlandkärpflings-Familie Goodeidae (hier ein Xenotoca-eiseni-Weibchen) bringt lebende Junge zur Welt.

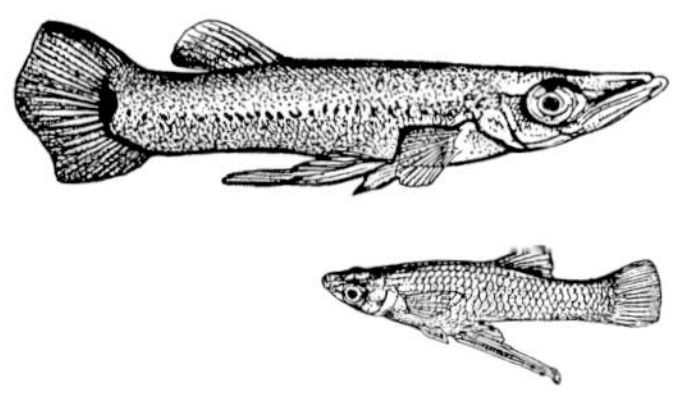

Die Begattungsorgane (Gonopodium) können überdimensioniert sein, wie hier bei Girardinus metallicus (kleiner Fisch) im Vergleich zu Belonesox belizanus.

Zu den Bildern rechts von oben nach unten: Ballon-Mollys (Poecilia sphenops), eine Zuchtform. Wagtail-Pinselplatys (Xiphophorus maculatus) und verschiedene Schwertträger-Zuchtformen (Xiphophorus helleri).

Lebendgebärende, Guppys

Poeciliidae

Poecilia reticulata (Guppy, Millionenfisch). Es gibt wenige Aquarianer in der ganzen Welt, die nicht irgendwann in ihrer aquaristischen Laufbahn Guppys gepflegt haben. Eine große Anzahl der Liebhaber hat mit diesem kleinen Fisch überhaupt angefangen. Und im Laufe der Jahrzehnte, in denen der Guppy sich seinen Stammplatz in den Aquarien gesichert hat, ist aus dem hübschen, in der Natur vorkommenden kleinen Fischchen weltweit ein beliebter Pflegling geworden, der wegen seiner leichten Züchtbarkeit und großen Vermehrungsrate heute nicht nur bei Liebhabern eine Rolle spielt, sondern auch in der Wissenschaft. Dort wird er gerne für Versuche in der Genetik eingesetzt. Selbst einem Laien, der ein Zoofachgeschäft betritt, fällt die Vielseitigkeit der Flossenformen und Farbschläge der Guppymännchen auf, die aus den vergleichsweise eher unscheinbaren Männchen der wildlebenden Populationen herausgezüchtet wurden. Mit seiner Flossenpracht und seinem Farbenreichtum ist das Guppymännchen unbestritten der vielgestaltigste Aquarienfisch, und noch immer entstehen unter sorgfältigen und experimentierfreudigen Liebhabern neue Flossenformen und Farbkompositionen.

Ursprünglich auf den Karibischen Inseln bis ins nördliche Brasilien zu finden, hat man den Guppy fast über die gesamten tropischen und auch über Teile der subtropischen Gebiete verbreitet, weil man ihn als Moskitobekämpfer nutzte. Selbst in Europa haben wir heute in warmen Gewässern freilebende Guppypopulationen. Allerdings sind die Männchen dieser Populationen bei weitem bescheidener gefärbt, meist nur mit ein paar dunklen und roten runden Punkten. Dafür sind solche Exemplare deutlich widerstandsfähiger. Außerdem findet man bei Männchen freilebender Guppypopultionen in Amerika bereits die Schwanzflossenformen, wenn auch in weitaus einfacherer und schmuckloserer Ausbildung, wie Rundschwanz, Oben-, Unten- und Doppelschwert, aus denen die teils phantastischen Hochzuchtformen und Färbungen mit ihren Mustern entstanden sind.

Guppys besiedeln nicht nur die unterschiedlichsten Süßgewässer, selbst in organisch stark verschmutzten Gewässern kann man sie antreffen, sondern auch Brackwasser und sogar reines Meerwasser in der Nähe von Flußmündungen oder in Lagunen.

So unterschiedlich seine Biotope sein können, so verschiedenartig ernährt sich der Guppy auch. In Algenpolstern fressen sie nicht nur die pflanzliche Kost, sondern nehmen dabei auch Kleinsttiere auf, wie Einzeller, Rädertierchen oder Würmer. Besonders gern fressen sie Mükkenlarven aller Art, am liebsten die schwarzen Larven der „Moskitos", also der Stechmücken. Guppys vertragen Temperaturen zwischen 16 und 30 °C. Doch man sollte sie nicht zu warm halten, am besten bei 24–26 °C.

Zwar kann man Guppys bereits in kleinen Aquarien pflegen. Doch die Menge des Nachwuchses erzwingt bald ein größeres Becken. Zucht und Aufzucht sind einfach. Aber wer einen bestimmten Guppystamm rein vermehren will, muß genau auf seine Zuchttiere achten. Dies erfordert eine Anzahl von kleineren Aquarien, in denen man die geeigneten Männchen mit jungfräulichen Weibchen zusammensetzt. Auch die Nachkommen muß man gut auslesen und darf nur die dem Stamm entsprechenden Tiere zur weiteren Zucht verwenden. Wer so züchten will, braucht viel Platz für kleinere Aufzucht- und Zuchtbecken. Für den normalen Liebhaber genügt es, wenn sich die Tiere vermehren, wie es gerade der Zufall will. Auch dann können ausgesprochen schöne Exemplare entstehen.

Es gibt internationale Regeln, nach denen die einzelnen Stämme gezüchtet werden müssen, wenn man seine Exemplare zur Prämierung auf einer Guppyschau zeigen möchte. Sie richten sich nach Flossenformen und nach Färbungen. Zu diesen Zuchtformen gehören: Rundschwanz, Obenschwert, Untenschwert, Doppelschwert, Scherenschwanz, Nadelschwert, Speerschwanz, Spatenschwanz, Leierschwanz, Triangelschwanz und Fahnenschwanz. Dazu kommen verschiedene Körperfarben wie Grau, Blond, Gold, Blau, Albino, Weiß, Albino-Weiß, Silber und Pink sowie die Musterungen Filigran, Snake skin und Wiener Smaragd.

Guppys sind gute Gesellschaftsfische für die meisten anderen Aquarienbewohner. Anfangs werden die Jungen zum größten Teil von den Mitinsassen gefressen, aber mit der Zeit verlieren diese das Interesse an den ständig vorhandenen Jungen und fressen sie kaum noch. So bekommt man bald einen großen Bestand. Auch die Jungen kann man problemlos ausschließlich mit Flockenfutter aufziehen. Aber wer große, gesunde und kräftige Tiere haben möchte, muß auch anderes Futter anbieten, wie weiße und schwarze Mückenlarven, Wasserflöhe, Hüpferlinge und kleine Würmchen.

Länge: Männchen 4 cm, Weibchen 6 cm. *Wasser:* Temperatur 24–26 °C; pH-Wert 7–8,5; mittelhart bis hart, 10–25 °dGH. Hochzuchtguppys sind empfindlicher, sie stellen zum Teil höhere Ansprüche an das Wasser und sind krankheitsanfälliger. *Nahrung:* Allesfresser, besonders Mückenlarven, auch Trockenfuttersorten. *Vorkommen:* Ursprünglich Karibische Inseln bis Brasilien.

Die Bildtafel rechts zeigt handelsübliche Guppyzuchtformen.

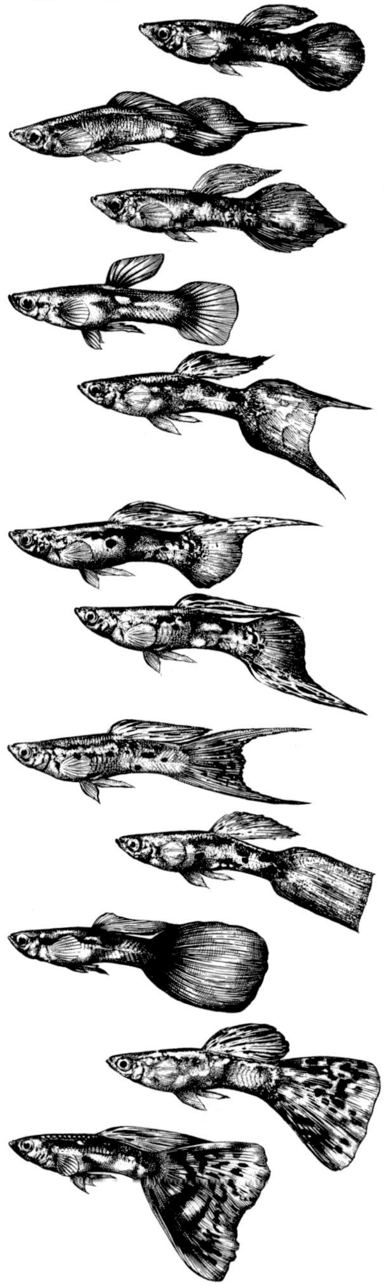

Die Guppyschwanzformen von oben nach unten: Rundschwanz, Nadelschwanz, Spitzschwanz, Spatenschwanz, Leierschwanz, Obenschwert, Untenschwert, Doppelschwert, Fahnenschwanz, Schleierschwanz, Fächerschwanz und Triangelschwanz.

Lebendgebärende, verschiedene Gattungen

Poeciliidae

Brachyrhaphis roseni (Rosenkärpfling). Im Gesellschaftsaquarium ab 60 cm Länge kann er zusammen mit anderen, friedfertigen Fischen gehalten werden. Zarten Fischen gegenüber kann diese Art ein aggressives Verhalten zeigen. Zur Einrichtung empfehlen sich Moorkienholzwurzeln, hochstrebende Pflanzen in dichten Beständen und Schwimmpflanzen mit Wurzelbärten zum Schutz der Jungfische vor den kannibalischen Eltern. Ein guter Kreiselpumpenfilter für eine leichte Strömung ist empfehlenswert. Regelmäßiger Wasseraustausch gegen chlorfreies Leitungswasser.
Länge: Männchen 4 cm, Weibchen 6 cm. *Wasser:* Temperatur 22–28 °C; pH-Wert 7,0–8,0; 5–12 °dGH. *Nahrung:* Aufwuchs, Lebend- und Flockenfutter, Tabletten. *Vorkommen:* Costa Rica, Panama.

Brachyrhaphis roseni

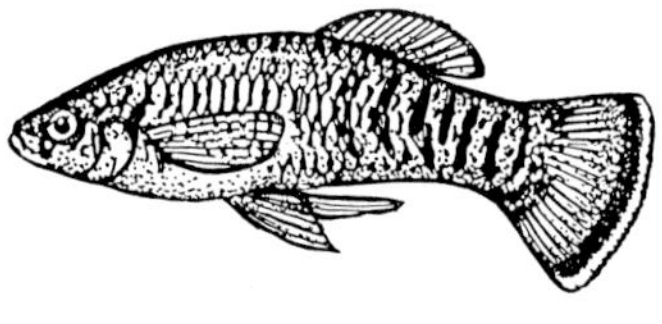

Neoheterandria elegans (Eleganter Zwergkärpfling). Wenig auffälliger, aber dennoch hübscher Pflegling für das gut bepflanzte und stellenweise mit Schwimmpflanzen bedeckte Gesellschaftsaquarium mittlerer Größe. Im Artbecken Zufluchtsmöglichkeiten für die von den Männchen oft sehr bedrängten Weibchen schaffen. Dichte, feinfiedrige Pflanzen und *Eichhornia* mit „Wurzelbärten“ eignen sich dazu. Die Weibchen bringen ihre Jungen in Perioden zur Welt: Auf einige Tage, in denen täglich Junge geboren werden, folgt eine Ruheperiode. Jungfische wachsen im Artbecken gut; Eltern nicht kannibalisch.
Länge: Männchen 2 cm, Weibchen 3 cm. *Wasser:* Temperatur 22–25 °C; pH-Wert um 7,0; bis 20 °dGH. *Nahrung:* Kleinorganismen, Aufwuchs, Flockenfutter. *Vorkommen:* Kolumbien.

Neoheterandria elegans

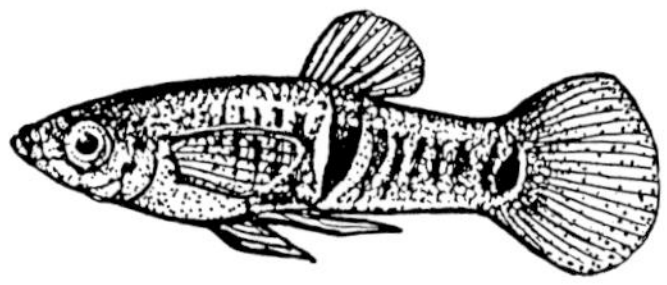

Poecilia (Limia) melanogaster (Schwarzbauch- oder Stahlblauer Jamaikakärpfling). Anspruchsloser, friedfertiger, manchmal etwas scheuer lebendgebärender Fisch. Läßt sich ausgezeichnet auch in kleinen Aquarien und in Gesellschaftsbecken ab 60 cm Länge pflegen. Die Weibchen zeigen einen ausgeprägten schwarzblauen Trächtigkeitsfleck vor der Afterflosse und sind deutlich bauchiger. Männchen mit Gonopodium und schlanker. Guter Pflanzenwuchs, gemischt aus hochstrebenden Blatt- und Stengelpflanzen und feinblättrigen Pflanzen bei genügend Schwimmraum. Wasserwechsel mit abgestandenem Frischwasser.
Länge: Männchen 4 cm, Weibchen 6 cm. *Wasser:* Temperatur 22–28 °C; pH-Wert 7,0–8,5; hart, bis 25 °dGH. *Nahrung:* Aufwuchs, Lebendfutter, Flocken, Tabletten. *Vorkommen:* Jamaika, Haiti.

Poecilia (Limia) melanogaster

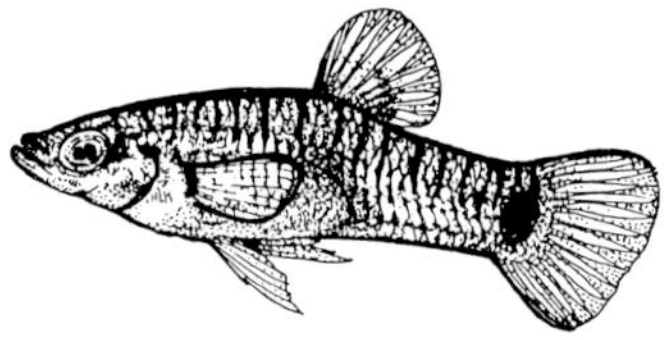

Alfaro cultratus (Messerkärpfling). Friedfertiger, wenig auffällig (bräunlich) gefärbter Lebendgebärender Zahnkarpfen mit bläulichem Glanz. Sein charakteristisches Merkmal ist ein deutlicher, messerartiger Schuppenkiel, der sich von der Afterflosse bis zur Schwanzflosse erstreckt. Selbst in Gesellschaftsaquarien ab 80 cm Länge mit anderen, friedfertigen Arten zu pflegen. Als guter und ausdauernder Schwimmer braucht er neben genügend Zuflucht bietendem Pflanzenwuchs (auch Schwimmpflanzen) viel Schwimmraum. Männchen haben Gonopodium und bleiben etwas kleiner und schlanker.
Länge: Männchen 6 cm, Weibchen 8 cm. *Wasser:* 23–28 °C; pH-Wert 6,0–7,5; 1–15 °dGH. *Nahrung:* Anflug, Lebendfutter, Flockenfutter. *Vorkommen:* Nicaragua bis Panama.

Alfaro cultratus

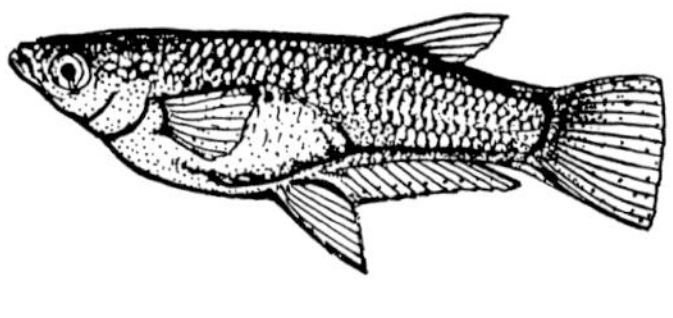

Priapella intermedia (Blauaugen-Kärpfling, Leuchtaugen-Kärpfling). Hübscher, durch seine türkis irisierenden Augen auffälliger Fisch. Anspruchslos und friedfertig. Schwimmlustiger Schwarmfisch, von dem man im Gesellschaftsbecken ab 80 cm Länge eine Gruppe von 6–8 Tieren halten sollte. Neben gutem Pflanzenwuchs (Randbepflanzung!), der ihnen Verstecke bietet, lieben diese lebendgebärenden Fische freien Schwimmraum und eine kräftige Wasserströmung, die sich durch eine Kreiselpumpe erzeugen läßt. Etwas schlankere und kleinere Männchen mit Gonopodium und einer Schuppenkante unter dem Schwanzstiel.
Länge: Männchen 5 cm, Weibchen 7 cm. *Wasser:* Temperatur 22–28 °C; pH-Wert um 7,0; mittelhart, 10–20 °dGH. *Nahrung:* Aufwuchs, Lebend-, Flockenfutter. *Vorkommen:* SO-Mexiko.

Priapella intermedia

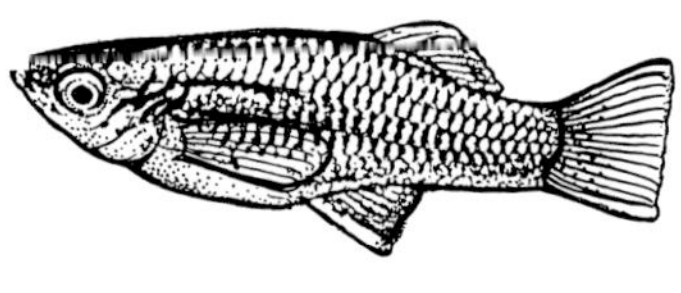

Girardinus metallicus (Metallkärpfling). Dieser Lebendgebärende besitzt zwar keine auffälligen Farben, wohl aber hübsche Zeichnungen, die Körperseiten schimmern bei Auflicht silbrig bis messingfarben. Frißt gern Algenaufwuchs inklusive der Kleinstlebewesen, die im Algenrasen leben. Metallkärpflinge sind friedfertig und nicht schwer zu halten. Man kann sie im Gesellschaftsbecken mitpflegen, aber ihre Jungen sind für größere, fischfressende Arten immer eine willkommene Beute. Lieben ein gut bepflanztes Aquarium, das hell stehen darf und freien Schwimmraum in Oberflächennähe besitzt.
Länge: Männchen 4 cm, Weibchen 7 cm. *Wasser:* Temperatur 22–26 °C; pH-Wert um 7,0; bis 20 °dGH. *Nahrung:* Flocken-, Lebendfutter, Algen. *Vorkommen:* Kuba.

Girardinus metallicus

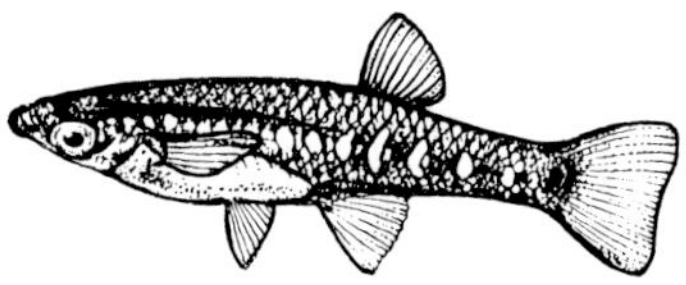

Lebendgebärende, verschiedene Gattungen

Poeciliidae

Poecilia (Limia) nigrofasciata (Schwarzbandkärpfling, Buckelkärpfling). Hochrückiger, friedfertiger, etwas anspruchsvollerer Lebendgebärender, den man sowohl allein als auch im Gesellschaftsbecken ab 60 cm Länge pflegen kann. Männchen bekommen mit zunehmendem Alter einen „Buckel" und eine fächerartige, wunderschön gezeichnete Rückenflosse; die der Weibchen hingegen bleibt klein und durchsichtig. Guter Pflanzenwuchs und Versteckmöglichkeiten für Junge und ständig getriebene Weibchen erforderlich, auch Schwimmpflanzen. Wasserwechsel mit abgestandenem, nitrat- und chlorfreiem Wasser. *Länge:* Männchen ca. 5 cm, Weibchen ca. 6 cm. *Wasser:* Temperatur 22–28 °C; pH-Wert 7,0–8,0; hart, über 18 °dGH. *Nahrung:* Aufwuchs, Pflanzen, Flocken-, Lebendfutter. *Vorkommen:* Haiti.

Poecilia (Limia) nigrofasciata

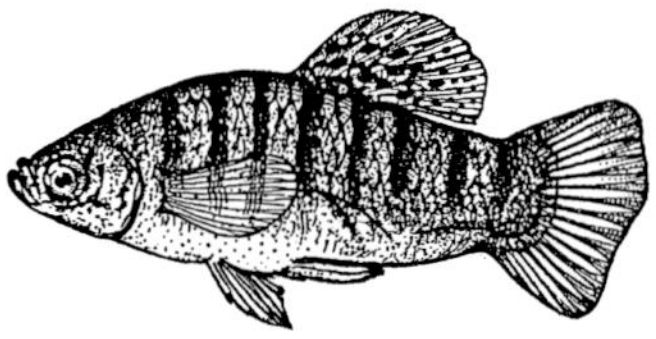

Poecilia (Mollinesia) velifera (Segelkärpfling). Ein imposanter Lebendgebärender, der in jedem großen Gesellschaftsaquarium auffällt, Männchen richten bei der Balz und beim Imponieren ihre hohe Rückenflosse segelartig auf. Bei artgerechter Pflege zeigen die Tiere ihre wunderschöne Färbung. Bei Unwohlsein klemmen sie die Flossen und schaukeln auf der Stelle. Temperaturerhöhung und Salzzusatz können helfen. In ihrer Heimat leben die Segelkärpflinge auch im Brack- und Seewasser. Aquarium mit Randbepflanzung und Raum zum Ausschwimmen. Schwimmpflanzen mit Wurzelbärten bieten Jungfischen Schutz. *Länge:* bis ca. 15 cm. *Wasser:* Temperatur 22–28 °C; pH-Wert 7,0–8,5; 8,25 °dGH. *Nahrung:* Aufwuchs, Pflanzen, Lebend-, Flocken-, Tabletten-, Frostfutter. *Vorkommen:* Yucatán.

Poecilia (Mollinesia) velifera

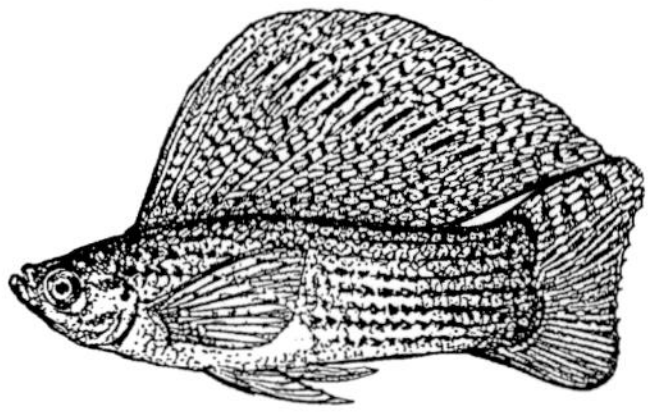

Poecilia (Limia) vittata (Kubakärpfling). Vom Kubakärpfling kennt man zwei morphologisch stark unterschiedliche Formen. Die einfarbig braunoliv gefärbte Wildform ist über ganz Kuba weit verbreitet; gescheckte Tiere sind selten. Im Aquarium wird aber fast nur die etwas kleiner bleibende gescheckte Form gepflegt, deren Männchen neben schwarzen auch gelborange Flecken tragen. In gut bepflanzten Gesellschaftsbecken mit hartem Wasser bereitet die Zucht keine Probleme. Oberflächenpflanzen mit Wurzelbärten bieten den Neugeborenen Schutz.
Länge: Männchen ca. 5 cm, Weibchen ca. 10 cm. *Wasser:* Temperatur 23–28 °C; pH-Wert 7,0–8,0; über 20 °dGH (Salzzusatz ratsam). *Nahrung:* Vegetabilien, Aufwuchs, Lebend-, Frost- und Trockenfutter. *Vorkommen:* Kuba.

Poecilia (Limia) vittata

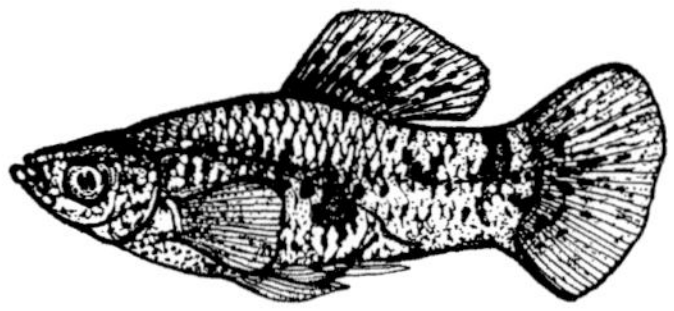

Belonesox belizanus (Hechtkärpfling). Wegen seiner Größe und seiner räuberischen Ernährungsweise kann man den Hechtkärpfling nur zusammen mit größeren Arten oder aber in einem Artbecken halten. Seine Pflege ist nicht ganz einfach, und es besteht immer die Gefahr, daß die großen Weibchen kleinere Artgenossen verzehren, selbst große Platys. Als Einrichtung für diesen oberflächenorientierten Jäger dichten Pflanzenwuchs und Moorkienholzwurzeln, die gute Verstecke bieten. Regelmäßiger Wasserwechsel mit chlorfreiem Frischwasser.
Länge: Männchen 12 cm, Weibchen 20 cm. *Wasser:* Temperatur 24–32 °C; pH-Wert um 7,5; 3–25 °dGH. *Nahrung:* Lebendfutter, vor allem Fische (gedeiht ohne Fische als Futter nicht!). *Vorkommen:* Nordöstl. Mittelamerika.

Belonesox belizanus

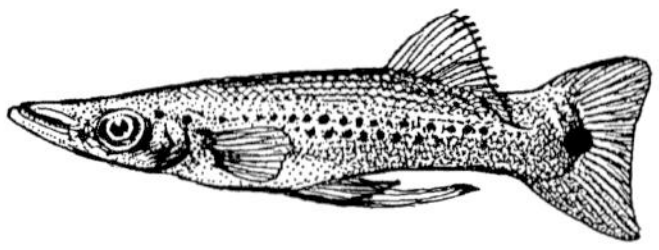

Heterandria formosa (Zwergkärpfling). Für die Pflege dieses recht anspruchslosen Winzlings reicht ein kleines Becken von wenigen Litern Inhalt, wenn man die Fische allein halten möchte. Im Gesellschaftsbecken Haltung nur zusammen mit kleinen, friedfertigen Arten. Dichte Bepflanzung mit feinfiedrigen Arten, dazwischen auch Schwimmraum freilassen. Schwimmpflanzen mit „Wurzelbärten" bieten ebenfalls Verstecke. Zwergkärpflinge setzen in ihrer ein paar Tage dauernden Fortpflanzungsperiode einige wenige Junge ab. Nicht kannibalisch. Werden meist nur 2–3 Jahre alt.
Länge: Männchen 2,5 cm, Weibchen 3 cm. *Wasser:* Temperatur 18–30 °C; pH-Wert 6,0–7,5; weich, bis 20 °dGH. *Nahrung:* Allesfresser, Aufwuchs (Kleinstorganismen). *Vorkommen:* Florida, South Carolina.

Heterandria formosa

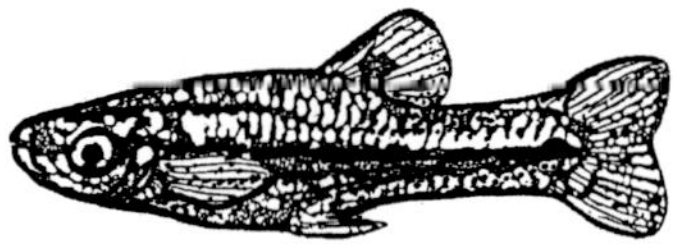

Phalloceros caudimaculatus reticulatus (Gescheckter Caudi, Scheckenkärpfling). Diese Farbform hat die Stammform (die nur einen einzigen Fleck in der Körpermitte hat) völlig aus den Aquarien verdrängt. Der anspruchslose Fisch ist friedfertig und darf nicht zu warm gehalten werden; Leitungswasser bei Zimmertemperatur genügt. Zur Zucht dichter bepflanzte Aquarien, in denen die neugeborenen Jungfische Zuflucht vor den kannibalischen Eltern finden. Als Dekoration eignen sich Moorkienholzwurzeln, auf denen sich Aufwuchs ansiedeln kann. Im Sommer auch im Freiland zu halten.
Länge: Männchen 3,5 cm, Weibchen 6 cm. *Wasser:* Temperatur 15–24 °C; pH-Wert 7,0–8,0; bis 25 °dGH. *Nahrung:* Aufwuchs, Lebend-, Flokkenfutter. *Vorkommen:* La-Plata-Region.

Phalloceros caudimaculatus reticulatus

Lebendgebärende, Hochlandkärpflinge

Poeciliidae, Goodeidae

Xenotoca eiseni sp. „San Marco“ (Banderolenkärpfling). Man kann diesen recht genügsamen, unempfindlichen und friedfertigen Lebendgebärenden in einem Gesellschaftsbecken mitpflegen. Ist das Aquarium gut bepflanzt und mit Versteckmöglichkeiten wie Moorkienholz ausgestattet, wachsen auch immer wieder Jungfische heran. Zur gezielten Zucht sollte man die trächtigen Weibchen in mit chlorfreiem Frischwasser gefüllte und gut bepflanzte Becken umsetzen. Regelmäßig Wasser austauschen, gute Filterung wichtig. Man kann diese Art in den warmen Sommermonaten auch in Freilandbecken pflegen und züchten. *Länge:* bis 7 cm. *Wasser:* 16–26 °C; pH-Wert 7,0–8,0; bis 25 °dGH. *Nahrung:* Pflanzliche Kost, Kleinkrebse, Insektenlarven und Flocken. *Vorkommen:* Hochland im Osten Mexikos.

Xenotoca eiseni sp. „San Marco“

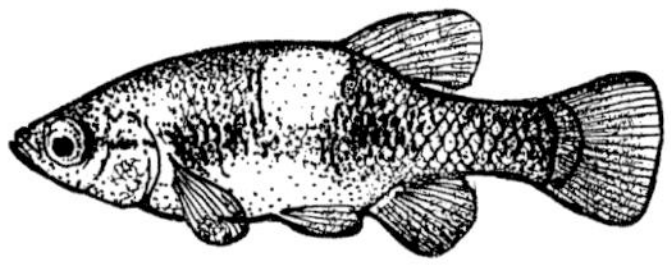

Ameca splendens (Ameca-Hochlandkärpfling, Flitterkärpfling). Obwohl die Weibchen 10 cm Länge überschreiten können, ist dieser kräftig aussehende Lebendgebärende aus der Familie der Goodeidae recht friedfertig. In einem mit grobkiesigem Bodengrund und Moorkienholzwurzeln hübsch eingerichteten und bepflanzten Aquarium ab 80 Zentimeter Kantenlänge kann man mehrere Exemplare zusammen mit anderen nicht zu kleinen friedfertigen Arten pflegen. Regelmäßiger Wasseraustausch und eine gute Filterung sind wichtig. Schwimmpflanzen mit Wurzelbärten dienen als Schutz für die bereits 1,5–2 cm großen Jungen. *Länge:* Männchen 8 cm, Weibchen 12 cm. *Wasser:* Temperatur 24–30 °C; pH-Wert um 7; 5–20 °dGH. *Nahrung:* Pflanzen, Flocken, Kleinkrebse, Mückenlarven. *Vorkommen:* Mexiko.

Ameca splendens

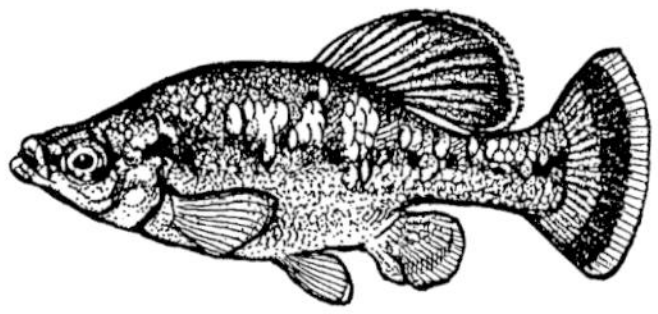

Characodon lateralis (Regenbogen-Hochlandkärpfling). Ein sehr interessanter Hochlandkärpfling, der schon deshalb intensiv nachgezogen werden sollte, weil er in seinen Heimatgewässern von der Ausrottung bedroht ist. Zählt zur Familie Goodeidae. Ein anspruchsvoller Pflegling, der regelmäßig frisches Wasser benötigt. Ein häufiger Wasserwechsel ist anzuraten, wenn sich die Fische wohl fühlen und gesund bleiben sollen. Für ausreichend Verstecke sorgen. Gute Pflege dankt dieser Fisch eventuell sogar mit Nachwuchs. Die Nachkommenzahl ist gering.
Länge: ca. 4–7 cm. *Wasser:* Temperatur 20–26 °C; pH-Wert 7,0–7,5; mittelhart bis hart, 8–18 °dGH. *Nahrung:* vielseitig; Wasserflöhe, Mückenlarven, Algen und Pflanzenflocken. *Vorkommen:* Mexiko, Hochland von Durango.

Characodon lateralis

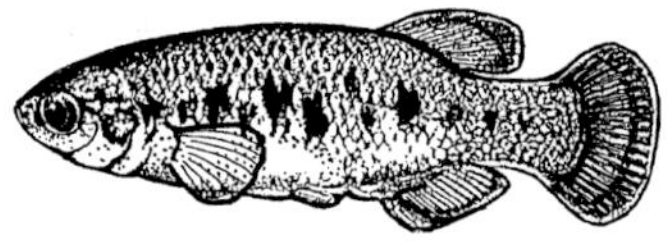

Skiffia bilineata (Zweilinienkärpfling). Das Bild rechts zeigt ein Weibchen; Männchen sehen etwas anders aus. Friedfertiger, gut zu pflegender Gesellschaftsfisch. Salzzugabe ist nicht unbedingt nötig. Leichte Temperaturschwankungen erhöhen Vitalität, Nachzuchterfolg und Körpergröße. Dies gilt für fast alle Hochlandkärpflinge, die bei konstanten Temperaturen nur schlecht nachzuzüchten sind und meist auch viel kleiner bleiben. Geringe Nachkommenzahl, ca. 20 Jungfische von 1 cm Größe. Bei Gruppenhaltung bildet sich eine Rangordnung aus. Im Sommer ab 16 °C Pflege auch im Freiland möglich.
Länge: Männchen 4 cm, Weibchen 5 cm. *Wasser:* 20–28 °C; pH-Wert 6,5–8,0; mittelhart bis hart, 12–20 °dGH. *Nahrung:* vor allem Wasserflöhe und Mückenlarven. *Vorkommen:* Mexiko.

Skiffia bilineata

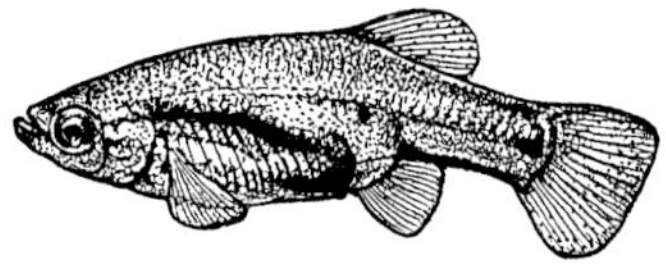

Xenophallus umbratilis (Schlangenkärpfling). Unter den lebendgebärenden Hochlandkärpflingen fallen die Männchen der Schlangenkärpflinge durch ihre schlanke Gestalt und das lange, an der Spitze gespaltene Gonopodium auf. Das Weibchen ist kräftiger gebaut. Für das Gesellschaftsaquarium ab 60 cm Kantenlänge geeignet, aber besser in einem Artaquarium zu pflegen, denn der friedfertige Fisch stellt Ansprüche an die Wasserwerte. Meidet grelles Licht, daher an der Wasseroberfläche Schwimmpflanzen zum Dämpfen des einfallenden Lichtes einsetzen. Jungfischen stellt der Schlangenkärpfling nicht nach.
Länge: Männchen 4 cm, Weibchen 6 cm. *Wasser:* 22–26 °C; pH-Wert um 7,0; 2–15 °dGH, *Nahrung:* Aufwuchs, Lebend-, Flockenfutter, *Artemia*-Nauplien. *Vorkommen:* Costa Rica.

Xenophallus umbratilis

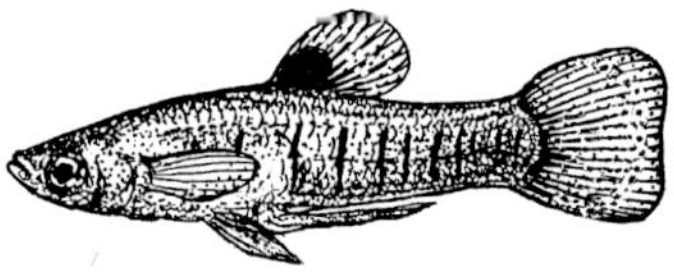

Characodon audax (Durango-Hochlandkärpfling). Ob diese Art noch wildlebend existiert, ist nicht sicher. Zumindest ist ihr Bestand durch Grundwasserentnahme gefährdet. Wie *Characodon lateralis*, so ist auch *C. audax* ein anspruchsvoller Pflegling. Entscheidend ist vor allem der regelmäßige Wasserwechsel. Ohne diese Maßnahme überleben diese Hochlandkärpflinge kaum, auch nicht in sehr großen Aquarien. Nachzucht möglich, geringe Nachkommenschaft.
Länge: ca. 4–6 cm. *Wasser:* 22–25 °C; pH-Wert 7,0–7,5; mittelhart bis hart, 8–18 °dGH. *Nahrung:* unbedingt abwechslungsreiches Lebendfutter wie Wasserflöhe und Mückenlarven; pflanzliche Kost ist unverzichtbar (Algen, Pflanzenflocken o. ä.). *Vorkommen:* Nordmexiko; in Quellbächen des Hochlands von Durango.

Characodon audax

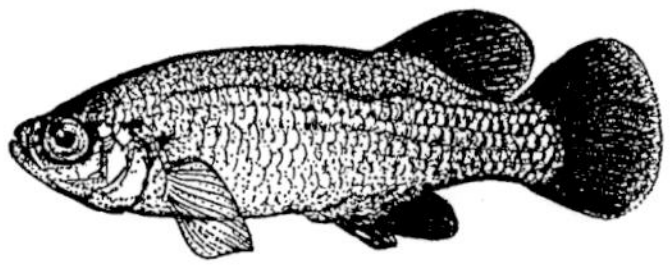

Lebendgebärende, Platys

Poeciliidae

Xiphophorus (Platypoecilus) sp. Unter dem Populärnamen Platy, den man aus dem früheren und hier in Klammern eingesetzten wissenschaftlichen Namen entlehnt hat, kennen wir heute eine Vielzahl verschiedenster Zuchtformen, die oft spontan bei Aquarianern entstanden sind. Sie sind aber auch das Ergebnis einer sogenannten Auslesezucht, bei der man die bei Einzelfischen sich andeutenden Variationen planmäßig weiterzüchtete. In solchen Zuchten waren vor Jahrzehnten auch – neben Berufszüchtern – Aquarianer, also reine Liebhaber, außerordentlich erfolgreich. Heute haben sich diese Zuchten nach Ost- und Südostasien verlagert. Es sind hier vor allem Chinesen, die immer wieder neue Farbvariationen auf den Markt bringen. Gerade die Asiaten haben mit ihrem Sinn für derartige Zuchterfolge ein feines Fingerspitzengefühl und die nötige Geduld und Ausdauer.

Es gibt inzwischen sowohl in Singapur als auch in Malaysia und Thailand Farmbetriebe, die sich nur mit der Zucht von Lebendgebärenden Zahnkarpfen befassen. Darunter gibt es Betriebe, deren Hauptarbeit auf dem Gebiet der Zucht von *Xiphophorus*-Arten liegt, also von Platys und Schwertträgern. Hier arbeitet man nicht unbedingt nach den europäischen Begriffen der „Hochzucht“ oder „Linienzucht“, das heißt, mit exakten Regeln, sondern man überläßt vieles dem Zufall. Da sich zum Beispiel *Xiphophorus helleri, Xiphophorus maculatus* und *Xiphophorus variatus* untereinander kreuzen lassen, erhält man zunächst alle möglichen Farb- und Formvarianten, wenn man sie gemeinsam in großen Freilandbecken hält und sie sich selbst überläßt. Von Zeit zu Zeit fischt man die Becken ab und kontrolliert die Jungtiere, um zu prüfen, was aus dem Mischmasch als mögliche neue Variante hervorgegangen ist. Solche Exemplare trennt man nun ab und versucht erst jetzt, in weiteren Nachzuchten diese neuen Eigenschaften zu stabilisieren. Da das Ausgangsmaterial im Mischmasch schon sehr variabel sein kann, ist es nicht verwunderlich, wenn auch unter den Nachzuchten die in der Variabilität enthaltenen Möglichkeiten in mannigfacher Ausbildung vorhanden sind. Ob sie sich aber als erbfest erweisen, ergibt erst die weitere Zucht, in der immer wieder Variationen auftauchen können, ehe eine bestimmte Farb- oder Körperform stabil wird. Manche dieser Kreuzungen sind allerdings unfruchtbar. Im zoologischen Fachhandel findet man heutzutage kaum Naturformen, sondern fast nur noch Zuchtformen.

Wer Wert darauf legt, möglichst viele Jungfische aufzuziehen, sollte die hochschwangeren Weibchen in ein mit vielen Pflanzen eingerichtetes kleines Becken setzen, denn im Gesellschaftsbecken sind junge Platys immer ein gesuchtes Futter.

Xiphophorus (Platypoecilus) maculatus. „Der Platy“ oder Spiegelkärpfling stammt ursprünglich von der atlantischen Abdachung Mexikos und Guatemalas. Heute leben in unseren Aquarien fast nur noch Zuchtformen. Sie gehören zu den beliebtesten Aquarienfischen, nicht nur bei Einsteigern, sondern auch bei erfahreneren Züchtern. Zur Pflege dieser wenig anspruchsvollen Fische sollten die Aquarien immer gut bepflanzt sein und auch Algenwuchs vorhanden sein, in dem die Platys weiden und dabei nicht nur pflanzliche Nahrung, sondern auch tierische Mikroorganismen, die in den Algen leben, zu sich nehmen. Wer auf reine Farbformen Wert legt, darf keine anderen Formen mitpflegen, weil sich die Tiere immer wieder kreuzen. Die beliebtesten Zuchtformen sind Korallenplaty, Mondplaty, Wagtailplaty, Simpsonplaty, Blutendes-Herz-Platy und die Schleierhochflosser. In den letzten Jahren ist in Südostasien eine Platyform entstanden, der sogenannte Ballonplaty, dessen Körper kugelig aufgetrieben ist und keinen schönen Anblick bietet, dennoch sind die Fische in ihrer Schwimmweise keineswegs behindert.

Länge: Männchen 3,5 cm, Weibchen 5 cm. *Wasser:* Temperatur 24–27 °C (Zuchtformen meist wärmebedürftig, nicht unter 24 °C); pH-Wert bis 8; 20 °dGH. *Nahrung:* Allesfresser, auch Pflanzkost! *Vorkommen:* S-Mexiko bis Guatemala.

Xiphophorus (Platypoecilus) variatus (Papageienkärpfling). Zu den farbenprächtigsten Lebendgebärenden Zahnkarpfen gehört zweifellos dieser Platy, und doch ist er aquaristisch nicht so verbreitet wie sein Vetter *X. maculatus*. Schon bei den Wildfängen läßt sich die Variabilität der Färbungen erkennen, so daß die heutigen Zuchtformen in Farben und Flossenformen keine Überraschung sind. Der 1931 erstmals eingeführte Fisch stammt aus dem Südwesten von Mexiko und hat sich zu einem ohne Schwierigkeiten im Aquarium zu pflegenden Lebendgebärenden entwickelt. Sind die halbwüchsigen Jungfische schon hübsch, so werden die Männchen mit zunehmendem Alter zu farbensprühenden Exemplaren. Zwar ist der Papageienkärpfling eine einfach zu pflegende Art, aber am besten bietet man ihm ein gut bepflanztes Aquarium, in dem sich auch Aufwuchs entwickelt, den er stundenlang abgrasen kann. In ihm findet er vor allem auch tierische Kleinstlebewesen, die er mit seinen kleinen Zähnen sozusagen herauskämmt. Auch die Jungfische können sich in ihren ersten Lebenstagen ohne zusätzliche Fütterung ausgezeichnet davon ernähren.

Länge: Männchen 5 cm, Weibchen 6 cm. *Wasser:* Temperatur 22–25 °C; pH-Wert um 7 Härte bis 20 °dGH. *Nahrung:* Allesfresser, auch Pflanzenkost. *Vorkommen:* SW-Mexiko.

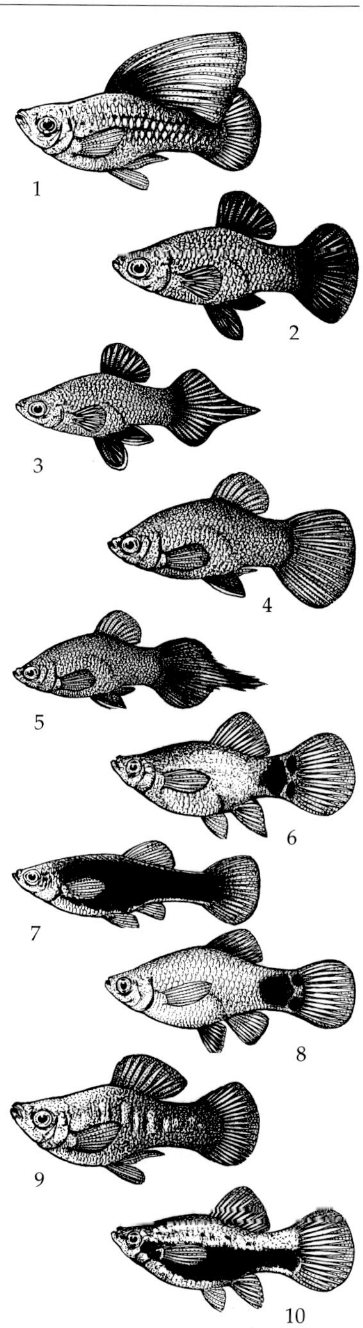

Platy-Zuchtformen
1 Papageienplaty mit Simpsonflosse. 2 Wagtailplaty. 3 Wagtailplaty mit Pinselschwanz. 4 Korallenplaty. 5 Korallenplaty mit Pinselschwanz. 6 Spiegelplaty. 7 Schwarzer Platy. 8 Mondplaty. 9 Marigoldplaty. 10 Tuxedoplaty.

Zur Bildtafel rechts: Verschiedene Platy-Zuchtformen

Lebendgebärende, Schwertträger

Xiphophorus (Xiphophorus) sp. Die wörtliche Übersetzung des aus dem Altgriechischen übernommenen wissenschaftlichen Namens dieser Lebendgebärenden Zahnkarpfen ist aus zwei Begriffen zusammengesetzt, nämlich *Xipho* von *xiphos* = Schwert und *phorus* von *phorein* = tragen. Da alle wissenschaftlichen Namen lateinisiert werden, lautet der lateinische Name *Xiphophorus*. Er bezieht sich auf die besondere Ausbildung der Schwanzflosse bei den Männchen. Sie zeigt im unteren Teil verlängerte Flossenstrahlen, die nach hinten zu eine Spitze bilden, so daß sie tatsächlich an ein kleines Schwert erinnern, das dunkel eingefaßt ist. Dieses Schwert kann auch ein Artmerkmal sein, denn es ist unterschiedlich geformt. Allerdings haben im Laufe der aquaristischen Zucht die Schwerter, selbst innerhalb einer Art, recht verschiedene Gestalt angenommen.
Ursprünglich bestand die Gattung *Xiphophorus* nur aus den „echten" Schwertträgern. Aus späteren Untersuchungen ergab sich jedoch, daß auch die Platys (damals mit Gattungsnamen *Platypoecilus*) sehr eng mit den Schwertträgern verwandt sind, so daß man beide Gattungen innerhalb der *Xiphophorus* vereinigte. Nur die Namen der Untergattungen (in Klammern gesetzt) zeigen noch die Unterschiede.
Männliche Schwertträger sind Meister im Rückwärtsschwimmen, denn sie benutzen ihr Schwert bei der Balz, wobei sie das umbalzte Weibchen rückwärts schwimmend immer wieder mit dem Schwert berühren und zur Paarung stimulieren. Dazu muß das Weibchen auf der Stelle verharren, damit das Männchen sein Gonopodium zur Kloake des Weibchens bringen und seine Spermien abgeben kann.
Der „klassische" Schwertträger ist der 1909 eingeführte *Xiphophorus helleri*, den man heute in vielerlei Farben und Zeichnungsmustern, die auf Kreuzungen und Zuchtauslese zurückgehen, im Handel findet. Außerdem erscheinen immer wieder neue Farben und Formen auf dem Markt. Dank der natürlichen Variabilität von *Xiphophorus helleri* ist so manche geographische oder ökologische Form als eigene Art beschrieben worden, die jedoch wissenschaftlich nicht haltbar blieb. Es gibt auch viele Namen für Züchtungen, wie z. B. Simpson-, Lyratail-, Wagtail-Schwertträger, und Kreuzungen mit Platys, wie z. B. Hamburger, Berliner oder Wiesbadener, die hier aufzuzählen zu weit gehen würde.
Echte Arten sind z. B. *Xiphophorus alvarezi, X. andersi, X. birchmani, X. clemenciae, X. cortezi, X. couchianus, X. evelynae, X. gordoni, X. maculatus meyeri, X. milleri, X. montezumae, X. nigrensis, X. pygmaeus, X. signum variatus* und *X. xiphidium*. Die Vertreter der echten Schwertträger sind von Nordmexiko bis Honduras verbreitet.

Xiphophorus helleri (hier Schwertträger-Wildformen). Wer den Namen Schwertträger hört, denkt sicher zuerst an *Xiphophorus helleri* – den Schwertträger schlechthin. Er ist der Urahne aller heutigen Schwertträger-Zuchtformen. Die Wildform wird heute nur noch selten gepflegt, obwohl auch sie ein attraktiver, lebendiger und robuster Aquarienfisch ist. Andere Wildarten haben keine weite Verbreitung gefunden, was angesichts ihrer Schönheit und unproblematischen Pflege unverständlich ist. Wichtig: ein regelmäßiger Wasserwechsel erhöht das Wohlbefinden dieser Fische ganz entschieden. Dies gilt allgemein für alle Schwertträger. Bietet man zusätzlich ein geräumiges Aquarium, abwechslungsreiche Fütterung und friedliche Beifische, entwickeln die männlichen Schwertträger ihre Schwanzflossenauszüge besonders prachtvoll. Am eindrucksvollsten präsentiert sich *X. montezumae*, dessen Schwert mehr als doppelt so lang wie der Körper werden kann. Andere Arten wie *X. pygmaeus* sind mit ihren kurzen, hakenförmigen „Schwertern" kaum als Schwertträger zu erkennen. Dafür sind diese kleinen Schwertträgerarten ganz besonders reizende Pfleglinge, deren munteres Verhalten jeden Betrachter fasziniert.
Länge: 3,5–16 cm. *Wasser:* 22–25 °C; pH-Wert 7–8; 5–20 °dGH. *Nahrung:* Allesfresser, Aufwuchs, Flocken. *Vorkommen:* Mittelamerika.

Xiphophorus helleri (hier Schwertträger-Zuchtformen). Neben dem Guppy ist der Schwertträger wohl der Aquarienfisch mit den meisten Zuchtformen. In vielen Fällen sind Schwertträger, oft zusammen mit anderen Lebendgebärenden Zahnkarpfen, der erste Besatz im Aquarium, denn sie eignen sich hervorragend für Einsteiger. Sie kommen mit dem meist etwas härteren Leitungswasser in Deutschland gut zurecht, sind anspruchslos in der Ernährung – was nicht heißt, daß gelegentliches Lebendfutter fehlen sollte – und sind anderen Fischen gegenüber ausgesprochen friedlich. Eine Ausnahme bilden hier die eigenen und fremden Jungfische, die generell als Nahrung angesehen werden. Bemerkenswert ist auch die Entstehung vieler Zuchtformen durch das Einkreuzen anderer *Xiphophorus*-Arten, insbesondere Platys. Manche Zuchtformen, wie die Lyratail-Schwertträger müssen durch Rekombinationszucht vermehrt werden, weil die Männchen durch ihre stark verlängerten Gonopodien nicht mehr paarungsfähig sind. Leider neigen einige Formen, vor allem die schwarzen, zu Pigment-Tumoren, weshalb Schwertträger in Forschungsinstituten eine wichtige Rolle in der Krebsforschung spielen.
Länge: ca. 3,5–18 cm. *Wasser:* Temperatur 24–26 °C; pH-Wert 7–8; Härte bis 20 °dGH. *Nahrung:* Allesfresser, Aufwuchs, Flocken.

Schwertträger-Wildformen:

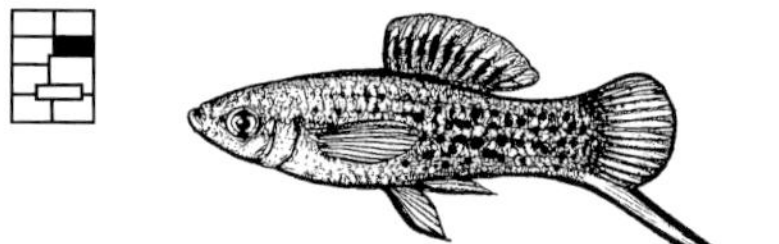

Xiphophorus nezahualcoyotl
Rio/St. Maria de Guadelupe

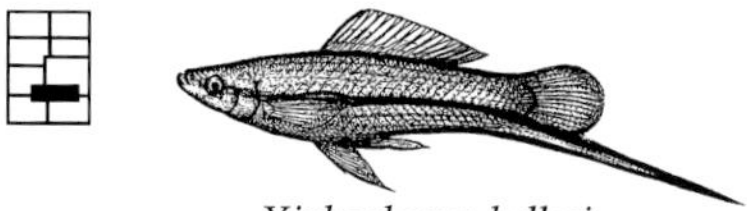

Xiphophorus helleri
Rio Nautla

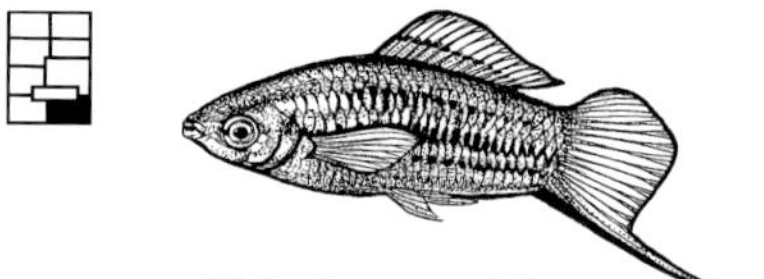

Xiphophorus multilineatus
Rio Coy, Mexiko

Schwertträger-Zuchtformen:

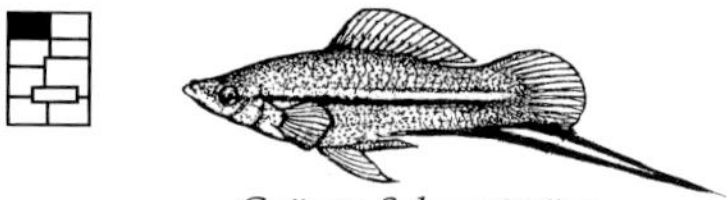

Grüner Schwertträger

Roter Schwertträger

Zuchtform Marigold

Berliner Kreuzung

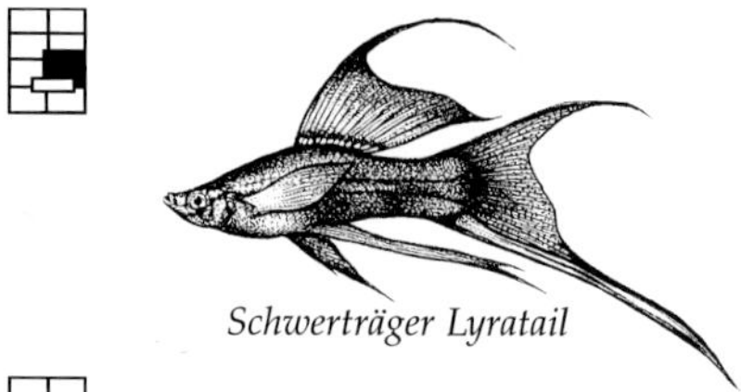

Schwertträger Lyratail

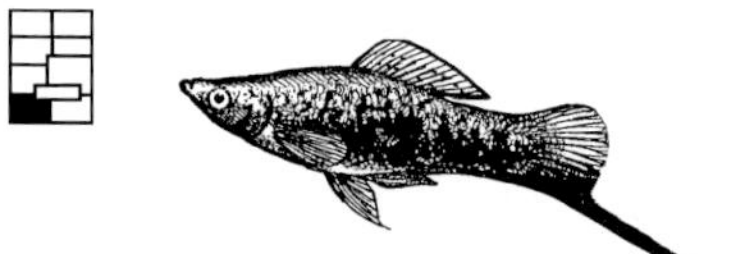

Hamburger Kreuzung

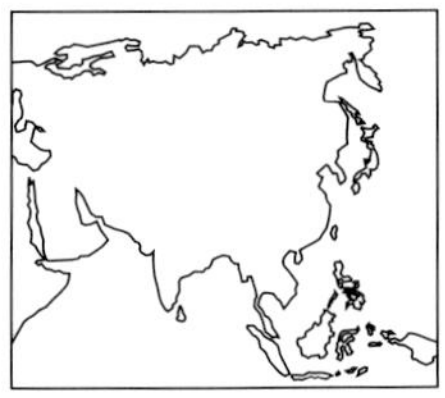

Halbschnäbler
Hemirhamphidae

Viele Vertreter dieser Familie haben einen kürzeren, beweglichen Oberkiefer und einen langen starren Unterkiefer, der bei den Männchen der Gattung *Nomorhamphus* mit zunehmendem Alter immer stärker hakenförmig gekrümmt sein kann. Die Weibchen tragen höchstens einen kurzen Zapfen. Lebendgebärend. Fast alle Arten sind oberflächenorientiert, lieben sauberes, sauerstoffreiches, fließendes Wasser (die meisten Arten leben nur in Fließgewässern und ernähren sich von Anflugnahrung). Becken immer gut abdecken.

Nomorhamphus liemi liemi (Schwarzer Celebes-Halbschnäbler). Friedfertig gegenüber anderen Fischarten, untereinander manchmal etwas zänkisch. Man kann sie im Gesellschaftsbecken pflegen, wenn sonst keine anderen oberflächenorientierten Arten gehalten werden. Die Fische brauchen Deckung und verbergen sich in der Natur tagsüber in Unterständen. *Länge:* Männchen ca. 7 cm, Weibchen ca. 12 cm. *Wasser:* Temperatur 22–28 °C; pH-Wert um 7; weich bis hart, 4–18 °dGH. *Nahrung:* Anflug, Flocken. *Vorkommen:* SW-Sulawesi.

Nomorhamphus liemi liemi

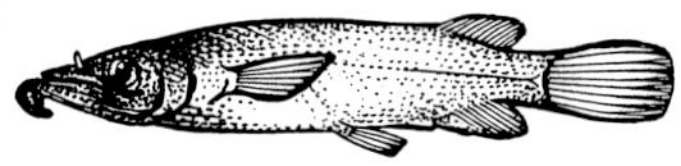

Dermogenys pusillus (cf. borealis) (Kleiner Kampfhalbschnäbler). In Südostasien am weitesten verbreitete Art. Besiedelt verschiedene Gewässertypen. Männchen schmächtiger. Innere Befruchtung durch Spermatozeugme. Weibchen wirft voll ausgebildete Junge. In kleinen Gruppen im Gesellschaftsbecken (friedfertige Arten) pflegen. Schwimmpflanzen mit Wurzelbärten. Gute Springer! *Länge:* ca. 6 cm. *Wasser:* 20–26 °C; pH-Wert 6–7,5; 5–15 °dGH. *Nahrung:* Oberflächenfutter, auch Jungfische und Flocken. *Vorkommen:* Südostasien.

Dermogenys pusillus (cf. borealis)

Nomorhamphus ravnacki (Ravnacks Bunter Celebes-Halbschnäbler). Wie alle *Nomorhamphus* lebendgebärend und mit typischer Lauerbalz, bei der das Männchen schräg nach hinten versetzt unter dem Weibchen auch während des Werfens „lauert" und sofort nach dem Wurf eines Jungfisches versucht, das Weibchen wieder zu befruchten. Jungfische werden gefressen. *Länge:* Männchen ca. 6 cm, Weibchen ca. 12 cm. *Wasser:* 22–28 °C; pH-Wert um 7; 5–12 °dGH. *Nahrung:* Lebendfutter *(Drosophila)*, evtl. Flockenfutter. *Vorkommen:* SW-Sulawesi.

Nomorhamphus ravnacki

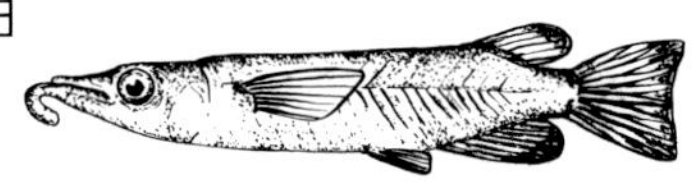

Nomorhamphus liemi snijdersi (Bunter Celebes-Halbschnäbler). Unterscheidet sich von der Stammform äußerlich durch die rotschwarze Färbung der Rücken- und Afterflossenenden. Das nach vorn ausklappbare Begattungsorgan (Andropodium) liegt in einer Scheide. Bewohnt Gebirgsflüsse mit klarem, sauerstoffreichem Wasser. Aquarium mit Strömung. *Länge:* Männchen ca. 7 cm, Weibchen ca. 12 cm. *Wasser:* Temperatur 22–28 °C; pH-Wert um 7; bis 12 °dGH. *Nahrung:* Lebend-, Anflug-, Flokkenfutter. *Vorkommen:* SW-Sulawesi.

Nomorhamphus liemi snijdersi

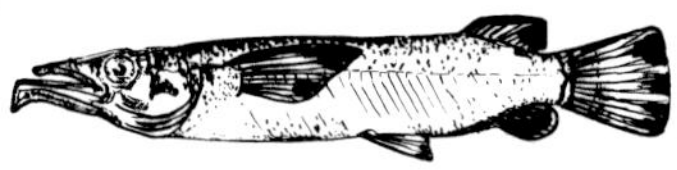

Nomorhamphus brembachi (Sulawesi-Bach-Halbschnäbler). Selten eingeführte und weniger farbige Art. Pflege, wie bei anderen *Nomorhamphus*, auch in Gesellschaftsbecken ab 80 cm Länge möglich. Liebt klares, sauerstoffreiches, nicht zu hartes Wasser. Vorsichtig eingewöhnen. Eher dämmerungsaktiv. Deckung durch Schwimmpflanzen wichtig. *Länge:* Männchen ca. 6 cm, Weibchen ca. 8 cm. *Wasser:* 22–28 °C; pH-Wert 6–7,2; bis 12 °dGH. *Nahrung:* Insekten, Anflug, Flocken (?). *Vorkommen:* Südwestarm von Sulawesi.

Nomorhamphus brembachi

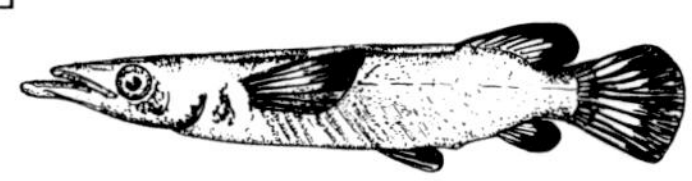

Dermogenys viviparus (Philippinen-Halbschnäbler). Einfach gefärbte Art, die nur gelegentlich importiert wird. Gegenüber Mitinsassen im Gesellschaftsbecken friedfertig. Besser ist ein Artbecken ab 60 cm Länge, wenn man züchten möchte. Tagaktiver Oberflächenfisch. Schwimmpflanzen mit Wurzelbärten als Dekkung und Versteckmöglichkeiten. *Länge:* Männchen ca. 7 cm, Weibchen ca. 8 cm. *Wasser:* 22–26 °C; pH-Wert 6,5–7,2; bis 12 °dGH. *Nahrung:* Lebendfutter, Anflug *(Drosophila)*. *Vorkommen:* Luzon, Philippinen.

Dermogenys viviparus

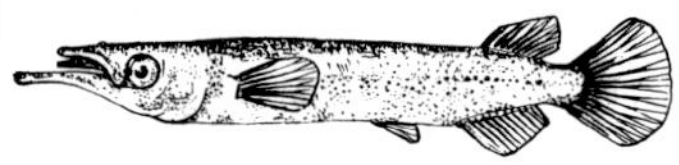

Hemirhamphodon pogonognathus (Zahnleisten-Halbschnäbler). Auffällig dünn erscheinender Fisch mit langem Unterkieferfortsatz. Je nach Heimatgewässer einfarbig graugrün bis prächtig blaugrün. Unterkieferränder oft leuchtend rot. Im Aquarium am besten allein pflegen. Der reine Oberflächenfisch braucht freien Wasserspiegel neben Schwimmpflanzen. *Länge:* Männchen ca. 10 cm, Weibchen kleiner. *Wasser:* 22–28 °C; pH-Wert 5–7; 1–12 °dGH. *Nahrung:* Allesfresser, besonders Anflugfutter, kaum Flocken. *Vorkommen:* Südostasien.

Hemirhamphodon pogonognathus

Ähren- und Regenbogenfische

Atherinidae, Melanotaeniidae

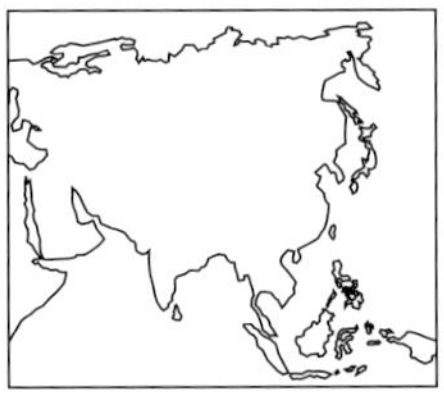

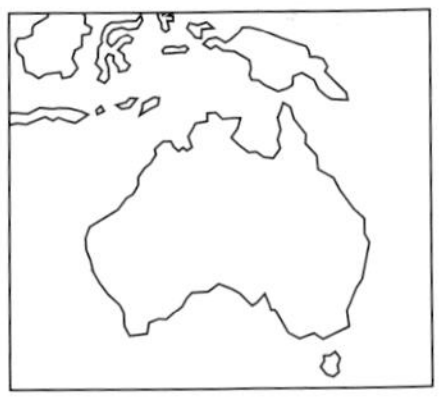

Ährenfische (Atherinidae) und Regenbogenfische (Melanotaeniidae) sind nahe verwandte Familien, aus denen Arten bekannt sind, die zu den schönsten Pfleglingen in unseren Aquarien gehören. Ährenfische sind weltweit in tropischen und subtropischen Meeren zu finden, und nur wenige Arten kommen im Süßwasser vor. Regenbogenfische sind typische Bewohner des Australischen Festlandschelfs, auf dem sie sowohl in fließenden als auch in stehenden Süßgewässern von Australien und Neuguinea weit verbreitet vorkommen. Beide Familien besitzen zwei Rückenflossen, von denen die vordere sehr viel kleiner ist als die hintere.

Pseudomugil gertrudae (Gepunkteter Regenbogenfisch). Diese kleine, schwimmfreudige und friedfertige Art ist am einfachsten zu pflegen, wenn man sie in einer kleinen Gruppe von sechs und mehr Exemplaren hält. Artaquarien empfehlen sich, wenn man züchten möchte, denn die Fische sind Dauerlaicher. Zur Dekoration bieten sich Moorkienholzwurzeln an, auf die man Javafarn oder Javamoos aufbindet. In Gesellschaftsbecken nur mit anderen kleinen und absolut friedfertigen Fischen vergesellschaften.
Länge: ca. 3,5 cm. *Wasser:* Temperatur 22–28 °C; pH-Wert 6–7; 2–8 °dGH. *Nahrung:* Kleinkrebse, Obstfliegen, kleine Mückenlarven, Flockenfutter. *Vorkommen:* N-Australien, S-Neuguinea.

Telmatherina ladigesi (Celebes-Sonnenstrahlfisch). Diesen wunderschönen Fisch pflegt man am besten in einer Gruppe im Aquarium mit viel Schwimmraum und guter Randbepflanzung. Die Fische stammen aus Fließgewässern und bewohnen dort die teichartigen Erweiterungen zwischen kleinen Wasserfällen. Männchen mit ausgezogenen Rücken- und Afterflossenstrahlen. Gute Filterung und klares Wasser sind wichtig. Zucht nicht ganz einfach, ist aber im Sommer auch schon in warmen Freilandteichen gelungen. Nur andere friedfertige Arten. *Länge:* 8 cm. *Wasser:* Temperatur 22–24 °C; pH-Wert 6,5–7,5; bis 18 °dGH. *Nahrung:* Kleinkrebse, Anflug, Insektenlarven, Flockenfutter. *Vorkommen:* Indonesien; Sulawesi.

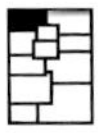

Pseudomugil gertrudae

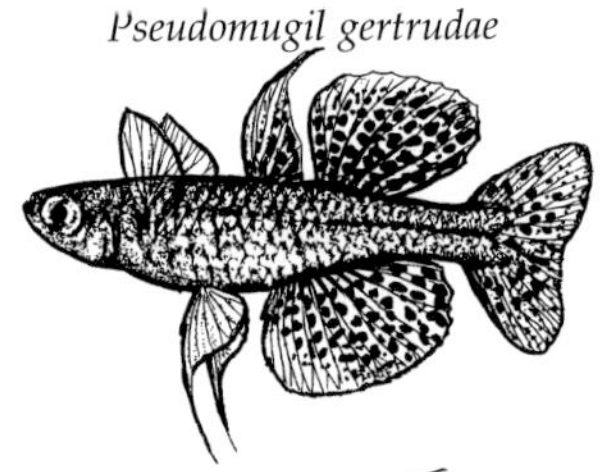

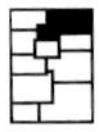

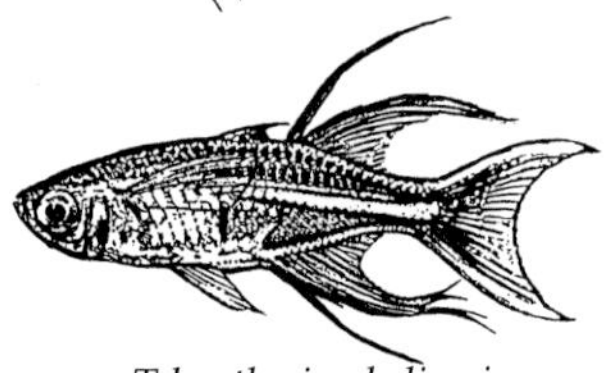

Telmatherina ladigesi

Iriatherina werneri (Pracht-Regenbogenfisch). Auffälliger Schwarmfisch, nur mit anderen friedfertigen und kleineren Arten halten. Schwimmfreudiger Regenbogenfisch, stets in Gruppen pflegen. Er bewegt sich in den mittleren und oberen Wasserschichten. Die Geschlechter sind einfach zu unterscheiden: die Männchen haben lang ausgezogene Strahlen in der zweiten Rückenflosse und Afterflosse. Nitratfreies Wasser. Regelmäßiger Wasseraustausch.
Länge: Männchen bis 5 cm, Weibchen bis 4 cm. *Wasser:* Temperatur 24–26 °C; pH-Wert um 7; 2–8 °dGH. *Nahrung:* Kleinkrebse, kleine Mükkenlarven, *Drosophila*, Flocken. *Vorkommen:* S-Neuguinea, N-Australien.

Pseudomugil sp. aff. novaeguineae. Neuentdeckung aus dem Kiunga-Fluß. Körper fast durchsichtig, farbenprächtige Flossen. Das Männchen zeigt vor allem bei der Balz seine fantastische Beflossung, wobei die erste Rükkenflosse lang und blutrot ist. Balzende Männchen treiben die Weibchen stark. Haltung erfolgt am besten im Artbecken. Mehrere Pflanzendickichte und Raum zum Ausschwimmen anbieten. Diese Art schwimmt immer dicht an der Oberfläche.
Länge: 2–3 cm. *Wasser:* Temperatur 22–28 °C; pH-Wert um 5,5–6,5; mittelhart bis hart, 10–18 °dGH. *Nahrung:* Kleines Lebend- sowie Frostfutter. *Vorkommen:* Australien, Papua Neuguinea; Kiunga.

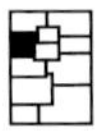

Iriatherina werneri

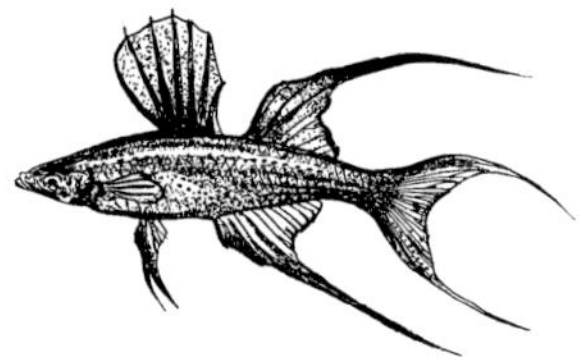

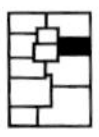

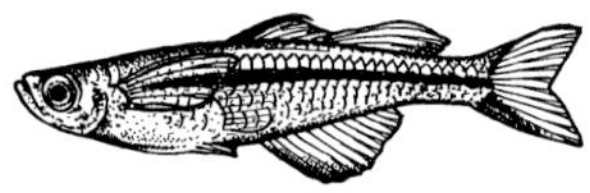

Pseudomugil sp. aff. novaeguineae

Pseudomugil furcatus (Gabelschwanz-Regenbogenfisch). Friedfertiger, schwimmfreudiger und lebhafter Schwarmfisch. Mit kleineren Arten des unteren Bereiches vergesellschaften. Becken mit Strömung, vorwiegend nur am Rand dicht bepflanzen. Dauerlaicher. Die Balz der Männchen findet meist in den Morgenstunden statt. Als Laichsubstrat eignet sich Javamoos. Eier ablesen. Im Aufzuchtbecken schlüpfen die Jungen nach ca. 14 Tagen. Sie schwimmen dicht unter der Wasseroberfläche und nehmen sofort *Artemia*-Futter.
Länge: ca. 5,5 cm. *Wasser:* Temperatur 22–26 °C; pH-Wert 6–7,5; weich bis mittelhart, 5–12 °dGH. *Nahrung:* Allesfresser, kleines Lebend- und Trockenfutter. *Vorkommen:* Papua-Neuguinea.

Bedotia geayi (Rotschwanz-Ährenfisch). Ein friedfertiger, schöner Fisch für das Gesellschaftsbecken ab 100 cm Länge. Randbepflanzung, Schwimmpflanzen mit langen Wurzelbärten, in denen die Fische laichen. Hält sich vorwiegend in der oberen Hälfte des Aquariums auf und sollte immer in einer Gruppe von mindestens sechs Exemplaren gepflegt werden. Sauberes, nitratfreies Wasser ist wichtig. In belastetem Wasser anfällig für Ektoparasiten. Regelmäßiger Wasseraustausch von ca. 30 % mit chlorfreiem Leitungswasser. Zucht nicht einfach. Zeitigungsdauer der Eier etwa eine Woche.
Länge: Bis 10 cm. *Wasser:* Temperatur 20–24 °C; pH-Wert 7–7,5; 8–20 °dGH. *Nahrung:* Lebendfutter aller Art, auch Anflug, Flocken- und Frostfutter. *Vorkommen:* Madagaskar.

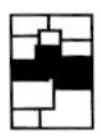

Pseudomugil furcatus

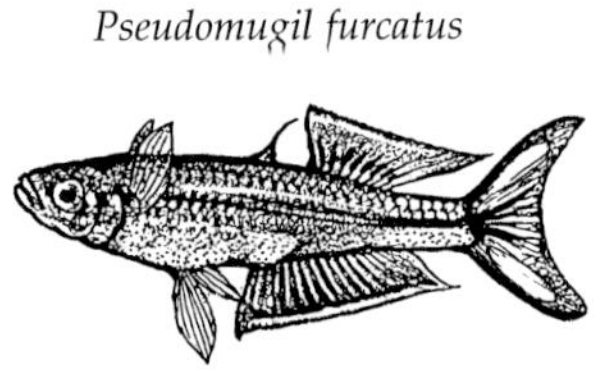

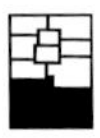

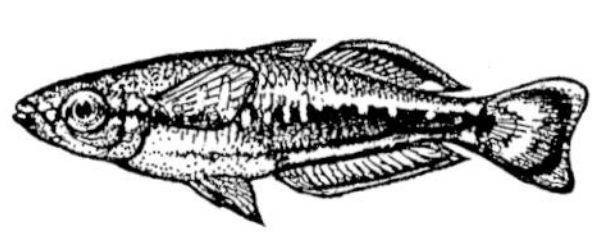

Bedotia geayi

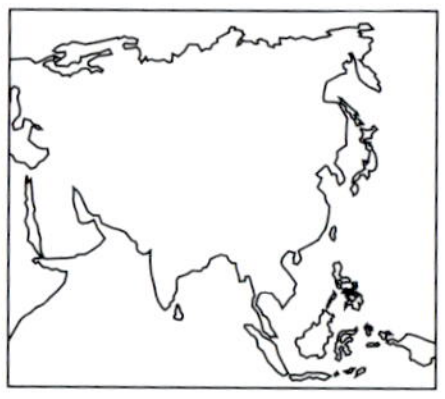

Regenbogenfische

Melanotaeniidae

Die Regenbogenfische aus der Familie Melanotaeniidae (Ordnung Atheriniformes) enthalten schlanke bis gedrungene, seitlich stark komprimierte Arten mit stets zwei gut ausgebildeten Rückenflossen. Obwohl sie bereits vor ca. 150 Jahren entdeckt wurden, gewannen sie erst in den 70er Jahren an Popularität. Ihr Verbreitungsgebiet ist das nördliche und östliche Australien (südlich bis New South Wales), die Insel Neuguinea und die dem Indonesischen Teil (Irian Jaya) vorgelagerten Inseln. Funkelnde, teils in allen Regenbogenfarben schimmernde Fische wurden in den letzten Jahren aus den genannten Gebieten importiert. Leider wird der natürliche Lebensraum besonders in Irian Jaya (Indonesien) und Papua Neuguinea mit großer Geschwindigkeit zerstört und viele Arten verschwinden, bevor sie entdeckt wurden. Von aquaristischer Bedeutung sind die Gattungen *Melanotaenia, Glossolepis, Chilatherina, Iriatherina, Cairnsichthys* und *Rhadinocentrus.*

Die Vorfahren der in Schwärmen lebenden Regenbogenfische waren wahrscheinlich einmal Meeresfische. Sekundär wanderten sie dann ins Süßwasser ein. Heute finden wir die Fische fast ausschließlich in Süßwasserbächen, Flüssen und Seen.

Für Aquarianer mit etwas Erfahrung ist die Haltung der Melanotaeniiden im allgemeinen problemlos. Die recht temperamentvollen Fische brauchen jedoch geräumige, langgestreckte Becken mit viel Bewegungsfreiheit zum Ausschwimmen. Im Artenbecken oder in Gesellschaft anderer, nicht zu nahe verwandter Regenbogenfische kommen sie besonders schön zur Geltung.

Regenbogenfische schätzen sauberes, sauerstoffreiches Wasser, deshalb ist ein Teilwasserwechsel mit abgestandenem (!) Frischwasser von Zeit zu Zeit empfehlenswert. Von wenigen Ausnahmen abgesehen, stellen Regenbogenfische keine großen Ansprüche. Schwankende Härtegrade und pH-Werte werden von den meisten Arten gut verkraftet, und viele Vertreter sind auch nicht empfindlich gegenüber niedrigen Temperaturen. Trotzdem sollten diese immer über 20 °C liegen.

Die Zucht gelingt oft sehr schnell. Die meisten Arten sind fraktionierte Laicher, die ihre Eier über längere Laichperioden in kleineren Portionen abgeben. Die oft mit Haftfäden versehenen Eier bleiben dabei einzeln oder zu mehreren an Pflanzen oder anderen Einrichtungsgegenständen hängen. Gut gefütterte Zuchttiere stellen dem Laich nur wenig nach. Sie sollten aber trotzdem aus dem Zuchtbecken entfernt werden (alternativ dazu kann auch der Laich entfernt werden). Als Anfangsfutter empfehlen sich Artemianauplien.

Melanotaenia praecox

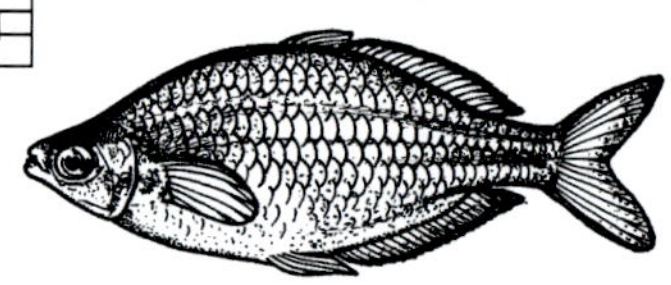

Melanotaenia affinis

Melanotaenia duboulayi

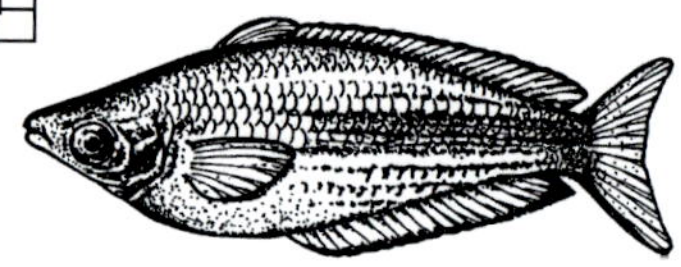

Melanotaenia praecox. Eine friedliche, schöne Neuentdeckung von Heiko Bleher mit hervorragenden Eigenschaften für die Aquaristik. Im Schwarm pflegen. Keine aggressiven Beifische. Achtung, benötigt weiches Wasser und viel Schwimmraum mit Pflanzen. *Länge:* ca. 4,5 cm. *Wasser:* 25–30 °C; pH-Wert 5,8–6,8; 2–6 °dGH. *Nahrung:* Kleines Lebendfutter. *Vorkommen:* Indonesien; Irian Jaya (Mamberamo).

Melanotaenia affinis. Der Fundort beeinflußt die Farbausprägung der Fische. Je nach Herkunft (Fluß/See) variabel. Immer im Schwarm mit ausreichend Schwimmraum, dichten Pflanzenbeständen sowie friedlichen, nicht zu großen Beifischen pflegen. *Länge:* 5–7,5 cm. *Wasser:* Temperatur 20–27 °C; pH-Wert 6,5–8; 6–10 °dGH. *Nahrung:* Allesfresser (vielseitig). *Vorkommen:* Nord-Neuguinea, Pagwi-Fluß.

Melanotaenia splendida

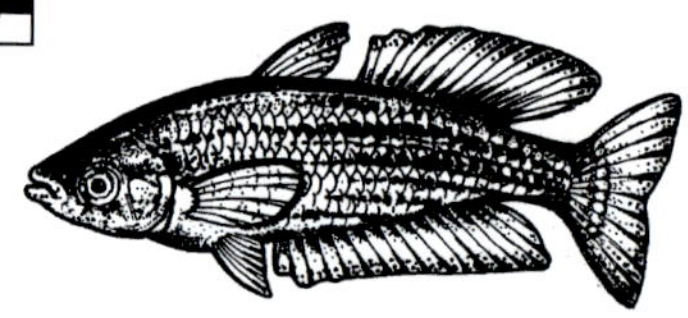

Melanotaenia duboulayi. Ist schon länger bekannt. Er unterscheidet sich durch die Körperform etwas von anderen Regenbogenfischen. Benötigt viel Schwimmraum, teilweise dichte Pflanzen und friedliche Mitbewohner. Die Nachzucht gelingt leicht. Freilaicher in Pflanzen. *Länge:* 7–9 cm. *Wasser:* 22–26 °C; pH-Wert 7–7,5; 10–15 °dGH. *Nahrung:* Allesfresser. *Vorkommen:* Südost-Australien.

Melanotaenia splendida. Sehr variabel, 3 Unterarten *(M. s. splendida), M. s. australis, M. s. inornata).* Viel Schwimmraum, klares, mittelhartes Wasser. Wasserpflanzenbestände und Schwimmpflanzen. Die Zucht ist einfach. *Länge:* 6–8 cm. *Wasser:* Temperatur 22–28 °C; pH-Wert 6,0–8,0; Härte, 2–15 °dGH. *Nahrung:* Allesfresser (vielseitig). *Vorkommen:* Nordost-Australien.

Melanotaenia sp.

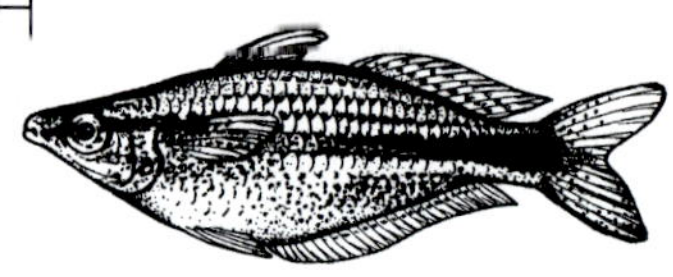

Melanotaenia sp., gehört zur *M. goeldi*-Gruppe; eine Neuentdeckung von Heiko Bleher, die noch nicht beschrieben wurde. Verträgt weiches bis mittelhartes Wasser. Benötigt viel Schwimmraum sowie Pflanzendickichte. Mit nicht zu kleinen, friedlichen Mitbewohnern. *Länge:* 6,5–8,5 cm. *Wasser:* 20–26 °C; pH-Wert 6,0–7,5; 3–15 °dGH. *Nahrung:* Allesfresser. *Vorkommen:* Papua-Neuguinea (Tapini).

Glossolepis multisquamatus zählt zu den Regenbogenfischen, die weiches Wasser benötigen. Außerdem darf es leicht angesäuert sein. Dichte Pflanzengruppen, viel Schwimmraum, friedliche Mitbewohner und abgedunkelte Beckenpartien sind erforderlich. *Länge:* 7–10 cm. *Wasser:* 24–30 °C; pH-Wert 4,8–6,8 (nicht über 7!); 2–6 °dGH. *Nahrung:* Allesfresser. *Vorkommen:* Nördl. Papua-Neuguinea.

Glossolepis multisquamatus

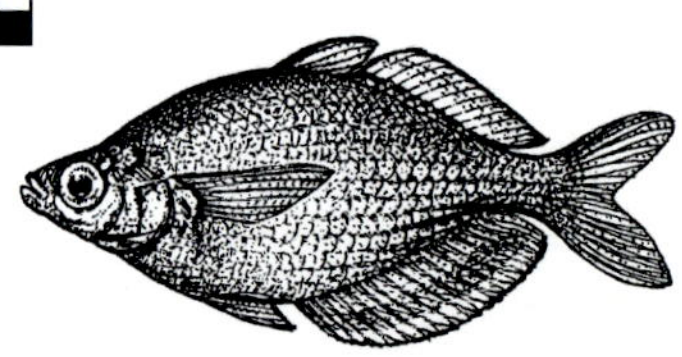

Regenbogenfische

Melanotaeniidae

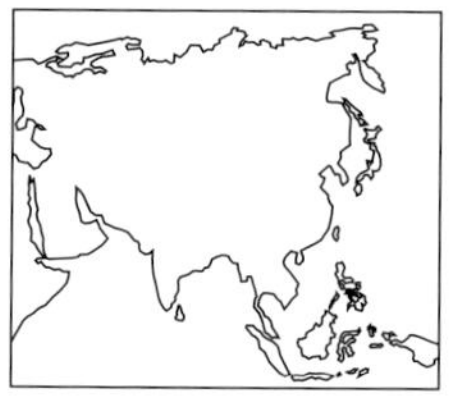

Melanotaenia trifasciata (Juwelen-Regenbogenfisch). Dieser friedliche, schwimmfreudige, farblich sehr ansprechende Fisch ist in vielen Farbvarianten zu finden; manche Männchen sind auch hochrückiger und immer farbiger als die Weibchen. Entsprechend der Herkunft gedeihen sie im weichen oder im alkalischen Wasser besser. Haltung im Artbecken aber auch im Gesellschaftsaquarium möglich. Dichte Rand- und Hintergrundbepflanzung, die genügend Raum zum Ausschwimmen frei läßt, mit dunklem Bodengrund. Zucht einfach. Dauerlaicher. Die Paarung wird durch heftiges Treiben eingeleitet. *Länge:* bis ca. 12 cm. *Wasser:* 25–28 °C; pH-Wert 6,0–7,8; weich bis mittelhart, 6–18 °dGH. *Nahrung:* Allesfresser, bevorzugt jedoch Lebendfutter. *Vorkommen:* Nordöstliches Australien.

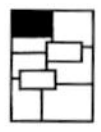

Balzende Melanotaenia trifasciata

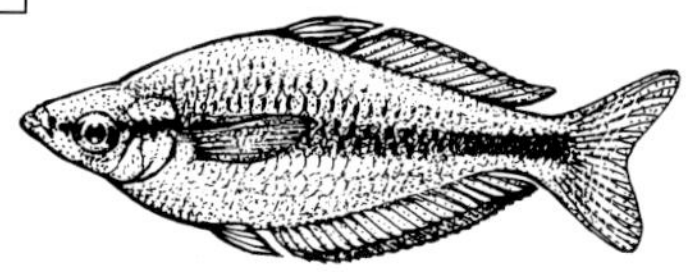

Melanotaenia lacustris. Einer der farblich schönsten Regenbogenfische. Er leuchtet in den verschiedensten Grün- bis Blautönen. Männchen in Laichstimmung mit Goldtönen über der Stirn bis hinauf zur Dorsale, insgesamt kräftiger gefärbt. Friedlicher, gut zu pflegender Schwarmfisch, sehr schwimmfreudig. Im geräumigen Aquarium (ab 1 m Länge), teilweise gut bepflanzt, mit viel Schwimmraum zeigt er dann auch seine wunderschöne Farbenpracht. Zucht leicht.
Länge: 12 cm. *Wasser:* Temperatur 22–25 °C; pH-Wert 7,0–8,0; weich bis mittelhart, 8–12 °dGH. *Nahrung:* Allesfresser; abwechslungsreiches, vitaminhaltiges Futter. *Vorkommen:* Papua-Neuguinea, Kutuba-See.

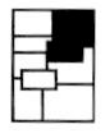

Melanotaenia lacustris

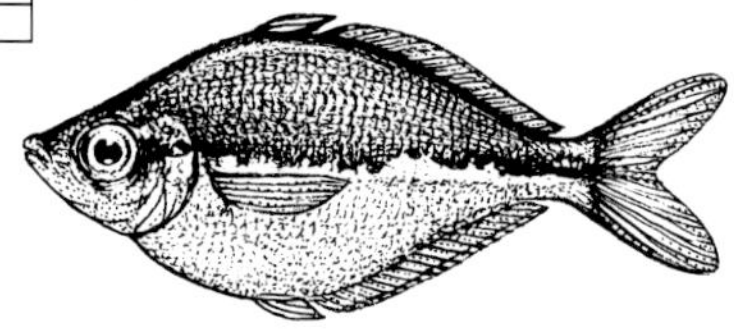

Melanotaenia axelrodi. Ebenfalls ein schöner, gut zu haltender, lebhafter und friedfertiger Regenbogenfisch. Aquarium mit feinfiedrigen Pflanzen, am besten an den Seiten und im Hintergrund bepflanzen. Der Vordergrund und die Mitte kann mit Bodendeckern ausgestattet werden, z.B. mit den nur 5–8 cm hoch werdenden *Echinodurus tennellus* (Grasartige Zwergschwertpflanze). Hier ist zu beachten, daß sich eine befriedigende Rasenbildung nur mit ausreichender Beleuchtung erreichen läßt. Unter morgendlicher Sonneneinstrahlung fühlen sich die Regenbogenfische sichtlich wohl. Zucht einfach.
Länge: ca. 8 cm. *Wasser:* Temperatur 22–26 °C; pH-Wert 6,5–8,5; weich bis hart, 5–25 °dGH. *Nahrung:* Lebend-, Frost- und Trockenfutter. *Vorkommen:* Papua-Neuguinea; Tebera-See.

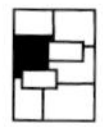

Melanotaenia axelrodi

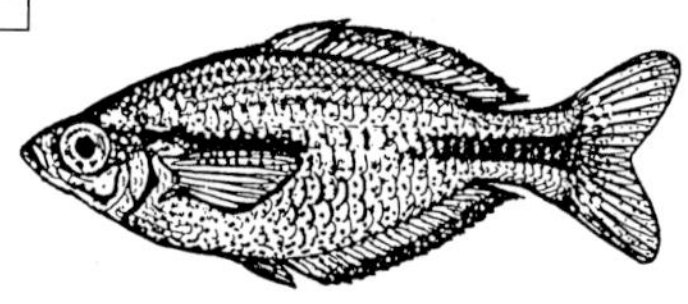

Melanotaenia boesemani (Korallen-Regenbogenfisch). Eine aquaristische Bereicherung aus dem Jahre 1982. Besonders farbenprächtig. Kopf und Vorderkörper des ausgewachsenen Männchens blau, hinterer Körperteil und hintere Flossen leuchtend gelb-orange. Weibchen etwas kleiner, weniger hochrückig, grünlich bis gelblich gefärbt. Zucht unproblematisch. Intensive Färbung erst nach 12–15 Monaten. Friedlicher, schwimmfreudiger Schwarmfisch. Wurde von H. Bleher zuerst gefangen und importiert. Aquarium teilweise dicht bepflanzen. Springt! Gut abdecken.
Länge: bis ca. 10 cm. *Wasser:* 25–29 °C; pH-Wert 6,8–7,8; 10–20 °dGH. *Nahrung:* Allesfresser; überwiegend Lebendfutter, Frost- und Trockenfutter. *Vorkommen:* Indonesien; Ivian Jaya, Ajamura-See.

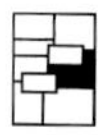

Melanotaenia boesemani

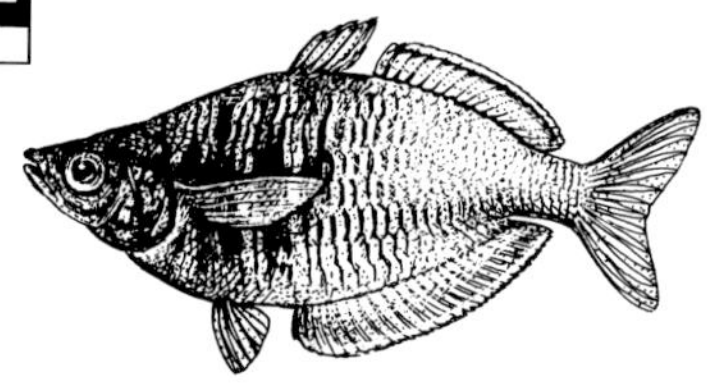

Chilatherina bleheri (Blehers Regenbogenfisch). Ein friedlicher, lebhafter, schwimmfreudiger Schwarmfisch. Männchen farbiger und erst im Alter sehr hochrückig. Pflege im Gesellschaftsaquarium leicht möglich. Die Haltung in kleinen Gruppen von 5–8 Tieren ist empfehlenswert. Reichliche, stellenweise dichte Hintergrund- und Randbepflanzung sowie viel Schwimmraum. Der Fisch fühlt sich sichtlich wohl, wenn die Strahlen der Morgensonne durchs Aquarium fluten. Zucht und Aufzucht einfach. Die Tiere entwickeln ihre volle Farbenpracht erst im Alter von etwa 12 Monaten. *Länge:* 5–10 cm. *Wasser:* Temperatur 23–28 °C, pH-Wert 6,8–8,0; weich bis mittelhart, 4–18 °dGH. *Nahrung:* Neben Lebend- auch Frost- und Trockenfutter. *Vorkommen:* Indonesien; Irian Jaya, Danau Biru.

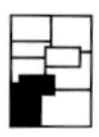

Chilatherina bleheri

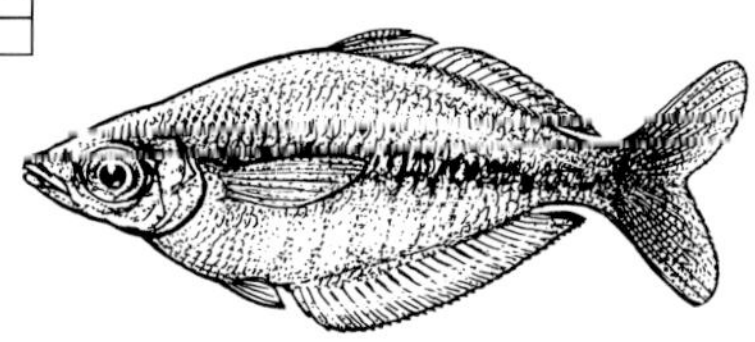

Glossolepis incisus (Lachsroter Regenbogenfisch). Die Geschlechter unterscheiden sich deutlich: Ausgewachsene Männchen sind wesentlich hochrückiger, Körper und Flossen leuchten kräftig lachsrot. Diese Farbenpracht entsteht jedoch erst bei einer Länge von mindestens 5–7 cm. Weibchen haben gestreckteren Körper, Färbung bleibt beige-olive mit goldglänzenden Schuppen, Flossen transparent gelb. Friedlicher, schwimmfreudiger Schwarmfisch. Haltung von 5–7 Exemplaren in nicht zu kleinen Aquarien (ab 100 cm Länge) ist empfehlenswert. Becken mit Rundumpflanzung bei viel freiem Schwimmraum. Zucht unproblematisch. Jungfische wachsen langsam. *Länge:* 6–12 cm. *Wasser:* 22–25 °C; pH-Wert 6,8–7,8; 10–20 °dGH. *Nahrung:* Allesfresser. *Vorkommen:* Indonesien; Irian Jaya, Sentani-See.

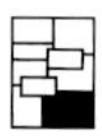

Glossolepis incisus

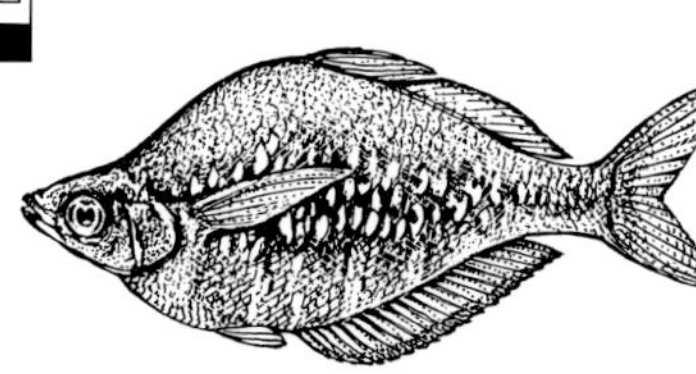

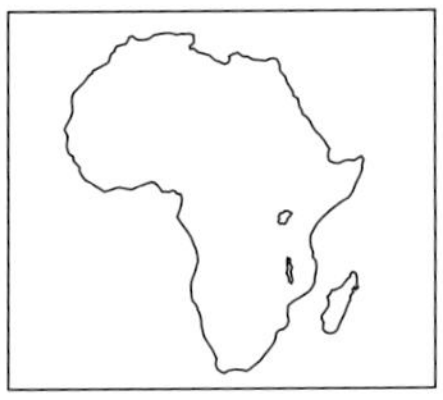
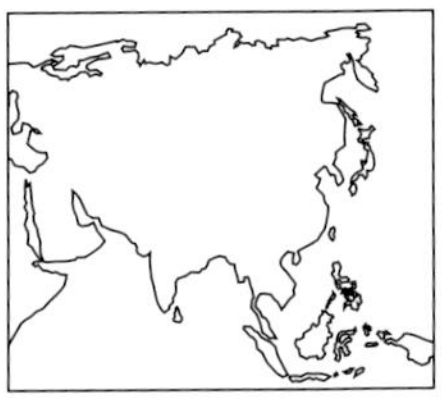

Buntbarsche

Cichlidae

Mit etwa 1800 Arten (ca. 1300 wissenschaftlich beschriebene und über 500 bekannte, aber noch nicht beschriebene Arten) bilden die Cichliden innerhalb der Ordnung der Barschförmigen (Perciformes) eine der größten Familien unter den Süßwasserfischen. Der deutsche Name Buntbarsche deutet darauf hin, daß es sich um meist sehr farbenprächtige Fische handelt. Ihre natürlichen Verbreitungsgebiete erstrecken sich von den südwestlichen USA über Mittelamerika bis in den Norden Argentiniens in Südamerika. Zahlreiche Arten finden sich auf dem Schwarzen Kontinent von Nord- bis Südafrika, viele leben nur endemisch in großer Artenvielfalt im Malawi- oder Tanganjikasee. Ferner leben verschiedene Arten im Nahen Osten, auf Madagaskar, in Südindien und Sri Lanka.
Cichliden sind in der großen Mehrzahl Süßwasserbewohner, die sich an die unterschiedlichsten Wasserverhältnisse angepaßt haben. Manche Arten dringen im Bereich von Flußmündungen auch ins Brackwasser vor, und einige verbringen einen Teil ihres Lebens im Meer. Die Cichliden zählen heute zu den beliebtesten Aquarienfischen. Verhaltensforschern dienen sie schon seit mehreren Jahrzehnten als beliebte Objekte. Unter den Cichliden findet man „Zwerge" von wenigen Zentimetern, Arten, die über einen halben Meter lang werden, seitlich stark zusammengedrückte, scheibenförmige, nahezu kreisrunde, und solche mit langgestreckten Körpern. Unterschiedlich ist auch die Form von Maul und Zähnen: Es gibt z. B. Arten mit unterständigem, endständigem und oberständigem Maul.
Zu ihrem Individualistentum gehört eine besondere Eigenart vieler Cichliden, auf die besonders der Anfänger hingewiesen werden muß: das Territorialverhalten, das sie auch im Aquarium beibehalten. Die Männchen besetzen zur Laichzeit – manche auch zeitlebens – Reviere, die sie erbittert gegen andere Männchen oder auch artfremde Eindringlinge verteidigen. Dabei kommt es zu Rammstößen, bei verschiedenen Arten auch zum Maulkampf, mit dem zumeist gleich starke Tiere ihre Kräfte messen, oder zu Beißereien, die nicht selten zum Tode des unterlegenen Tieres führen, wenn dieses nicht flüchten oder sich gut verstecken kann. Je nach Größe und Aggressionsverhalten brauchen die Tiere entsprechend geräumige Aquarien mit einer möglichst artgerechten Einrichtung mit vielen Versteckmöglichkeiten. Außerdem muß man auf die richtige Zusammensetzung der Fische achten. Dann steht einer erfolgreichen Haltung und auch der eventuellen Zucht, selbst der etwas heikleren Arten (hierzu zählen vor allem solche aus weichen Gewässern), nichts im Wege.
Was viele Cichliden außerdem so beliebt macht: Sie vermehren sich relativ leicht, wenn man ihren Lebensansprüchen gerecht wird. Dabei unterscheiden sich die Buntbarsche in ihren Balzspielen, Fortpflanzungsweisen und Brutstrategien ganz erheblich, und diese können hier nur grob umrissen werden.
So kennen wir etwa Offenbrüter (z. B. *Cichlasoma*-Arten, eine Reihe von Tilapien oder die *Hemichromis*-Arten), die ihren Laich an einem Substrat anbringen. Dabei heftet das Weibchen die Eier fest, während das Männchen anschließend darüber hinwegschwimmt und sie besamt.
Wieder andere Arten laichen als Versteck- oder Höhlenbrüter in Spalten oder Höhlen. Hierzu zählen viele Zwergcichliden wie etwa *Nanochromis-*, *Pelvicachromis-* oder *Apistogramma*-Arten. Mit zu den reizvollen Erscheinungen gehören die ostafrikanischen Schneckenbuntbarsche (z. B. einige *Lamprologus-*, *Neolamprologus*-Arten), die sich als Eigenheime für den Nachwuchs leere Schneckengehäuse suchen.
Nicht wenige Cichliden sind dagegen Maulbrüter. Hierbei nimmt ein Elternteil – meistens das Weibchen – die Eier ins Maul und brütet sie hier aus. Auch der geschlüpfte Nachwuchs wird zunächst im Maul beschützt, solange er noch klein genug ist. Zu diesem Maulbrütertypus gehören alle endemischen Malawi-Cichliden und etwa 40 % der Tanganjika-Cichliden. Ein anderer Maulbrütertyp nimmt nicht die Eier, sondern erst die geschlüpften Larven ins Maul, z. B. *Chromidotilapia*-Arten. Das Maulbrütertum ist bei eierlegenden Fischen die am höchsten entwickelte Form der Brutpflege.
Welche Fortpflanzungsstrategie eine Cichlidenart auch verfolgen mag, so darf doch für die meisten Angehörigen dieser Familie eines gelten: Ihr Brutpflegetrieb ist sehr stark entwikkelt. Wird die Brutpflege nur vom Weibchen übernommen, spricht man von einer Mutterfamilie. Obliegt diese Aufgabe dem Männchen, spricht man von einer Vaterfamilie. Schließlich können sich beide Eltern an der Aufzucht beteiligen; bei dieser Sozialform spricht man entsprechend von Elternfamilie. Die wohl schönsten Beispiele für solche Elternfamilien liefern die Diskusbuntbarsche *(Symphysodon)* und die Keilfleckenbuntbarsche *(Uaru)*. Bei ihnen produzieren beide Elternteile ein Hautsekret, von dem sich die Jungen im ersten Lebensabschnitt nach dem Freischwimmen ernähren.
Wie in ihrem Fortpflanzungsverhalten zeigen Cichliden auch in ihren Nahrungsansprüchen große Unterschiede. So gibt es unter ihnen neben Raubfischen – man bezeichnet sie heute auch als Beutegreifer – auch solche, die sich vornehmlich vegetarisch ernähren. Wieder andere sind Allesfresser, die neben Pflanzen hauptsächlich Insektenlarven, Kleinkrebse, Anflugnahrung wie Mücken und Fliegen, kleine Fische und nach kurzer Eingewöhnung – die meisten Arten sind sehr anpassungsfähig – auch Ersatzfutter fressen.

Maulbrütenden Buntbarsch-Weibchen werden die Eier geraubt

Imponierverhalten bei den Buntbarschen „Maulkampf"

Höhlenbrütende Buntbarsche

Offenbrüter (Eier auf Steinen oder in Sandgruben)

Maulbrütender Buntbarsch

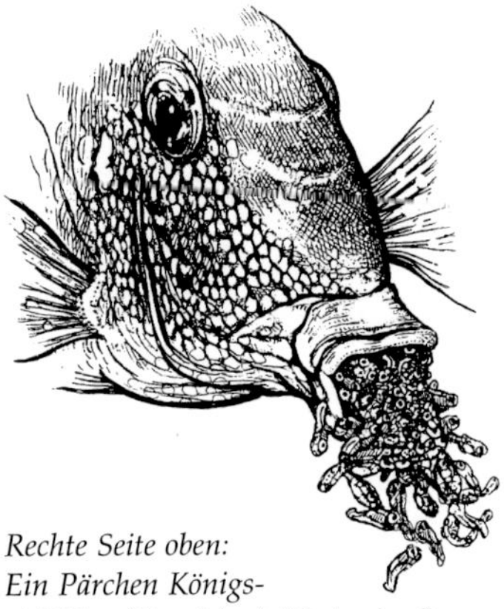

Rechte Seite oben: Ein Pärchen Königscichliden (P. pulcher) führt seine Jungen aus. Unten: Orange-Segelflosser (P. scalare) bei der Brutpflege

Segelflosser, Blattfische
Cichlidae

Pterophyllum (Skalare, Segelflosser). Im Laufe der Aquaristik haben von Zeit zu Zeit verschiedene Fische zu einem neuen Aufschwung geführt. Zu ihnen gehören auch die Pterophyllen, die nach ihrer Ersteinführung sofort von den Aquarianern angenommen wurden und seit dieser Zeit nicht mehr aus den Becken der Liebhaber fortzudenken sind. Selbst heute noch kann man einen völlig unbelasteten, sogar uninteressierten Menschen zum Staunen bringen, wenn er in einem gut eingerichteten Aquarium diese Fische sieht. Sie sind besonders beeindruckend, wenn gesunde Exemplare mit hoch aufgerichteter Rückenflosse, nach unten gespreizter Afterflosse und nach vorn gebogenen Bauchflossen ohne Hast und majestätisch durch das Wasser segeln.
Segelflosser stammen aus dem mittleren und nördlichen Südamerika. Sie besiedeln unterschiedliche Biotope von Stillwasser zwischen aufstrebenden Wasserpflanzen und Seerosen, an deren Blätter und Stengel sie ihre Eier ankleben und die Brut bewachen, bis zu wasserpflanzenlosen Regionen der Flüsse Amazoniens und Guyanas. Hier verschwinden sie bei Gefahr zwischen den Ästen und Wurzelhölzern abgestorbener oder ins Wasser gefallener und abgesunkener Baumteile. Dort sind die Tiere dann natürlich besonders schwierig zu fangen. Normalerweise leben die Segelflosser in lockeren Gruppen und sind in ihren Heimatgewässern standorttreu. Sie halten sich kaum im freien Wasser auf, sondern in der Nähe der oben genannten Verstecke. Jungtiere sind stellenweise häufig, und ARNOLD nannte die Segelflosser „einen der gemeinsten Fische des Amazonasstroms“. Es ist deshalb kein Wunder, daß die Skalare mehrmals beschrieben wurden. LICHTENSTEIN (1823) beschrieb *Pterophyllum scalare*, wenn auch damals unter der Gattung *Zeus*. AHL beschrieb 1931 denselben Fisch als *Pterophyllum eimekei*. Heute gilt *P. eimekei* als Synonym. *Pterophyllum altum*, der Hohe Skalar, wurde 1903 von PELLEGRIN beschrieben, und *Pterophyllum leopoldi* 1963 von GOSSE. Die beschriebene Art *P. dumerili* ist ebenfalls ein Synonym.
Alle Skalare sind Offenbrüter, bei denen harmonisierende Paare ihre Gelege an Blättern, Holzstückchen, senkrechten Steinen, Aquarienscheiben und anderen Gegenständen anheften und die geschlüpfte Brut gemeinsam bewachen und versorgen. Sobald der Dottersack aufgezehrt ist und die Jungfische freischwimmen, kann man sie mit frisch geschlüpften Nauplien von *Artemia salina* versorgen und dann auf andere kleinste Stadien von Niederen Krebsen übergehen. Junge Pärchen müssen die Aufzucht oft erst lernen.

Pterophyllum altum (Hoher Skalar). Kein Anfängerfisch. Die Pflege ist auch heute nicht ganz einfach und an der Zucht des „echten“ *P. altum* haben sich die Experten jahrzehntelang die Zähne ausgebissen. Pflege im großen, hohen Aquarium von mindestens 120 cm Länge und 60 cm Höhe. Kalkfreie Schieferplatten, hochstrebende Wasserpflanzen wie Vallisnerien, Wurzelholz und viel freier Wasserraum. Gute Wasserqualität, regelmäßiger Wasseraustausch und Durchlüftung sind wichtig. Vergesellschaftung aller Skalare mit nicht zu lebhaften und nicht zu kleinen Fischen (z. B. kleine Neonsalmler werden gefressen).
Länge: 18 cm, Höhe 15–40 cm. *Wasser:* Temperatur 23–27 °C; pH-Wert 5,5–6,8; Härte 2–8 °dGH. *Nahrung:* Nur Lebendfutter; Daphnien, Mückenlarven. *Vorkommen:* Oberer Orinokoeinzug (Kolumbien u. Venezuela).

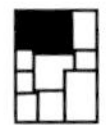

Pterophyllum altum

Pterophyllum-scalare-Zuchtformen. Er ist seit seiner Einführung als beliebter Aquarienfisch in vielen Generationen vermehrt worden. Dank der Aufmerksamkeit der Züchter, die Abweichungen vom ursprünglichen Aussehen bei ihren Nachzuchten entdeckten und dann in Auslesezuchten weiter vermehrten, kam und kommt es heute noch zu Zuchtformen, die je nach Geschmack begeistert angenommen oder abgelehnt werden. Fast alle Zuchtformen sind etwas empfindlicher als die Stammform in bezug auf die Wassertemperatur. In Europa beliebt sind schwarze, goldfarbene, getupfte Formen; in USA und Ostasien eher Weißlinge, Schleier, Albinos.
Länge: bis 12 cm, Höhe 20 cm. *Wasser:* Temperatur 24–28 °C; pH-Wert um 7; Härte bis 15 °dGH. *Nahrung:* Lebendfutter, auch Frost- und Flockenfutter. *Vorkommen:* Zuchtformen.

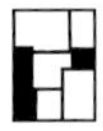

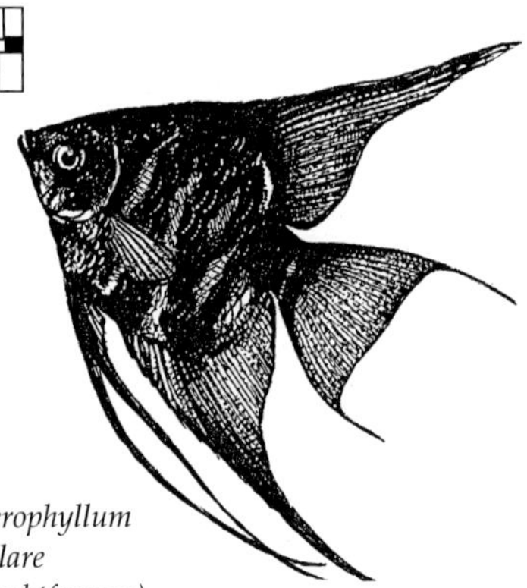

Pterophyllum scalare (Zuchtformen)

Pterophyllum scalare (Segelflosser, Skalar). Gruppenhaltung. Skalare sind friedfertig, bilden aber während der Laichzeit Reviere. Beide Eltern pflegen Eier und Larven sorgsam, betten sie oft um. Die Nachkommenschaft wird mit dem Maul von einem Ort zum anderen transportiert und gegen die neue Unterlage gespuckt, wo sie haften bleibt, bis die Tiere frei schwimmen. Die Art wird heute fast ausschließlich als Nachzucht gehandelt und ist an die Aquarienverhältnisse gut angepaßt. Das führte aber dazu, daß viele Paare ihre Jungen nicht mehr richtig aufziehen, weil durch die ertragreiche künstliche Aufzucht ohne Eltern der Brutpflegeinstinkt verkümmerte.
Länge: 10–15 cm, Höhe 12–24 cm. *Wasser:* Temperatur 22–28 °C; pH-Wert 6–7; Härte 2–12 °dGH. *Nahrung:* Lebendfutter aller Art, weniger Flocken. *Vorkommen:* Amazonasbecken.

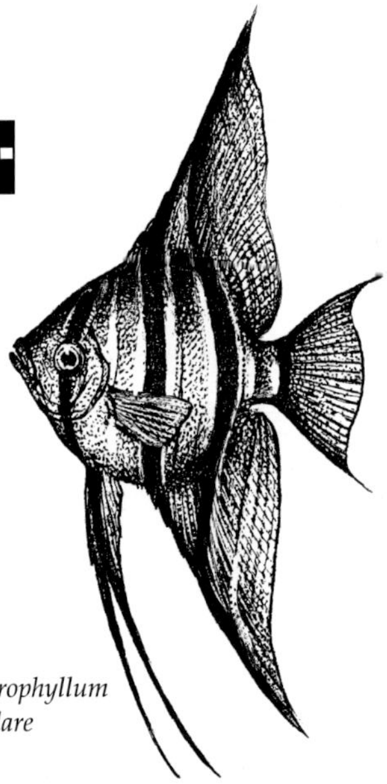

Pterophyllum scalare

Diskusfische „Wildformen"

Cichlidae

Bereits 1840 beschrieb HECKEL einen von NATTERER in Brasilien am Rio Negro gesammelten scheibenförmigen Fisch als *Symphysodon discus*. 1903 kam dann eine zweite Art hinzu, die von PELLEGRIN als *Symphysodon aequifasciatus* benannt wurde. Von dieser zweiten Art hat man später noch zwei weitere Unterarten beschrieben, die nicht den wissenschftlichen Grundforderungen einer Unterart entsprachen und eingezogen wurden. In der Aquaristik spricht man auch heute noch vom „Haraldi" und vom „Axelrodi", wenn man den Blauen Diskus oder den Braunen Diskus meint. Von *Symphysodon discus* ist die ungültige Unterart *S. discus willischwartzi* beschrieben worden.

Beide *Symphysodon*-Arten sind leicht zu unterscheiden. Der im Einzugsgebiet des Rio Negro südlich bis zum Rio Abacaxi lebende Heckel-Diskus, früher auch Pompadour-Diskus genannt, besitzt als auffälligstes Merkmal eine breite, fast immer kräftig hervortretende senkrechte Binde, die sich in Körpermitte der vom Rücken zum Bauch zieht. Dazu kommt eine dunkle Binde durch das Auge und eine andere auf der Schwanzflossenwurzel.

Dagegen hat *Symphysodon aequifasciatus* ein weites Verbreitungsgebiet von Ostperu bis zum unteren Amazonas, aber nie im sogenannten Weißwasser des Amazonas-Stromes selbst, sondern in den Nebenflüssen. Er hat neun recht gleichförmige dunkle Binden, die je nach Fanggebiet mehr oder weniger stark ausgeprägt sind und bei manchen Zuchtformen fast oder ganz verschwunden sein können. Bei *Symphysodon discus* ist die breite Mittelbinde zumindest als Andeutung immer zu erkennen.

Die Brutpflege beider Arten ist einzigartig im Fischreich, denn nach dem Ablaichen der Eier und Schlüpfen der Jungen übernehmen die Elterntiere abwechselnd die Versorgung der Jungen mit einem Hautsekret, von dem sie sich in der Natur solange ernähren, bis sie frei schwimmendes Futter erbeuten können. Im Freiland sind Diskus nur in Biotopen anzutreffen, in denen das Wasser leicht oder kaum fließt. Seen müssen mit einem Fluß in Verbindung stehen. Das Wasser hat eine Härte von meist unter 1 °dGH und Temperaturen unter 28 °C (unter 21 °C sterben Diskus).

Tagsüber halten sie sich ausschließlich entlang von mindestens 5–6 Meter steil abfallenden Ufern auf, zwischen blattlosen toten Bäumen oder Ästen. Dazwischen leben in 3–5 Metern Tiefe von einem Leittier (Alphatier) bewachte Gruppen von etwa 100 bis 1000 Diskus. Dieses Leittier schützt die Gruppe vor größeren Raubfischen, weil seine stark ausgeprägte Zeichnung sofort jeden Beutegreifer ablenkt, während die Gruppe einen neuen Zufluchtsort sucht. Das Alphatier ist so schnell, daß es kaum von einem Räuber erwischt wird, und ganz selten nur von Fischfängern.

Symphysodon discus (Heckel-Diskus, Pompadour-Diskus). Eingewöhnung und Zucht besonders schwierig. In der Natur kommt er in Wasserverhältnissen vor, die im Extrembereich liegen, fast steril sind, und in denen deshalb mangelndes Nahrungsangebot herrscht. Da hier eine tierische Hauptnahrungsquelle fehlt, muß sich der Heckel-Diskus überwiegend vegetarisch ernähren. Große, hohe Becken. *Länge:* bis ca. 18 cm. *Wasser:* Temperatur 22–27 °C; pH Wert 4,0–6,8; Härte, 1–4 °dGH. *Nahrung:* Überwiegend pflanzliche Kost, dazu Lebendfutter. *Vorkommen:* Brasilien, mittlerer und unterer Rio Negro und seine Nebenflüsse.

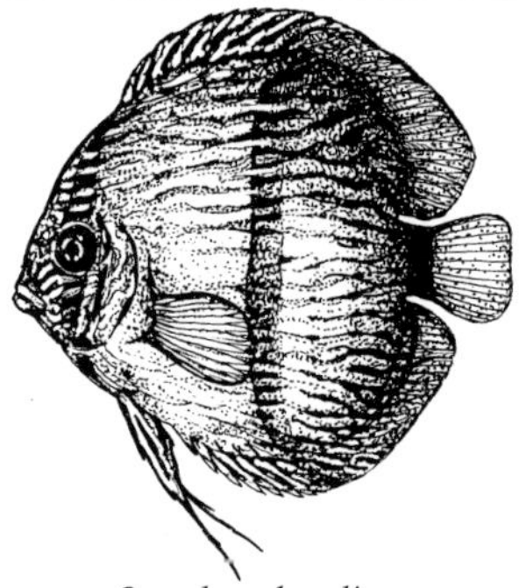

Symphysodon discus
Heckel-Diskus

Symphysodon aequifasciatus (Grüner Diskus). Ist leichter einzugewöhnen und zu pflegen. Kommt in der Natur unter nicht so extremen Wasserverhältnissen vor wie der Heckel-Diskus. Große Becken mit viel Schwimmraum, reichend Wurzelholz, Sandboden und Hintergrundbepflanzung. Alle Diskus-Weibchen heften ihre Eier an eine vorher geputzte senkrechte Unterlage. *Länge:* bis ca. 19 cm. *Wasser:* 24–28 °C; pH-Wert 5,5–7,5; 1–8 °dGH. *Nahrung:* Lebendfutter, vor allem zu Anfang; fein geschabtes Rinderherz, auch Granulat. *Vorkommen:* Mittleres Amazonas-

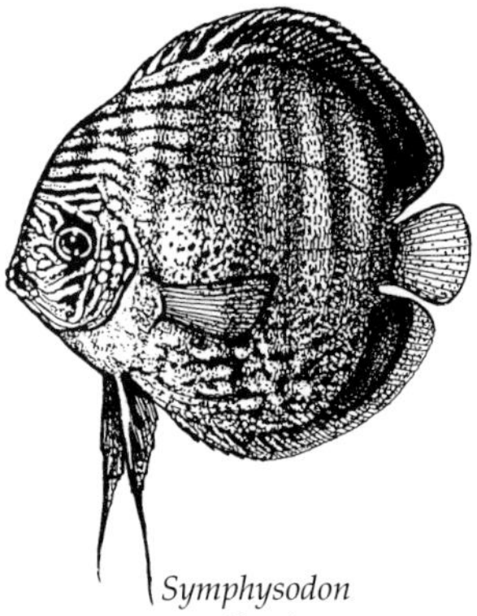

Symphysodon aequifasciatus
Grüner Diskus

Symphysodon aequifasciatus „Haraldi" (Blauer Diskus). Auch mit dieser Wildform hat man Wasser- und Eingewöhnungsprobleme. Große Aquarien ab 150 cm Länge und 50 cm Höhe und Tiefe mit viel Schwimmraum und Wurzelholz. Offenbrüter; Gelege an Scheiben, Ästen oder anderen flachen Gegenständen. Junge schlüpfen nach 5–7 Tagen. „Royal Blue" ist am begehrtesten. *Länge:* bis ca. 20 cm. *Wasser:* 24–28 °C; pH-Wert 5,8–7,5; 1–8 °dGH. *Nahrung:* Lebendfutter, besonders anfangs; geschabtes Rinderherz, auch Trockenfutter. *Vorkommen:* Brasilien, Purus-Manacapuru-Urubu-Trombetas-System.

Symphysodon aequifasciatus
Blauer Diskus

Symphysodon aequifasciatus „Axelrodi" (Brauner Diskus). Der bekannteste Diskus, dessen Nachzucht bereits 1938 gelang; wird am längsten gepflegt. Er braucht, wie alle Diskus, regelmäßig Frischwasser; Aquarien einrichten wie bei den Artgenossen angegeben. Heute am populärsten ist der „Alenquer" und seine reinen Nachzuchten, am seltensten der „Rio Iça". Im Augenblick Tendenz zu Rot. *Länge:* bis ca. 18 cm. *Wasser:* Temperatur 24–28 °C; pH-Wert 5,8–7,6; 1–10 °dGH. *Nahrung:* Abwechslungsreiches Lebend- und Trokkenfutter, Frostfutter. *Vorkommen:* Brasilien, unteres Amazonasgebiet und Rio Içu.

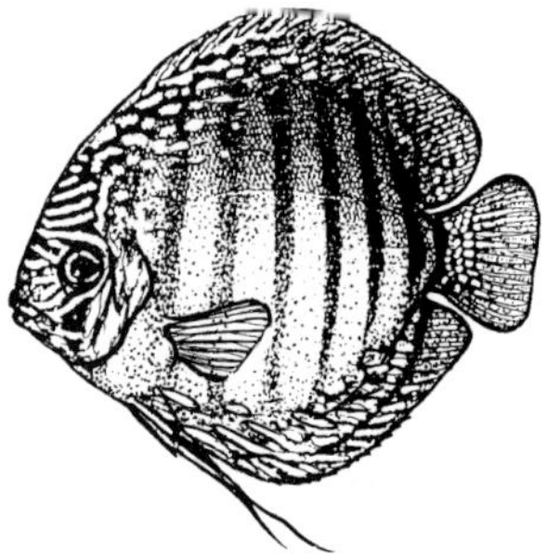

Symphysodon aequifasciatus
Brauner Diskus

Diskus-Zuchtformen

Cichlidae

Die ersten erfolgreichen Nachzuchten gelangen 1938 einem Diskusliebhaber in den USA während eines längeren Urlaubes. Bei seiner Rückkehr fand er ca. 100 Jungtiere vor. Durch seine Abwesenheit waren, im Gegensatz zu den Versuchen vorher, die Elterntiere bei den Jungen geblieben. Er konnte den Vorgang jedoch nicht richtig einordnen und hat wahrscheinlich nie erfahren, daß sich diese Fischlarven vom Hautsekret der Eltern wochenlang ernähren und (abgesehen von der heute auch praktizierten künstlichen Aufzucht) nur so aufwachsen können. Man dachte noch über viele Jahre, daß es sich beim Diskus wie bei den meisten Fischen verhält: Die Elterntiere müssen sofort nach Eiablage und Befruchtung entfernt werden, da sie sonst ihre Eier auffressen.
Der Durchbruch kam erst Ende der 50ziger Jahre. Einem der Pioniere der Diskuszucht überhaupt, Dr. EDUARD SCHMIDT-FOCKE aus Bad Homburg gelang es, den „Grünen" und den „Blauen Diskus" erstmalig nachzuzüchten. Die ersten Wildfänge erhielt er von HARALD SCHULTZ und HEIKO BLEHER. Er züchtete auf ganz natürliche Weise die farbenprächtigsten Diskus in Einzelbecken (nie mit den heute weit verbreiteten Zentralfilteranlagen) ohne Bodengrund, mit einer oder zwei Amazonasschwertpflanzen im Tontopf, Moorkienholz, einer starken Kreiselpumpe (Filter mit Torf und Watte) und Heizung. Dr. SCHMIDT-FOCKE betrieb gezielte Auslese und setzte nur die allerbesten Tiere aus unterschiedlichen Linien (nie Geschwisterpaarung) zusammen. Zunächst fütterte er mit Lebendfutter (eigens gezüchtete *Artemia*, Bachflohkrebse, Grindalwürmer, Enchyträen und Mückenlarven aus seinem Teichdepot). 1968 entwickelte er mit HEIKO BLEHER ein Zusatzfutter aus geschabtem Rinderherz, Karotten, Spinat und anderen Zutaten, das in ähnlicher Form bis heute weltweit vermarktet und verfüttert wird. Durch abwechslungsreiche Fütterung, optimales weiches Wasser (fast täglicher Wasserwechsel) und die Einkreuzung von immer wieder neu gefangenen, ausgesuchten Wildformen (Alpha-Diskus) gelang es, viele Nachzuchtformen zu entwickeln.
Diskusfische stellen an Ernährung und Wasserqualität ähnliche Ansprüche (außer *S. discus*). Gruppenhaltung. Obwohl ausdauernd, keine Anfängerfische. Becken ab 120 cm Länge und mindestens 50 cm Höhe mit angemessener Tiefe für ausreichend Schwimmraum. Hochwachsende Pflanzen im Hintergrund und Holzwurzeln bieten notwendige Rückzugsmöglichkeiten.
Heute wird weltweit mit dem Diskus gezüchtet, und ständig entstehen neue Formen mit phantastischen Namen.
Nachzuchten werden seit den 80ziger Jahren in fünf Gruppen aufgeteilt und von Züchtern und Liebhabern folgendermaßen benannt:

Symphysodon aequifasciatus – Zuchtform „Türkis gestreift". Die Streifen können hell, türkis, blau oder auch brillant sein. Die ersten Tiere tauchten Anfang der 60ziger Jahre auf, es waren Nachzuchten der „Blauen" aus dem Purus-Fluß in Brasilien. Durch ständige Weiterentwicklung (Auslese von Spitzentieren) geht heute der Siegeszug um die Welt, und es ist die am häufigsten anzutreffende Nachzuchtform.
Länge: 14–18 cm. *Wasser:* Temperatur 24–28 °C; pH-Wert 5,8–7,5; 1–8 °dGH. *Nahrung:* Lebend-, Frostfutter, Rinderherz. *Vorkommen:* Zuchtform.

„Türkis gestreift"

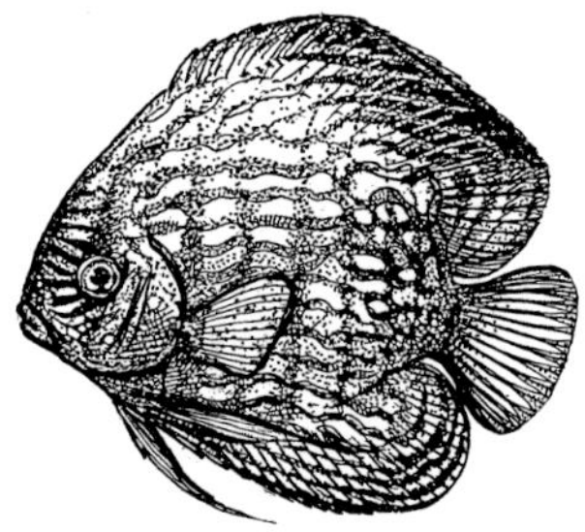

Symphysodon aequifasciatus – Zuchtform „Flächen-Türkis". Körper soll einheitlich ohne Streifenmuster gefärbt sein. Farbe von hellgrün bis kobaltblau. Die meiten flächig gefärbten Tiere haben ihren Ursprung durch konsequente Auslese (SCHMIDT-FOCKE) aus dem Stamm der Grünen Diskus vom Japurá und Tefe-Einzugsgebiet.
Länge: 15–19 cm. *Wasser:* Temperatur 24–28 °C; pH-Wert 5,5–7,5; 1–8 °dGH. *Nahrung:* Lebend- und Frostfutter, fein geschabtes Rinderherz. *Vorkommen:* Zuchtform.

„Flächen-Türkis"

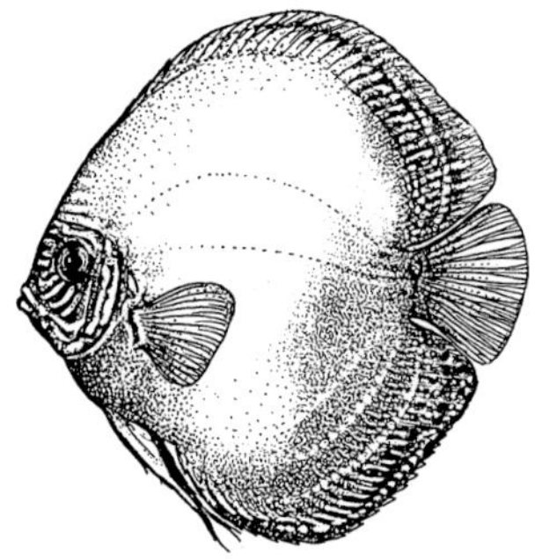

Symphysodon aequifasciatus – Zuchtform „Rot-Türkis". Nur ganz allmählich und durch gezielte Selektion gelang es, Nachzuchten zu erhalten, die in ihrer Basisfarbe einen großen Rotanteil aufweisen. Körperzeichnung in mehr oder weniger leuchtendem Türkis, Blau oder Grün. Erst ab 7–10 Monaten zeigen Jungfische die typische Färbung. Echte Rot-Türkis-Diskus kommen aus der Linie S. a. haraldi.
Länge: 12–17 cm. *Wasser* und *Nahrung:* wie die anderen Diskus-Zuchtformen.

„Rot-Türkis"

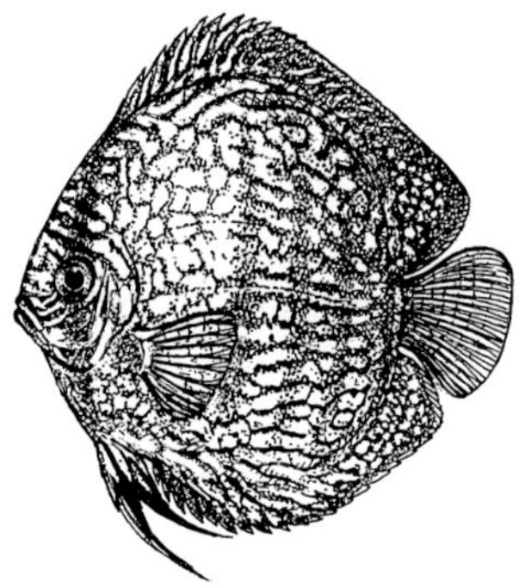

Symphysodon aequifasciatus – Zuchtform „Roter Diskus". Eine von BLEHER und GÖBEL (1992) ins Leben gerufene Gruppe (von BLEHER im Ica gefangene und von SCHMIDT-FOCKE weitergezüchtete Tiere). Heute sind die „Roten" mit die gefragtesten (und teuersten) Diskus. Auf dem 1. Internationalen Diskus-Championat 1996 in Duisburg hat ein solches Tier den Preis „Best of Show" (DM 10 000) gewonnen. Haltungsangaben wie andere Zuchtformen.

„Roter Diskus"

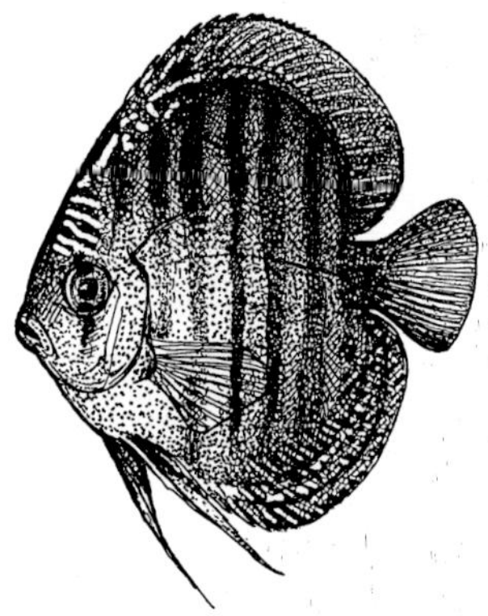

Symphysodon aequifasciatus – Hybriden und andere Zuchtformen. Hybriden sind tatsächlich Kreuzungen (z. B. mit Heckel-Diskus). Bei vielen Zuchtformen, die unter Liebhabern gehandelt und getauscht werden, kann man den Ursprung der Art kaum mehr nachvollziehen. Die Farbpalette der hauptsächlich in den letzten Jahren in Asien entwickelten Tiere erscheint schier grenzenlos, wie „Ghost", „Snake Skin", „Tiger", „Red Malborough" etc. Haltungsangaben wie andere Zuchtformen.

Alle übrigen Bilder zeigen weitere Zuchtformen bzw. Hybriden.

Buntbarsche aus Mittelamerika

Cichlidae

Thorichthys socolofi (Tulija-Buntbarsch). Die hübsche, friedfertige Art ist nur wenig in Aquarien bekannt, da sie empfindlich auf Wasserbelastungen reagiert. Zur erfolgreichen Pflege für klares und sauberes Wasser sorgen. Ein gut funktionierender Filter gehört unbedingt zur Ausrüstung. Der wöchentliche Wasserwechsel sollte behutsam durchgeführt werden. Auch für die Gesellschaftshaltung, verteidigen aber in der Laichzeit aggressiv ihr Brutrevier. Zwischen der Bepflanzung freie Stellen zum Gründeln lassen. Glatte Steine, Steinplatten und Moorkienwurzeln dienen als Laichplätze und Versteckplätze.
Länge: ca. 12 cm. *Wasser:* Temperatur 20–27 °C; pH-Wert 7,0–8; 15–20 °dGH. *Nahrung:* Allesfresser, Flocken-, Tabletten- und Frostfutter. *Vorkommen:* Rio Tulijá, Mexiko.

Torichthys socolofi

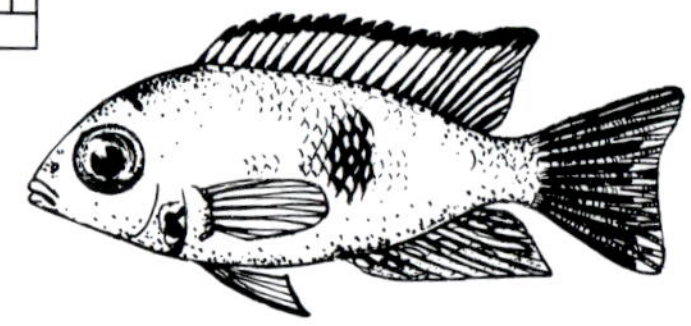

Thorichthys aureus (Blauer Gold-Buntbarsch). Wie viele *Thorichthys*-Arten, so hat auch diese Art beim männlichen Geschlecht viel Farbe zu bieten. Man kann diese relativ friedlichen Fische auch im größeren Aquarium mit gleichgroßen Fischen pflegen. Wer dem abgegrenzten Revier zu nahe kommt, wird eindrucksvoll mit abgestellten Kiemendeckeln angedroht. Es kommt dabei kaum zu Verletzungen. Bepflanzt werden kann, wenn bei ausreichend freien Zonen Wurzelwerk und Steinaufbauten für Verstecke vorhanden sind. Einmal eingewöhnt recht anpassungsfähig.
Länge: bis ca. 15 cm. *Wasser:* Temperatur 20–27 °C; pH-Wert 7,5–8,5; Härte 5–20 °dGH. *Nahrung:* Allesfresser, neben Lebendfutter auch Tabletten-, Frost- u. Flockenfutter. *Vorkommen:* Guatemala/Südbelize.

Torichthys aureus

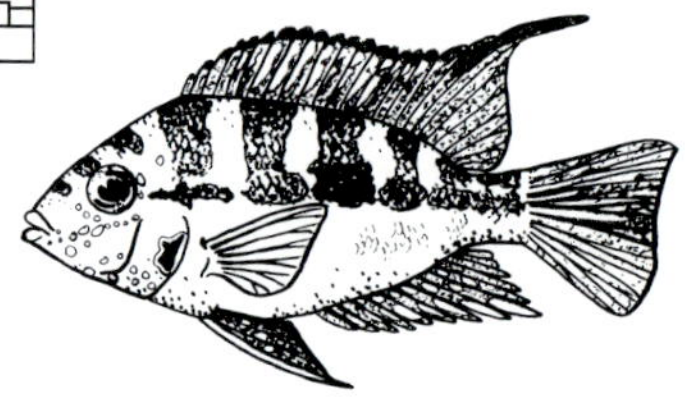

Torichthys ellioti (Punktierter Rotbrust-Buntbarsch). Außer *T. callolepis* tragen alle *Torichthys*-Arten einen schwarzen Kiemendeckelfleck, der ein Auge vortäuscht. Die einzelnen Arten lassen sich mit etwas Übung an der Färbung und an den Zeichnungsmerkmalen ganz gut unterscheiden. Verteidigt das einmal bezogene Revier gegen Eindringlinge, ist dennoch nicht aggressiv. Kann im Gesellschaftsbecken ab 80 cm mit nicht zu kleinen Fischen gepflegt werden. Als Einrichtung rundlichen, kleinkörnigen Kies, Wurzeln und aufstrebende kräftige Pflanzen sowie freie Plätze. Kein Anfängerfisch. *Länge:* bis ca. 14 cm. *Wasser:* Temperatur 18–27 °C; pH-Wert 7–7,8; Härte bis 15 °dGH. *Nahrung:* Allesfresser, Krebstiere, Flocken-, gefriergetrocknetes und Frostfutter. *Vorkommen:* Rio Papaloapan, Mexiko.

Torichthys ellioti

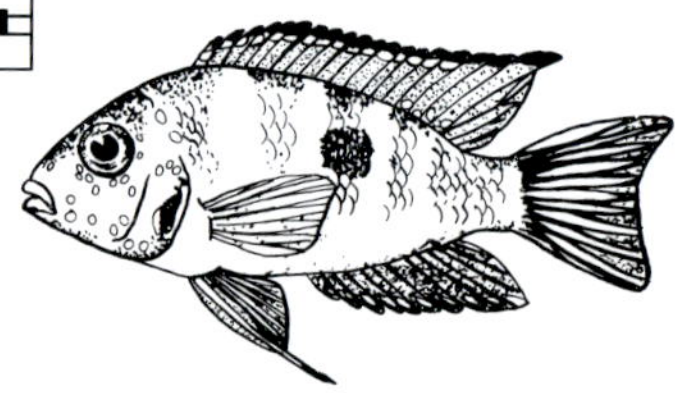

Thorichthys helleri. Bildet mit *T. ellioti, T. socolofi* und *T. aureus* die „Helleri-Gruppe". Sie ähneln sich sehr und variieren in ihrem Aussehen je nach Fundort. *T. helleri* ist in Aquarien ab 120 cm Länge gut zu pflegen. Kein Anfängerfisch. Feinkiesigen Untergrund, runde Steine, einige Wurzeln und derbe Pflanzen sowie Versteckmöglichkeiten für die Revierabgrenzungen und für das Laichgeschäft. Offenbrüter; Eier werden fast immer auf Blättern abgelegt. Geschlüpfte Jungfische werden in Gruben umgebettet. Selbst größere Fische werden aus dem Revier eindrucksvoll vertrieben.
Länge: ca. 15 cm. *Wasser:* Temperatur 19–27 °C; pH-Wert 7,5–9; hart bis sehr hart, 18–30 °dGH. *Nahrung:* Allesfresser, Lebend- und Frostfutter, gern auch Futter vom Boden. *Vorkommen:* Usumacinta, Mexiko/Guatemala.

Torichthys helleri

Thorichthys meeki (Feuermaul-Buntbarsch). Gehört zu den ganz alten und guten Bekannten in der Aquaristik. Viele schöne Geschichten sind mit diesem Fisch verbunden. In seiner Heimat kommt dieser Fisch in trübem und ziemlich hartem Wasser vor. Geräumiges Aquarium, damit Reviere angelegt werden können. Die Bodenbedeckung aus feinkörnigem Sand; abgerundete Steine sowie einige Wurzeln runden die Einrichtung ab. Spreizt zum Drohen die Kiemendeckel und senkt den Mundboden. Offenbrüter; auf vorher sauber geputzten Steinen wird bei Harmonierung der Paare abgelaicht.
Länge: ca. 16 cm. *Wasser:* 20–30 °C, pH-Wert 7–8,5; hart bis sehr hart, 8–30 °dGH. *Nahrung:* Allesfresser, Lebend- und Trockenfutter. *Vorkommen:* Usumacinta, Yucatán, Guatemala.

Torichthys meeki

Cichlasoma sajica (Sajica-Cichlide). Dieser kleine Buntbarsch zeigt ein graubraunes Schuppenkleid mit mehr oder weniger deutlichen senkrechten Binden und in der Laichzeit eine veränderte Färbung mit einer senkrechten Binde in der Körpermitte. Männchen strahlen mit blauvioletten Farben auf Kiemendeckeln, an den Körperseiten und in den Flossen. Pflege in mit derben Pflanzen besetzten Aquarien, die außerdem Wurzelwerk und Steine enthalten sollten. Auch einige größere glatte und flache Steine zu Höhlen zusammenstellen (Höhlenbrüter). Zucht ist möglich. Kann mit größeren friedlichen Fischen gepflegt werden.
Länge: ca. 15 cm. *Wasser:* Temperatur 22–26 °C; pH-Wert 6,6–7,6; Härte 8–16 °dGH. *Nahrung:* Allesfresser, auch pflanzliches Futter. *Vorkommen:* Panama, Costa Rica.

Cichlasoma sajica

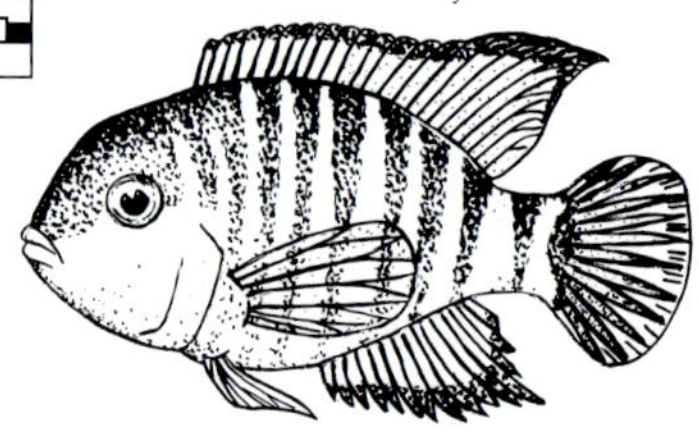

Buntbarsche aus Mittel- und Südamerika

Cichlidae

Heros severus (Augenfleckenbuntbarsch, „Arbeiterdiskus"). Ein großer, in der Regel recht friedfertiger Buntbarsch, den man auch mit kleineren, aber nicht zu kleinen Arten vergesellschaften kann. Wegen seiner Größe braucht er geräumige Becken ab 120 cm Länge, in denen eine schöne Randbepflanzung nicht zu fehlen braucht, wenn man dem Fisch genügend Schwimmraum und Versteckmöglichkeiten zwischen Steinaufbauten und Moorkienwurzelholz läßt. Jungfische ähneln in Form und Färbung entfernt jungen Diskus-Buntbarschen, daher sein Spitzname. Erwachsene Tiere zeigen eine herrliche Färbung.
Länge: ca. 20 cm. *Wasser:* Temperatur 22–26 °C; pH-Wert 6–7,2; weich bis mittelhart, 4–15 °dGH. *Nahrung:* Allesfresser, auch pflanzliche Zukost. *Vorkommen:* N-Südamerika.

Heros severus

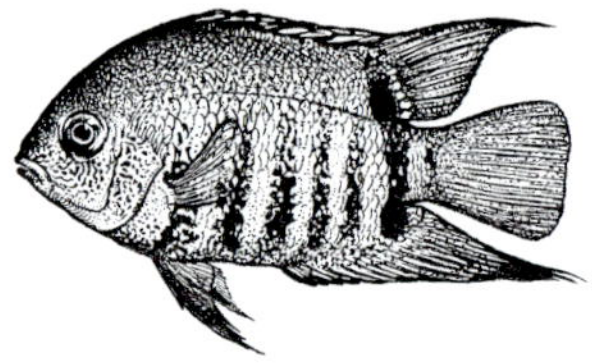

Astronotus ocellatus (Pfauenaugen-Buntbarsch). Je nach Alter und Fundort sind die Farbmuster verschieden. Beim Erwerb der besonders hübschen Jungtiere ihre zu erwartende Größe bedenken. Aquarien von mindestens 150 cm Länge. Dekorationen mit Steinaufbauten dürfen beim Graben von Höhlen und Laichgruben nicht einstürzen. Robuste Aquarienpflanzen, in Töpfen eingebracht, z. B. Riesenvallisnerien, *Anubias*-Arten, oder Javafarn, auf die Dekoration aufgebunden, widerstehen diesen Cichliden meist. Der rege Stoffwechsel der gefräßigen Fische zwingt zur kräftigen Filterung und zu häufigem Teilwasserwechsel.
Länge: ca. 30 cm. *Wasser:* 22–30 °C; pH-Wert 6,4–7,6; 6–20 °dGH. *Nahrung:* Lebend-, Frost- und gefriergetrocknetes Futter, Tabletten. *Vorkommen:* Tropisches Südamerika.

Astronotus ocellatus (Wildfang aus dem Amazonas)

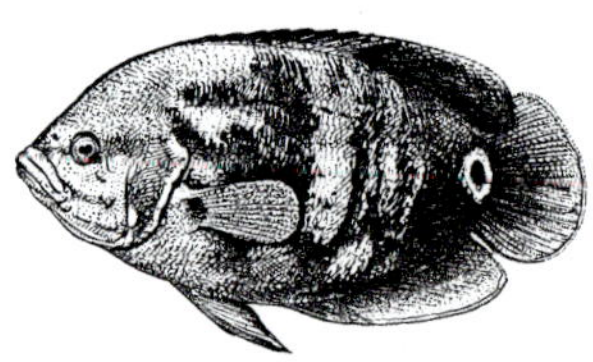

Cichlasoma cyanoguttatum (Perlmutter-Buntbarsch). Ein prächtiger Cichlide, jedoch ein nicht gerade verträgliches, oft wühlendes „Rauhbein"; besonders wenn in zu kleinen Aquarien die nötigen Ausweichmöglichkeiten fehlen. Becken möglichst nicht unter 180 cm. Paarweise halten. Bei der Pflege von mehreren Tieren oder Arten von vornherein darauf achten, daß durch Raumunterteilung in der Einrichtung mit Wurzeln und Steinaufbauten sowie viele Höhlen und Nischen Reviere gebildet werden können. Gut verankern, damit die wühlenden Fische nichts losreißen können. Offenbrüter. Elternfamilie.
Länge: bis ca. 30 cm. *Wasser:* 21–25 °C; pH-Wert 6,4–7,6; 5–18 °dGH. *Nahrung:* Allesfresser, überwiegend Lebendfutter, pflanzliche Zukost. *Vorkommen:* Südl. N.-Amerika.

Cichlasoma cyanoguttatum

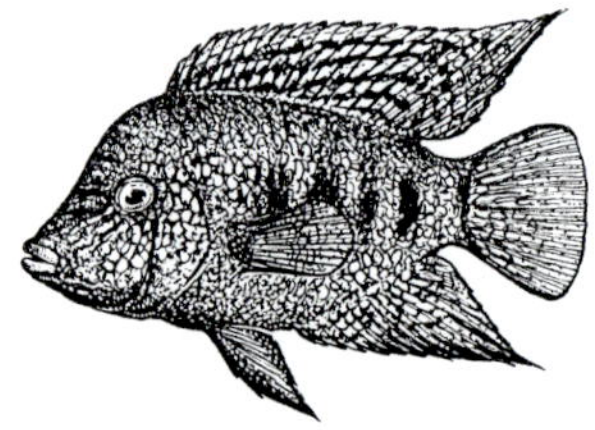

Astronotus ocellatus (Roter Oskar). Volkstümlich ist dieser Fisch international unter dem Namen „Oscar" bekannt. Weltweit sind inzwischen viele herrliche Farbvarianten herausgezüchtet worden, von den roten Formen über Albinos bis zu rot marmorierten Albinos und vielen anderen mehr. Haltung paarweise in Aquarien ab 150 cm Länge. Außer in der Laichzeit relativ friedlich zu anderen Arten. Geschlechtsreif schon ab ca. 12 cm Länge. Kleben die recht zahlreichen Eier an vorher geputzte Steine. Für die geschlüpften Jungfische werden am Boden Mulden ausgehoben, in die sie in der Folgezeit mehrmals umgebettet werden.
Länge: ca. 30 cm. *Wasser:* 21–27 °C; pH-Wert 6,4–7,6; 6–20 °dGH. *Nahrung:* Pellets, Regenwürmer, Fische, gefriergetrocknetes und tiefgefrorenes Futter, Tabletten. *Vorkommen:* Zuchtform.

Astronotus ocellatus (Nachzucht-Farbform)

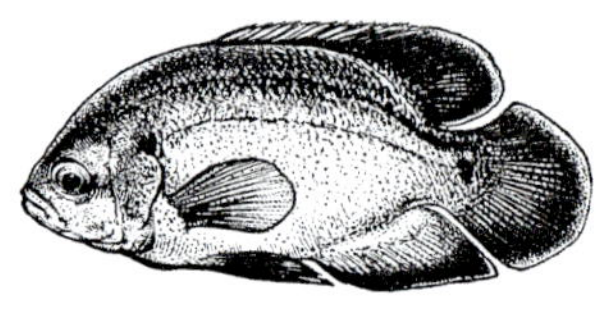

Cichlasoma octofasciatum (Achtbinden-Buntbarsch). Hart, besonders in der Laichzeit aggressiv und nur mit ähnlichen Arten zusammen in einem Aquarium ab 100 cm Länge zu pflegen, am besten aber allein. Erwachsene Exemplare sehen sehr schön aus mit ihren Glanzschuppen auf braunrotem Körper. Weibchen in der Laichzeit sehr dunkel. Versteckmöglichkeiten wie Steinaufbauten oder Moorholzwurzeln sind wichtig. Substratbrüter, dessen Zucht mit passenden Paaren leicht gelingt und der eine große Jungenzahl aufzieht, die er heftigst verteidigt. Beim Grubenbau gräbt er Pflanzen aus.
Länge: ca. 20 cm. *Wasser:* Temperatur 22–28 °C; pH-Wert um 7; weich bis hart, 2–20 °dGH. *Nahrung:* Lebend- und Flockenfutter, Tabletten. *Vorkommen:* S-Mexiko bis Honduras.

Cichlasoma octofasciatum

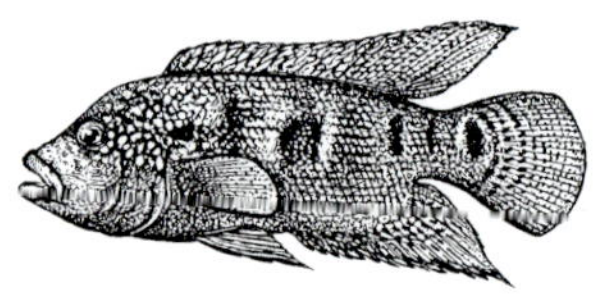

Uaru amphiacanthoides (Keilfleckenbuntbarsch). In seiner Heimat lebt er in Gewässern mit Einlagerungen von abgestorbenen Hölzern oder Wurzeln, auch unter Uferpflanzen, die sichere Versteckmöglichkeiten bieten. Geräumiges Aquarium, hoch und nicht zu hell. Dunkle Stellen (z. B. Schwimmpflanzen) sind ebenso nötig wie Holzwurzeln und Höhlen als Zufluchtsorte. Ruhiger friedfertiger Schwarmfisch, untereinander und gegen andere Arten. Keine allzu munteren Mitbewohner. Empfindlich gegen Unterkühlung und schlechte Wasserverhältnisse. Jungfische ernähren sich einige Tage vom vermehrt gebildeten Körpersekret der Eltern. *Länge:* ca. 20 cm. *Wasser:* 26–28 °C; pH-Wert 5,5–7,5; 3–12 °dGH. *Nahrung:* Lebendfutter aller Art, Frostfutter, gefriergetrocknetes und Tabletten. *Vorkommen:* Nördl. Südamerika.

Uaru amphiacanthoides

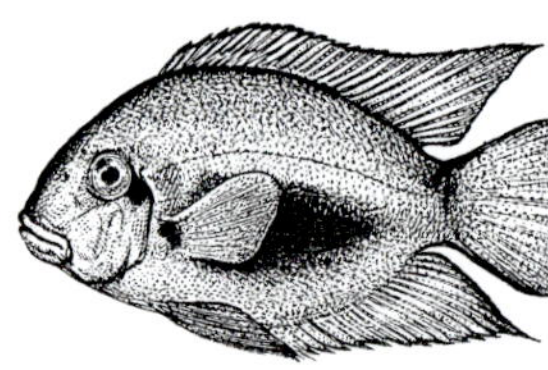

Buntbarsche aus Mittel- und Südamerika

Cichlidae

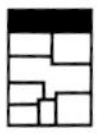

Cichlasoma nicaraguense

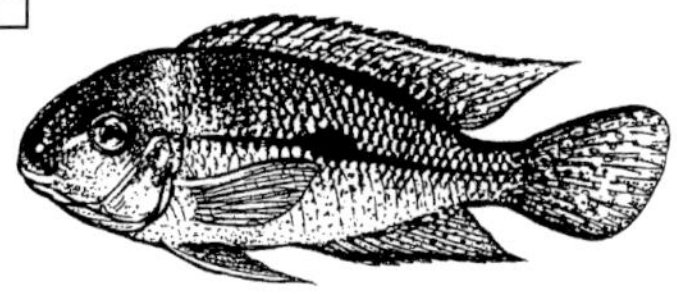

Cichlasoma nicaraguense (Nicaragua-Buntbarsch). Revierbildend; aber relativ friedfertig. Vergesellschaftung mit mittelgroßen, ruhigen Arten. Strukturreiche Becken mit Steinhöhlen, Wurzelstücken und größeren Pflanzen. Nur während der Fortpflanzungszeit wühlt er leicht und frißt mitunter auch weiche, zarte Pflanzen an. Offenbrüter; laichen meist am Boden im hinteren Teil ihrer Höhlenverstecke. Bemerkenswertes unter den Grubenlaichern: Die durchsichtigen Eier sind nicht haftend. Zucht und Aufzucht nicht schwierig. Weibchen betreut Eier und Jungfische, Männchen bewacht und verteidigt das Brutterritorium.
Länge: ca. 15 cm. *Wasser:* 24–27 °C; pH-Wert 6,8–8,5; 2–18 °dGH. *Nahrung:* Lebend- und Gefrierfutter, ballaststoffreiches Trockenfutter. *Vorkommen:* Nicaragua, Costa Rica.

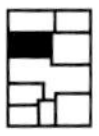

Cichlasoma salvinii

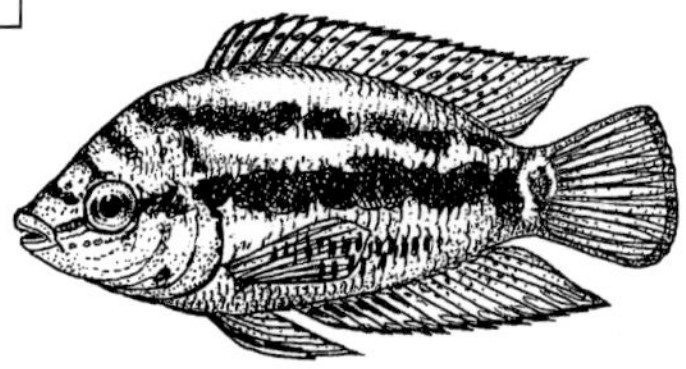

Cichlasoma salvinii (Salvins Buntbarsch, Salvini). Je nach Vorkommen in Mittelamerika variabel gefärbter Fisch mit mehr oder weniger starken Rotanteilen. Die schöne, auffallende Art (besonders in der Balz- und Brutzeit) eignet sich kaum als Gesellschaft friedfertiger Fische, kann aber mit ähnlichen Arten zusammen in Aquarien ab 120 cm Länge gepflegt werden. Substratbrüter, der in Elternfamilie eine große Jungenschar aufzieht und in dieser Zeit besonders bissig ist. Zur Zucht allein halten. Weibchen haben einen schwarzen Fleck in der Rükkenflosse und bleiben oft kleiner. Wühlt wenig und gräbt Pflanzen nicht aus. Verstecke sind wichtig. *Länge:* ca. 15 cm. *Wasser:* 22–28 °C; pH-Wert 6–7; weich bis mittelhart, 5–15 °dGH. *Nahrung:* Allesfresser, vor allem Lebendfutter. *Vorkommen:* S-Mexiko bis Honduras.

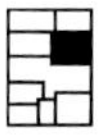

Mesonauta festiva

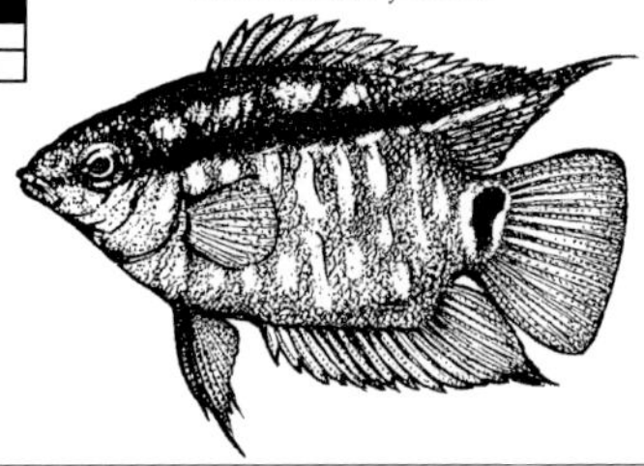

Mesonauta festiva (Flaggen-Buntbarsch). Erwachsene Exemplare können sich in der richtigen Umgebung wunderschön färben und bleiben trotz ihrer Größe friedfertig gegenüber den Mitinsassen. Geräumige Aquarien ab 120 cm Länge mit gutem Pflanzenbestand aus hochstrebenden riemen- und großblättrigen Rosettenpflanzen (wühlt nicht!), Schwimmpflanzen und Moorkienholzwurzeln. Diese Buntbarsche können sogar handzahm werden. Territorien (paarweise) nur während der Laichzeit. Substratlaicher; Eier werden auf großen Pflanzenblättern oder Steinen abgelegt. Zucht produktiv. Braucht beste Wasserqualität, gute Filterung und Durchlüftung.
Länge: ca. 12 cm. *Wasser:* 22–28 °C; pH-Wert 6–7,2; 2–15 °dGH. *Nahrung:* Allesfresser, auch Vegetabilien. *Vorkommen:* Südamerika.

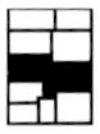

Aequidens pulcher

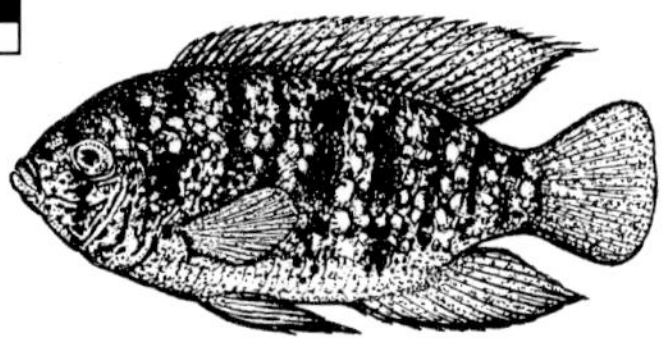

Aequidens pulcher (Blaupunkt-Buntbarsch). Nicht anfällig, kaum aggressiv und in Gesellschaftsbecken ab 120 cm Länge auch mit kleineren Schwarmfischen gut zu pflegen. Männchen besetzen Reviere. Laichen auf flachen oder runden Steinen ab. Zur Brutpflege gehört Sandboden, in dem die Tiere Gruben auswedeln, in denen sie die geschlüpfte Brut in den ersten Lebenstagen unterbringen und als Elternfamilie bewachen und verteidigen. Ihre Färbung kommt bei dunklem Bodengrund und bei seitlich einfallendem Licht besonders schön zur Geltung. Männchen mit länger ausgezogenen Rücken- und Afterflossen, Weibchen sind etwas matter gefärbt. *Länge:* ca. 10 cm. *Wasser:* 22–28 °C; pH-Wert um 7; weich bis hart, bis 20 °dGH. *Nahrung:* Lebend- und Trockenfutter. *Vorkommen:* Kolumbien und Panama.

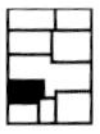

Cleithracara maronii

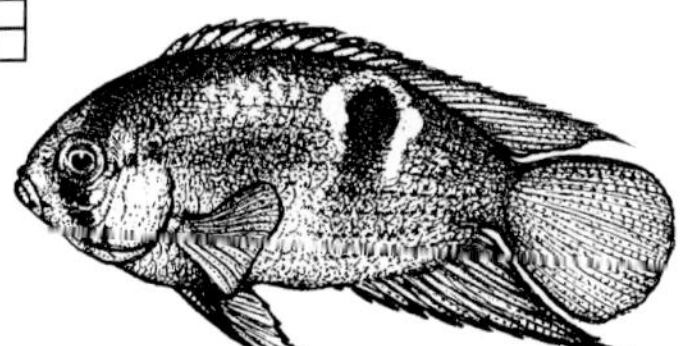

Cleithracara maronii (Schlüsselloch-Buntbarsch, Maroni). Dieser in variablen Brauntönen gefärbte Fisch mit seinem auffälligen schwarzen, zu manchen Zeiten deutlich schlüssellochartig aussehenden Seitenfleck gehört zu den friedfertigsten größeren Cichliden in unseren Aquarien. Pflege und Zucht sind unproblematisch. Ein gut bepflanztes Aquarium (kräftige Pflanzen) mit nicht zu grobem Kiesboden und Versteckmöglichkeiten aus Steinaufbauten und Moorkienholz eignet sich auch zur Zucht. Als Gesellschaft vor allem Salmler, Panzerwelse und Zwergbuntbarsche. Zeigt eine deutliche Nacht- oder Schlaffärbung.
Länge: bis ca. 12 cm. *Wasser:* 22–28 °C; pH-Wert um 7; weich bis mittelhart, 2–18 °dGH. *Nahrung:* Lebend-, Flocken- und Tablettenfutter. *Vorkommen:* Guyanaländer.

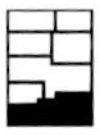

Cichlasoma nigrofasciatum

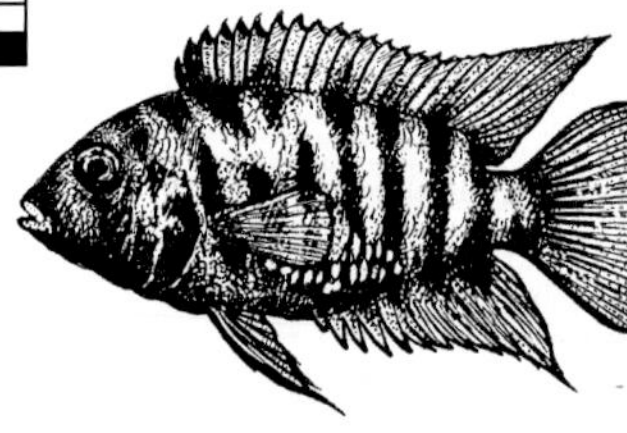

Cichlasoma nigrofasciatum (Zebra-Buntbarsch). Auffällig blaugrau gefärbt, mit schwarzen senkrechten Binden gestreift und mit schwarzem Mundboden, der von beiden Geschlechtern beim Imponieren wie ein Vorhang gesenkt wird. Oft streitsüchtiger Cichlide, der sich in Aquarien ab 130 cm Länge auch in Gesellschaft gut pflegen läßt. Verstecke in Form von Moorholzwurzeln oder Steinaufbauten sind wichtig neben freiem Schwimmraum und Pflanzenwuchs. Grubenbauer in der Laichzeit. Männchen mit Revieren. Elternfamilie. Auffällig sind glänzend kupferrote bis goldene Schuppen im Brustbereich der Weibchen.
Länge: ca. 12 cm. *Wasser:* Temperatur 22–28 °C; pH-Wert um 7; 5–18 °dGH. *Nahrung:* Alles Lebend- und Trockenfutter (pflanzliche Beikost wichtig), Tabletten. *Vorkommen:* Mittelamerika.

Buntbarsche aus Südamerika

Cichlidae

Geophagus brasiliensis (Perlmutter-Erdfresser). Wer ein großes Aquarium von mindestens 120 cm Länge besitzt, das er einem Männchen und 2–4 Weibchen überläßt, wird sehr viel Freude an ihnen haben. Sie glänzen je nach Lichteinfall wunderschön in allen Regenbogenfarben, zudem gestalten die Fische ihr Aquarium selbst, indem sie immer wieder das Profil des Bodengrundes verändern. Nur harte Pflanzen in Töpfen; Steine auf Bodenscheibe auflegen. Ruppig zu ruhigen Arten. Elternfamilie. Um das Gelege und die Brut kümmert sich das Weibchen, das Männchen bewacht das Revier. Gute Zuchtpaare sind sehr fruchtbar.
Länge: ca. 30 cm. *Wasser:* Temperatur 20–26 °C; pH-Wert 6–7; weich–mittelhart, 5–12 °dGH. *Nahrung:* Allesfresser, je größer, desto kräftigeres Futter. *Vorkommen:* Östliches Brasilien.

Geophagus brasiliensis

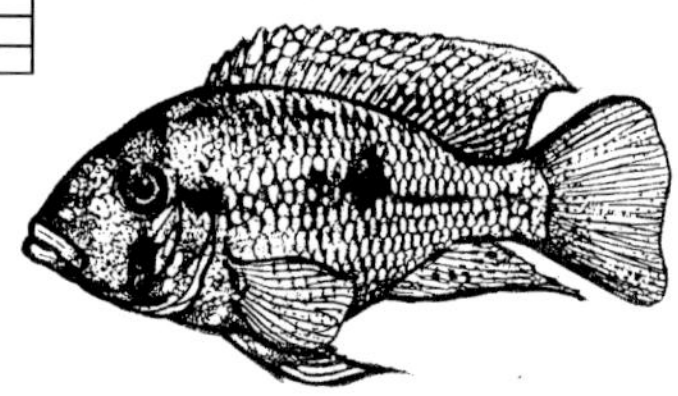

Geophagus steindachneri (Steindachners Rothauben-Erdfresser). Zur Pflege der Erdfresser benötigt man größere Aquarien mit feinem Sand, da sie diesen durchwühlen und bei der Futtersuche auch mit aufnehmen. Steine auf den Beckenboden auflegen (!). Harte, groß wachsende Pflanzen ausgrabsicher in Töpfen unterbringen. Zur Dekoration Moorholzwurzeln. Regelmäßiger Teilwasserwechsel, gute Filterung und Durchlüftung sind wichtig. Offenbrüter. Laichen an flachen Steinen und Wurzeln. Außer in der Laichzeit zu anderen großen gleich- und andersartigen Fischen friedfertig. Mutterfamilie.
Länge: ca. 20 cm. *Wasser:* Temperatur 24–26 °C; pH-Wert 7–7,5; bis 15 °dGH. *Nahrung:* Allesfresser, auch Frost-, Tabletten-, Flockenfutter, Pellets. *Vorkommen:* Kolumbien, Panama.

Geophagus steindachneri

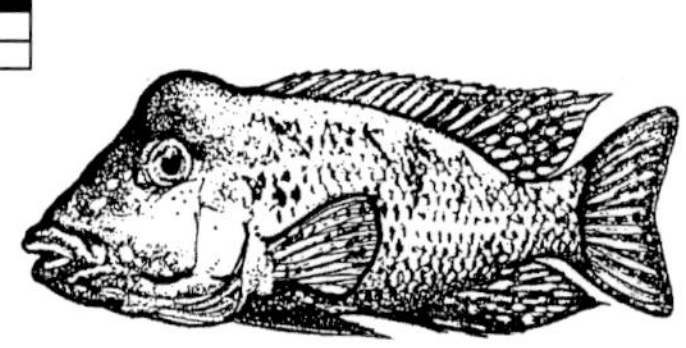

Gymnogeophagus meridionalis (La-Plata-Erdfresser). Eher friedfertige, wenig streitsüchtige Art. Mit Cichliden pflegen, die ein etwas gemäßigtes Temperament besitzen. Feinkörniger Sandboden. Pflanzen in Töpfen oder vor dem Ausgraben schützen, indem man Steine darum legt. Deckungsmöglichkeiten durch Steine und Wurzeln. Offenbrüter. Zucht nicht schwer. Elternfamilie. Nach intensiver Balz kümmern sich beide Geschlechter um die Säuberung des Laichplatzes und um das Ausheben von Gruben zum Unterbringen der Larven. Beide pflegen und führen den Jungfischschwarm.
Länge: ca. 15 cm. *Wasser:* Temperatur 22–24 °C; pH-Wert 6–7,5; 5–15 °dGH. *Nahrung:* Allesfresser, auch Frost- und Trockenfutter. *Vorkommen:* Argentinien; La-Plata-Einzug.

Gymnogeophagus meridionalis

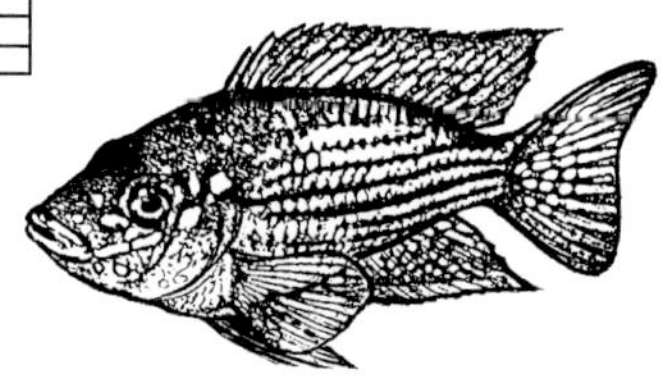

Biotodoma wavrini (Wavrins Buntbarsch). Friedfertig und vor allem in der ersten Zeit oft außerordentlich scheu. Kommt nur gelegentlich in unsere Aquarien und dann auch nur als Einzeltier. Ausgewachsene *Biotodoma*-Männchen sind größer als Weibchen und haben längere unpaare Flossen, sie können lang ausgezogene obere und untere Schwanzflossen und vorn verlängerte Bauchflossen besitzen. Brüten offen an Steinen oder in Gruben. Jungfische sind anfangs sehr klein und können *Artemia*-Nauplien noch nicht fressen; jedoch bieten gut eingefahrene Aquarien genug Nahrung durch Mikroorganismen.
Länge: ca. 12 cm. *Wasser:* Temperatur 24–28 °C; pH-Wert 6–6,8; 3–8 °dGH. *Nahrung:* Lebend-, Tiefkühl-, gefriergetrocknetes Futter. *Vorkommen:* Orinoco- und Rio-Negro-Einzug.

Biotodoma wavrini

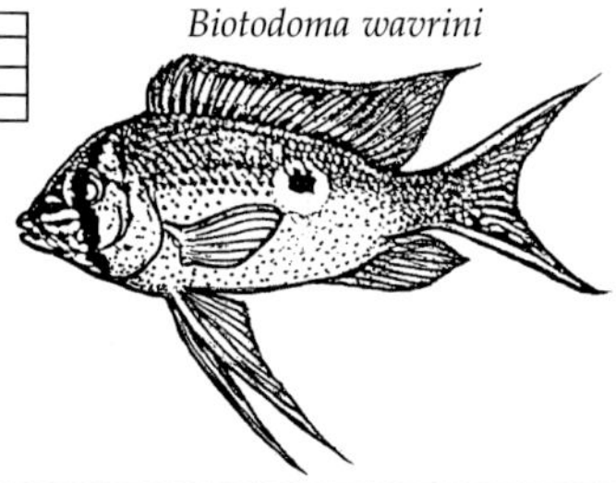

Biotodoma sp. Hochrückiger, schön gefärbter Cichlide. Auffallend ist der Flankenfleck oberhalb der Seitenlinie. Mittelgroße Aquarien mit feinem Sand und Felsaufbauten. Ein Pflanzengürtel entlang der Seiten- und Rückscheiben sorgt für zusätzlichen Schutzraum. Pflanzen werden in der Regel von den Tieren nicht beachtet, vorausgesetzt, sie sind gut im Boden verankert, so daß sie während der Fortpflanzungszeit nicht ausgegraben werden können, wenn die Cichliden ihre tiefen Nestgruben ausheben. Elternfamilie; verteidigen und bewachen während der Laichzeit gemeinsam Revier und Nachkommen.
Länge: ca. 15 cm. *Wasser:* Temperatur 24–28 °C; pH-Wert 6–6,8; 3–8 °dGH. *Nahrung:* Lebendfutter aller Art, Frost-, Trockenfutter, gefriergetrocknetes Futter. *Vorkommen:* Südamerika.

Biotodoma sp.

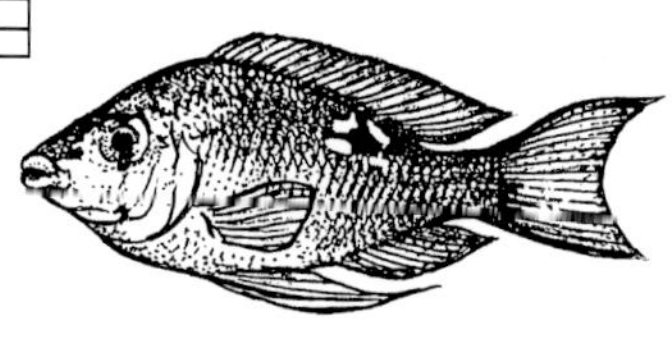

Gymnogeophagus balzanii (Paraguay-Erdfresser). Mit seiner stark ansteigenden Stirn von auffälliger Gestalt. Revierbildend. Wühlt mäßig. Einrichtung (Versteckplätze, Steinhöhlen) fest verankern. Mit nicht zu rauhen, etwa gleich großen Arten vergesellschaften. Bodengrund aus feinem Sand, denn grober Kies macht das natürliche Nahrungsverhalten unmöglich (siehe *G. steindachneri*). Laicht auf Steinen. Danach bewacht und befächelt das Weibchen das Gelege. Sind die Jungen geschlüpft, nimmt sie das Weibchen ins Maul und entläßt sie erst etwa eine Woche später. Bei Nacht und Gefahr nimmt es die Jungen wieder auf.
Länge: ca. 18 cm. *Wasser:* Temperatur 22–28 °C; pH-Wert um 7; 5–15 °dGH. *Nahrung:* Allesfresser, auch Frost- und Trockenfutter. *Vorkommen:* Paraguay, Argentinien.

Gymnogeophagus balzanii

Buntbarsche aus Südamerika

Cichlidae

Crenicichla compressiceps. Gehört zu den kleinen *Crenicichla*-Arten. Lebt in seiner Heimat in schnellfließenden Gewässern. Männchen bekämpfen sich oft verbissen. Andere Mitbewohner werden während der Brutpflege intensiv aus dem Revier vertrieben. Braucht neben Versteckplätzen auch viel Schwimmraum. Höhlenbrüter. Für den Zwerg-Hechtcichliden entsprechend Unterschlupf schaffen, der nur durch einen engen Eingang zugänglich ist. Die Initiative zum Ablaichen geht vom kleineren Weibchen aus. Hat sich ein Paar gebildet, schwimmen die Tiere unter abwechselnder Führung in die Höhle und laichen an die Höhlendecke. *Länge:* ca. 7 cm. *Wasser:* 24–27 °C; pH-Wert 6,8–7,4; bis 8 °dGH. *Nahrung:* Lebend- und Frostfutter. *Vorkommen:* Brasilien, im Rio-Tocantins-System.

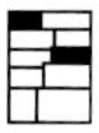

Crenicichla compressiceps

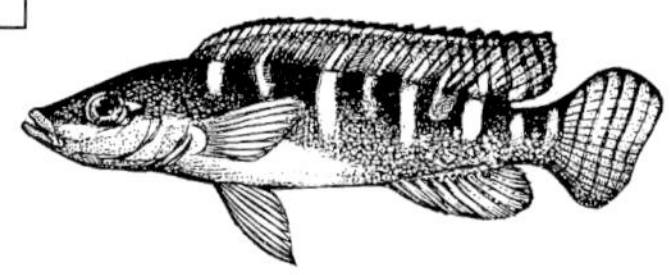

Crenicichla regani (Regans Hechtcichlide). Kleinbleibend, innerartlich mäßig aggressiv, läßt sich aber mit anderen (auch kleineren) Arten problemlos vergesellschaften. Kommt im Amazonaseinzugsgebiet in mannigfaltigen Farbformen vor, doch immer ohne Querbinden. Das kleinere Weibchen (ca. 7,5 cm) trägt in der Rückenflosse 1–3 weiß gerandete Ocellen („Augenflecke"). Mit Pflanzen, Wurzeln und Steinen Bruthöhlen, Verstecke und Zufluchtsorte schaffen. Zur Laichzeit allerdings äußerst aggressiv. Das Weibchen bewacht die an die Höhlendecke abgelegten Eier und die nach 3–4 Tagen geschlüpften Larven. *Länge:* bis ca. 11 cm. *Wasser:* 24–26 °C; pH-Wert 5,5–6,5; bis 7 °dGH. *Nahrung:* Lebend- und Frostfutter, besonders gern *Mysis* und *Artemia*. *Vorkommen:* Amazonaseinzugsgebiet.

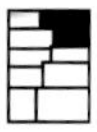

Crenicichla regani

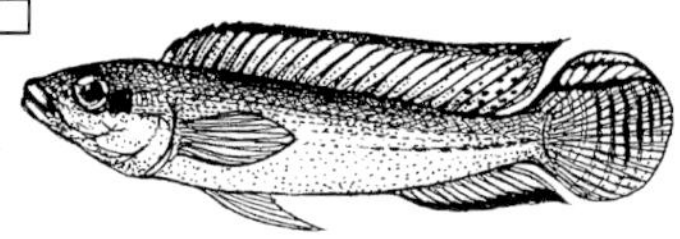

Crenicichla wallacii (Wallaces Zwerg-Hechtbuntbarsch). Ist zwar nicht so aggressiv wie manche Vertreter seiner Gattung, jedoch wie alle *Crenicichla*-Arten sehr territorial. Wichtig sind ausreichend große Becken, gut strukturiert durch Steine, Wurzeln und Pflanzen. Die Revierabgrenzung wird dadurch erleichtert, und mitgepflegte, oft ständig verfolgte Tiere können sich jederzeit in Unterstände, Höhlen und enge Spalten in Sicherheit bringen. Alle Vertreter dieser Gattung zeigen schöne Farben und ein interessantes Zeichnungsmuster. Höhlen, in denen die Fische ablaichen, dürfen nicht fehlen. Vater-Mutter-Familie. *Länge:* 8–14 cm. *Wasser:* Temperatur 22–26 °C; pH-Wert 7–8; Härte bis 18 °dGH. *Nahrung:* Lebend- und Frostfutter, auch kleine Fische und geschabtes Rinderherz. *Vorkommen:* Guayana, Rio Negro-System.

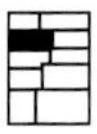

Crenicichla wallacii

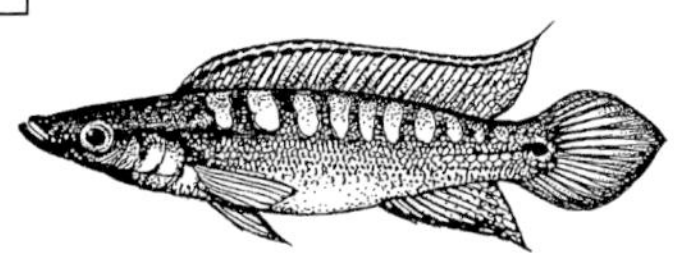

Crenicichla cf. lucius. Männchen mit schwarzem Schulterfleck, der nur äußerst spärlich mit weißen Glanzpunkten besetzt ist. Weibchen mit weißem Streifen in der Rückenflosse, der sich in der Schwanzflosse fortsetzt. Männchen können statt dessen eine Rotfärbung im hinteren Viertel der Rückenflosse und im oberen Teil der Schwanzflosse zeigen. Über eine Zucht ist unseres Wissens noch nichts bekannt. Das Aquarium sollte mit Wurzeln und Steinen so ausgestattet sein, daß Höhlen zum Verstecken vorhanden sind und die Tiere die Voraussetzung zum Ablaichen vorfinden. Fast unersättliche Fresser, nicht überfüttern!
Länge: 16–20 cm. *Wasser:* Temperatur 24–28 °C; pH-Wert 5,5–7,5; weich, bis 8 °dGH. *Nahrung:* Lebend- und Frostfutter (Fische, Garnelen). *Vorkommen:* Mittleres Amazonasbecken.

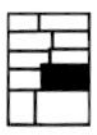

Crenicichla cf. lucius

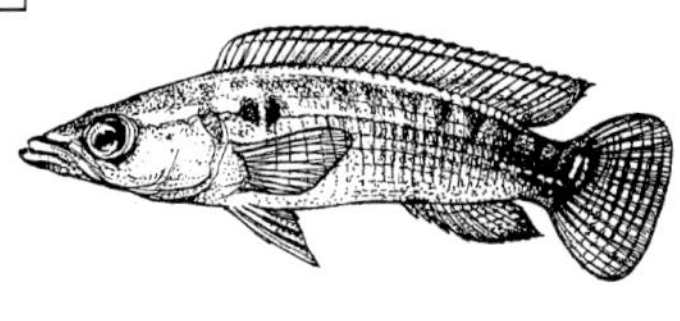

Crenicichla sp. In letzter Zeit verschiedentlich im Handel anzutreffen und als „Bauchrutscher" bekannt. Die Fische scheinen relativ friedlich zu sein, aber allzu kleine Mitbewohner dürfen mit dem räuberisch lebenden Hechtcichliden nicht vergesellschaftet werden, sie haben keine Überlebenschance. Nur ebenbürtige Mitbewohner; reichlich dimensionierte Verstecke dürfen nicht fehlen. Unterlegene Tiere müssen sich durch Rückzug schnell unsichtbar machen können. Dann wird die anfangs oft gezeigte Schreckhaftigkeit schnell überwunden. Einige dichte Pflanzengruppen, höhlenartige Unterstände.
Länge: ca. 8–15 cm. *Wasser:* Temperatur 24–27 °C; pH-Wert 6,8–7,4; weich, bis 8 °dGH. *Nahrung:* Überwiegend Lebendfutter, Frostfutter, kleine Fischfleischbrocken. *Vorkommen:* Venezuela.

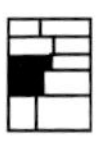

Crenicichla sp.

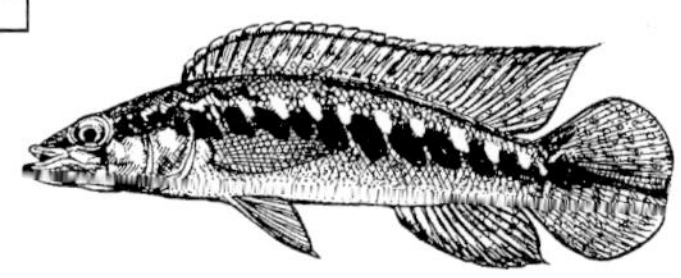

Crenicichla sp. „Xingú". Körper langgestreckt, tiefe Maulspalte, große Augen. Die längsgestreiften Jungfische leben untereinander friedfertig im Schwarm. Aber bereits halbwüchsige Tiere fangen an Reviere zu bilden und werden zunehmend innerartlich und zu Fischen mit ähnlicher Gestalt unverträglich und aggressiv. Den fleischfressenden Raubfisch mit mindestens gleich großen, wehrhaften Tieren vergesellschaften, deren Körper nicht spindelförmig langgestreckt, sondern mehr hochrückig gebaut ist. Große Aquarien mit Versteckplätzen und Möglichkeit zur Revierabgrenzung. Starke Fresser, oft Wasser wechseln.
Länge: 10 bis 30 cm. *Wasser:* Temperatur 24–27 °C; pH-Wert 5,5–7; weich, bis 8 °dGH. *Nahrung:* Größeres Lebend- und Frostfutter; Tabletten. *Vorkommen:* Brasilien, Rio Xingú.

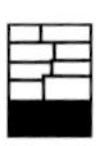

Crenicichla sp. „Xingu"

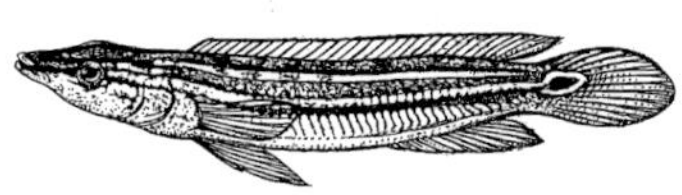

Buntbarsche aus Südamerika und Afrika

Cichlidae

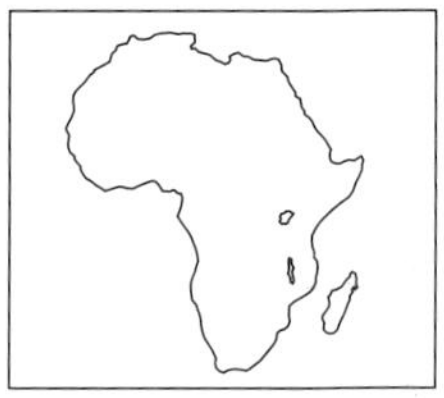

Hemichromis elongatus. Ein rauhbeiniger Bursche, sehr oft auch anderen Arten gegenüber unverträglich, nur mit größeren, wehrhaften Cichliden zu vergesellschaften. Er braucht ein möglichst großes Aquarium ab 120 cm Länge mit vielen Versteckmöglichkeiten, die jedoch vom Pfleger eingesehen werden können! Dafür eignen sich Steinaufbauten mit unterschiedlich großen Schlupflöchern für gefährdete Tiere, denn auch Männchen und Weibchen bekämpfen sich unter Umständen bis zum Tod. Vorsicht beim Einsetzen von Artgenossen zu eingewöhnten Tieren. Wenn überhaupt, dann am besten abends im Dunkeln! Offenbrüter.
Länge: bis ca. 16 cm. *Wasser:* 22–28 °C; pH-Wert um 7; 5 bis 15 °dGH. *Nahrung:* Lebendfutter, Frost-, Flocken-, Tablettenfutter. *Vorkommen:* Westafrika von Guinea bis Sambia.

Hemichromis elongatus

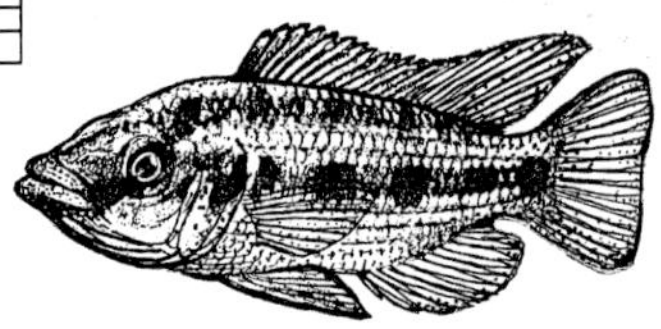

Cichlasoma festae (Roter Ecuador-Buntbarsch). Oft unverträglich gegenüber Artgenossen. Als Mitbewohner eignen sich nur wehrhafte und große Cichliden. Becken (ab 180 cm Länge) mit Wurzelholz und tiefen, der Größe der Fische angepaßten, steinernen Verstecken. Offenbrüter. Das Weibchen gibt die Eier auf ein vorher gesäubertes Substrat, wo sie vom Männchen befruchtet werden. Die Larven befreien sich nach etwa 2–3 Tagen von ihrer Hülle und werden nun in eine vorbereitete Grube umgebettet. Jungfische schwimmen nach weiteren ca. 5 Tagen frei. Gesunde, große Weibchen können 2000 Eier und mehr abgeben.
Länge: 30–40 cm. *Wasser:* 22–26 °C; pH-Wert um 7; bis 20 °dGH. *Nahrung:* Allesfresser, auch Brocken von Garnelen, Fischfleisch, Tabletten. *Vorkommen:* Kolumbien bis Peru.

Cichlasoma festae

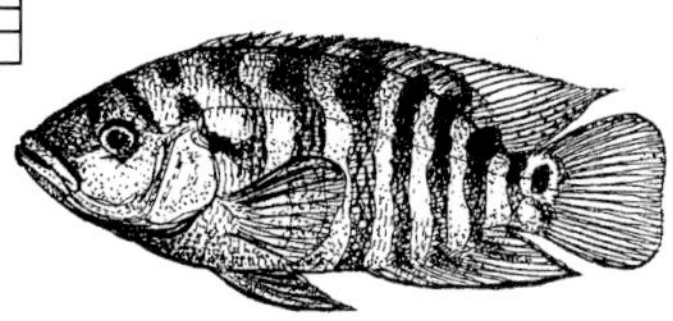

Oreochromis aureus. Ein Cichlide nur für größere Aquarien ab 150 cm Länge. Tiere sind mitunter streitsüchtig. Vergesellschaftungstip: Neben paarweiser Haltung im Artbecken können diese revierbildenden Fische auch mit anderen robusten, gleich großen Cichliden gepflegt werden; dann darauf achten, daß das Aquarium in zwei Reviere aufgeteilt wird. Wirklich gefährliche Attacken sind hier selten, kleine Arten werden dagegen mitunter auch angegriffen. Bodengrund aus Sand oder Kies. Verstecke und Höhlen aus Steinen und Wurzeln. Steinaufbauten können sich bis dicht an die Wasseroberfläche erstrecken. Maulbrüter.
Länge: ca. 30 cm. *Wasser:* 18–25 °C; pH-Wert um 7; bis 18 °dGH. *Nahrung:* Lebendfutter aller Art, Frost-,Tabletten-, Großflockenfutter. Pflanzliche Beikost. *Vorkommen:* Afrika, Asien.

Oreochromis aureus

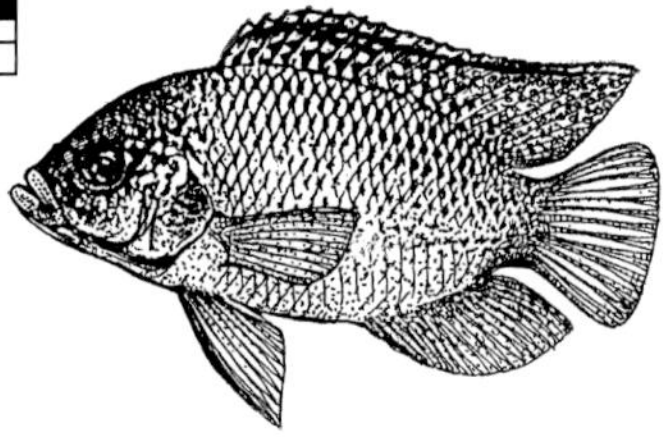

Aequidens rivulatus (Goldsaum-Buntbarsch). Dieser unter optimalem Lichteinfall wunderschöne Cichlide ist immer wieder einmal im Fachhandel anzutreffen, sein Sozialverhalten reicht von relativ „sanft" bis zu recht unverträglich. Zur Pflege braucht man ein Aquarium von mindestens 120 cm Länge, denn die Jungfische wachsen bei optimaler Haltung rasch und brauchen Platz. Außerdem muß man schon den Heranwachsenden kräftiges Futter bieten. An das Wasser stellt die Art wenig Anforderungen. Gute Filterung gehört dazu. Revierbildend. Zucht ist nicht schwierig. Elternfamilie; paarweise brutpflegend. *Länge:* bis ca. 20 cm. *Wasser:* 24–26 °C; pH-Wert um 7; bis 20 °dGH. *Nahrung:* Allesfresser; von kräftigem Lebendfutter bis zu Fischfleischstückchen und Großflocken. *Vorkommen:* Ecuador.

Aequidens rivulatus

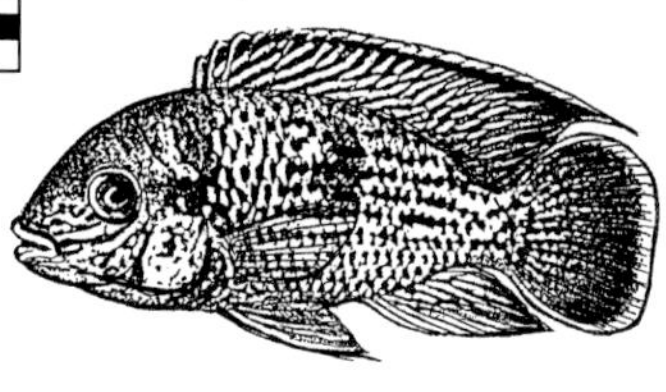

Tilapia mariae (Marien-Buntbarsch). Eine *Tilapia*, die kein Maulbrüter ist. In Gesellschaft anderer größerer Arten zu pflegen. Obwohl die Art gern Pflanzen frißt, ist sie doch gegenüber schwächeren Mitinsassen vor allem zur Laichzeit unverträglich, ja aggressiv. Großes Aquarium ab mindestens 120 cm Länge mit Versteckmöglichkeiten für unterlegene Exemplare und einer dickeren feinkörnigen Kiesschicht, auf der Steinplatten liegen, die vom Männchen unterwühlt als Ablaichstelle genutzt werden. Nur harte und hochstrebende Pflanzen in Töpfen. Sehr fruchtbar, bis zu 2000 Junge!
Länge: bis 30 cm. *Wasser:* Temperatur 22–26 °C; pH-Wert 6,5–7,5; 5–15 °dGH. *Nahrung:* Vor allem Pflanzen wie z. B. überbrühter Salat, Spinat, auch Flocken- und Lebendfutter. *Vorkommen:* W-Afrika.

Tilapia mariae

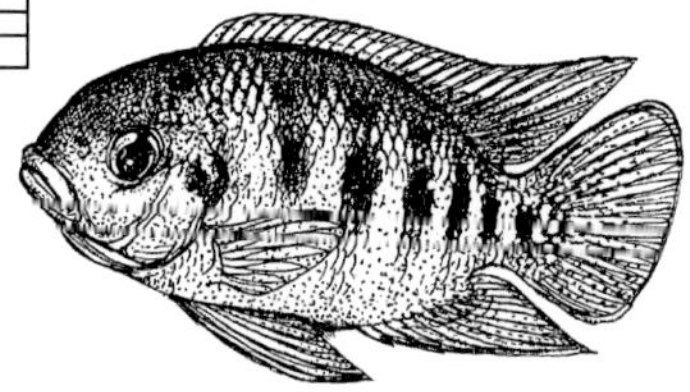

Cichlasoma maculicauda (Schwarzgürtel-Buntbarsch). Dieser Cichlide hat wohl das größte Verbreitungsgebiet in Mittelamerika bis ins Brack- und Meerwasser. Deshalb gibt es einige Färbungsvariationen. Allen ist ein breiter, dunkler, senkrechter „Gürtelstreifen" eigen. Die Art ist zu anderen Mitbewohnern relativ friedfertig, braucht aber ein großes Becken, mindestens 140 cm Länge. Die Pflege des anspruchslosen Fisches ist einfach. Grober Kies zum Anlegen von Gruben für die Brutpflege. Moorkienholzwurzeln und Steinaufbauten als Verstecke genügen. Zucht einfach, ergibt eine gewaltige Jungfischzahl.
Länge: ca. 25 cm. *Wasser:* Temperatur 22–26 °C; pH-Wert 6,5–7,5; bis 20 °dGH. *Nahrung:* Kräftiges Lebendfutter, Rinderherz, Tabletten, grobe Flocken. *Vorkommen:* Östl. Mittelamerika.

Cichlasoma maculicauda

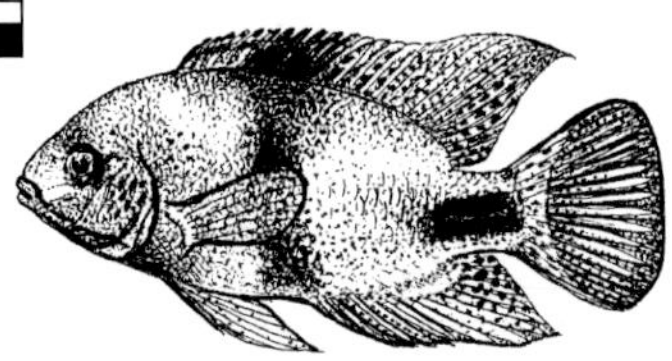

Buntbarsche aus Afrika

Cichlidae

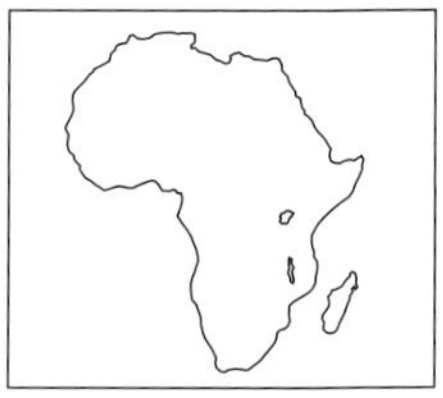

Hemichromis guttatus (Punktierter Roter Cichlide). Seine Grundfarbe variiert bei den einzelnen Tieren von braun am Kopf über rotorange bis feuerrot. Besonders leuchten die Männchen in der Laichzeit. Der ganze Körper ist mit hellblau glänzenden Pünktchen übersät. Nach dem Ablaichen auf dem Substrat übernehmen beide Eltern die Brutpflege und sind unverträglich anderen Mitinsassen gegenüber, selbst größere Arten werden vehement angegriffen. Am besten im Artaquarium ab 120 cm Länge pflegen, in dem viele Versteckmöglichkeiten vorhanden sind.

Länge: ca. 10 cm. *Wasser:* Temperatur 24–28 °C; pH-Wert um 7; bis 15 °dGH. *Nahrung:* Lebendfutter aller Art, Flocken, Gefrierfutter. *Vorkommen:* Elfenbeinküste bis Kamerun.

Hemichromis guttatus

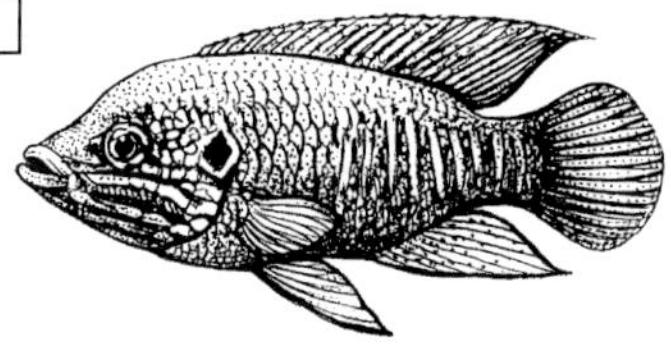

Hemichromis paynei. Von den sogenannten Roten Cichliden nur selten extrem rot gefärbt. Nur während der Balz und bei der Revierverteidigung färben sich bei den Männchen Kehle, Brust und vorderer Bauch kräftig rot. Sind mit anderen roten Cichliden zusammen in einem Aquarium ab 120 cm Länge zu pflegen. Ausreichend Zufluchtsmöglichkeiten müssen vorhanden sein. Man erreicht dies mit großblättrigen Pflanzen als Sichtschutz oder Wurzelholz und Steinaufbauten. Offenbrüter. Als Substratlaicher sind sie nicht wählerisch. Beide Eltern pflegen und verteidigen die zahlreichen Jungen.

Länge: ca. 10 cm. *Wasser:* Temperatur um 24 °C; pH-Wert um 7; bis 16 °dGH. *Nahrung:* Alles Lebendfutter, Flocken, Tiefgefrorenes. *Vorkommen:* Guinea bis Liberia.

Hemichromis paynei

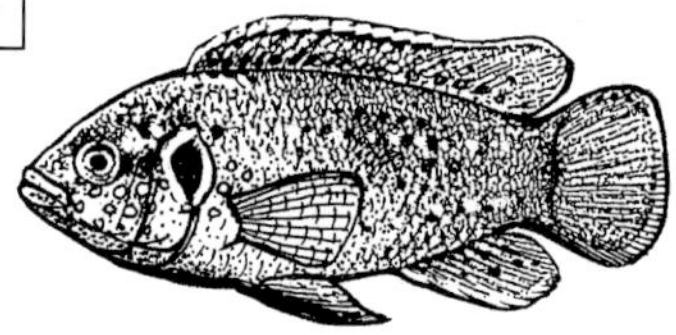

Hemichromis bimaculatus (Roter Cichlide). Galt jahrzehntelang als einzige Art in unseren Aquarien, bis sich herausstellte, daß es weitere Arten gibt, die sich recht ähnlich sehen und die zum Teil unter diesem Namen geführt wurden. Individuell können die Fische verhältnismäßig friedfertig sein, außer in der Laichzeit. Aber sie können auch fast ständig unangenehme Störenfriede sein, deren Auseinandersetzungen auch zu Todesfällen führen können, vor allem in zu kleinen Aquarien. Kein Gesellschaftsfisch im üblichen Sinne. Aquarien mit Kiesboden und derben Pflanzen. Versteckmöglichkeiten!

Länge: ca. 9 cm. *Wasser:* Temperatur 24–28 °C; pH-Wert um 7; bis 15 °dGH. *Nahrung:* Vor allem Lebendfutter aller Art, auch Flocken und Tiefkühlkost. *Vorkommen:* W-Afrika.

Hemichromis bimaculatus

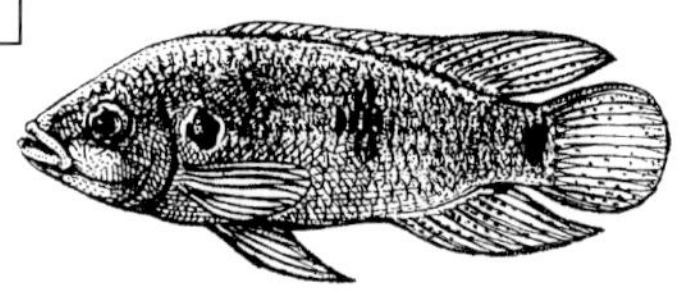

Hemichromis lifalili. Einer der schönsten roten Cichliden, und heute wohl die am weitesten in der Aquaristik verbreitete Art. Vor allem das kräftige Rot macht den Fisch auffällig. Nicht für das übliche Gesellschaftsbecken geeignet. Am besten pflegt man die Tiere im Artbecken. Neben kiesigem Bodengrund brauchen sie Versteckmöglichkeiten, die man aus unterschiedlichen Materialien zusammenstellen kann. Sie sind wichtig für verfolgte schwächere Artgenossen. Auch Weibchen können aggressiv sein, besonders zur Laichzeit. Kräftige und harte Wasserpflanzen verwenden.

Länge: ca. 10 cm. *Wasser:* Temperatur 24–28 °C; pH-Wert um 7; bis 15 °dGH. *Nahrung:* Nicht zu großes Lebendfutter, Flocken, Gefrierkost. *Vorkommen:* Zaïrebecken.

Hemichromis lifalili

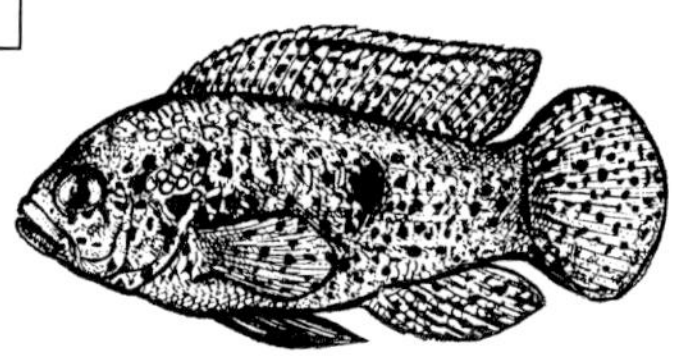

Hemichromis sp. „Guinea". Ob dieser Fisch eine eigene Art darstellt, muß sich noch herausstellen. Mehrere rote Cichliden kommen in Guinea vor, so daß es durchaus möglich ist, daß dieser Fisch nur eine Variante einer anderen Art ist. Gehandelt wird er unter dem Zusatz „Guinea", wenn er überhaupt angeboten oder im Zoofachhandel erkannt wird. Seine Pflege und die Jungenaufzucht sind nicht schwierig, doch braucht man ein Becken von mindestens 120 cm Länge, das Kiesboden und Versteckmöglichkeiten enthält. Große und harte Pflanzen kann man einsetzen. Elternfamilie. Offenbrüter.

Länge: ca. 9 cm. *Wasser:* Temperatur 24–28 °C; pH-Wert 6,5–7,2; bis 12 °dGH. *Nahrung:* Lebendfutter, Flocken, Gefrierkost, geschabtes Rinderherz. *Vorkommen:* Guinea.

Hemichromis sp. „Guinea"

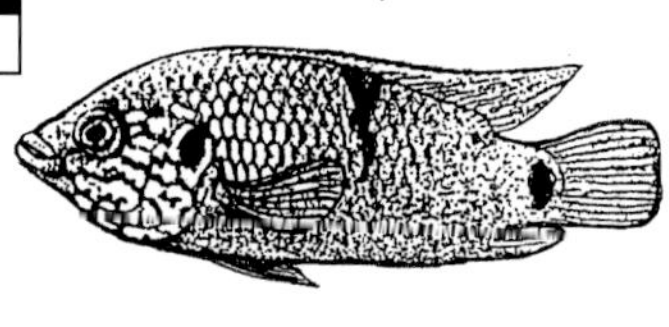

Hemichromis cristatus. Man erkennt diesen bei richtiger Pflege wunderschön rot gefärbten Fisch vor allem an dem dunklen Fleck auf dem Körper, der von einem gelbgoldenen Rand umgeben ist. In einem Aquarium ab 120 cm Länge kann man ihn nur mit anderen gleichgroßen oder größeren Fischen zusammen halten, aber nicht mit ähnlich rot gefärbten *Hemichromis*-Arten. Mittelgrober Kiesboden, kräftige und harte Pflanzen und Verstecke für schwächere Exemplare. Geschlechter nur in der Laichzeit zu unterscheiden, Weibchen dann dicker. Offenbrüter. Zucht bei passenden Paaren nicht schwierig.

Länge: ca. 9 cm. *Wasser:* Temperatur 24–28 °C; pH-Wert 6–7; 4–12 °dGH. *Nahrung:* Alles Lebendfutter, auch Tiefgefrorenes, Flocken. *Vorkommen:* Guinea bis Nigeria.

Hemichromis cristatus

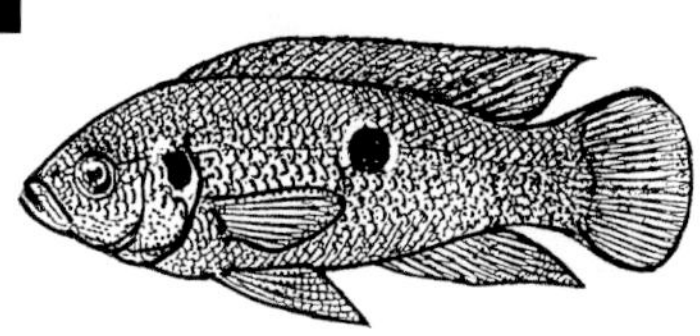

Buntbarsche aus Afrika und Asien

Cichlidae

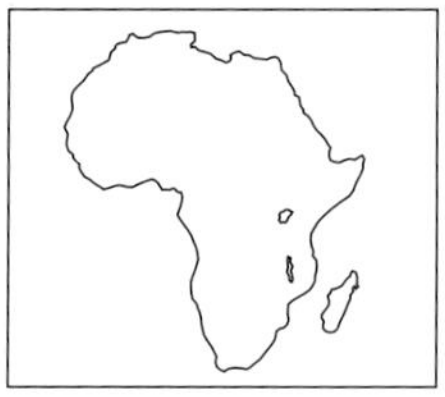

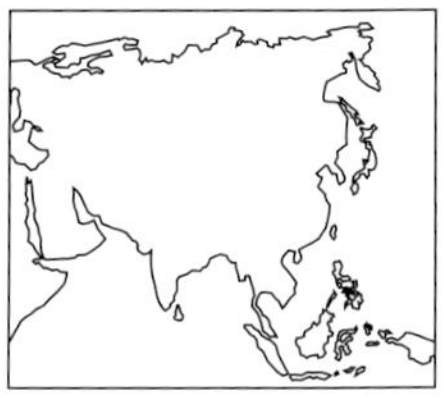

Chromidotilapia guentheri (Günthers Prachtbuntbarsch). Kann in geräumigen Aquarien mit Schwarmfischen, die den oberen Bereich bevölkern, vergesellschaftet werden; ein Trick, um den Fischen die Scheu zu nehmen. Aquarium mit feinem Sand – die Fische wühlen gerne – und runden Steinen (auch zum Ablaichen). Derbe, gut befestigte Wasserpflanzen, auch Schwimmpflanzen zum Abschatten. Ovophiler Maulbrüter. Das Männchen (!) nimmt die Eier nach der Befruchtung ins Maul, um diese zu erbrüten. Nach dem Freischwimmen beteiligt sich auch das Weibchen und nimmt die Jungen, wenn Gefahr im Anzug ist, ins Maul.
Länge: ca. 16 cm. *Wasser:* Temperatur 24–28 °C; pH-Wert 6–7,5; 8–15 °dGH. *Nahrung:* Lebend- und Trockenfutter. *Vorkommen:* Westafrika; Elfenbeinküste bis Äquatorialguinea.

Chromidotilapia guentheri

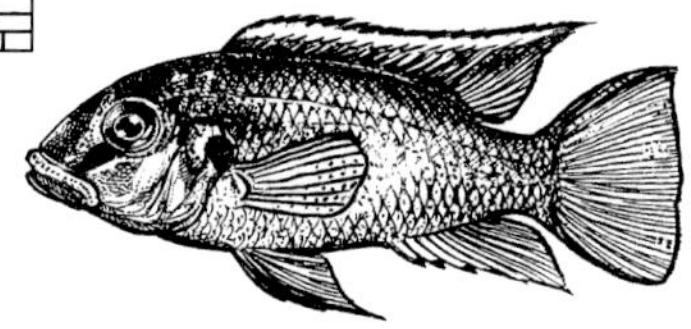

Steatocranus tinanti. Lebt in seiner Heimat am Bodengrund von Stromschnellen. Dieser kleine, im fließenden Wasser lebende Buntbarsch besitzt nur eine reduzierte Schwimmblase. Der dadurch verringerte Auftrieb erleichtert den Aufenthalt auf dem Boden. Außerhalb der Laichzeit meist Einzelgänger. Männchen besetzen kleine Reviere, die sie stark verteidigen; bis zu deren Festlegung gibt es erhebliche Streitereien. Felsaufbauten mit Aussparungen helfen bei der Revierabgrenzung. Versteckplätze! Höhlenbrüter. Ca. 100 große, klebrige Eier. Brutpflege ist zweigeteilt. Jungfische bleiben vorerst im Brutrevier und werden nicht geführt. *Länge:* bis ca. 12 cm. *Wasser:* Temperatur 25–27 °C; pH-Wert 6,5–7,5; 6–12 °dGH. *Nahrung:* Lebendfutter, Tabletten. *Vorkommen:* Afrika; Kinshasa-Gebiet.

Steatocranus tinanti

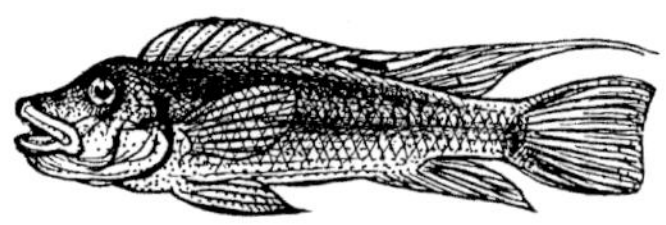

Steatocranus casuarius (Buckelkopf-Buntbarsch). Diese liebenswerten Afrikaner halten sich bevorzugt in Bodennähe auf und können mit vielen friedlichen Aquarienfischen zusammen gepflegt werden. Haltung paarweise oder in Gruppen in Aquarien mit feinem Sand und vielen Versteckmöglichkeiten. Runde Steine und umgestülpte Blumentöpfe mit passendem Eingangsloch sind geeignet. Gut eingewurzelte Pflanzen. Höhlenbrüter, die dauerhafte Paare bilden! Beide Eltern beteiligen sich an der Brutpflege. Hoher Sauerstoffbedarf, doch nur leichte Strömung. Mäßige Beleuchtung.
Länge: ca. 9–12 cm. *Wasser:* Temperatur 25–27 °C; pH-Wert 6,5–7,5; 6–12 °dGH. *Nahrung:* Lebend- und Frostfutter, Futtertabletten und Futterflocken sowie pflanzliche Beigaben. *Vorkommen:* Zentralafrika; unterer Zaïre-Fluß.

Steatocranus casuarius

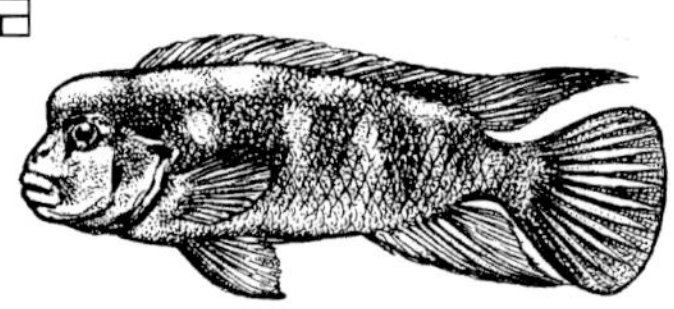

Etroplus maculatus (Punktierter Indischer Buntbarsch). Lebt im Freiland auch im Brackwasser, sonst Süßwasserbewohner. Verschiedene farbigere Zuchtformen im Handel. Ursprungsform kaum noch erhältlich. Pflege eines Pärchens bereits in kleinen Aquarien ab 60 cm Länge. Bei mehreren Exemplaren sollte das Becken mindestens die doppelte Größe aufweisen. Bei ausreichendem Platzangebot können sie auch mit friedlichen Fischen zusammen gepflegt werden. Wasser gut filtern. Substratbrüter; Elternfamilie.
Länge: ca. 8 cm. *Wasser:* Temperatur 24–28 °C; pH-Wert 7–8,0; 8–20 °dGH. *Nahrung: Artemia,* kleine Insektenlarven, kleine Würmer und eventuell Flocken. *Vorkommen:* Südindien, Sri Lanka.

Etroplus maculatus

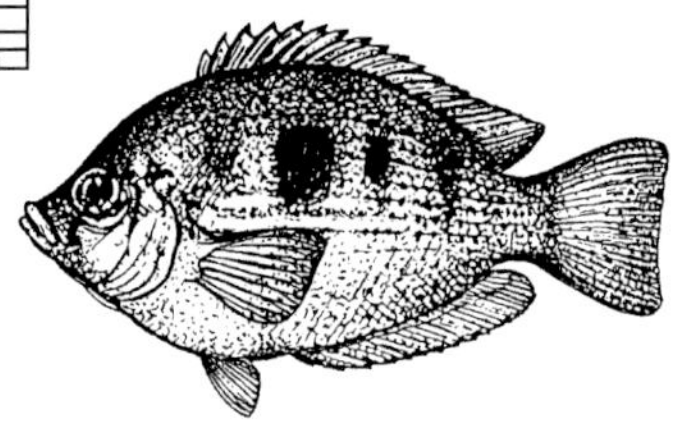

Etroplus suratensis (Gebänderter Indischer Buntbarsch). Lebt in Küstenlagunen und Mündungsgebieten von Flüssen im Süß- und im Brackwasser. Ohne geringeren Salzzusatz im Aquarium auf die Dauer nicht gesund zu erhalten. Beckenlänge ab 120 cm. Als Bodengrund feiner Kies oder grober Sand. Mit Wurzelwerk und Steinen Zufluchtsstätten schaffen. Bepflanzung im brackigem Wasser oft schwierig, z. B. *Cryptocoryne ciliata* (können gefressen werden). Männchen besetzen und verteidigen ihr Revier, werden in der Laichzeit aggressiv. Offenbrüter. Laichreife ab ca. 15 cm. (ca. 100 Eier). Elternfamilie
Länge: bis ca. 45 cm. *Wasser:* Temperatur 23–28 °C; pH-Wert 7,5–8,5; über 15 °dGH. *Nahrung:* Algen, überwiegend Pflanzenkost; wenig Lebendfutter. *Vorkommen:* Vorderindien, Sri Lanka.

Etroplus suratensis

Pseudocrenilabrus sp. (Pracht-Zwergmaulbrüter). Dieser prachtvolle kleine Buntbarsch ist ein Maulbrüter. Geräumige Aquarien mit feinem Sand, kleinen Steinhaufen, mehreren Höhlen und Pflanzengruppen sind notwendig, damit die vom größeren farbenprächtigeren Männchen heftig verfolgten Weibchen schnell Deckung finden. Ein Männchen und zwei bis drei Weibchen pflegen. Maulbrütende Weibchen müssen vom Männchen getrennt werden (Mutterfamilie). Gleichgroße Salmler, Barben und Welse können mit dem Pracht-Zwergmaulbrüter vergesellschaftet werden.
Länge: ca. 6–7 cm. *Wasser:* Temperatur 24–26 °C; pH-Wert 6,4–7; 8–18 °dGH. *Nahrung:* Vor allem Kleinkrebse, kleine Würmer, Futtertabletten, Flocken und Frostfutter. *Vorkommen:* Afrika; oberes Zaïre-System.

Pseudocrenilabrus sp.

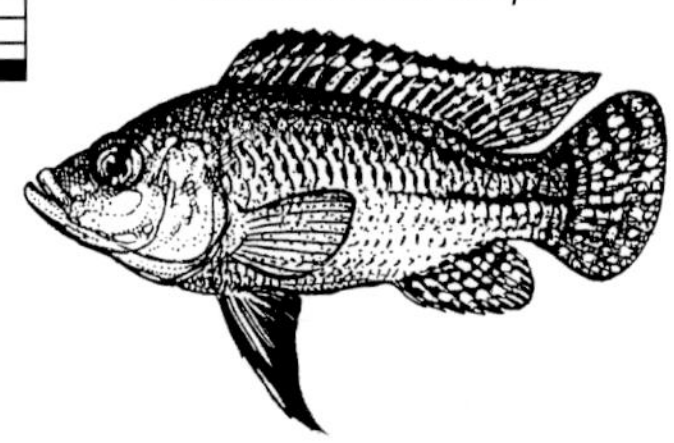

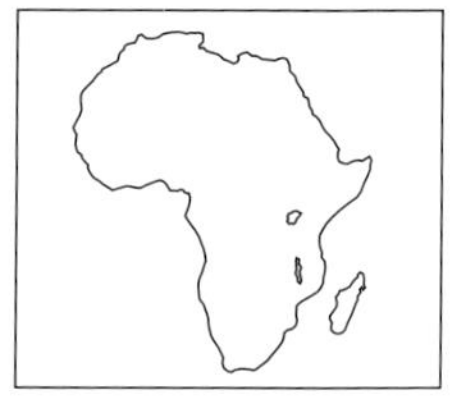

Zwergbuntbarsche
Cichlidae

Unter dem Begriff Zwergbuntbarsche verstehen Aquarianer allgemein alle kleinen Cichliden-Arten Südamerikas und Afrikas von unterschiedlichster Herkunft und systematischer Zuordnung, ausgenommen die Arten aus den afrikanischen Grabenseen Malawi und Tanganjika. Die bekanntesten und am häufigsten gehaltenen Zwergbuntbarsche sind die südamerikanischen *Apistogramma* (ein gattungstypisches Merkmal aller Arten ist hier der deutliche Geschlechtsdimorphismus) und die meist schlanken, überwiegend farbintensiven afrikanischen *Pelvicachromis*, die in sauerstoffreichen, leicht fließenden Gewässern leben.
Die Arten beider Gattungen sind prinzipiell friedfertige Fische, die nur im Zusammenleben mit Artgenossen (Brutpflege- und Sozialverhalten) aggressiv werden können; gut geeignet für Gesellschaftsaquarien mit friedlichen, etwa gleich großen Arten. Auch die Zucht bereitet zumeist keine großen Schwierigkeiten, wenn den Versteckbrütern entsprechende Bedingungen geboten werden: Höhlen zum Ablaichen und weiches, leicht saures Wasser von guter Qualität. Empfindlich reagieren sie auf erhöhten Nitrat- und Nitritgehalt (gilt auch für die Dauerhaltung). Zu beachten ist dabei, daß südamerikanische Arten im allgemeinen höhere Wassertemperaturen bevorzugen als die afrikanischen. Viele Arten, wie z. B. der Prachtbuntbarsch *Pelvicachromis pulcher* oder der Kakadu-Buntbarsch *Apistogramma cacatuoides*, brüten auch im Gesellschaftsaquarium. Es ist äußerst interessant zu beobachten, wie die Elternfische ihr Gelege und später die Brut bewachen und verteidigen. Dabei teilen sich die Eltern die Aufgaben: Während das Männchen das Revier und den Brutplatz verteidigt, indem es andere Fische fernhält, befächelt das Weibchen das Gelege und die noch nicht schwimmfähigen Jungfische und führt diese dann später zum Futter. Wenn es sein muß, greift aber auch das Weibchen Eindringlinge energisch an, selbst wenn diese wesentlich größer sind. Vorbeugend zeigen die Weibchen aber durch eine ausgeprägte und von Art zu Art verschiedene Brutfärbung anderen Fischen an, daß sie brüten. Die Brutpflegefärbung kann bei Weibchen so intensiv sein, daß sie farbenprächtiger sind als ihr Männchen (der Gattungsname *Pelvicachromis* bezieht sich auf die weiblichen Fische und bedeutet: mit farbigem Bauch). Das Brutpflegeverhalten ist, neben der prächtigen Färbung und Beflossung und der im allgemeinen unproblematischen Haltung und Zucht wohl der entscheidende Grund für die große Beliebtheit der Zwergbuntbarsche. Hinzu kommt, daß sich die Zahl der aquaristisch verfügbaren Arten durch das Bemühen der Importeure und die Reiselust der Aquarianer ständig erhöht.

Nanochromis sp. „Kisangani"

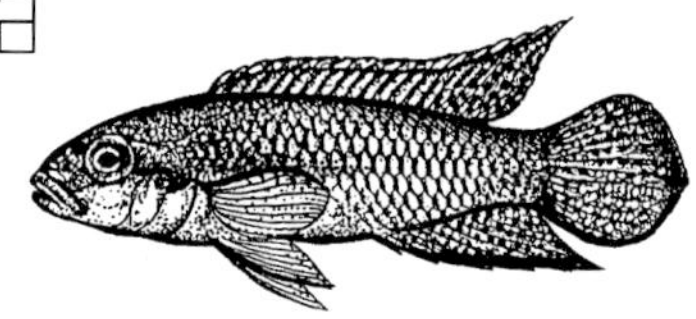

Apistogramma staecki

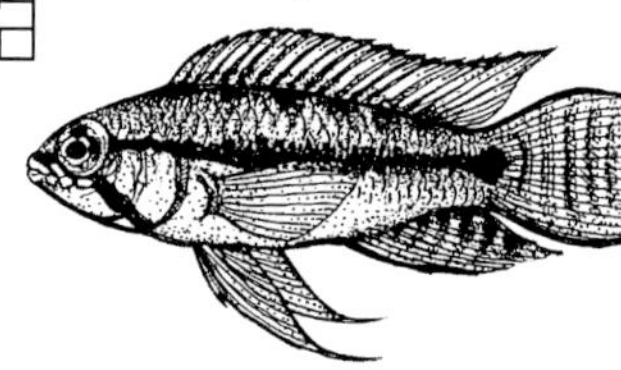

Nanochromis sp. „Kisangani". Ein friedfertiger, überwiegend bodenbewohnender kleiner Cichlide. Mit nicht revierbildenden, kleinen Arten der mittleren und oberen Beckenbereiche gut zu vergesellschaften. Aquarien ab 80 cm Länge, stellenweise dicht mit Bodenpflanzen und kleinen Höhlen als Verstecke und zum Brüten. Für die Brutentwicklung ist weiches, leicht saures Wasser vorteilhaft. Weibchen betreut Eier und Larven, das größere Männchen bewacht Brutrevier. *Länge:* ca. 8 cm. *Wasser:* Temperatur 24–27 °C; pH-Wert 5,8–7,3; 3–10 °dGH. *Nahrung:* Lebend- und Trockenfutter. *Vorkommen:* Zaïre; Gebiet um Kisangani.

Apistogramma staecki. Kleiner, friedfertiger Buntbarsch. Bei guter Wasserqualität problemlos zu halten und nachzuzüchten, wenn bodennahe Pflanzenbestände Deckung bieten und kleine Höhlen aus Rindenteilen oder Steinen Versteckmöglichkeiten gewähren. Das kleinere Weibchen heftet die Eier an die Decke dieser Unterstände, betreut Eier und Larven, führt und schützt die Jungfische. Männchen bewacht Brutrevier. Frisch geschlüpfte Nauplien als Erstfutter der wenigen Nachkommen. *Länge:* ca. 5 cm. *Wasser:* 24–27 °C; pH-Wert 5,7–6,8; 3–10 °dGH. *Nahrung:* Kleines Lebend-, Frost- und Trockenfutter. *Vorkommen:* Bolivien.

Dicrossus maculatus

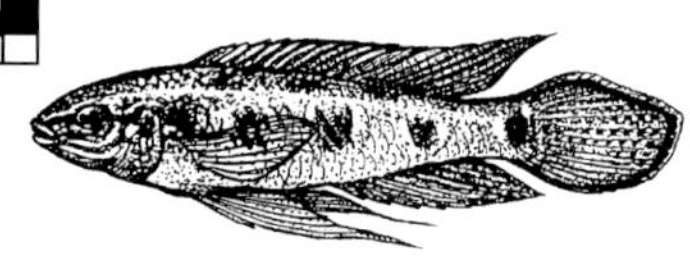

Dicrossus maculatus. Erfolgreiche Pflege und Nachzucht gelingt in Behältern mit feinem Bodengrund, dicht bepflanzt mit kleinwüchsigen feinen und einigen großblättrigen Arten. Viel Wurzelwerk bei genügend Schwimmraum. Benötigt ausreichend Versteckmöglichkeiten am Boden. Versteckbrüter, legt die Eier auf große, feste Blätter oder auf Steine. Das kleinere Weibchen kümmert sich um die Brut, das größere Männchen ausschließlich um die Revierverteidigung. *Länge:* bis ca. 9 cm. *Wasser:* 24–28 °C; pH-Wert 5,4–6,8; 2–10 °dGH. *Nahrung:* Kleines Lebend-, Gefrier- und Flockenfutter. *Vorkommen:* Amazonasgebiet.

Pelvicachromis humilis. Sind in verschiedenen Farbformen bekannt und gehören schon zu den größeren Kleincichliden. Laichhöhlen und Rückzugsmöglichkeiten in Verstecke (besonders für nicht laichbereite, oft aggressiv bedrängte Weibchen) schaffen. Lebendgebärende bevorzugen die mittlere und obere Wasserzone und eignen sich gut als Beifische zu den bodenbewohnenden *P. humilis*. 2-wöchiger Teilwasserwechsel ist anzuraten. Sie lieben klares, sauerstoffreiches Wasser mit leichter Strömung. *Länge:* ca. 11 cm. *Wasser:* 24–27 °C; pH-Wert 5,4–6,8; 3–10 °dGH. *Nahrung:* Lebend-, Gefrier- u. Flockenfutter. *Vorkommen:* Afrika.

Pelvicachromis humilis

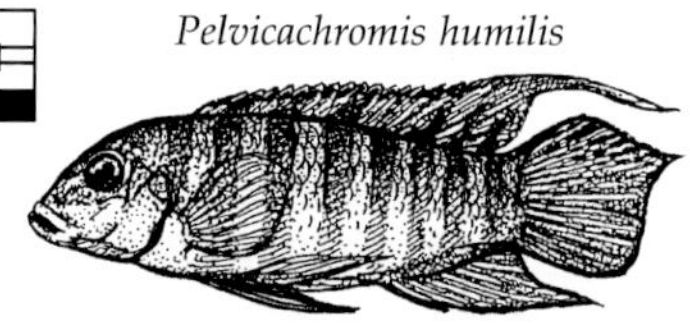

Zwergbuntbarsche aus Südamerika

Cichlidae

Apistogramma bitaeniata (Zweistreifen-Zwergbuntbarsch). Zeigt deutlichen Geschlechtsdimorphismus. Männchen im Alter mit stark vergrößerten Flossen. Häufig versteckt lebender Fisch, der sich nach Eingewöhnung und mit ruhigen Beifischen, z. B. Salmlern, im Gesellschaftsaquarium durchaus wohl fühlt. Viele Verstecke, z. B. kleine Höhlen und Wurzelwerk, sind für das Männchen wichtig. Das kleinere Weibchen hält während der Brutpflege – es kümmert sich um Eier und Jungfische – das Männchen an den Reviergrenzen auf Distanz. Harembildende Art, ein Männchen auf drei Weibchen. Mann-Mutter-Familie.
Länge: bis ca. 7 cm. *Wasser:* Temperatur 23–27 °C; pH-Wert 5,8–7; 1–10 °dGH. *Nahrung:* Lebend-, Frost- und Flockenfutter. *Vorkommen:* Peru; Iquitos, Rio-Ucayali-Zuflüsse.

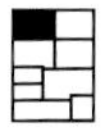

Apistogramma bitaeniata

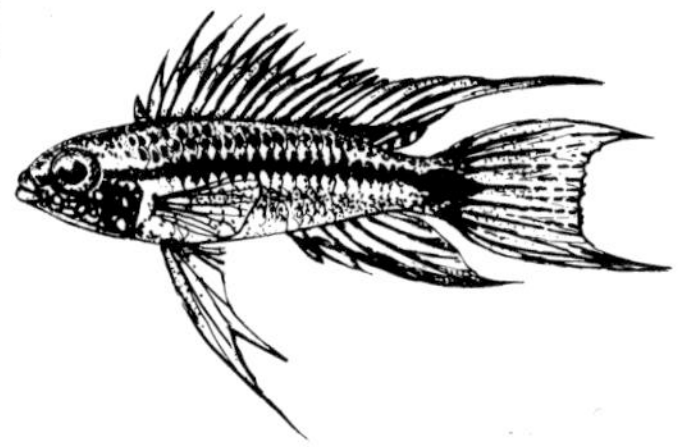

Apistogramma steindachneri. Nicht sonderlich aggressiv. Wühlt nicht, angewachsene Pflanzen werden nicht behelligt. Obwohl sich das interessante Verhalten schon in einem Aquarium ab 60 cm Länge beobachten läßt, kann man die Haremsbildung nur in weitaus geräumigeren Becken richtig studieren. Ausreichend Wurzelholz, Steinaufbauten mit Höhlen, Spalten und Nischen als Zufluchtsstätten für Revierbildung und Fortpflanzung. Das Männchen bleibt zwar im Revier, die Brutpflege wird jedoch weitgehend vom Weibchen übernommen. Kleine Salmler, Lebendgebärende Zahnkarpfen können die Eingewöhnung erleichtern.
Länge: bis ca. 7 cm. *Wasser:* Temperatur 24–28 °C; pH-Wert 5,0–8; 3–14 °dGH. *Nahrung:* Vor allem Lebendfutter, aber auch Trockenfutter. *Vorkommen:* Guyana-Länder.

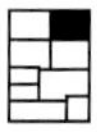

Apistogramma steindachneri

Apistogramma eunotus. Schon eher ein kräftiger Zwergbuntbarsch, der gern den Boden mit seinem Maul nach Freßbarem durchkaut. Im geräumigen, dicht bepflanzten Aquarium mit feinem Bodengrund und vielen abgerundeten Steinen fühlt er sich wohl. Es kommt dann auch kaum zu Streitereien. Andere Beckeninsassen, wie z. B. Salmler, kleine Barben, *Rasbora*-Arten, leben mit ihm friedlich zusammen. Selbst andere Zwergbuntbarsche werden kaum angegriffen, außer während der Brutpflege, dann ist das kleinere Weibchen aggressiv. Elternfamilie. Eine ausdauernde Art (keine *Apistogramma*-Art erzeugt Probleme).
Länge: bis ca. 8 cm. *Wasser:* Temperatur 24–28 °C; pH-Wert 6,5–8; 8–14 °dGH. *Nahrung:* Vor allem Lebend-, aber auch Frost- und Tablettenfutter. *Vorkommen:* Peru; Rio Ucayali.

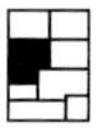

Apistogramma eunotus

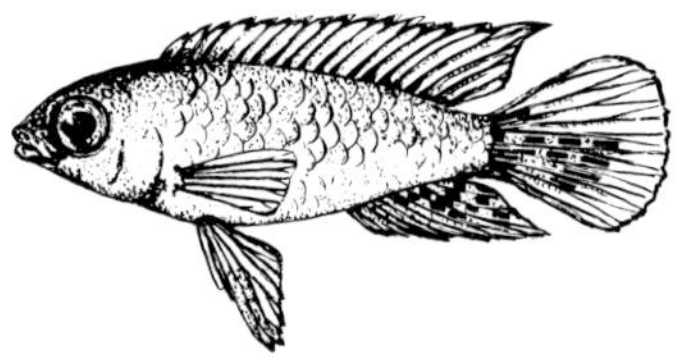

Apistogramma trifasciata (Dreistreifen-Zwergbuntbarsch). Zählt zu den kleineren Buntbarschen, die einen Harem bilden. Ein Männchen und drei oder vier Weibchen. Geräumiges Aquarium mit dichten Pflanzenbeständen, Wurzelwerk und runden Steinen ausstatten. Sichtbarrieren sowie Schlupfwinkel (Höhlen) müssen vorhanden sein. Die Fische wollen ihre Reviere abstecken. Bei ausreichendem Platzangebot bekommen Aquarianer Einblicke in das interessante Brutverhalten dieser *Apistogramma*-Art. Als Bodengrund möglichst feinen Sand, weil die Fische diesen nach Freßbarem durchkauen.
Länge: ca. 6 cm. *Wasser:* Temperatur 20–28 °C; pH-Wert um 6,5; 1–10 °dGH. *Nahrung:* Lebendfutter, auch Futtertabletten. *Vorkommen:* Brasilien, Bolivien; Rio Guaporé, Rio Paraguay.

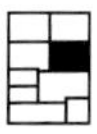

Apistogramma trifasciata

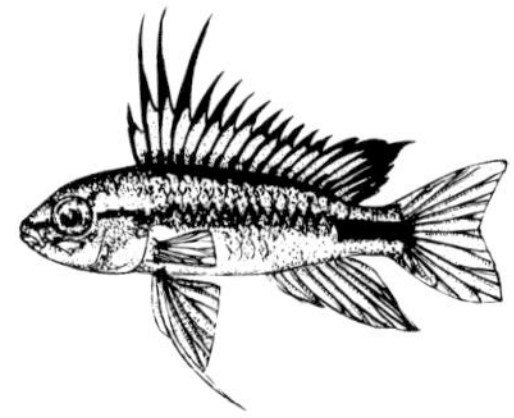

Taeniacara candidi (Torpedo-Zwergbuntbarsch). Gehört zu den kleinsten Buntbarschen Südamerikas. Schwarzwasser-Aquarium, Artgenossen gegenüber äußerst unverträglich. Beifische wie *Nannostomus, Cheirodon, Hyphessobrycon, Hemigrammus* lenken das oft angriffslustige Männchen vom Weibchen ab. Höhlenbrüter, benötigt kleine Unterstände in Form von leeren Kokosnüssen, halbrunden Rindenteilen, die auf dem Boden liegen, oder kleine Nischen zwischen runden Steinen. In einem solchen Versteck werden die Eier (nicht über 100) an die Decke geklebt. Das Weibchen führt die Jungfische aus.
Länge: ca. 5,5 cm. *Wasser:* Temperatur 24–28 °C; pH-Wert 4,5–6,8; 1–10 °dGH. *Nahrung:* Lebendfutter, *Artemia*, Grindal, *Cyclops*). *Vorkommen:* Brasilien; Amazonas, Rio-Negro-Einzug.

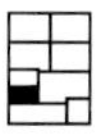

Taeniacara candidi

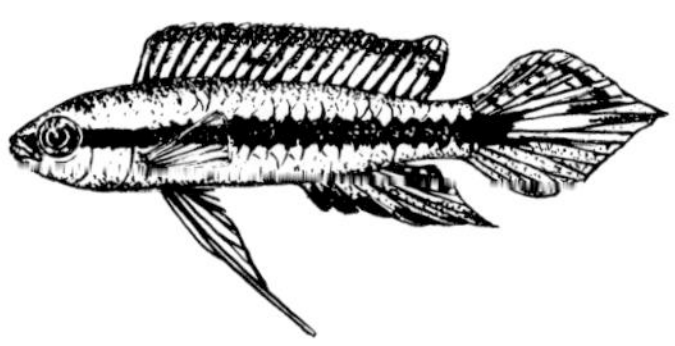

Dicrossus filamentosus (Gabelschwanz-Schachbrettcichlide). Aquarium mit vielen Versteckmöglichkeiten; Wurzeln und dichte Pflanzengruppen (große Blätter) sind genau richtig. Wichtig: Weiches, saures Wasser mit guter Filterung zur Sauerstoffanreicherung. Bevorzugt mittlere und untere Wasserschichten. Salmler sind gute Gesellschafter (z. B. Beilbauchfische). Versteckbrüter, die Gelege werden gut verborgen, manchmal auch auf Wasserpflanzenblättern. Männchen größer mit länger ausgezogenen Flossen. Gezüchtet wird am besten im Harem, 1–2 Männchen und 3–6 Weibchen, wenn die Becken groß sind.
Länge: bis ca. 9 cm. *Wasser:* Temperatur 25–29 °C; pH-Wert 4,5–6,8; 1–8 °dGH. *Nahrung:* Lebendfutter, Futtertabletten. *Vorkommen:* Brasilien; Rio Negro, Venezuela; oberer Orinoko.

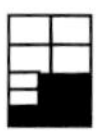

Dicrossus filamentosus

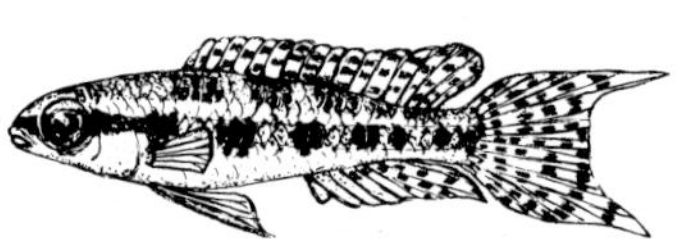

Zwergbuntbarsche aus Südamerika

Cichlidae

Nannacara anomala (Glänzender Zwergbuntbarsch). Dieser kleine, hübsche, braungolden bis rötlichbraungolden glänzende Fisch ist leicht zu pflegen, auch im Gesellschaftsbecken, wenn man für Höhlen und Unterstände neben gutem Pflanzenwuchs sorgt. Selbst in kleineren Aquarien ab 60 cm Länge kann man ein Pärchen halten und züchten. Freie Sandflächen sind wichtig, weil das viel kleinere Weibchen die geschlüpften Jungen in den ersten Tagen in ausgegrabenen Gruben unterbringt und gut bewacht. Männchen können mit mehreren Weibchen gleichzeitig Bruten haben. Interessantes Balz- und Imponierverhalten.
Länge: Männchen ca. 9 cm, Weibchen ca. 5,5 cm. *Wasser:* Temperatur 24–28 °C; pH-Wert 6–8; 5–18 °dGH. *Nahrung:* Lebend- und Flockenfutter. *Vorkommen:* Guyanas.

Nannacara anomala

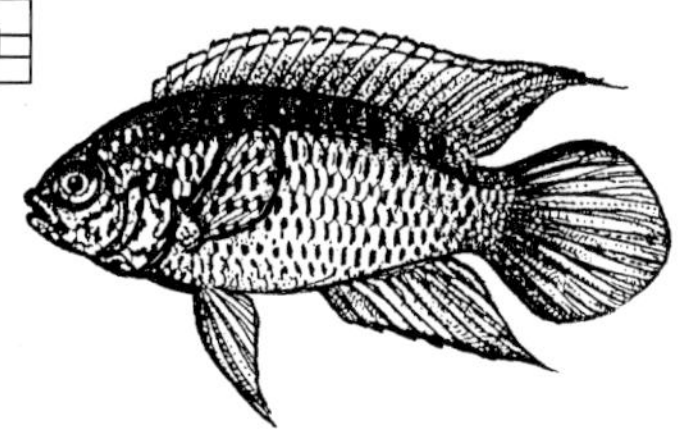

Apistogramma agassizii „Rot" (Roter Agassiz-Zwergbuntbarsch). Diese schöne Farbvariante erhielt ihren deutschen Namen wegen der gezeichneten Flossen der Männchen. In bepflanzten Aquarien ab 60 cm Länge halten. An freien Stellen sollte feiner Sandboden liegen, damit das die Jungen versorgende Weibchen mit den Flossen leicht Vertiefungen im Sand ausschlagen kann. Die nicht immer einfach zu haltenden Fische lieben ruhige Gesellschaft und brauchen als Verstecke ein paar Steinhöhlen, in denen sie gern an der Decke ablaichen.
Länge: Männchen ca. 8 cm, Weibchen ca. 4 cm. *Wasser:* Temperatur 24–28 °C; pH-Wert 6–7; weich bis mittelhart, 2–12 °dGH. *Nahrung:* Lebend- und Trockenfutter. *Vorkommen:* Zuchtform.

Apistogramma agassizii „Rot"

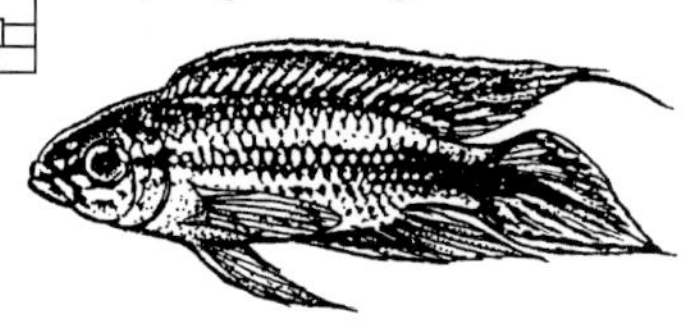

Apistogramma agassizii (Agassiz-Zwergbuntbarsch). Beliebter, schöner, ruhiger, friedfertiger Fisch, der etwas mehr Aufmerksamkeit erfordert, da er manchmal etwas versteckt lebt. In gut bepflanzten Aquarien ab 60 cm Länge mit weichem Kiesboden und Versteckmöglichkeiten aus Steinhöhlen, geöffneten Kokosnußschalen und Moorkienwurzeln fühlen sich die Fische wohl. Andere Mitinsassen müssen friedfertig sein. Zur Laichzeit färbt sich das viel kleinere Weibchen mit auffälligen Gelbtönen und schwarzen Kopfbinden um und pflegt die Jungen allein. Jetzt ist es aggressiv!
Länge: Männchen ca. 8 cm, Weibchen ca. 4 cm. *Wasser:* Temperatur 24–28 °C; pH-Wert 6–7,2; 2–12 °dGH. *Nahrung:* bevorzugt Lebend- und Frostfutter. *Vorkommen:* Oberes und mittleres Amazonien.

Apistogramma agassizii

Laetacara curviceps (Tüpfelbuntbarsch). Dieser kleine, kräftig gebaute, hübsche, friedfertige, jedoch nicht immer einfach zu pflegende Buntbarsch läßt sich auch in einem Gesellschaftsbecken ab 60 cm Länge mit nicht aggressiven Arten ausgezeichnet vergesellschaften, wenn man für eine gute Bepflanzung, nicht zu groben Kies, Moorkienwurzeln und höhlenartige Verstecke sorgt. Das oft etwas größere Männchen hat spitz ausgezogene Enden der Rücken- und Schwanzflosse. Laichen auf glatten, von ihnen geputzten Unterlagen, werden dann aggressiv. Elternfamilie. Häufiger Wasseraustausch fördert Wohlbefinden.
Länge: 9 cm. *Wasser:* Temperatur 22–26 °C; pH-Wert 6–7,5; weich bis mittelhart, 2–18 °dGH. *Nahrung:* Lebend- und Flockenfutter. *Vorkommen:* Amazonas-Einzugsgebiet.

Laetacara curviceps

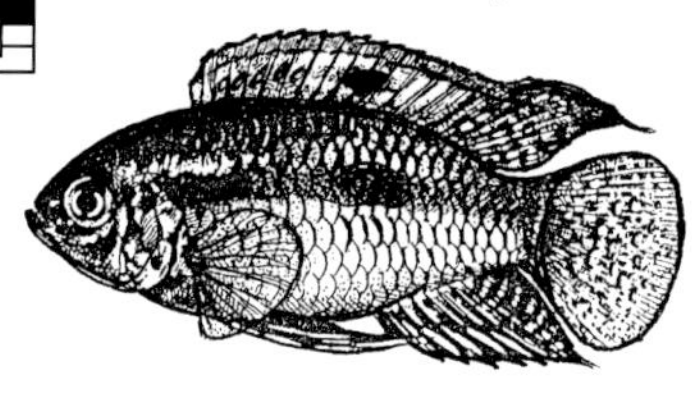

Laetacara sp. (Buckelkopf-Laetacara). Durch seine Färbung auffallender, schöner, friedfertiger, kräftig gebauter Fisch, der ein mindestens 60 cm langes, gut bepflanztes und mit Steinen, Moorkienholz und gutem Pflanzenwuchs ausgestattetes Aquarium braucht. Liebt schattige Partien und nicht zu hell stehende Becken, kann aber auch mit nicht zu robusten Arten vergesellschaftet werden. Oft klappt die Zucht mit willkürlich zusammengesetzten Paaren nicht. Beide Eltern betreuen die Brut. Regelmäßiger Teilwasserwechsel ist wichtig!
Länge: bis ca. 9 cm. *Wasser:* Temperatur 24–28 °C; pH-Wert 6–7,5; sehr weich bis mittelhart, 2–12 °dGH. *Nahrung:* Lebend- und handelsübliches Frost- und Trockenfutter. *Vorkommen:* Brasilien.

Laetacara sp.

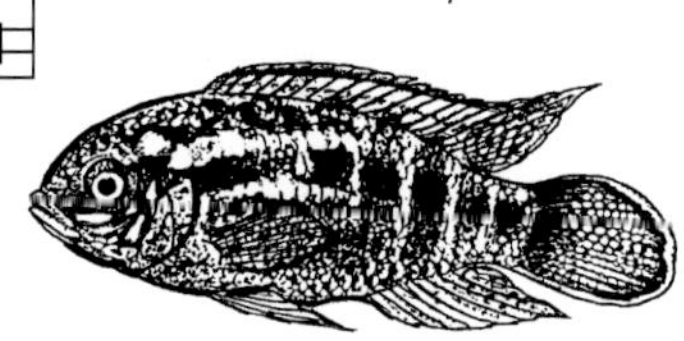

Apistogramma nijsseni (Panda-Zwergbuntbarsch). Männchen und Weibchen dieses hübschen, friedfertigen Fisches sind völlig unterschiedlich gefärbt. Während das Männchen bläulich bis türkisfarben glänzt, zeigt sich das Weibchen gelb mit kräftiger schwarzer Zeichnung auf Kopf und Körper (Name!). Zur nicht ganz einfachen Pflege gut bepflanzte Aquarien ab 60 cm Länge mit Höhlen und Moorkienwurzeln bieten. Zum Wohlbefinden gehört regelmäßiger Beckenwasseraustausch gegen aufbereitetes Frischwasser! Zucht nicht einfach. Das kleinere Weibchen übernimmt die Brutpflege und ist während dieser Zeit aggressiv!
Länge: bis ca. 8 cm. *Wasser:* Temperatur um 26 °C; pH-Wert 5,5–7; weich, 2–10 (Zucht 5,5–6,5) °dGH. *Nahrung:* Vor allem kleineres Lebendfutter aller Art. *Vorkommen:* Östliches Peru.

Apistogramma nijsseni

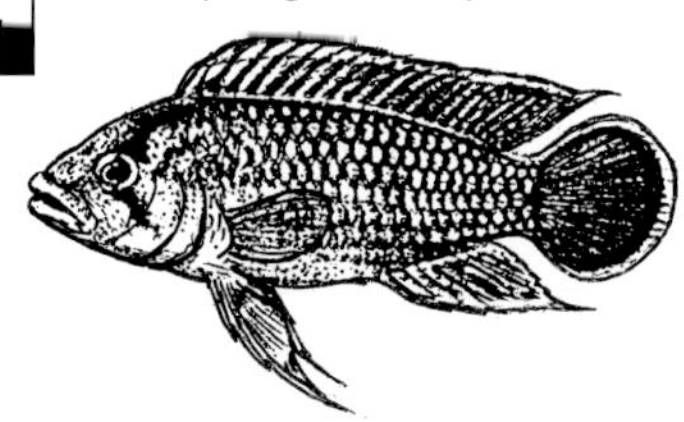

Zwergbuntbarsche aus Südamerika und Afrika

Cichlidae

Apistogramma borellii (Gelber Zwergbuntbarsch). Dieser in der Literatur jahrzehntelang als *A. reitzigi* geführte Fisch ist ein auch für Einsteiger geeigneter, leicht zu pflegender, friedfertiger Zwergbuntbarsch, der selbst in kleinen Aquarien oder in Gesellschaftsbecken Junge aufzieht. Voraussetzungen sind Verstecke, z. B. halbierte Kokosnußschalen, Moorkienholzwurzeln, dichte Pflanzenbestände, aber auch weicher Bodengrund, in dem die Weibchen Gruben für die Jungenpflege ausschlagen. Zu dieser Zeit färben sich die Weibchen gelb um, mit schwarzer Kopfzeichnung. *Länge:* Männchen ca. 7 cm, Weibchen 4 cm. *Wasser:* Temperatur 15–28 °C; pH-Wert 6–7,8; 2–18 °dGH. *Nahrung:* Lebend- und Flockenfutter. *Vorkommen:* Brasilien bis Argentinien: Guaporé, Rio Paraguay.

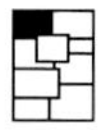

Apistogramma borellii

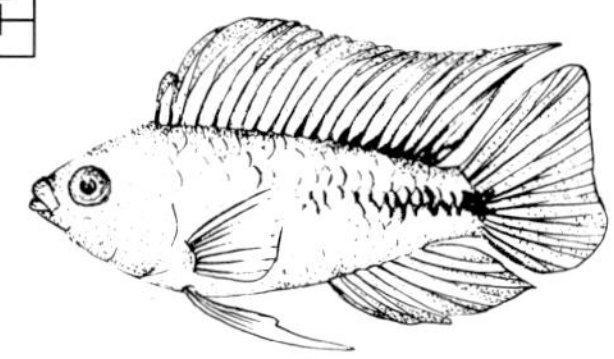

Apistogramma cacatuoides (Kakadu-Zwergbuntbarsch). Erwachsene Männchen fallen durch ihre lang ausgezogenen ersten Rückenflossenstrahlen auf. Ein friedfertiger, bodenorientierter, brutpflegender kleiner Buntbarsch, der Becken ab 50 cm Länge braucht, aber auch in Gesellschaftsbecken gepflegt werden kann. Laicht in Höhlen oder unter Unterständen. Weibchen bewacht, pflegt und verteidigt Gelege und Brut. Guter Pflanzenwuchs und Zufluchtsmöglichkeiten sind wichtig, ebenso weiche freie Sandflächen. Mehrere Männchen nur in größeren Aquarien zusammen pflegen. *Länge:* Männchen ca. 7 cm, Weibchen 4 cm. *Wasser:* Temperatur 22–28 °C; pH-Wert 6,8–7,8; mittelhart, 6–15 °dGH. *Nahrung:* Lebend- und Flockenfutter. *Vorkommen:* Ostperu.

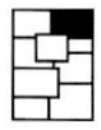

Apistogramma cacatuoides

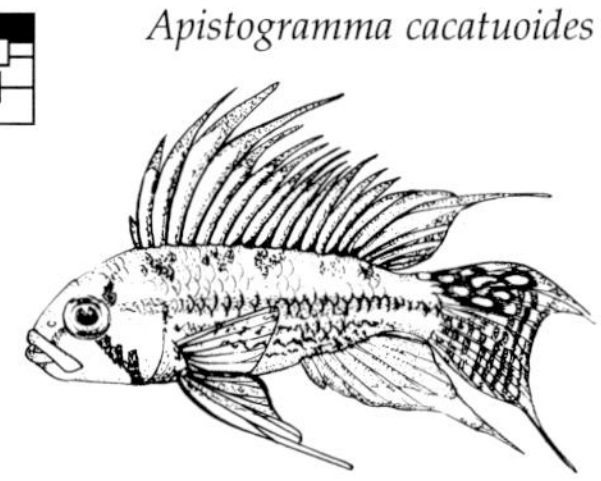

Microgeophagus ramirezi (Schmetterlings-Zwergbuntbarsch). Der wunderschöne, auffällige, friedfertige „Ramirezi" ist in der Literatur auch unter *Apistogramma* oder *Papiliochromis* zu finden. Zur Zucht das Pärchen besser allein halten, sonst gut in Gesellschaftsbecken ab 60 cm Länge zu pflegen. Etwas anspruchsvoller als andere Zwergbuntbarsche. Braucht Versteckmöglichkeiten wie verästelte Moorkienholzwurzeln, Höhlen, guten Pflanzenwuchs und ruhige Mitbewohner. Es gibt bereits Zuchtformen, die schleierartige Flossen besitzen und verstärkte Farben. Frischwasserzugaben sind wichtig!
Länge: ca. 6 cm. *Wasser:* Temperatur 24–30 °C; pH-Wert 4,5–7; 1–12 °dGH. *Nahrung:* Lebend-, Frost- und Flockenfutter aller Art. *Vorkommen:* Venezuela, Kolumbien.

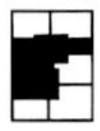

Microgeophagus ramirezi

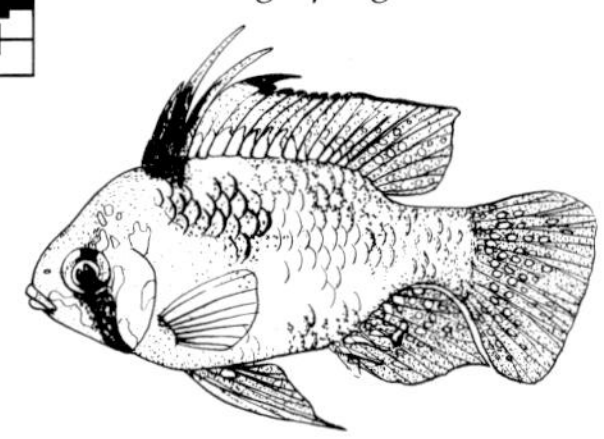

Apistogramma macmasteri (Rotrücken-Macmasteri). Eine schöne, friedfertige, bodenorientierte Art, von der es offensichtlich einige Farbformen gibt, die unter verschiedenen Namen importiert wurden. In kleinen Aquarien ab 60 cm Länge fühlen sich ein Männchen und zwei oder drei Weibchen genauso wohl wie in einem Gesellschaftsbecken ab 80 cm Länge, wenn dieses gut bepflanzt ist und Versteckmöglichkeiten aus Höhlen oder Moorkienholz enthält. Freie Sandflächen werden vom allein brutpflegenden Weibchen für den Grubenbau benötigt, der zum richtigen Ablauf des Brutverhaltens gehört.
Länge: Männchen ca. 8 cm, Weibchen 4 cm. *Wasser:* Temperatur 22–30 °C; pH-Wert 5,5–7,5; 1–15 °dGH. *Nahrung:* Lebend-, Flockenfutter. *Vorkommen:* Orinokogebiet.

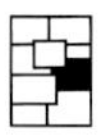

Apistogramma macmasteri

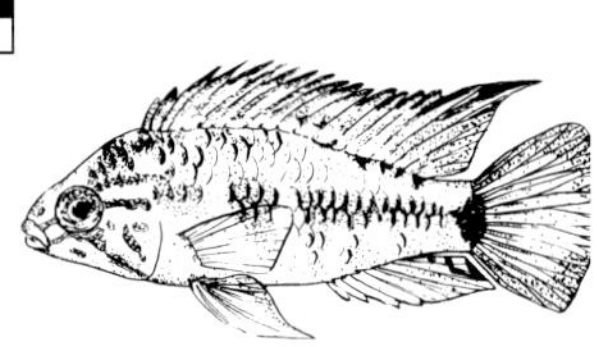

Microgeophagus altispinosus (Bolivianischer Schmetterlingsbuntbarsch). Friedfertiger, schöner, revierbildender Fisch, der sich von seinem bekannten Vetter „Ramirezi" deutlich in seiner Schwanzflossenfärbung unterscheidet. In Gesellschaftsbecken ab 80 cm Länge mit gutem Pflanzenbestand und Zufluchtsmöglichkeiten aus Steinaufbauten und Moorkienholzwurzeln fühlt sich der Fisch wohl. Allerdings mag er keine rauhbeinigen Mitinsassen; bleibt dann scheu und hält sich versteckt. Regelmäßiger Austausch von Beckenwasser gegen frisches, abgestandenes chlorfreies fördert die Gesundheit.
Länge: ca. 8 cm. *Wasser:* Temperatur 23–28 °C; pH-Wert 6–8; weich bis mittelhart, 2–12 °dGH. *Nahrung:* Lebend-, Flocken- und Frostfutter. *Vorkommen:* Östl. Bolivien.

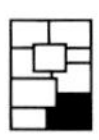

Microgeophagus altispinosus

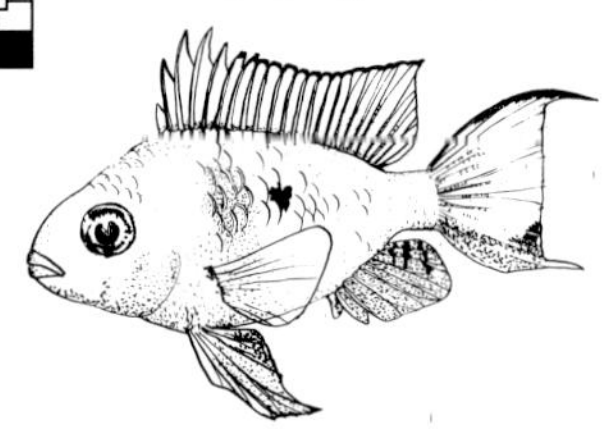

Anomalochromis thomasi (Afrikanischer Schmetterlingsbuntbarsch, Thomas-Prachtbuntbarsch). Auch unter dem Namen *Pelmatochromis* im Handel. Friedfertiger, ruhiger, revierbildender kleiner Fisch, der sich gut in Gesellschaftsbecken ab 80 cm Länge einfügt, in diesen auch laicht und Junge aufzieht. In Höhlen und Unterständen aus Steinen und Moorkienholz zieht er sich gern zurück, hält sich aber auch zwischen großblättrigen Wasserpflanzen auf. Männchen etwas farbenkräftiger, vor allem zur Laichzeit. Regelmäßiger Austausch von Beckenwasser gegen abgestandenes chlorfreies empfehlenswert.
Länge: ca. 10 cm. *Wasser:* Temperatur 22–28 °C; pH-Wert 6–7,5; weich bis mittelhart, 2–15 °dGH. *Nahrung:* Lebend-, Frost- und Flokkenfutter. *Vorkommen:* Westl. Afrika.

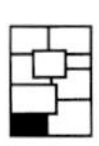

Anomalochromis thomasi

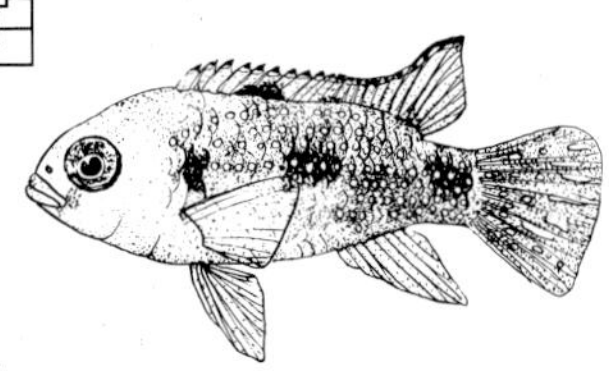

Kleine Buntbarsche aus Afrika

Cichlidae

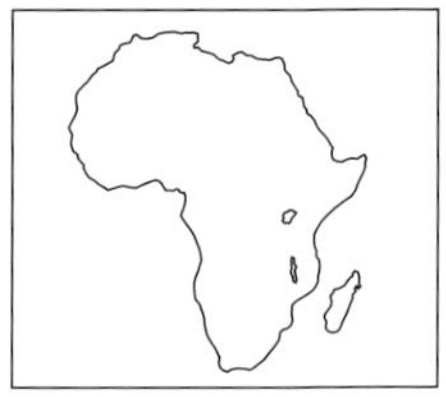

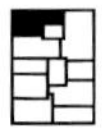

Nanochromis parilus

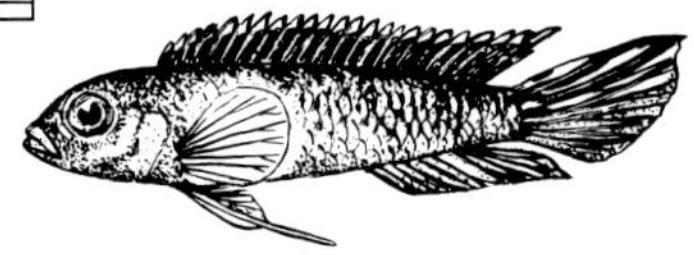

Nanochromis parilus (Blauer Kongocichlide). In der älteren Literatur auch unter *Nanochromis nudiceps* zu suchen. Gegenüber anderen Arten friedfertig, untereinander zänkisch. Auch in einem Gesellschaftsbecken zu pflegen, aber es muß mit Versteckmöglichkeiten ausgestattet sein. Steinplattenhöhlen und Unterstände, Moorkienwurzeln zwischen Pflanzenbeständen. Laichreife Weibchen mit ungewöhnlich dickem Bauch. Bodengrund nicht wichtig, denn die Fische laichen in Höhlungen. Weibchen betreut Eier und Gelege, Männchen schützt Revier, später bewachen beide Eltern die Jungen.
Länge: Männchen ca. 8 cm, Weibchen 6 cm. *Wasser:* 22–27 °C; pH-Wert 6–7; weich, 2–8 °dGH. *Nahrung:* Lebendfutter, vor allem Würmer und Insektenlarven. *Vorkommen:* Zaïre.

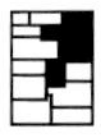

Pelvicachromis sp.

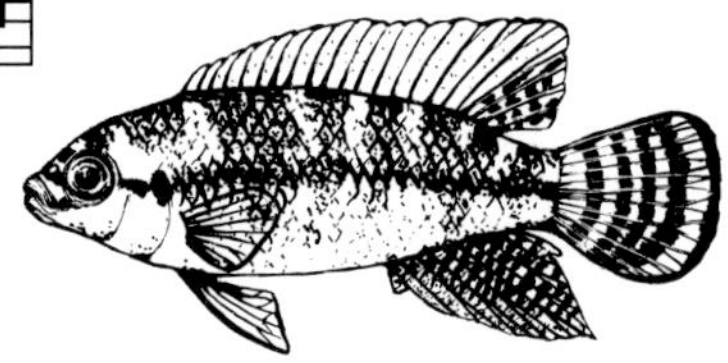

Pelvicachromis sp. (Falscher Augenfleckprachtcichlide). Männchen und Weibchen dieser Art ähneln sich nur im „Kindesalter“. Später glaubt man, zwei verschiedene Fischarten vor sich zu haben. Das Männchen hübsch, aber unscheinbarer als das Weibchen, das in manchen Farbformen in der Balz nahezu schwarz mit weißgoldenem Bauch aussieht. Auch im mit vielen Höhlen ausgestatteten Gesellschaftsbecken ab 80 cm Länge zu pflegen und zu züchten. Paare bilden Reviere und sind zur Laichzeit zänkisch gegenüber Mitinsassen. Gelege wird vom Weibchen bewacht, danach beteiligt sich das Männchen.
Länge: Männchen ca. 9 cm, Weibchen 8 cm. *Wasser:* 22–28 °C; pH-Wert um 7; 5–15 °dGH. *Nahrung:* Lebend-, Frost- und Flockenfutter. *Vorkommen:* Nigerdelta, Nigeria.

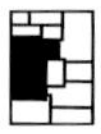

Pelvicachromis pulcher

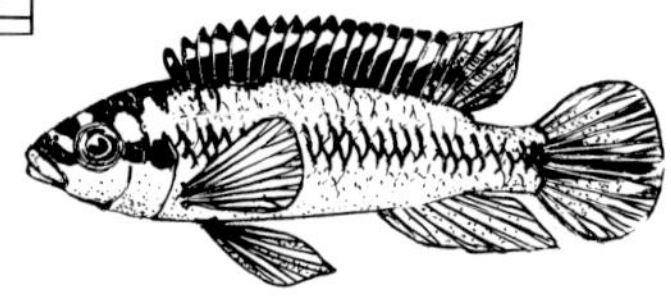

Pelvicachromis pulcher (Königscichlide). Die am häufigsten gepflegte Art der Gattung, noch heute unter dem Namen Kribensis bekannt und verbreitet. Männchen mit ausgezogenen Rücken- und Afterflossen. Auch im Gesellschaftsbecken ab 80 cm Länge zu pflegen. Braucht Höhlen und Unterstände. Gut geeignet sind ausgehöhlte und mit Sand gefüllte Kokosnußschalen mit Schlupfloch. Das Weibchen bewacht das Gelege, das Männchen ist an der Betreuung erst nach dem Freischwimmen der Jungen beteiligt. Aufzucht auch im Gesellschaftsbecken möglich. In der Balz bestimmt das Weibchen, das seinen roten Bauch anbietet.
Länge: Männchen ca. 9 cm, Weibchen ca. 7 cm. *Wasser:* 22–28 °C; pH-Wert um 7; bis 12 °dGH. *Nahrung:* Alles Lebendfutter, Frost- und Flokkenfutter. *Vorkommen:* Süd-Nigeria.

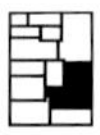

Nanochromis transvestitus

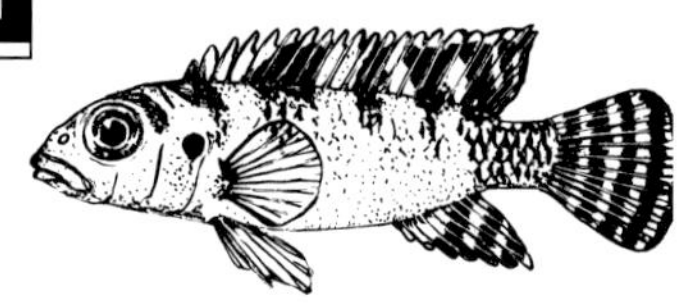

Nanochromis transvestitus. Wie alle seine Verwandten ein außerhalb der Laichzeit friedfertiger Fisch, der auch im Gesellschaftsaquarium gut zu pflegen ist, wenn man ihm ausreichend Versteckmöglichkeiten bietet, die vor allem aus Steinhöhlen bestehen sollten, auch halbierte und ausgehöhlte Kokosnußschalen mit Schlupfloch und Blumentöpfe werden angenommen. Das Weibchen (bunter, mit gestreifter Schwanzflosse) bewacht allein das Gelege und die geschlüpfte Brut. Erst bei freischwimmenden Jungen beteiligt sich das Männchen, das bis dahin das Revier bewacht. Sauerstoffreiches Wasser!
Länge: Männchen ca. 8 cm, Weibchen 7 cm. *Wasser:* 22–27 °C; pH-Wert 5,8–7,0; 2–10 °dGH. *Nahrung:* Lebendfutter; eingewöhnt auch Frost- und Trockenfutter. *Vorkommen:* Zaïre.

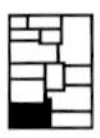

Pelvicachromis taeniatus

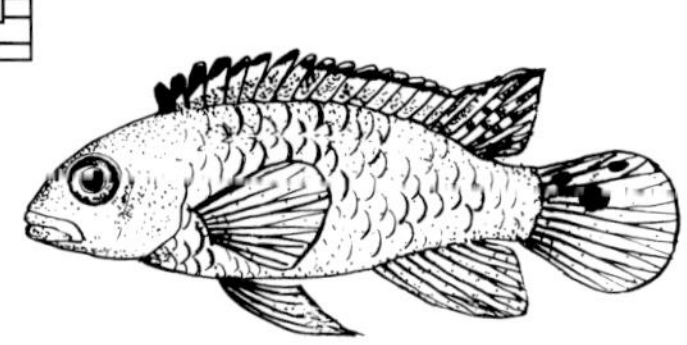

Pelvicachromis taeniatus (Smaragdprachtcichlide). Hier sind inzwischen mindestens 10 Fundort-Varianten bekannt, wie z. B. von Kienke, Molive (abgebildete Form). Bei vielen Versteckmöglichkeiten und guter Pflanzendichte gegenüber Mitbewohnern verträglich. Nur zur Laichzeit und als Einzelgänger oft zänkisch. Bildet Reviere. Elternfamilie, bei der sich das Männchen nach dem Schlupf der Jungen an der Aufzucht beteiligt. Bei den Heranwachsenden erkennt man die Männchen am roten Saumstreifen in der Rückenflosse: Er zieht bis ins Flossenende, das beim Weibchen klar bleibt.
Länge: Männchen ca. 9 cm, Weibchen 7 cm. *Wasser:* 22–28 °C; pH-Wert 6,5–7,0; Härte bis 10 °dGH. *Nahrung:* Lebendfutter aller Art, Flocken nicht immer. *Vorkommen:* Nigeria, Kamerun.

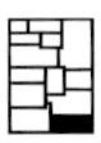

Pseudocrenilabrus multicolor

Pseudocrenilabrus multicolor (Vielfarbiger Maulbrüter, Kleiner Maulbrüter). Ein allen Aquarianern, vor allem auch Einsteigern, zu empfehlender, anspruchsloser kleiner Buntbarsch, der nicht nur sehr friedfertig und in Gesellschaft nahezu aller kleineren Fischarten zu pflegen ist, sondern im männlichen Geschlecht auch schöne Farben zeigt. In Aquarien ab 60 cm Länge auch zu züchten, wenn man dem unscheinbaren Weibchen Verstecke bietet, in denen es seine Jungen im Maul ausbrütet. Das dauert je nach Temperatur etwa 10 Tage. Mutter führt die Jungen. Männchen hat rotes Afterflossenende.
Länge: 8 cm. *Wasser:* Temperatur 20–26 °C; pH-Wert 6–7,5; mittelhart bis hart, 8–18 °dGH. *Nahrung:* Lebend-, Frost- und div. Trockenfutter. *Vorkommen:* NO-Afrika bis Tansania.

Buntbarsche aus dem Malawi- und Tanganjikasee

Cichlidae

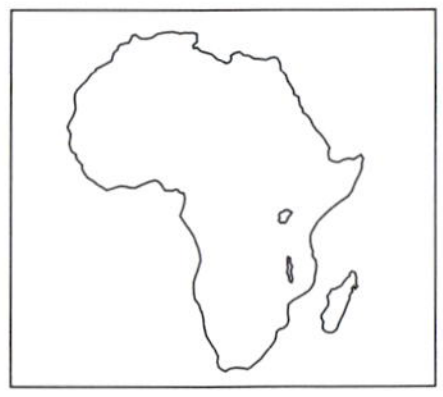

Neolamprologus ocellatus (Schneckenbarsch). Diese kleine Art ist gut verteidigungsfähig, so daß man sie im Gesellschaftsbecken ab 80 cm Kantenlänge pflegen kann, wenn man für freie Flächen über weichem Sandboden mit großen Weinbergschneckenhäusern sorgt. Besser ist ein Artbecken ab 60 cm Länge. Pflanzenwuchs wird nicht zerstört. Schwimmen die Jungen frei, können sie sich bei Gefahr dicht an den weichen Bodengrund drücken oder gar leicht einbuddeln. Die Jungen können bei den Eltern bleiben, auch wenn diese erneut laichen und Junge aufziehen. Junge Männchen zeigen orangefarbene Linie in der hinteren Rückenflosse. *Länge:* Männchen ca. 6 cm, Weibchen ca. 4 cm. *Wasser:* Temperatur 24–27 °C; pH-Wert 7,3–8,8; bis 25 °dGH. *Nahrung:* Kleines Lebend-, Flocken-, Frostfutter. *Vorkommen:* Tanganjikasee.

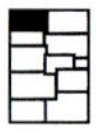

Neolamprologus ocellatus

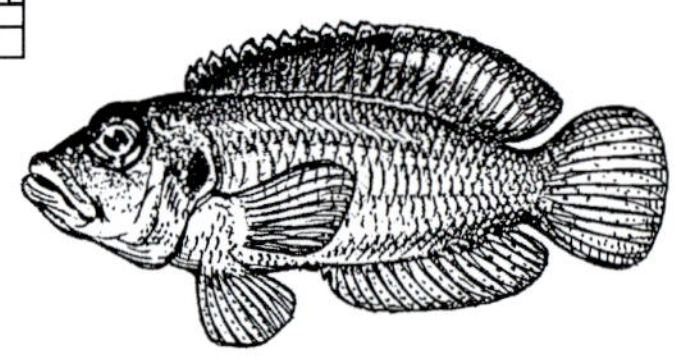

Neolamprologus multifasciatus. Die kleinste bekannte Schneckencichliden-Art. Für eine Pflege von wenigen Tieren reicht schon ein 60-l-Aquarium aus, wenn pro Fisch mindestens 2 kleine Schneckenhäuser (Durchmesser unter 5 cm) vorhanden sind, in denen sie Unterschlupf finden und die Weibchen die Eier anheften können. Entweder *Neothauma*-Gehäuse (Zoohandlung) oder als Alternative auch Gehäuse von Weinbergschnecken. Das Männchen schafft ausdauernd den feinen (!) Sand rund um seine Behausung weg, das Schneckenhaus rutscht nach, und bald ist nur noch die Öffnung zu sehen.
Länge: Männchen ca. 4 cm, Weibchen 3 cm. *Wasser:* 24–27 °C; pH-Wert 7,3–8,8; 8–25 °dGH. *Nahrung:* neben Lebend-, auch Frost- und Flokkenfutter. *Vorkommen:* Tanganjikasee.

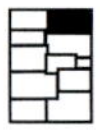

Neolamprologus multifasciatus

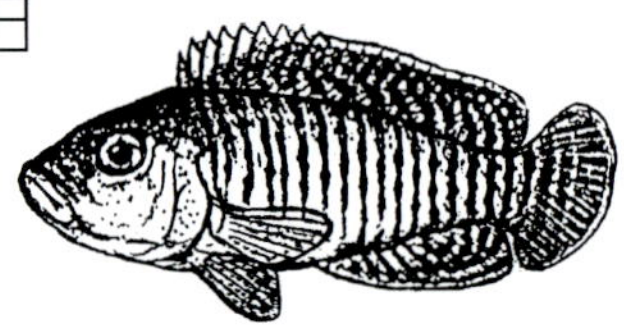

Neolamprologus brevis. Wirkt optisch als etwas zu kurz geraten. Ein alter Bekannter, von dem es inzwischen einige Fundort-Varianten gibt. Weniger in der Farbe als im Verhalten äußerst interessant. Wichtig sind weicher, leicht zu bearbeitender Bodengrund (dicke, feine Sandschicht) und viele Schneckengehäuse als Wohnraum. Die kleineren Weibchen bringen ihr Gelege darin unter und bewachen es darin. Dazu wird das Gehäuse auf bestimmte Weise eingegraben, bis nur noch der Eingang frei ist. Kärpflingscichliden der Gattungen *Cyprichromis* und *Paracyprichromis* sind gute Begleitfische. *Länge:* ca. 6 cm. *Wasser:* Temperatur 24–27 °C; pH-Wert 7,3–8,8; 8–25 °dGH. *Nahrung:* Zu Lebendfutter wie Mückenlarven, *Cyclops, Mysis*, Daphnien auch Frost- und Trockenfutter. *Vorkommen:* Tanganjikasee.

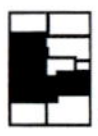

Neolamprologus brevis

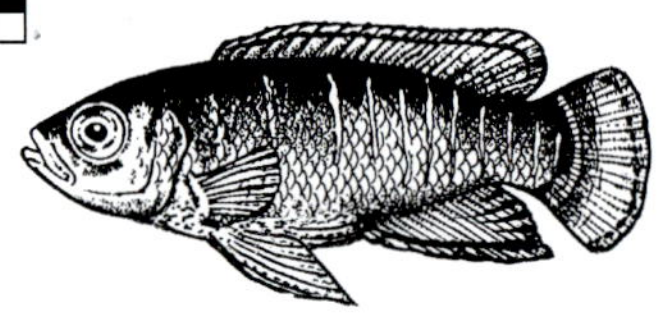

Lamprologus speciosus. Zählt zu den kleinen Schneckenbarschen, die in Aquarien ab 100 l paarweise gepflegt werden können. Eine 1991 entdeckte, hübsche Art. Braucht zum Wohlbefinden Schneckengehäuse, eine feinkörnige Sandschicht von mindestens 6 cm Höhe sowie einige Steine. Die Brutbiologie ist höchst interessant. Wenn Wasserqualität sowie Umfeld zusagen, vermehrt er sich auch im Aquarium ohne Schwierigkeiten, und bald erscheinen Jungfische zwischen den Schneckenhäusern. Brutrevier wird gegen Eindringlinge vehement verteidigt. Beifische für den oberen Wasserbereich, z. B. ein kleiner Trupp *Cyprichromis*-Arten. *Länge:* ca. 5 cm. *Wasser:* Temperatur 24–27 °C; pH-Wert 7,3–8,8; 8–25 °dGH. *Nahrung:* Lebend-, Frost-, nach Eingewöhnung auch Flockenfutter. *Vorkommen:* Tanganjikasee.

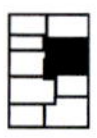

Lamprologus speciosus

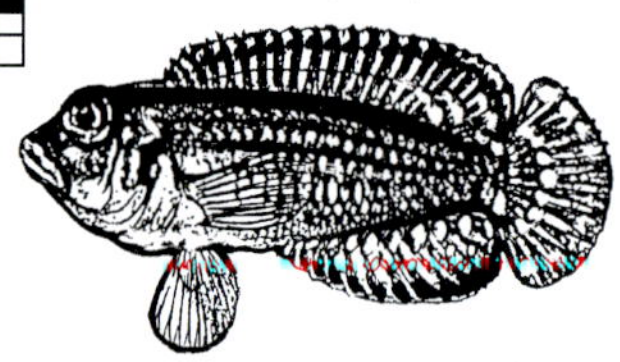

Pseudotropheus lanisticola (Kleiner Schnekkenbarsch). Dieser Maulbrüter ist friedfertig, und kann in Gesellschaftsbecken ab 80 cm Länge gepflegt werden. Besser im Artbecken halten. Weicher Sandboden und große Schnekkengehäuse sind wichtige Voraussetzungen zur erfolgreichen Pflege und Zucht. Männchen haben „Eiflecke" in der Afterflosse. Neben freien Sandflächen kann man das Aquarium auch bepflanzen. Verstecke stellt man am besten aus Steinaufbauten her, die sie annehmen, wenn keine geeigneten Schneckengehäuse vorhanden sind. Junge und kleine Weibchen verstecken sich hier.
Länge: Männchen bis ca. 7 cm, Weibchen bis ca. 6,5 cm. *Wasser:* Temperatur 24–27 °C; pH-Wert 7,3–8,8; bis 25 °dGH. *Nahrung:* Vegetabilien, Lebend-, Flockenfutter. *Vorkommen:* Malawisee.

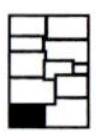

Pseudotropheus lanisticola

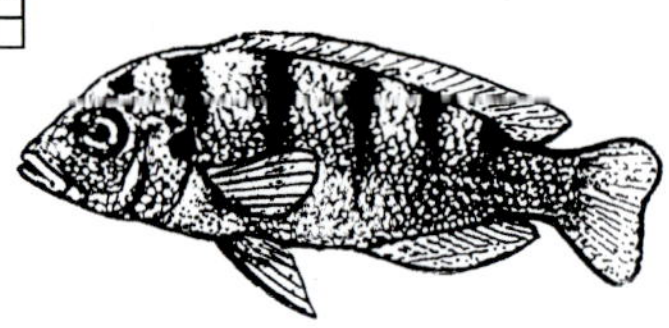

Neolamprologus boulengeri (Boulengers Schneckenbuntbarsch). Gehört zu den größeren Arten, obwohl auch hier die Weibchen ihre Gelege und Jungbrut, die über 50 Junge betragen kann, in einem Schneckenhaus bewachen. Das Männchen stellt in seinem Revier im unverzichtbaren weichen Sandboden eine große Grube her, in der Schneckengehäuse liegen, die er auf kleine Erhöhungen plaziert und dort in eine bestimmte Stellung eingräbt. Friedfertig, nur in der Laichzeit aggressiver gegenüber Eindringlingen. Artaquarien empfehlenswert. Kann aber auch in Gesellschaft anderer friedfertiger Arten gepflegt werden.
Länge: Männchen bis ca. 7 cm, Weibchen ca. 6 cm. *Wasser:* Temperatur 24–27 °C; pH-Wert 7,3–8,8; bis 25 °dGH. *Nahrung:* Lebend-, Flocken-, Frostfutter. *Vorkommen:* Tanganjikasee.

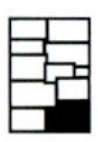

Neolamprologus boulengeri

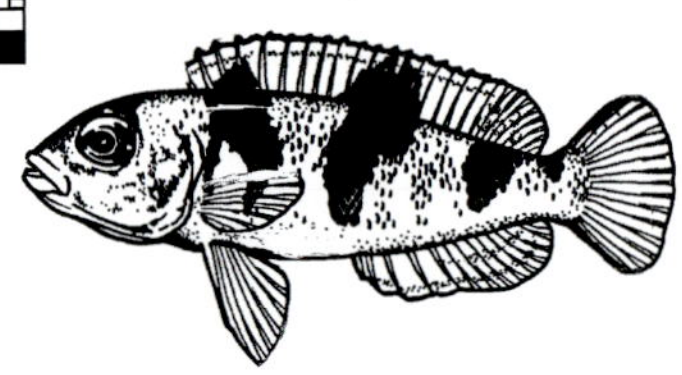

Buntbarsche aus dem Tanganjikasee

Cichlidae

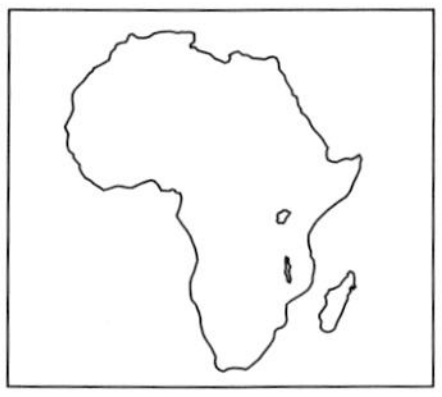

Julidochromis dickfeldi (Dickfelds Schlankcichlide). Alle auf dieser Tafel vorgestellten *Julidochromis*-Arten leben endemisch im Tanganjikasee: „Schlanke Cichliden" mit wulstigen, weichen Lippen. Vergesellschaftung mit anderen Afrikacichliden ist möglich. Geräumiges Aquarium. Zur Revierbildung und Fortpflanzung Steinaufbauten mit großen Spalten und Höhlen. Evtl. einige robuste Pflanzen. Auf Veränderung in der Dekoration und somit den Verlust ihrer bisherigen Bezirke wird nicht selten äußerst streitsüchtig reagiert, selbst bis dahin friedlich zusammenlebende Paare gehen furchtbar aufeinander los.
Länge: ca. 11 cm. *Wasser:* 24–27 °C; pH-Wert 7,3–8,8; mittelhart bis hart, 8–25 °dGH. *Nahrung:* Allesfresser, auch Flocken- und Tablettenfutter. *Vorkommen:* Tanganjikasee.

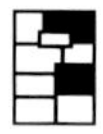

Julidochromis dickfeldi

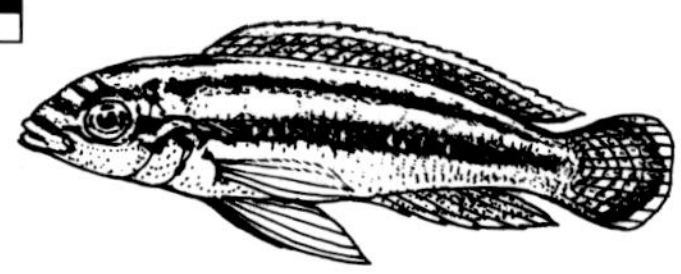

Julidochromis ornatus (Gelber Schlankcichlide). Stammt aus dem Geröll- und Felsenlitoral des Tanganjikasees. Lebt dort endemisch. Stark ausgeprägtes Revierverhalten. Artgenossen und andere Eindringlinge werden ferngehalten. Im Artaquarium müssen nach Anzahl der gepflegten Tiere viele Schlupfmöglichkeiten angeboten werden. Steinaufbauten mit zahlreichen Spalten und Höhlen dienen als Laich- und Brutgelegenheit, auch bieten sie den kleinen Jungfischen Schutz. Abgelaicht wird an der Höhlendecke. Das Gelege wird von den Eltern scharf bewacht. Die geschlüpften Jungen hängen noch etwa eine Woche an der Höhlendecke. *Länge:* Etwa 8 cm. *Wasser:* 24–27 °C; pH-Wert leicht alkalisch 7,3–8,8; 8–25 °dGH. *Nahrung:* Allesfresser, auch Flocken- und Tablettenfutter. *Vorkommen:* Tanganjikasee.

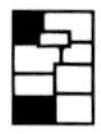

Julidochromis ornatus

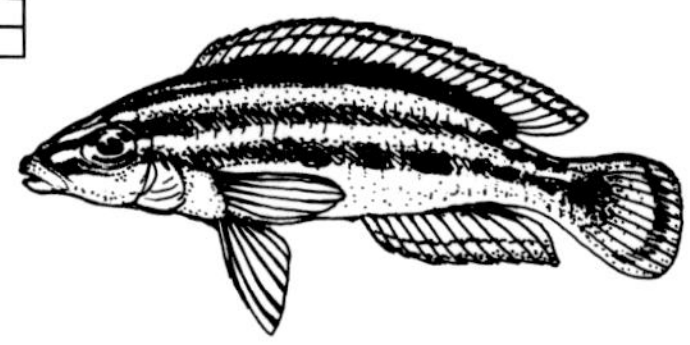

Telmatochromis bifrenatus (Zweibandcichlide). Lebt in der Geröllzone des Tanganjikasees. Ebenfalls Versteckbrüter, laicht in Höhlen an der Decke. Führen meistens Einehe. Recht friedlich, jedoch revierbildend. Felsaufbauten im Aquarium bestimmen das Biotop. Steine so dekorieren, daß dazwischen Hohlräume (Höhlen) und Unterstände entstehen. Auch andere Materialien, die Nischen und Schlupflöcher aufweisen, werden als Versteck- oder Laichplätze angenommen. Im Biotop gibt es keinen üppigen Pflanzenwuchs. Pflanzen können, müssen aber nicht sein. Werden vom Fisch nicht beschädigt.
Länge: ca. 7 cm. *Wasser:* Temperatur 24–27 °C; pH-Wert 7,3–8,8; 8–25 °dGH. *Nahrung:* Lebend-, Frost- und Gefriergetrocknete Nahrung, Trockenfutter. *Vorkommen:* Tanganjikasee.

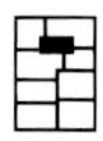

Telmatochromis bifrenatus

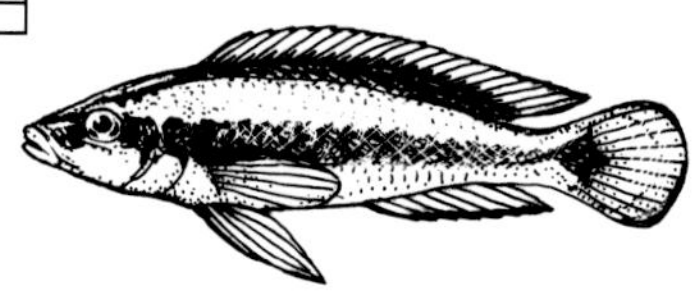

Julidochromis transcriptus (Schwarzweißer Schlankcichlide). Der kleinste Vertreter der Gattung. Lebt im Geröll- und Felsenlitoral des nordwestlichsten Teils des Tanganjikasees. Haltung vorzugsweise paarweise. Nicht jedes Paar harmoniert automatisch miteinander. Beim gemeinsamen Aufziehen mehrerer Jungtiere findet sich meist ein Paar. Übrige Männchen können recht bissig werden und liefern sich mitunter leidenschaftliche, erbitterte Kämpfe. Revierbildend. Hervorragende Laichplätze und Zufluchtsmöglichkeiten im Felsenaquarium sind überhängende Steindächer, Spalten und Nischen. Auch Kokosnußschalen, Tonröhren, Blumentopfteile werden angenommen.
Länge: ca. 7 cm. *Wasser:* Temperatur 24–27 °C; pH-Wert 7,3–8,8; 8–25 °dGH. *Nahrung:* Allesfresser. *Vorkommen:* Tanganjikasee.

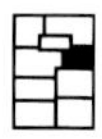

Julidochromis transcriptus

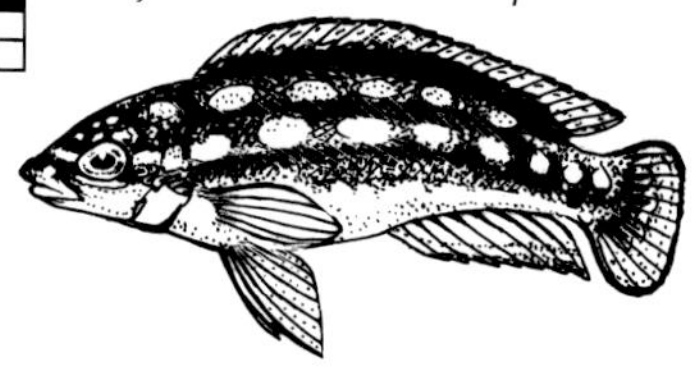

Julidochromis marlieri (Schachbrett-Schlankcichlide). Ältere Männchen mit Fettbeule auf dem Kopf, wirken durch diese wulstige Wölbung recht bullig. Becken mit Steinaufbauten (Gesteinsspalten schaffen) und Höhlen. Gegen Artgenossen oft unverträglich. Ausgesprochen territorial. Auch bei Einzelpaarhaltung (empfehlenswert!) müssen mehrere Unterschlüpfe vorhanden sein. Höhlenbrüter. Elternfamilie (beide Geschlechter erfüllen dieselben Aufgaben, keine Rollenverteilung). Jungfischchen zeigen kein ausgesprochenes Schwarmverhalten, jedoch für einige Wochen eine Bindung ans Brutrevier, werden so durch revierverteidigende Eltern geschützt.
Länge: ca. 15 cm. *Wasser:* Temperatur 24–27 °C; pH-Wert 7,3–8,8; 8–25 °dGH. *Nahrung:* Allesfresser. *Vorkommen:* Tanganjikasee.

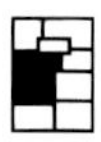

Julidochromis marlieri

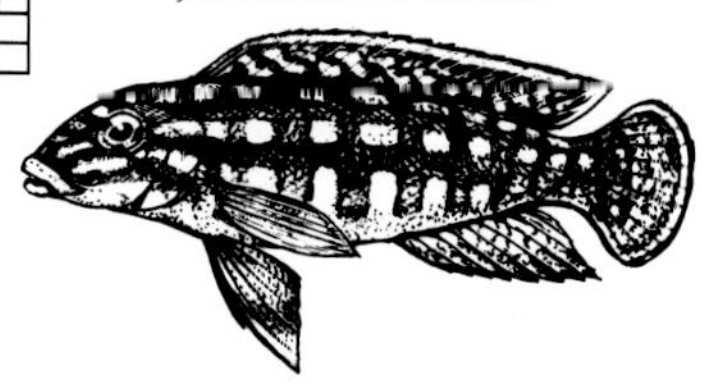

Julidochromis regani (Vierstreifen-Schlankcichlide). Der verträglichste unter den *Julidochromis*-Arten. Nur während der Laichzeit aggressiv. Geräumiges Aquarium, vor allem im Hintergrund mit mehreren Höhlen und Steinaufbauten (Gesteinsspalten). Bei der Pflege mehrerer Paare unbedingt genügend Revierplätze schaffen. Dienen als Rückzugsmöglichkeit für bedrängte Tiere und als Bruthöhle (Höhlenbrüter). Beide Eltern pflegen und verteidigen ihre Brut ziemlich heftig. Pflanzen sind im *Julidochromis*-Becken zweitrangig, doch kann man *Anubias*, *Vallisneria*, *Sagittaria* einsetzen. *Länge:* etwa 12 (15) cm. *Wasser:* Temperatur 24–27 °C; pH-Wert 7,3–8,8; 8–25 °dGH. *Nahrung:* Lebend-, Frostfutter und gefriergetrocknete Nahrung; Trockenfutter. *Vorkommen:* Endemisch im Tanganjikasee.

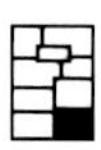

Julidochromis regani

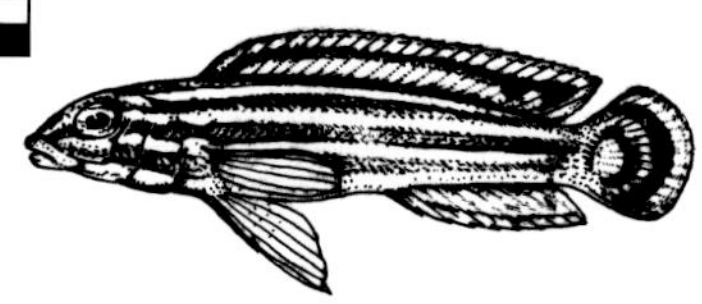

Buntbarsche aus dem Tanganjikasee

Cichlidae

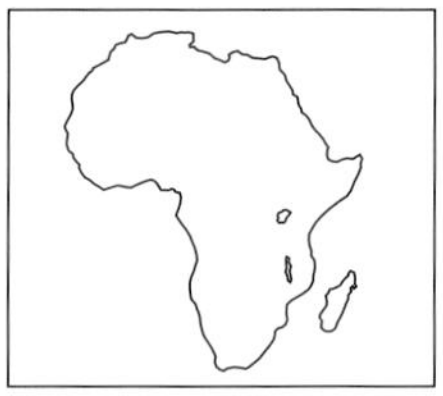

Cyprichromis leptosoma. Gehört zu den endemischen Tanganjika-Cichliden, die im Schwarm im freien Wasser leben. Aquarium ab 120 cm Länge mit viel Schwimmraum für die oberflächenorientierten Fische (Gruppenhaltung!). Friedfertig, bilden kein Revier. Bei der Vergesellschaftung mit robusten, starken Arten können sich die schlanken Hechtlingscichliden nicht behaupten und werden leicht unterdrückt. Männchen insgesamt farbiger, Weibchen einfarbig braungrau. Freilaicher, Mutterfamilie. Nach dem Ablaichen nehmen die Weibchen die Eier sofort ins Maul, in dem sie durch mit aufgenommenen Spermien befruchtet werden. *Länge:* ca. 14 cm. *Wasser:* Temperatur 24–27 °C; pH-Wert 7,3–8,8; Härte 8–25 °dGH. *Nahrung:* Anflug, Kleinkrebse, Insektenlarven, Trockenfutter. *Vorkommen:* Tanganjikasee.

Cyprichromis leptosoma

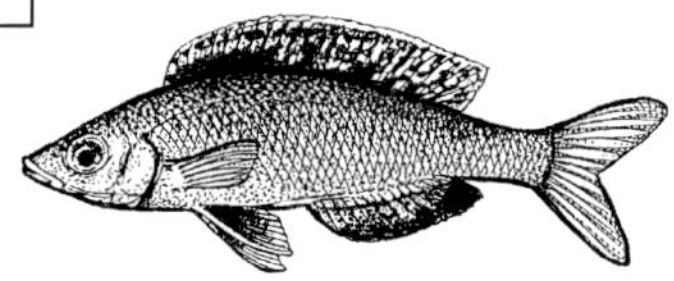

Enantiopos melanogenys. Pflege und Zucht in größeren Aquarien ab 180 cm Länge mit Sandboden nicht schwierig. Vergesellschaftung mit gleich großen, anderen sehr friedfertigen Arten ist möglich. Auf ein Männchen sollten mehrere Weibchen kommen. Laicht in der Natur ganzjährig, bevorzugt jedoch während der Regenzeit. Die Männchen laichen mit mehreren Weibchen, sie besetzen Brutreviere, in denen sie zum Ablaichen eine kraterförmige Sandmulde ausheben. Maulbrüter, bei denen die Weibchen die alleinige Brutpflege übernehmen. Jungfische schwimmen nach etwa drei Wochen frei. Jungenaufzucht nicht schwierig.
Länge: bis 16 cm. *Wasser:* Temperatur 24–27 °C; pH-Wert 7,3–8,8; bis 25 °dGH. *Nahrung:* Lebend- und Gefrierfutter, bevorzugt Insekten. *Vorkommen:* Über Sandboden im Tanganjikasee.

Enantiopos melanogenys

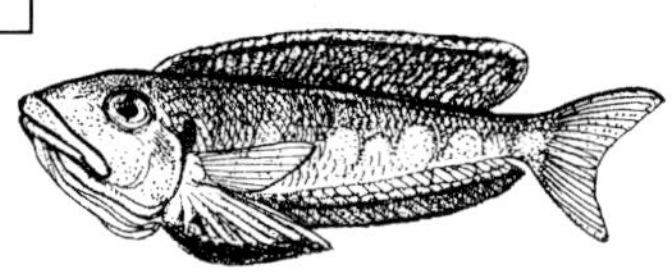

Benthochromis tricoti. Relativ friedliche, wenig zänkische Art. In Aquarien ab 130 cm Länge in Gruppen, auch gemeinsam mit anderen Arten, gut zu pflegen. Das Becken sollte eine möglichst große Höhe und Tiefe haben. Männchen (abgebildet) farbintensiv mit leuchtend gelber Kehle, Weibchen einfarbig grau gefärbt. Die Zucht gelingt inzwischen häufiger. Die Aufzucht der Jungfische ist nicht schwierig. Maulbrüter, die Weibchen übernehmen nach dem Ablaichen die alleinige Brutpflege.
Länge: bis 20 cm. *Wasser:* Temperatur 24–27 °C; pH-Wert 7,3–8,8; Härte 8–25 °dGH. *Nahrung:* Lebend- und Gefrierfutter, bevorzugt Krebstiere. *Vorkommen:* Tanganjikasee. Die höchste Populationsdichte erreichen sie in Tiefen zwischen 100 und 150 m. Importtiere stammen jedoch meist aus Tiefen um 40 m.

Benthochromis tricoti

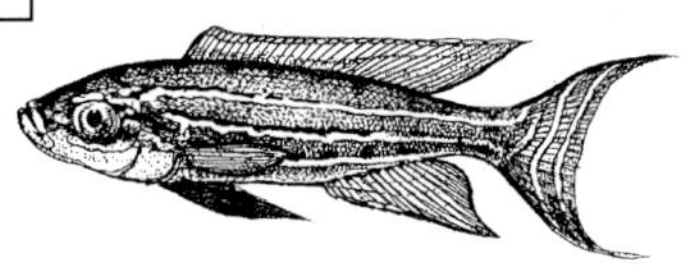

Neolamprologus cylindricus. Die Pflege von mehreren Tieren führt hier zu innerartlicher Aggression, die meist vom Männchen ausgeht. Auch bei paarweiser Haltung muß sich das Weibchen zurückziehen können. Kleine Steinhöhlen, Nischen, Spalten und undurchsichtige Plastikröhren, in denen gerade ein Fisch Platz findet, bieten Versteckplätze. In geräumigen, gut strukturierten Becken gibt es mit artfremden Tieren keine besonderen Schwierigkeiten. Monogamer Versteckbrüter, laicht in Höhlen. Elternfamilie. Gelege und Jungfische betreut das Weibchen, das Männchen übernimmt die Revierbewachung.
Länge: ca. 12 cm. *Wasser:* Temperatur 24–27 °C; pH-Wert 7,3–8,8; Härte 8–25 °dGH. *Nahrung:* Lebend- (Insektenlarven, Mysis), Frost- und Trockenfutter. *Vorkommen:* Tanganjikasee.

Neolamprologus cylindricus

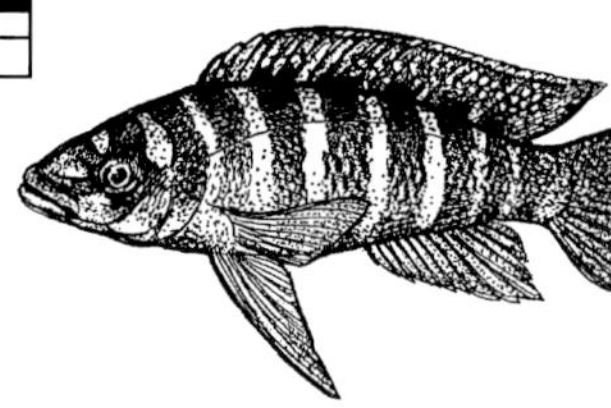

Neolamprologus leleupi (Feen-Buntbarsch). Wegen seiner auffälligen Farbe bei Aquarianern besonders beliebt. Lebt paarweise. Ein harmonisierendes Paar ist zu Artgenossen wenig rücksichtsvoll. Sonst relativ friedlich und im großen Aquarium gemeinsam mit anderen Arten gut zu halten. Höhlenverstecke (Steinaufbauten). Vergreift sich nicht am Pflanzenwuchs. Monogame Höhlenbrüter, das Pärchen laicht in einer Höhle bis zu 250 Eier. Die Betreuung des Geleges wird vom Weibchen übernommen, während das Männchen den Außenbezirk absichert. Sie vergreifen sich nicht an ihren Jungen, höchstens wenn sie durch Veränderungen im Aquarium gestört werden. *Länge:* ca. 10 cm. *Wasser:* 24–27 °C; pH-Wert 7,3–8,8; Härte 8–25 °dGH. *Nahrung:* Lebendfutter. *Vorkommen:* NW-Tanganjikasee.

Neolamprologus leleupi

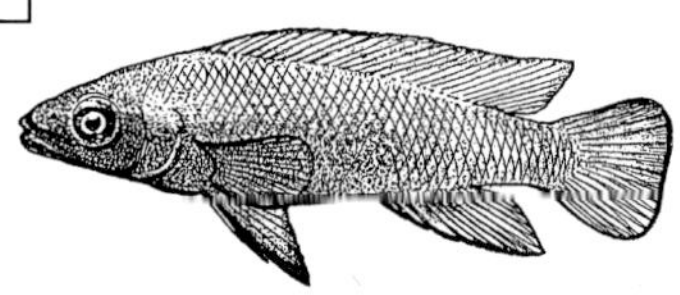

Neolamprologus marunguensis. Haltung und Zucht in Aquarien mit anderen Cichliden-Arten gut möglich, wenn die Ansprüche übereinstimmen. Wühlt nicht, vergreift sich nicht an Pflanzen. Bodengrund aus feinem Sand mit mehreren Gesteinsbrocken zum Anlegen von Höhlen. Höhlenbrüter, Substratlaicher mit Paarbildung. Heften ca. 50 Eier an Wand oder Decke ihrer ausgewählten Bruthöhle. Nach insgesamt ca. 7 Tagen verlassen die freischwimmenden Jungfische zum ersten Mal ihre Kinderstube, um nach Nahrung zu suchen. Männchen und Weibchen beschützen gemeinsam Gelege und Jungfische.
Länge: ca. 7 cm. *Wasser:* Temperatur 24–27 °C; pH-Wert 7,3–8,8; 8–25 °dGH. *Nahrung:* Viel Lebendfutter wie Insektenlarven, Wasserflöhe, Enchyträen. *Vorkommen:* Tanganjikasee.

Neolamprologus marunguensis

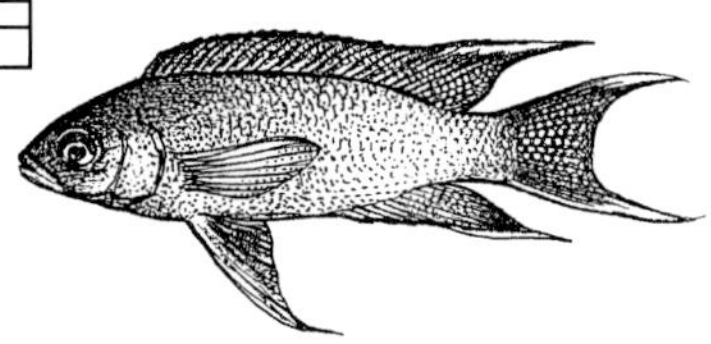

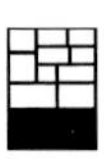

Einrichtungsbeispiel für ein Tanganjikaseebecken (Geröllzone), Sandboden, höhlenbildendes Gestein, Pflanzen: Anubias, Vallisneria gigantea u.a.

Buntbarsche aus dem Tanganjikasee

Cichlidae

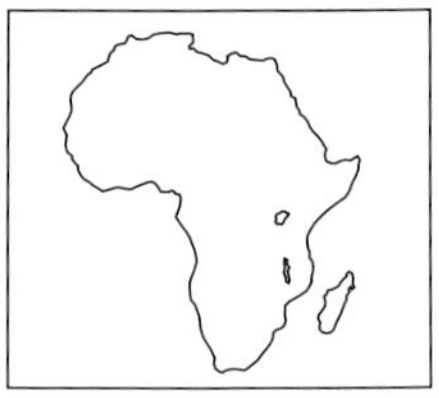

Altolamprologus compressiceps. Ein Raubfisch mit „Manieren“. Bildet kein Revier und kann gut mit anderen gleich großen Cichliden im Gesellschaftsbecken gehalten und gezüchtet werden. Hier verlieren sie auch die anfangs oft gezeigte Scheu. Wegen ihrer innerartlichen Aggression immer nur ein Pärchen pro Aquarium. Im Hintergrund einsturzsichere Felsaufbauten, die senkrechte Spalten bieten (evtl. Schieferplatten). Bodengrund mit feinem Sand. Höhlenbrüter. Nach etwas über einer Woche schlüpfen die Jungen. Freischwimmende Jungfische sind nun ständig in Gefahr, vom Vater gefressen zu werden.
Länge: ca. 14 cm (Weibchen bleiben kleiner). *Wasser:* 24–27 °C; pH-Wert 7,3–8,8; 8–25 °dGH. *Nahrung:* Lebendfutter; kleine Fische, Garnelen, Frostfutter. *Vorkommen:* Tanganjikasee.

Altolamprologus compressiceps

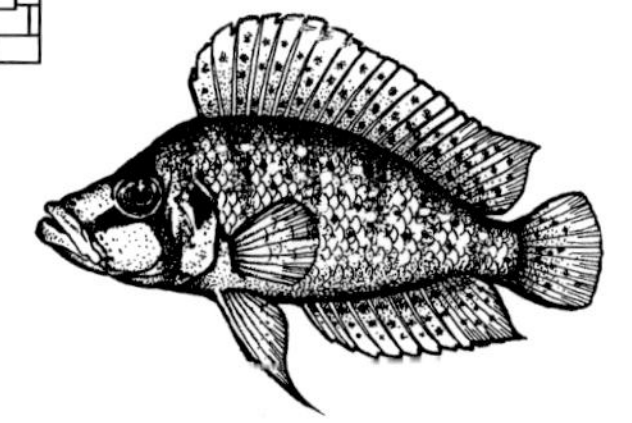

Altolamprologus calvus. Ein fleischfressender Raubfisch wie vorgenannte Art. Körperbau und Lebensweise stimmen überein. Der schmale Körper mit dem spitz zulaufenden Kopf ermöglicht das Eindringen in enge Spalten bei der Nahrungs- und Schutzsuche. Aquarieneinrichtung und Vergesellschaftung ebenfalls wie *A. compressiceps*. Beide sind Räuber, die kleine Fische jagen und sogar kleinen Maulbrütern die Eier stehlen, während diese ablaichen. Höhlenbrüter. Gern werden Schneckenhäuser *(Lanistes)* angenommen. Jungfische brauchen für eine gute Entwicklung viel kräftige Nahrung und regelmäßigen Teilwasserwechsel. *Länge:* ca. 13 cm. *Wasser:* 24–27 °C; pH-Wert 7,3–8,8; 8–25 °dGH. *Nahrung:* Lebendfutter, auch gefrorene Insektenlarven und Krebse. *Vorkommen:* Tanganjikasee.

Altolamprologus calvus

Neolamprologus buescheri (Spindelbuntbarsch). Zeigt intensives innerartliches Territorialverhalten. Fremde Arten verweist er meist nur durch kurzes Androhen aus seinem Bereich. Aquarium mit viel höhlenbildendem Gestein. Höhlen dienen den Versteckbrütern als Brut- und bei der Haltung mehrerer Tiere als Zufluchtsorte. Das Männchen befruchtet die vom Weibchen fast immer an die Höhlendecke angehefteten Eier. Die Betreuung der Larven übernimmt das Weibchen, während das Männchen das Gebiet um das Laichrevier äußerst heftig verteidigt. Nach etwa 10 Tagen zeigen sich die ersten Jungfische vor der Höhle.
Länge: ca. 7 cm. *Wasser:* 24–27 °C; pH-Wert 7,3–8,8; 8–25 °dGH. *Nahrung:* Fast alles Lebend- und Gefrierfutter, evtl. kleine Stückchen Fischfleisch. *Vorkommen:* Tanganjikasee.

Neolamprologus buescheri

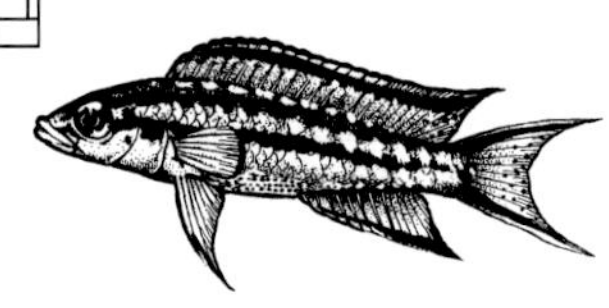

Neolamprologus pulcher „Daffodil“. Ein kleinwüchsiger Cichlide mit im endständigen Maul sichtbaren Zähnen. Auffallend sind die spitz ausgezogenen, farbigen Flossenenden. Friedfertig, nicht stark territorial. Obwohl schon in Bekken ab 80 cm zu halten, so sind in größeren, versteckreichen Becken die interessanten Verhaltensweisen besonders gut zu beobachten: Jungfische halten sich noch immer im elterlichen Revier auf, auch wenn das Elternpaar erneut ablaicht. So bildet sich bald eine Gruppe, die sich aus verschiedenen Altersstufen zusammensetzt. Höhlenbrüter. Das Weibchen heftet die Eier an eine Wand oder Decke an einem versteckt liegenden Platz.
Länge: ca. 7 cm. *Wasser:* Temperatur 24–27 °C; pH-Wert 7,3–8,8; 8–25 °dGH. *Nahrung:* Lebend- und Gefrierfutter. *Vorkommen:* Tanganjikasee.

Neolamprologus pulcher „Daffodil“

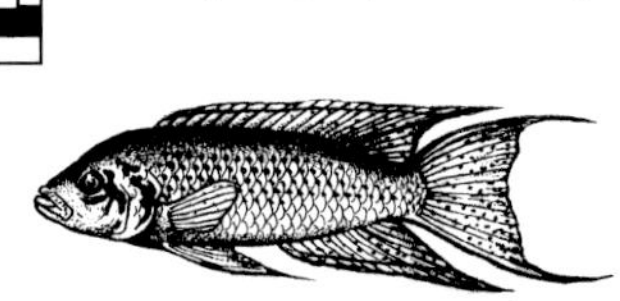

Neolamprologus sexfasciatus. Der natürliche Lebensraum ist das sedimentreiche Geröll- und Felslitoral nahe des Ufers. Aquarien dementsprechend mit Felsaufbauten, die bis zur Wasseroberfläche reichen und viele Spalten und Höhlen (Höhlenbrüter) aufweisen, dienen auch zur Aufteilung des Raumes in Reviere. Im Vordergrund freier Schwimmraum. Bodengrund aus Sand oder feinem Kies. Vergreift sich nicht an Pflanzen. Mäßige Bepflanzung mit harten Arten (z. B. *Anubias*) ist möglich. Revierbilder. Im allgemeinen friedfertige Art, doch während der Laichzeit aggressiv. Elternfamilie.
Länge: ca. 14 cm. *Wasser:* Temperatur 24–27 °C; pH-Wert 7,3–8,8; 8–25 °dGH. *Nahrung:* Lebend- und Trockenfutter; auch junge Schnecken und Fischfleischstückchen. *Vorkommen:* Tanganjikasee.

Neolamprologus sexfasciatus

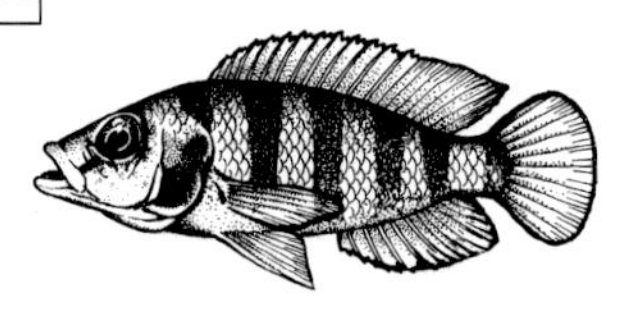

Neolamprologus tetracanthus. Lebt seeweit in verschiedenen Biotopen. Im Geröllitoral, in der Übergangszone und häufig im Sandlitoral. Ist sehr anpassungsfähig. Pflege im Artaquarium oder im geräumigen Tanganjikasee-Gesellschaftsbecken mit gleich großen, nicht zaghaften Mitbewohnern. Höhlenbrüter. Viele Verstecke und Bruthöhlen. Höhlenbildendes Gestein im Hintergrund; auch halbe Blumentöpfe auf dem Sandboden im Vordergrund. Jungfische erscheinen nach ca. 10 Tagen. Häufig Wasser wechseln! Zur Bepflanzung z. B. Zwergspeerblatt *(Anubias)*, Javafarn *(Microsorium pteropus)*, Riesenvallisnerien *(Vallisneria gigantea)*.
Länge: bis ca. 20 cm. *Wasser:* Temperatur 24–27 °C; pH-Wert 7,3–8,8; 8–25 °dGH. *Nahrung:* Jegliches Lebendfutter (auch junge Schnecken); Frostfutter. *Vorkommen:* Tanganjikasee.

Neolamprologus tetracanthus

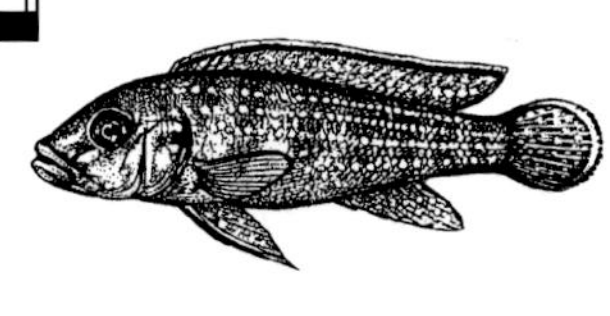

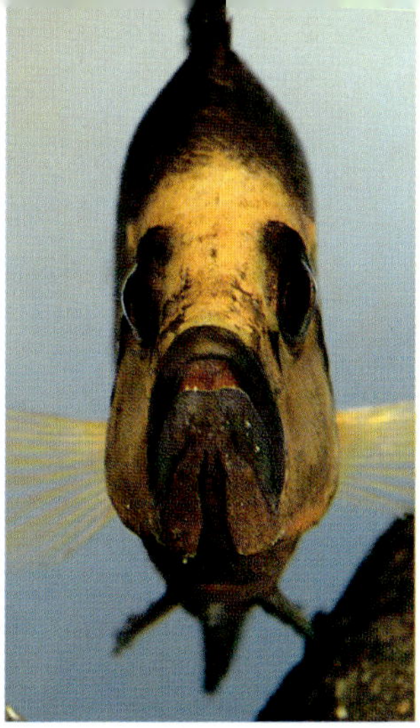

Buntbarsche aus dem Tanganjikasee

Cichlidae

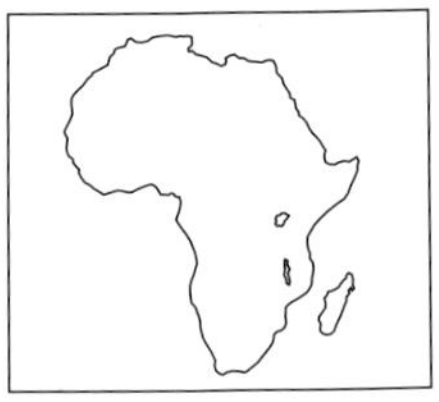

Tropheus moorii (Brabant-Buntbarsch). Die Gattung *Tropheus* ist außerordentlich vielfältig in Farbe und Zeichnung. Deshalb sind die „Mooris" bei Cichlidenfreunden so beliebt. Um ihren Lebensansprüchen gerecht zu werden, benötigen sie ausreichend Schwimmraum und feinkörnige Sandflächen sowie viele Schlupfwinkel in Steinaufbauten, die absolut einsturzsicher aufgebaut werden. In kleinen Gruppen pflegen. Maulbrüter. Die relativ großen und in geringer Zahl abgelegten Eier werden vom Weibchen ausgebrütet.
Länge: ca. 12 cm. *Wasser:* Temperatur 24–27 °C (über 29 °C kann tödlich sein!); pH-Wert 7,3–8,8 (nicht unter 7,0!); Härte 8–25 °dGH. *Nahrung:* Aufwuchsfresser, benötigt zunächst immer pflanzliche Kost, Krebstierchen etc., Futtertabletten. *Vorkommen:* Tanganjikasee.

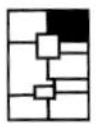

Tropheus moorii

Tropheus duboisi (Weißpunkt-Buntbarsch). Die Revierbildung ist nicht sehr stark ausgeprägt. Pflege am besten in lockeren Gruppen in großräumigen Aquarien mit Steinen, auf denen Aufwuchs gedeiht (gilt auch für die anderen *Tropheus*), den die Fische abgrasen können. Lebt vorzugsweise in den unteren Wasserschichten. Das Angebot an Unterschlupfmöglichkeiten kann nicht groß genug sein. Wenn zu wenig Weibchen vorhanden sind, wird die Bedrängung durch ständig balzende Männchen zu groß. Maulbrüter, die wenigen Eier werden vom Weibchen ins Maul genommen. *Länge:* ca. 12 cm. *Wasser:* Temperatur 24–27 °C; pH-Wert 7,3–8,8 (nicht unter 7,0!); Härte 8–25 °dGH. *Nahrung:* Aufwuchsfresser, pflanzliche Kost, zusätzlich kleine Krebstierchen (Frostfutter) etc. *Vorkommen:* Tanganjikasee.

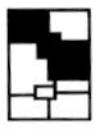

Tropheus duboisi

Cyphotilapia frontosa (Beulen- oder Buckelkopf-Buntbarsch, „Frontosa"). Soll mit friedlichen Fischen gepflegt werden. Männliche Tiere mit Buckelstirn (Fettgewebe). Schwimmraum, viele Versteckmöglichkeiten und freie Plätze zum Ablaichen. Ruhige, keine temperamentvollen Fische. Für die Pflege in Aquarien gut geeignet. *C. frontosa* hält man in einer kleinen Gruppe, ein Männchen auf zwei oder drei Weibchen. Die auf freier Fläche abgelegten Eier (25–100) werden vom Weibchen im Maul ausgebrütet.
Länge: ca. 20–35 cm. *Wasser:* Temperatur 24–27 °C, Achtung: Bei Tanganjikasee-Buntbarschen darf die Temperatur nicht über 29 °C ansteigen (tödlich!); pH-Wert 7,3–8,8; 8–25 °dGH. *Nahrung:* Lebendfutter (Garnelen, Regenwürmer), Futtertabletten. *Vorkommen:* Tanganjikasee.

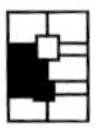

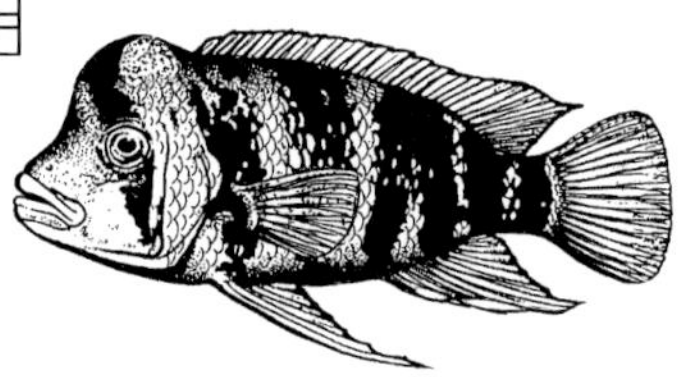

Cyphotilapia frontosa

Neolamprologus pulcher. Bildet auch Reviere, diese sind aber nicht so platzbeanspruchend, wie man das sonst bei Tanganjikacichliden kennt. In einem geräumigen Aquarium kann man eine kleine Gruppe dieser hübschen Buntbarsche mit anderen nicht so aggressiven Arten pflegen. Neben viel Schwimmraum müssen die Aquarienrückseiten durch Geröllaufbauten Versteckmöglichkeiten aufweisen, der Bodengrund sollte aus feinem Sand bestehen. Läßt sich gut nachzüchten.
Länge: ca. 10 cm. *Wasser:* 25–26 °C; pH-Wert 7,3–8,8; Härte 8–25 °dGH. *Nahrung:* Für die Brutstimmung sollten *Cyclops*, *Artemia*, kleine Regenwürmer, Mückenlarven und anderes Lebendfutter angeboten werden. Auch Flocken- und Futtertabletten. *Vorkommen:* Tanganjikasee.

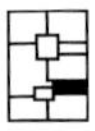

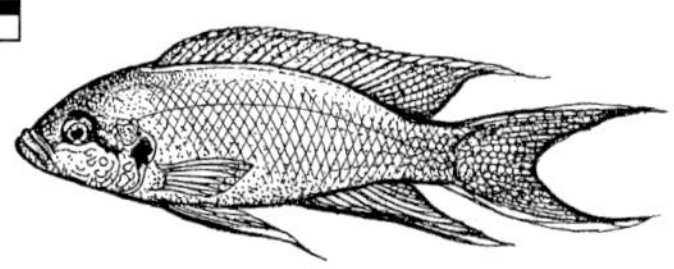

Neolamprologus pulcher

Neolamprologus tretocephalus (Fünfstreifen-Tanganjikabuntbarsch). Die deutsche Bezeichnung weist auf den Zeichnungsunterschied zu *Neolamprologus sexfasciatus* hin. Geräumige Aquarien. Als Gesellschaft eignen sich die Heringscichliden, die mehr die mittleren und oberen Wasserschichten bevorzugen. Gegen Artgenossen, aber auch gegen andere mitunter sehr aggressiv. Keine zwei Männchen zusammen pflegen. Benötigen zur Brutpflege viel Platz. Ein Geröllhaufen, ein halber Blumentopf oder ein anderes höhlenartiges Gebilde werden als Bruthöhle angenommen.
Länge: ca. 9–15 cm. *Wasser:* Temperatur 23–27 °C; pH-Wert 7,3–8,8 (nicht unter 7,0!); Härte 8–25 °dGH. *Nahrung:* Lebendfutter (Schnecken, kleine Würmer, kleine Fische), Tabletten. *Vorkommen:* Nördl. Tanganjikasee.

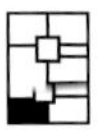

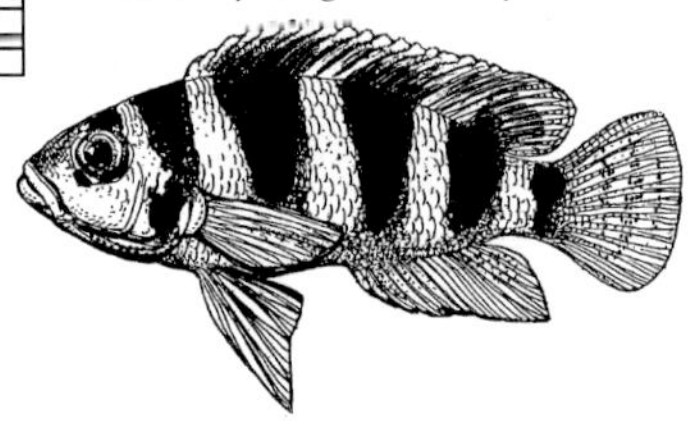

Neolamprologus tretocephalus

Lobochilotes labiatus (Wulstlippen-Buntbarsch). Wie *Cyphotilapia frontosa* ein Maulbrüter. Die Jungen verlassen nach ca. vier Wochen mit fast 20 mm Größe das Maul der Mutter und lassen sich problemlos aufziehen. Wegen der Größe dieser Fische sollte man sie in Schauaquarien pflegen. Innerartlich sehr aggressiv. In einem Behälter dürfen keine zwei Männchen untergebracht werden. Neben ausreichendem Schwimmraum sollten auch immer viele Verstecke verfügbar sein. Einsturzsichere Geröllwände sowie feinsandiger Bodengrund sind notwendig! Foto zeigt Jungfisch.
Länge: ca. 25–40 cm. *Wasser:* 24–27 °C; pH-Wert 7,3–8,8; Härte 8–25 °dGH. *Nahrung:* Lebendfutter, möglichst abwechslungsreich (Garnelen, Insektenlarven, Regenwürmer), auch Futtertabletten. *Vorkommen:* Tanganjikasee.

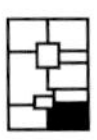

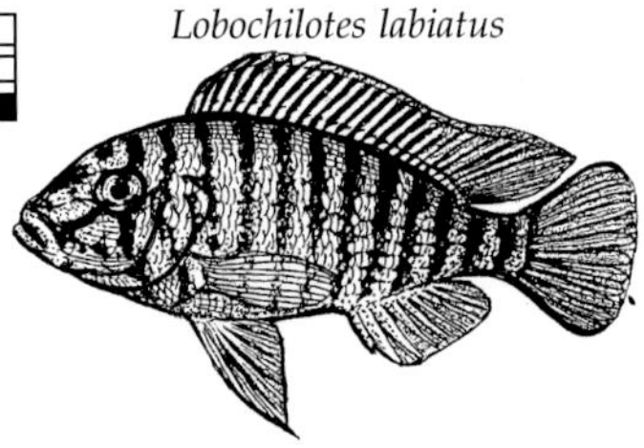

Lobochilotes labiatus

Buntbarsche aus dem Malawisee

Cichlidae

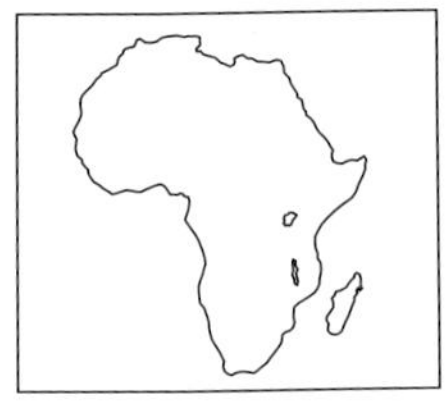

Aulonocara hansbaenschi (Kaiserbuntbarsch). Empfehlenswert ist die Haltung im „Felsenaquarium" mit Steinaufbauten, die im Hintergrund bis zur Wasseroberfläche reichen. Geschickt gestapelte Steine sorgen für durchgängige Höhlen, so daß die Fische vorn hineinschwimmen und an anderer Stelle wieder herauskommen können. Freier Schwimmraum. Feiner Sand kommt ihrem Wühl- und Grabbedürfnis entgegen. Männchen intensiv blau mit orangerot gefärbter Kehle, Weibchen nur graubraun. Maulbrüter. Jungfische verlassen das Maul des Weibchens nach etwa 2–3 Wochen. Aufzucht mit *Artemia*.
Länge: bis ca. 12 cm. *Wasser:* 24–27 °C; alkalisch pH-Wert 7,3–8,8; mittelhart bis hart, 8–25 °dGH. *Nahrung:* Lebendfutter aller Art, Frost- und Tablettenfutter. *Vorkommen:* Malawisee.

Aulonocara hansbaenschi

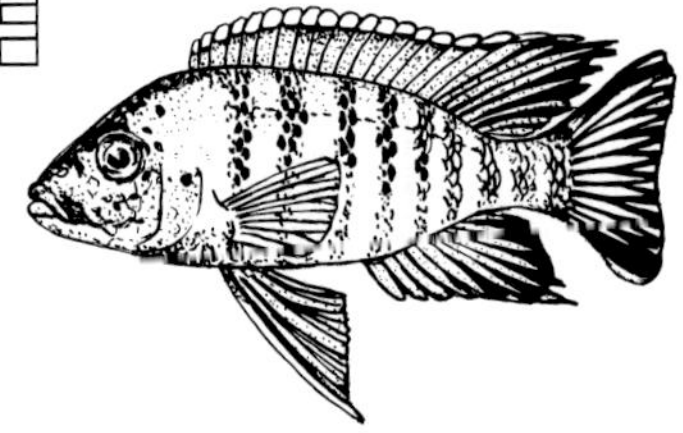

Aulonocara korneliae (Blaugoldener Buntbarsch). In Brutfärbung trägt das Männchen einen goldorangenen Schimmer auf der Schulter. Männchen verteidigen, wie viele Cichliden-Arten, ihr Revier. In großen Aquarien ist dennoch eine Vergesellschaftung kein Problem, vorzugsweise mit Cichliden aus dem Malawisee, wenn genügend Zufluchtsorte und Plätze, um Reviere zu bilden, vorhanden sind. Einrichtung mit Felsrückwand oder Steinaufbauten, die viele Höhlenverstecke bieten. Maulbrüter. Das Weibchen behält seine Jungen bis zu 2–3 Wochen im Maul. Anfüttern mit *Artemia* und fein zerriebenem Flockenfutter.
Länge: bis ca. 12 cm. *Wasser:* 24–27 °C; pH-Wert alkalisch 7,3–8,8; mittelhart bis hart, 8–25 °dGH. *Nahrung:* Ballaststoffreiches Lebend- und Trockenfutter. *Vorkommen:* Malawisee.

Aulonocara korneliae

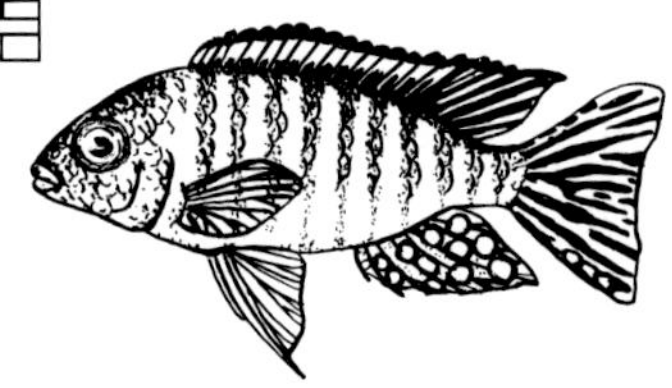

Aulonocara jacobfreibergi (Feen-Kaiserbuntbarsch). Zu den schönsten Cichliden der afrikanischen Seen gehört zweifellos dieser Kaiserbuntbarsch, der inzwischen von Spezialisten häufiger gepflegt wird. Er braucht ein großes Aquarium von mindestens 120 cm Länge, das sowohl mit einer feinen Kies- und Sandschicht als auch mit einem möglichst umfangreichen Felsaufbau, der viele Spalten und Höhlungen als Zufluchtsorte bietet, ausgestattet ist. Männchen sind farbiger als die kleineren Weibchen. Kann in einer Gruppe von mehreren Weibchen mit einem Männchen gepflegt werden. Maulbrüter. Die Aufzucht ist problemlos.
Länge: bis ca. 14 cm. *Wasser:* Temperatur 24–27 °C; pH-Wert 7,3–8,8; Härte, 8–25 °dGH. *Nahrung:* Kleinkrebse, Insektenlarven, niemals *Tubifex*; Flockenfutter. *Vorkommen:* Malawisee.

Aulonocara jacobfreibergi

Sciaenochromis fryeri. Wer sich für die Vertreter aus dem Malawisee interessiert, kennt den Fisch auch als *Haplochromis jacksoni*. Die Art ist verhältnismäßig verträglich gegenüber gleich großen Mitinsassen, benötigt jedoch ein geräumiges Aquarium von mindestens 120 cm Gesamtlänge, kann dann aber in Gesellschaft ähnlicher Arten gepflegt werden. Als Bodengrund verwendet man sandigen bis feinkörnigen Kies. Für die oft kleineren und unscheinbareren Weibchen benötigt man viele Verstecke, in denen sie Zuflucht finden. Weibchen sind Maulbrüter.
Länge: ca. 18 cm. *Wasser:* Temperatur 24–27 °C; pH-Wert 7,3–8,8; Härte, 8–25 °dGH. *Nahrung:* Lebendfutter aller Art, kleine Fische, Regenwürmer, Frostfutter. *Vorkommen:* Malawisee.

Sciaenochromis fryeri

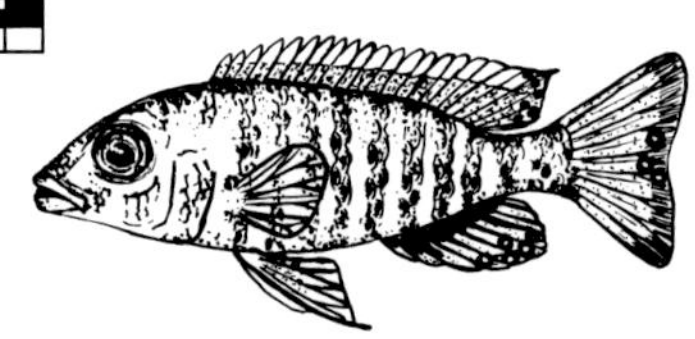

Aulonocara cf. stuartgranti (Blauer Kaiserbuntbarsch). Eine recht friedfertige Art, die leider nicht häufig im Handel zu finden ist. Zu ihrer Pflege benötigt man ein geräumiges Aquarium mit mindestens 120 cm Länge. Die Fische mögen nicht zu groben Bodengrund und einige Versteckmöglichkeiten, die man mit Steinen und gut gewässertem Wurzelholz schaffen kann. Männchen ohne Eiflecken in der Afterflosse sind weitaus farbiger als die kleineren Weibchen. Die Weibchen nehmen die Eier nach der Ablage in flachen Gruben ins Maul und lassen sie dort befruchten. Harte Pflanzen in Töpfen einsetzen.
Länge: bis ca. 12 cm. *Wasser:* Temperatur 24–27 °C; pH-Wert 7,3–8,8; Härte 8–25 °dGH. *Nahrung:* Lebendfutter aller Art, Flocken- und Gefrierfutter. *Vorkommen:* Malawisee.

Aulonocara cf. stuartgranti

Eclectrochromis sp. (Prachtmaulbrüter). Die Pflege dieses im männlichen Geschlecht schönen Cichliden ist nicht schwierig, wenn man ihm ein geräumiges Aquarium von mindestens 150 cm Gesamtlänge bietet, dessen Bodengrund aus Kies kleiner bis mittlerer Größe besteht. Zur Dekoration verwendet man flache Steine, Höhlen und Wurzelholz. Harte Pflanzen am besten in Töpfen einsetzen. Die wenig farbigen Weibchen sind kleiner, nehmen nach dem Ablaichen in einer Grube die Eier ins Maul und entlassen die Jungen erst, wenn sie frei schwimmen können. Anfüttern mit *Artemia* und zerriebenem Flockenfutter.
Länge: bis ca. 18 cm. *Wasser:* Temperatur 24–27 °C; pH-Wert 7,3–8,8; Härte, 8–25 °dGH. *Nahrung:* Kleinkrebse, Insektenlarven, Würmer, Flocken-, Frostfutter. *Vorkommen:* Malawisee.

Eclectrochromis sp.

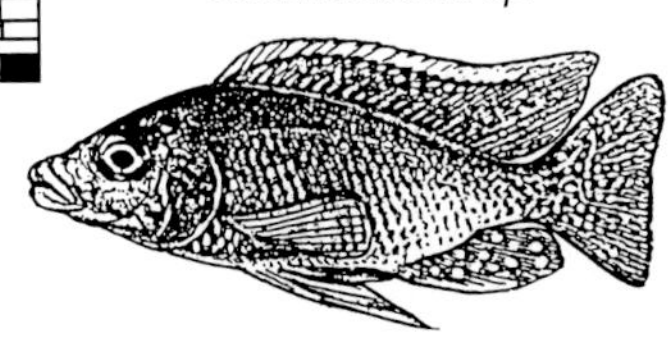

Buntbarsche aus dem Malawisee

Cichlidae

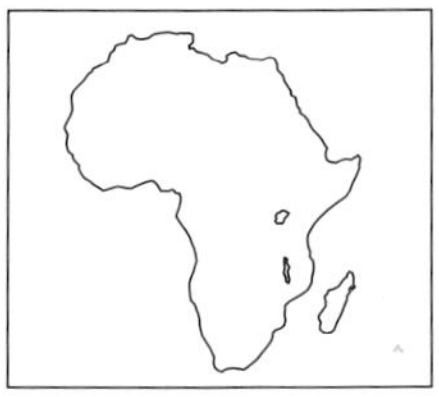

Melanochromis auratus (Türkisgoldbarsch). Einer der zuerst eingeführten Buntbarsche aus dem Malawisee. Deutlicher Geschlechtsdimorphismus: Weibchen goldgelb mit schwarzen Längsstreifen, Männchen dunkelblau bis samtschwarz mit hellblauen Längsstreifen. Starke innerartliche Aggression; große Aquarien mit vielen Versteckmöglichkeiten (Geröllandschaft) und feinem Sandboden. Nicht territorial, außer wenn das Männchen einen Laichplatz verteidigt. Am besten ein Männchen und mehrere Weibchen als Gruppe. Maulbrüter; die Brutpflege des Weibchens endet nach dem Entlassen der Jungen aus dem Maul.
Länge: ca. 9 cm. *Wasser:* Temperatur 24–27 °C; pH-Wert 7,3–8,8; weich bis hart, 8–25 °dGH. *Nahrung:* Allesfresser; fleischliche und pflanzliche Kost. *Vorkommen:* Malawisee.

Melanochromis auratus

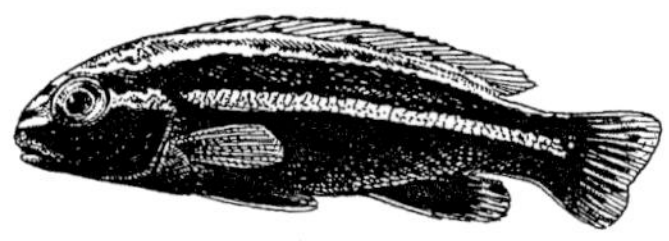

Cyrtocara moorii (Beulenkopf-Maulbrüter). In der Natur hält sich der Fisch dicht bei größeren, gründelnden Arten auf, um sich aus dem aufgewühlten Sand Nahrungspartikel herauszuholen. Revierbildend, aber nicht aggressiv, eher friedfertig. Geräumiges Aquarium mit Steinaufbauten, einer dicken, feinen Sandschicht (auch zum Anlegen von Laichgruben) und viel freiem Schwimmraum. Die Tiere ziehen meist als Gruppe durch das Aquarium. Anpassungsfähig; auch für Anfänger. Etwa 1 Männchen und 3–4 Weibchen. Nur mit wenig aggressiven Fischen vergesellschaften. Maulbrüter. Jungfische werden aufopfernd betreut, sie ernähren sich überwiegend von Plankton.
Länge: ca. 20 cm. *Wasser:* Temperatur 24–27 °C; pH-Wert 7,3–8,8; 8–25 °dGH. *Nahrung:* Lebendfutter, Tabletten. *Vorkommen:* Malawisee.

Cyrtocara moorii

Nimbochromis livingstonii (Schläfer). Der Name stammt von der Eigenart des Beutelauerers, sich wie schlafend auf die Seite zu legen und totzustellen. Zu nahe kommende kleinere Fische verschwinden blitzschnell im Maul des Schläfers. Pflege nur in großen, geräumigen Aquarien, auch in Gesellschaft mit gleich großen, robusten, aber nicht aggressiven Arten aus dem Malawisee. Einrichtung mit einsturzsicheren Geröllandschaften, Boden mit einer feinen Sandschicht und im Hintergrund einige kräftige Vallisnerienarten. Maulbrüter; Jungfische werden nach dem Verlassen bei Gefahr noch einige Wochen ins Maul genommen.
Länge: ca. 20 cm. *Wasser:* Temperatur 24–27 °C; pH-Wert 7,3–8,8; weich bis hart, 8–25 °dGH. *Nahrung:* Lebendfutter, Tabletten, Krebsfleisch, pflanzliche Kost. *Vorkommen:* Malawisee.

Nimbochromis livingstonii

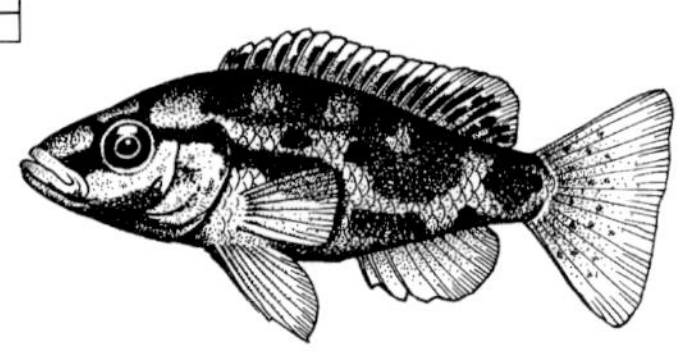

Nimbochromis venustus (Pfauenmaulbrüter). Ein Beutelauerer ähnlich wie *N. livingstonii.* Verharrt oft längere Zeit regungslos am Boden, liegt dabei jedoch nicht auf der Seite. Macht zusätzlich Jagd auf kleine Fische (diese sind Hauptbestandteil seiner Ernährung) und größere Schnecken. Revierbildner. Innerartlich oft aggressiv und unverträglich. Große Aquarien mit ausreichend Verstecken: Steinaufbauten und harte Pflanzengruppen (werden meist nicht als Nahrung beachtet) bieten maulbrütenden Weibchen und schwächeren Tieren Zuflucht. Laicht auf Steinen. Weibchen nimmt die bereits befruchteten Eier ins Maul.
Länge: ca. 20 cm. *Wasser:* Temperatur 24–27 °C; pH-Wert 7,3–8,8; weich bis hart, 8–25 °dGH. *Nahrung:* Kräftiges Lebendfutter, Fisch- oder Krebsfleisch, Tabletten. *Vorkommen:* Malawisee.

Nimbochromis venustus

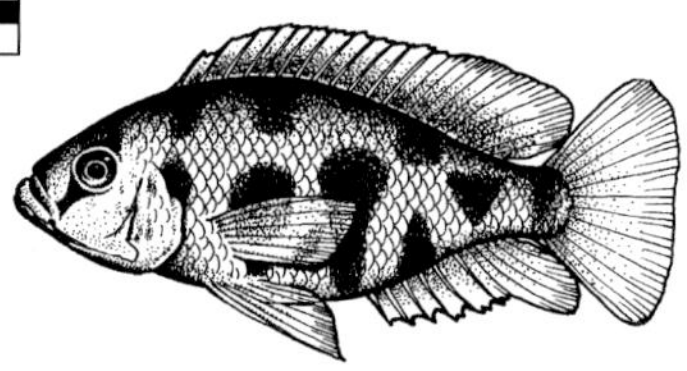

Melanochromis labrosus (Wulstlippen-Buntbarsch). Vor allem die Unterlippe biegt sich bei älteren Tieren stark nach unten. Diese Lippen dienen in der Regel als Tastorgan bei der Nahrungssuche nach Algen sowie in Spalten und Furchen verborgenen Insekten, Krebsen und Muscheln. Kann in geräumigen Aquarien mit Versteckmöglichkeiten (Steinaufbauten) – auch für die bedrängten Weibchen – ebenso gut allein gepflegt werden, wie in Gesellschaft gleich großer, starker Mitbewohner. Maulbrüter. Zum Schutz der Jungen vor anderen Mitbewohnern das Weibchen kurz vor dem Entlassen der Jungen aus dem Becken herausfangen.
Länge: ca. 15 cm. *Wasser:* Temperatur 24–27 °C; pH-Wert 7,3–8,8; 8–25 °dGH. *Nahrung:* Aufwuchs, Lebend-, Gefrier-, Tabletten-, Flockenfutter. *Vorkommen:* Malawisee.

Melanochromis labrosus

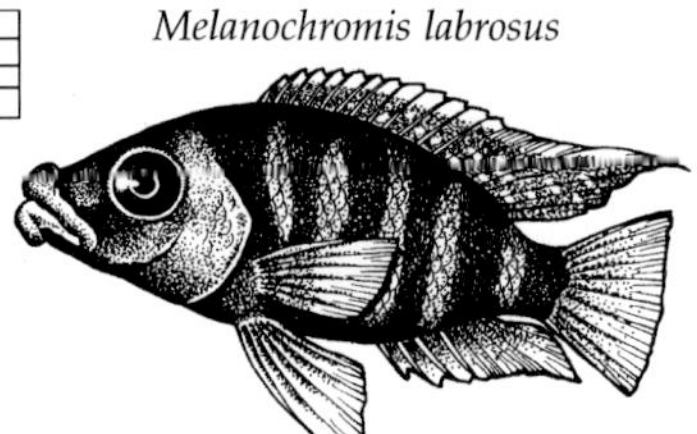

Cheilochromis euchilus (Sauglippen-Buntbarsch). Die mit zunehmendem Alter immer intensiver hervortretenden wulstigen, dicken „Lippen" dienen diesem Nahrungsspezialisten wohl hauptsächlich zum Abweiden und Ertasten kleiner hartschaliger Tiere im Algenrasen. Aquarieneinrichtung mit Spalten, Höhlen und vor allem Besiedlungsflächen für den notwendigen Aufwuchs. Bilden normalerweise kein Revier und verhalten sich friedlich; brauchen aber viel Schwimmraum (Aquarium ab 150 cm Länge). Maulbrüter. Weibchen nimmt die auf Steinen abgelegten Eier ins Maul auf. Maulbrütende Weibchen extra setzen.
Länge: ca. 20 cm. *Wasser:* Temperatur 24–27 °C; pH-Wert 7,3–8,8 (nie unter 7!); 8–25 °dGH. *Nahrung:* Aufwuchs, Lebend-, Gefrier-, Tabletten- und Flockenfutter. *Vorkommen:* Malawisee.

Cheilochromis euchilus

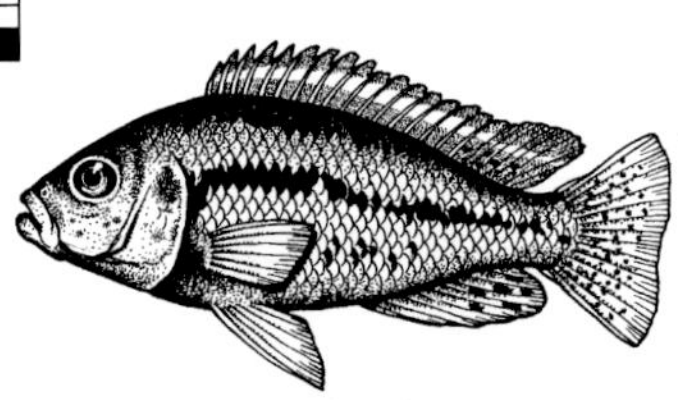

Buntbarsche aus dem Malawisee

Cichlidae

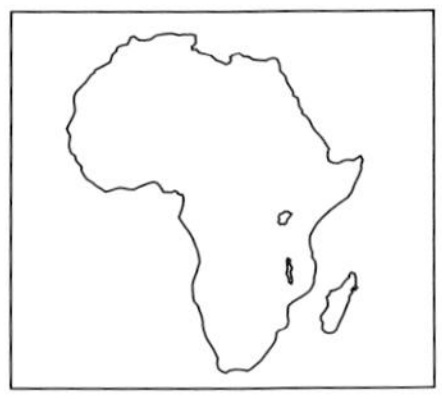

Labidochromis caeruleus (Gelber Labidochromis). Bei Aquarianern sehr beliebt. Im Heimatsee „Malawi“ keine häufige Art, gilt als selten. Diese Cichlidenkostbarkeit bringt Farbe in ein großes, geräumiges Barschbecken mit Felslandschaften und Arten aus dem gleichen See. Ein absolutes Muß sind Versteckmöglichkeiten (Geröllrückwand) und feinsandiger Bodengrund mit viel Platz. Artunverträglichkeiten halten sich so in Grenzen. Für Zuchterfolge bietet sich paarweiser Ansatz in 60–80 l fassenden Aquarien an. Die auf Steinen abgesetzten Eier nimmt das Weibchen zum Erbrüten ins Maul. Mutterfamilie.
Länge: 8–10 cm. *Wasser:* Temperatur 24–27 °C; pH-Wert 7,3–8,8; Härte, 8–25 °dGH. *Nahrung:* Allesfresser, bevorzugt Lebendfutter, Grünflokken. *Vorkommen:* Malawisee.

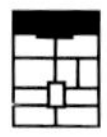

Labidochromis caeruleus

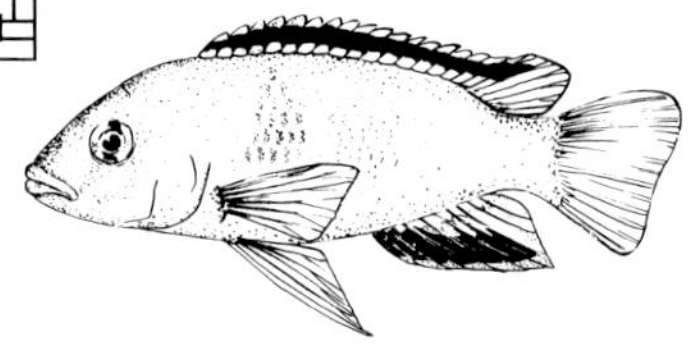

Pseudotropheus socolofi (Pindani-Buntbarsch). Dieser zu den kleineren Arten zählende Malawibarsch zeichnet sich durch Friedfertigkeit aus und kann in Gesellschaft nicht aggressiver Cichliden gepflegt werden. Er muß die Möglichkeit haben, Reviere zu bilden. Das Aquarium sollte unbedingt geräumig sein. Die Rückwand muß zum Wohlbefinden der Tiere geröllartig und einsturzsicher gestaltet sein. Höhlenartige Freiräume sollten ausgespart werden. Harte Pflanzen wie *Anubias* und Javafarn leisten gute Dienste. Die Eier werden vom Weibchen mit dem Maul aufgenommen. Laichen auch im normalen Becken. *Länge:* ca. 8–10 cm. *Wasser:* Temperatur 24–27 °C; pH-Wert 7,3–8,8; 8–25 °dGH. *Nahrung:* Allesfresser, Flocken und Tabletten, Lebendfutter wird bevorzugt. *Vorkommen:* Malawisee.

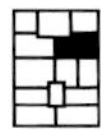

Pseudotropheus socolofi

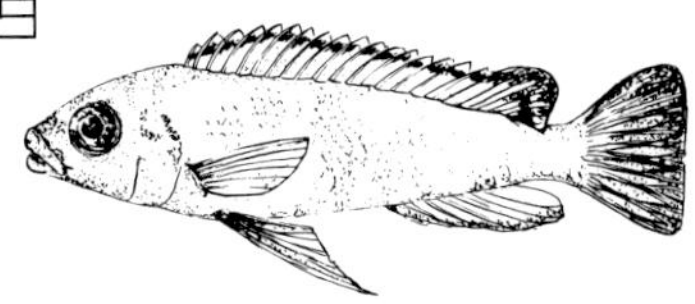

Labeotropheus trewavasae (Schlanker Schabemundbarsch). Sein unterständiges Maul verrät den Algenschaber. Ein ballaststoffreich zu ernährender Maulbrüter mit auffallend dominantem Verhalten. Selbst in Aquarien von 150 cm Länge zeigt er noch Grenzstreitigkeiten und versucht sein Revier so weit wie möglich auszudehnen. Ein Männchen mit mehreren Weibchen halten. Steinaufbauten mit großen Höhlen, damit gejagte Weibchen Unterschlupf finden und sich in der Hektik nicht einklemmen. Laicht auf blankgeputzten Steinen ab. Die Weibchen nehmen die Eier noch während des Ablaichens ins Maul, wo sie befruchtet werden.
Länge: ca. 8–12 cm. *Wasser:* Temperatur 24–27 °C; pH-Wert 7,3–8,8; Härte 8–25 °dGH. *Nahrung:* Algen! Grünflockenfutter, Tabletten, *Cyclops, Mysis*. *Vorkommen:* Malawisee.

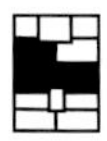

Labeotropheus trewavasae

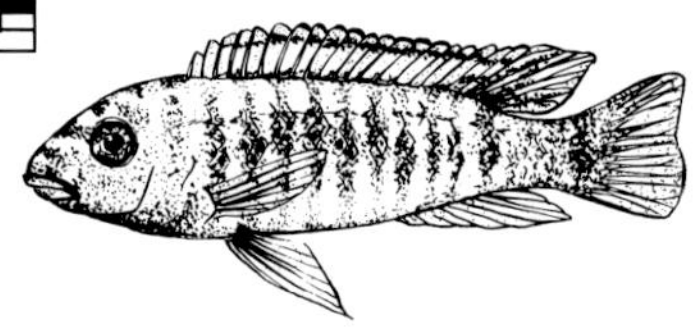

Pseudotropheus sp. „tropheops red cheek“ (Großaugenmaulbrüter). Ist nur im Malawisee beheimatet und zählt zu den streitsüchtigsten Buntbarschen. Die Männchen bilden Reviere. Ein Männchen auf mehrere Weibchen. Geschlechtsdimorphismus, Männchen und Weibchen unterscheiden sich in Färbung und Zeichnung. Beckenhintergrund mit Felsen (Höhlen), damit bedrängte Fische Zuflucht finden. Wie viele Malawibuntbarsche, so sind auch sie „Algenzupfer“; ihre Nahrung sollte dementsprechend sein. Gelaicht wird auf oder an Steinen. Maulbrüter. Die Weibchen nehmen die Eier mit dem Maul auf.
Länge: ca. 10 cm. *Wasser:* Temperatur 24–27 °C; pH-Wert 7,3–8,8; Härte 8–25 °dGH. *Nahrung:* Algen! Flockenfutter, Tabletten, *Cyclops, Mysis*. *Vorkommen:* Malawisee.

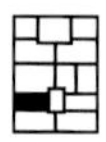

Pseudotropheus sp. „tropheops red cheek“

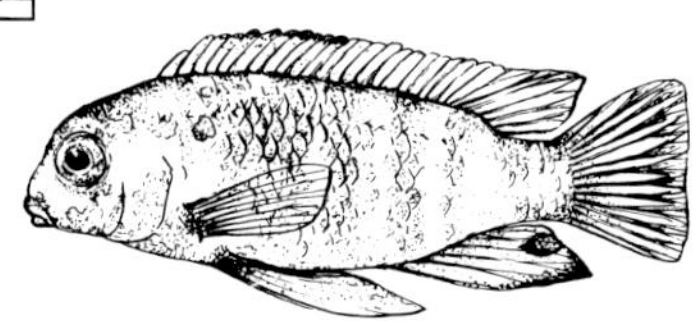

Nimbochromis linni. Charakteristisch für diesen Räuber (im adulten Stadium) ist sein nach unten gezogenes Maul. In seinem Heimatgewässer harrt er oft, einem Beutelauerer gleich, vor Felsspalten auf unvorsichtige Jungfische. Das Aquarium für diesen Raubfisch muß groß sein. Wichtig sind Versteckmöglichkeiten auch in Form von Felsenhöhlen – groß genug für ein Pärchen zum Ablaichen – und Sichtbarrieren. Keine kleinen oder Jungfische zu den adulten gesellen; je nach Größe werden sie zur Mahlzeit, andere werden ständig attackiert. Besser artfremde Cichliden einsetzen. Maulbrütende Weibchen extra setzen.
Länge: bis ca. 27 cm. *Wasser:* Temperatur 24–27 °C; pH-Wert 7,3–8,8; Härte 8–25 °dGH. *Nahrung:* Fische, große Krebstiere, Muscheln, Fischstückchen. *Vorkommen:* Malawisee.

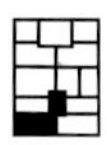

Nimbochromis linni

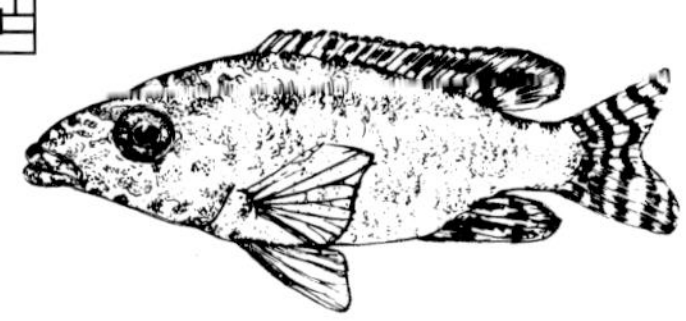

Pseudotropheus lombardoi (Gelber Zebra). Unter den Liebhabern der Mbunacichliden nimmt dieser Fisch eine besondere Stellung ein. Im männlichen Geschlecht gelb gefärbt und Eiflecken in der Afterflosse. Weibchen und Jungfische sind gestreift und leuchtend blau. Beide Geschlechter sind anderen Mitinsassen gegenüber unverträglich, wenn es im Aquarium zu eng ist. Zur erfolgreichen Pflege werden Aquarien ab 120 cm Länge benötigt. Im Hintergrund einsturzsichere Steinaufbauten bieten den Fischen Rückzugsmöglichkeiten. Als Wasserpflanzen Javafarn und *Anubias*-Arten. Das Weibchen betreibt Brutpflege.
Länge: ca. 12 cm. *Wasser:* Temperatur 24–27 °C; pH-Wert 7,3–8,8; Härte 8–25 °dGH. *Nahrung:* Allesfresser, abwechslungsreiches Futter, auch Grünflocken. *Vorkommen:* Malawisee.

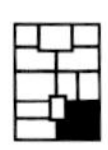

Pseudotropheus lombardoi

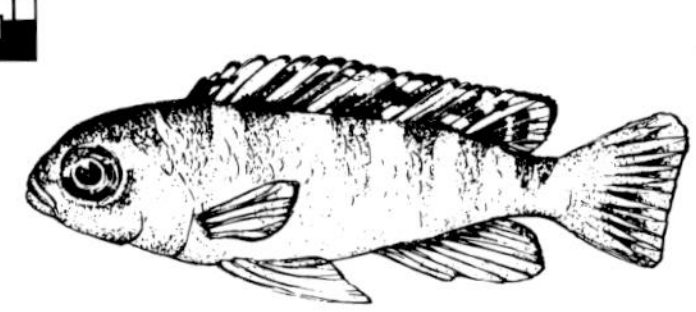

Buntbarsche aus dem Malawisee

Cichlidae

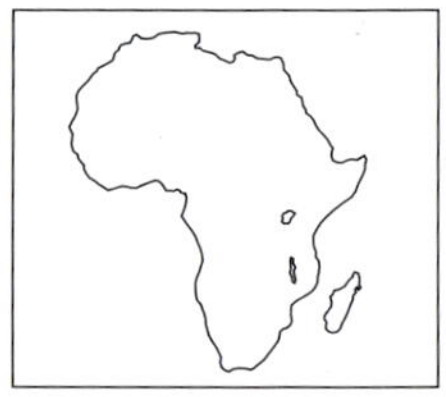

Pseudotropheus elongatus. Lebhafter, schnellschwimmender, oft unverträglicher Fisch. Ein Männchen zu mehreren Weibchen und anderen wehrhaften Arten aus dem gleichen Lebensraum. Steinaufbauten mit Höhlenverstecken und einige robuste Pflanzen. Javafarn und *Anubias* wurzeln frei auf Steinen und eignen sich gut zur Begrünung der Felsrückwände. Einige Riesenvallisnerien als zusätzliche Revierabgrenzung und Sichtblende. Maulbrüter. Mutterfamilie. Nach dem Laichgeschäft ist die Partnerschaft beendet. Das Männchen kümmert sich jetzt weder um die Revierverteidigung noch um die Pflege seiner Nachkommen.
Länge: 10–12 cm. *Wasser:* 24–27 °C; pH-Wert 7,3–8,8; 8–25 °dGH. *Nahrung:* Lebendfutter, dazu Pflanzenkost (Algen, überbrühter Salat, Spinat, Flocken). *Vorkommen:* Malawisee.

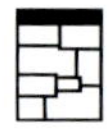

Pseudotropheus elongatus

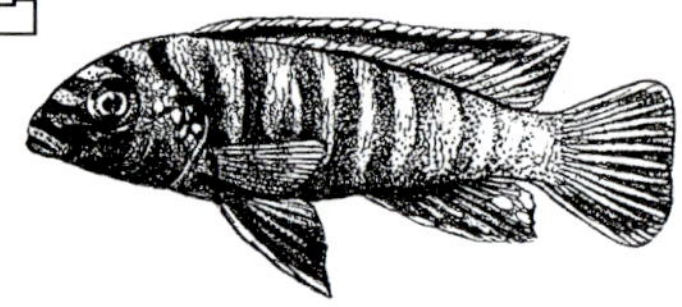

Melanochromis melanopterus. Männliche Tiere mit hellem Längsstreifen auf tiefdunklem Grund und Eiflecken in der Afterflosse. Weibchen mit zwei schwarzen Längsstreifen auf hellem Untergrund. Revierbilder. Untereinander (auch die Weibchen) und zu anderen Arten oft unverträglich und aggressiv. Steinaufbauten mit Höhlenverstecken und zur Beckenunterteilung. Ein Männchen mit mehreren Weibchen, damit einzelne Weibchen nicht zu stark bedrängt werden. Maulbrüter im weiblichen Geschlecht. Keine längere Paarbildung zwischen den Geschlechtern, diese ist nach dem gemeinsamen Ablaichen beendet.
Länge: ca. 10 cm. *Wasser:* 24–27 °C; pH-Wert 7,3–8,8; Härte bis 25 °dGH. *Nahrung:* Lebend-, Frost- und Flockenfutter. Krebs- und Fischfleischstückchen. *Vorkommen:* Malawisee.

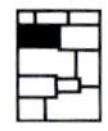

Melanochromis melanopterus

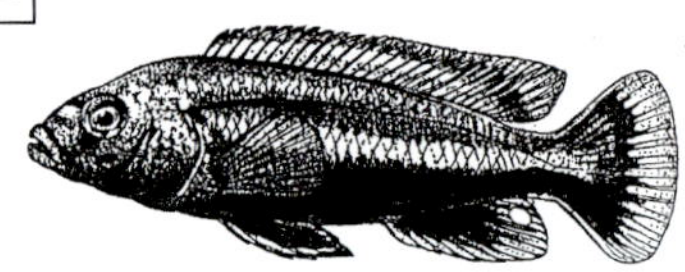

Pseudotropheus tropheops. Die Gattung gehört zu der Gruppe der vielfach anpassungsfähigen Felsencichliden (Mbunas). Große Becken, keine Vergesellschaftung von aggressiven mit durchsetzungsschwachen, friedfertigen Arten. Versteckmöglichkeiten. Attackierte und unterlegene Tiere sowie tragende oder laichunwillige Weibchen müssen problemlos ausweichen können. Kräftige Filterung und regelmäßiger Teilwasserwechsel von ca. 30–40 % in Abständen von 2–3 Wochen. Zu dem aggressiven Männchen mehrere Weibchen. Maulbrüter. Weibchen pflegt die Jungen nach dem Freigeben aus dem Maul nur wenige Tage.
Länge: bis ca. 16 cm. *Wasser:* Temperatur 24–27 °C; pH-Wert 7,3–8,8; 8–25 °dGH. *Nahrung:* Lebend-, und Gefrierfutter. Vegetabilien, Pflanzenflocken. *Vorkommen:* Malawisee.

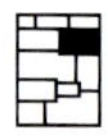

Pseudotropheus tropheops

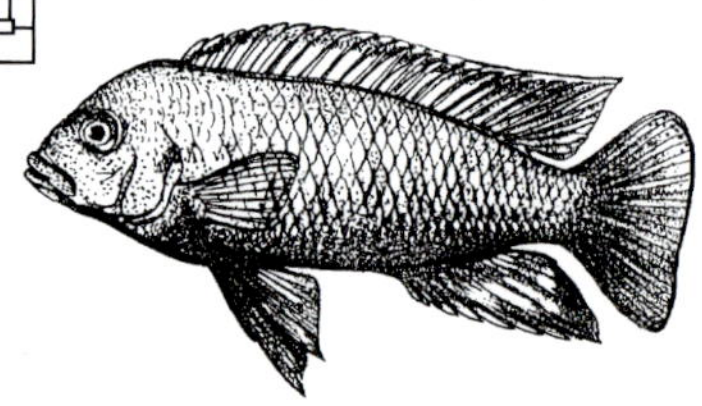

Placidochromis electra. Mit gut ausgebildetem Sexualdimorphismus. Ausgewachsene Männchen sind größer und zeigen ein kräftiges Blau, Weibchen sind silbergrau. Beide Geschlechter mit kräftiger, schwarzer Querbinde entlang des Kiemenrandes. In Aquarien ab 120 cm Länge mit viel Gestein zur Deckung im Hintergrund gehört der Fisch eher zu den ruhigen Mitbewohnern, ist selten aggressiv und nur während der Laichzeit territorial. Pflanzen können zur Einrichtung verwendet werden, da *P. electra* diese nicht beschädigt. Viel freier Schwimmraum über Sandboden. Ovophiler Maulbrüter. Mutterfamilie. Weibchen betreut Nachkommen.
Länge: 8–16 cm. *Wasser:* Temperatur 24–27 °C; pH-Wert 7,3–8,8; bis 25 °dGH. *Nahrung:* Lebend-, Gefrier-, Tabletten- und Trockenfutter. *Vorkommen:* Malawisee.

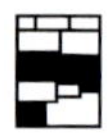

Placidochromis electra

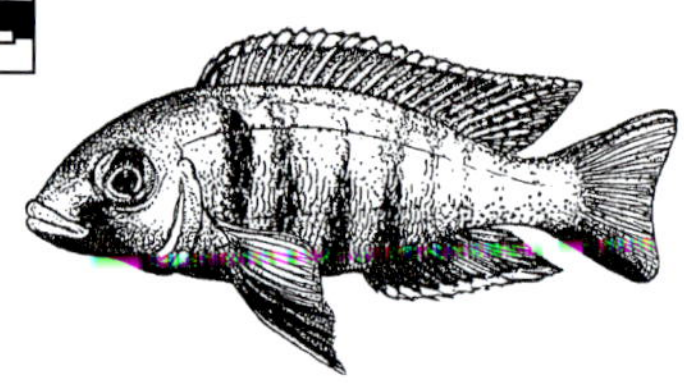

Cynotilapia afra. Männchen in leuchtendem Blau mit dunklen Querstreifen, die bis in die Rückenflosse reichen, und mit drei oder vier Eiflecken in der Afterflosse. Weibchen eher blaß blaugrau. Gegenüber artfremden Fischen, außer in der Laichzeit, meist friedfertig und nicht sonderlich territorial. Innerartlich aber mit einiger Aggression. Vorschlag: 1 Männchen und 2–3 Weibchen in großen Aquarien mit Steinaufbauten, die verschieden große Höhlen und Spalten für die oft stark bedrängten Weibchen aufweisen. Maulbrüter; Weibchen übernimmt allein die Pflege von Brut und Jungfischen.
Länge: ca. 10 cm. *Wasser:* 24–27 °C; pH-Wert 7,3–8,8; bis 25 °dGH. *Nahrung:* Lebendfutter, besonders *Cyclops*, Daphnien, *Artemia*, auch Tabletten und Flocken. *Vorkommen:* Malawisee.

Cynotilapia afra

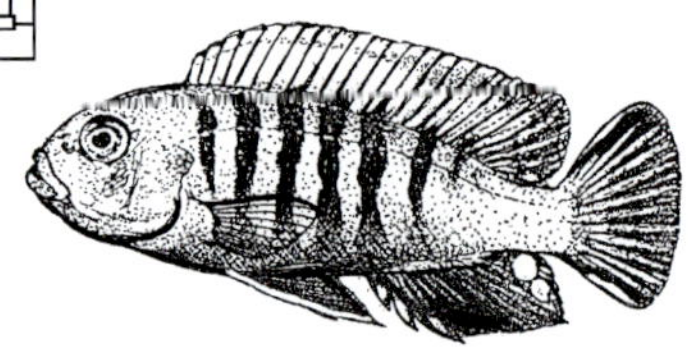

Pseudotropheus zebra. Die Art zeigt sich in mehreren ökologischen Variationen, ist reich an Farb- und Formenvielfalt. Zum Teil unverträglich und ruppig zu Artgenossen (etwas weniger zu anderen Mitbewohnern), besonders in zu engen Aquarien, in denen die Fische oft Streßsituationen ausgesetzt sind. Große Aquarien mit Steinaufbauten, (Höhlen und Spalten) als Verstecke und Zufluchtsmöglichkeiten. Steinaufbauten und harte Pflanzengruppen sollten das Aquarium außerdem aufgliedern (Sichtbarrieren). Agame Maulbrüter, die Fische bilden keine über den Fortpflanzungsakt hinausdauernde Partnerschaft. Weibchen übernimmt allein die Brutpflege. *Länge:* bis ca. 12 cm. *Wasser:* 24–27 °C; pH-Wert 7,3–8,8; 8–25 °dGH. *Nahrung:* Lebend-, Gefrier-, Trokkenfutter, Vegetabilien. *Vorkommen:* Malawisee.

Pseudotropheus zebra

Glasbarsche Sonnenbarsche

Chandidae, Centrarchidae

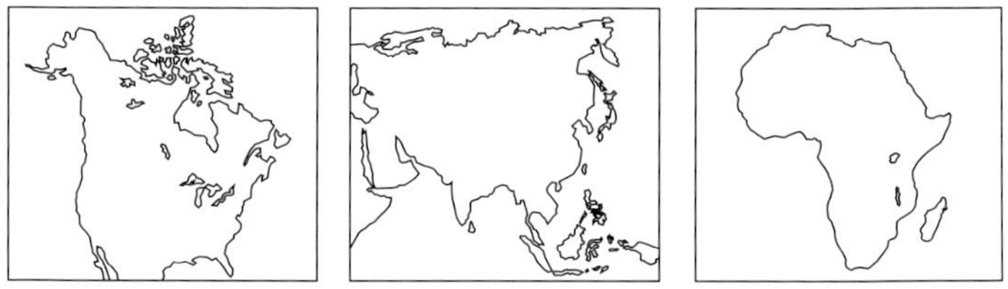

Das Verbreitungsgebiet der Glasbarsche (Familie Chandidae) erstreckt sich von Ostafrika bis in den Pazifik. Die meisten Arten leben im Süß- und Brackwasser, etwa 20 Arten im Meer. Verschiedene Arten dringen nur zeitweise ins Süßwasser ein. Der Körperbau ist meist hoch und seitlich stark zusammengedrückt. Zwei Rückenflossen sind in der Regel durch einen niedrigeren Abschnitt miteinander verbunden; Bei durchscheinendem Licht ist die Wirbelsäule und die Schwimmblase bei einem mehr oder weniger glasig durchsichtigen Körper bei fast allen Arten gut zu erkennen.
Im Aquarium suchen sie besonders während der Eingewöhnungszeit häufig zwischen Pflanzen Zuflucht. In Gesellschaft mit ruhigen und friedfertigen Arten verliert sich die Scheu, und sie halten sich auch in den freien Bereichen auf. Als Ablaichsubstrat werden z. B. feinblättrige Pflanzen, Schwimmpflanzenwurzeln oder Nylongespinste angenommen. Die Aufzucht der winzigen glasklaren Jungen ist nicht ganz einfach.

Die Sonnenbarsche (Familie Centrarchidae) leben in den östlichen Gebieten Nord- und Mittelamerikas, im Süden bis Florida. Etwa zu Beginn unseres Jahrhunderts auch in Europa und auf anderen Kontinenten eingeführt, an verschiedenen Stellen ausgesetzt. Einige Arten konnten sich mehr oder weniger erfolgreich durchsetzen. Der Gemeine Sonnenbarsch, *Lepomis gibbosus*, wurde in Seen, Baggerseen, auch in begradigten Flüssen und Kanälen nachgewiesen. Viele Sonnenbarsche sind Nestbauer. Bis auf wenige mehr langgestreckte Arten haben die meisten Sonnenbarsche einen eiförmigen runden, seitlich stark abgeflachten Körperbau. Rücken- und Afterflossen bestehen oft aus einem vorderen hart- und einem hinteren weichstrahligen Teil.
In den Zoofachgeschäften werden die drei hier vorgestellten Arten fast immer angeboten. Im Aquarium lieben sie kühles (!), klares und gut durchlüftetes Wasser mit leichter Strömung; das von Zeit zu Zeit teilweise durch abgestandenes Frischwasser erneuert wird. Plötzliche Temperaturschwankungen sind zu vermeiden. Bodengrund aus feinem Kies. Pflanzen in Töpfen, auch weil die männlichen Tiere bei der Vorbereitung zur Eiablage mit ihrer Schwanzflosse flache Laichgruben in den Kies fächeln, manchmal auch fast hineinschlagen, und Pflanzen dabei entwurzelt werden können. Das durch den eifrigen Nestbau herbeigelockte Weibchen legt nach einem lebhaften Paarungsspiel seine Eier in diese Grube ab. Nach der Besamung vertreibt das Männchen sein Weibchen wie alle anderen vermeintlichen Feinde und betreibt allein die Brutpflege.

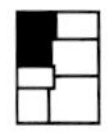

Parambassis ranga

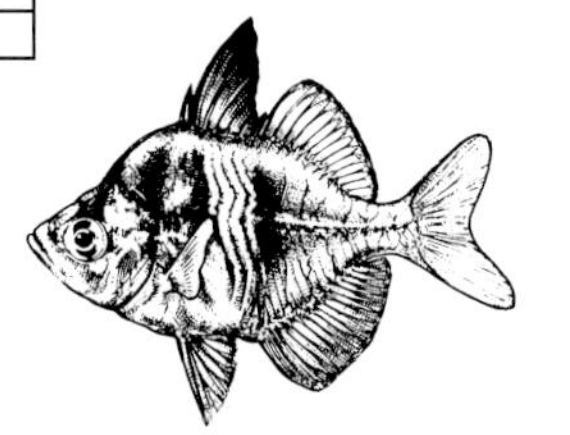

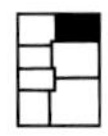

Parambassis cf. wolffii

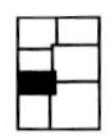

Chanda sp.

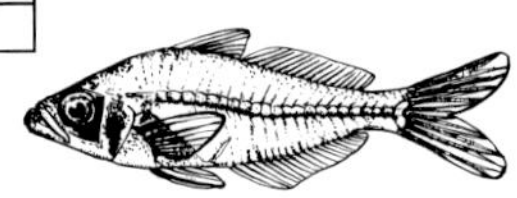

Parambassis ranga (Indischer Glasbarsch). Nur zu ruhigen, friedfertigen Arten. Keine schnelle Veränderung der Wasserwerte, keine Huminsäure. Reiner Süßwasserfisch. Ausfärbung und Geschlechtsreife mit etwa 8–10 Monaten. Zucht einfach; Aufzucht schwierig. *Länge:* ca. 7 cm. *Wasser:* Temperatur 22–26 °C; pH-Wert 7,2–8,2; 10–20 °dGH. *Nahrung:* Lebendfutter aller Art. *Vorkommen:* Indien, Myanmar, Thailand.

Parambassis cf. wolffii (Wolffs Glasbarsch). Empfindlicher, scheuer Schwarmfisch. Nur zu ruhigen, friedfertigen Arten. Bildet Reviere. Kein grelles Licht; Verstecke durch Pflanzendickichte; dunkler Bodengrund.
Länge: ca. 15 cm. *Wasser:* Temperatur 22–26 °C; pH-Wert 7,2–8,2; 10–20 °dGH. *Nahrung: Tubifex*, Wasserflöhe, Insektenlarven, *Artemia*. *Vorkommen:* Thailand, Sumatra, Borneo.

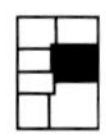

Centrarchus macropterus

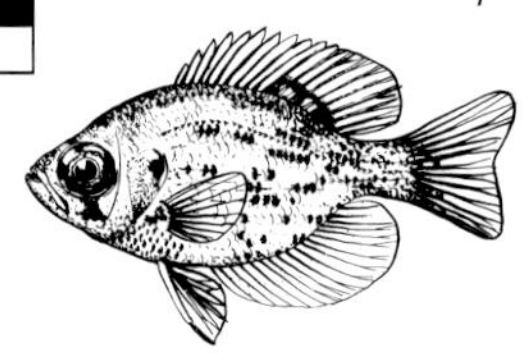

Chanda sp. Ein relativ ruhiger scheuer Glasbarsch, neigt zur Schreckhaftigkeit. Unbedingt ausreichende Verstecke. Sonniger Standplatz und Meersalzzusatz erhöhen Wohlbefinden. Bevorzugt bestimmte Reviere.
Länge: ca. 6 cm. *Wasser:* Temperatur 22–26 °C; pH-Wert 7,2–8,2; Härte 10–20 °dGH. *Nahrung:* Lebendfutter aller Art. *Vorkommen:* Südostasien, Indien.

Centrarchus macropterus (Pfauenaugen-Sonnenbarsch). Verträgt keine Überwinterung im Gartenteich. Für die Zucht niedriger Wasserstand (um 15 cm) vorteilhaft. Männchen betreibt Brutpflege.
Länge: bis ca. 16 cm. *Wasser:* 12–22 °C; pH-Wert 7–7,5; Härte 12–20 °dGH. *Nahrung:* Jedes Lebendfutter, gefriergetrocknetes und Trockenfutter. *Vorkommen:* Östliche USA.

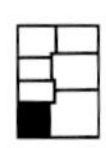

Enneacanthus chaetodon

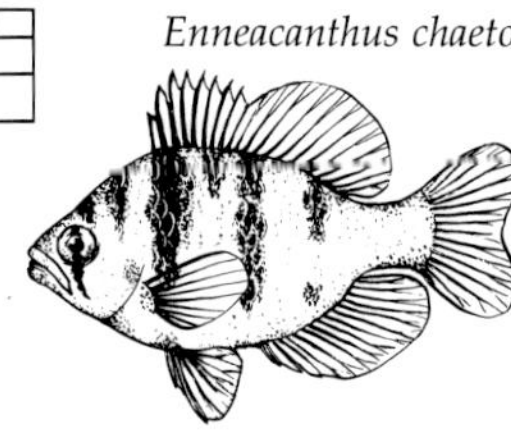

Enneacanthus chaetodon (Scheibenbarsch). Gut zu vergesellschaften mit ruhigen und friedfertigen Arten. Empfindlich gegen zu radikalen Wasserwechsel.
Länge: ca. 10 cm, ab 5 cm geschlechtsreif. *Wasser:* (Kaltwasserfisch) Temperatur 4–22 °C; pH-Wert um 7; 10–15 °dGH. *Nahrung:* Lebendfutter. *Vorkommen:* USA; von New Jersey bis Florida.

Lepomis gibbosus (Gemeiner Sonnenbarsch). Ungeheiztes Aquarium. Im Gartenteich von mindestens 80 cm Tiefe mit guter Bepflanzung auch ganzjährig. Zucht nach kühler Überwinterung bei guter Fütterung einfach.
Länge: bis 30 cm (Freiland). *Wasser:* 15–22 °C (Sommer), 5–10 °C (Winter); pH-Wert 7–7,5; 12–20 °dGH. *Nahrung:* Allesfresser. *Vorkommen:* Ursprünglich N.-Amerika; Mississippibecken.

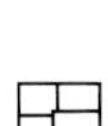

Lepomis gibbosus

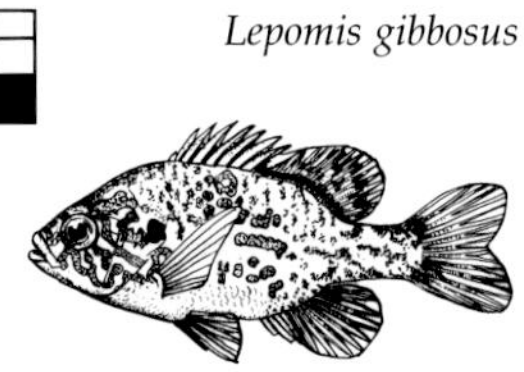

Nander- und Blaubarsche

Nandidae, Badidae

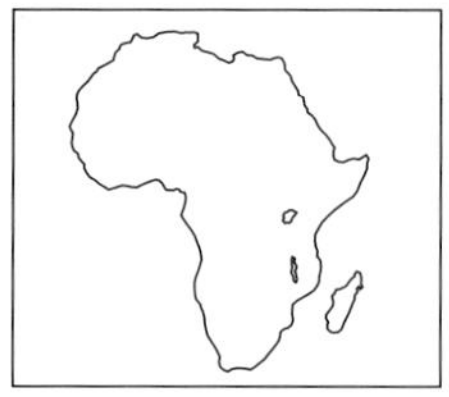
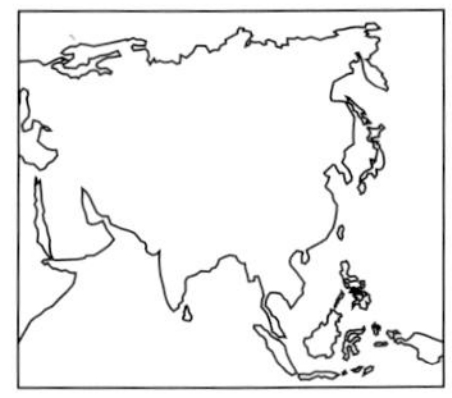

Nanderbarsche (Familie Nandidae; 5 Gattungen, 6 Arten) sind eine faszinierende Fischgruppe mit einer unzusammenhängenden Verbreitung. Sie leben im nördlichen Südamerika, Westafrika und Südostasien. Auffallend ist der große Kopf mit der tiefen Maulspalte. Die stark entwickelten Stachelstrahlen der Rückenflosse mehrerer Arten gaben ihnen den Namen „Vielstachler".
Sie sind für die Aquarienhaltung gut geeignet, wenn man ihren unbändigen Hunger stillen kann und ständig Lebendfutter zur Verfügung hat. Das weit vorgestülpte Maul schnellt einem Fangapparat gleich urplötzlich vor und zieht die Nahrungstiere förmlich ein. Besonders viel Schwimmraum brauchen die räuberisch lebenden Nanderbarsche nicht; sie stehen oft ruhig, gut getarnt im Pflanzendickicht (graben nicht) oder Wurzelwerk und lauern auf Beute. Die meisten Arten bleiben klein. Pflege gelingt am besten in einer kleinen Gruppe im Artbecken. Zucht möglich. Meist Vaterfamilie. Der rechts ebenfalls abgebildete *Badis badis* gehört nicht mehr in diese Familie, sondern bildet die Familie Badidae. Diese besiedelt aber vergleichbare ökologische Gebiete, hat aquaristisch ähnliche Ansprüche und wird deshalb hier mit vorgestellt.

Monocirrhus polyacanthus (Blattfisch). Ein Fisch für den Spezialisten. Stark vorstülpbares Maul, verschlingt große Beutetiere. Kann sich verfärben. Der Farbwechsel bringt Vorteile bei der Jagd (Beutelauerer). Eine Vergesellschaftung nur mit gleich großen ruhigen Arten, die nicht als Beute angesehen werden. Benötigt dichten Pflanzenwuchs und Wurzeln. Die Zucht ist bereits erfolgreich gelungen. Männchen betreiben Brutpflege.
Länge: bis ca. 8 cm. *Wasser:* 24–28 °C; pH-Wert 6–6,6; Härte 2–6 °dGH. *Nahrung:* Nur lebendes Futter: Fische, kleine bis mittelgroße Regenwürmer. *Vorkommen:* Amazonasgebiet.

Polycentropsis abbreviata (Afrikanischer Vielstachler). Ein Lauerräuber, der in der Dämmerung aktiv wird. Durch die transparente Schwanzflosse wirkt der Fisch schwanzlos und verkürzt (siehe Artname). Ein Pflegling für das warme Artaquarium mit saurem Wasser. Zum Wohlbefinden deckungsreiche Wasserpflanzengruppen, überhängendes Wurzelwerk und Schwimmpflanzen anbieten. Die Zucht ist möglich. Das Männchen bewacht die Brut.
Länge: bis ca. 10 cm. *Wasser:* Temperatur 24–28 °C; pH-Wert 6–6,8; 3–8 °dGH. *Nahrung:* Lebendes Futter, kleine Fische, Regenwürmer usw. *Vorkommen:* Gabun, Nigeria und Kamerun.

Nandus nebulosus (Nebelfleck-Nander). Dämmerungsaktiver Beutelauerer. Kleine Fische werden mit Sicherheit gefressen. Größere Beifische sollten ein ruhiges Wesen haben, sonst fühlen sich die „Nander" nicht wohl und verstecken sich. Die Pflege gelingt am besten im Artaquarium. Gedämpftes Licht, Schwimmpflanzen und Wurzeln tragen zum Wohlbefinden erheblich bei. Über die Nachzucht ist nur wenig bekannt, ist aber bereits geglückt.
Länge: ca. 13 cm. *Wasser:* Temperatur 20–26 °C; pH-Wert 7–7,5; 10–16 °dGH. *Nahrung:* Lebendfutter (kleine Fische), Regenwürmer. *Vorkommen:* Große Teile von Südostasien.

Nandus cf. nandus (Kleiner Nander). Dieser dämmerungsaktive Lauerräuber zählt zu den kleineren Vertretern innerhalb der Gattung und ist vorzüglich für das Artaquarium geeignet. Nicht mit unruhigen und zu robusten Beifischen vergesellschaften. Die „Nandus" würden sich sonst ständig verstecken und kommen nicht mehr zum Fressen. Bei dieser Art genügen bereits Aquarien ab 60 l. Da die Fische bewegungsunlustig sind, strahlt ein solches Aquarium viel Ruhe aus.
Länge: ca. 8 cm. *Wasser:* 22–26 °C; pH-Wert 6,5–7; 4–12 °dGH. *Nahrung:* Kleine Regenwürmer, *Tubifex*, Fische. *Vorkommen:* Südostasien.

Badis badis (Blaubarsch). Im Gesellschaftsbekken sind den eher ruhigen Fischen lebhafte Arten oft zu starke Futterkonkurrenten. Revierbildend. Bodengrund aus feinem Sand. Dichte Bepflanzung. Steinaufbauten (Höhlen) und Wurzeln mit vielen Versteck- und Revierabgrenzungsmöglichkeiten. Betreibt Brutpflege. Blumentöpfe und Kokosnußschalen, Steinhöhlen als Laichplätze. Zucht nicht schwierig. Männchen bewacht Gelege und Larven allein bis zum Freischwimmen der Jungen. *Länge:* ca. 8 cm. *Wasser:* Temperatur 22–26 °C; pH-Wert 6,5–7,8; 6–15 °dGH. *Nahrung:* Kleines Lebendfutter. *Vorkommen:* Indien bis Myanmar.

Polycentrus schomburgkii (Schomburgks oder Südamerikanischer Vielstachler). Unter den Vielstachlern am leichtesten zu pflegen. Dabei zeigt sie ein ähnliches Verhalten wie ihre Verwandten. Dämmerungsaktive, gefräßige Lauerräuber. Vergesellschaftung mit gleich großen ruhigen Fischen ist möglich. Das Aquarium sollte nach den Bedürfnissen der Tiere eingerichtet sein. Wasserpflanzen, eventuell breitblättrige Arten, und überhängende Wurzeln. Zucht ist möglich. Vaterfamilie. *Länge:* bis ca. 10 cm. *Wasser:* 24–26 °C; pH-Wert 6–7,2; 3–18 °dGH. *Nahrung:* Lebendfutter, Regenwürmer, Fische. *Vorkommen:* NO-Südamerika.

Monocirrhus polyacanthus

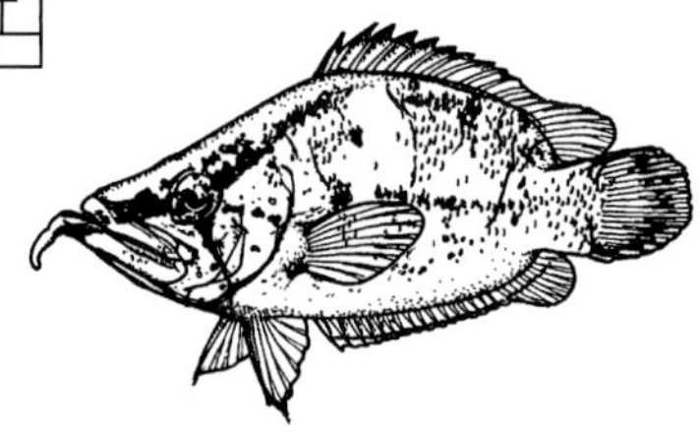

Polycentropsis abbreviata

Nandus nebulosus

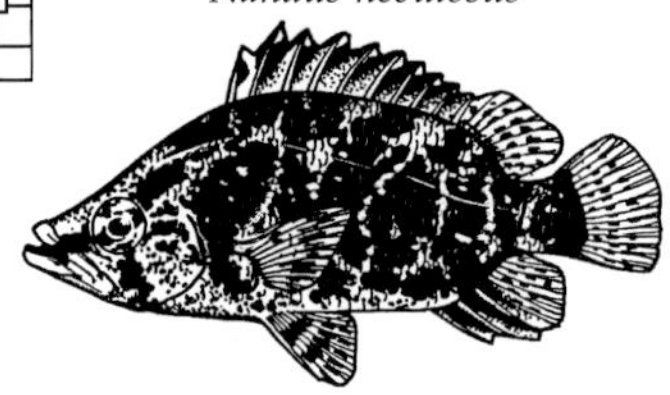

Nandus cf. nandus

Badis badis

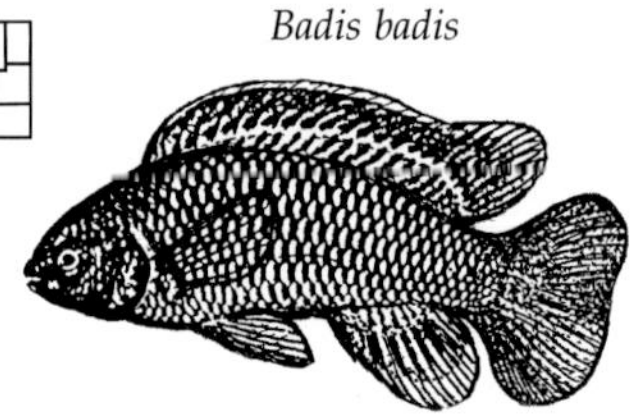

Polycentrus schomburgkii

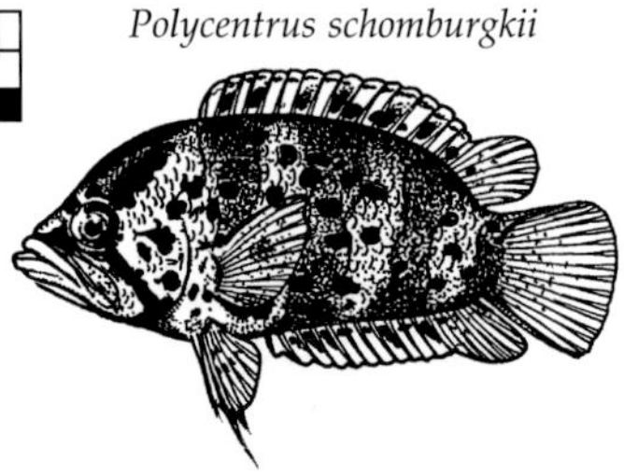

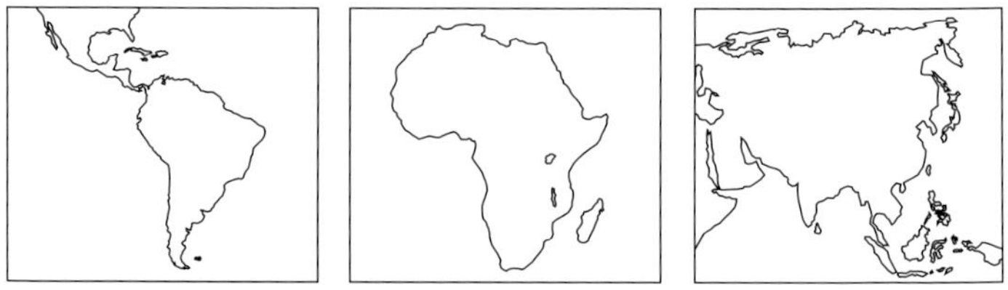

Grundeln

Gobiidae, Eleotrididae

Die Familien Gobiidae (Echte Grundeln) und Eleotrididae (Schläfergrundeln) sind wohl die bekanntesten Familien innerhalb der Grundeln. Ihr Lebensraum ist küstennahes Meer- und Brackwassergebiet. Fast die Hälfte der über 1600 bekannten Arten dieser zwei Familien sind reine Süßwasserbewohner. Der Körper vieler Arten ist langgestreckt, seitlich nur wenig abgeflacht, mit spitzem oder auch stumpfem Kopf, kleinem bis tief gespaltenem Maul mit dicken Lippen. Bei den meisten Arten der Echten Grundeln bilden die miteinander verwachsenen Bauchflossen einen Haftapparat, mit dem sie sich an harten Substraten festhalten können. Ihre Färbung reicht von unscheinbar bis prächtig. Im Aquarium brauchen sie, ihrer natürlichen Lebensweise entsprechend, Versteckplätze (kleine Höhlen, Pflanzendickichte, Wurzeln) sowie feinen Sand zum Einbuddeln. Die meisten Arten laichen in ihren Höhlenverstecken oder auf Steinen, und bei vielen Grundeln bewacht und befächelt das Männchen das Gelege. Hauptsächlich Arten der Familie Eleotrididae sind Räuber. Sie lassen sich jedoch mit vielen Fischarten der mittleren und oberen Wasserschichten vergesellschaften, ohne daß diese zu große Futterkonkurrenten für die langsameren Grundeln sein dürfen.

Batanga lebretonis

Batanga lebretonis. Eine Grundel, die sich auch häufig im freien Wasser (im unteren Bekkendrittel) aufhält. Relativ friedfertige Art. Sie kann im geräumigen, dicht bepflanzten Aquarium, das mehrere kleine Höhlen aufweisen sollte, zusammen mit gleichgroßen Barben, Welsen und Salmlern gepflegt werden. Vorzugsweise 1–2 Männchen mit mehreren Weibchen. Stellt keine gehobenen Ansprüche an die Wasserqualität. *Länge:* ca. 15 cm. *Wasser:* Temperatur 24–30 °C (30 °C nur kurzfristig); pH-Wert 6–8 (darüber Amoniakgefahr!); weich bis hart, 3–25 °dGH. *Nahrung:* Lebend-, Frost- und Tablettenfutter. *Vorkommen:* West-Afrika.

Stigmatogobius pleurostigma

Stigmatogobius pleurostigma. Diese hübsche, friedfertige, bodenorientierte Grundel eignet sich auch für Brackwasseraquarien, lebt aber die meiste Zeit im Süßwasser und kann es dort ein Leben lang gut aushalten. Aquarien ab 60 cm Länge mit weichem Bodengrund und Verstecken aus Steinen und Moorkienwurzeln, gut gefiltertem, sauerstoffreichem Wasser. Am besten ein Männchen auf 2–3 Weibchen. *Länge:* ca. 8 cm. *Wasser:* Temperatur 22–26 °C; pH-Wert 7–8,5; mittelhart bis hart, 10–25 °dGH. *Nahrung:* Lebendfutter, Würmer, Insektenlarven. *Vorkommen:* Thailand bis Indonesien.

Oxyeleotris marmoratus

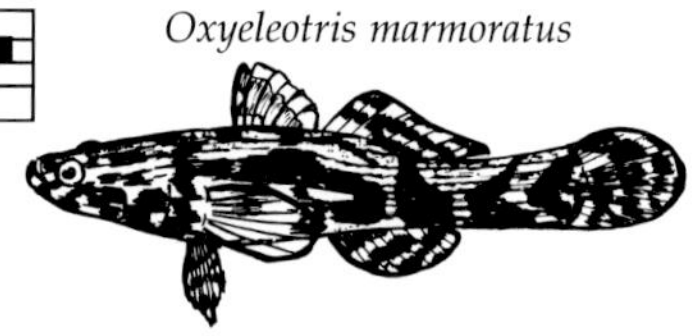

Oxyeleotris marmoratus (Marmor-Schläfergrundel). Sehr räuberische Art. Bereits als Jungfisch gefräßig. Wächst rasch und verzehrt kleinere Mitbewohner. Als erwachsenes Tier nicht mehr geeignet für das normale Zimmeraquarium. Dämmerungs- und nachtaktiver Bodenfisch. Süßwasseraquarium mit viel Verstecken und weichsandigem Bodengrund zum Einwühlen. Sind in ihrer Heimat begehrte und teure Speisefische.
Länge: ca. 50 cm. *Wasser:* Temperatur 22–26 °C; pH-Wert ca. 7; Härte 8–18 °dGH. *Nahrung:* Alles Lebendfutter, Würmer, Insektenlarven, auch Fische. *Vorkommen:* Orientalisches SO-Asien.

Butis gymnopomus

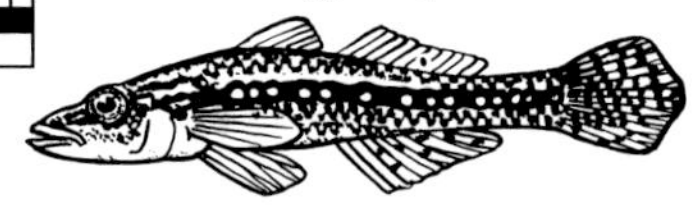

Butis gymnopomus (Schläfergrundel). Die Art eignet sich vor allem für Brackwasseraquarien, kann aber auch im Süßwasser gehalten werden. Nicht schwierig zu pflegen, aber sehr räuberische, gefräßige Art. Kleine Mitinsassen jagt sie vor allem in der Dämmerung und nachts. Becken ab 80 cm Länge mit weichem Sandboden und vielen Verstecken aus Kienholzwurzeln und Steinen. Empfehlenswert für Spezialisten. *Länge:* ca. 15 cm. *Wasser:* Temperatur 18–26 °C; pH-Wert 7,5–8,5; Härte über 10 °dGH. *Nahrung:* Lebendfutter, auch kleine Fische, Würmer und Schnecken. *Vorkommen:* Indien bis Philippinen.

Tateurndina ocellicauda

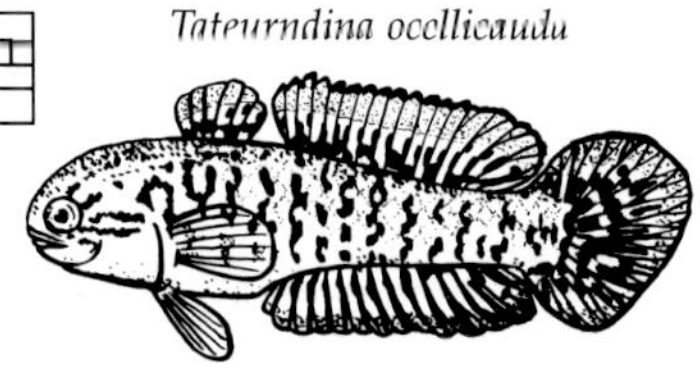

Tateurndina ocellicauda (Schwanzfleck-Schläfergrundel). Eine kleine, friedfertige Art, bereits in Aquarien ab 60 l zu pflegen. Kleine Höhlen unter Steinen, aber auch Ton- und Plastikröhren mit einem Durchmesser von ca. 3 cm, etwas in feinem Sand eingegraben, werden bevorzugt als Laichplatz gewählt. Laichreife Weibchen erkennt man an der fülligen, auffallend gelben Bauchpartie. Gelege wird vom Männchen allein bewacht und betreut. *Länge:* ca. 5 cm. *Wasser:* 25–29 °C; pH-Wert 6–7,5; 8–18 °dGH. *Nahrung:* Lebendfutter (Daphnien, *Cyclops, Artemia,* Weiße- und Rote Mückenlarven), Trockenfutter. *Vorkommen:* Papua-Neuguinea.

Awaous (Euctenogobius) badius

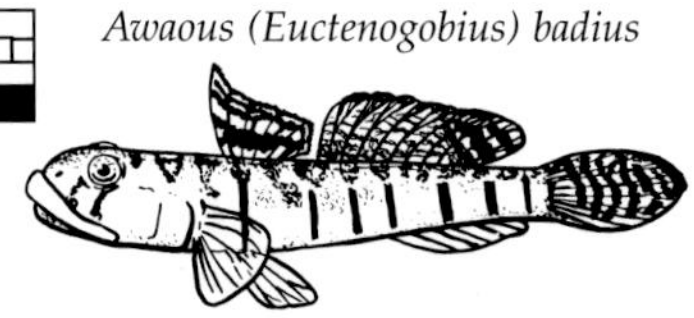

Awaous (Euctenogobius) badius (Schmetterlingsgrundel). Eine der schönsten Grundeln. Kann im Gesellschaftsbecken (ohne robuste Beifische) mit entsprechenden Versteckmöglichkeiten und feinem Bodengrund gepflegt werden. Nahrung finden die Tiere, indem sie den Sandboden durchkauen und das Freßbare herausfiltern. Männchen besetzen ein Revier um eine Höhle, in der die Weibchen auch ablaichen. Aufzucht der Jungen extrem schwierig. *Länge:* ca. 12 cm. *Wasser:* 24–30 °C; pH-Wert 7–8,5; 3–25 °dGH. *Nahrung:* Lebendfutter, Tabletten. *Vorkommen:* Amazonasmündung, hoch bis Venezuela. Im Süß- u. Brackwasser.

Labyrinthfische

Anabantidae, Belontiidae, Helostomatidae, Osphronemidae

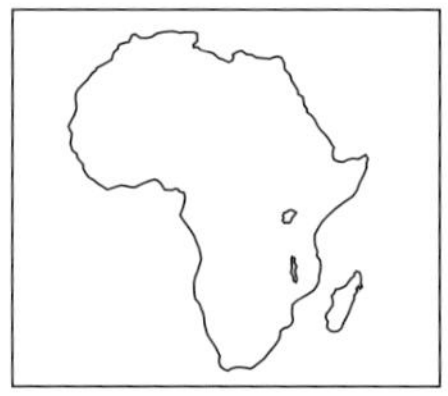

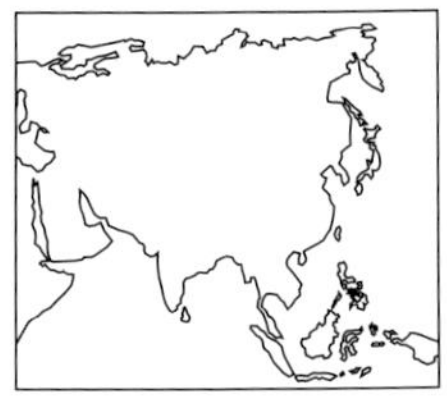

Die Labyrinthfische (Unterordnung Anabantoidei) leben in den Süßgewässern Südostasiens, Ostasiens und Afrikas und stellen mit den Fadenfischen, Guramis und Kampffischen eine Reihe außergewöhnlich farbenprächtiger Aquarienfische, von denen einzelne Vertreter auch Zuchtformen bilden.

Ihren Namen erhielten sie nach dem „Labyrinth", einem im hinteren Kiemen- bzw. Kopfinnenraum gelegenen zusätzlichen Atmungsorgan, mit dem sie in sauerstoffarmen, warmen Gewässern zusätzlich atmosphärische Luft aufnehmen können. So wird ihrem Blut der nötige Sauerstoff zugeführt, ohne den sie im Wasser ersticken müßten. Daher schwimmen Labyrinthfische mehr oder weniger regelmäßig an die Wasseroberfläche, um „Luft zu schnappen". Die Luft über dem Wasser sollte deshalb immer gut vorgewärmt sein. Man erreicht dies im beheizten Aquarium durch eine lückenlose Abdeckung. Diese empfiehlt sich ohnehin, da viele Arten gut springen.

Systematisch verteilen sich die über 100 Arten dieser Unterordnung auf die Familien der Anabantidae (Gattungen *Anabas, Sandelia, Ctenopoma*) der Belontiidae (Gattungen *Belontia, Betta, Colisa, Macropodus, Malpulutta, Trichogaster, Trichopsis, Sphaerichthys, Paraspacrichthys, Pseudosphromenus, Ctenops* und *Parosphromenus*), der Helostomatidae (Gattung *Helostoma*) der Ophronemidae (Gattung *Osphronemus*) und der Luciocephalidae *(Luciocephalus)*.

In den meisten Fällen – einige Arten stellen besondere Ansprüche – sind Labyrinthfische in der Haltung problemlos und auch für den Anfänger geeignete Pfleglinge. Die meisten sind wärmeliebend und sollten deshab bei Temperaturen über 24 °C gepflegt werden. Viele Arten lassen sich problemlos im Gesellschaftsbecken pflegen, fühlen sich jedoch in geräumigen, dicht bepflanzten „Labyrintherbecken" bei großer Grundfläche und einem Wasserstand von 20 bis 30 cm am wohlsten. Hier lassen sich die Fische bei guter Fütterung zumeist gut nachzüchten. Dabei sind besonders die Paarungsrituale überaus interessant. Einige Arten geben dabei deutlich hörbare knurrende Laute von sich, andere zeigen sich in imponierender Farben- und Flossenpracht.

Bei Labyrinthfischen unterscheidet man in der Fortpflanzungsbiologie „Schaumnestlaicher" und Maulbrüter. Bei den „Schaumnestlaichern" bauen die Männchen an der Wasseroberfläche Nester aus Schaum, wobei sie Luftblasen mit Maulsekret umhüllen und als kleine Schaumperlen zu einem Nest zusammentragen. Häufig werden dabei feine Pflanzenteile in den Nestbau einbezogen. Über den Sinn dieser Nester ist viel gerätselt worden. Heute weiß man, daß sie die Brut vor Freßfeinden schützen und Eiern sowie Larven, besonders in unsauberen und bakterienreichen Gewässern, eine gesunde Entwicklung ermöglichen. Forschungen haben ergeben, daß das Maulsekret von brutpflegenden Fischen eine desinfizierende Wirkung hat. Nach den turbulenten Liebesspielen, bei denen die Männchen ihre Partnerin umschlingen, steigen bei vielen Arten (z. B. *Colisa* und *Trichogaster*) die austretenden und dabei besamten Eier ins Nest auf.

Bei Arten, bei denen die Eier nach unten sinken (z. B. *Betta*), werden die Eier vom Männchen, verschiedentlich auch unterstützt vom Weibchen, mit dem Maul eingesammelt und ins Nest transportiert. Danach wird das Weibchen vom Brutplatz vertrieben, und das Männchen übernimmt in den folgenden Tagen allein die Brutpflege. Das Nest wird während dieser Zeit gegen alle anderen Aquarienbewohner, ohne Rücksicht auf deren Größe, überaus heftig verteidigt. Es ist deshalb günstig, die Tiere zur Fortpflanzung in spezielle Zuchtbecken zu setzen und die Weibchen nach dem Laichen vorsichtig herauszufangen.

Die unvollkommen entwickelten Embryonen schlüpfen nach 24 bis 48 Stunden und werden danach vom Männchen bis zum Freischwimmen noch etwa 3 bis 4 Tage zusammengehalten und betreut. Danach erlischt der Brutpflegetrieb, und die nun freischwimmenden Nachkommen werden oft als Freßbeute angesehen.

Daneben gibt es die maulbrütenden Labyrinthfische, bei denen das Männchen den Nachwuchs im Maul erbrütet. Auch sie umschlingen bei der Paarung ihre Partnerin und nehmen anschließend die ausgetretenen und dabei besamten Eier ins Maul auf. Bei wenigen Arten übernimmt die Maulbrutpflege anschließend das Weibchen (*Sphaerichthys* = Schokoladenguramis).

Maulbrütende Labyrinthfische leben meist in leicht bis stärker fließenden Gewässern. Die Jungtiere sind sehr klein und brauchen in den ersten Lebenstagen unbedingt entsprechend kleine Nahrung. Damit von der meist zahlreichen Nachkommenschaft möglichst viele Jungfische gesund heranwachsen können, sollte man sich schon rechtzeitig vor der Zucht größere, saubere Infusorienkulturen (z. B. *Paramecium*) anlegen. Damit eine entsprechende Futterdichte erreicht wird, kann der Wasserstand im Aufzuchtaquarium auf wenige Zentimeter Höhe gesenkt werden. Wichtig ist dabei natürlich immer eine gute Wasserqualität und eine gute Sauerstoffversorgung.

Erst wenn der Nachwuchs eine entsprechende Größe erreicht hat, kann man zur Fütterung mit *Artemia*-Nauplien sowie mit feinem Trokkenfutter übergehen. Bei den teils unverträglichen Kampffischen von *Betta splendens* sollten aggressive Männchen frühzeitig getrennt werden.

Imponierende Betta splendens (Männchen)

Männchen von Trichogaster leeri baut Schaumnest

Macropodus opercularis bei der Brutpflege

Pärchen Colisa labiosa beim Laichakt

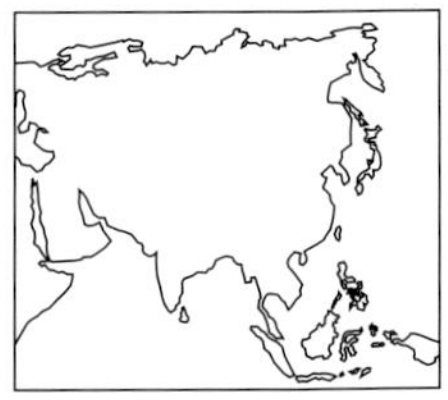

Kleine Fadenfische

Belontiidae

Colisa fasciata (Gestreifter Fadenfisch). Friedlicher Labyrinthfisch. In der Laichzeit, wenn sie ihr Revier verteidigen, werden Männchen oft aggressiv. Sonst etwas scheu. Versteckt sich gerne zwischen Pflanzen, Wurzeln und Schwimmpflanzen. Zufluchtsmöglichkeiten für das mitunter stark gejagte Weibchen wichtig. Für das Gesellschaftsaquarium mit dichter Rand- und Hintergrundbepflanzung und genügend freiem Schwimmraum gut geeignet. Bodengrund nicht zu hell. Die farbenprächtigen, größeren Männchen haben spitz endende Rücken- und Afterflossen, Weibchen abgerundete. Männchen baut großes Schaumnest. Betreibt Brutpflege. *Länge:* ca. 8–10 cm. *Wasser:* 24–28 °C; pH-Wert 6,0–7,5; 4–15 °dGH. *Nahrung:* Kräftige Nahrung, Allesfresser. *Vorkommen:* Indien, Bangladesh, Assam.

Colisa fasciata

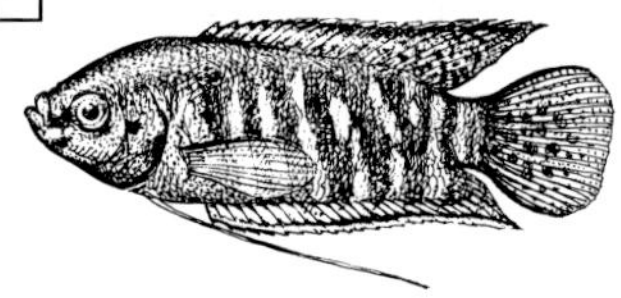

Colisa lalia (Roter Zwergfadenfisch). Eine Zuchtform der Naturform *C. lalia*. Friedlicher, farbenprächtiger kleiner Labyrinthfisch. Bauchflossen fadenförmig umgewandelt. Zeigt sein interessantes Verhalten am besten bei paarweiser Haltung im Artaquarium. Hierzu wird kein großes Aquarium benötigt. Dichte Bepflanzung im Hintergrund, freier Schwimmraum im Vordergrund. Stellenweise Licht mit Schwimmpflanzen abschirmen. Regelmäßig Wasser wechseln. Torffilterung. Steht im Gesellschaftsaquarium mit lebhaften Fischen oft in Deckung im Pflanzendickicht. Zucht leicht. Schaumnestbauer (verwendet feine Pflanzenteile).
Länge: ca. 5 cm. *Wasser:* Temperatur 24–28 °C; pH-Wert 6,0–7,5; weich bis mittelhart, 4–15 °dGH. *Nahrung:* Kleines Lebend-, Frost- und Trockenfutter. *Vorkommen:* Zuchtform.

Colisa lalia (Rote Form)

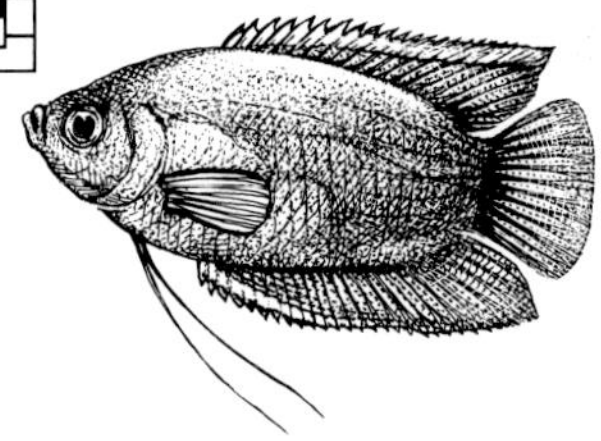

Colisa sota (Honigfadenfisch). Männchen im Hochzeitskleid intensiv honigfarben bis rostrot gefärbt. Kehl- und Bauchpartie mit dunkelgrüner, fast schwarzer Maske. Scheuer, während der Eingewöhnungszeit nicht ganz unproblematischer Labyrinthfisch. Zur Laichzeit stark revierbildend, Paare schirmen ihr Revier gegen Artgenossen und andere Fische ab. Das Männchen greift selbst größere Fische an und vertreibt sie. Interessant: Das Männchen stellt sich vor dem laichreifen Weibchen steil auf und führt es unter tänzelnden Bewegungen zu seinem Schaumnest. Kann mit kleinen, ruhigen Arten im teilweise dicht bepflanzten Aquarium vergesellschaftet werden. *Länge:* ca. 5 cm. *Wasser:* 24–28 °C; pH-Wert 6,0–7,5; 4–15 °dGH. *Nahrung:* Kleines Lebend- und Frostfutter. *Vorkommen:* Indien, Bangladesh.

Colisa sota

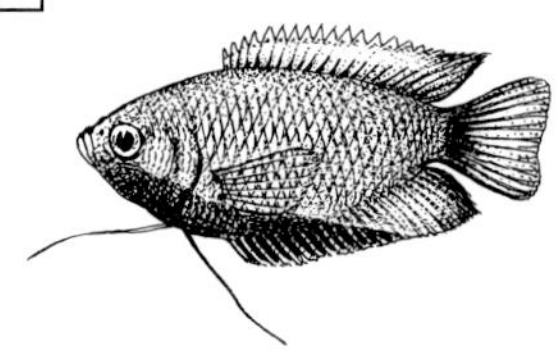

Colisa lalia (Zwergfadenfisch). Friedlich, oft scheu. Für viele Liebhaber der schönste Labyrinthfisch. Männchen mit besonders attraktiver Färbung: Körper blau mit leuchtend roten Schrägstreifen; jedoch nur wenige zeigen diese durchgehenden, nicht versetzt angeordneten Streifen wie rechts im Bild. Weibchen weniger farbig. Ein idealer Fisch für kleine Aquarien (ab 40 cm). Aquarium mit dunklem Bodengrund, teils lockerer, teils dichter Bepflanzung und guter Beleuchtung. Regelmäßiger Teilwasserwechsel, sonst krankheitsanfällig. Männchen verwendet zum Bau des Schaumnestes Pflanzenteile, Wurzelfäden etc.
Länge: ca. 5 cm. *Wasser:* Temperatur 24–28 °C; pH-Wert 6,0–7,5; weich bis mittelhart, 4–15 °dGH. *Nahrung:* Allesfresser, auch pflanzliche Kost. *Vorkommen:* Indien, Bangladesh.

Colisa lalia

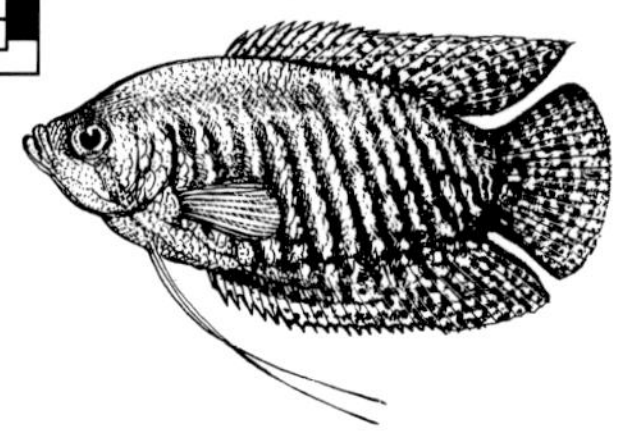

Colisa labiosa (Wulstlippiger Fadenfisch). Ein friedlicher, ruhiger Fadenfisch. Charakteristisch sind die dicken Lippen bei älteren Fischen. Relativ anspruchslos, auch für Anfänger geeignet. Männchen mit deutlich spitzer ausgezogener Rückenflosse, die oft bis zur Mitte der Schwanzflosse reicht (siehe Abb.). Wird oft mit *C. fasciata* verwechselt, der jedoch eine ebenfalls spitz auslaufende Afterflosse besitzt, während sie bei *C. labiosa* abgerundet ist. Für das Gesellschaftsbecken gut geeignet. Sucht gerne Deckung unter Wurzelbüschen von Schwimmpflanzen oder zwischen anderen dicht stehenden Pflanzen und Wurzeln. Schaumnestbauer.
Länge: ca. 8 cm. *Wasser:* 24–28 °C; pH-Wert 6,0–7,5; 4–12 °dGH. *Nahrung:* Allesfresser, handelsübliches Lebend-, Frost- und Trockenfutter. *Vorkommen:* Bangladesh, Burma.

Colisa labiosa

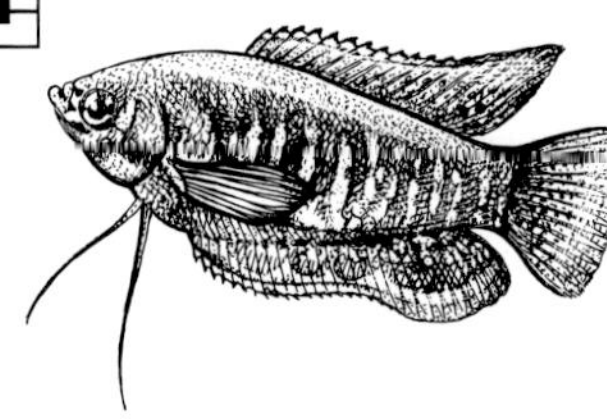

Colisa lalia (Neon-Lalia). Die Haltung dieser Zuchtform ist gut in kleinen Becken möglich. Aquarien ab 50 cm Länge, 30 cm Tiefe und Höhe sind ausreichend. Dichte Pflanzengruppen geben den Fischen Versteckmöglichkeiten. Regelmäßiger Teilwasserwechsel im Abstand von zwei Wochen mit gutem Wasseraufbereitungsmittel (Zoofachhandel). Torffilterung nicht unbedingt nötig, aber vorteilhaft. *C. lalia* hält sich gerne unter den Schwimmblättern großblättriger Pflanzen oder unter Schwimmpflanzen *(Riccia fluitans)* auf. Für die Zucht Wasserstand senken (ca. 10–15 cm), Temperatur auf 28–30 °C. Männchen baut ein bis 6 cm großes Schaumnest.
Länge: ca. 5 cm. *Wasser:* 24–28 °C; pH-Wert 6,0–7,5; weich bis mittelhart, 4–12 °dGH. *Nahrung:* Allesfresser. *Vorkommen:* Zuchtform.

Colisa lalia (Neon-Lalia)

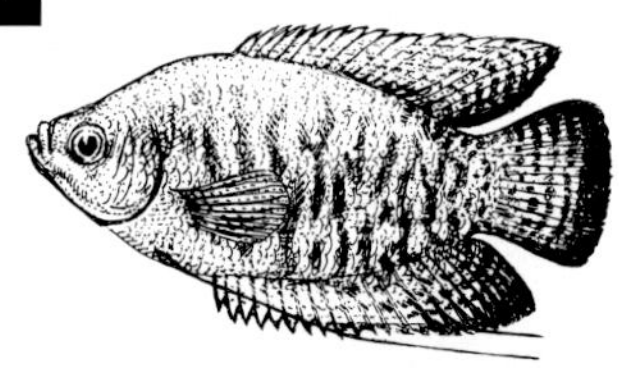

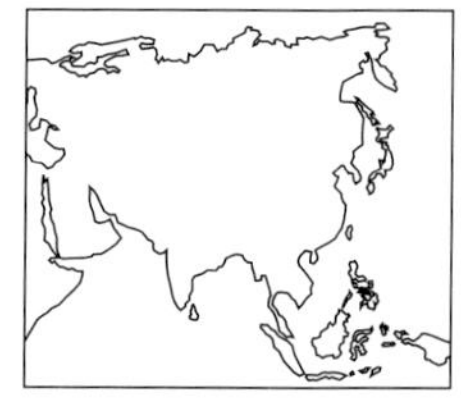

Große Fadenfische

Belontiidae

Trichogaster pectoralis (Schaufelfadenfisch). Der Artname bezieht sich auf die großen Brustflossen (Pectoralen). Friedlicher, sehr scheuer Labyrinthfisch. Seiner Größe entsprechend geräumiges Aquarium (nicht unter 100 cm). Hochwachsende Pflanzen bieten mit Wurzeln von Schwimmpflanzen vorzügliche Versteckplätze. Weibchen wird oft ruppig verfolgt und braucht Zufluchtsmöglichkeiten. Männchen baut Schaumnest. Beim Laichen wird das Weibchen vom Männchen umschlungen und mit der Bauchseite zur Wasseroberfläche gedreht, so daß die Eier direkt ins Schaumnest aufsteigen können.
Länge: ca. 18 cm. *Wasser:* Temperatur 24–29 °C; pH-Wert 6–7,8; weich bis hart, 4–20 °dGH. *Nahrung:* Allesfresser. *Vorkommen:* Südostasien, vielerorts ausgesetzt (Speisefisch).

Trichogaster pectoralis

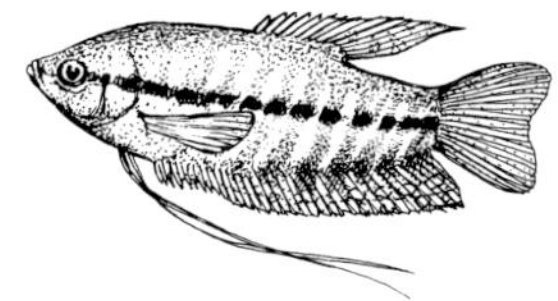

Trichogaster trichopterus „Gold" (Goldener Fadenfisch). Zuchtform. Eine Farbmutante der Nominatform. Wie alle *Trichogaster*-Arten fadenförmig verlängerte Bauchflossen, werden deshalb auch Fadenfische genannt. Friedlich, anpassungsfähig, auch für Anfänger geeignet. Gesellschaftsaquarium, nicht zu klein, teilweise gut bepflanzen, mit viel Schwimmraum im vorderen Beckendrittel. Braucht wie alle *Trichogaster*-Arten Versteckmöglichkeiten. Keine allzu schnellen Beifische, verliert in deren Gesellschaft seine Scheu nicht. Männchen baut Schaumnest. Produktive Zuchtform mit zahlreicher Nachkommenschaft. Gelege bis über 2000 Eier.
Länge: ca. 10–13 cm. *Wasser:* Temperatur 22–28 °C; pH-Wert 6,0–7,8; 4–20 °dGH. *Nahrung:* Allesfresser. *Vorkommen:* Zuchtform.

Trichogaster trichopterus („Gold")

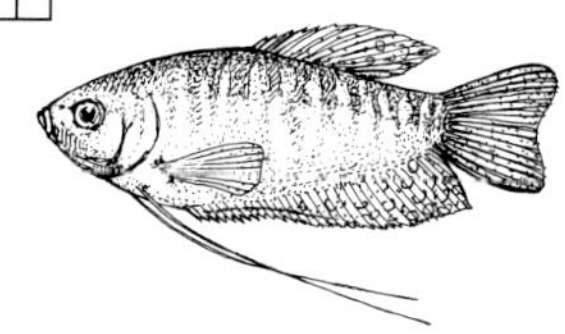

Trichogaster leeri (Mosaikfadenfisch). Einer der schönsten Aquarienfische. Wärmeliebend, relativ leicht zu pflegen, langlebig. Körper hoch, seitlich stark zusammengedrückt, fadenartig ausgezogene Bauchflossen. Männchen mit besonders prächtigem Hochzeitskleid, Bauch in Laichstimmung intensiv orange- bis purpurrot gefärbt. Ausreichend großes Gesellschaftsbekken, mit Pflanzengruppen gut gliedern, damit die Männchen zum Schaumnestbau Reviere besetzen können. Auch kleinen Fischen gegenüber friedlich. Keine ruppigen und unruhigen Beifische. Männchen baut Schaumnest und bewacht nach Eiabgabe das Gelege.
Länge: ca. 10–12 cm. *Wasser:* 24–29 °C; pH-Wert 6,5–7,8; weich bis hart, 4–20 °dGH. *Nahrung:* Lebend- und Trockenfutter. *Vorkommen:* Borneo, Sumatra, Malaysia, Thailand.

Trichogaster leeri (Laichakt und Schaumnestbau)

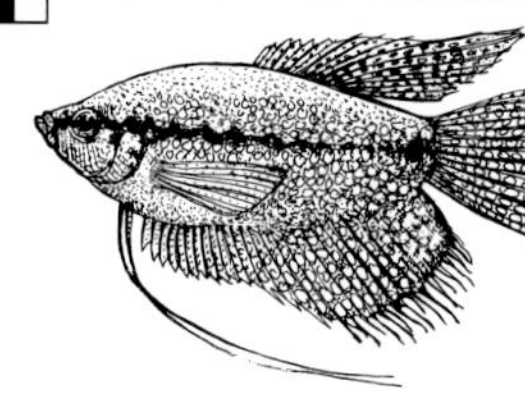

Trichogaster microlepis (Mondschein-Fadenfisch, Mondschein-Gurami). Ist in seiner Heimat ein Speisefisch. Auffälliger Geschlechtsunterschied bei ausgewachsenen Tieren: Die langen Bauchflossenfäden beim Männchen orange bis rot, beim Weibchen gelbbeige gefärbt. Sehr friedlicher, etwas scheuer Labyrinthfisch mit kleinen Schuppen und Sattelnase. Eignet sich gut für das dicht bepflanzte, mit ausreichend Schwimmraum und ruhigen Mitbewohnern ausgestattete Gesellschaftsaquarium ab 100 cm Länge. Männchen baut Schaumnest aus abgerissenen Pflanzenteilen und mit im Maul erzeugten Schaumperlen. Betreibt Brutpflege.
Länge: ca. 15 cm. *Wasser:* 24–29 °C; pH-Wert 6,0–7,8; weich bis hart, 4–20 °dGH. *Nahrung:* Allesfresser, auch pflanzliche Nahrung. *Vorkommen:* Thailand, Kampuchea.

Trichogaster microlepis

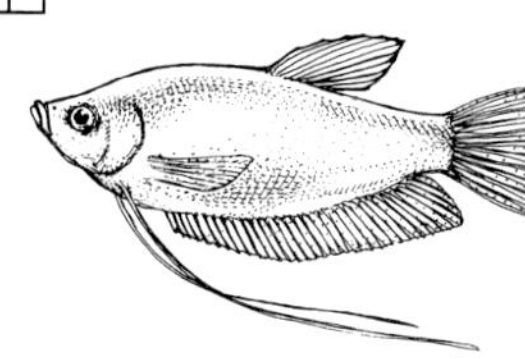

Trichogaster trichopterus (Punktierter Fadenfisch, Blauer Gurami). Typisch ist der runde, dunkle Flankenfleck in der Körpermitte und auf der Schwanzwurzel. Zählt zu den widerstandsfähigsten Aquarienfischen überhaupt. Sehr genügsam und anpassungsfähig. Männchen schlanker, untereinander oft ziemlich aggressiv (möglichst nur ein Männchen halten). Anderen Arten gegenüber friedlich. Für Gesellschaftsbecken gut geeignet. Männchen baut für die Fortpflanzung Schaumnest. Zucht einfach und produktiv, ebenso die Aufzucht der Nachkommen. Viele Zufluchtsmöglichkeiten für das vom laichwilligen Männchen oft temperamentvoll gejagte Weibchen. *Länge:* ca. 13 cm. *Wasser:* Temperatur 24–28 °C; pH-Wert 6,0–7,8; weich bis hart, 4–20 °dGH. *Nahrung:* problemloser Allesfresser. *Vorkommen:* Südostasien.

Trichogaster trichopterus

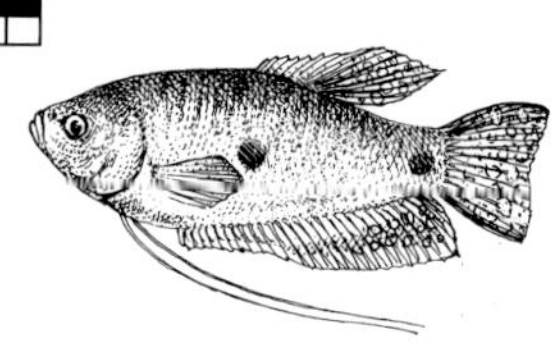

Trichogaster trichopterus „Cosby" (Marmorierter Fadenfisch). „Cosby" ist eine Zuchtform. Durch Ausfall oder eine Häufung eines Pigments erscheinen mehr oder weniger stark ausgeprägte dunkle Flecken auf bläulichem Grund. Ein widerstandsfähiger, für das Gesellschaftsbecken geeigneter Aquarienfisch. Friedlich, sehr genügsam und anpassungsfähig. Wie alle *Trichogaster*-Arten anfangs etwas scheu; legt die Scheu aber in gut bepflanzten, geräumigen Aquarien bald ab. Versteckmöglichkeiten durch Schwimmpflanzen oder/und Unterstände durch ins Wasser hängendes Wurzelgeäst. Für Anfänger geeignet. Schaumnestbauer. Zucht und Aufzucht nicht schwierig.
Länge: ca. 12 cm. *Wasser:* Temperatur 22–28 °C; pH-Wert 6,0–7,8; weich bis hart, 5–20 °dGH. *Nahrung:* Allesfresser. *Vorkommen:* Zuchtform.

Trichogaster trichopterus „Cosby"

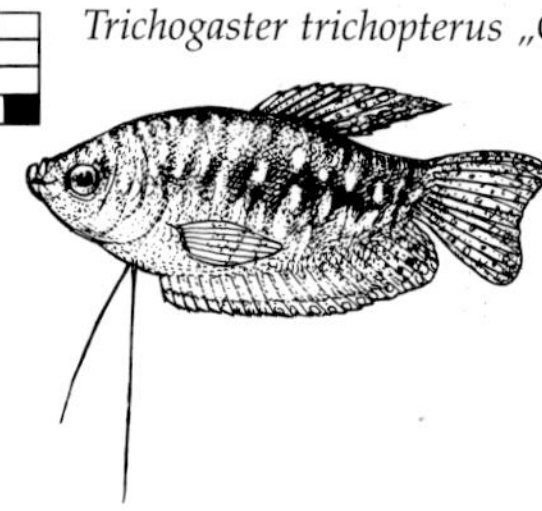

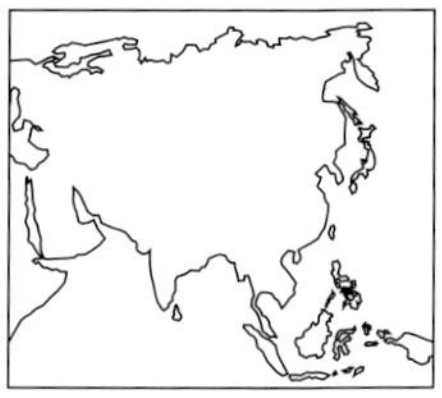

Kampffische
Belontiidae

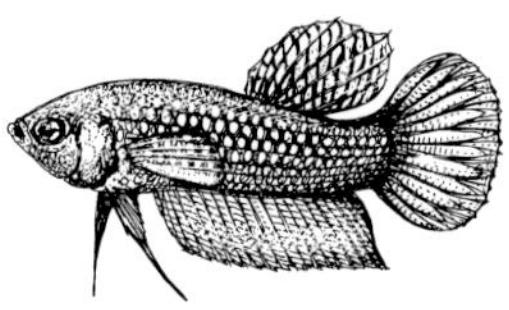

Betta smaragdina

Betta smaragdina (Smaragd-Kampffisch). Relativ friedlicher Kampffisch. Männchen mit größeren Flossen. In Prachtfärbung beide Geschlechter dunkel mit großen grün-türkisen Glanzflecken auf jeder einzelnen Schuppe. Anderen Fischen gegenüber friedlich. Haltung im Artbecken oder im gut bepflanzten Gesellschaftsaquarium mit friedlichen, nicht zu flinken und unruhigen kleineren Arten. Braucht Versteckmöglichkeiten, auch für das oft bedrängte Weibchen. Schaumnestbauer. Zucht und Aufzucht nicht schwierig. Laicht meist an der Wasseroberfläche, manchmal auch in Höhlen. Weibchen nach erfolgtem Laichakt entfernen. Männchen betreibt Brutpflege. *Länge:* ca. 5–6 cm. *Wasser:* 25–28 °C; pH-Wert 6,0–7,8; 5–20 °dGH. *Nahrung:* Lebend- und Gefrierfutter. *Vorkommen:* Malaiische Halbinsel.

Betta imbellis

Betta imbellis (Kleiner Kampffisch). Zierlicher, kleiner, interessanter Kampffisch. Männchen deutlich farbiger, mit größerer Beflossung. Haltung am besten paarweise oder ein Männchen mit mehreren Weibchen. Dazu nicht zu lebhafte Mitbewohner. In größeren, gut bepflanzten Aquarien können auch mehrere Männchen untergebracht werden, sie müssen Gelegenheit haben ihr eigenes Revier einnehmen zu können, da territoriale Männchen sich bekämpfen. Diese Kampfaktionen enden oft mit zerfetzten Flossen. Zucht nicht schwierig. Männchen übernimmt die Pflege der von beiden Eltern ins Schaumnest gebrachten Eier.
Länge: ca. 6 cm. *Wasser:* Temperatur 25–30 °C; pH-Wert 6,5–7,5; weich, 5–8 °dGH. *Nahrung:* Lebend- und Trockenfutter. *Vorkommen:* Südthailand, Malaiische Halbinsel.

Betta splendens

Betta splendens (Siamesischer Kampffisch). Langflossige Zuchtform. Die bekannteste Kampffischart. Männchen mit großflächigeren, prächtiger gefärbten Schleierflossen; Weibchen normale Beflossung. Die namensgebende „Kampfbereitschaft“ bezieht sich auf das Revierverhalten der Männchen untereinander. Mehrere Männchen in einem Aquarium zerfetzen sich gegenseitig die Flossen. Weibchen lassen sich zu mehreren pflegen. Haltung am besten paarweise im gut bepflanzten Artaquarium; einzelne Tiere oder ein Pärchen auch im pflanzenreichen Gesellschaftsbecken möglich. Zucht leicht. Männchen baut Schaumnest und betreibt intensive Brutpflege. *Länge:* ca. 6–8 cm. *Wasser:* 25–28 °C; pH-Wert 6,0–7,8; 5–20 °dGH. *Nahrung:* Lebend-, Frost- u. Trockenfutter. *Vorkommen:* Wildform: Thailand, Kampuchea.

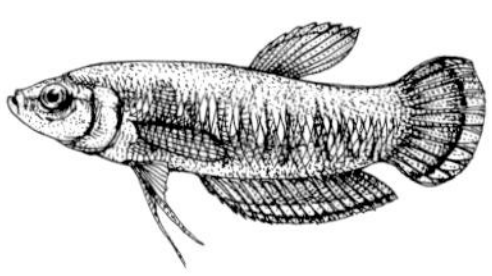

Betta taeniata

Betta taeniata (Gebänderter Kampffisch). Friedlicher, nicht häufig im Handel angebotener Maulbrüter. Haltung ohne große Probleme schon in Aquarien ab 70 cm Länge möglich. Mitunter scheu. Behälter stellenweise gut bepflanzen, z. B. mit bis zur Wasseroberfläche hochwachsenden breitblättrigen Pflanzen. Auch Moorkienwurzeln und Steinhöhlen dienen als Zufluchts- und Versteckmöglichkeiten. In größeren Aquarien können mehrere Männchen und Weibchen gepflegt werden. Häufig Teilwasserwechsel vornehmen. Männchen sucht sich zum Erbrüten der Eier im Maul eine möglichst geschützte Stelle im Aquarium.
Länge: ca. 8 cm. *Wasser:* Temperatur 24–27 °C; pH-Wert 5,8–7,0; 3–10 °dGH. *Nahrung:* Lebendfutter (auch Regenwürmer), Tiefkühl- und Trockenfutter. *Vorkommen:* Borneo.

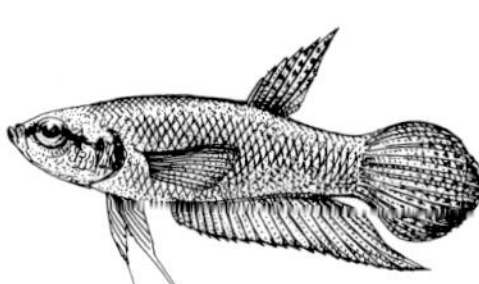

Betta pugnax

Betta pugnax (Maulbrütender Kampffisch). Männchen mit längeren, spitz ausgezogenen Flossen; besonders in Laichstimmung mit Glanzschuppen auf den Kiemendeckeln. Friedlich gegenüber Artgenossen sowie anderen Fischen. Ruhiger Labyrinthfisch, braucht Deckung. Gute Bepflanzung im Hintergrund mit Moorkienwurzeln und Steinhöhlen als Versteckmöglichkeiten. Liebt klares Wasser mit leichter Strömung. Bodengrund aus feinkörnigem Kies. Unterbringung im Art- oder ruhigen Gesellschaftsbecken. Maulbrüter; Laich wird nach Umschlingungen abgegeben. Weibchen spuckt dem Männchen die Eier zu. Männchen behält sie zum Erbrüten im Maul. *Länge:* 9–10 cm. *Wasser:* 22–26 °C; pH-Wert 6,0–7,0; 4–10 °dGH. *Nahrung:* Vorzugsweise Lebendfutter (Anflugfutter), Trockenfutter. *Vorkommen:* West-Malaysia.

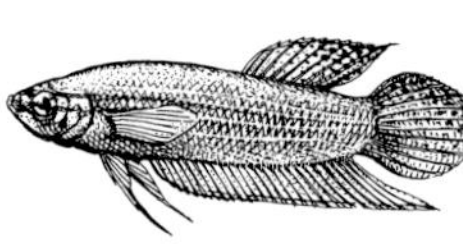

Betta bellica

Betta bellica (Schlanker Streitbarer Kampffisch). Das Männchen kann streitbar und gefährlich sein, während es sein Schaumnest baut und die Brut betreut. In kleinen Aquarien kann dies für seine Kontrahenten böse enden. Haltung paarweise im Artbecken oder im größeren Gesellschaftsbecken mit gleichgroßen Mitbewohnern. Pflanzendickichte, Moorkienwurzeln und Steinhöhlen bieten bedrängten Weibchen und unterlegenen Rivalen Zuflucht. Männchen mit intensiver Färbung, Schwanzflossenmitte fransig verlängert. Weibchen runde Schwanzflosse.
Länge: ca. 11 cm. *Wasser:* Temperatur 24–28 °C; pH-Wert 5,5–7,0; weich bis mittelhart, 5–12 °dGH. *Nahrung:* Lebendfutter aller Art, Trocken- und Frostfutter. *Vorkommen:* Malaiische Halbinsel, Bangka, Sumatra.

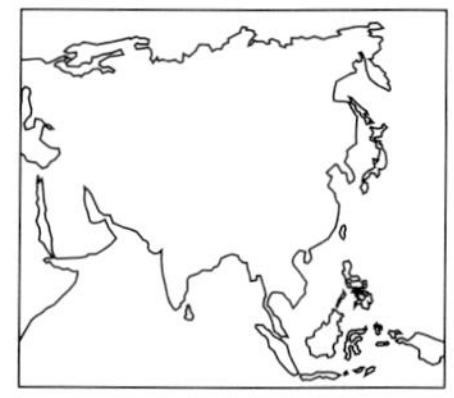

Kampffische

Belontiidae

Betta coccina (Scharlachroter Kampffisch). Friedfertige, schaumnestbauende Art. Männchen mit etwas ausgezogenen Rücken-, Bauch- und Afterflossen. Junge Fische besonders farbenprächtig. Körper und Flossen bei jungen männlichen Tieren weinrot, Augen und ein Fleck in der Körpermitte leuchten metallisch blaugrün. Ältere Männchen verlieren diesen Rautenfleck wieder und verfärben sich von Weinrot nach Braunrot. Scheu! Besser ist es, die Fische für sich zu pflegen. Sucht gern zwischen hochstrebenden Pflanzen Deckung. Aquarium reichlich bepflanzen, auch Schwimmpflanzen mit Wurzelbärten. Regelmäßig Wasser wechseln. *Länge:* ca. 5 cm. *Wasser:* 24–27 °C; pH-Wert 4,5–7,0; weich, 1–8 °dGH. *Nahrung:* Feines Lebendfutter, Flockenfutter. *Vorkommen:* Sumatra, Malaiische Halbinsel.

Betta coccina

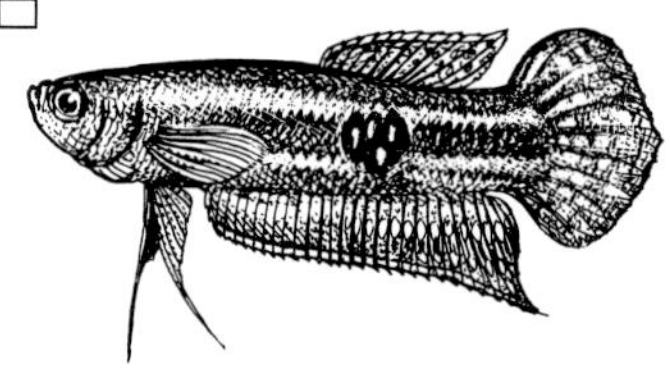

Betta tussyae (Roter Streifenkampffisch). Männchen im Vergleich zum Weibchen mit großflächigeren Flossen, deutlich verlängerter Rücken- und Afterflosse, ist in der Balzfärbung kräftiger rot gefärbt. Scheue, deckungsbedürftige Art, lebt gern versteckt inmitten von Pflanzen. Schaumnestbauende, laichwillige Männchen sind innerartlich recht aggressiv und können für ihre Artgenossen, falls sie nicht genügend Versteckmöglichkeiten haben, höchst gefährlich werden. Pflege am besten paarweise, oder ein Männchen mit mehreren Weibchen. Nicht laichwillige Weibchen werden mitunter heftig gejagt und brauchen deshalb viele Zufluchtsmöglichkeiten. *Länge:* 5,5–6 cm. *Wasser:* 22–26 °C; pH-Wert 5,0–7,0; weich, 1–8 °dGH. *Nahrung:* Lebendfutter, ersatzweise Frost- und Flockenfutter. *Vorkommen:* Malaysia.

Betta tussyae

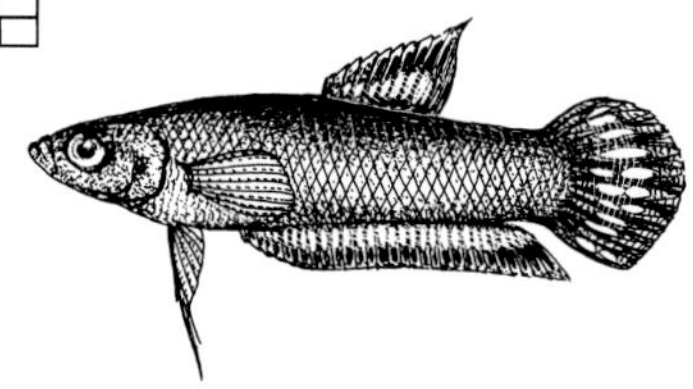

Betta foerschi (Foerschs Kampffisch). Langgestreckter Fisch mit mehr abgerundetem Kopfprofil. Querbinden auf den Kiemendeckeln färben sich in Balzstimmung beim Männchen golden, beim Weibchen rot. Scheuer Fisch, friedlich. Haltung dieses Kampffisches im Artaquarium. Reichlich feinfiedrige Pflanzen einsetzen, filigranes Wurzelwerk als zusätzliche Versteckmöglichkeit. Schwimmpflanzen zur Lichtdämpfung. Bodengrund mit gereinigtem Laub oder Torfgranulat abdecken. Vorsichtig Wasser wechseln, damit keine Schwankungen des pH-Wertes auftreten. Über Torf gefiltertes oder aufbereitetes Wasser verwenden. *Länge:* 6,5 cm. *Wasser:* Temperatur 24–27 °C; pH-Wert 4,8–6,0; weich, nicht über 10 °dGH. *Nahrung:* Lebendfutter, *Artemia*, Frostfutter. *Vorkommen:* Süd-Kalimantan, Indonesien.

Betta foerschi

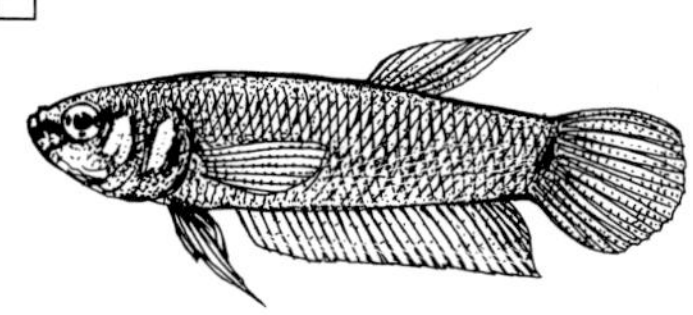

Betta picta (Java-Kampffisch). Problemlos zu haltender, friedlicher kleiner Maulbrüter. Gut im Gesellschaftsbecken und im Artaquarium zu pflegen. Behälter mit reichlicher Bepflanzung und Versteckmöglichkeiten in Form von Steinhöhlen und Moorkienholz dem gern versteckt lebenden Kampffisch anbieten. Zucht und Aufzucht sind im kleinen, gut bepflanzten Artbecken bei paarweiser Haltung am besten zu beobachten. Weibchen nimmt die in die gebogene Afterflosse des Männchens abgegebenen Eier einzeln auf und spuckt sie dem Männchen vor das Maul, dieses nimmt die befruchteten Eier zum Erbrüten auf. *Länge:* ca. 6 cm. *Wasser:* 22–28 °C; pH-Wert 6,0–7,5; weich bis mittelhart, 4–14 °dGH. *Nahrung:* Lebend- und Frostfutter, ersatzweise Flockenfutter. *Vorkommen:* Java, Sumatra.

Betta picta

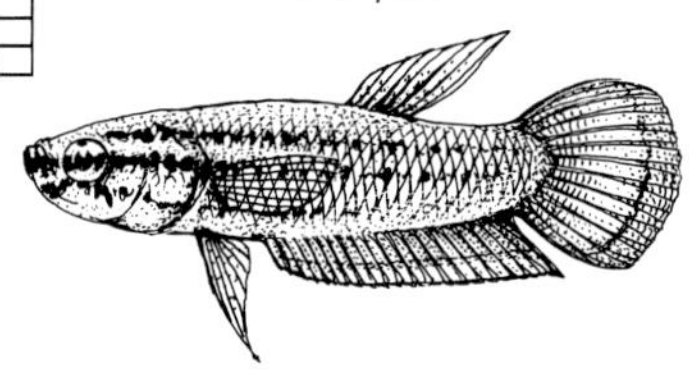

Betta unimaculata (Großer Kampffisch). Farbkräftige, große *Betta*-Art. Auffallend großes Maul, grüngold glänzende Schuppen unter dem Auge und auf dem Kiemendeckel. Gute Springer! Aquarium sorgfältig abdecken. Zeigen gelegentlich Scheinkämpfe, die mit den dabei oft weit aufgerissenen Mäulern gefährlicher aussehen als sie sind. Haltung im Artbecken oder im nicht zu kleinen Gesellschaftsbecken mit Arten, die nicht zu zart und klein sein sollten. Haltung, Zucht und Aufzucht nicht schwierig. Die vom Männchen im Maul erbrüteten Jungfische können nach dem Freischwimmen sofort mit *Artemia* Nauplien gefüttert werden. *Länge:* 10–12 cm. *Wasser:* 24–27 °C; pH-Wert 6,5–7,3; 6–15 °dGH. *Nahrung:* Lebendfutter (auch Regenwürmer), Großflocken, Frostfutter. *Vorkommen:* Nord-Borneo.

Betta unimaculata

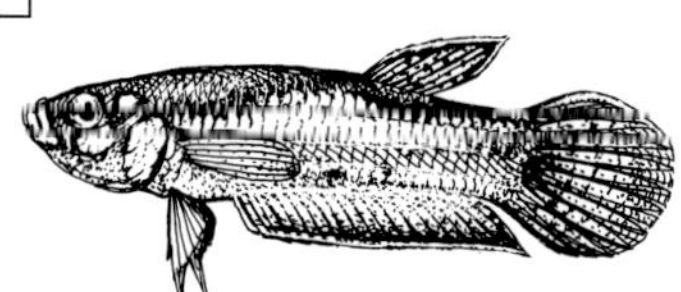

Betta edithae (Ediths Kampffisch). Schön gefärbte, maulbrütende Art. Blaue Glanzpunkte auf beiger Grundfärbung, auch Flossen blau gefleckt. Haltung im gut bepflanzten Art- oder Gesellschaftsaquarium. Lichtdämpfung mit Schwimmpflanzen. Fisch springt! In nicht zu kleinen Aquarien (80–100 cm) können bei ausreichend vorhandenen Versteckmöglichkeiten mehrere Paare gehalten werden. Männchen grenzen dann ihre Reviere untereinander ohne große Raufereien ab. Für die Zucht paarweise Haltung ratsam. Weibchen hilft bei der Laichübergabe, es sammelt die befruchteten Eier mit auf und spuckt sie dem Männchen vor das Maul (siehe Bild). *Länge:* ca. 7 cm. *Wasser:* 24–27 °C; pH-Wert 6,5–7,3; 5–15 °dGH. *Nahrung:* Lebendfutter aller Art, auch kl. Regenwürmer, Trockenfutter. *Vorkommen:* Kalimantan.

Betta edithae

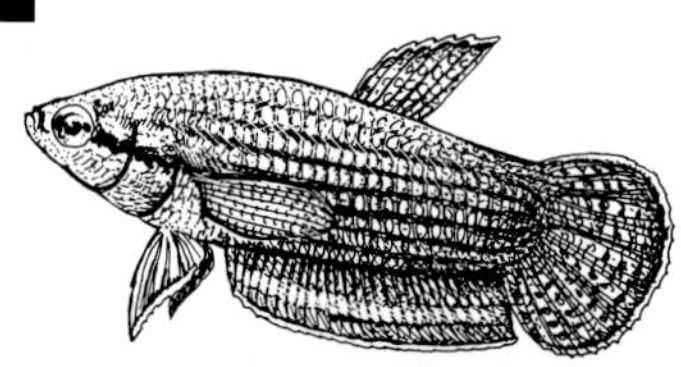

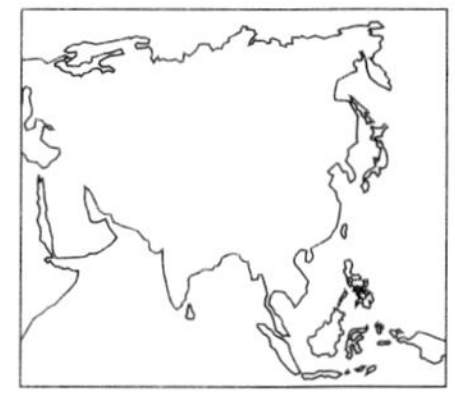

Guramis

Belontiidae, Helostomatidae, Osphronemidae

Sphaerichthys osphromenoides (Schokoladengurami). Körperform leicht oval, Kopf spitz, kleines Maul. Männchen haben Flossen mit hellem Saum. Problematischer Labyrinther, deshalb für den Anfänger nicht empfehlenswert. Benötigt große, ruhige und dicht bepflanzte Aquarien. Haltung im Artbecken. Sehr wichtig: sauberes, saures, weiches Wasser (Torffilterung); regelmäßiger Teilwasserwechsel fördert die Gesundheit. Anfällig für verschiedene Fischkrankheiten, z. B. Hautparasiten, Bakterienbefall. Laichbereite Tiere zeigen dunkle Laichfärbung. Weibchen sind Maulbrüter. Zucht schwierig. *Länge:* ca. 6 cm. *Wasser:* 24–30 °C; pH-Wert 5,0–6,6; 2–8 °dGH. *Nahrung:* Wasserflöhe, Salinenkrebschen, Mückenlarven, Flockenfutter. *Vorkommen:* Malaiische Halbinsel, Sumatra, Borneo.

Sphaerichthys osphromenoides

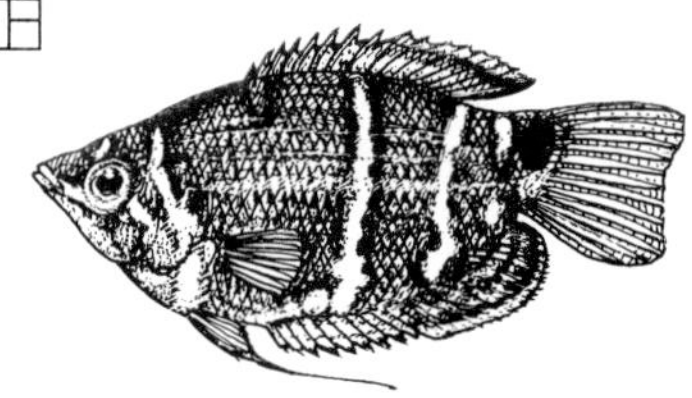

Helostoma temminckii (Küssender Gurami). Verträglicher, lebhafter Labyrinthfisch. Wulstige, fleischige Lippen, innen mit kleinen beweglichen Zähnen besetzt. Hiermit werden Algen nach feinstem Futter durchforstet und abgeweidet. Geräumiges Aquarium, kräftige Pflanzenarten (zarte werden oft als willkommene Pflanzennahrung betrachtet). Männchen vollführen miteinander die ausdrucksvollen, jedoch harmlos verlaufenden Maulkämpfe. Sie pressen dabei die Mäuler aufeinander, bis das schwächere Tier aufgibt. Dieses „Küssen" ist aber auch Bestandteil des Balzverhaltens. *Länge:* Im Aquarum ca. 15 cm. *Wasser:* Temperatur 22–28 °C; pH-Wert 6,4–7,8; weich bis hart, 5–20 °dGH. *Nahrung:* Lebendfutter, zerdrückte Futtertabletten, pflanzliche Kost. *Vorkommen:* Thailand, Java, Borneo, Sumatra.

Helostoma temminckii

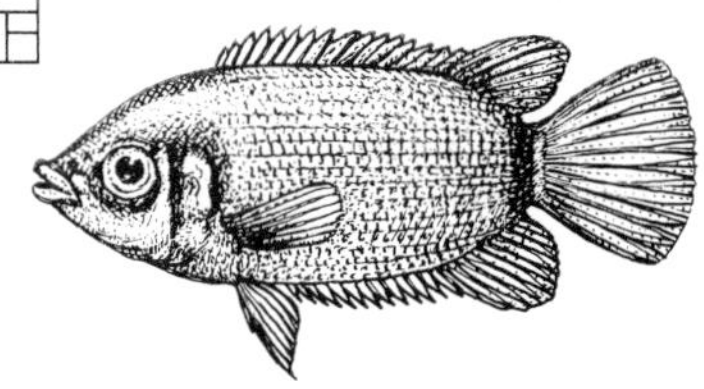

Sphaerichthys selatanensis (Silberstreifen-Schokoladengurami). Männchen etwas größer, mit hellen Flossenrändern. Wie die Nominatform über längere Zeit nicht ganz einfach zu halten. Für Anfänger nicht empfehlenswert. Ausgesprochen friedlich, nur mit ruhigen Arten vergesellschaften. Wichtig für eine erfolgreiche Pflege sind: sehr gute Wasserqualität, gute Filterung, regelmäßiger Teilwasserwechsel und abwechslungsreiche Fütterung. Aquarium dicht bepflanzen, mit freiem Schwimmraum. Zucht nicht einfach. Die Eier werden im Kehlsack des Weibchen untergebracht und die Brut bis zur vollständigen Entwicklung im Maul behalten. *Länge:* ca. 5 cm. *Wasser:* 26–30 °C; pH-Wert 5,0–6,5; 2–8 °dGH. *Nahrung:* Kleines Lebendfutter, Flockenfutter. *Vorkommen:* Südliches Borneo.

Spaherichthys selatanensis

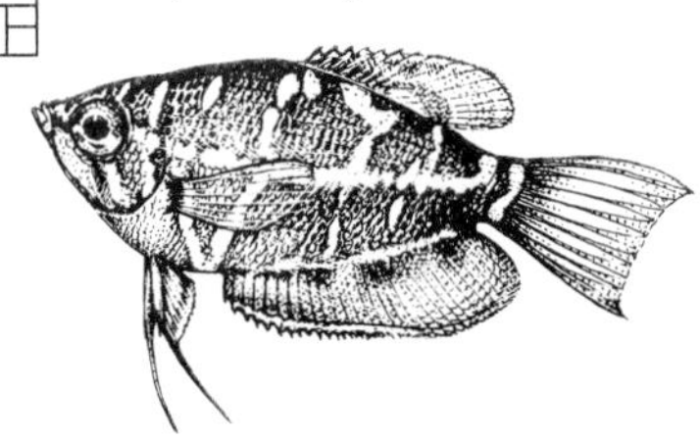

Belontia hasselti (Wabenschwanz-Gurami, Wabenschwanz-Makropode). Körperform erinnert an *Macropodus opercularis*, die Beflossung ist jedoch nicht so stark ausgeprägt wie bei diesem. Die fahnenartigen Auszüge an Rücken-, After und Schwanzflossen fehlen. Schwanzflosse, Weichstrahlen von Rücken- und Afterflosse mit wabenartigem Zeichnungsmuster. Relativ friedlich zu artgleichen und anderen Fischen. Männchen nach dem Laichakt oft aggressiv, auch gegenüber dem Weibchen. Das Weibchen vorsichtig herausfangen. Männchen betreibt Brutpflege; erst entfernen, wenn die Jungtiere frei schwimmen. Geräumige Aquarien, gut bepflanzen. Licht! *Länge:* bis ca. 20 cm. *Wasser:* 22–28 °C; pH-Wert 6,5–7,8; 5–22 °dGH. *Nahrung:* Allesfresser, auch Flockenfutter. *Vorkommen:* Malaysia, Sumatra, Borneo.

Belontia hasselti

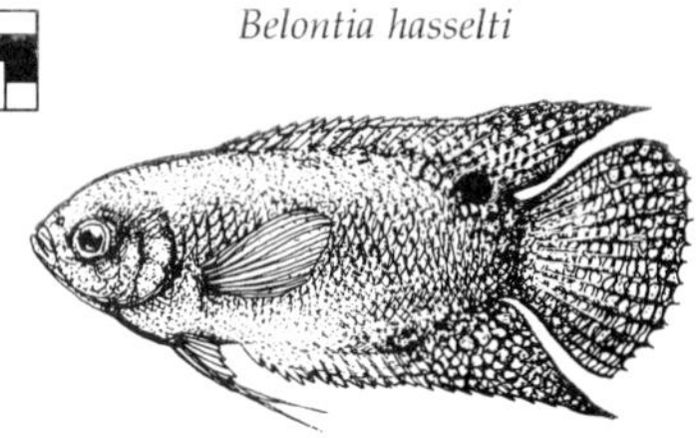

Osphronemus goramy (Speisegurami, Riesengurami). Einzelne (!) Jungfische für große Gesellschaftsaquarien geeignet, zu mehreren bekämpfen sie sich meist heftig. Werden als erwachsene Tiere friedlich, können aber wegen ihrer Größe dann nur in sehr großen Schauaquarien gepflegt werden. Wegen ihrer Schnellwüchsigkeit in nicht zu kleinen Behältern pflegen und nicht mit kleinen Beifischen vergesellschaften. Harte Wasserpflanzen. Ansprüche ans Wasser gering. Gute Filterung nötig. Frißt große Mengen. Schaumnestlaicher. *Länge:* Im Aquarium ca. 30–40 cm, in der Natur wesentlich größer. *Wasser:* 22–28 °C; pH-Wert 6,5–7,8; 5–22 °dGH. *Nahrung:* Allesfresser, auch Regenwürmer und Pflanzenkost. *Vorkommen:* Südostasien (beliebter Speisefisch), auch in anderen Gebieten eingeführt und verbreitet.

Osphronemus goramy

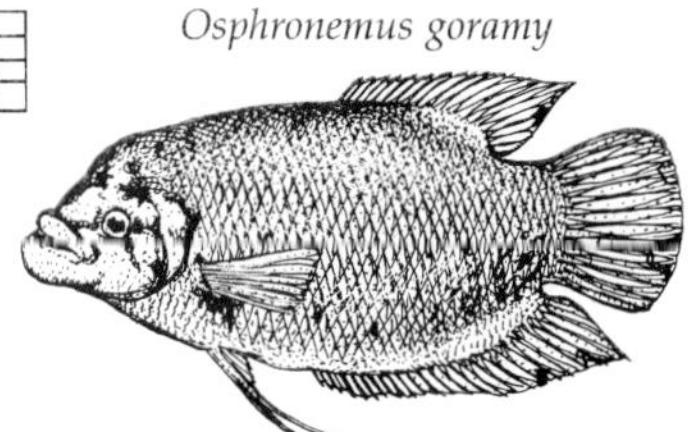

Malpulutta kretseri (Gefleckter Spitzschwanzmakropode). Erwachsene Männchen größer, mit intensiveren Farben, langer ausgezogener Rückenflosse und fadenartigen mittleren Schwanzflossenstrahlen. Friedlicher, scheuer Labyrinthfisch. Nur mit ruhigen, nicht allzu lebhaften Arten vergesellschaften, besser Haltung im Artbecken. Sucht Deckung, lebt gerne im Verborgenen zwischen dichter Bepflanzung, Wurzeln und Steinen. Licht teilweise abschirmen, dunkler Bodengrund. Schaumnestbauer. Zucht in weichem, saurem, mineralstoffarmen Wasser möglich, aber nicht einfach. Springt! Aquarium stets gut abdecken. *Länge:* Männchen 9 cm, davon 4 cm Schwanzflossenlänge, Weibchen 4,5 cm. *Wasser:* 25–27 °C; pH-Wert 5,5–7,3; 5–12 °dGH. *Nahrung:* bevorzugt Lebendfutter. *Vorkommen:* Sri Lanka.

Malpulutta kretseri

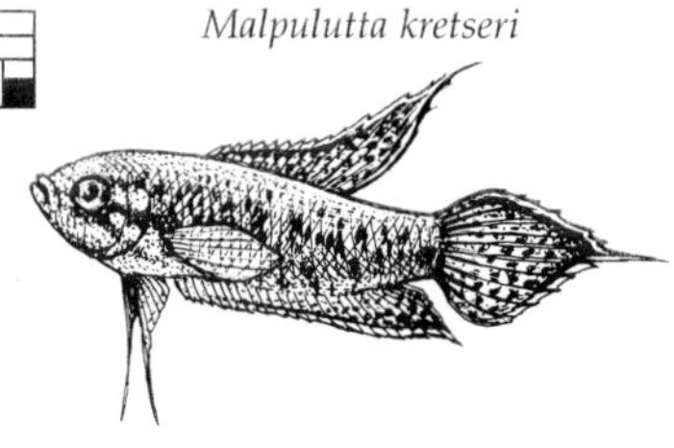

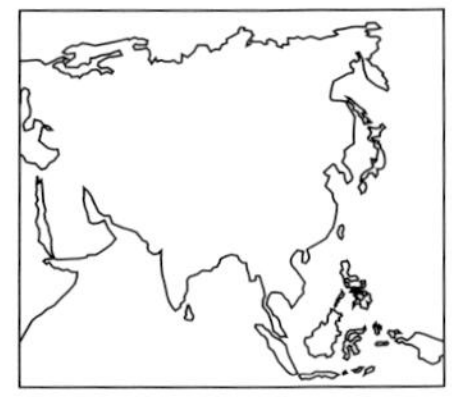

Guramis
Belontiidae

Trichopsis pumila (Knurrender Zwerggurami). Zarter, kleiner Labyrinthfisch. Nur die Männchen können während der Balz und bei Aggression knurrende Geräusche von sich geben, die außerhalb des Aquariums deutlich wahrnehmbar sind. Männchen baut Schaumnest aus kleinen Luftbläschen, die es mit Speichelsekret umhüllt. Während der Laichzeit etwas aggressiv, Männchen betreibt Brutpflege. In der übrigen Zeit friedlich. Becken mit viel feinblättrigen Pflanzen, Wurzelverstecken und Steinhöhlen. Vorwiegend für kleinere Aquarien. Bodengrund feiner Kies. Im Gegenlicht erkennt man das Weibchen am sichtbaren Eierstock. *Länge:* ca. 4 cm. *Wasser:* Temperatur 24–28 °C; pH-Wert 6,0–7,5; 2–12 °dGH. *Nahrung:* Kleines Lebendfutter, Trocken- und Frostfutter. *Vorkommen:* Thailand, Laos, Kampuchea.

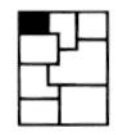

Trichopsis pumila

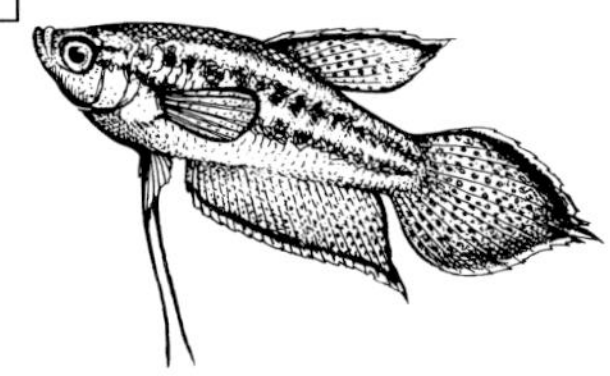

Parosphromenus nagyi (Nagys Prachtzwerggurami). Kleiner, farbenprächtiger, etwas scheuer Gurami. Nicht ganz einfach zu halten. Torffilterung. Häufiger Wasserwechsel. Übrige Futterreste regelmäßig entfernen. Trotz der kleinen Totallänge der Fische und einer stabilen Wasserqualität wegen Aquarien nicht zu klein wählen (ab ca. 70 cm). Reichlicher Pflanzenwuchs; Licht mit einigen Schwimmpflanzen dämpfen. Kleine höhlenartige Verstecke aus Moorkienholz, halben Kokosnußschalen, Blumentopfhälften bieten Zuflucht. Höhlenbrüter. Die Eier werden zwischen wenigen Luftblasen an das Höhlendach abgelegt.
Länge: ca. 4 cm. *Wasser:* Temperatur 24–28 °C; pH-Wert 5,8–6,8; weich, 2–6 °dGH. *Nahrung:* Kleines Lebend-, Frost- und gefriergetrocknetes Futter. *Vorkommen:* Malaiische Halbinsel.

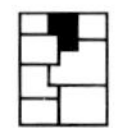

Parosphromenus nagyi

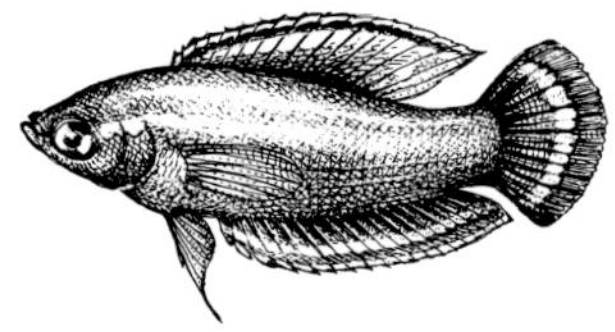

Parosphromenus filamentosus (Faden-Prachtzwerggurami). Ausgewachsene Männchen zeigen eine lanzettförmige Schwanzflosse mit einem verlängerten mittleren Flossenstrahl. Männliches Tier mit deutlich intensiverer Färbung während der Laichzeit. Friedliche Art, gut mit kleinen, friedlichen Arten zu vergesellschaften. Besser jedoch Artaquarium. Etwas scheu, versteckt sich gern in Höhlen. Wichtig: Becken mit reichlicher Bepflanzung, kleinen Höhlen aus Steinen, Kokosnußschalen und Moorkienholz. Stellenweise mit Schwimmpflanzen abdecken. Höhlenbrüter. Männchen übernimmt die Brutbetreuung.
Länge: ca. 4 cm. *Wasser:* Temperatur 24–28 °C; pH-Wert 5,8–7,2; 4–12 °dGH. *Nahrung:* Überwiegend feines Lebendfutter, auch Flockenfutter. *Vorkommen:* Indonesien; Kalimantan.

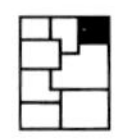

Parosphromenus filamentosus

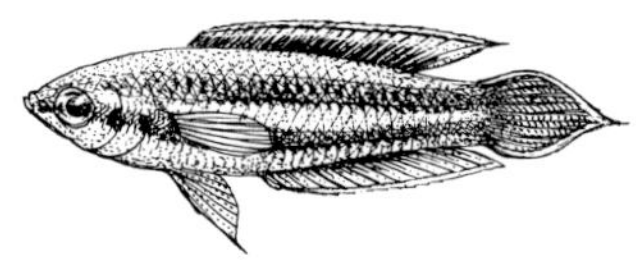

Trichopsis vittata (Knurrender Gurami). Größter unter den drei Knurrenden Guramis. Balzende, erregte, um die Rangordnung kämpfende Tiere geben gut hörbare Töne von sich (Männchen und Weibchen). Männchen umschwimmen sich oft laut knurrend. Diese Kämpfe bleiben jedoch ungefährlich. Friedlicher, etwas scheuer Labyrinthfisch. Legt seine Scheu bei friedfertigen Beifischen gewöhnlich ab. Verstecke aus Wurzeln und Pflanzendikkichten. Flossen der schlankeren Männchen großflächiger und länger ausgewachsen. Schaumnestbauer, meist unter einem Blatt direkt an der Wasseroberfläche. *Länge:* ca. 7 cm. *Wasser:* 22–28 °C; pH-Wert 6,0–7,2; 3–18 °dGH. *Nahrung:* Lebend-, Frost- und Trockenfutter. *Vorkommen:* Malaiische Halbinsel, Sundá-Inseln einschl. Borneo.

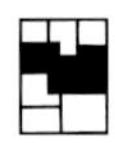

Trichopsis vittata

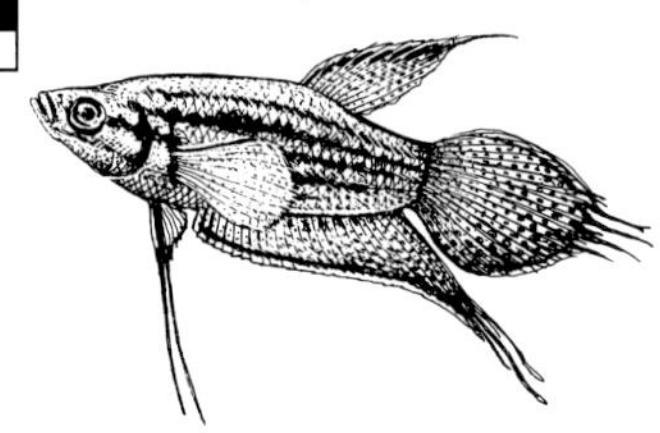

Parosphromenus sp. aff. deissneri (Deissners Prachtzwerggurami). Nicht ganz so robust wie *P. filamentosus*, verlangt in der Pflege mehr Aufmerksamkeit. Geschlechter sind während der Laichzeit gut zu unterscheiden. Weibchen behält seine beige-braune Grundfärbung. Balzende Männchen sind dagegen prächtig gefärbt mit kräftigen Farben in der Rücken- und Schwanzflosse; Flossenränder türkisblau; Bauchflossen blau-grün. Dieser friedliche, zarte, scheue Labyrinthfisch ist für das übliche Gesellschaftsbecken nicht geeignet. Haltung am besten paarweise oder in kleineren Gruppen von 6–8 Exemplaren im Artaquarium. Gut Filtern. Höhlenbrüter (kleines Schaumnest).
Länge: ca. 4 cm. *Wasser:* 24–28 °C; pH-Wert 5,2–6,8; 4–10 °dGH. *Nahrung:* Vorwiegend feines Lebendfutter. *Vorkommen:* Bangka.

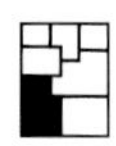

Parosphromenus sp. aff. deissneri

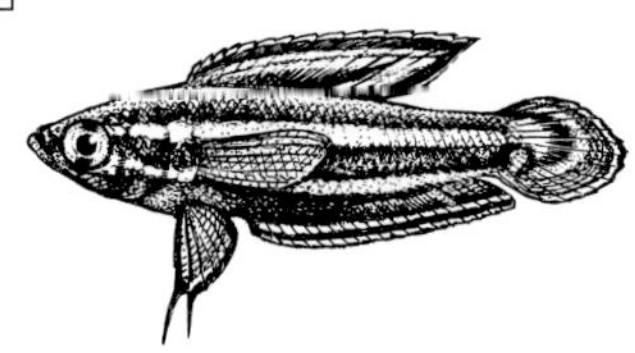

Trichopsis schalleri (Schallers Knurrender Gurami). In größeren Aquarien friedlich, nur bei Bedrängung in zu kleinen Aquarien aggressiv. Balzende und erregte Tiere geben gut hörbare knurrende Laute von sich. Im kleinen Glasgefäß kann man im starken Gegenlicht die Weibchen am durchschimmernden Eierstock im Unterleib erkennen. Für Art- und Gesellschaftsbecken geeignet. Die Vergesellschaftung mit zu robusten Arten verdrängt ihn jedoch in Verstecke und dann ist er immer nur kurze Zeit zu beobachten. Aquarium reichlich bepflanzen, stellenweise mit Schwimmpflanzendecke. Schaumnestbauer. Zucht möglich.
Länge: ca. 5 cm. *Wasser:* Temperatur 24–28 °C; pH-Wert 6,0–7,5; 2–18 °dGH. *Nahrung:* Lebend-, Frost-, Flocken- und Trockenfutter. *Vorkommen:* Nordost-Thailand und Laos.

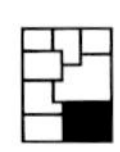

Trichopsis schalleri

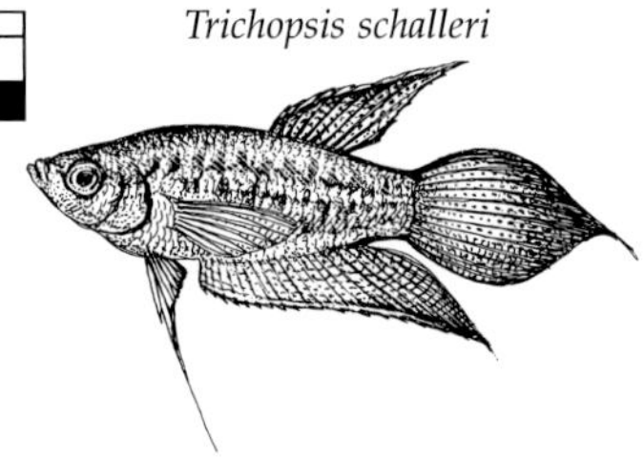

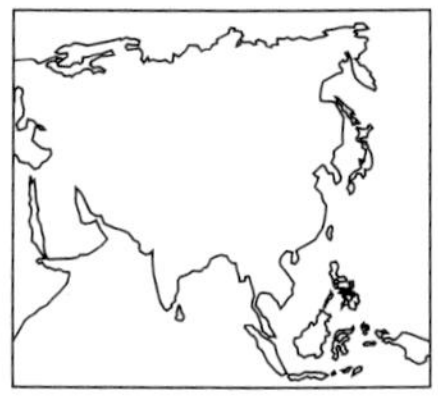

Makropoden

Belontiidae

Pseudosphromenus dayi (Roter Spitzschwanz-Makropode). Friedlicher, klein bleibender Labyrinthfisch. Männchen mit spitz ausgezogenen Flossen. Problemlos mit anderen nicht zu ruppigen Arten zu vergesellschaften. Leicht zu pflegen. Aquarium mit guter Rand- und Hintergrundbepflanzung, an der Oberfläche einige Schwimmpflanzen. Höhlenverstecke aus Steinen, halbierten Kokosnußschalen und Blumentöpfen werden gerne aufgesucht. Zucht nicht schwierig. Männchen baut Schaumnest, meist an der Wasseroberfläche, aber auch unter breitblättrigen Pflanzen und in Höhlen. Elterntiere keine Laichräuber. *Länge:* bis 7 cm. *Wasser:* 22–28 °C; pH-Wert 6,5–7,5; weich bis mittelhart, 4–15 °dGH. *Nahrung:* Allesfresser, handelsübliches Lebend-, Frost- u. Trockenfutter. *Vorkommen:* Indien, Sri Lanka.

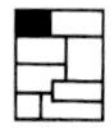

Pseudosphromenus dayi

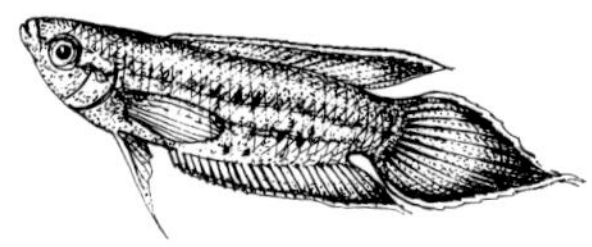

Macropodus concolor (Schwarzer Makropode). Kurz vor dem zweiten Weltkrieg wurde dieser lebhafte Labyrinthfisch bei uns eingeführt. Männchen haben großflächigere und stärker verlängerte Flossen. Körper während der Laichzeit dunkelbraun, Weibchen verfärbt sich hell. Beim interessanten Balzverhalten und vor allem während der Laichzeit und Brutpflege kommt es oft zu heftigen Reibereien. Außer im Artbecken auch im gut gegliederten Gesellschaftsbecken zu pflegen. Dichte Bepflanzung; die vom Männchen verfolgten Tiere müssen Schutz und Zuflucht finden können. Männchen baut großperliges Schaumnest. *Länge:* ca. 6–10 cm. *Wasser:* Temperatur 20–26 °C; pH-Wert 6,5–7,8; weich bis hart, 5–22 °dGH. *Nahrung:* Allesfresser, Lebend- und Trockenfutter, Frostfutter. *Vorkommen:* Nordwestl. Borneo.

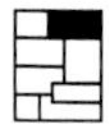

Macropodus concolor

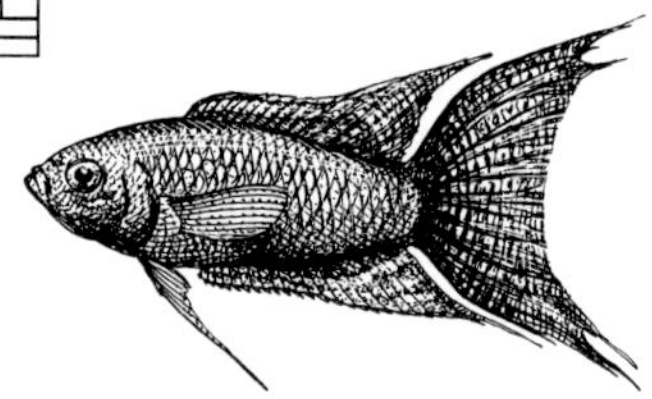

Macropodus opercularis (Paradiesfisch, Makropode). Nach dem Goldfisch einer der ältesten Zierfische. Männchen kräftiger gefärbt mit länger ausgezogenen unpaaren Flossenspitzen. Anspruchsloser, genügsamer Anfängerfisch. Ausgewachsene Männchen sind gegenüber Artgenossen und anderen Fischen oft zänkisch. Besonders Männchen in Laichstimmung mit Schaumnest vertreiben oft sehr aggressiv alles aus ihrer Umgebung. Zufluchtsstätten in gut bepflanzten Aquarien für bedrängte Weibchen und schwächere Männchen schaffen. Zucht und Aufzucht sind sehr einfach. Auch für Freilandbecken im Sommer geeignet.
Länge: ca. 10 cm. *Wasser:* Temperatur 15–26 °C; pH-Wert 6,0–8,0; weich bis hart, 6–20 °dGH. *Nahrung:* Allesfresser, bevorzugt Lebendfutter. *Vorkommen:* Ostchina mit vorgelagerten Inseln.

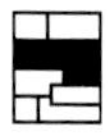

Macropodus opercularis

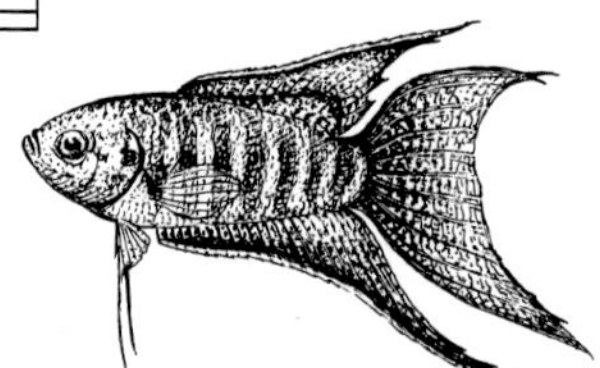

Macropodus chinensis (Rundschwanz-Makropode). Makropoden gehören zu den am frühesten eingeführten Labyrinthern. *M. chinensis* konnte jedoch über viele Jahrzehnte nicht mehr im Aquarium gehalten werden, da von China keine Fische ausgeführt wurden. Heute wieder im Handel erhältlich. Männchen mit spitz ausgezogener Rücken- und Afterflosse; beim Weibchen sind diese kürzer und mehr abgerundet. Aquarium teilweise gut bepflanzen bei genügend freiem Schwimmraum. Versteckmöglichkeiten. Haltung paarweise oder mit nicht zu wärmebedürftigen kleinen anderen Arten. *Länge:* ca. 7–8 cm. *Wasser:* 10–22 °C (nicht zu warm halten); pH-Wert 6,0–7,5; weich bis hart, 5–22 °dGH. *Nahrung:* Allesfresser, Lebend- und Trockenfutter, Frostfutter. *Vorkommen:* Südchina, Korea.

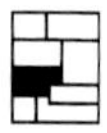

Macropodus chinensis

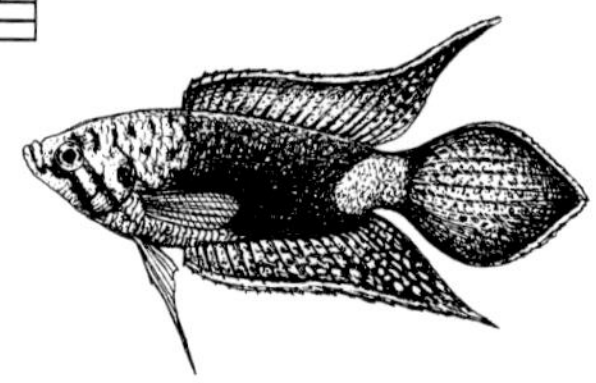

Pseudosphromenus cupanus (Schwarzer Spitzschwanz-Makropode). Friedlicher Kleinlabyrinther. Gut mit ruhigen, nicht zu großen Arten zu vergesellschaften. Das Weibchen zeigt in Laichstimmung eine sehr dunkle Färbung, das Männchen dagegen ein helles Braun. Aquarien gut bepflanzen, dazwischen Versteckmöglichkeiten. Zucht nicht schwierig. Schaumnestbauer. Die Paarung wird vom laichwilligen Weibchen eingeleitet. Das Männchen umschlingt daraufhin das Weibchen. Dabei werden die Laichkörner abgegeben und besamt. Beide Elternteile sammeln die Eier auf und transportieren sie ins Nest. Es wird anschließend vom Männchen bewacht.
Länge: bis ca. 6 cm. *Wasser:* 22–28 °C; pH-Wert 6,5–7,5; 4–15 °dGH. *Nahrung:* Allesfresser. *Vorkommen:* Südindien, westliches Sri Lanka.

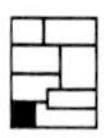

Pseudosphromenus cupanus

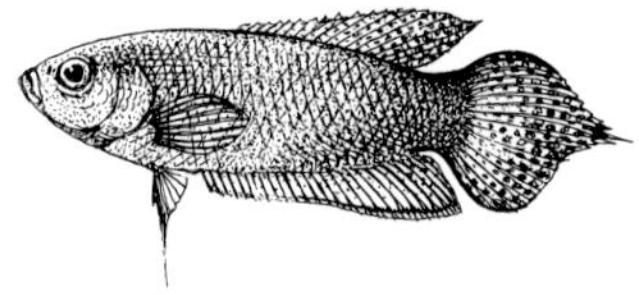

Belontia signata (Ceylon-Makropode). Ein etwas scheuer, langlebiger Labyrinthfisch. Ältere Männchen dieses Insel-Makropoden mit fadenförmig verlängerten mittleren Schwanzflossenstrahlen. Außer in Fortpflanzungsstimmung – jetzt wird das Revier vom Pärchen heftig verteidigt – zu Artgenossen und anderen Fischen unterschiedlich im Verhalten; von friedlich bis bissig. Besonders ältere Tiere werden oft unverträglich. Für das Gesellschaftsbecken sind Jungtiere besser geeignet. Eltern tragen nach dem Ablaichen die Schwimmeier zusammen und verkleben diese mit Maulsekret zu Klumpen; so läßt sich die Brut leicht überwachen und bei Gefahr in Sicherheit bringen.
Länge: ca. 15 cm. *Wasser:* Temperatur 24–28 °C; pH-Wert 6,5–7,8; 5–25 °dGH. *Nahrung:* Allesfresser. *Vorkommen:* Sri Lanka und Java.

Belontia signata

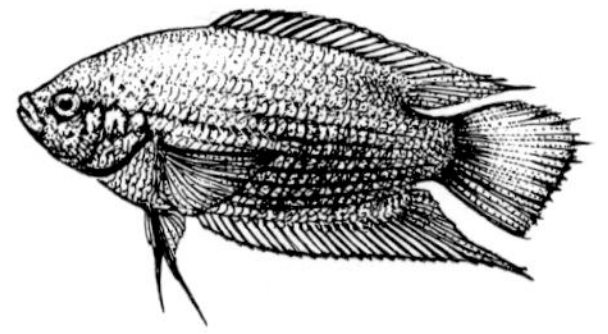

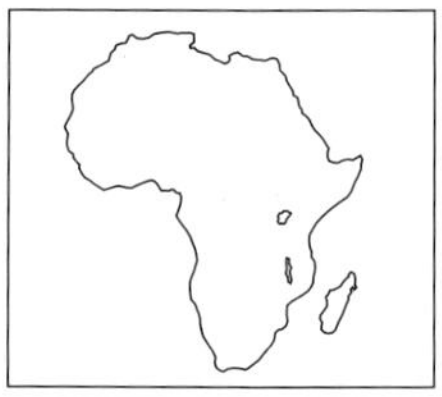

Buschfische
Anabantidae

Ctenopoma weeksii (Pfauenaugen-Buschfisch). Hochrückig, Körper seitlich abgeflacht; spitze Schnauze. Färbung variabel, braun marmoriert. Männchen mit Dornenfeldern. Sehr scheu! Dichte Bepflanzung mit Wurzelverstecken bei ausreichendem Schwimmraum bieten Zuflucht und Schutz. Dunkler Bodengrund, gedämpftes Licht. Meist friedlich; nicht mit kleinen, schlanken Fischen vergesellschaften, diese werden als Beute angesehen. Für gleichgroße Mitbewohner gut geeignet. Betreibt keine Brutpflege. Laicht am Bodengrund, Eier steigen zur Wasseroberfläche. Jungfische schlüpfen nach ca. 24 Stunden und schwimmen nach drei Tagen frei. *Länge:* 10 cm. *Wasser:* Temperatur 24–28 °C; pH-Wert 6,0–7,2; 4–15 °dGH. *Nahrung:* Lebendfutter aller Art, Tabletten- u. Flockenfutter. *Vorkommen:* Westafrika (Kongobecken).

Ctenopoma weeksii

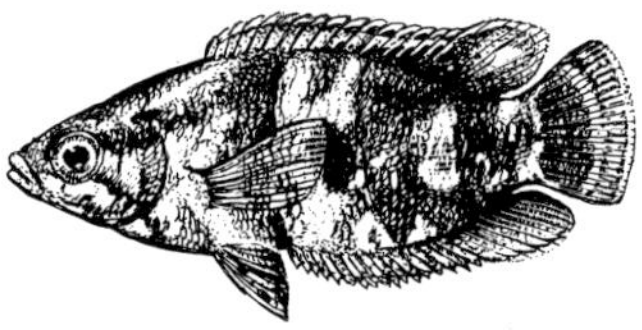

Ctenopoma kingsleyae (Schwanzfleck-Buschfisch). Der Schwanzfleck tritt bei jungen Tieren auffälliger hervor. Ein groß werdender, friedlicher, etwas scheuer Buschfisch (kann jedoch bei guter Haltung recht zutraulich werden). Geräumiges Art- oder Gesellschaftsbecken. Kein Revierbilder. Vergesellschaftung im Artbecken oder mit anderen nicht zu kleinen Fischen. Aquarium ab 120 cm Länge mit reichlichem Pflanzenwuchs und Wurzeln als Versteckmöglichkeiten. Viel Schwimmraum. Betreiben keine Brutpflege. Laicht während einer kurzen, schnellen Umschlingung ohne vorherigen Nestbau ins freie Wasser ab. *Länge:* ca. 20 cm. *Wasser:* Temperatur 24–28 °C; pH-Wert 6,0–7,0; 4–12 °dGH. *Nahrung:* Kräftiges Lebendfutter, Futtertabletten, großes Flokkenfutter. *Vorkommen:* Westafrika.

Ctenopoma kingsleyae

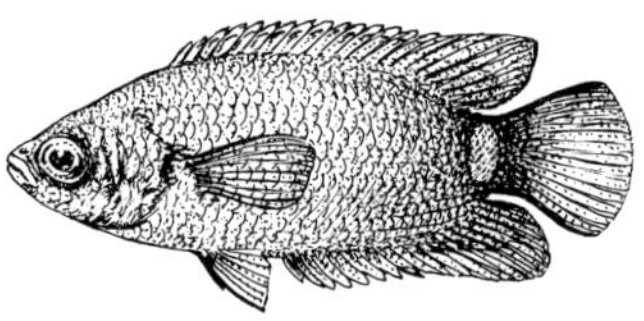

Ctenopoma acutirostre (Leopardbuschfisch). Hochgebauter Labyrinthfisch mit spitzer Schnauze, großen Augen, braunen Flecken auf hellem Grund, mitunter auch einfarbig braun. Maul kann weit vorgestreckt und gedehnt werden. Erwachsene Männchen tragen Dornenfelder am Körper (mehrere Schuppen tragen stark gezähnte Ränder). Scheue Art, jedoch bei artgemäßer Pflege zutraulich. Steht gern ruhig zwischen dichter Bepflanzung und Wurzelholz. Keine zu helle Beleuchtung, lichtdämpfende Schwimmpflanzen. Nur für kleine Fische gefährlich, sie werden oft als Beute angesehen und gejagt. Mit ruhigen, größeren Arten vergesellschaften. *Länge:* ca. 15 cm. *Wasser:* 23–28 °C; pH-Wert 6,0–7,2; 4–12 °dGH. *Nahrung:* Wurmfutter, Mückenlarven, Tabletten. *Vorkommen:* Zentralafrika (Kongoeinzug).

Ctenopoma acutirostre

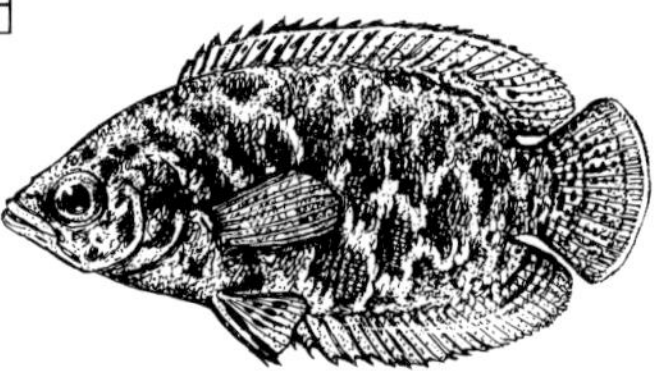

Ctenopoma damasi (Grünblauer Perlbuschfisch). Ausgewachsene, dominierende Männchen zeigen besonders in Balzstimmung und beim Imponieren leuchtend blaue Flecken auf dunklem Körper sowie in Rücken-, Schwanz- und Afterflosse. Scheuer Fisch. Hält sich vorwiegend in den unteren Wasserregionen auf, hier Versteckmöglichkeiten schaffen. Unterbringung vorzugswiese im Artaquarium (1 Männchen, 2–3 Weibchen), auch im Gesellschaftsaquarium möglich. Becken gut bepflanzen. Für den Hintergrund hochwachsende Stengelpflanzen in größeren Gruppen dicht pflanzen. Dunkler Bodengrund. Dünne Torfschicht über dem Kiesboden. *Länge:* ca. 7 cm. *Wasser:* Temperatur 24–27 °C; pH-Wert 6,0–7,5; 3–10 °dGH. *Nahrung:* Lebendfutter, Frost- und Trockenfutter. *Vorkommen:* Ostafrika.

Ctenopoma damasi

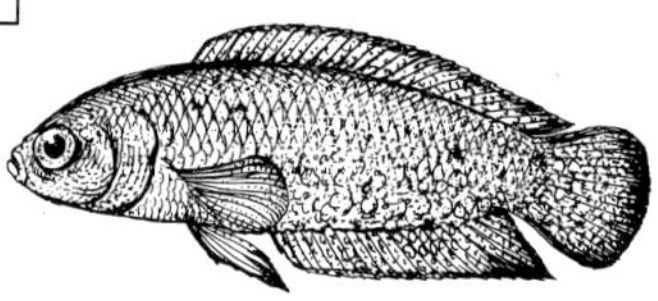

Ctenopoma fasciolatum (Gebänderter Buschfisch). Genügsamer, friedlicher Labyrinthfisch. Buschfische gehören allgemein nicht zu den farbenprächtigsten Vertretern unter den Labyrinthern, sie sind jedoch nicht weniger interessant im Verhalten. Der Gebänderte Buschfisch bildet eine Vaterfamilie. Das Weibchen wird nach dem Ablaichen von dem vom Männchen gebauten Schaumnest verjagt. Brutpflegende Männchen vertreiben auch andere Fische sehr heftig. Haltung im Art- und Gesellschaftsbecken möglich. Für viele Pflanzenverstecke sorgen. Erwachsene Männchen haben spitz ausgezogene Rücken- und Afterflossen. *Länge:* ca. 8 cm. *Wasser:* 24–28 °C; pH-Wert 6,0–7,0; weich bis mittelhart, 3–10 °dGH. *Nahrung:* Allesfresser, Lebend-, Frost-, Trockenfutter. *Vorkommen:* Zentral- und Westafrika.

Ctenopoma fasciolatum

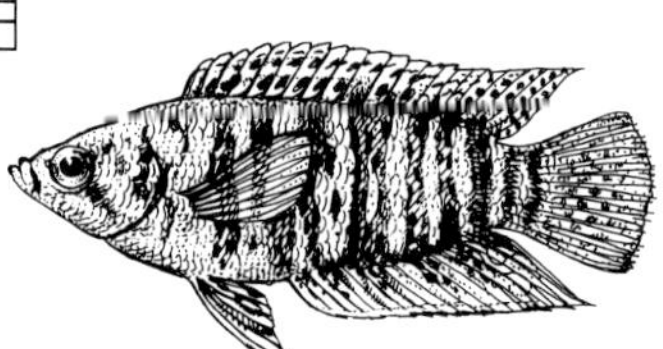

Ctenopoma ansorgii (Orange-Buschfisch). Variable Färbung. Männchen mit stimmungsabhängiger orange-brauner Färbung. Vorwiegend beim Imponieren und während der Balz erstrecken sich breite schwarze Streifen über den grünlich glänzenden Körper, die bis in die orange gefärbten und weiß gesäumten Rücken- und Afterflossen reichen. Haltung im Artbekken oder zusammen mit im Verhalten ähnlichen, aber nicht zu kleinen Fischen. Dichter Bestand von Pflanzen zur Deckung. Dunkler Bodengrund vorteilhaft. Aquarium nicht zu hell, Licht teilweise mit Schwimmpflanzen dämpfen. *Länge:* ca. 8 cm. *Wasser:* Temperatur 24–27 °C; pH-Wert 6,0–7,5; weich bis leicht mittelhart, 2–10 °dGH. *Nahrung:* Lebend-, Frost-, Trockenfutter. *Vorkommen:* Tropisches Zentral- und Westafrika.

Ctenopoma ansorgii

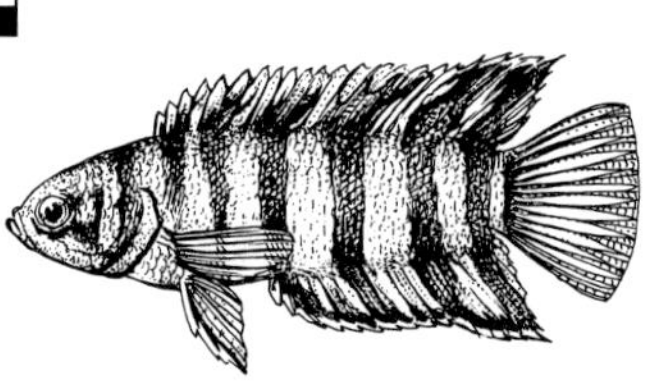

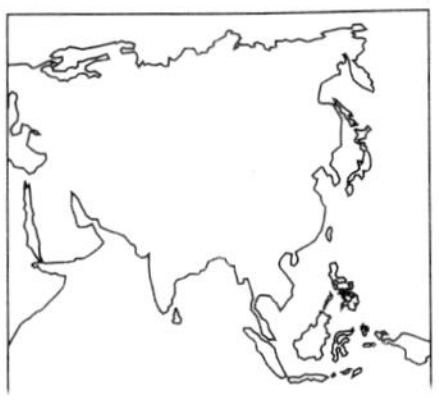

Schlangenkopffische

Channidae

Die stammesgeschichtlich recht alten Schlangenkopffische (Familie Channidae), sind mit zwei Gattungen (*Channa* und *Parachanna*) und etwa 25 Arten von Afghanistan bis Neuguinea (ausschließlich Australien), im Osten bis Japan, südlich bis Madagaskar und in Afrika (außer in Wüstenregionen) überall anzutreffen, wo sie die verschiedensten Lebensräume besiedeln. Die Fische besitzen einen langgestreckten Körper, lange Rücken- und Afterflossen sowie einen – entfernt an Schlangen erinnernden – abgeflachten Kopf mit großem Maul. Durch ihr akzessorisches Atmungsorgan, das ihnen zusätzliche Luftatmung ermöglicht, können sie sich auch in schlammigen Gewässern aufhalten, sogar Trockenperioden unter der Erde überleben, bis wieder Regen fällt. Diese kräftigen, handfesten Gesellen sind äußerst gewandt. Sie erreichen eine Länge zwischen 20 und 120 cm. Außerdem sind sie räuberisch, überaus gefräßig und schnellwüchsig.

Für Gesellschaftsaquarien eignen sich daher allenfalls kleinbleibende Arten oder junge, kleine Exemplare, die hier auch nur kurze Zeit gepflegt werden können, da sie sich mit zunehmender Größe unweigerlich an kleineren Mitbewohnern, die für sie Beuteformat haben, vergreifen. Deshalb sollten diese Fische besser nur von speziell interessierten und erfahrenen Aquarianern in geräumigen Artbecken gepflegt werden.

Die Haltung der Schlangenköpfe ist bei feinem Bodengrund, dichter Bepflanzung, in die als Versteckplätze Moorkienwurzeln eingebettet sein sollten, nicht schwierig, vorausgesetzt, man kann die heranwachsenden Tiere ständig mit den entsprechenden Mengen Lebendfutter (hauptsächlich Fische, Regenwürmer) versorgen. An Ersatzfutter wie Tabletten, Muschelfleisch, Rinderherz, Fleisch oder Fisch gewöhnen sie sich vielfach, doch nicht immer. Verschiedene Arten, die in ihren Heimatländern auch als Speisefisch in Teichen gezüchtet werden, ließen sich auch schon erfolgreich im Aquarium vermehren. Nach einer insgesamt ruhigen Balz, bei der sich die Paare ähnlich wie die Labyrinther umschlingen, setzen sie bis zu 10 000 ölhaltige Eier nahe der Wasseroberfläche ab. Nach dem Laichakt empfiehlt es sich, die Beleuchtung zu verringern, da die Eier etwas lichtempfindlich sind. Schlangenköpfe bilden Vaterfamilien. Nach der Paarung wird das Weibchen vertrieben, und das Männchen bewacht die nach etwa drei Tagen schlüpfende Brut sehr intensiv, bis sie nach weiteren drei bis vier Tagen freischwimmt. Danach erlischt der Brutpflegetrieb, und der Vater muß entfernt werden, weil er sonst seinen Nachwuchs verspeist.

Channa marulius. Kann wie alle *Channa*-Arten in einer kleinen Gruppe gepflegt werden. Versteckmöglichkeiten, Schwimmpflanzen, dichte Bodenpflanzen und abschattendes Wurzelwerk sind wichtig. Die Aquarien sollten immer viel Platz bieten. *Länge:* bis ca. 60 cm. *Wasser:* Temperatur 22–30 °C; pH-Wert 6–8; Härte 2–15 °dGH. *Nahrung:* Lebendfutter, Tabletten. *Vorkommen:* Pakistan bis Thailand.

Channa marulius

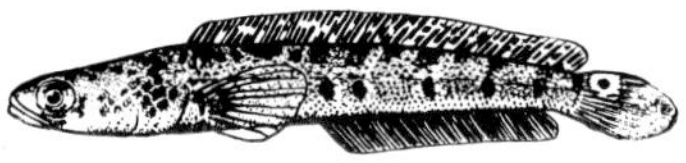

Channa striata. Hier als Jungtier abgebildet. Bei vielen Versteckmöglichkeiten, ausreichend Schwimmraum sowie einer Schwimmpflanzendecke läßt sich ein kleiner Trupp gut halten. Bedenken Sie, daß diese Fische sehr groß werden können. *Länge:* bis ca. 65 cm. *Wasser:* 18–28 °C; pH-Wert 6–8,5; Härte 3–30 °dGH. *Nahrung:* Allesfresser, Würmer. *Vorkommen:* Indien, Sunda-Inseln u. Südchina.

Channa striata

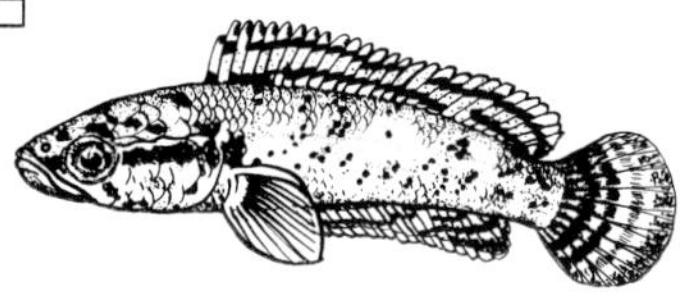

Channa bleheri. Klein bleibende, farblich sehr ansprechende Art. Im Spezialaquarium (Artenbecken) können mehrere Tiere miteinander gepflegt werden. Wasserstand kann niedrig sein. Versteckmöglichkeiten und Schwimmpflanzendecke. *Länge:* ca. 18 cm. *Wasser:* Temperatur 24–30 °C; pH-Wert 6–8; Härte 2–10 °dGH. *Nahrung:* Fische, Garnelen, Regenwürmer. *Vorkommen:* Indien; Assam.

Channa bleheri

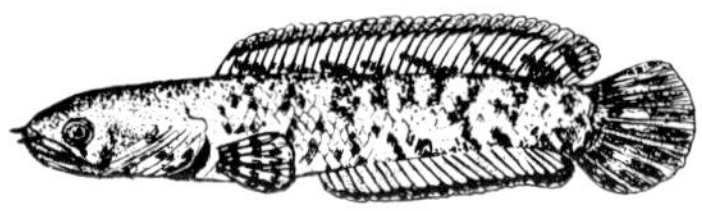

Channa gachua var. Diese Farbform kommt nur in Assam vor. Benötigt viel Platz, wühlt. Gelegentlich werden nach buntbarschart Gruben angelegt. Gräbt Wasserpflanzen aus. Einrichtung runde Steine, derbe Wasserpflanzen und Wurzeln. *Länge:* bis ca. 35 cm. *Wasser:* Temperatur 22–28 °C; pH-Wert 6–8; 2–10 °dGH. *Nahrung:* Garnelen, Regenwürmer, Tabletten. *Vorkommen:* Indien; Assam.

Channa gachua var.

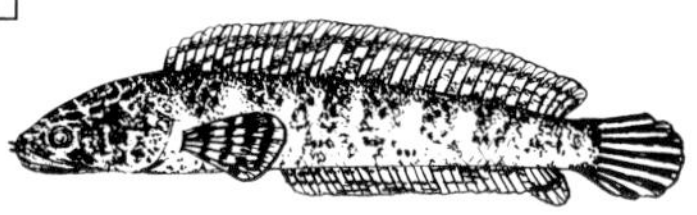

Channa asiatica. Zählt nicht gerade zu den schönsten Schlangenkopffischen. Gut getarnt lauert er auf Beutetiere. Der Wasserstand kann niedrig sein (Achtung: springt!). Dichte Bodenbepflanzung und Schwimmpflanzen sind vorteilhaft. *Länge:* ca. 30 cm. *Wasser:* Temperatur 20–26 °C; pH-Wert 6,6–7; Härte 6–12 °dGH. *Nahrung:* Lebendfutter (Fische und Regenwürmer). *Vorkommen:* Asien.

Channa asiatica

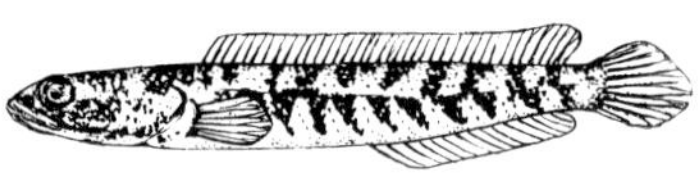

Channa micropeltes. Die abgebildeten Fische sind Jungtiere in herrlichem Rot. Farbenpracht verliert sich im Alter. Eine der größten Arten. Haltung nur als Jungtiere im kleinen Trupp. Viele Versteckmöglichkeiten nötig. *Länge:* bis ca. 100 cm. *Wasser:* Temperatur 20–28 °C; pH-Wert 5,5–8,5; 2–20 °dGH. *Nahrung:* Allesfresser, Fische. *Vorkommen:* Südindien bis Sunda-Inseln.

Channa micropeltes

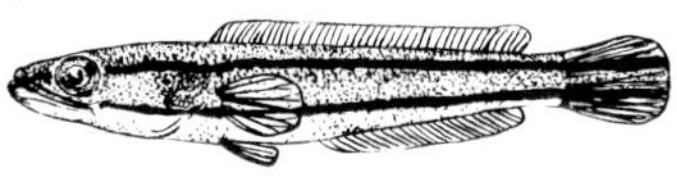

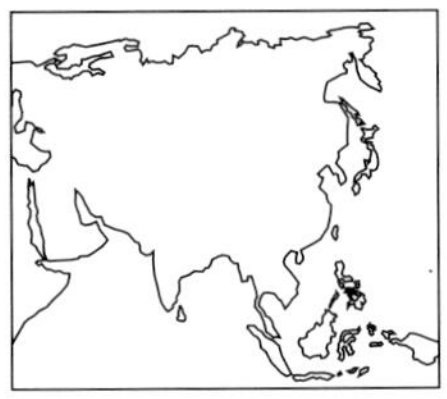

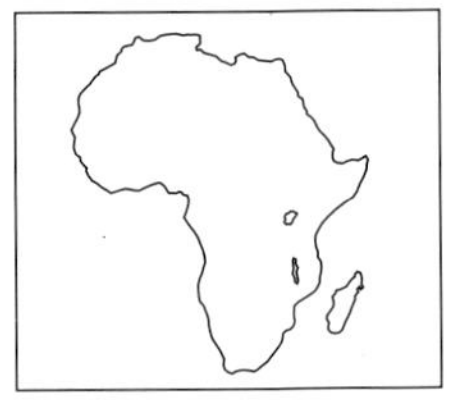

Stachelaale

Mastacembelidae

Die Stachelaale (Familie Mastacembelidae und Chaudhuriidae) sind eine kleinere, nur in Afrika und Asien verbreitete Gruppe. Bei einer aalähnlichen Gestalt haben die Fische meist eine weit zurückgesetzte Rücken- und Afterflosse, die mit der Schwanzflosse verwachsen sein kann. Brustflossen fehlen. Weiterhin tragen sie zahlreiche kleine Stacheln auf dem Rücken, und die Vertreter der Familie Mastacembelidae (Gattungen *Aethiomastacembelus, Caecomastacembelus, Macrognathus, Mastacembelus* mit inzwischen mehr als 70 bekannten Arten) zeichnen sich darüber hinaus durch eine verlängerte, bewegliche, spitze Schnauze aus. Von ihnen werden immer wieder verschiedene Arten im Handel angeboten.
Vertreter der Familie Chaudhuriidae sind seltener, wenig im Handel und werden hier nicht vorgestellt. Auffallendes Unterscheidungsmerkmal: haben im Gegensatz zu Mastacembelidae keine Schuppen und einen runden, abgeflachten Kopf.
Ähnlich wie Aale leben einige Arten auch tagsüber vorzugsweise im Bodengrund eingegraben, wobei nur der Kopf herausschaut. Sie ernähren sich überwiegend von Kleingetier, z. B. Würmern. Jedoch gehen ältere Tiere der größeren Arten oft zur räuberischen, nächtlich jagenden Lebensweise über und erbeuten dabei kleinere Fische.
Die Aquarienhaltung macht im allgemeinen wenig Schwierigkeiten. Stachelaale lassen sich zwar auch im Gesellschaftsbecken pflegen, fühlen sich im abgedunkelten Artbecken jedoch wohler. An die Wasserbeschaffenheit stellen sie keine höheren Ansprüche, dennoch sollte das Wasser stets glasklar und chemisch wenig belastet sein. Außerdem brauchen sie einen weichen, feinsandigen, möglichst mulmfreien Bodengrund! Eine regelmäßige Bodenreinigung ist deshalb stets ratsam.
Verschiedentlich ist Aquarianern bereits die Zucht dieser interessanten Fische gelungen (*Macrognathus panacalus*). Allerdings liegen über die genauen fortpflanzungsauslösenden Faktoren noch keine gesicherten Erkenntnisse vor. Soweit bekannt, paaren sich die Tiere oft in den Morgenstunden und laichen unter weiblicher Führung in den oberen Wasserschichten an feinfiedrigen Pflanzen. Die Tiere versuchen während des Vorspiels, durch Berühren der Köpfe untereinander Kontakt zu halten. Die Paarungen wiederholen sich oft, wobei die Partner sich eng aneinanderdrücken. Nach dem Laichen verschwinden die Fische wieder im Bodengrund.
Die glasklaren Eier sind klebrig und haften am Laichsubstrat. Bei einer Temperatur von 25 °C schlüpfen die Embryonen nach etwa 60 Stunden. Vier Tage danach schwimmen sie frei und lassen sich mit Infusorien und später mit feingehackten *Tubifex* aufziehen.

Macrognathus circumcinctus (Gürtelstachelaal). Ein dämmerungs- und nachtaktiver Bodenfisch. Braucht feinen Sand, mindestens 10 cm hoch). Gräbt sich tagsüber und bei Gefahr ein. Mit gleich großen Arten gut zu vergesellschaften. *Länge:* bis ca. 20 cm. *Wasser:* 22–28 °C; pH-Wert 5,8–8,5; 3–15 °dGH. *Nahrung:* Lebendfutter entsprechender Größe. *Vorkommen:* Indien bis Sunda-Inseln.

Macrognathus circumcinctus

Caecomastacembelus sp. Bei den Stachelaalen aus dem Tanganjikasee beachten, daß der pH-Wert absolut nicht unter den Neutralwert 7 sinkt. Die Pflege ist bei dieser schönen Art mit kleinen, friedlichen Barschen aus dem Tanganjikasee möglich. *Länge:* bis ca. 20 cm. *Wasser:* Temperatur 24–27 °C; pH-Wert 7,5–9; Härte 10–24 °dGH. *Nahrung:* Nur Lebendfutter. *Vorkommen:* Im Tanganjikasee endemisch.

Caecomastacembelus sp.

Mastacembelus cf. dayi. Ein besonders schöner Stachelaal. Gräbt sich ein. Dicke, feinkörnige Sandschicht nötig. Versteckmöglichkeiten durch Holz, Steine und bodennahe, dichte Wasserpflanzen. Barben, Bärblinge ab 10 cm als Beifische möglich. *Länge:* bis ca. 35 cm. *Wasser:* Temperatur 24–28 °C; pH-Wert 6–8; 3–10 °dGH. *Nahrung:* Lebendes Futter: Regenwürmer, *Tubifex* usw. *Vorkommen:* Myanmar.

Mastacembelus cf. dayi

Macrognathus aculeatus var. (Augenfleck-Stachelaal). Kommen in unterschiedlichen Farbformen vor, aber alle Formen haben die Eiflecken in der Rückenflosse. Jungtiere (rechts im Bild) können noch gemeinsam gepflegt werden, später oft streitsüchtig. *Länge:* ca. 30 cm. *Wasser:* 15–28 °C; pH-Wert 6,5–8,5; 3–30 °dGH. *Nahrung:* Lebendfutter aller Art. *Vorkommen:* Südchina, Vietnam, Kambodscha, Laos, Thailand.

Macrognathus aculeatus var.

Mastacembelus cf. favus. Führt ein überwiegend verstecktes Leben. Gräbt sich in den Bodengrund ein (weich!), wobei oft nur noch der Kopf herausschaut. Licht durch Schwimmpflanzen dämpfen. *Länge:* bis ca. 40 cm. *Wasser:* 20–28 °C; pH-Wert 5,5–7,5; 2–10 °dGH. *Nahrung:* Lebendfutter, gerne Regenwürmer. *Vorkommen:* Chao-Phraya-Flußsystem in Thailand; Malaiische Halbinsel.

Mastacembelus cf. favus

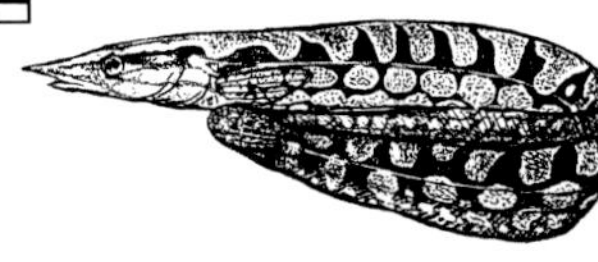

Caecomastacembelus moorii. Wie die Stachelaale aus Südostasien brauchen diese Afrikaner weichen Sand zum Wohlbefinden. Dazu viele Versteckmöglichkeiten bei genügend Schwimmraum. Für kleine Fische gefährlich. Nur gleich große Mitbewohner. *Länge:* bis ca. 35 cm. *Wasser:* 24–27 °C; pH-Wert 7–9,0; Härte 12–24 °dGH. *Nahrung:* Lebendfutter. *Vorkommen:* Im Tanganjikasee endemisch.

Caecomastacembelus moorii

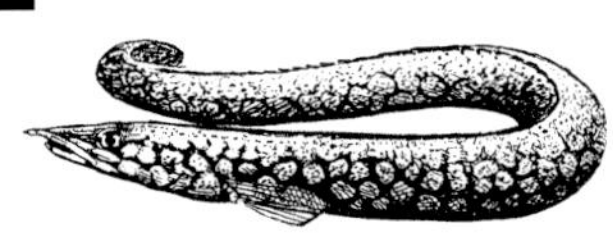

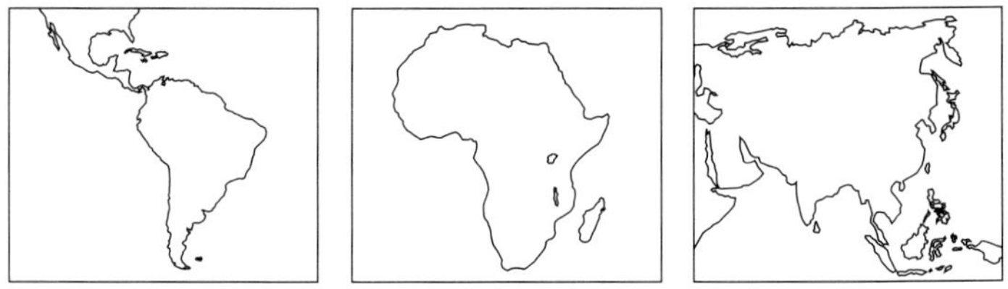

Kugelfische
Tetraodontidae

Die Ordnung der Kugelfische (Tetraodontiformes) umfaßt 9 Familien mit über 110 Gattungen und 460 Arten. Die meisten sind Meeres- und Brackwasserbewohner. Nur die etwa 150 Arten der Familie Tetraodontidae leben im Süßwasser und sind deshalb auch als Süßwasser-Kugelfische bekannt. Sie sind in Flüssen und Seen anzutreffen. Viele Vertreter der Unterfamilie Tetraodontinae (125 Arten) leben in Süß- und Brackwasserregionen.
Systematisch gliedern sich die zahlreichen Vertreter unter anderem in die Gattungen *Arothron, Canthigaster* (nur Meerwasser), *Carinotetraodon, Chonerhinos, Colomesus* und *Tetraodon*, von denen sich die letzten vier fast ausschließlich für das Süßwasseraquarium eignen.
Diese Fische zeichnen sich durch einen gedrungenen, rundlichen Körper aus, und sie können sich bei vermeintlicher oder echter Gefahr aufblasen, wobei sie mit dem Bauch nach oben an der Wasseroberfläche treiben. Weitere Kennzeichen sind unabhängig voneinander bewegliche Augen und ein merkwürdiges, aus vier Zähnen bestehendes, sehr kräftiges Gebiß, das einem Papageienschnabel ähnelt. Damit kann auch sehr hartschalige Nahrung, wie zum Beispiel Schnecken, geknackt werden.
Die attraktiven Fische benötigen geräumige, gut bepflanzte Aquarien mit einem möglichst feinkörnigen Bodenbelag, in den sich manche Arten gerne eingraben. Ein Salzzusatz empfiehlt sich dann, wenn die Tiere zu Hauterkrankungen neigen oder bei Brackwasser-Arten. Junge Kugelfische sind untereinander zum Teil friedlich. Ältere Tiere sind revierbildend und werden dann in vielen Fällen (nicht alle Arten) sowohl gegenüber Artgenossen als auch anderen Fischen bissig und unverträglich. Viele Arten sind exzellente Schneckenbekämpfer. Auch die Zucht einiger Arten ist bereits in größerem Umfang gelungen. Oft betreiben die Männchen Brutpflege. Sie bewachen und befächeln das bis zu 500 Eier große, an Steinen oder Pflanzen abgegebene Gelege. Je nach Temperatur schlüpfen die Jungen nach vier bis sieben Tagen und können zunächst mit Mikrofutter, wie Pantoffel- oder Rädertierchen, später mit Artemien ernährt werden.

Tetraodon cf. nigroviridis

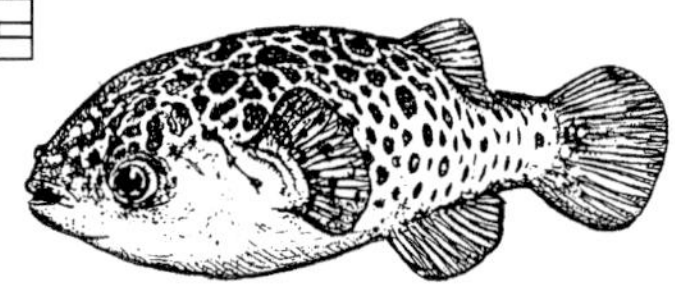

Tetraodon cf. nigroviridis (Grüner Kugelfisch). Lebhaft und aufmerksam. Besonders ältere Tiere gegenüber den meisten Beifischen unverträglich und bissig; dann Einzelhaltung notwendig. Viele Versteckmöglichkeiten, sandiger Boden. Substratlaicher.
Länge: Bis ca. 10 cm. *Wasser:* Temperatur 22–27 °C; pH-Wert um 7; mittelhart bis hart, 20 °dGH. *Nahrung:* Lebendfutter, Futtertabletten, Salat. *Vorkommen:* Südostasien (Süß- und Brackwasser).

Colomesus psittacus

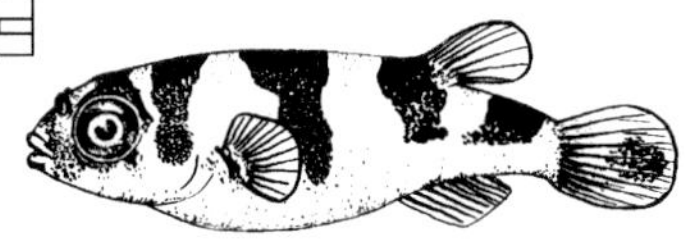

Colomesus psittacus (Papageien-Kugelfisch). Friedfertig. Für das Gesellschaftsbecken mit entsprechenden Wasserwerten und gleich großen Mitbewohnern geeignet. Versteckmöglichkeiten aus Steinen, Wurzeln und teilweise dichter Bepflanzung bei freiem Schwimmraum. Feinsandiger Bodengrund zum gelegentlichen Eingraben. Süßwasser.
Länge: Bis ca. 10 cm. *Wasser:* 23–28 °C; pH-Wert 5–6,8; weich, 2–6 °dGH. *Nahrung:* Wie andere Arten. *Vorkommen:* Nördl. Südamerika.

Tetraodon biocellatus

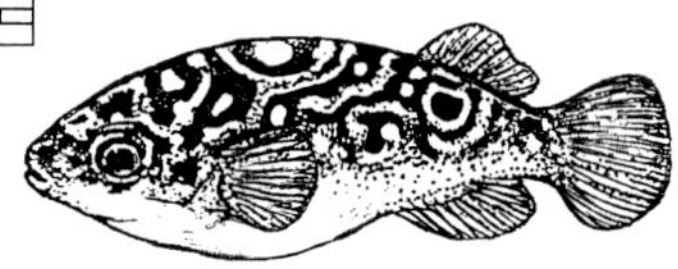

Tetraodon biocellatus. Untereinander mitunter bissig. Bei ausreichender Ernährung mit Schnecken Vergesellschaftung mit größeren Fischen möglich. Viele Verstecke, gut beobachten, evtl. Einzelhaltung notwendig. Wichtig: Süßwasser.
Länge: 8–10 cm. *Wasser:* Temperatur 22–26 °C; pH-Wert um 7; 4–12 °dGH. *Nahrung:* Schnekken, Muschelfleisch, Regenwürmer, Rinderherz, Mückenlarven, Mehlwürmer. *Vorkommen:* Südostasien, Sunda-Inseln.

Tetraodon fahaka

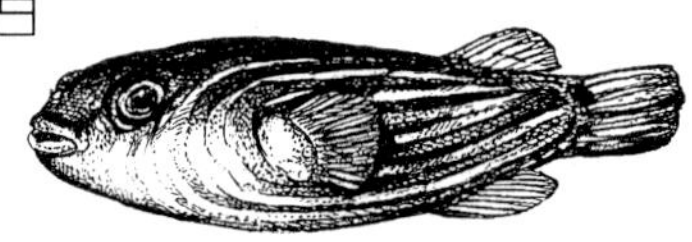

Tetraodon fahaka (Nil-Kugelfisch). Bei größeren Tieren ist Einzelhaltung empfehlenswert, nicht geeignet für Gesellschaftsbecken; ist oft als Jungfisch schon bissig und unverträglich. Viele Versteckmöglichkeiten. Sandiger Bodengrund; freier Schwimmraum. Süßwasser.
Länge: bis ca. 45 cm. *Wasser:* Temperatur 23–30 °C; pH-Wert um 7; mittelhart, bis 18 °dGH. *Nahrung:* Lebendfutter aller Art, Muschelfleisch, Futtertabletten. *Vorkommen:* Nilmündung bis Zentral- und Westafrika.

Tetraodon mbu

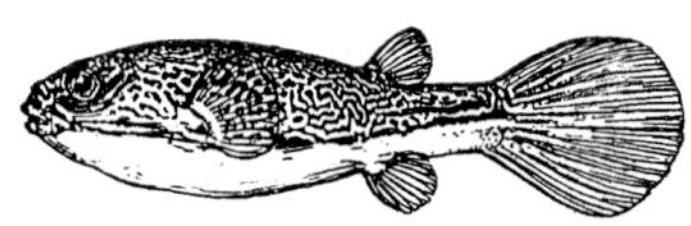

Tetraodon mbu (Goldringel-Kugelfisch). Ein sehr großer Kugelfisch. Einzelhaltung empfehlenswert, nicht fürs Gesellschaftsbecken geeignet; ist oft unverträglich und bissig. Ein reiner Süßwasserbewohner, kein Salzzusatz.
Länge: bis ca. 70 cm. *Wasser:* Temperatur 24–27 °C; pH-Wert 6–9; mittelhart bis hart, 18 °dGH. *Nahrung:* Jedes kräftige Lebendfutter, Muschelfleisch, Futtertabletten. *Vorkommen:* Zentral-Afrika.

Tetraodon miurus

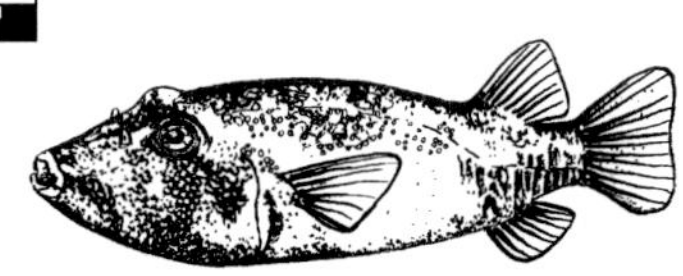

Tetraodon miurus (Brauner Kugelfisch). Nur Einzelhaltung empfehlenswert. Schon als Jungfisch oft bissig und unverträglich. Lebt räuberisch. Bodengrund feiner Sand; lauert dort, eingegraben bis zum Maul und den nach oben gerichteten Augen, auf Beute. Nur Süßwasser.
Länge: Bis 15 cm. *Wasser:* Temperatur 23–28 °C; pH-Wert um 7; mittelhart bis hart, 18 °dGH. *Nahrung:* Kleine Fische, jedes kräftige Lebendfutter. *Vorkommen:* Afrika; Zaïre-Becken.

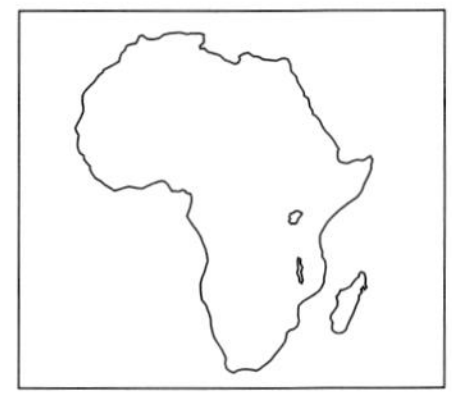

Nilhechte
Mormyridae

Nilhechte (Familie Mormyridae) mit 18 Gattungen und etwa 200 Arten und vielen Unterarten leben in ihrer afrikanischen (meist tropischen) Heimat in kleinen Teichen, Urwaldbächen, großen Seen und Flüssen. Sie ernähren sich von Würmern, Larven und Garnelen sowie Mikroorganismen, die sie im Schlamm finden, Pflanzenkost wird nicht verschmäht.
Obwohl die Nilhechte bereits im vorigen Jahrhundert entdeckt wurden, gelang es erst in der Mitte unseres Jahrhunderts, ihre schwachen elektrischen Impulse zu messen, die mit wenigen Ausnahmen bei etwa einem Volt liegen. Die Fische produzieren ununterbrochen kurze Entladungen, die durch unterschiedlich lange Zeitintervalle voneinander getrennt sind. Dadurch wird ein elektrisches Feld aufgebaut. Jedes Hindernis besitzt eine andere Leitfähigkeit als das umgebende Wasser. Somit verändert sich das elektrische Feld, und der Fisch nimmt Veränderungen mit speziellen Sinnesorganen in seiner Haut wahr. Mit diesen Fähigkeiten können Nilhechte Beutetiere und jedes Hindernis in der Dunkleheit orten.
Nach Kirschbaum zeigen neuere Erkenntnisse, daß diese Entladungen nicht nur zur Beuteortung und Orientierung dienen, sondern auch Informationen über Artzugehörigkeit, Alter und Geschlecht liefern!
Nilhechte unterscheiden sich in Größe, Körperform und Kopfbau. Meist sind sie seitlich zusammengedrückt; Rücken- und Afterflosse sind in ihrer Länge veränderlich, meist ist eine erheblich länger als die andere. Die Mundöffnung ist äußerst variabel. Oft liegt sie am Ende eines Rüssels (Elefanten-Rüsselfisch), manchmal ist eine Verlängerung der Kinnpartie vorhanden. Andere wiederum haben eine runde, sehr stumpfe Kopfform. Die meisten Vertreter der Gattung *Campylomormyrus* besitzen einen auffallenden, mehr oder minder gebogenen Rüssel, der als Tastorgan dient und mit dem sie in engsten Spalten verborgene winzige Larven mühelos aufspüren können.
Nilhechte sind vorwiegend nachtaktiv. Manche Arten leben gesellig in großen Schulen (z.B. *Petrocephalus* und *Gnathonemus*) andere verteidigen ein Revier oder leben als Einzelgänger. Für die Aquarienhaltung verwendet man weichen Bodengrund aus feinstem Sand, aus dem die Tiere gern die Nahrung aufnehmen. Verstecke aus Steinen und Wurzeln sind wichtig; ebenso eine dichte Bepflanzung, die das Licht dämpft (Schwimmpflanzen) und stellenweise dunkle Reviere schafft. Wichtig: Lebendfutter muß ständig zur Verfügung stehen. Ein Aquarianer mit wenig Erfahrung sollte sich grundsätzlich nicht an die Haltung der überaus interessanten Nilhechte wagen.
Die Zucht in Aquarien ist bislang wenig erfolgreich. Sie läßt sich nur gezielt durchführen wie bei Kirschbaum u.a.

Petrocephalus catostoma. Eine kleine lebhafte Nilhechtart. Dämmerungs- und nachtaktive Schwarmfische, schwach elektrisch. Benötigt Artaquarium mit feinem Sand, Hintergrundbepflanzung, einigen Wurzeln und viel Schwimmraum. Schwimmpflanzen. *Länge:* ca. 12 cm. *Wasser:* 20–27 °C; pH-Wert 5,4–8,0; 3–10 °dGH. *Nahrung:* Nur Lebendfutter, vielseitig. *Vorkommen:* Zentral-Afrika; Zaïrebecken.

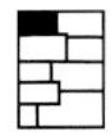

Petrocephalus catostoma

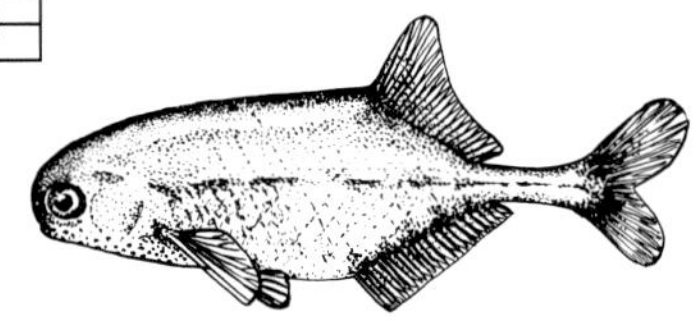

Gnathonemus petersii (Tapirfisch, Elefantenrüsselfisch). Der bekannteste Nilhecht. Auch in Wasserwerken als „Trinkwasserwächter" im Einsatz. Schwach elektrisch. Anderen Fischen gegenüber friedlich, benötigt weichen Bodengrund und Versteckmöglichkeiten. *Länge:* bis ca. 30 cm. *Wasser:* 24–30 °C; pH-Wert 5–8; 4–30 °dGH. *Nahrung:* Verschiedenes Lebendfutter. *Vorkommen:* West-Afrika; Nigerdelta.

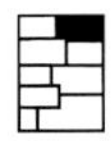

Gnathonemus petersii

Marcusenius m. macrolepidotus (Großschuppiger Nilhecht). Dämmerungs- und nachtaktiv. Spezialaquarien mit feinem Sand, dichtem Pflanzenwuchs im Hintergrund und Wurzeln für Schatten und Deckung.
Länge: ca. 14 cm. *Wasser:* Temperatur 22–30 °C; pH-Wert 6–8; Härte 4–30 °dGH. *Nahrung:* Mikroorganismen, Salinenkrebse, Mückenlarven. *Vorkommen:* West-Afrika; Nigerflußsystem.

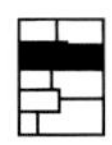

Marcusenius m. macrolepidotus

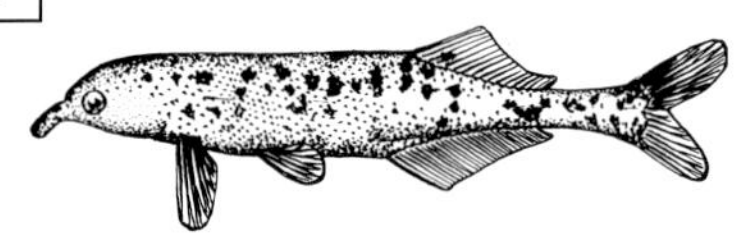

Brienomyrus (Untergattung **Brevimyrus**) **niger**. Nachtaktive, schwach elektrische Schwarmfische, doch innerartlich manchmal etwas zänkisch. Anderen Fischen gegenüber friedlich. Beckengestaltung wie oben!
Länge: bis ca. 13 cm. *Wasser:* Temperatur 20–30 °C; pH-Wert 5,2–8,0; Härte 4–30 °dGH. *Nahrung:* Nur kleines Lebendfutter. *Vorkommen:* West-Afrika; unterer Niger.

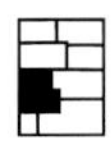

Brienomyrus niger

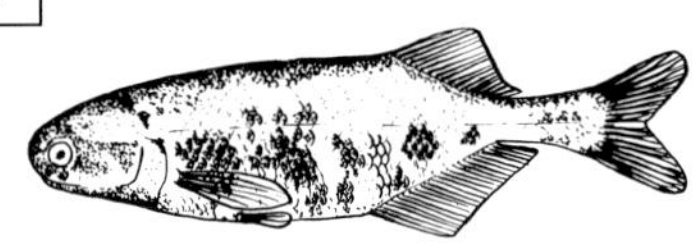

Campylomormyrus cassaicus. Der Rüssel mit dem oberständigen Maul läßt den Futterspezialisten erkennen. Dichte Pflanzen, weicher Bodengrund, Schwimmraum. Pflege möglichst nur im Artbecken. *Länge:* ca. 30 cm. *Wasser:* Temperatur 20–30 °C; pH-Wert 6–8; Härte 4–30 °dGH. *Nahrung:* Mikroorganismen, kleines Lebendfutter. *Vorkommen:* Fast komplettes Zaïreflußsystem in West-Afrika.

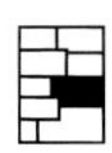

Campylomormyrus cassaicus

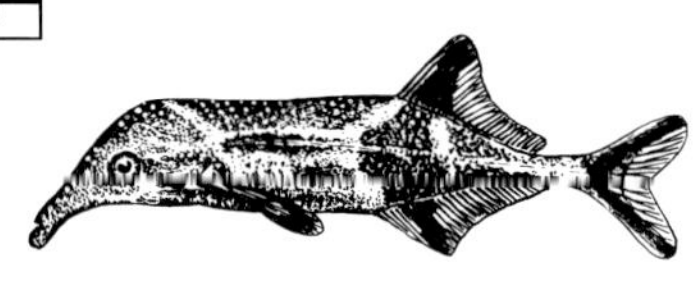

Mormyrus rume rume. Nur für das große Schauaquarium. Nachtaktiver, schwach elektrischer Nilhecht. Benötigt ein geräumiges Aquarium mit dichter, robuster Bepflanzung und vielen Wurzeln, die Unterschlupf bieten.
Länge: bis ca. 80 cm. *Wasser:* Temperatur 20–30 °C; pH-Wert 6,0–8,0; Härte 4–30 °dGH. *Nahrung:* Lebendfutter (Würmer). *Vorkommen:* West-Afrika; Nigerbecken.

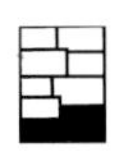

Mormyrus rume rume

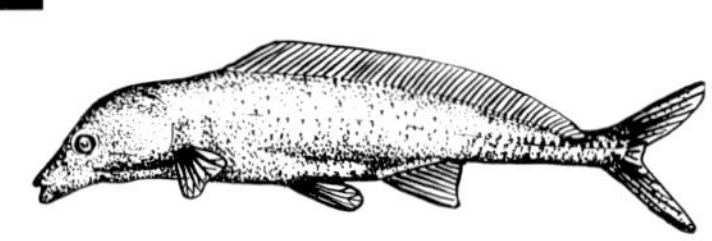

Messeraale und Messerfische

Sternopygidae, Notopteridae

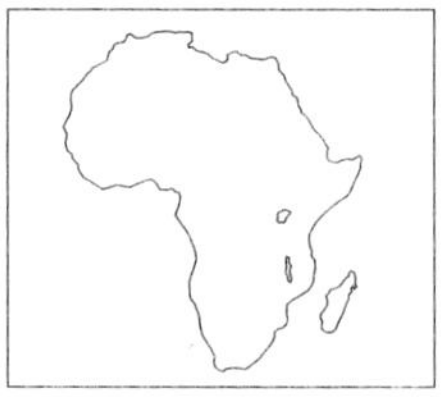

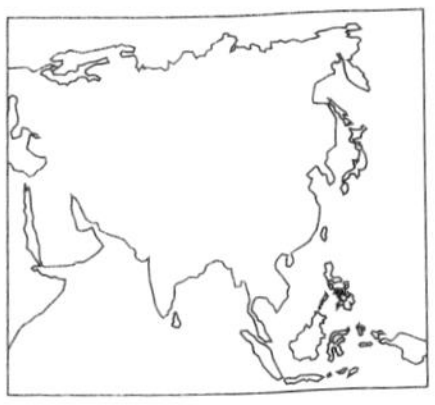

Als Messerfische werden im Handel Vertreter verschiedener Fischfamilien angeboten, die sich vor allem durch eine messerklingenartige Körperform auszeichnen. Die Schwanzflosse ist oft stark zurückgebildet oder fehlt ganz. Auch die Rückenflosse fehlt bei den meisten Arten. Dafür ist die Afterflosse sehr lang und sorgt durch undulierende, wellenförmige Bewegungen für eine eigenartig gleitende Fortbewegung, mit der die Fische sowohl vorwärts als auch rückwärts schwimmen können.
Die mittel- und südamerikanischen Messerfische (Familien Apteronotidae, Gymnotidae, Hypopomidae, Rhamphichtyidae, Sternopygidae, Electrophoridae), von denen man etwa 85 Arten kennt, gehören zu der Ordnung der Gymnotiformes. Bei den überwiegend nachtaktiven Arten, die sich entweder räuberisch oder von Kleintieren ernähren, sind die Augen oft nur schwach entwickelt.
Die bemerkenswertesten Eigenschaften der amerikanischen Messerfische sind jedoch schwach bis sehr stark elektrische Fähigkeiten. Mit speziellen elektrischen Organen erzeugen sie mehr oder weniger regelmäßige Entladungen, die nach heutiger Kenntnis der Orientierung, dem Beutefang und der innerartlichen Verständigung (Vermehrung) dienen. Die Pflege dieser teilweise recht groß werdenden (viele erreichen aber auch nur höchstens 10 cm Länge), nur sporadisch im Handel angebotenen Messerfische ist in geräumigen Aquarien nicht schwierig.
Problematisch war bislang nur die Zucht. Unter Laborbedingungen gelang es KIRSCHBAUM u. a. jedoch, die häufiger angebotene Art *Eigenmannia virescens* durch Imitation von Regen- und Trockenzeiten erstmals gezielt über mehrere Generationen nachzuzüchten. Die damit gefundene Methode wurde auch inzwischen erfolgreich bei anderen Arten angewendet.
Die zentralafrikanischen und südostasiatischen Messerfische (Gattungen *Notopterus*, *Papyrocranus*, *Chitala* und *Xenomystus*) ähneln den amerikanischen Arten. Sie sind jedoch nicht mit ihnen verwandt und auch nicht elektrisch. Die sehr gewandten, teilweise 80 cm und länger werdenden (*Xenomystus* bleibt klein, bis ca. 30 cm), im Alter recht bissigen, unverträglichen, nächtlichen Räuber gehören der Gattung *Chitala* an.
Die Haltung dieser nur gelegentlich importierten Arten ist in größeren, gut bepflanzten, nicht zu hell stehenden Spezialaquarien ebenfalls nicht schwierig. Sogar die Zucht ist – mehr zufällig – schon gelungen. Die Männchen betreiben Brutpflege.

Eigenmannia lineata. Werden am besten in kleinen Trupps gehalten. Klein bleibende tagaktive Art. Bei Balz und Ablaichen „elektrische" Töne abgebend. Abgedunkeltes Aquarium mit Schwimmpflanzendecke. Nur harmlose Beifische. *Länge:* ca. 25 cm. *Wasser:* 23–27 °C; pH-Wert 6–7; 3–10 °dGH. *Nahrung:* Kleines Lebendfutter, z. B. *Tubifex*, Mückenlarven usw. *Vorkommen:* Tropisches Südamerika.

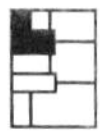

Eigenmannia lineata

Eigenmannia virescens (Grüner Messerfisch). Friedliche, größer werdende Art, die bei ungeeignetem Futterangebot schnell hungert. Mehr als zwei Tiere pflegen. Nur friedliche Beifische. Wird häufig mit *E. lineata* verwechselt. *Länge:* ca. 35 cm. *Wasser:* 23–27 °C; pH-Wert 6–7; 3–10 °dGH. *Nahrung:* Nur Lebendfutter. Die Fische verhungern bei ungeeigneter Nahrung. *Vorkommen:* Tropisches Südamerika.

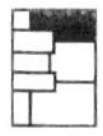

Eigenmannia virescens

Adontosternarchus sachsi. Eine friedliche, klein bleibende Messerfischart, die mit Panzer- und Harnischwelsen, Salmlern und kleinen Buntbarschen zusammen gepflegt werden kann. Wichtig ist, daß die Fische nachts genug zu fressen finden (nachtaktiv). Fütterung! *Länge:* ca. 16 cm. *Wasser:* 23–29 °C; pH-Wert 6–7; 2–6 °dGH. *Nahrung:* Maulgerechtes Lebendfutter. *Vorkommen:* Venezuela, Guayana.

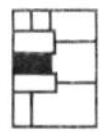

Adontosternarchus sachsi

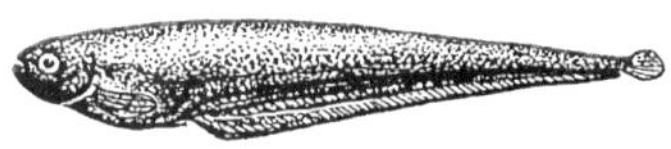

Notopterus notopterus (Asiatischer Fähnchen-Messerfisch). Immer dunkel bzw. schwarz gefärbt, nur der Kiemendeckel kann hell oder grün sein. Dämmerungs- und nachtaktiv. Unterdrückte, geschwächte Exemplare einzeln halten. Betreibt Brutpflege.
Länge: ca. 35 cm. *Wasser:* Temperatur 24–28 °C; pH-Wert 6–7; Härte 2–10 °dGH. *Nahrung:* Nur Lebendfutter aller Art. *Vorkommen:* Südostasien.

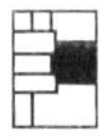

Notopterus notopterus

Xenomystus nigri (Afrikanischer Messerfisch). Nur innerartlich oft unverträglich, nicht mit kleinen Fischen vergesellschaften. Dichte Rand- und Hintergrundbepflanzung, genügend Schwimmraum freilassen. Immer reichlich füttern. *Länge:* ca. 30 cm. *Wasser:* 23–28 °C; pH-Wert 6–7; 2–10 °dGH. *Nahrung:* Viel kräftiges Lebendfutter aller Art. *Vorkommen:* Tropisches West- und Zentralafrika, Nil.

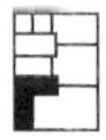

Xenomystus nigri

Chitala ornata (Indischer Fähnchen-Messerfisch). Jungfische besonders schön gezeichnet. Bissig. Nur Jungtiere für die Aquaristik geeignet. Im Alter benötigen sie große Schauaquarien, die ihrem Platzbedürfnis entsprechen. *Länge:* ca. 100 cm. *Wasser:* 24–28 °C; pH-Wert 6–7; 2–10 °dGH. *Nahrung:* Kräftiges Lebendfutter, auch Fleischstückchen. *Vorkommen:* Thailand und angrenzende Länder.

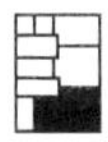

Chitala ornata

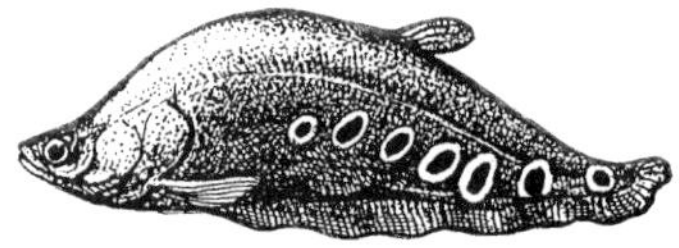

Brackwasserfische

Toxotidae, Scatophagidae, Monodactylidae, Gobiidae, Ariidae

Fischarten, die in salzigem Wasser mit schwankendem Salzgehalt – entstanden durch eine Mischung von Süß- und Salzwasser im Gezeitenbereich – leben können. Für jede hier abgebildete Art sollte auch im Aquarium ein Salzzusatz gegeben werden, obwohl einige Arten auch im Süßwasser leben können.

Toxotes jaculatrix

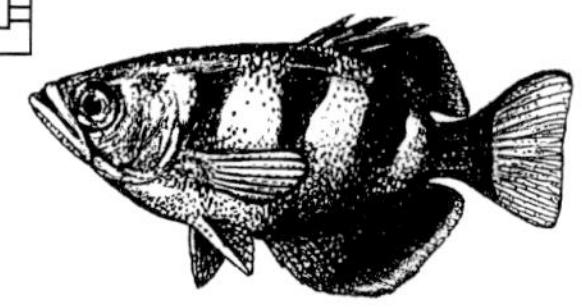

Toxotes jaculatrix (Schützenfisch). Wegen seiner „Schießkünste“ berühmt. Er kann mit einem gezielten Wasserstrahl Insekten, die sich außerhalb des Wassers befinden, über Entfernungen bis 50 cm „herunterspucken“. Ruhiger Oberflächenfisch. Mit gleich großen Artgenossen (kleinere werden unterdrückt) und anderen Arten im allgemeinen gut verträglich. Geräumige Becken, viel freier Schwimmraum, mäßige Bepflanzung. Dunkelfärbung deutet auf Unbehagen hin, dann Meersalzzusatz. Haltung auch im Paludarium möglich.
Länge: ca. 25 cm. *Wasser:* Temperatur 26–28 °C; pH-Wert über 7; mittelhart bis hart. *Nahrung:* Lebendfutter, bevorzugt Anfluginsekten. *Vorkommen:* Küstengebiete des Indo-Pazifiks.

Scatophagus argus

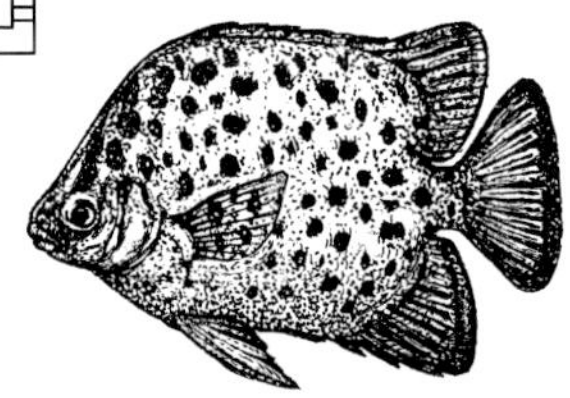

Scatophagus argus (Grüner Argusfisch). Hochrückiger Schwarmfisch. Kommt im Süß-, Brack- und Meerwasser vor. Beide rechts abgebildeten Argusfisch-Arten sind als Jungfische von 5–6 cm Länge ausgesprochen farbenschön. Mit zunehmender Größe verwaschen sich die Farben. Ab und zu Salzzusatz empfehlenswert. Lieben große Aquarien mit viel freiem Schwimmraum! Friedlich gegenüber anderen Mitbewohnern. Sehr empfindlich gegen Nitrit und Nitrat; gute Filterung.
Länge: bis ca. 30 cm. *Wasser:* Temperatur 22–28 °C; pH-Wert 7–9; bis 10–25 °dGH. *Nahrung:* Allesfresser, viel pflanzl. Beikost. *Vorkommen:* Küsten des tropischen Indopazifiks.

Monodactylus argenteus

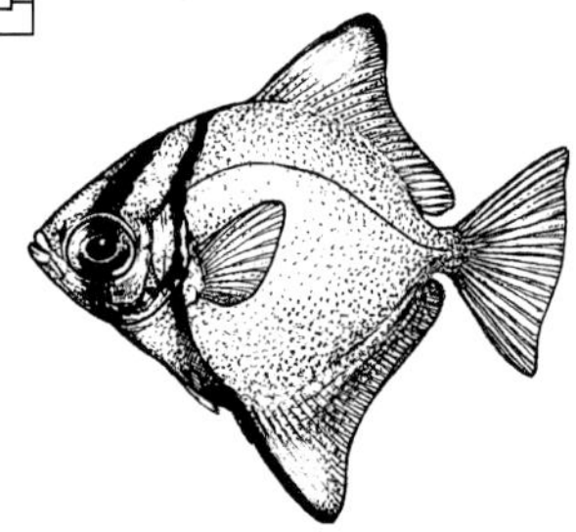

Monodactylus argenteus (Silberflossenblatt). Äußerst attraktiver, wegen seiner hohen Körperform interessanter Fisch. Eleganter, schneller Schwarmfisch, der große Aquarien mit viel freiem Schwimmraum und Versteckplätzen (Wurzelstöcke, senkrechte Bambusstäbe) benötigt. Während der Eingewöhnung oft scheu, später gefräßig und schnellwüchsig. Haltung als Jungtiere im Süßwasser mit (eventuell) Meersalzzusatz. Mit zunehmender Größe Meerwasserhaltung empfehlenswert. Gute Durchlüftung. *Länge:* bis ca. 23 cm. *Wasser:* Temperatur 24–28 °C; pH-Wert 7–8; 12–24 °dGH; Meersalzzusatz: anfangs 2–3 Eßlöffel auf 10 l Wasser. *Nahrung:* Alle Lebendfutterarten, pflanzliche Zukost. *Vorkommen:* Indopazifik.

Psettias sebae

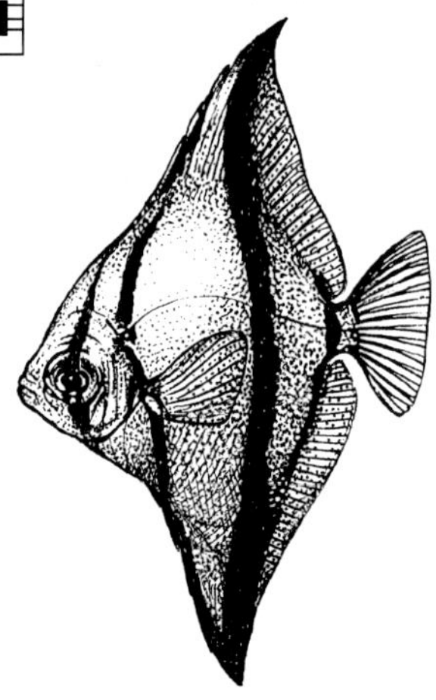

Psettias sebae (Seba-Flossenblatt). Lebhafter Schwarmfisch, der am besten im Brack- und Meerwasser gepflegt wird. Braucht größere Aquarien mit viel freiem Schwimmraum. Fehlen Versteckplätze, verhalten sich die Fische oft ausgesprochen scheu und schreckhaft. Nur räuberisch gegenüber kleinen Fischen, gut mit gleich großen Arten mit ähnlichen Lebensansprüchen zu vergesellschaften. Haltung nach Eingewöhnung nicht schwierig. Strömung. Erfolgreiche Zucht aus Hongkong bekannt. *Länge:* bis ca. 20 cm. *Wasser:* 24–28 °C; pH-Wert 7–8; 10–25 °dGH. Salzzusatz: anfangs 1–2 Teelöffel auf 10 l Wasser. *Nahrung:* Lebendfutter, pflanzliche Zukost. *Vorkommen:* Westafrika, Küsten von Senegal bis Zaïre.

Brachygobius xanthozona

Brachygobius xanthozona (Goldringelgrundel). Hübsche kleine „Wasserbienen“ für das Artaquarium (hier können schon kleinere Bekken Verwendung finden). Die Tiere grenzen ihre Reviere ab, kein anderer Artgenosse darf in bereits besetzte Territorien eindringen. Die Brutpflege übernimmt das Männchen (Vaterfamilie). Je nach Fischbesatz entsprechend viele Versteckmöglichkeiten durch Steinnischen, Wurzeln (die keine Gerbsäure an das Wasser abgeben) schaffen. Meerwasserzusatz ist zur Gesunderhaltung wichtig. *Länge:* ca. 2,5–4,5 cm. *Wasser:* 24–28 °C; pH-Wert 7–8; mittelhart bis hart; (1–2 Eßl. Meersalz auf 10 l). *Nahrung:* Lebendfutter; alle üblichen kleinen Sorten. *Vorkommen:* Südostasien.

Arius seemanni

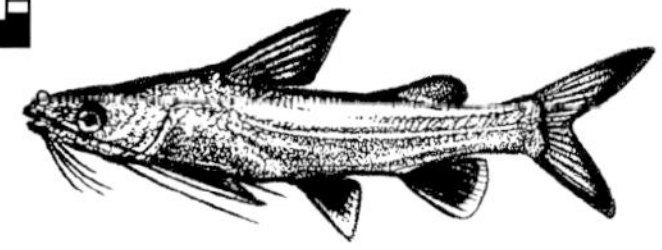

Arius seemanni (Westamerikanischer Kreuzwels, „Minihai“). Schwimmfreudiger, lebendiger, überwiegend tagaktiver Wels. Bei viel Schwimmraum auch Höhlenverstecke anbieten. Ein Fisch für den versierten, spezialisierten Aquarianer, denn obwohl als Jungtier besonders attraktiv und wenig anspruchsvoll, wird seine Haltung mit zunehmender Größe heikler. Salzzusatz ist dann oft notwendig (10–20 g/l), Beckenlänge 150–200 cm. Sehr gefräßig. Vorsicht beim Anfassen, der verknöcherte erste Strahl der hohen Rückenflosse kann schmerzhafte Verletzungen verursachen.
Länge: 25–30 cm. *Wasser:* Temperatur 21–27 °C; pH-Wert 6,5–8; 8–20 °dGH. *Nahrung:* Allesfresser. *Vorkommen:* Peru bis Mittelamerika.

Sonderlinge

Diese Fische stufen wir als Sonderlinge ein, da sie zum einen nicht so häufig gepflegt und im Fachhandel nur sporadisch angeboten werden. Außerdem stellen sie in der Haltung besondere Ansprüche. Zum anderen gehören einige zu einer sehr kleinen Familie mit nur einer Gattung und einer Art. Manche sind für das Gesellschaftsbecken nur bedingt oder gar nicht geeignet. Diese Tiere sollten ausschließlich im Artaquarium und von Spezialisten gepflegt werden. Zudem sind die meisten der abgebildeten Fische Nahrungsspezialisten.
So besteht die faszinierende Familie Pantodontidae (Schmetterlingsfische) nur aus einer Gattung mit einer Art *Pantodon buchholzi.* Dieser Fisch springt mit gespreizten Brustflossen aus dem Wasser und fällt dann zur Seite geneigt zurück. Die Familie Luciocephalidae (Hechtköpfe) ist nur mit einer Gattung *Luciocephalus* und zwei Arten vertreten, die hochspezialisiert Beutetieren auflauern und blitzartig zustoßen. Die Gattung *Sillaginopsis* gehört mit zwei weiteren Gattungen zur Familie Sillaginidae (Schwertfische). Zur Familie Gasterosteidae gehören die Stichlinge der Gattung *Gasterosteus.* Die Familie Anablepidae (Vieraugen) mit drei Unterfamilien und insgesamt fünf Arten sind vor allem durch die großen quergeteilten Augen gekennzeichnet, sie werden gern in Zooanlagen mit großem Platzangebot gepflegt.

Sillaginopsis panijus (Indischer Schwertfisch). In Gesellschaft von Artgenossen und mit anderen gleich großen friedlichen Fischen, die gleiche Ansprüche stellen, kann er gut gepflegt werden. Bemerkenswertes Schwimmverhalten. Fällt durch extrem verlängerten ersten Rückenflossenstrahl auf. Benötigt viel Schwimmraum. Wurzeln, Sand und runde, Höhlen bildende Steine sind vorteilhaft.
Länge: ca. 12 cm. *Wasser:* Temperatur 23–26 °C; pH-Wert 6,6–7,8; Härte 8–20 °dGH. *Nahrung:* Hauptsächlich Lebendfutter, dazu auch Frostfutter. *Vorkommen:* Indien und Bangladesh, Ganges-Einzugsgebiet.

Pantodon buchholzi (Afrikanischer Schmetterlingsfisch). Ausgesprochener Oberflächenfisch. Aquarien mit großer Grundfläche, gut abdekken, jedoch zwischen Wasser und Deckscheibe 10–15 cm Raum lassen, denn der Fisch kann durch einen kräftigen Schwanzschlag aus dem Wasser springen. Kein Pflegling für Anfänger. Laichen unter der Wasseroberfläche. Die leichten Eier abfischen und in ein Aufzuchtbecken setzen.
Länge: ca. 15 cm. *Wasser:* 25–28 °C; pH-Wert 6–7; Härte bis 10 °dGH. *Nahrung:* Viel Lebendfutter, Insektenfresser, winzige Fische, Großflocken. *Vorkommen:* West- und Zentralafrika.

Gasterosteus aculeatus (Dreistachliger Stichling). Baut aus Pflanzenfasern Nest über einer kleinen Mulde, in dem das Weibchen laicht. Männchen bildet in der Laichzeit Reviere und trägt Prachtfärbung, bewacht und verteidigt intensiv Gelege und frischgeschlüpfte Brut. Ein Männchen und mehrere Weibchen pflegen. Aquarien ab 80 cm Länge, Verstecke, gute Durchlüftung, regelmäßiger Wasseraustausch.
Länge: ca. 10 cm. *Wasser:* Temperatur 8–18 °C (Zimmeraquarien sind oft zu warm); pH-Wert 6–8; Härte bis 20 °dGH. *Nahrung:* Nur Lebendfutter; Kleinkrebse, Würmer, Insektenlarven. *Vorkommen:* Europa.

Luciocephalus pulcher (Hechtkopf). Räuberisch lebender Labyrinthfisch, der atmosphärische Luft veratmet. Ruhiger Beutelauerer. Nur für Spezialisten. Mit Arten pflegen, die er nicht schlucken kann! Am besten in einer kleinen Gruppe im geräumigen Artaquarium mit gutem Pflanzenwuchs, auch Schwimmpflanzen und Wurzelholz zur Deckung verwenden. Gedämpftes Licht. Regelmäßiger Wasseraustausch.
Länge: ca. 18 cm. *Wasser:* Temperatur 22–28 °C; pH-Wert 5,5–7; 2–15 °dGH. *Nahrung:* Lebendfutter; kleine Fische. *Vorkommen:* Malaysia, Sumatra, Borneo.

Trinectes maculatus (Süßwasserflunder). Friedfertige Art. Gut zu pflegen. Aquarium mit viel freien Sandflächen als Bodengrund (bodenorientiert), nur stellenweise dichte Pflanzengruppen. Wichtig: Keine ständige Störung durch Mitbewohner; wollen in Ruhe gelassen werden. An die Wasserqualität werden keine hohen Ansprüche gestellt; es sollte regelmäßig ein Teilwasserwechsel (20 %) gemacht werden.
Länge: ca. 15 cm (im Aquarium nicht über 10 cm). *Wasser:* Temperatur 22–28 °C; pH-Wert 6,5–7,8; 2–15 °dGH. *Nahrung:* Allesfresser, auch Pflanzenreste, Flocken- und Tablettenfutter. *Vorkommen:* Mittelamerika.

Anableps anableps (Vierauge). Ein Lebendgebärender, der vor allem in den Mangroven zu finden ist. Kann in Süß- und Brackwasser gepflegt werden. Reiner Oberflächenfisch. Augen mit geteilter Linse für Ober- und Unterwassersehen. Verlangt viel Schwimmraum an der Wasseroberfläche. Aquarium ab 140 cm Länge. Uferaquarium, Sandboden. Dekoration Wurzelholz. *Länge:* ca. 30 cm. *Wasser:* Temperatur 24–28 °C; pH-Wert um 7–8; Härte 10–20 °dGH. *Nahrung:* Vor allem Oberflächenfutter, z. B. kl. Heimchen; aber auch ohne Probleme Flocken, Tabletten u. Tiefgefrorenes sowie Gefriergetrocknetes. *Vorkommen:* Nördliches Südamerika.

Sillaginopsis panijus

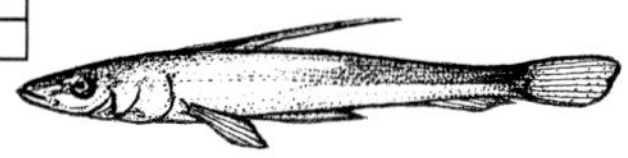

Pantodon buchholzi

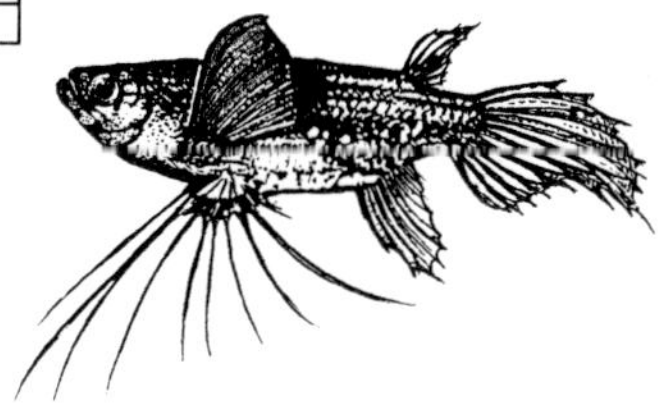

Gasterosteus aculeatus

Luciocephalus pulcher

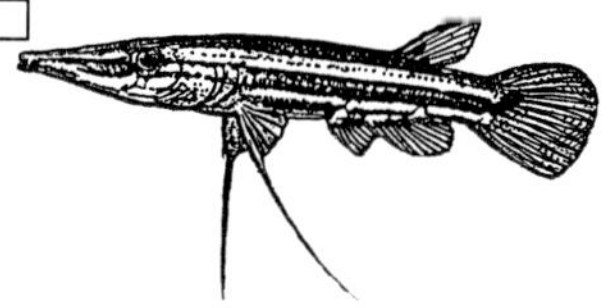

Trinectes maculatus

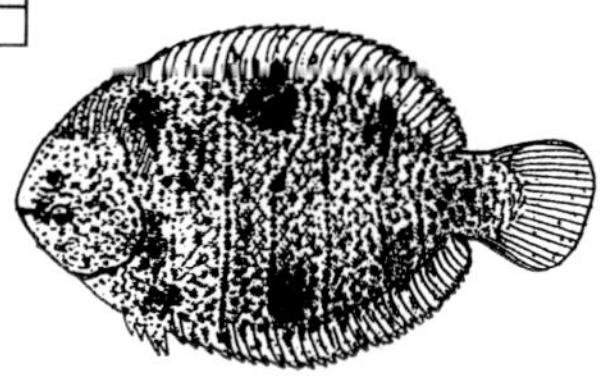

Anableps anableps

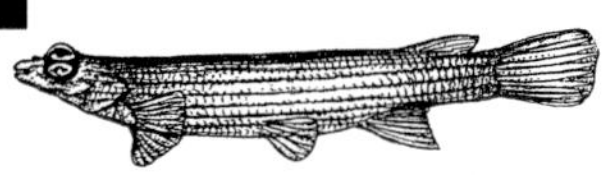

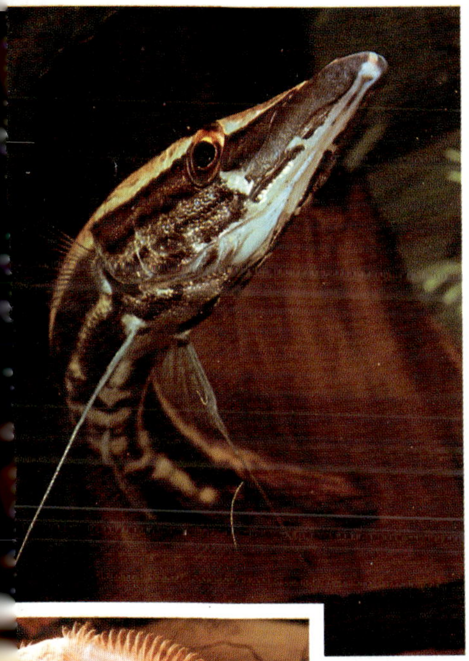

Anhang

Literatur

Bücher

Allen, G.R. und N.J. Cross: Rainbowfishes of Australia and Papua New Guinea. T.F.H. Publications, Inc. Neptune City, N.J., 1982.

Arnold, P. und E. Ahl: Fremdländische Süßwasserfische. Wenzel und Sohn, Braunschweig, 1936.

Axelrod, Herbert R. und L.P. Schulz: Handbook of Tropical Aquarium Fishes. Mc Graw-Hill Book Company, Inc. New York, Toronto, London, 1955.

Axelrod, Herbert R. und Warren Burgess: Atlas of the Freshwater Aquarium Fishes. T.F.H. Publications, Inc., Neptune City, USA.

Axelrod, Herbert R., W. Vorderwinkler, C.W. Emmens, D. Sculthorpe, N. Pronek: Exotic Tropical Fishes, 1974.

Baensch, Hans A. und Rüdiger Rhiel: Aquarien-Atlas. Band 2. Mergus-Verlag, Melle 1985 bis 1989.

Baensch, Hans A. und Rüdiger Riehl: Aquarien-Atlas. Band 4. Mergus-Verlag, Melle 1995.

Baensch, Hans A. und Rüdiger Rhiel: Aquarienatlas. Band 5. Mergus-Verlag, Melle 1997.

Beck, Peter: Aquarien-ABC. Profitips für Einsteiger. Kosmos-Verlag, Stuttgart, 1992.

Bleher, Heiko und Manfred Göbel: Discus. Aquaprint-Verlag, Neu-Isenburg, 1992.

Brembach, Manfred: Lebendgebärende Fische im Aquarium. Kosmos-Verlag, Stuttgart, 1979.

Brembach, Manfred: Lebendgebärende Halbschnäbler. Natur & Wissenschaft, Solingen, 1991.

Brittan, M.R.: A revision of the Indo-Malayan freshwater fish genus Rasbora. Philippine Inst. Sci. Tech., monog. 3, 1954.

Carli, Franco De: Fische. Falken-Verlag, Wiesbaden, 1976.

Deutsche Cichliden-Gesellschaft: Cichliden. Frankfurt, 1995.

Dreyer, Stephan und Rainer Keppler: Das Kosmos-Buch der Aquaristik. Fische, Pflanzen, Wassertechnik. Kosmos-Verlag, Stuttgart, 1993.

Duncker, Georg: Die Fische der Malayischen Halbinsel. Mitt. Nat. Mus. Hamburg 21, 1904.

Etscheidt, Jutta: Das Süßwasser-Aquarium. Falken-Verlag, Niedernhausen, 1995.

Evers, Hans-Georg: Panzerwelse. Ulmer-Verlag, Stuttgart, 1994.

Franke, Hanns-Joachim: Handbuch der Welskunde. Landbuch-Verlag, Hannover, 1985.

Frey, Hans: Welse und andere Sonderlinge. Band 3. Neumann-Verlag, Radebeul, 1974.

Gärtner, Gerhard: Zahnkarpfen, die Lebendgebärenden im Aquarium. Ulmer Verlag, Stuttgart 1981.

Gery, Jacques: Characoids of the world. T.F.H. Publications, Inc., Neptune City, N.J., 1977.

Goldstein, R.J.: Cichlids of the World. T.F.H.-Publications, Neptune City, N.J., 1973.

Greenwood, P.H., D.F. Rosen, St.H. Weitzmann, G.S. Myers: Phyletic studies of teleostan fishes, with a provisional classification of living forms. Bull. Amer. Mus. Nat. Hist. 131, 1966.

Grobe, Jürgen: So oder So?. Alfred Kernen Verlag, Stuttgart, 1955.

Hellner, Steffen: Killifische. Eierlegende Zahnkarpfen. Gräfe & Unzer, München 1989.

Herrmann, Hans-Joachim: Aqualex-catalog Tanganjikasee-Cichliden. Dähne-Verlag, Ettling, 1996.

Herrmann, Hans-Joachim: Die Buntbarsche der Alten Welt; Tanganjikasee. Ulmer-Verlag, Stuttgart, 1987.

Hieronimus, Harro: Guppy, Platy, Molly und andere Lebendgebärende. Gräfe & Unzer, München 1991.

Hieronimus, Harro: Welse. Ulmer-Verlag, Stuttgart 1989.

Hoedemann, J.J.: Elseviers Aqariumvissen Encyclopedie, Teil 5. Labyrinthvissen Verlag, Elsevier, Amsderdam, Brüssel, 1969.

Horst, Kaspar und Horst E. Kipper: Das optimale Aquarium. Aquadocumenta-Verlag, Bielefeld.

Horst, Kaspar: Mein erstes Aquarium. AD aquadocumenta Verlag, Bielefeld, 1992.

Inger, Robert F. und Chin Phui Kong: The Fresh-Water Fishes of North Borneo. Fieldiana Zoology, Volume 45, Chicago Natural History Museum, Chicago, 1962.

Jacobs, Kurt: Die Lebendgebärenden Fische der Süßgewässer. Edition Leipzig, 1969.

Kahl, Burkard: Aquarienfische. Gräfe & Unzer, München, 1988.

Kahl, Burkard: Salmler, Haltung und Zucht. Kosmos-Verlag, Stuttgart, 1970.

Kahl, Burkard: Süßwasser-Aquarienfische. Falken-Verlag, Niedernhausen, 1979.

Keller, Günter: Der Diskus. Kosmos-Verlag, Stuttgart, 6. Auflage, 1988.

Kirschbaum, Frank: Elektrische Fische. aqua geographia Nr. 1, S. 59–70, Aquaprint-Verlag, Neu-Isenburg.

Konings, Ad und H.W. Dieckhoff: Geheimnisse des Tanganjikasees. Cichlid Press, St. Leon-Rot, 1992.

Konings, Ad: Cichliden artgerecht gepflegt. Cichlid Press, St. Leon-Rot, 1993.

Konings, Ad: Cichlids and all the other fishes of Lake Malawi. T.F.H. Publications, Inc., Neptune City, USA, 1990.

Konings, Ad: Das Cichliden-Jahrbuch. Band 1. Aquapport-Verlag, Ronnenberg, 1991.

Konings, Ad: Malawi-Cichliden. Cichlid Press, St. Leon-Rot, 1995.

Koslowski, Ingo: Die Buntbarsche der Neuen Welt – Zwergcichliden. Reimar Hobbing, Essen, 1985.

Kosmos-Handbuch Aquarienkunde. Das Süßwasseraquarium. Kosmos-Verlag, Stuttgart, 1978.

Koumans, F.P.: The fishes of the Indo-Australian Archipelago. Vol. 10, E.J. Brill, Leiden, 1953.

Kramer, Kurt und Hugo Weise: Aquarienkunde. Gustav Wenzel & Sohn, Braunschweig, 1952.

Ladiges, Werner und Dieter Vogt: Die Süßwasserfische Europas bis zum Ural und Kaspischen Meer. Paul Parey, Hamburg und Berlin, 2. Auflage, 1979.

Ladiges, Werner: Barben. Alfred Kernen Verlag, Stuttgart, 1962.

Ladiges, Werner: Bärblinge. Alfred Kernen Verlag, Stuttgart, 1963.

Linke, Horst und Wolfgang Staeck: Amerikanische Cichliden I und II. Tetra Verlag, Melle, 1984.

Linke, Horst und Wolfgang Staeck: Afrikanische Cichliden I. Buntbarsche aus Westafrika. Tetra Verlag, Melle, 1981.

Linke, Horst: Farbe im Aquarium. Labyrinthfische. Tetra-Verlag, Melle, 2. Aufl. 1987.

Lüling, K.H.: Südamerikanische Fische und ihr Lebensraum. Pfriem-Verlag, Wuppertal, 1973.

Marshall, N.B.: The Live of Fishes. Weidenfeld and Nicolson, London, 1965.

Mayland, Hans J.: Bewährte und begehrte Welse aus allen Erdteilen. Landbuch-Verlag, Hannover 1991.

Mayland, Hans J.: Cichliden. Landbuch-Verlag, Hannover 1988.

Mayland, Hans J.: Der Malawisee und seine Fische. Landbuch-Verlag, Hannover 1982.

Mayland, Hans J.: Welse aus aller Welt. Albrecht Philler Verlag, Minden, 1987.

Mees, G.F: The Auchenipteridae and Pimelodidae of Suriname (Pisces, Nematognathi). Zool. Verh., Leiden, 1974.

Meyer, Manfred und Lothar Wischnath und Wolfgang Foerster: Lebendgebärende Zierfische. Arten der Welt. Mergus-Verlag, Melle.

Nelson, Joseph S.: Fishes of the World. John Wiley & Sons, Inc., New York, 1976, 1984 und 1994.

Nieuwenhuizen, Arend van den: Das Wunder im Wohnzimmer. Alfred Kernen Verlag, Stuttgart, 1982.

Nieuwenhuizen, Arend van den: Exoten im Aquarium. Landbuch-Verlag, Hannover, 1962.

Nieuwenhuizen, Arend van den: Labyrinthfi-

sche. Alfred Kernen Verlag, Stuttgart, 1961.
Nieuwenhuizen, Arend van den: Zwergbuntbarsche. Alfred Kernen Verlag, Stuttgart, 1964.
Ott, Gerhard: Schmerlen. Philler-Verlag, Minden, 1988.
Paysan, Klaus: Welcher Zierfisch ist das? Kosmos-Verlag, Stuttgart, 1970.
Piecchocki, R.: Der Goldfisch. Neue Brehm-Bücherei, Ziemsen-Verlag, Wittenberg, 1973.
Pinter, Helmut: Handbuch der Aquarienfisch-Zucht. Alfred Kernen Verlag, Stuttgart, 4. Auflage, 1966.
Plöger, K. und M. Brembach: Lebendgebärende. Alfred Kernen Verlag, Stuttgart.
Plöger-Brembach, Katrin: Lebendgebärende. Alfred Kernen Verlag, Stuttgart, 1982.
Richter, Hans-Joachim: Das Buch der Labyrinthfische. Neumann-Verlag, Leipzig, Radebeul, 1979.
Rhiel, Rüdiger und Hans A. Baensch: Aquarien-Atlas. Band 1. Mergus-Verlag, Melle 1982 bis 1991.
Rhiel, Rüdiger und Hans A. Baensch: Aquarien-Atlas. Band 3. Mergus-Verlag, Melle 1990.
Rosen, D. E. und R. M. Bailey: The Poecichliid Fishes (Cyprinodontiformes). Their Structures, Zoogeography and Systematics. Bull. Amer. Mus. Nat. Hist. 126, 1963.
Rosen, D. E.: The Relationships and Taxonomic Position for the Halfbeaks, Killifishes and Silversides. Bull. Amer. Mus. Nat. Hist. 127, 1964.
Sands, D.: Catfishes of the World. Vol. 1-4. Dunure Publications, Scotland, 1983, 1984.
Scheel, Jorgen: Rivulins of the old world. T.F.H. Publications, Inc., Neptune City, N.J., 1968.
Schindler, O.: Unsere Süßwasserfische. Kosmos-Verlag, Stuttgart, 1953.
Schliewen, Ulrich: Wasserwelt Aquarium. Gräfe & Unzer Verlag, München, 1997.
Schreitmüller, W.: Zierfische, ihre Pflege und Zucht. Müller, Frankfurt/M., 1931.
Schubert, Gottfried und Dieter Untergasser: Krankheiten der Fische. Kosmos-Verlag, Stuttgart, 2. Auflage, 1994.
Seegers, Lothar: Killifische. Eierlegende Zahnkarpfen im Aquarium. Ulmer-Verlag, Stuttgart, 1980.
Seuß, Werner: Corydoras. Dähne-Verlag, Ettlingen, 1992.
Smith, Hugh M.: The Freshwater Fishes of Siam or Thailand. Bull. U.S. Nat. Mus., Washington, 1945.
Spreinat, Andreas: Aqualex-catalog Malawisee-Cichliden. Dähne-Verlag, Ettlingen, 1997.
Stadelmann, Peter: Erlebnis Aquarium. Gräfe & Unzer, München, 1996.
Staeck, Wolfgang und Horst Linke: Afrikanische Cichliden II. Buntbarsche aus Ostafrika. Tetra-Verlag, Melle, 1982.
Staeck, Wolfgang: Handbuch der Cichlidenkunde. Kosmos-Verlag, Stuttgart 1982.
Stallknecht, Helmut: Lebendgebärende Zahnkarpfen. Neumann Verlag. Leipzig, Radebeul, 1989.
Stawikowski, Rainer und Uwe Werner: Die Buntbarsche der Neuen Welt – Mittelamerika. Reimar Hobbing, Essen, 1985.
Stawikowski, Rainer und Uwe Werner: Die Buntbarsche der Neuen Welt – Südamerika. Reimar Hobbing, Essen, 1988.
Sterba, Günther: Süßwasserfische der Welt. Urania-Verlag, Leipzig, Jena, Berlin, 1987.
Suel, S.M.K.: Revision of the oriental fishes of the family Mastacembelidae. Bull-Raffles Mus. no. 7, Singapore, 1956.
Tusche, Hans W.: 1 x 1 für junge und alte Aquarianer. Alfred Kernen Verlag, Stuttgart, 1957.
Untergasser, Dieter: Krankheiten der Aquarienfische. Diagnose und Behandlung. Kosmos-Verlag, Stuttgart, 1989.
Vierke, Jörg: Die beliebtesten Zierfische. Kosmos-Verlag, Stuttgart, 1992.
Vierke, Jörg: Fischverhalten beobachten und verstehen. Kosmos-Verlag, Stuttgart, 1994.
Vierke, Jörg: Labrinthfische. Arten, Haltung, Zucht. Kosmos-Verlag, Stuttgart, 1986.
Vierke, Jörg: Unser erstes Aquarium. Kosmos-Verlag, Stuttgart, 1993.
Vierke, Jörg: Vierkes Aquarienkunde. Kosmos-Verlag, Stuttgart, 1982.
Vierke, Jörg: Zwergbuntbarsche im Aquarium. Kosmos-Verlag, Stuttgart, 1977.
Villwock, Wolfgang: Eierlegende Zahnkarpfen. Alfred Kernen Verlag, Stuttgart, 1960.
Vogt, Dieter und Heinz Wermuth: Knaurs Aquarien- und Terrarienbuch. Droemersche Verlagsanstalt, München, Zürich, 1961.
Vogt, Dieter: Buntbarsche. Alfred Kernen Verlag, Stuttgart, 1983.
Vogt, Dieter: Kleine Aquarienkunde. Urania Verlag, Leipzig, Jena, 1957.
Vogt, Dieter: Salmler I. Alfred Kernen Verlag, Stuttgart, 1983.
Vogt, Dieter: Salmler II. Alfred Kernen Verlag, Stuttgart, 1984.
Vogt, Dieter: Salmler III. Alfred Kernen Verlag, Stuttgart, 1985.
Vogt, Dieter: Schmerlen, Algenfresser, Flossensauger, Stachelaale. Alfred Kernen Verlag, Stuttgart, 1973
Vogt, Dieter: Tropische Barsche und Heringsfische. Alfred Kernen Verlag, Stuttgart, 1972.
Vogt, Dieter: Welse. Datz-Bücherei. Reimar Hobbing, Essen, 4. Auflage, 1984.
Weber, Max und L.F. de Beaufort: The fishes of the Indo-Australian Archipelago 2. E.J. Brill, Leiden, 1913.
Weber, Max und L.F. de Beaufort: The fishes of the Indo-Australian Archipelago 3. E.J. Brill, Leiden, 1916.
Weber, Max und L.F. de Beaufort: The fishes of the Indo-Australian Archipelago 4. E.J. Brill, Leiden, 1922.
Weiss, Werner: Welse im Aquarium. Kosmos-Verlag, Stuttgart 1979.
Werner, Uwe: Beliebte Fische für kleine Aquarien. Reimar Hobbing, Essen, 1988.
Wildekamp, Ruud: Prachtkärpflinge. Alfred Kernen Verlag, Stuttgart, 1981.
Wilkerling, Klaus: Die Aquarienfibel. Kosmos-Verlag, Stuttgart, 1988.
Zurlo, Georg: Buntbarsche/Cichliden. Gräfe & Unzer, München, 1990.

Zum Weiterlesen ...

... finden Sie hier weitere Aquarienbücher aus dem Kosmos Verlag:

Dreyer, Stephan und Rainer Keppler: Das neue Kosmos-Buch der Aquaristik. Fische, Pflanzen, Wasser, Technik.
Gay, Jeremy: 1x1 der Aquaristik. Ausstattung, Technik, Pflege.
Gering, Claus-Peter: Aquarienpflanzen.
Hiscock, Peter: Aquarien gestalten – nach dem Vorbild der Natur.
Hofstätter, Christian W.: Garnelen & Krebse.
Kasselmann, Christel: Pflanzenaquarien gestalten. Planen, pflanzen, pflegen.
Kölle, Dr. med. vet. Petra: Fischkrankheiten.
Kothe, Hans W.: 250 Aquarienfische. Bestimmen, halten, pflegen.
Mayland, Hans J.: Diskus.
Mayland, Hans. J. und Dieter Bork: Salmler.
Ullrich, Martin: Buntbarsche.
Untergasser, Dieter: Krankheiten der Aquarienfische. Diagnose und Behandlung.
Veit, Klaus: Aquarium.
Vierke, Jörg: Kleine Aquarien. Extra: Nano-Aquarien.
Vierke, Jörg: Welse.
Wilkerling, Klaus: Aquarienfibel. Fische und Pflanzen im Süßwasseraquarium.

Bildnachweis

Mit 1.076 Farbfotos und 799 Schwarzweißzeichnungen. Fotonachweis: Der größte Teil der Aufnahmen in diesem Buch stammt von Burkard Kahl (973). Mit zur Bebilderung haben beigetragen: Bleher, H.: Seite 30(1), 46(1) u. 197(4); Dost, U.: Seite 181(1); Heijns, W.P.C.: Seite 199(1); Hellner, S.: Seite 147(1), 151(1), 156(1), 167(9), 177(3); König, Dr. R.: 81(1); Konings, A.: Seite 199(6), 203(2), 205(6), 225(1) u. 229(4); Linke, H.: Seite 191(6), 211(7), 215(8), 257(4), 259(2), 263(2) u. 265(3); Meyer, M.K.: Seite 181(2); Nieuwenhuizen, A. v.d.: Seite 183(3); Rösler, H.J.: Seite 149(1), 251(1), 255(4), 257(3), 261(5) u. 263(2); Schmida, G.E. (Archiv-H. Bleher): Seite 185(1); Staeck, W.: Seite 217(2); Vogt, D.: Seite 193(1); Windisch, A.: Seite 207(4). Schwarzweißzeichnungen von Burkard Kahl (535), Sonja Schadwinkel (165), Oliver Gehring (94) und Jürgen Härtel (5).

Register

Aalstrich-Prachtschmerle 94
Abramites hypselonotus 50
Acanthicus adonis 116
Acanthocobitis urophthalmus 98
Acantopsis sp. aff. octoactinotus 100
Achtbinden-Buntbarsch 200
Adonissalmler 18
Adontosternarchus sachsi 274
Aequidens pulcher 202
Aequidens rivulatus 208
Afrikanische Längsstreifenbarbe 72
Afrikanischer Schmetterlings-buntbarsch 220
Afrikanischer Großschuppen-salmler 28
Afrikanischer Hechtsalmler 38
Afrikanischer Hochrückensalm-ler 52
Afrikanischer Messerfisch 274
Afrikanischer Mondsalmler 28
Afrikanischer Schmetterlings-fisch 278
Afrikanischer Vielstachler 244
Agamyxis pectinifrons 130
Agassiz-Zwergbuntbarsch 218
Ageneiosidae 128
Ageneiosus magois 128
Ährenfische 184
Alburnoides bipunctatus 82
Alestidae 8, 28
Alfaro cultratus 172
Algenfresser 84
Algerienkärpfling 166
Altolamprologus calvus 230
Altolamprologus compressiceps 230
Alvarez' Wüstenfisch 166
Amblydoras hancocki 130
Ameca splendens 176
Ameca-Hochlandkärpfling 176
Amerikanische Rotflossenorfe 76
Amur-Stachelwels 132
Anabantidae 248, 264
Anableps anableps 278
Ancistrus aff. dolichopterus 120
Ancistrus sp. 120
Anden-Harnischwels 122
Anomalochromis thomasi 220
Anostomidae 48
Anostomus anostomus 50
Anostomus ternetzi 48
Antennenwels, Blauer 120
Antennenwelse 126
Aphanius apodus 166
Aphyocharax alburnus 30
Aphyocharax anisitsi 18
Aphyocharax paraguayensis 18
Aphyosemion amoenum 166
Aphyosemion australe 148
Aphyosemion bitaeniatum 144
Aphyosemion bivittatum 148
Aphyosemion cameronense 146
Aphyosemion congicum 148
Aphyosemion filamentosum 148
Aphyosemion fulgens 166
Aphyosemion gardneri gardneri 146
Aphyosemion georgiae 160
Aphyosemion loennbergii 146
Aphyosemion mimbon 146
Aphyosemion ogoense pyro-phore 146
Aphyosemion raddai 166
Aphyosemion scheeli 146
Aphyosemion sjoestedti 148
Aphyosemion walkeri 148
Apistogramma agassizii 218
Apistogramma bitaeniata 216
Apistogramma borellii 220
Apistogramma cacatuoides 220
Apistogramma eunotus 216
Apistogramma macmasteri 220
Apistogramma nijsseni 218
Apistogramma ramirezi 220
Apistogramma reitzgi 220
Apistogramma staecki 214
Apistogramma steindachneri 216
Apistogramma trifasciata 216
Aplocheilichthys hannerzi 162
Aplocheilichthys lamberti 164
Aplocheilichthys normani 162
Aplocheilichthys pumilus 162
Aplocheilichthys sp. 164
Aplocheilichthys sp. aff. john-stoni 162
Aplocheilichthys spilauchen 162
Aplocheilichthys vitschumbaen-sis 162
Aplocheilidae 144, 158, 166
Aplocheilus lineatus 158
Aplocheilus panchax 158
Argusfisch, Grüner 276
Ariidae 276
Arius seemanni 276
Armbrustsalmler 26
Arnoldichthys spilopterus 28
Arnolds Rotaugensalmler 28
Asiatischer Fähnchen-Messer-fisch 274
Asiphonichthys condei 22
Asokabarbe 74
Aspredinidae 140
Aspredo cotylephorus 140
Assam-Schlankbarbe 72
Astronotus ocellatus 200
Astyanax fasciatus 8
Astyanax fasciatus mexicanus 26
Astyanax sp. 12, 40
Atherinidae 184
Auchenipterichthys thoracatus 138
Auchenipteridae 138
Augenfleckbärbling 60
Augenfleck-Ceylonschmerle 98
Augenfleckenbuntbarsch 200
Augenfleckprachtcichlide, Fal-scher 222
Augenflecksalmler 18
Augenfleck-Stachelaal 268
Aulonocara cf. stuartgranti 234
Aulonocara hansbaenschi 234
Aulonocara jacobfreibergi 234
Aulonocara korneliae 234
Awaous badius 246
Azuma Nishiki 86

Bach-Halbschnäbler, 182
Bachlinge 152
Bachschmerle 98
Bachschmerle, Orangefleck- 100
Badidae 244
Badis badis 244
Bagridae 132
Balantiocheilus melanopterus 66
Balitoridae 94
Ballon-Mollys 168
Banderolenkärpfling 176
Bänderschmerle, Grüne 96
Banjo-Peitschenwels 140
Barbatula barbatula 98
Barben 66
Barbensalmler 34
Bärblinge 56
Barbodes schwanefeldi 74
Barbus barbus 80
Barbus callipterus 72
Barbus cf. pobeguini 78
Barbus fasciolatus 72
Barbus holotaenia 72
Barilius barna 72
Barilius dogarsinghi 72
Barmoi-Hechtling 158
Bartgrundel 98
Batanga lebretonis 246
Bedotia geayi 184
Beilbauchfische 46
Belonesox belizanus 168, 174
Belontia hasselti 258
Belontia signata 262
Belontiidae 154, 248, 262
Benthochromis tricoti 228
Berdmore's Schmerle 96
Berliner Kreuzung 180
Betta bellica 254
Betta coccina 256
Betta edithae 256
Betta foerschi 256
Betta imbellis 254
Betta picta 256
Betta pugnax 254
Betta smaragdina 254
Betta splendens 248, 254
Betta taeniata 254
Betta tussyae 256
Betta unimaculata 256
Beulenkopf-Buntbarsch 232
Beulenkopf-Maulbrüter 236
Biotodoma sp. 204
Biotodoma wavrini 204
Bitterling 76
Bitterlingsbarbe 68
Blasenauge 88
Blattfisch 244
Blattfische 192
Blauaugen-Harnischwels 118
Blauaugen-Kärpfling 172
Blaubarsche 242
Blaubarsch 244
Blaue Prachtschmerle 96
Blauer Antennenwels 120
Blauer Bärbling 56
Blauer Diskus 194
Blauer Fächerfisch 156
Blauer Gold-Buntbarsch 198
Blauer Gurami 252
Blauer Kaiserbuntbarsch 234
Blauer Kielbauchbärbling 76
Blauer Kongocichlide 222
Blauer Kongosalmler 28
Blauer Leuchtaugenfisch 164
Blauer Neon 16
Blauer Oranda 92
Blauer Panzerwels 106
Blauer Perusalmler 14
Blauer Prachtkärpfling 148
Blauer Schmuck-Antennenwels 126
Blau-goldener Buntbarsch 234
Blaupunkt-Buntbarsch 202
Blaustreifenbachling 152
Blaustrichbarbe 72
Blehers Regenbogenfisch 188
Blinder Höhlensalmler 8, 26
Blutsalmler 10
Boehlkea fredcochui 14
Bolivianischer Schmetterlings-buntbarsch 220
Boraras brigittae 58
Boraras maculatus 62
Boraras urophthalmoides 62
Borneo-Dornauge 96
Botia berdmorei 96
Botia dario 96
Botia macracanthus 94
Botia modesta 96
Botia morleti 94
Botia sidthimunki 94
Botia sp. aff. helodes 94
Botia sp. aff. lecontei 96
Botia sp. aff. lohachata 94
Botia striata 94
Boulengerella maculata 40
Boulengers Schneckenbunt-barsch 224
Brabant-Buntbarsch 232
Brachsensalmler 50
Brachydanio „frankei" 58
Brachydanio „kerri" 56
Brachydanio albolineatus 56
Brachydanio nigrofasciatus 56
Brachydanio rerio 56
Brachygobius xanthozona 276
Brachyrhamdia imitator 126
Brachyrhamdia marthae 126
Brachyrhaphis roseni 172
Brackwasserfische 276
Brasilianischer Leierflosser 156
Brassenbarbe 74
Bratpfannenwels 140
Brauner Diskus 194
Brauner Kugelfisch 270

Brevimyrus 272
Brienomyrus niger 272
Brillantsalmler 20
Brochis britskii 108
Brochis splendens 108
Brycinus longipinnis 28
Brycon hilari 34
Buckelkärpfling 174
Buckelkopf-Buntbarsch 212, 232
Buckelkopf-Laetacara 218
Buntbarsche 190
Bunter Celebes-Halbschnäbler 182
Bunter Prachtkärpfling 148
Buschfische 264
Butis gymnopomus 246

Caecomastacembelus moorii 268
Caecomastacembelus sp. 268
Caenotropus labyrinthicus 34
Calico 90
Calico Demekin 88
Callichthyidae 102
Campylomormyrus cassaicus 272
Carassius auratus 86
Carassius carassius 80
Carnegiella marthae 46
Carnegiella strigata fasciata 46
Carnegiella strigata strigata 46
Catoprion sp. 38
Caudi, Gescheckter 174
Celebes-Halbschnäbler 182
Celebes-Sonnenstrahlfisch 184
Centrarchidae 242
Centrarchus macropterus 242
Ceylon-Makropode 262
Ceylonschmerle, Augenfleck- 98
Chaca bankanensis 142
Chacidae 142
Chaetostoma wucheri 122
Chakin 90
Chalceus erythrotrurus 26
Chanda sp. 242
Chandidae 242
Channa asiatica 266
Channa bleheri 266
Channa gachua var. 266
Channa marulius 266
Channa micropeltes 266
Channa striata 266
Channidae 266
Characidae 8, 38
Characidiidae 8
Characidium fasciatum 38
Characodon audax 176
Characodon lateralis 176
Chaudhuriidae 268
Cheilochromis euchilus 236
Chela caeruleostigmata 76
Chichlasoma nicaraguense 202
Chichlasoma salvinii 202
Chilatherina bleheri 188
Chilodus punctatus 50
Chinesisches Drachenauge 88
Chinshurin 90
Chitala ornata 274
Chotengan 86
Chromaphyosemion 146
Chromidotilapia guentheri 212
Cichlasoma cyanoguttatum 200
Cichlasoma festae 208
Cichlasoma maculicauda 208
Cichlasoma nigrofasciatum 202
Cichlasoma octofasciatum 200
Cichlasoma sajica 198
Cichlidae 190
Citharinidae 52
Citharinus citharus 52
Clarias angeolensis 142
Clariidae 142
Clarotes laticeps 132
Cleithracara maronii 202
Clownbarbe 70
Clown-Prachtschmerle 94
Cobitidae 94
Cobitis taenia 100
Cochliodon cochliodon 120
Cochliodon sp. 118
Colisa fasciata 250
Colisa labiosa 248
Colisa lalia 250
Colisa sota 250
Colletti-Salmler 24
Colomesus psittacus 270
Copella arnoldi 42
Corydoras acutus 112
Corydoras adolfoi 112
Corydoras aeneus 106
Corydoras araguaiensis 112
Corydoras arcuatus 110
Corydoras barbatus 106
Corydoras blochi 112
Corydoras blochi blochi 114
Corydoras blochi vittatus 114
Corydoras caudimaculatus 106
Corydoras cf. bolivianus 114
Corydoras cf. sodalis 112
Corydoras cf. treitlii 112
Corydoras concolor 108
Corydoras davidsandsi 110
Corydoras habrosus 114
Corydoras haraldschultzi 106
Corydoras hastatus 104
Corydoras imitator 112
Corydoras julii 106
Corydoras leucomelas 110
Corydoras maculifer 112
Corydoras melanistius 104
Corydoras melini 108
Corydoras metae 114
Corydoras myersi 114
Corydoras nattereri 106
Corydoras paleatus 114
Corydoras panda 110
Corydoras pygmaeus 104
Corydoras rabauti 114
Corydoras reticulatus 108
Corydoras robineae 110
Corydoras semiaquilis 112
Corydoras sp. 110, 112
Corydoras sterbai 102, 106
Corydoras trilineatus 106
Corydoras undulatus 108
Corydoras virginiae 112
Corynopoma riisei 8, 24
Crenicichla cf. lucius 206
Crenicichla compressiceps 206
Crenicichla regani 206
Crenicichla sp. „Xing£" 206
Crenicichla sp. 206
Crenicichla wallacii 206
Crenuchus spilurus 18
Crossocheilus siamensis 84
Ctenobrycon spilurus hauxwellianus 32
Ctenolucciidae 40
Ctenoluciidae 8
Ctenopharyngodon idella 80
Ctenopoma acutirostre 264
Ctenopoma ansorgii 264
Ctenopoma damasi 264
Ctenopoma fasciolatum 264
Ctenopoma kingsleyae 264
Ctenopoma weeksii 264
Curimatidae 8, 34
Curimatopsis sp. 30, 34
Cynolebias adloffi 156
Cynolebias bellottii 156
Cynolebias cyaneus 156
Cynolebias elongatus 156
Cynolebias leptocephalus 166
Cynolebias nigripinnis 156
Cynotilapia afra 240
Cyphotilapia frontosa 232
Cyprichromis leptosoma 228
Cyprinidae 54
Cyprinodon alvarezi 166
Cyprinodontidae 144
Cyrtocara moorii 236

Danio aequipinnatus 56
Danio devario 56
Deissners Prachtzwerggurami 260
Delphinwelse 128
Demekin 88
Dermogenys pusillus (cf. borealis) 182
Dermogenys viviparus 182
Devario-Bärbling 56
Dianema longibarbis 104
Dianema urostriata 104
Diapteron fulgens 166
Diapteron georgiae 160
Dickfelds Schlankcichlide 226
Dickkopf-Scheibensalmler 36
Dicrossus filamentosus 216
Dicrossus maculatus 214
Diskussalmler 26
Diskus-Wildformen 194
Diskus-Zuchtformen 196
Distichodidae 52
Distichodus affinis 52
Distichodus decemmaculatus 52
Distichodus fasciolatus 52
Distichodus lusosso 52
Distichodus sexfasciatus 52
Doradidae 130
Dornauge, Gemeines 96
Dornauge, Siam- 96
Dorngrundel 100
Dornwelse 130
Dornwelse, Falsche 138
Drachenauge, Chinesisches 88
Drachenflosser 24
Dreibandbarbe 74
Dreibandsalmler 10
Dreibinden-Panzerwels 106
Dreibinden-Ziersalmler 44
Dreipunkt-Kopfsteher 50
Dreistachliger Stichling 278
Dreistreifen-Zwergbuntbarsch 216
Durango-Hochlandkärpfling 176
Dysichthys coracoideus 140

Echte Grundeln 246
Echte Welse 138
Eclectrochromis sp. 234
Ecuador-Buntbasch, Roter 208
Ecuador-Harnischwels 122
Ediths Kampffisch 256
Edo Nishiki 92
Eidechsensalmler 40
Eierfisch 88
Eierlegende Zahnkarpfen 144
Eigenmannia lineata 274
Eigenmannia virescens 274
Eilandbarbe 74
Einbinden-Ziersalmler 44
Einfacher Goldfisch 86
Einfarbiger Panzerwels 108
Eisenfarbiger Oranda 92
Elefantenrüsselfisch 272
Eleganter Zwergkärpfling 172
Eleotrididae 246
Elfenwels 116
Elritze 82
Enantiopos melanogenys 228
Engel-Antennenwels 126
Engmaulsalmler 48
Enneacanthus chaetodon 242
Entomocorus benjamini 138
Epalzeorhynchus kallopterus 84
Epiplatys barmoiensis 158
Epiplatys dageti 158
Epiplatys sexfasciatus infrafasciatus 160
Erdfresser 204
Esomus danricus danricus 66
Esomus thermoicos 58
Espes Ziersalmler 42
Etroplus maculatus 212
Etroplus suratensis 212
Euctenogobius badius 246
Eutropiellus vandeweyeri 140
Everetts Barbe 70
Exodon paradoxus 26

Fächerfische 156
Fadenfische 250
Fadenprachtkärpfling 148
Faden-Prachtzwerggurami 260
Fähnchen-Messerfisch 274
Fahnen-Kirschflecksalmler 30
Falsche Dornwelse 138

Falscher Netzpanzerwels 112
Falscher Ulrey 10
Farlowella acus 124
Farlowella sp. 124
Federflossen-Fiederbartwels 134
Federsalmler 30
Feen-Buntbarsch 228
Feen-Kaiserbuntbarsch 234
Fettwels 128
Feuermaul-Buntbarsch 198
Feuersalmler 20
Feuerschwanz-Fransenlipper 84
Fiederbartwelse 134
Flaggen-Buntbarsch 202
Flaggensalmler 12
Flaggensalmler, Schwarzer 16
Flaggenschwanz-Panzerwels 110
Flecken-Antennenwels 128
Fleckenbarbe 78
Fleckenpanzerwels 104
Fleckenschwanzsalmler 18
Flitterkärpfling 176
Floridakärpfling 160
Flossenblatt 276
Flügelflosser 160
Flußbarbe 80
Foerschs Kampffisch 256
Fransenlipper 84
Frontosa 232
Frosch-Fettwels 128
Fulgens 166
Fundulopanchax huwaldi 154
Fundulopanchax occidentalis 154
Fundulopanchax toddi 154
Fünfgürtelbarbe 70
Fünfstreifen-Tanganjikabuntbarsch 232

Gabel-Beilbauchfisch 46
Gabelschwanz-Fiederbartwels 136
Gabelschwanz-Regenbogenfisch 184
Gabelschwanz-Schachbrettcichlide 216
Gangesbärbling 58
Gaotoulongjing 88
Gardners Prachtkärpflingen 146
Gasteropelecus maculatus 46
Gasteropelecus sternicla 46
Gasteroplecidae 8, 46
Gasterosteus aculeatus 278
Gebänderter Buschfisch 264
Gebänderter Fächerfisch 156
Gebänderter Harnischwels 122
Gebänderter Indischer Buntbarsch 212
Gebänderter Kampffisch 254
Gebänderter Leporinus 50
Gebänderter Prachtkärpfling 148
Gebänderter Schizodon 48
Gebänderter Ziersalmler 42
Gebänderter Zwergschilderwels 120
Gefleckter Beilbauchfisch 46
Gefleckter Hechtsalmler 40
Gefleckter Kaktuswels 120
Gefleckter Ohrgitter-Harnischwels 124
Gefleckter Oranda 86
Gefleckter Spitzschwanzmakropode 258
Gelbbinden-Fiederbartwels 136
Gelber Kongosalmler 28
Gelber Labidochromis 238
Gelber Leuchtaugenfisch 164
Gelber Phantomsalmler 16
Gelber Schlankcichlide 226
Gelber von Rio 32
Gelber Zebra 238
Gelber Zwergbuntbarsch 220
Gemeiner Hechtling 158
Gemeiner Nadelwels 124
Gemeiner Sonnenbarsch 242
Gemeines Dornauge 96
Geophagus brasiliensis 204
Geophagus steindachneri 204
Georgias Prachtkärpfling 160
Gepunkteter Regenbogenfisch 184
Geradsalmler 52
Gesäumter Schillersalmler 26
Geschecktter Caudi 174
Gestreckter Fächerfisch 156
Gestreifter Beilbauchfisch 46
Gestreifter Fadenfisch 250
Gestreifter Kopfsteher 48
Gestreifter Leporinus 50
Gestreifter Schleierhechtling 150
Gewellter Panzerwels 108
Gewöhnliche Barbe 80
Girardinus metallicus 168, 172
Glänzender Zwergbuntbarsch 218
Glanzsalmler 24
Glanztetra 22
Glasbarbe 66
Glasbärbling 60
Glasbarsche 242
Glasrasbora 60
Glassalmler, Goldiger 22
Glassalmler, Rotflossen- 30
Glaswels, Indischer 138
Glaswels, Schwalbenschwanz- 140
Glossolepis incisus 188
Glossolepis multisquamatus 186
Glühkohlenbarbe 72
Glühlichtsalmler 12
Glyptoperichthys gibbiceps 102
Gnathocharax steindachneri 24
Gnathonemus petersii 272
Gobiidae 246, 276
Gobio gobio 82
Goldbartwels 122
Goldbinden-Ziersalmler 44
Gold-Buntbarsch, Blauer 198
Goldener Fadenfisch 252
Goldfasan-Prachtkärpfling 154
Goldfische 86
Goldfleckensalmler, Roter 14
Goldiger Glassalmler 22
Goldorfe 82
Goldringelgrundel 276
Goldringel-Kugelfisch 270
Goldsaum-Buntbarsch 208
Goldschleie 80
Goldstreifen-Kopfsteher 48
Goldtetra 22
Goodeidae 176
Graskarpfen 80
Graubinden-Distichodus 52
Großaugenmaulbrüter 238
Großer Kampffisch 256
Großmaulwels 142
Großschuppensalmler, Afrikanischer 28
Großschuppensalmler, Südamerikanischer 24
Großschuppiger Nilhecht 272
Grün-blauer Perlbuschfisch 264
Grundeln 246
Gründling 82
Grundsalmler 38
Grüne Bänderschmerle 96
Grüne Schmerle 96
Grüner Argusfisch 276
Grüner Diskus 194
Grüner Fransenlipper 84
Grüner Kugelfisch 270
Grüner Messerfisch 274
Grüner Neon 16
Grüner Schwertträger 180
Grünpunkt-Raubsalmler 18
Günthers Prachtbuntbarsch 212
Günthers Prachtgrundkärpfling 154
Guppy 170
Guramis 258
Gürtelstachelaal 268
Gymnocorymbus cf. thayeri 26
Gymnocorymbus ternetzi 32
Gymnogeophagus balzanii 204
Gymnogeophagus meridionalis 204
Gyrinocheilidae 94
Gyrinocheilus sp. 98

Haibarbe 66
Haiwels 142
Hakenscheibensalmler 36
Halbschnäbler 182
Hamburger Kreuzung 180
Hanafusa 92
Hannerz' Leuchtaugenfisch 162
Haplochromis jacksoni 234
Hara hara 142
Harlekinwels, Kleiner 126
Harnischwels 102, 116, 122
Hasemania nana 20
Hechtbärbling 78
Hechtkärpfling 174
Hechtkopf 278
Hechtlinge 158
Hechtsalmler 38
Hechtsalmler, Gefleckter 40
Heckel-Diskus 194
Hellners Fächerfisch 166
Helostoma temminckii 258
Helostomatidae 248, 258
Hemichromis bimaculatus 210
Hemichromis cristatus 210
Hemichromis elongatus 208
Hemichromis guttatus 210
Hemichromis lifalili 210
Hemichromis paynei 210
Hemichromis sp. „Guinea" 210
Hemigrammopetersius caudalis 28
Hemigrammus bleheri 24
Hemigrammus caudovittatus 32
Hemigrammus erythrozonus 12
Hemigrammus hyanuary 16
Hemigrammus ocellifer 12
Hemigrammus pulcher 12
Hemigrammus rodwayi 22
Hemigrammus ulreyi 12
Hemigrammus unilineatus 12
Hemiodopsis gracilis 30
Hemirhamphidae 182
Hemirhamphodon pogonognathus 182
Hengels Bärbling 62
Hepsetidae 8, 38
Hepsetus odoe 38
Herbstkaliko 92
Heros severus 200
Heterandria formosa 174
Heteropneustes fossilis 142
Heteropneustidae 142
Hexenwels 122
Himmelsgucker 86
Hochlandkärpflinge 176
Hochrückensalmler 32, 52
Hochzucht-Schleierschwanz 86
Hoher Panzerwels 108
Hoher Skalar 192
Höhlensalmler, Blinder 8, 26
Holländischer Kaliko-Orando 86
Holländischer Löwenkopf 92
Homaloptera orthogoniata 100
Hongkonk-Bitterling 82
Honigfadenfisch 250
Hoplosternum magdalenae 104
Hoplosternum pectorale 104
Hummelwels 126
Hydrocynus vittatus 38
Hypancistrus zebra 118
Hyphessobrycon amandae 20
Hyphessobrycon bentosi bentosi 10
Hyphessobrycon bifasciatus 32
Hyphessobrycon callistus 10
Hyphessobrycon erythrostigma 30
Hyphessobrycon flammeus 10
Hyphessobrycon griemi 14
Hyphessobrycon herbertaxelrodi 16
Hyphessobrycon heterorhabdus 10
Hyphessobrycon loretoensis 18
Hyphessobrycon scholzei 22
Hyphessobrycon socolofi 30
Hyphessobrycon sp. „robertsi" 10
Hypoptopoma sp. 124

Hypostomus punctatus 122
Hypostomus sp. 118

Ichthyboridae 52
Ichthyo-Schilderwels 116
Ictaluridae 140
Ictalurus sp. 140
Iguanodectes cf. spilurus 40
Imitator-Antennenwels 126
Imitator-Panzerwels 112
Indische Schlankbarbe 72
Indischer Buntbarsch 212
Indischer Fähnchen-Messerfisch 274
Indischer Glasbarsch 242
Indischer Glaswels 138
Indischer Schwertfisch 278
Indischer Streifenwels 132
Inlecypris auropurpureus 64
Inpaichthys kerri 32
Inselkärpfling 56
Iriatherina werneri 184

Jaguarwels 130
Jamaikakärpfling 172
Java-Kampffisch 256
Johnstons Leuchtaugenfisch 162
Jordanella floridae 160
Julidochromis dickfeldi 226
Julidochromis marlieri 226
Julidochromis ornatus 226
Julidochromis regani 226
Julidochromis transcriptus 226
Juwelen-Regenbogenfisch 188
Juwelfächerfisch 166

Kaiserbuntbarsch 234
Kaisersalmler, Regenbogen- 14
Kaisersalmler, Rotaugen- 14
Kaisertetra 14
Kakadu-Zwergbuntbarsch 220
Kaktuswels 120
Kaliko-Goldfisch 86
Kaliko-Schleierfisch 90
Kaliko-Teleskop-Schleierschwanz 88
Kaltwasserfische 80
Kamerun-Prachtkärpfling 146
Kammdornwels 130
Kampffische 254
Kap Lopez 148
Karausche 80
Kardinalfisch 64
Kardinaltetra 16
Karfunkelsalmler 12
Karpfenähnliche 54
Katzenwels 140
Kehlkropfsalmler 24
Keilfleckbärbling 62
Keilfleckenbuntbarsch 200
Kielbauchbärbling 76
Kiemensackwels 142
Killifische 144
Kirschflecksalmler, Fahnen- 30
Kirschsalmler, Socolofs 30
Kleiner Harlekinwels 126
Kleiner Kampffisch 254
Kleiner Kampfhalbschnäbler 182
Kleiner Maulbrüter 222
Kleiner Nander 244
Kleiner Schneckenbarsch 224
Kleinköpfiger Fächerfisch 166
Knurrender Dornwels 130
Knurrender Gurami 260
Knurrender Zwerggurami 260
Kobaltwels 132
Kometenschweif 86
Kongocichlide, Blauer 222
Kongosalmler, Blauer 28
Kongosalmler, Gelber 28
Kongowels, Rückenschwimmender 136
Königscichlide 190, 222
Königssalmler 32
Kopfbinden-Panzerwels 108
Kopfbinden-Schlanksalmler 42
Kopfsteher, Gestreifter 48
Kopfsteher 50
Kopfsteher, Goldstreifen- 48
Kopfstrich-Dornwels 130
Korallen-Regenbogenfisch 188
Kreuzwels, Westamerikanischer 276
Kribi-Leuchtaugenfisch 164
Kropfsalmler, Punktierter 26
Kryptopterus bicirrhis 138
Kubakärpfling 174
Kugelfische 270
Kuperstrichsalmler 48
Kupfersalmler 20
Küssender Gurami 258

Labeo bicolor 84
Labeo erythrurus 84
Labeo forskalii 84
Labeotropheus trewavasae 238
Labyrinthfische 248
Lachsroter Regenbogenfisch 188
Laemolyta taeniata 48
Laetacara curviceps 218
Laetacara sp. 218
Lamberts Leuchtaugenfisch 164
Lamprichthys tanganicanus 160
Lamprologus speciosus 224
Langflossensalmler 28
Langflossiger Schleierhechtling 150
Längsbandbärbling 60
Längsband-Ziersalmler 44
Längsstreifenbarbe, Afrikanische 72
Lapidochromis caeruleus 238
La-Plata-Erdfesser 204
Laternenträger 12
Laubensalmler 30
Lebendgebärende 168
Lebiasinidae 8, 40
Le-Conte-Schmerle 96
Leopardbuschfisch 264
Leoparddanio 58
Lepidarchus adonis 18
Lepomis gibbosus 242
Leporacanthicus galaxias 116
Leporinus arcus 48
Leporinus fasciatus fasciatus 50
Leporinus pellegrini 48
Leporinus steyermarki 48
Leporinus striatus 50
Leporinus, Gebänderter 50
Leporinus, Gestreifter 50
Leptobarbus hoevenii 70
Leucaspius delineatus 82
Leuchtaugenfische 162
Leuchtaugen-Kärpfling 172
Leuciscus idus 82
Lieblicher Prachtkärpfling 166
Limia melanogaster 172
Limia nigrofasciata 174
Limia vittata 174
Linienbarbe 68
Liniparhomaloptera disparis 100
Liosomadoras oncinus 130
Lobochilotes labiatus 232
Loennbergs Prachtkärpfling 146
Loretosalmler 18
Loricaria simillima 122
Loricariidae 102, 116
Löwenkopf 90
Luciocephalus pulcher 278
Luciosoma trinema 78
Lunik-Panzerwels 106

Macmasteri 220
Macrognathus aculeatus var. 268
Macrognathus circumcinctus 268
Macropodus chinensis 262
Macropodus concolor 262
Macropodus opercularis 248, 262
Magdalenen-Schwielenwels 104
Makropode, Wabenschwanz- 258
Makropoden 262
Malabarbärbling 56
Malapteruridae 140
Malapterurus electricus 140
Malawisee-Cichliden 224
Malpulutta kretseri 258
Marcusenius m. macrolepidotus 272
Marien-Buntbarsch 208
Markiana nigripinnis 40
Markopode 262
Marmor-Antennenwels 126
Marmorierter Beilbauchfisch 46
Marmorierter Fadenfisch 252
Marmorierter Panzerwels 114
Marmor-Schläfergrundel 246
Maroni 202
Mastacembelidae 268
Mastacembelus cf. dayi 268
Mastacembelus cf. favus 268
Mato-Grosso-Moenkhausia 20
Maulbrütender Kampffisch 254
Maulbrüter 222
Megalamphodus megalopterus 14
Megalamphodus roseus 16
Megalamphodus sweglesi 14
Melanochromis auratus 236
Melanochromis labrosus 236
Melanochromis melanopterus 240
Melanotaenia affinis 186
Melanotaenia axelrodi 188
Melanotaenia boesemani 188
Melanotaenia duboulayi 186
Melanotaenia lacustris 188
Melanotaenia praecox 186
Melanotaenia sp. 186
Melanotaenia splendida 186
Melanotaenia trifasciata 188
Melanotaeniidae 184
Mesonauta festiva 202
Messeraale 274
Messerfische 274
Messerkärpfling 172
Messingbarbe 68
Messingsalmler 22
Messingtetra 32
Metallkärpfling 172
Metall-Panzerwels 106
Metynnis hypsauchen 36
Metynnis luna 36
Microgeophagus altispinosus 220
Microgeophagus ramirezi 220
Microglanis iheringi 126
Millionenfisch 170
Mimagoniatus barberi 10
Mimikrywels 126
Misgurnus anguillicaudatus 100
Mitternachtswels 138
Mochokidae 134
Moderlieschen 82
Moema piriana 150
Moenkhausia colletti 24
Moenkhausia dichroura 20
Moenkhausia pittieri 20
Moenkhausia sanctaefilomenae 20
Moenkhausia sp. 20
Mollinesia velifera 174
Mondsalmler, Afrikanischer 28
Mond-Scheibensalmler 36
Mondschein-Fadenfisch 252
Mondschein-Gurami 252
Monocirrhus polyacanthus 244
Monodactylidae 276
Monodactylus argenteus 276
Moorkarpfen 80
Mormyridae 272
Mormyrus rume rume 272
Morulius chrysophekadion 84
Mosaikfadenfisch 252
Moskitorasbora 58
Mühlsteinsalmler 36
Myleocollops hypsauchen 36
Myleus rubripinnis 36
Myleus schomburgkii 36
Myloplus rubripinnis 36
Mylossoma duriventre duriventre 36
Mystus cf. vittatus 132
Mystus micracanthus 132
Mystus tengara 132
Myxocyprinus asiaticus 78

Nachtsalmler 34
Nackenfleckkärpfling 162
Nacktlaube 64
Nadelwels 124
Nanderbarsche 244
Nandidae 244
Nandus cf. nandus 244
Nandus nebulosus 244
Nankin 88
Nannacara anomala 218
Nannostomus beckfordi 44
Nannostomus cf. beckfordi 42
Nannostomus eques 44
Nannostomus espei 42
Nannostomus harrisoni 44
Nannostomus marginatus 44
Nannostomus trifasciatus 44
Nannostomus unifasciatus 44
Nanochromis nudiceps 222
Nanochromis parilus 222
Nanochromis sp. „Kisangani“ 214
Nanochromis transvestitus 222
Nebelfleck-Nander 244
Nemacheilus sp. aff. beavani 98
Nemacheilus sp. aff. corica 98
Nemacheilus sp. aff. scaturigina 98
Nematobrycon lacortei 14
Nematobrycon palmeri 14
Neoheterandria elegans 172
Neolamprologus boulengeri 224
Neolamprologus brevis 224
Neolamprologus buescheri 230
Neolamprologus cylindricus 228
Neolamprologus leleupi 228
Neolamprologus marunguensis 228
Neolamprologus multifasciatus 224
Neolamprologus ocellatus 224
Neolamprologus pulcher „Daffodil“ 230
Neolamprologus pulcher 232
Neolamprologus sexfasciatus 230
Neolamprologus tetracanthus 230
Neolamprologus tretocephalus 232
Neon, Blauer 16
Neon, Grüner 16
Neon, Roter 8, 16
Neon, Schwarzer 16
Neonfisch 16
Neon-Lalia 250
Neonsalmler 16
Netzbärbling 66
Netz-Panzerwels 108, 112
Netz-Prachtschmerle 94
Nicaragua-Buntbarsch 202
Nil-Fransenlipper 84
Nilhechte 272
Nil-Kugelfisch 270
Nimbochromis linni 238
Nimbochromis livingstonii 236
Nimbochromis venustus 236
Nomorhamphus brembachi 182
Nomorhamphus liemi liemi 182
Nomorhamphus liemi snijdersi 182
Nomorhamphus ravnacki 182
Normans Leuchtaugenfisch 162
Nothobranchius guentheri 154
Nothobranchius melanospilus 154
Nothobranchius rachovii 154
Notopteridae 274
Notopterus notopterus 274
Notropis lutrensis 76

Ohren-Zwergharnischwels 124
Ohrgitter-Harnischwels 124
Ompok bimaculatus 138
Ompok sp. 138
Onca 130
Oranda 86, 92
Oranda Shishigashira 90, 92
Orange-Buschfisch 264
Orangefleck-Bachschmerle 100
Orange-Segelflosser 190
Orangestachel-Panzerwels 102
Oreichthys cosuatis 76
Oreochromis aureus 208
Orinocodoras eigenmanni 130
Osphronemidae 248, 258
Osphronemus goramy 258
Ostasiatischer Schlammpeitzger 100
Osteochilus microcephalus 78
Otocinclus 124
Otocinclus cf. affinis 124
Otocinclus flexilis 124
Oxyeleotris marmoratus 246

Pachypanchax playfairii 158
Panaque nigrolineatus 118
Panaque suttoni 118
Panchac 158
Panda-Panzerwels 110
Panda-Zwergbuntbarsch 218
Pangasiidae 142
Pangasius hypophthalmus 142
Pangasius sp. 142
Pangio kuhlii sumatranus 96
Pangio myersi 96
Pangio shelfordi 96
Pantodon buchholzi 278
Panzerwelse 104
Papageienkärpfling 178
Papageien-Kugelfisch 270
Papiliochromis ramirezi 220
Paracheirodon axelrodi 8, 16
Paracheirodon innesi 16
Paracheirodon simulans 16
Parachela oxygastroides 66
Paradiesfisch 262
Paragoniates alburnus 40
Paraguay-Erdfesser 204
Parambassis cf. wolffii 242
Parambassis ranga 242
Parancistrus aurantiacus 116
Parancistrus sp. 116
Parluciosomo cephalotaenia 58
Parluciosomo daniconius 58
Parosphromenus filamentosus 260
Parosphromenus nagyi 260
Parosphromenus sp. aff. deissneri 260
Parotocinclus maculicauda 124
Peckolitia vittata 120
Peckoltia pulcher 120
Peckoltia sp. 118
Peitschenwels 140
Pelmatochromis thomasi 220
Pelteobagrus fulvidraco 132
Pelteobagrus ornatus 132
Pelvicachromis humilis 214
Pelvicachromis pulcher 190, 222
Pelvicachromis sp. 222
Pelvicachromis taeniatus 222
Perez-Salmler 30
Perlbuschfisch, Grün-blauer 264
Perlhuhnwels 136
Perlmuttbärbling 62
Perlmutter-Buntbarsch 200
Perlmutter-Erdfresser 204
Perlschupper 90
Perusalmler, Blauer 14
Peru-Schleierhechtling 150
Petitella georgiae 24
Petrocephalus catostoma 272
Pfauenaugen-Buntbarsch 200
Pfauenaugen-Buschfisch 264
Pfauenaugen-Sonnenbarsch 242
Pfauenmaulbrüter 236
Pfeffer-und-Salz-Schwielenwels 104
Phalloceros caudimaculatus reticulatus 174
Phantomsalmler, Gelber 16
Phantomsalmler, Roter 14
Phantomsalmler, Schwarzer 14
Phenacogaster calverti 34
Phenacogrammus altus 28
Phenacogrammus breuseghemi 28
Phenacogrammus interruptus 28
Philippinen-Halbschnäbler 182
Phoxinus phoxinus 82
Phractocephalus hemiliopterus 126
Pimelodella angelicus 128
Pimelodidae 126
Pimelodus maculatus 128
Pimelodus ornatus 126
Pimelodus pictus 126
Pindani-Buntbarsch 238
Pinguinsalmler 22
Pinselplaty, Wagtail- 168
Piranha, Roter 38
Placidochromis electra 240
Plataplochilus miltotaenia 164
Platin-Beilbauchfisch 46
Platypoecilus 180
Platypoecilus maculatus 178
Platypoecilus sp. 178
Platypoecilus variatus 178
Platy 178
Plötze 80
Poecilia melanogaster 168, 172
Poecilia nigrofasciata 174
Poecilia reticulata 170
Poecilia sphenops 168
Poecilia velifera 174
Poecilia vittata 174
Poeciliidae 144, 168
Poecilocharax weitzmani 18
Polycentropsis abbreviata 244
Polycentrus schomburgkii 244
Prachcichlide 222
Prachtbarbe 68
Prachtbuntbarsch 212
Prachtbuntbarsch, Thomas- 220
Prachtcorydoras 106
Prachtflossenbarbe 72
Prachtflossensauger 100
Prachtglanzbarbe 74
Prachtgrundkärpflinge 154
Prachtkärpflinge 146, 154
Prachtkopfsteher 50
Prachtmaulbrüter 234
Prachtregenbogenfisch 184
Prachtschmerle 94
Prachtschmerle, Blaue 96
Prachtschwanzsalmler 18
Prachtzwerggurami 260
Pracht-Zwergmaulbrüter 212
Priapella intermedia 172
Prille 82
Prionobrama filigera 30
Pristella maxillaris 32
Probarbus jullieni 78
Procatopus aberrans 164
Procatopus nototaenia 164
Procatopus similis 164
Prochilodontidae 34
Prosomyleus schomburgkii 36
Psettias sebae 276
Pseudacanthicus cf. leopardus 120
Pseudacanthicus sp. 116
Pseudacanthicus spinosus 116
Pseudanos trimaculatus 50
Pseudepiplatys annulatus 158
Pseudocorynopoma doriae 24
Pseudocrenilabrus multicolor 222
Pseudocrenilabrus sp. 212
Pseudomugil furcatus 184
Pseudomugil gertrudae 184
Pseudomugil sp. aff. novaeguineae 184
Pseudopimelodus bufonius 128
Pseudopimelodus raninus raninus 128
Pseudosphromenus cupanus 262
Pseudosphromenus dayi 262
Pseudotropheus elongatus 240
Pseudotropheus lanisticola 224
Pseudotropheus lombardoi 238
Pseudotropheus socolofi 238
Pseudotropheus sp. „tropheops red cheek“ 238
Pseudotropheus tropheops 240
Pseudotropheus zebra 240

Pterolebias hoignei 150
Pterolebias longipinnis 150
Pterolebias peruensis 150
Pterolebias zonatus 150
Pterophyllum 192
Pterophyllum altum 192
Pterophyllum scalare 190, 192
Punktierter Fadenfisch 252
Punktierter Indischer Buntbarsch 212
Punktierter Kopfsteher 50
Punktierter Kropfsalmler 26
Punktierter Rotbrust-Buntbarsch 198
Punktierter Roter Cichlide 210
Punktierter Schilderwels 122
Puntius aff. eugrammus 76
Puntius arulius 74
Puntius asoka 74
Puntius bimaculatus 70
Puntius cf. binotatus 66
Puntius cf. phutunio 70
Puntius cf. sophore 76
Puntius conchonius 68
Puntius eugrammus 68
Puntius everetti 70
Puntius fasciatus 72
Puntius gelius 78
Puntius lateristriga 74
Puntius nigrofasciatus 70
Puntius oligolepis 74
Puntius pentazona pentazona 54, 70
Puntius phutunio 54
Puntius pleurops 78
Puntius sarana orphoides 74
Puntius semifasciolatus 68
Puntius tetrazona 68
Puntius ticto 68
Puntius titteya 68
Puntius vittatus 64
Purpurkopfbarbe 70
Pyrrhulina aff. filamentosa 42
Pyrrhulina cf. compta 42
Pyrrhulina vittata 42

Querbandhechtling 158

Rachovia pyropunctata 160
Rachows Prachtgrundkärpfling 154
Raddas Prachtkärpfling 166
Ranchu 90
Rasbora borapetensis 64
Rasbora caudimaculata 62
Rasbora dorsiocellata 60
Rasbora einthovenii 60
Rasbora elegans 60
Rasbora hengeli 62
Rasbora heteromorpha 62
Rasbora kalochroma 60
Rasbora pauciperforata 60
Rasbora paucipyerforata 54
Rasbora rasbora 58
Rasbora reticulata 66
Rasbora sp. 66
Rasbora trilineata 60
Rasbora vaterifloris pallida 62
Raubsalmler 38
Raubsalmler, Grünpunkt- 18
Raubsalmler, Zweitupfen- 26
Rautenflecksalmler 32
Rautensalmler 40
Ravnacks Bunter Celebes-Halbschnäbler 182
Regans Hechtcichlide 206
Regenbogenfisch, Gepunkteter 184
Regenbogenfische 184
Regenbogen-Hochlandkärpfling 176
Regenbogen-Kaisersalmler 14
Rehsalmler 42
Rhodeus ocellatus ocellatus 82
Rhodeus sericeus amarus 76
Riesengurami 258
Rineloricaria cf. microlepidogaster 122
Rineloricaria sp. „rot“ 122
Ringelhechtling 158
Rivulidae 144
Rivulus agilae 152
Rivulus amphoreus 152
Rivulus caudomarginatus 152
Rivulus igneus 152
Rivulus luelingi 152
Rivulus xiphidius 152
Roadsia altipinna 40
Roeboides sp. 22
Rosenkärpfling 172
Rostpanzerwels 114
Rotauge 80
Rotaugen-Kaisersalmler 14
Rotaugen-Moenkhausia 20
Rotaugensalmler, Arnolds 28
Rotband-Leuchtaugenfisch 164
Rotbrust-Buntbarsch, Punktierter 198
Roter Agassiz-Zwergbuntbarsch 218
Roter Cichlide 210
Roter Ecuador-Buntbarsch 208
Roter Goldfleckensalmler 14
Roter Hexenwels 122
Roter Neon 8, 16
Roter Oskar 200
Roter Phantomsalmler 14
Roter Piranha 38
Roter Prachtgrundkärpfling 154
Roter Riesenbachling 152
Roter Schwertträger 180
Roter Spitzschwanz-Makropode 262
Roter Streifenkampffisch 256
Roter von Rio 10
Roter Ziersalmler 44
Roter Zwergfadenfisch 250
Rotfeder 80
Rotflossenbarbe 74
Rotflossen-Distichodus 52
Rotflossen-Glassalmler 30
Rotflossenorfe 76
Rotflossen-Otocinclus 124
Rotflossenprachtschmerle 96
Rotflossensalmler 18
Rotkappen-Oranda 92
Rotkopfsalmler 24
Rotmaulsalmler 24
Rotpunkt-Prachtkärpfling 146
Rotpunkt-Rachovia 160
Rotrücken-Macmasteri 220
Rotschwanz-Ährenfisch 184
Rotschwanz-Antennenwels 126
Rotschwanzbärbling 64
Rotstreifenbärbling 60
Rotwangenbarbe 74
Rückenschwimmender Kongowels 136
Rundschwanz-Makropode 262
Rüsselbarben 84
Rüsselschmerle 100
Rutilus rutilus 80
Ryukin 86, 90

Säbelkärpfling 160
Sajica-Cichlide 198
Salmler 8
Salmostoma bacaila 64
Salvins Buntbarsch 202
Sands' Panzerwels 110
Sarasa Comet 86
Sarasa Oranda 90
Sattelfleckschmerle 100
Sauglippen-Buntbarsch 236
Saugschmerle, Siamesische 98
Sawbwa resplendens 64
Scardinius erythrophthalmus 80
Scatophagidae 276
Scatophagus argus 276
Schabemundbarsch, Schlanker 238
Schabrackenpanzerwels 106
Schachbrettcichlide 216
Schachbrett-Schlankcichlide 226
Schachbrettschmerle 94
Schallers Knurrender Gurami 260
Scharlachroter Kampffisch 256
Schatten-Schleierhechtling 150
Schaufelfadenfisch 252
Scheckenkärpfling 174
Scheels Prachtkärpfling 146
Scheibenbarsch 242
Scheibensalmler 36
Schilbe mystus 140
Schilbeidae 140
Schilderwels 122
Schilderwels, Ichthyo- 116
Schilderwels, Stachel- 116
Schilderwels, Weißpünktchen- 116
Schillerbärbling 56
Schillersalmler, Gesäumter 26
Schistura sp. aff. notostigma 100
Schizodon fasciatus 48
Schizodon, Gebänderter 48
Schläfer 236
Schläfergrundel 246
Schlafwels 138
Schlammpeitzger 100
Schlangenkärpfling 176
Schlangenkopffische 266
Schlankbarbe, Indische 72
Schlankcichlide 226
Schlanker Schabemundbarsch 238
Schlanksalmler 42
Schleie 80
Schleierhechtlinge 150
Schleierschwanz 90
Schlüsselloch-Buntbarsch 202
Schlußlicht-Drachenflosser 24
Schlußlichtsalmler 12
Schmerle, Grüne 96
Schmerlen 94
Schmetterlingsbuntbarsch 220
Schmetterlingsfisch, Afrikanischer 278
Schmetterlingsgrundel 246
Schmetterlings-Zwergbuntbarsch 220
Schmuck-Antennenwels 126
Schmuckbärbling 60
Schmuck-Fiederbartwels 136
Schmucksalmler 10
Schnabelwels 124
Schneckenbarsch 224
Schneckenbuntbarsch 224
Schneider 82
Schokoladengurami 258
Schokoladen-Oranda 90
Schomburgks Scheibensalmler 36
Schomburgks Vielstachler 244
Schönflossenbarbe 72
Schönflossenbärbling 60
Schönflossen-Rüsselbarbe 84
Schrägschwimmer 22
Schrägsteher 44
Schulterfleck-Stachelwels 132
Schützenfisch 276
Schwalbenschwanz-Glaswels 140
Schwanefelds Barbe 74
Schwanzbindenrasbora 62
Schwanzfleckbärbling 62
Schwanzfleck-Buschfisch 264
Schwanzflecken-Otocinclus 124
Schwanzfleck-Moenkhausia 20
Schwanzfleck-Schläfergrundel 246
Schwanzsaumbachling 152
Schwanzstreifensalmler 34
Schwanzstreifen-Torpedowels 104
Schwanzstrichsalmler 12
Schwarzbandbarbe 74
Schwarzbandkärpfling 174
Schwarzbandsalmler 22
Schwarzer Celebes-Halbschnäbler 182
Schwarzer Fächerfisch 156
Schwarzer Flaggensalmler 16
Schwarzer Fransenlipper 84
Schwarzer Makropode 262
Schwarzer Neon 16
Schwarzer Phantomsalmler 14

Schwarzer Spitzschwanz-Makropode 262
Schwarzflossiger Prachtkärpfling 148
Schwarzgürtel-Buntbarsch 208
Schwarzschwingen-Beilbauchfisch 46
Schwarzstreifen-Harnischwels 118
Schwarzweißer Schlankcichlide 226
Schwertfisch, Indischer 278
Schwertträger 180
Schwertträger-Wildformen 180
Schwertträger-Zuchtformen 180
Schwielen-Torpedowels 104
Schwielenwelse 102
Sciaenochromis fryeri 234
Seba-Flossenblatt 276
Sechsbandhechtling 160
Segelflosser 190, 192
Segelkärpfling 174
Segelschilderwels 102
Seibungyo 92
Seitenstrichbarbe 74
Semaprochilodus sp. 34
Semaprochilodus taeniurus 34
Serrasalmidae 8, 36
Serrasalmus altus 38
Shubunkin 86
Siambarbe 70
Siam-Dornauge 96
Siamesische Rüsselbarbe 84
Siamesische Saugschmerle 98
Siamesischer Kampffisch 254
Sichelfleck-Zwergpanzerwels 104
Sichelsalmler 10
Silber-Beilbauchfisch 46
Silberflossenblatt 276
Silberstreifen-Schokoladengurami 258
Silberwels 140
Sillaginopsis panijus 278
Siluridae 138
Simpsonichthys boitonei 156
Simpsonichthys fulminantis 166
Simpsonichthys hellneri 166
Sisoridae 142
Skalar 192
Skiffia bilineata 176
Smaragd-Kampffisch 254
Smaragd-Panzerwels 108
Smaragdprachtcichlide 222
Socolofs Kirschsalmler 30
Sonnenbarsche 242
Sonnenstrahlfisch, Celebes- 184
Sorubim lima 128
Spatelwels 128
Speisegurami 258
Sphaerichthys osphromenoides 258
Sphaerichthys selatanensis 258
Spiegelkärpfling 178
Spindelbuntbarsch 230
Spitzkopf-Geradsalmler 52
Spitzmaul-Ziersalmler 44
Spitzschwanz-Makropode, Roter 262
Spritzsalmler 42
Stachelaale 268
Stachel-Schilderwels 116
Stachelwelse 132
Steatocranus casuarius 212
Steatocranus tinanti 212
Steinbeißer 100
Steindachners Rothauben-Erdfresser 204
Sterbas Panzerwels 102
Sternflecksalmler 32
Sternopygidae 274
Stichling, Dreistachliger 278
Stieglitzsalmler 32
Stigmatogobius pleurostigma 246
Streifenhechtling 158
Streifenkampffisch, Roter 256
Streifenwels, Indischer 132
Stromlinien-Panzerwels 110
Sturisoma aureum 122
Südamerikanischer Großschuppensalmler 24
Südamerikanischer Vielstachler 244
Suihogon 88
Sumatrabarbe 68
Süßwasserflunder 278
Symphysodon aequifasciatus „Axelrodi“ 194
Symphysodon aequifasciatus „Haraldi“ 194
Symphysodon aequifasciatus 194, 196
Symphysodon discus 194
Synodontis angelicus 136
Synodontis brichardi 134
Synodontis camelopardalis 134
Synodontis decorus 136
Synodontis eupterus 134
Synodontis flavitaeniatus 136
Synodontis multipunctatus 136
Synodontis nigriventris 136
Synodontis ocellifer 134
Synodontis pleurops 136
Synodontis schoutedeni 134
Synodontis velifer 134

Taeniacara candidi 216
Talerfisch 32
Tancho Oranda 92
Tanganjikabuntbarsch 232
Tanganjikasee-Cichliden 224
Tanichthys albonubes 64
Tapirfisch 272
Tateurndina ocellicauda 246
Tatia sp. 138
Teleskop-Schleierschwanz 88
Telmatherina ladigesi 184
Telmatochromis bifrenatus 226
Terranatos dolichopterus 160
Tetragonopterus argenteus 26
Tetraodon biocellatus 270
Tetraodon fahaka 270
Tetraodon mbu 270
Tetraodon miurus 270
Tetraodon nigroviridis 270
Tetraodontidae 270
Thayeria boehlkei 22
Thayeria obliqua 22
Thomas-Prachtbuntbarsch 220
Thoracocharax stellatus 46
Thorichthys aureus 198
Thorichthys helleri 198
Thorichthys meeki 198
Thorichthys socolofi 198
Tigerbarbe 72
Tigerprachtschmerle 94
Tilapia mariae 208
Tinca tinca 80
Torichthys ellioti 198
Torpedowels 104
Torpedo-Zwergbuntbarsch 216
Toxotes jaculatrix 276
Toxotidae 276
Trauermantelsalmler 32
Trichogaster leeri 248, 252
Trichogaster microlepis 252
Trichogaster pectoralis 252
Trichogaster trichopterus „Cosby“ 252
Trichogaster trichopterus „Gold“ 252
Trichogaster trichopterus 252
Trichopsis pumila 260
Trichopsis schalleri 260
Trichopsis vittata 260
Trinectes maculatus 278
Triportheus angulatus 26
Tropheus duboisi 232
Tropheus moorii 232
Tulija-Buntbarsch 198
Tüpfelbärbling 56
Tüpfelbuntbarsch 218
Tüpfelhechtling 158
Türkisgoldbarsch 236

Uaru amphiacanthoides 200
Ulrey, Falscher 10
Ulreys Salmler 12

Vielfarbiger Maulbrüter 222
Vielpunkt-Fiederbartwels 136
Vielstachler 244
Vielstachler, Afrikanischer 244
Vierauge 278
Vierstreifen-Schlankcichlide 226
Vitschumba-Leuchtaugenfisch 162
Vollstreifenbarbe 72

Wabenschwanz-Gurami 258
Wabenschwanz-Makropode 258
Wachssalmler 22
Wagtail-Pinselplaty 168
Walkers Prachtkärpfling 148
Wavrins Buntbarsch 204
Weißpunkt-Buntbarsch 232
Weißpünktchen-Schilderwels 116
Welse, Echte 138
Westamerikanischer Kreuzwels 276
Wimpelpiranha 38
Wolffs Glasbarsch 242
Wulstlippen-Buntbarsch 232, 236
Wulstlippiger Fadenfisch 250
Wüstenfisch, Alvarez' 166

Xenomystus nigri 274
Xenophallus umbratilis 176
Xenotoca eiseni sp. „San Marco“ 176
Xiphophorus helleri 168, 180
Xiphophorus maculatus 168, 178
Xiphophorus sp. 178, 180
Xiphophorus variatus 178

Zahnkarpfen, Eierlegende 144
Zahnleisten-Halbschnäbler 182
Zamorawels 138
Zebra, Gelber 238
Zebrabärbling 56
Zebra-Buntbarsch 202
Zebra-Geradsalmler 52
Zebra-Harnischwels 118
Zebraprachtschmerle 94
Zehnfleckgeradsalmler 52
Ziegelsalmler 14
Zierbinden-Zwergschilderwels 120
Ziersalmler 44
Ziersalmler, Espes 42
Ziersalmler, Gebänderter 42
Zitterwels 140
Zungarowels 128
Zweibandcichlide 226
Zweibindenbärbling 58
Zweifleckbarbe 70
Zweilinienkärpfling 176
Zweipunktbarbe 68
Zweistreifen-Zwergbuntbarsch 216
Zweitupfen-Raubsalmler 26
Zwergbarbe 70
Zwergbärbling 62
Zwergbuntbarsche 214
Zwergdistichodus 52
Zwergdrachenflosser 8, 24
Zwergfadenfisch 250
Zwerggurami 260
Zwergharnischwels 124
Zwerg-Hechtbuntbarsch 206
Zwergkärpfling 174
Zwergkärpfling, Eleganter 172
Zwergmaulbrüter 212
Zwergpanzerwels 104
Zwergschilderwels 120
Zwergschmerle 94
Zwergstachelflossen-Wels 132
Zwergziersalmler 44